ALLE ZEIT WACH
1842

A. M. Ehrly

Therapeutische Hämorheologie

Springer-Verlag
Berlin Heidelberg New York
London Paris Tokyo

Prof. Dr. med. Albrecht Michael Ehrly
Zentrum der Inneren Medizin
Abt. für Angiologie
Klinikum der J. W. Goethe-Universität
Theodor-Stern-Kai 7
D-6000 Frankfurt am Main 70

ISBN-13: 978-3-642-71429-0 Springer-Verlag Berlin Heidelberg New York

CIP-Titelaufnahme der Deutschen Bibliothek

Ehrly, Albrecht M.:
Therapeutische Hämorheologie / A. M. Ehrly. -
Berlin ; Heidelberg ; New York ; London ; Paris ; Tokyo : Springer, 1989
ISBN-13: 978-3-642-71429-0 e-ISBN-13: 978-3-642-71428-3
DOI: 10.1007/978-3-642-71428-3

Softcover reprint of the hardcover 1st edition 1989

Druck- und Bindearbeiten: Appl, Wemding
2119/3140/543210 - gedruckt auf säurefreiem Papier

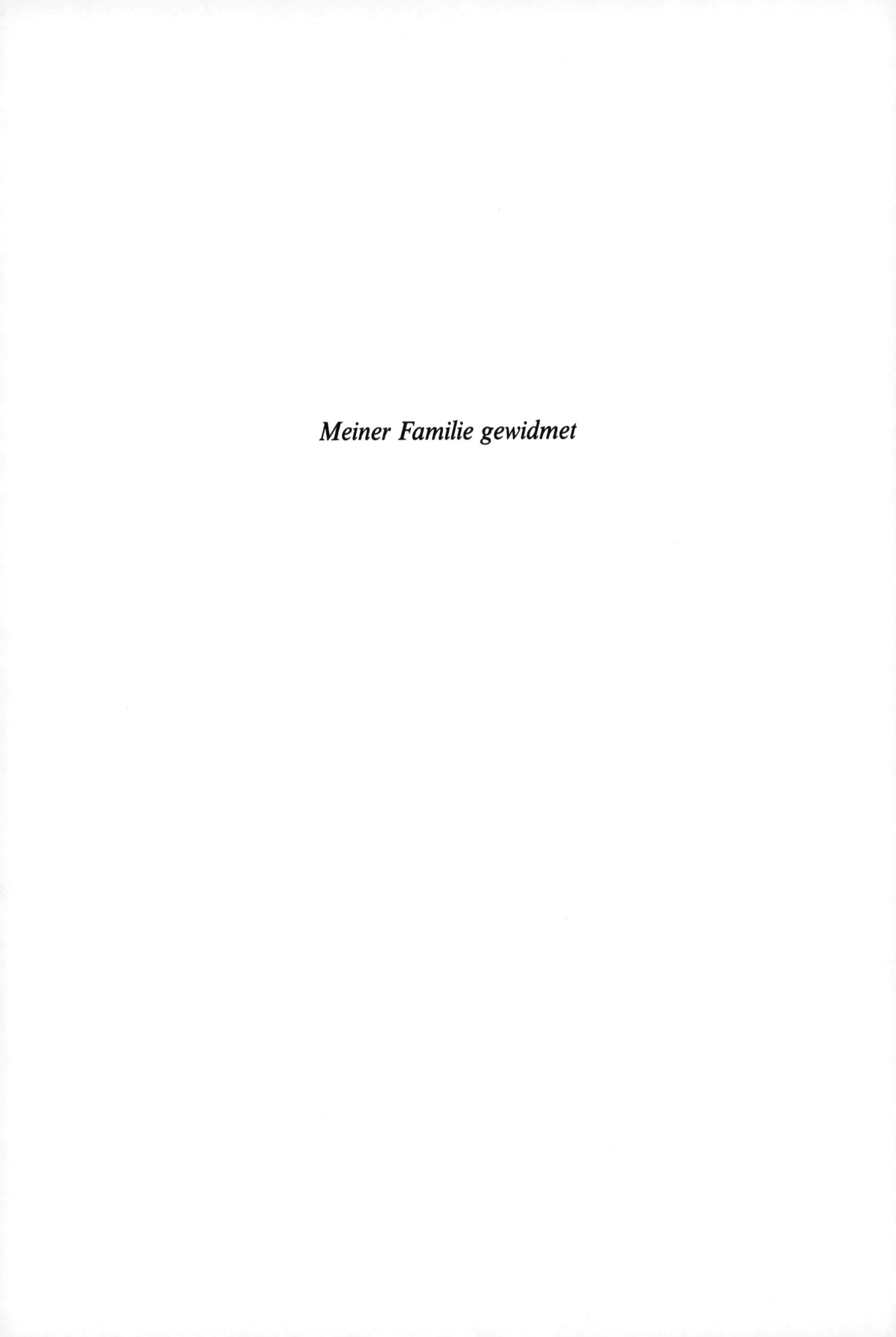

Meiner Familie gewidmet

Vorbemerkungen

Die Therapie mit Maßnahmen zur Verbesserung der Fließeigenschaften des Blutes (hämorheologische Therapie) hat seit ihren zaghaften Anfängen vor etwa 80 Jahren erheblich an Bedeutung gewonnen. Mehr und mehr werden heute Medikamente angewendet, die eine günstige Wirkung auf die Fließeigenschaften des Blutes haben oder haben sollen und die bei einer ganzen Anzahl von Erkrankungen und Erkrankungsgruppen, beispielsweise bei Gefäßerkrankungen, angewendet werden.
Dementsprechend wurde in den letzten Jahren in der einschlägigen Literatur und auf Kongressen über „Klinische Hämorheologie" vermehrt über Forschung und Anwendung solcher Behandlungsmaßnahmen berichtet. Da es einerseits bisher keine ausführliche Darstellung dieses Teilgebietes der klinischen Hämorheologie gab und andererseits das Interesse auch der Kliniker und niedergelassenen Ärzte auf diesem Gebiet erheblich zugenommen hat, wurde das vorliegende Buch geschrieben. Der Autor sieht sich dafür nicht nur auf Grund seiner langjährigen experimentellen Forschungsarbeit auf dem Gebiete der Hämorheologie berufen, sondern auch und ganz besonders als Therapeut.
In der Zeit meiner ersten Gehversuche auf dem Gebiete der Hämorheologie im Jahre 1962 - gefördert von den Kollegen F. Gramlich und H. E. Müller in Mainz - gab es in Deutschland keine eigentliche „Schule" oder keinen „Lehrer" in Hämorheologie bzw. klinischer Hämorheologie. So war man auf Publikationen von Bayliss, Copley, Dintenfass, Fahraeus, Gelin, Gregersen, Merrill, Scott-Blair, Wells u. a. angewiesen; Wissenschaftler, die ich größtenteils erst 1966 auf dem ersten Internationalen Kongreß über Biorheologie in Reykjavik/Island kennenlernte und deren grundlegenden Arbeiten ich viel verdanke. Etwa zu dieser Zeit lernte ich auch zwei deutsche Physiologen kennen, die begannen, sich mit experimenteller Hämorheologie zu befassen, Peter Gaethgens und Holger Schmid-Schönbein. Von den zum Teil auch kontrovers geführten Diskussionen habe ich als Angiologe für meine mehr pathophysiologisch-klinisch orientierte rheologische Forschung viel profitiert; gleiches gilt für viele andere Kollegen aus dieser Zeit, von denen ich stellvertretend nur J. P. Barras, D. Braasch, A. L. Copley, S. Chien, J. Ditzel, H. Meiselman, Y. Isogai, G. V. F. Seaman, T. Somer und J. F. Stoltz erwähnen will.
Die klinische Hämorheologie und damit auch die hämorheologische Therapie haben sich in den folgenden Jahren mehr und mehr entwickelt, nachdem auch klinisch tätige Mediziner die Bedeutung hämorheologischer Faktoren bei der Prävention, Diagnose, Pathogenese, Pathophysiologie und Therapie von Erkrankungen in zunehmendem Maße diskutierten. Die zunehmende Bedeutung der hämorheologischen Therapie von Erkrankungen ist deshalb als eine logische Konsequenz, basierend auf den bisherigen Erkenntnissen auf dem Gebiete der Hämorheologie, der Biorheologie und speziell der klinischen Hämorheologie anzusehen. Es sei vorab schon darauf hingewiesen, daß es nicht das Ziel des vorliegenden Buches ist, klinische Studien oder Einzeluntersuchungen zur Frage der klinischen Wirksamkeit einer hämorheologischen Therapie bei Patienten zusammenzustellen und zu kommentieren (s. Kap. 2.2.1.).

In dem vorliegenden Buch über therapeutische Hämorheologie wurde versucht, einen möglichst hohen Prozentsatz der Literatur derjenigen Veröffentlichungen zusammenzutragen und zu kommentieren, in denen hämorheologische Veränderungen im Rahmen therapeutischer Maßnahmen gefunden wurden und bei denen ein Zusammenhang mit dem Therapieziel angenommen wurde. Ich bin mir jedoch bewußt, daß bei der breiten Streuung von wissenschaftlichen Beiträgen zur „Therapeutischen Hämorheologie" zwangsläufig auch einige thematisch zum Buch gehörende Publikationen nicht erfaßt wurden. Ich wäre sehr dankbar, wenn mich diese Autoren oder die Leser dieses Buches auf solche fehlenden Beiträge hinweisen könnten.

An dieser Stelle möchte ich allen meinen Mitarbeitern für ihre Mithilfe an diesem Buch danken. Besonderer Dank gilt Herrn Dr. med. dent. W. Volkmann, der im Rahmen seiner Dissertation die große Arbeit der Literaturrecherchen übernommen hatte, und den Herren Dr. med. J. Schenk und Dr. med. R. Dehn.

Prof. A. L. Copley, Prof. H. Hartert, beides Pioniere der Biorheologie und Hämorheologie, haben sich bereit erklärt, jeweils ein Vorwort zu dem vorliegenden Buch zu schreiben. Dafür möchte ich meinen Freunden Alfred und Hellmut ganz besonders danken.

Frankfurt, den 10. April 1989 *A. M. Ehrly*

Vorwort

Es freut mich, daß Albrecht M. Ehrly, der Autor von „Therapeutische Hämorheologie", mich gebeten hat, ein Vorwort für dieses Buch zu schreiben.

Die Hämorheologie bleibt weiterhin das aktivste Gebiet der Biorheologie. Die Biorheologie als organisierte Wissenschaft begann im Jahre 1948, als ich beim 1. Internationalen Kongreß der Rheologie in Scheveningen, Holland, meinen Plenarvortrag „Rheological Problems in Biology" hielt und darin den Begriff „Biorheologie" einführte. Biorheologie beinhaltet das Studium der Deformation und des Fließens von biologischen Systemen oder von Materialien biologischer Bedeutsamkeit, die direkt von lebenden Organismen herrühren. Sie befaßt sich auch mit Materialien nicht biologischer Herkunft, die in einem biologischen System oder Milieu angewandt werden.

Drei Jahre später führte ich in Chicago den Terminus „Hämorheologie" bei der 25. Jahrestagung des American Institute of Physics ein, bei einem Plenarvortrag vor der Society of Rheology, eine der Gründungsmitgliedergesellschaften des Institutes.

A. M. Ehrly bezieht sich auf meine ursprüngliche Definition im Einleitungskapitel. Er nimmt auch Bezug auf die Definition der Hämorheologie, die ich 1981 bei einem Plenarvortrag über die „Future of the Science of Biorheology" beim 4. Internationalen Kongreß der Biorheologie in Tokio einführte. Ich postulierte, daß „das Blut, zusammen mit den Gefäßen, in denen es kreist, aus zwei deutlich verschiedenen, aber symbiotischen Teilen eines sehr speziellen Organes besteht, das keinem anderen Organ ähnelt". Dies wird hervorgehoben, weil gemäß meiner Bewertung nach, wir uns die Symbiose der Gefäße und des Blutes vorstellen müssen als ein einziges hoch entwickeltes Organ mit seinen diversen Populationen von Zellen und Proteinen, Strukturen, Funktionen, mit seiner unermeßlichen Größe und seinen mannigfaltigen rheologischen Verhaltensweisen.

Zusammengefaßt ist die Hämorheologie das Studium der rheologischen Aspekte des Gefäß-Blut-Organs. Es ist die wissenschaftliche Untersuchung des Deformationsverhaltens, einschließlich des Fließens des Blutes und seiner Bestandteile und der Konstituenten der Blutgefäße und der umgebenden Gewebe, mit welchen das Blut oder seine Komponenten in direkten Kontakt kommen. Es ist weiterhin die Untersuchung der Interaktion des Blutes oder seiner Komponenten und des Gefäßsystems mit zusätzlichen Fremdkörpern wie Medikamente, Plasmaersatzmittel oder prosthetischer Geräte. Insgesamt ist die Hämorheologie das Studium der Funktionsweise des Gefäß-Blut-Organes in seinen beiden Teilen, d. h. das Blutgefäß und das Blut, und deren Interaktion mit anderen Organen, die es durchdringt. Dadurch spielt das Gefäß-Blut-Organ eine unentbehrliche Rolle im lebenden Organismus. Es kann nicht genug betont werden, daß die obige Definition dem wissenschaftlichen Gebiet der Hämorheologie und seinen klinischen Anwendungen ein breites Spektrum gibt, welches bestimmt in künftigen Untersuchungen, klinisch-hämorheologische eingeschlossen, behandelt werden wird.

Wie ich in einem Übersichtsreferat über die Geschichte der klinischen Hämorheologie auf dem Kongreß in Siena 1985 ausgeführt habe [1], wird die klinische Hämorheologie in nicht allzu ferner Zeit eines der Hauptgebiete der Medizin werden. Während der letzten 100 Jahre haben sich mehrere Gebiete der Medizin, wie Hämatologie, Angiologie, Dermatologie, Ophthalmologie und andere, als spezielle Teilgebiete entwickelt. Diese differenzierten Gebiete der Medizin, von denen sich bereits heute einige mit klinischer Hämorheologie befassen, werden jetzt und in den nächsten Jahren besonders viel von den Fortschritten der klinischen Hämorheologie profitieren. Diese Fortschritte schließen die diagnostische, die therapeutische und die präventive Hämorheologie mit ein.

Wie ich 1981 in Tokio in einer Plenarsitzung des Internationalen Kongresses für Biorheologie [2] über die Zukunft der Biorheologie ausgeführt habe, ist diese moderne Wissenschaft in nur 3 Jahrzehnten das „missing link" zwischen allen Wissenschaften des Lebens geworden. Was die klinische Hämorheologie als eine der vielen Verzweigungen der Wissenschaft der Biorheologie betrifft, so scheint sie das verbindende Element zwischen verschiedenen Gebieten der praktischen Medizin und Chirurgie zu sein. Da sich dieses schnell wachsende wissenschaftliche Gebiet mit den klinischen Aspekten der Rheologie des Gefäß-Blut-Organs befaßt, schließt die therapeutische Hämorheologie nicht nur das ein, was in diesem Buch aufgeführt wird, sondern auch solch verschiedene Gebiete wie hämorrhagische und thrombotische Erkrankungen, Entzündungsprozesse, Kreislaufschock, Schlaganfall, Ödeme, Embolien, kurz: alle klinischen Manifestationen, welche Veränderungen in der Rheologie des Gefäß-Blut-Organs aufweisen. Deswegen wird die therapeutische Hämorheologie sich weiter ausbreiten und die meisten Gebiete und speziell Teilgebiete der klinischen Medizin und Chirurgie beeinflussen.

Im Jahre 1959 sind gewisse Bereiche des Gebietes klinische Hämorheologie behandelt worden bei einer Konferenz „Flow Properties of Blood and Other Biological Systems", zusammengerufen von der Faraday Society und der British Society of Rheology an der Universität Oxford. „Clinical Hemorheology" war der Titel eines ganzen Themenbereiches der Ersten Internationalen Konferenz der Hämorheologie an der Universität von Island, Reykjavik, im Jahre 1966.

Es ist beachtenswert, daß zu jener Zeit A. M. Ehrly und andere klinische Forscher ihre Untersuchungen auf dem Gebiet der klinischen Hämorheologie präsentierten. Er wurde dort Stiftungsmitglied der International Society of Hemorheology, die drei Jahre später, bei der zweiten europäischen Hämorheologiekonferenz an der Universität Heidelberg, zur International Society of Biorheology wurde. Bei nachfolgenden internationalen Kongressen der Biorheologie nahm A. M. Ehrly aktiv teil mit seinen vorgetragenen Untersuchungen der klinischen Hämorheologie. So wurde Albrecht M. Ehrly als klinischer Forscher und Kliniker ein Pionier der klinischen Hämorheologie.

Ehrly's Aktivitäten in der klinischen Hämorheologie alleine geben ihm außerordentliche Bezeugung als Autor des ersten Buches über therapeutische Hämorheologie. Diese hervorragenden Qualifikationen werden weiter vermehrt durch seine führende Rolle in der Einführung von neuen therapeutischen Methoden und Medikamenten in der Behandlung von Kreislaufstörungen, verursacht durch pathologische Zustände, die das Gefäß-Blut-Organ beeinflussen. Seine klinisch-hämorheologischen Befunde über Defibrinogenisierung, die von besonderer Wichtigkeit sind, laden zu weiterer, detaillierter klinischer Forschung ein.

Neue Fortschritte in der experimentellen Hämorheologie einschließlich der Oberflächenhämorheologie haben zu neuen Befunden und Einblicken in das Gefäß-Blut-Organ geführt [3-7]. Demzufolge erwartet man z. B. von der Endoendothelfibrin(ogenin)-Auskleidung (EEFL) und der in vivo-Bildung von Fibrinogenin in der Aggregation von Fibrinogenmolekülen und folgender Gelierung ohne Thrombinwirkung einen großen Impakt auf die Praxis in der Medizin und in der Chirurgie.

Das Interface zwischen den beiden Teilen des Gefäß-Blut-Organes ist die EEFL, die als entscheidende Filtrationsbarriere für den transkapillären Transport zwischen Blut und Gewebe dient.
Darüberhinaus spielt die EEFL eine besonders wichtige Rolle im Blutkreislauf. Sie dient als physikalisches Antigerinnungs- und Antithrombose-Agens und erleichtert die Herzarbeit, indem sie die Scheinviskosität des Blutes in der Mikrozirkulation stark vermindert (bekannt als Copley-Scott Blair-Phänomen). Diese Rollen bilden die Basis für neue Zugänge zur hämorheologischen Therapie einschließlich der Auswahl neuer prosthetischer Geräte.
Es sollte auch beachtet werden, daß neue, biomikroskopische Untersuchungen der Thrombogenese von S. Witte [4, 6] (1980) und frühere Ergebnisse über die Einleitung der Hämostase von B. W. Zweifach [4, 6] (1954) klar zeigen, daß ihre Ergebnisse der in vivo-Fibrinogeningelierung neuere Horizonte in der hämorheologischen Therapie eröffnen. Unsere neuen Untersuchungen deuten auf die antithrombotische Wirkung einer Reihe von Substanzen wie Heparine mit kleinem Molekulargewicht, Chondroitine A, B und C und andere hin [4, 5, 8]. Es ist zu erwarten, daß diese neuen Fortschritte in der experimentellen Oberflächenhämorheologie im nächsten Jahrzehnt für die klinische Anwendung entwickelt werden. Ebenfalls steht die Entwicklung von in vivo-hämorheologischen Tests in Aussicht sowie die von hämorheologischen Tests, die so weit wie möglich der in vivo-Situation nahekommen.
1982 wurde von Witte [9] beschrieben, daß unter der kapillären oder vaskulären Permeabilität diejenigen Vorgänge mit eingeschlossen werden sollten, die sich innerhalb des interstitiellen Raumes, durch die Zellmembranen und in der Lymphe abspielen. Witte schlug vor, diese Vorgänge die „innere Zirkulation" zu nennen. Ich bin mit Witte völlig einig, daß das Feld der klinischen Hämorheologie auch diese innere Zirkulation mit einschließen muß. Moderne klinische Hämorheologie wird deshalb gezwungen sein, die Rheologie der interstitiellen Räume, deren Inhalte, die parenchymatösen Zellmembranen, die Lymphe, die Lymphgefäße und deren Wände mit einzuschließen. Der Ausdruck „Perihämorheologie" wurde von mir auf dem Kongreß in Siena als neuer Begriff für die Ausweitung der klinischen Hämorheologie eingeführt. Wie ich dort dargelegt habe, hat die Perihämorheologie ebenfalls eine lange Geschichte in der Medizin wie in der modernen klinischen Hämorheologie und wird auch in der Zukunft wichtige Rollen spielen. Eine dieser Rollen wird die perihämorheologische Therapie sein [10, 11].
Dieses Buch ist ein mutiger Versuch des Autors, den Arzt und Chirurgen mit vielen Medikamenten in der Behandlung von Kreislaufstörungen und Krankheiten vertraut zu machen. Als ein erstes Buch über dieses Thema kann es noch nicht eine Reihe von Aspekten der klinischen Hämorheologie, die sich auf die (wie oben genannt) Gefäßwand bezieht, behandeln. Dies beruht auch zum großen Teil darauf, daß es bis heute noch nicht genügende, bisher vorhandene, klinische Untersuchungen und zuverlässige Testmethoden des vaskulären Teils des Gefäß-Blut-Organs gibt.
„Therapeutische Hämorheologie" wird von Klinikern und Chirurgen als Wegweiser zur weiteren Erforschung des wachsenden Gebietes der klinischen Hämorheologie sehr geschätzt werden. Ich applaudiere Albrecht M. Ehrly, daß er dieses Buch den praktischen Ärzten und Spezialisten der verschiedenen Gebiete der Medizin und der Chirurgie präsentiert. Ich bin zuversichtlich, daß dieses Buch als Stimulus dienen wird für die weitere klinische Forschung und für die klinische Erprobung von Medikamenten zur Behandlung von Krankheiten und pathologischen Zuständen, die das Gefäß-Blut-Organ betreffen.

Literatur

1. Copley AL (1985) The history of clinical hemorheology. Clin Hemorheology, 5, 765-812
2. Copley AL (1982) The future of the science of biorheology. Biorheology, 19, 47-69
3. Copley AL (1981) Hemorheological aspects of the endoendothelial fibrin lining and of fibrinogen gel clotting. Their importance in physiology and pathological conditions. Clin Hemorheology, 1, 9-72
4. Copley AL (Ed.) (1983) The Endoendothelial Fibrin Lining. Symposium of the XII. Europ. Conf. on Microcirculation, Jerusalem, Israel, 7.9. 1982. New York - Oxford: Pergamon Press, 1983, 160 pp second printing 1984, Thrombosis Research, Suppl. V
5. Copley AL and Seaman GVF (Eds.) (1983) Surface Phenomena in Hemorheology: Their Theoretical, Experimental and Clinical Aspects. Ann N. Y. Acad Sci, 416, 761 pp
6. Copley AL (1984) The endoendothelial fibrin lining as the crucial barrier and the role of fibrin(ogenin) gels in controlling transcapillary transport. Biorheology, 21, 135-153
7. Copley AL (1986) Endoendothelial fibrin(ogenin) lining: The interface between the two protions of the 'vessel-blood organ'. In: Satellite Symposium of the Third International Cell Biology Congress, Kurashiki, Japan 1984. Glomerular Dysfunction and Biopathology of Vascular Wall. Seno S, Copley AL, Hamashima Y and Venkatachalan MA (Eds.) Tokyo - New York - London: Academic Press, in press
8. Copley AL, King RG and Chien S (1983) On the antithrombogenic action of low molecular weight heparins and of chondroitins A, B and C. Biorheology, 20, 697-704
9. Witte S (Ed.) (1982) Microcirculation, Interstitium, Lymph, Pathophysiology and Disease. New York - Oxford: Pergamon Press, 1982; Clinical Hemorheology, 2, 415-767
10. Copley AL (1987) Perihemorheology rather than parahemorheology. Biorheology, 24, 283-284
11. Copley AL (1987) Perihemorheology rather than parahemorheology. Clin Hemorheology, 7, 311-318

New York, N. Y. (USA) *Alfred L. Copley*

Vorwort

Als einer der Mitbegründer der klinischen Hämorheologie auf internationaler Ebene, insbesondere ihrer therapeutischen Belange, hat Albrecht Ehrly sich der ebenso aufwendigen wie wohlgelungenen Aufgabe unterzogen, eine geistige und sachliche Ordnung in dieses an Bedeutung ständig zunehmende klinische Gebiet hineinzubringen. Es ist umso mehr sein besonderes Verdienst, als sich vor allem die Therapie hämorheologischer Erkrankungen in einem komplexen Entwicklungsstadium befindet. Zwischen ihrer theoretischen Begründung und der praktischen Auswertung klaffen noch große Lücken, obgleich sowohl auf wissenschaftlicher wie auch auf klinischer Ebene ein nahezu unübersehbares Material hierfür vorliegt.

Es ist leicht mit Begriffen und Fakten umzugehen, die bereits ihre geschichtliche Entwicklung hinter sich haben. Gerade aber in der klinischen Hämorheologie geht in der Beziehung zwischen Klinik und Therapie ein hochaktiver Umsatz vor sich, der seine Trends sehr deutlich zeigt, dessen endgültiges Produkt sich aber noch nicht absehen läßt.

Das Ordnungsprinzip des Autors der „Therapeutischen Hämorheologie" nahm davon Ausgang, daß mit den wachsenden klinischen Erfahrungen dem Kliniker zwar einerseits eine immer größere Zahl therapeutisch anzugehender krankhafter hämorheologischer Befunde begegnet, daß andererseits aber die therapeutischen Maßnahmen im Allgemeinen und die medikamentöse Behandlung im Besonderen eine oft nur auf Umwegen erkennbare Logik des Verfahrens aufweisen. Denn weder ist hier das Verständnis von Pathogenese und krankmachender Ursache ohne weiteres auf eine Linie zu bringen, noch kann sich aus dieser Konstellation von vornherein eine Konsequenz für den erforderlichen Arzneimitteleffekt ergeben. Die Erklärungen von Arzneimittelherstellern über die rheologische Wirksamkeit von Medikamenten sowie über die Ursache dieser Wirksamkeit hat oft nur sehr mittelbaren Bezug zu dem, was als therapeutischer Effekt herauskommt. Im Extremfall stimmt nichts von der Erklärung über den Wirkungsmechanismus eines Medikamentes, obgleich es positivenfalls wie erwartet, ja vielleicht noch besser wirkt.

Neben dem erstrangig einzuordnenden klinischen Eindruck einer therapeutischen Wirkung ist der Stellenwert einer Therapiekontrolle durch Messung der Fließeigenschaften des Blutes von spezieller Wichtigkeit. Sie ist von jeher Gegenstand besonderer Kritik seitens des Autors gewesen - ein Ruf der ihn besonders in Deutschland als kritischen Therapeuten an erste Stelle gerückt hat. Es gehört ein schöpferischer Mut dazu, im Adoleszentenalter dieser Wissenschaft dem Leser gerade über den klinischen Anteil einen konstruktiven und nicht nur informatorischen Einblick zu liefern. Die nicht überwundene Inkohärenz zwischen Theorie und Praxis ließ in Albrecht Ehrly die Idee reifen, nicht, wie bisher in der Hämorheologie überwiegend üblich, die Praxis vorrangig von der Theorie her zu steuern. Das Prinzip der ex juvantibus-Therapie ist von ihm bewußt akzeptiert. Mit der Umkehr vom induktiven zum deduktiven Modus der Erkenntnis nutzt er in dieser Wissenschaft die Wirklichkeiten der Pharmakologie, indem er nicht von ihren theoretisch zu erwartenden, sondern, kritisch vergleichend, von ihren praktisch erfahrenen Wirkungen ausgeht. Es ist ein Vorgehen, das zu einer Ordnung führt, mit welcher der Arzt ein unmittelbar greifbares Therapie-Werkzeug in die Hand bekommt. Ohne dieses kann es nicht zu der dringend notwendigen Verbreitung eines bisher unterrepräsentierten Bereichs der Medizin kommen.

Das Werk spricht in erster Linie eine weitgespannte Zielgruppe von klinisch und praktisch tätigen Ärzten an. Durch sein in diesem Rahmen bisher unerreichtes Niveau spricht es darüberhinaus gerade die einschlägigen Spezialisten, die Angiologen, die Intensivmediziner, die Hämatologen und Anästhesiologen sowie Pharmakologen und Pathophysiologen an. Ihnen bietet sich eine kritische Wertung aller bisher bekannten Therapiemöglichkeiten im rheologischen Rahmen. Jeder einzelne Abschnitt wird darüberhinaus mit einem von dessen gesamtem Stoff durchwirkten Kommentar angeboten, der für alle Leser das Studium dieser wirklichkeitsnahen Anleitung zu hämorheologisch-therapeutischer Aktivität ebenso auch zum nützlichen und nachhaltigen Vergnügen macht.

Kaiserslautern *Hellmut Hartert*

Inhaltsverzeichnis

1. Einleitung

Hämorheologie (Blutfließkunde), die Lehre von den Fließeigenschaften des Blutes, ist ein junges medizinisches Forschungsgebiet und hat erst seit etwa 20 Jahren in zunehmendem Maße Eingang in die an Spezialausdrücken nicht gerade arme medizinische Wissenschaft gefunden. Während man sich früher nur unter den Begriffen „Blutviskosität" und „Plasmaviskosität" etwas vorstellen konnte, sind heute auch andere rheologische Teilfaktoren der Fließeigenschaften des Blutes wie „Erythrozytenaggregation" und „Erythrozytenverformbarkeit" bekannt.

Waren zunächst von physiologischer Seite wesentliche Grundlagen für dieses spezielle Teilgebiet erarbeitet worden (Allgemeine Hämorheologie), so wurden dann auch pathologisch veränderte Fließeigenschaften des Blutes bei verschiedenen Erkrankungen erkannt und systematisch untersucht. Diese „Klinische Hämorheologie" ist am ehesten in den größeren Rahmen der Kreislaufpathophysiologie einzuordnen; Beziehungen bestehen auch zur Hämatologie [232].

Es gibt eine Reihe von Büchern und Kongreßbänden, die eine Übersicht über die allgemeine und klinische Hämorheologie geben und in denen auch ein großer Teil Grundlagenforschung mit enthalten ist (z.B. *Replogle* und *Meiselman* 1967 [723], *Copley* 1968 [146], *Larcan* und *Stoltz* 1970 [548], *Dormandy* 1970 [197], *Dintenfass* 1971 [175], *Chien* 1972 [125], *Messmer* und *Schmid-Schönbein* 1972 [638], *Wells* 1973 [913], *Scott-Blair* 1974 [784], *Messmer* und *Schmid-Schönbein* 1975 [640], *Dintenfass* 1976 [178], *Stoltz* und *Drouin* 1980 [823], *Schmid-Schönbein* et al. 1981 [762], *Lowe* et al. 1981 [588], *Dintenfass* 1981 [180], *Manrique* und *Müller* 1981 [610], *Ehrly* 1983 [296], *Dormandy* 1983 [211], *Ehrly* 1984 [311], *Dintenfass* 1985 [183]). Im deutschsprachigen Raum wurden verschiedene Habilitationsschriften (z.B. *Krosch* 1959 [529], *Ehrly* 1969 [234], *Gaethgens* 1970 [359], *Schmid-Schönbein* 1970 [757], *Chmiel* 1973 [128], *Heidrich* 1975 [424], *Rieger* 1976 [726], *Leonhardt* 1978 [566], *Volger* 1980 [886], *Landgraf* 1984 [537]) über diese Thematik verfaßt.

Mit zunehmender Kenntnis der pathophysiologischen Zusammenhänge zwischen verschlechterten Blutfließeigenschaften und verschiedenen Erkrankungsgruppen wurde naturgemäß auch versucht, daraus therapeutische Konsequenzen zu ziehen (siehe näheres bei 3.3.).

So befaßte sich der Internationale Kongreß für Hämorheologie 1969 in Heidelberg vorwiegend mit klinischen und vereinzelt auch mit therapeutischen Problemen [420]. 1973 wurde in einer Monographie [252] der damalige Stand einer rationalen Basis einer hämorheologischen, insbesondere der defibrinogenierenden Therapie chronischer arterieller Verschlußkrankheiten beschrieben.

Nach 1979 wurden in Europa Gesellschaften für klinische Hämorheologie gegründet; neben Deutschland bildeten sich auch in Frankreich, England, Italien und Portugal zwischenzeitlich hämorheologische Gesellschaften bzw. Gruppen, die wissenschaftliche Tagungen in regelmäßigen Abständen veranstalteten, bei denen auch therapeutische Beiträge präsentiert wurden. Ab 1979 fanden in zweijährigen Abständen Europäische Kongresse über Klinische Hämorheologie statt (1st European Conference on Clinical

Hemorheology Nancy 1979 [823] - 2nd European Conference on Clinical Hemorheology London 1981 [335]). 1981 erschien erstmals die Zeitschrift „Clinical Hemorheology", herausgegeben von *A. L. Copley* und *S. Witte* (Pergamon Press), in der auch therapeutische Arbeiten publiziert wurden.
1983 fanden in Baden-Baden der Internationale Kongreß über Biorheologie [466] und die dritte Europäische Konferenz über Klinische Hämorheologie [336] statt, auf denen klinisch-hämorheologische Themen und unter anderem auch therapeutische Probleme behandelt wurden. So wurden Übersichtsreferate über die Hämodilutionstherapie, die Defibrinogenierung und die Therapie mit rheologisch-aktiven Präparaten gehalten [388, 303, 593].
Ausschließlich hämorheologisch-therapeutische Themen wurden auf dem 2. Kongreß der Deutschen Gesellschaft für klinische Hämorheologie 1983 in München erörtert [302]. Naturgemäß wurden auch auf der 4. Europäischen Konferenz über Klinische Hämorheologie in Siena 1985 [337] und bei den Jahrestagungen der anderen nationalen Gesellschaften ebenfalls hämorheologisch-therapeutische Themen mit besprochen.
Kürzere zusammenfassende Darstellungen der hämorheologischen Therapie, speziell mit verschiedenen Pharmaka, finden sich in Zeitschriftenartikeln [252, 444, 549, 826, 827, 212, 320, 551, 828, 872, 616, 51, 749, 500] und als besondere Kapitel von Büchern [175, 638, 824, 208, 290, 589, 438, 725, 332]; eine ausführliche und kommentierende Zusammenstellung über therapeutisch induzierte hämorheologische Veränderungen des Blutes bei Patienten („Therapeutische Hämorheologie") gab es bisher nicht.
Der vom Autor vorgeschlagenen Ausdruck „Therapeutische Hämorheologie" impliziert daher im Gegensatz zur „Hämorheologischen Therapie", daß weniger die schwierige Frage der klinischen Wirksamkeit (efficacy) der verschiedenen hämorheologischen Therapiearten, sondern mehr die therapeutisch induzierten Veränderungen der Fließeigenschaften des Blutes in diesem Buch besprochen werden (s. auch Kapitel 2.2.1).
Der allgemein übliche Ausdruck „hämorheologische Therapie" nimmt für sich in Anspruch, daß der Behandlungserfolg quasi ausschließlich auf eine Verbesserung der Fließeigenschaften des Blutes zurückzuführen ist. Dieser Schluß ist aus zweierlei Gründen nicht zwingend. Einmal müßte erst einmal zweifelsfrei für jedes Medikament bzw. jede Maßnahme mit hämorheologischen Wirkungen die klinische Wirksamkeit (efficacy) bewiesen werden, was in aller Regel ein sehr schwieriges Unterfangen ist. Zum anderen müßte man zweitens unterstellen, daß die gewählten Maßnahmen bzw. Medikamente ausschließlich hämorheologische Wirkungen aufweisen. Dies ist - wie bei vielen sogenannten vasoaktiven Substanzen - nicht der Fall.
Deshalb ist auch der von Lowe 1984 vorgeschlagene Ausdruck „Rheotherapie" [593] nach Meinung des Autors ebensowenig glücklich wie der Begriff „Rheologica" [321, 500] als globaler Ausdruck für hämorheologisch wirksame Substanzen. *Schmid-Schönbein* [765] spricht neuerdings von antithixotroper Therapie. Der allgemein gehaltene und gut eingeführte Begriff hämorheologische Therapie ist jedoch nicht nur am meisten verbreitet, sondern auch dem Kliniker gut verständlich und weist auf die Behandlung von Patienten mit hämorheologisch wirksamen Medikamenten und Maßnahmen hin.
Unter „Therapeutischer Hämorheologie" dagegen verstehen wir die Lehre von der Beeinflussung der Fließeigenschaften des Blutes von Patienten durch bestimmte therapeutische Maßnahmen und Medikamente, die geeignet sind, die den Krankheiten zugrunde liegende Pathomechanismen und deren Symptome günstig zu beeinflussen. Dies schließt entsprechende pathophysiologische, pharmakologische und klinisch-therapeutische Fragestellungen ein. Die „Therapeutische Hämorheologie" im engeren Sinne betrifft erfahrungsgemäß vorwiegend die hämorheologischen Teilfaktoren Vollblutviskosität, Plasmaviskosität, Erythrozytenaggregation und Erythrozytenverformbarkeit; über die hämo-

rheologisch-klinische Bedeutung der übrigen zellulären Bestandteile des Blutes (Leukozyten, Thrombozyten) ist wenig bekannt.
Die „Therapeutische Hämorheologie“ im weiteren Sinne lehnt sich an die Definition *Copley*'s [148] über die Hämorheologie an und schließt demnach auch therapeutische Interaktionen des Blutes mit den Blutgefäßen mit ein.
Die Fließeigenschaften des Blutes sind - beispielsweise im Rahmen von Mikrozirkulationsstörungen bei chronisch degenerativen Gefäßerkrankungen - keine isoliert zu sehenden Parameter [291], sondern stehen im engsten Zusammenhang mit anderen Faktoren und Regelkreisen des Kreislaufes [286]. Die Materialeigenschaften (Fließeigenschaften) des Blutes, welche den Fließwiderstand im Kreislaufsystem mitbestimmen, sind daher immer als ein Teil eines einheitlichen Ganzen zu sehen. Eine therapeutische Beeinflussung der Fließeigenschaften des Blutes sollte demnach zu einer Verbesserung insbesondere der Mikrozirkulation führen und über diesen Weg die Versorgung des Gewebes optimieren (s. Kap. 3.3.9, Tabelle 3).
Makrozirkulation, Mikrozirkulation, Hämorheologie und Gewebeversorgung sind gleichermaßen Zahnräder im Getriebe des menschlichen und tierischen Organismus, die nur im ordnungsgemäßen Zusammenspiel adäquat funktionieren.

2. Zielsetzung und Aufbau des Buches

2.1. Zielsetzung

Zielsetzung des vorliegenden Buches ist es, eine zusammenfassende Darstellung und kritische Wertung derjenigen hämorheologischen Meßdaten zu geben, die bei „in vivo"-Untersuchungen an Patienten erhalten und bis zum Zeitpunkt Ende 1986 publiziert und recherchierbar waren. Der Begriff „in vivo" bedeutet dabei streng genommen „extra vivum", weil die hämorheologischen Ergebnisse auch nach Anwendung einer Therapie mit hämorheologisch wirksamen Substanzen in vitro, d.h. außerhalb des Körpers gemessen wurden.

Neben einfachen therapeutischen Maßnahmen wie der Aderlaßtherapie nimmt die medikamentöse Therapie einen großen Raum ein. Bewußt sollen auch jene Veränderungen der Fließeigenschaften des Blutes durch bestimmte diagnostische und therapeutische Maßnahmen, z.B. Röntgenkontrastmittel, besprochen werden, die zu Nebenwirkungen führen können. In der vorliegenden Arbeit soll nicht nur eine einfache chronologische Aneinanderreihung von Arbeiten über dieses Thema vorgenommen werden; es wurde ganz besonderen Wert auf eine kritische Kommentierung und Analyse gelegt.

Eine kritische Stellungnahme und Bewertung von Arbeiten aus früheren Jahren ist nur möglich auf der Basis des derzeitigen Wissensstandes und der heutigen meßtechnischen Möglichkeiten. Das bedeutet, daß die Relevanz einiger der vorliegenden älteren Arbeiten oft nur im Vergleich zu späteren Arbeiten mit der gleichen Thematik beurteilt werden kann. Die kritische Bewertung einzelner Arbeiten für die Therapie beinhaltet zwangsläufig, daß die persönliche Einstellung des Autors zu den Problemen immer wieder erkennbar wird.

Eine Bewertung bzw. ein Vergleich von wissenschaftlichen Arbeiten ist auch deswegen sehr schwierig, weil die Bedingungen hinsichtlich der Patientenauswahl, der Krankheitsgruppen, aber auch insbesondere die meßtechnischen Voraussetzungen oft kaum vergleichbar sind. Nur in den seltensten Fällen sind gleiche oder ähnliche Viskosimeter benutzt worden. In vielen Fällen, insbesondere bei früheren Arbeiten, wurden nur ein oder zwei Faktoren der Fließeigenschaften des Blutes gemessen. Heute ist es bei den größeren Arbeitsgruppen auf diesem Gebiet unumstritten, daß eine verläßliche Aussage über Veränderungen der Fließeigenschaften des Blutes (Vollblutviskosität, Plasmaviskosität, Erythrozytenaggregation, Erythrozytenverformbarkeit) selektiv gemessen und kombiniert gewertet werden (Hämorheologischer Status [287], Aachener Testprofil [764]).

Auf eine ausführliche Diskussion der theoretischen Grundlagen sowie eine eingehende Darstellung der veränderten Blutfließeigenschaften bei bestimmten Erkrankungen wurde verzichtet, zumal diese Themen schon von anderen Autoren behandelt wurden (s. Einleitung). Dafür wurde eine kurze zusammenfassende Darstellung theoretischer Grundlagen und pathophysiologischer Zusammenhänge mit einem Überblick über hämorheologische Meßmethoden sowie ein Glossarium über die wichtigsten Begriffe hinzugefügt.

Bewußt werden neben den ausführlichen, in medizinischen Zeitschriften und Fachbüchern publizierten Originalarbeiten auch die mir nur in Abstractform vorliegenden Ergebnisse mit einbezogen, die auf den hämorheologischen Kongressen der Jahre 1981 bis 1986 vorgetragen wurden (z.B.2. Europäischer Kongreß über Klinische Hämorheologie in London 1981 [335], 4. Jahrestreffen der Japanischen Gesellschaft für Biorheologie 1981 [23], 5. Internationaler Kongreß für Biorheologie und 3. Europäische Konferenz über Klinische Hämorheologie in Baden-Baden [336] und andere).

Die Abstracts einiger dieser Kongresse sind als spezielle Hefte von „Clinical Hemorheology" bzw. „Biorheology" erschienen; zum Teil wurden diese Arbeiten später vollständig in diesen Zeitschriften publiziert.

Da in den Abstracts keine detaillierten Beschreibungen der Methodik und Ergebnisse vorliegen, werden diese Befunde nicht vergleichend gewertet, sondern lediglich aufgeführt und mit dem Zusatz „Abstract, keine Details" versehen.

2.2. Ausschlußkriterien

2.2.1. Klinisch-therapeutische Ergebnisse im Rahmen einer Therapie mit rheologisch wirksamen Maßnahmen

In den meisten Publikationen über den therapeutischen Einsatz von Medikamenten und Maßnahmen, welche die Fließeigenschaften des Blutes verbessern, sind Angaben über die klinische Wirksamkeit (efficacy) enthalten. In einigen Arbeiten finden sich nur Fallbeispiele, in anderen mehr oder weniger gut angelegte und abgesicherte Studien, in deren Rahmen auch hämorheologische Untersuchungen durchgeführt wurden. In der Regel wird bei einer therapeutischen Verbesserung der hämorheologischen Parameter der Patienten von den Autoren auch über klinische Verbesserungen berichtet. Betrachtet man die Vielzahl der Therapiemaßnahmen, bei denen ein hämorheologischer Effekt beschrieben wurde, und die Unterschiedlichkeit der Aussagekraft der klinischen Daten dieser Publikationen, dann ist es leicht einsehbar, daß eine kritisch-vergleichende Betrachtung der klinischen Wirksamkeit hämorheologischer Maßnahmen den Rahmen des vorliegenden Buches gesprengt hätte, so wichtig diese Fragen auch für die behandelnden Ärzte sind. Oft erlauben auch fehlende objektive Parameter zur Quantifizierung der klinischen Wirksamkeit (efficacy) eine Beurteilung nicht. Es werden daher nur die therapeutischen Wirkungen (effects) hämorheologischer Maßnahmen beschrieben und vergleichend kommentiert. Aber auch schon hierbei gibt es methodische Schwierigkeiten, die eine Antwort auf die Frage, ob tatsächlich ein hämorheologischer Effekt vorliegt, erschweren (s. Kap. 3.3.4.). Wenn man Kausalzusammenhänge zwischen verschlechterten Fließeigenschaften des Blutes und klinischen Symptomen bejaht und daraus therapeutische Konsequenzen ziehen will (s. Kap. 3.2.1.), dann sollte zunächst sichergestellt werden, daß die einzelnen Medikamente und Verfahren tatsächlich die Fließeigenschaften des Blutes verbessern. Ist dies nicht der Fall oder unwahrscheinlich, dann kann ein solches Medikament auch nicht als hämorheologisch wirksam angesehen werden, und es erübrigen sich weitergehende Überlegungen. In der Tat gibt es eine Reihe von Therapeutika und Maßnahmen, deren hämorheologische Wirkung zwar beschrieben wurde, deren tatsächliche Effekte jedoch nach dem derzeitigen Stand der Erkenntnis bestritten werden müssen.

Bei der Behandlung der einzelnen hämorheologisch-therapeutischen Maßnahmen (s. Kap. 4) werden daher die Aussagen der Autoren zur klinischen Wirksamkeit meist nur dann erwähnt, wenn dies im positiven oder negativen Sinn besonders auffällig ist. Eine durchgehende Beschreibung der klinischen Ergebnisse oder deren Kommentierung konnte jedoch aus den oben genannten Gründen nicht erfolgen.

2.2.2. Klinisch-therapeutische Studien mit hämorheologisch wirksamen Substanzen und Maßnahmen ohne gleichzeitige Messungen hämorheologischer Parameter

In einer ganzen Reihe von wissenschaftlichen Publikationen wird über die Therapie mit rheologisch wirksamen Medikamenten bei den verschiedensten Krankheitsbildern gesprochen und der Wirkungsmechanismus im Sinne der Verbesserung der Fließeigenschaften des Blutes diskutiert (z. B. [95, 385, 386, 387, 204]). Diese Arbeiten wurden in der vorliegenden Zusammenstellung jedoch deswegen nicht berücksichtigt, weil von den Autoren eigene viskosimetrische Messungen nicht ausgeführt worden sind. Die Autoren beziehen sich dann in aller Regel auf experimentelle Arbeiten anderer Wissenschaftler oder aber diskutieren einen rheologischen Wirkungsmechanismus auch ohne konkret zitierte Befunde anderer Autoren. Es würde den Rahmen der vorliegenden Arbeit eindeutig sprengen, wollte man diese Art von Publikation mit Nennung einer denkbaren oder wahrscheinlichen therapeutischen Beeinflussung der Fließeigenschaften des Blutes, jedoch ohne eigene Meßergebnisse, miteinbeziehen. Es wird deswegen bewußt auf diese Publikationen verzichtet, ohne damit deren klinische Bedeutung unterschätzen zu wollen.

2.2.3. Publikationen mit in vitro-Untersuchungen und zu mikrozirkulatorischen Methoden

Untersuchungen an gesunden Menschen, Ergebnisse aus Tier- und in vitro-Untersuchungen sind nicht Gegenstand dieses Buches. Sie werden nur dann erwähnt und zitiert, wenn sie zum Verständnis oder zur Klarstellung unbedingt notwendig erscheinen. Weiterhin ist auch davon abgesehen worden, Ergebnisse aufzuzählen und zu kommentieren, welche, global betrachtet, als „therapeutische Beeinflussung der Mikrozirkulation" bezeichnet werden können; gleiches gilt für viele kapillarmikroskopische Befunde, wie sie vorwiegend in früheren Jahrzehnten publiziert wurden.
Die Ergebnisse solcher mikrozirkulatorischer Untersuchungen hängen jedoch von einer Vielzahl von Faktoren ab, von denen die Fließeigenschaften des Blutes nur einen Teil darstellen. Die mikroskopische Beurteilung therapeutischer Maßnahmen war früher weitgehend subjektiv. So ist z. B. die Verminderung des Erythrozyten-Sludge-Phänomens, z. B. im Rahmen einer Gabe von Plasmaersatzstoffen, in früheren Jahren oft als direkte desaggregierende Wirkung interpretiert worden. Es ist jedoch heute offensichtlich, daß allein die Erhöhung der Fließgeschwindigkeit infolge der Verminderung der Gesamtblutviskosität bei erhöhtem zirkulierenden Blutvolumen zu einer dynamischen Desaggregation führt und einen substanzspezifischen, desaggregierenden Effekt vortäuscht [230, 761].

2.2.4. Übersichtsreferate

In einigen Publikationen und im Rahmen von Kongreßbeiträgen wurden einzelne Teilgebiete einer hämorheologischen Therapie (z. B. Hämodilution, Defibrinogenierung, Plasmapherese) in Form von Übersichten behandelt, u. a. auch auf der 3rd European Conference on Clinical Hemorheology 1983 in Baden-Baden [336]. Diese Berichte werden hier in der Regel nicht besprochen oder zitiert, sofern darin keine originären neuen Ergebnisse enthalten sind.
Originalarbeiten, die erstmals konkrete rheologische Daten zu einem Präparat oder einer speziellen Therapie enthalten, werden in der Regel ausführlicher besprochen als nachfolgende Arbeiten über dieselbe Substanz.

2.2.5. Publikationen über hämorheologisch-therapeutische Effekte auf Leukozyten und Thrombozyten

In den letzten Jahren sind die Leukozyten und auch die Thrombozyten allmählich ebenfalls Gegenstand rheologischer Grundlagenforschung geworden. Therapeutische Prinzipien, die über eine Beeinflussung der Fließeigenschaften oder des Verhaltens der Thrombozyten oder der Leukozyten zu einer allgemeinen Verbesserung der Durchblutung in ischämischen Bezirken führen, sind allerdings bisher wenig bekannt [712, 573, 126, 331, 627, 642, 214, 756]. Die Rolle, welche die Thrombozyten bei Entstehung von Thrombosen oder möglicherweise auch der Arteriosklerose spielen mögen, wird durch diese Aussage nicht geschmälert. Ob die rheologischen Eigenschaften von Leukozyten und Thrombozyten in vitro überhaupt wie die von Erythrozyten untersucht werden können, erscheint auf Grund der besonderen Funktion dieser Zellen (Adhäsivität, Pseudopodienbildung usw.) zweifelhaft.

2.2.6. Publikationen zur prophylaktischen Anwendung von hämorheologischen Maßnahmen

Im Rahmen dieses Buches wurde die Thematik einer prophylaktischen Verwendung von hämorheologischen Maßnahmen, z. B. der präoperativen Hämodilution, nicht behandelt, da es darüber bereits ein Schrifttum gibt [638, 639, 640, 641, 440]. Nicht behandelt wurden auch Veränderungen der Fließeigenschaften des Blutes, welche gegebenenfalls durch die Elimination von Risikofaktoren (z. B. Rauchen) auftreten können.

2.2.7. Publikationen, die keine sichere Zuordnung erlauben

Arbeiten, aus denen nicht hervorging, mit welchen Substanzen z. B. behandelt wurde (z. B. [707]), oder solche, bei denen Versuchssubstanzen mit Codenamen verwendet wurden, wurden ebenfalls nicht berücksichtigt.

2.3. Aufbau des Buches

2.3.1. Zur Gliederung

Das Buch gliedert sich in einen allgemeinen und einen speziellen Teil. Im allgemeinen Teil werden neben einer kurzen, geschichtlichen Darstellung die pathophysiologischen Beziehungen zwischen den verschlechterten Fließeigenschaften des Blutes und bestimmten Krankheiten aufgeführt (klinische Hämorheologie). Außerdem werden Aussagen zur Validität statistischer Bewertungen über veränderte Parameter der Fließeigenschaften des Blutes gemacht.

In einem weiteren Teil wird zur therapeutischen Hämorheologie Stellung genommen. Nach kurzen Ausführungen zur geschichtlichen Entwicklung der therapeutischen Hämorheologie werden die therapeutisch denkbaren Wirkmechanismen einer hämorheologischen Therapie skizziert. Neben einer kritischen Betrachtung zu in vitro-Versuchen, Tierversuchen und Untersuchungen mit Medikamenten an gesunden Probanden wird zu den am häufigsten angewendeten hämorheologischen Meßmethoden Stellung genommen. Besonderen Wert wird anschließend auf die kritische Analyse hämorheologischer Meßdaten im Zusammenhang mit einer Therapie zur Verbesserung der Fließeigenschaften des Blutes gelegt.

In diesem allgemeinen Teil zur therapeutischen Hämorheologie werden des weiteren die Indikationen für eine Therapie mit rheologisch wirksamen Medikamenten sowie die klinische Zielsetzung der therapeutischen Hämorheologie mit Objektivierung der Ergebnisse aufgezeigt. Nach einem kurzen Ausblick auf die zukünftige Entwicklung der therapeutischen Hämorheologie wird eine Übersicht über die wichtigsten rheologisch-therapeutischen Maßnahmen, geordnet nach Wirkungsmechanismen, gegeben.

Im zweiten, speziellen Teil des Buches werden - wie bereits begründet - die unterschiedlich hämorheologisch wirksamen Maßnahmen und Pharmaka chronologisch abgehandelt und im einzelnen kritisch kommentiert. Es schließt sich ein Stichwortverzeichnis und eine vergleichende Darstellung von Kurzbezeichnungen (Freinamen, INN) mit den entsprechenden Handelsnamen an.

2.3.2. Chronologische Reihenfolge der im speziellen Teil besprochenen Publikationen

Vor die Wahl gestellt, die Publikationen mit konkreten rheologischen Meßergebnissen nach Krankheitsgruppen oder nach Medikamentengruppen zu ordnen, wurde letztere Möglichkeit vorgezogen. Denkbar wäre auch noch eine Ordnung nach Art der rheologischen Wirkung gewesen [826]. Da sich aber bei vielen therapeutischen Maßnahmen die Wirkung nicht auf einen der Teilfaktoren der Fließeigenschaften des Blutes allein beschränkt und da manche therapeutischen Maßnahmen für eine ganze Reihe von Erkrankungen vorgeschlagen worden sind, erschien es sinnvoll, die Gliederung nach den Therapiemaßnahmen durchzuführen. Dabei wurde chronologisch vorgegangen, d. h. die älteste bekannte Arbeit über die Beeinflussung der Fließeigenschaften des Blutes durch z. B. Infusion von Dextranlösungen bei Patienten wurde zuerst besprochen, im folgenden dann die weiteren Arbeiten über den Einfluß von Dextranlösungen auf die Fließeigenschaften des Blutes von Patienten bis zum Stande Ende 1986. Nach einer Abhandlung der betreffenden Einzelarbeiten über ein Medikament erfolgt eine zusammenfassende Kommentierung. Bei Substanzen, die nur in einer einzigen Publikation untersucht wurden, wurde zumeist auf eine besondere Einleitung und auf eine Zusammenfassung verzichtet.

2.3.3. Monotherapie/Kombinationstherapie

Neben verschiedenen Arten einer *Monotherapie* mit z. B. Aderlaß, Plasmapherese, Pentoxifyllin usw. wurden diejenigen Arbeiten separat besprochen, in denen eine gleichzeitige Anwendung rheologisch wirksamer Maßnahmen untersucht wurde *(simultane hämorheologische Therapie)*. Darunter versteht man die zeitgleiche Anwendung verschiedener therapeutischer Maßnahmen zur Verbesserung der Fließeigenschaften des Blutes. Meist werden dabei verschiedene Wirkprinzipien, wie z. B. Hämodilution kombiniert mit Defibrinogenierung angewandt. Diese Arbeiten sind weniger zahlreich; dennoch erschien es sinnvoll, sie getrennt von der Monotherapie mit Einzelsubstanzen bzw. Einzelmaßnahmen aufzuführen (s. Kapitel 4.2). Die Beurteilung der rheologischen Veränderungen des Blutes durch gleichzeitige Anwendung zweier oder mehrerer Pharmaka oder rheologischer Maßnahmen ist naturgemäß viel schwieriger als die von Einzelsubstanzen. Dennoch ist die kombinierte hämorheologische Therapie auch aus klinischer Sicht eine der Möglichkeiten der „Therapeutischen Hämorheologie“. Schließlich gibt es noch die zeitlich aufeinanderfolgende Kombination rheologischer Therapien, die allerdings selten wissenschaftlich untersucht wurde.

2.3.4. Vorgehen bei der Bearbeitung der Publikationen über hämorheologisch-therapeutische Maßnahmen und Medikamente

Die im speziellen Teil abgehandelten rheologischen Medikamente bzw. Maßnahmen sind chronologisch geordnet, d. h. diejenigen Substanzen oder Maßnahmen werden zuerst besprochen, deren Publikation am ältesten ist. Alle nachfolgenden Publikationen über dieses Therapeutikum werden dazugeordnet, um eine vergleichende Kommentierung zu ermöglichen. Die Art des Vorgehens bei der Auswertung der Publikationen über eine hämorheologisch wirksame Therapie erfolgte wie folgt:

Einleitung:
Name des Therapeutikums, pharmakologische Haupteigenschaft, chemische oder sonstige Kurzbezeichnung, kurze Beschreibung mit Indikationen

Publikationen:
Angaben über Patienten und Diagnosen, Dosierung und Applikationsart des Medikaments, Meßmethode(n), Meßtemperatur u. a., sofern aus der Publikation ersichtlich; gegebenenfalls Angaben zur Statistik, gegebenenfalls klinische Angaben über Therapieerfolge (s. Kap. 2.2.1.)

Bemerkungen:
Anmerkungen des Autors zu den verwendeten Meßmethoden

Diskussion:
Die chronologisch abgehandelten Einzelarbeiten über jeweils eine Therapieart werden zusammenfassend gewertet und kommentiert.

2.3.5. Bezeichnungen der Pharmaka

Die meisten Publikationen über „Therapeutische Hämorheologie" berichten über Wirkungen von Pharmaka. In den einzelnen Kapiteln werden die Substanzen unter ihren internationalen Kurzbezeichnungen (Freinamen, International Nonproprietary Name (INN)) aufgeführt, und es wird eine kurze Beschreibung der Wirkstoffe vorangestellt. Da die Pharmaka zum Teil von mehreren Firmen unter verschiedenen Namen angeboten werden und diese Namen auch von Land zu Land nicht einheitlich sind, wird in der Aufzählung der Handelsnamen in einer Tabelle (s. Kap. 8) nur der Name des Präparates aufgeführt, mit dem die frühesten Untersuchungen durchgeführt werden. Ist kein Handelsname erkennbar, wird nur die Kurzbezeichnung (INN) angegeben.

2.3.6. Quellen, Literaturrecherchen

Bei den Literaturrecherchen wurden vor allem der Index Medicus sowie die über DIMDI verfügbaren Programme, z. B. Medlars 2 etc., herangezogen (Stand Ende 1986). Des weiteren wurde die Literatur aus den Literaturverzeichnissen der vorhandenen Publikationen verwendet. Dies gilt insbesondere auch für verschiedene Übersichtsarbeiten, Bücher, Habilitationen und Dissertationen, wie sie im Vorwort angegeben sind. Zu vielen Präparaten wurden auch Literaturanfragen bei den Herstellerfirmen durchgeführt.

3. Allgemeiner Teil

3.1. Kurze geschichtliche Darstellung sowie Erläuterungen der Begriffe Biorheologie, Hämorheologie, klinische Hämorheologie und therapeutische Hämorheologie

Der Begriff „Viskosität" ist schon sehr alt. Er entspricht der inneren Reibung eines Körpers, meist einer Flüssigkeit. Bereits Heraklit hatte sicherlich nicht nur in Bezug auf die Vergänglichkeit alles Irdischen von „pantha rei - alles fließt" gesprochen. Im 18. Jahrhundert wurde von *Newton* (1642-1727) der grundlegende Zusammenhang zwischen Viskosität, Scherkraft und Schergeschwindigkeit beschrieben. Die Entdeckung der Gesetzmäßigkeiten, die beim Strömen von Flüssigkeiten in Röhren Gültigkeit haben, erfolgte im Jahre 1839 durch den Berliner Baudirektor *Hagen* [412] und 1842 durch den Pariser Arzt *Poiseuille* [702]. Weitere Untersuchungen von Hagenbach [413] führten 1860 zur heute bekannten Formulierung des nach Hagen und Poiseuille benannten Gesetzes. Das Hagen-Poiseuille'sche Gesetz besagt, daß die in einer bestimmten Zeit unter konstantem Druck durch eine Kapillare fließende Flüssigkeitsmenge (Stromstärke) dem Druck und der 4. Potenz des Radius der Röhre direkt proportional ist, die Stromstärke aber indirekt proportional der Zähigkeit der Flüssigkeit und der Röhrenlänge ist. Voraussetzung für die Gültigkeit des Hagen-Poiseuille'schen Gesetzes $\left(\frac{V}{t} = \frac{\Delta p \times r^4 \times \pi}{8 \times \eta \times l}\right)$ ist das Bestehen einer laminaren Strömung. Sie wurde 1883 von *Reynolds* [724] im Experiment für Newton'sche Flüssigkeiten in starren Röhren nachgewiesen. 1890 beschrieb *Couette* [150] die Flüssigkeitsströmung zwischen Zylindern. Das Ansteigen der Viskosität für bestimmte Flüssigkeiten bei sich verringernden Geschwindigkeitsgradienten wurde erstmals 1890 von *Schwedoff* [783] beschrieben.

Während *Poiseuille* [702] und nach ihm *Haro* [419], *Ewald* [341] und *Levy* [572] noch mit in vitro-defibriniertem Blut experimentierten, maß *Hürthle* [459] erstmals ungeronnenes Frischblut. Bereits 1900 hatte *Burton-Opitz* [100] festgestellt, daß in vitro difibriniertes Blut eine niedrigere Viskosität hat als Oxalatblut. Der gleiche Autor beschrieb 1904, daß die Zugabe von Kochsalzlösung zu zirkulierendem Blut die Viskosität senkt [101].

Pre'Denning und *Watson* [710] fanden 1906 ebenso wie *Burton-Opitz* [102] und *Hess* [446] die Abhängigkeit der Blutviskosität von der Temperatur.

„Hirsch und Beck jedoch gebührt die Ehre, die ersten praktischen Anwendungen dieser Befunde und Methoden von Hürthle und anderer Untersucher auf die Bedingungen der klinischen Medizin übertragen zu haben" [449], zitiert nach [631]. Kurze Zeit später wurde von Bence und Determann erstmals mit Hirudin antikoaguliertes Normalblut gemessen (zitiert nach [631]). Die letztgenannten Arbeitsgruppen sind als die eigentlichen Vorreiter der heutigen klinischen Hämorheologie anzusehen.

Schon früh fanden verschiedene Autoren [710, 446, 103, 863] die Abhängigkeit der Höhe der Blutviskosität von der Anzahl der Erythrozyten im Blut, und 1912 beschrieb *Hess* [447] das Phänomen der Variabilität der Blutviskosität in Abhängigkeit von der Fließgeschwindigkeit. 1924 führte *Ostwald* [675] dafür den Ausdruck „Strukturviskosität" ein. Man bezeichnet seither die Zunahme der Viskosität mit abnehmendem Tangentialdruck als Strukturviskosität.

Mit der Gründung der „Society of Rheology" im Jahre 1929 durch *E. C. Bingham* und andere in Washington, D.C. wurde für das Gebiet der Naturwissenschaften, das sich mit der Deformation und dem Fließen der Stoffe beschäftigt, der Name „Rheologie" geprägt. Da sich praktisch alle Materialien verformen lassen, ist der Begriff Rheologie weit zu fassen (Flüssigkeiten, Gase, Gemische, Öl, Stahl, Knochen usw.).

Im Jahre 1948 schlug *A. L. Copley* auf der 1. Internationalen Konferenz über Rheologie in Holland den Namen „Biorheologie" für die Rheologie lebender Systeme vor [142]. 1951 hat *Copley* die Lehre der Rheologie des Blutes (Blutfließkunde) und der Blutgefäße als „Hämorheologie" bezeichnet und wie folgt definiert: „Die Hämorheologie befaßt sich mit der Deformation und dem Fließen, d.h. rheologischen Eigenschaften zellulärer und plasmatischer Bestandteile des Blutes in makroskopischen, mikroskopischen und submikroskopischen Dimensionen und den rheologischen Eigenschaften der Gefäßstruktur, mit der das Blut in unmittelbaren Kontakt kommt" [143].

Bereits 1960 [145] betrachtete *Copley* die Gefäße und deren Inhalt als ein zusammengehöriges Organ; 1981 wurde dies detailliert beschrieben (s. u.).

1960 erschien von *Copley* und *Stainsby* [144] ein Buch über die Fließeigenschaften des Blutes (flow properties of blood); dieser Begriff und die einzelnen rheologischen Faktoren wurden 1966 von Groth im Detail beschrieben [396]. *Gelin* hatte 1961 [366] von „viscous factors" gesprochen.

1966 wurde die „International Society of Hemorheology" anläßlich der 1. Internationalen Konferenz über Hämorheologie in Reykjavik (Island) von den anwesenden Biorheologen gegründet. 1969 fand in Heidelberg die 2. Internationale Konferenz über Hämorheologie mit dem Titel „Theoretische und Klinische Hämorheologie" statt; 1971 erschien der entsprechende Verhandlungsband von *H. Hartert* und *A. L. Copley* als Herausgeber [420]. Auf dieser Konferenz wurde die Internationale Gesellschaft für Hämorheologie in Internationale Gesellschaft für Biorheologie umbenannt. Eine detaillierte Abhandlung über die Geschichte der Rheologie und Hämorheologie ist von *Copley* [149] erschienen.

Der Begriff „Klinische Hämorheologie" wurde 1969 von *Ehrly* auf das krankhafte Verhalten der Fließeigenschaften des Blutes beschränkt und definiert als „Wissenschaft von der Fließfähigkeit bzw. den Fließeigenschaften des Blutes unter krankhaften, d.h. pathologisch-klinischen Umständen. Die Klinische Hämorheologie darf heute im wesentlichen als Teil der Angiologie angesehen werden" [232]. Diese Definition war wesentlich enger gefaßt als die von *Copley* [143]; damals wie heute bezogen sich allerdings die Mehrzahl aller klinischen Arbeiten (Pathogenese, Pathophysiologie, Diagnose, Therapie und Prognose) nur auf die veränderten Fließeigenschaften des Blutes.

Die umfassendste Definition des Ausdrucks „Hämorheologie" gab *Copley* 1981 auf dem 4. Internationalen Kongreß über Biorheologie in Tokio. Demnach ist die Hämorheologie „das Studium der rheologischen Aspekte des Gefäß-Blut-Organs (vessel-blood-organ). Es ist die wissenschaftliche Untersuchung des Deformationsverhaltens, einschließlich des Fließens des Blutes und seiner Bestandteile und der Konstituenten der Blutgefäße und der umgebenden Gewebe, mit welcher das Blut oder seine Komponenten in direkten Kontakt kommen" (Übersicht bei [147], siehe auch Vorwort Copley).

Für die Lehre von den therapeutischen Maßnahmen zur Verbesserung der Fließeigenschaften des Blutes schlage ich den Ausdruck „Therapeutische Hämorheologie" vor (siehe auch Einleitung). Dieser Begriff schließt im weitesten Sinne die Möglichkeiten der Verbesserung aller Faktoren ein, welche nach der Definition von *Copley* [147] die Hämorheologie ausmachen. Tatsächlich basieren alle dem Autor bis heute bekanntgewordenen therapeutisch relevanten Maßnahmen (siehe Kapitel 3.4.) auf der Verbesserung der Fließeigenschaften des Blutes und deren Teilfaktoren wie Vollblutviskosität, Plasmaviskosität, Erythrozytenaggregation und Erythrozytenverformbarkeit.

Die Autoren der einzelnen in dem vorliegenden Buch besprochenen Arbeiten über eine hämorheologische Therapie haben ihre klinischen Erfolge über eine Verbesserung der Fließeigenschaften des Blutes erklärt. Dies schließt natürlich nicht aus, daß auch andere Faktoren dabei eine Rolle spielen (s. Kap. 3.2.1.2). In dem vorliegenden Buch wird jedoch ausschließlich auf die therapeutische Beeinflussung der Fließeigenschaften des Blutes selbst eingegangen (s. Kap. 2.2.1.).

3.2. Klinische Hämorheologie

3.2.1. Zur Pathophysiologie von Krankheiten mit pathologisch-veränderten Fließeigenschaften des Blutes

Blut ist dasjenige Organ, das für den Antransport und Abtransport von Stoffen für Zellen bzw. Gewebe direkt verantwortlich ist. Sauerstoff und Nährstoffe werden angeliefert (Versorgung) und Stoffwechselendprodukte abgeführt (Entsorgung). Dieses vom Herzen durch die Lungen und durch das Gefäßsystem in die Peripherie gepumpte Blut hat besondere physikalische Materialeigenschaften, welche die Versorgung und Entsorgung in der Kreislaufperipherie mitbestimmen. Die Fließeigenschaften des Blutes sind dabei ein Glied in der Kette verschiedener Faktoren, welche die Gewebeversorgung bestimmen. Während bei den meisten Krankheiten mit hämorheologischer Komponente andere Parameter wie Blutdruck, Gefäßmorphologie, Stromzeitvolumen gleichzeitig alteriert sind, gibt es Erkrankungen, bei denen die verschlechterten Fließeigenschaften direkt, d.h. eigenständig pathogenetisch wirksam werden. Auch wenn beim Vorliegen pathologisch veränderter Fließeigenschaften des Blutes im Einzelfall nicht gesagt werden kann, ob diese veränderten Werte kausal oder sekundär im Sinne eines Epiphänomens aufzufassen sind, ist aufgrund der physikalischen Gesetzmäßigkeiten des Hagen-Poiseuille'schen Gesetzes abzuleiten, daraus auch therapeutische Konsequenzen zu ziehen.

3.2.1.1. Direkte systemische Verschlechterung der Fließeigenschaften des Blutes

Verhältnismäßig leicht verständlich stellt sich die Situation dann dar, wenn verschlechterte Fließeigenschaften des Blutes oder der Erythrozyten direkt ein Strömungshindernis darstellen, wie z. B. die Rigidität der Erythrozyten bei der Sichelzellkrise. Die Verschlechterung der Erythrozytenverformbarkeit führt zu ischämischen Zuständen und Symptomen verschiedener Art, ohne daß das kardiovaskuläre System etwa durch eine Herzinsuffizienz oder durch Einengungen oder Verlegungen der Makrostrombahn gestört wäre. In diesem Fall kann die klinische Symptomatik eindeutig auf die verschlechterten Fließeigenschaften des Blutes als primäre, pathophysiologische, kausale Ursache zurückgeführt werden.
In diese Kategorie mit primären hämorheologischen Veränderungen wären auch die Polyzythämie bzw. Polyglobulie sowie Paraproteinämien mit normalen Hämatokritwerten einzuordnen.

3.2.1.2. Indirekte systemische Verschlechterung der Fließeigenschaften des Blutes

In diese Gruppe von Erkrankungen mit Verschlechterung der Fließeigenschaften des Blutes gehören solche, bei denen primär die Fließvoraussetzungen gestört sind, so zum Beispiel der Perfusionsdruck in den Gefäßen beim kardialen Schock. Hier ist die verminderte Pumpleistung des Herzens dafür verantwortlich, daß der Blutdruck sinkt, die Druckgradienten in der Peripherie vermindert werden, die periphersten Gefäße in ihrem Durchmesser abnehmen (critical closing pressure) und daß darüberhinaus infolge der Verminderung der Scherkräfte die Blutviskosität gesetzmäßig ansteigt und hämorheologische circuli vitiosi verstärkt (siehe 3.2.1.4). Diese klinische Situation ist ein Beispiel dafür, daß als Folge von schweren hämodynamischen Störungen auch die Fließeigenschaften des Blutes sekundär beeinträchtigt werden können und zur Verschlechterung der peripheren Perfusion mit beitragen können. Würde man die Fließeigenschaften des Blutes unter physiologischen Fließvoraussetzungen messen, wie sie bei normalen Blutdruckwerten unmittelbar vor Eintreten des Schockgeschehens vorliegen, dann würde man Normalwerte erwarten können. Der kardiale Schock ist ein Beispiel dafür, wie das Fließverhalten des Blutes durch verschlechterte Fließbedingungen negativ beeinflußt werden kann. Wie die Abb. 1 zeigt, ist das Fließverhalten des Blutes die Resultante aus den Fließbedingungen (Fließvoraussetzungen) und den Fließeigenschaften („Viskosität") des Blutes.

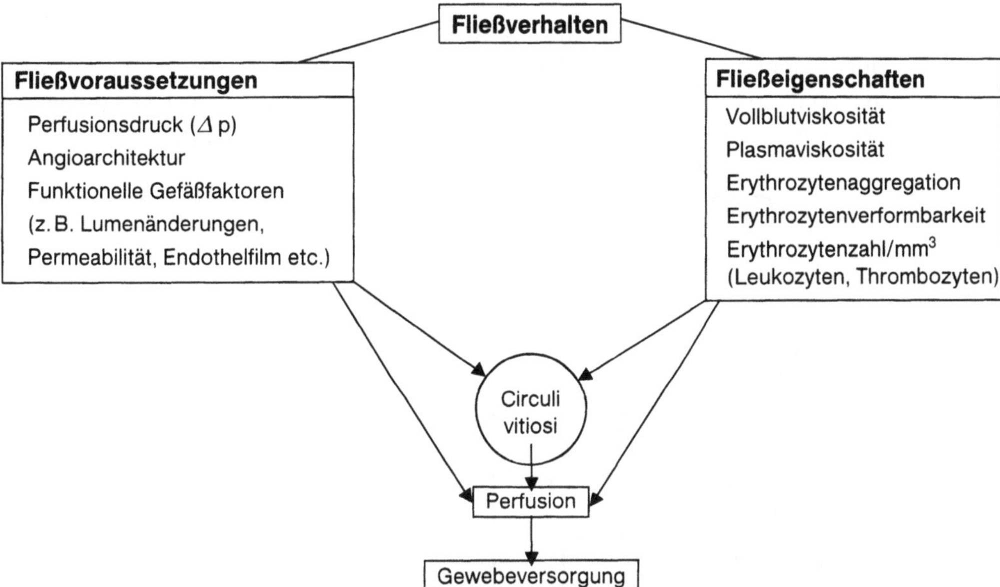

Abb. 1. Schematische Darstellung des Zusammenwirkens der Faktoren Fließeigenschaften und Fließvoraussetzungen (Fließbedingungen), welche zusammen über das Fließverhalten des Blutes und damit über den Blutfluß in der Mikrozirkulation entscheiden

3.2.1.3. Lokale Veränderungen der Fließeigenschaften des Blutes

Die Fließeigenschaften des Blutes werden im allgemeinen aus venösem Mischblut, entnommen aus der vena cubitalis, untersucht. Die Veränderungen z. B. der Erythrozytenverformbarkeit sind dort möglicherweise nur geringgradig nachweisbar. Die lokalen Veränderungen der Fließeigenschaften des Blutes, etwa im arbeitenden ischämischen Muskel, sind ausgeprägter als in venösem Mischblut [408, 876, 354, 355]. Infolge des stark erhöhten Stoffwechsels im arbeitenden Muskel bei gleichzeitigem verringertem Antransport von Sauerstoff und entsprechend verschlechtertem Abtransport von Metaboliten kommt es zur Azidose und Hyperosmolarität [258], Faktoren, welche die Verformbarkeit von Erythrozyten maßgeblich verschlechtern können. Wahrscheinlich ist weiterhin, daß in der Umgebung entzündlicher Ulcera oder in der Randzone einer Gangrän die Fließeigenschaften des Blutes durch eine lokale Veränderung physiko-chemischer Parameter (Osmolarität, pH-Wert, etc.) verschlechtert sind.

3.2.1.4. Circuli vitiosi

Eine besondere Form einer lokalen Beeinträchtigung der Mikrozirkulation stellen hämorheologische feedback-Mechanismen dar, die als circuli vitiosi bezeichnet werden [233].
In einer poststenotischen Gefäßregion, die gekennzeichnet ist durch niedrige Druckgradienten und niedrige Fließgeschwindigkeiten spielt beispielsweise die Verformbarkeit der Erythrozyten eine besondere Rolle [174]. Sind Erythrozyten schlechter verformbar, dann bilden sie bei den lokal vorherrschenden niedrigen treibenden Kräften ein relativ großes Hindernis, weil ihre Passage durch die kleinsten Kapillaren (7,2 μm Durchmesser der Erythrozyten, etwa 5 μm Durchmesser der Kapillare) beeinträchtigt wird, während sie bei normalen Druckgradienten ohne weiteres durch die Kapillaren gepreßt werden [259]. Ist der Druckgradient poststenotisch reduziert (s. Abb. 2), dann werden die rigiden Erythrozyten dort besonders langsam fließen und infolge Hypoxie die bereits bestehende Azidose verstärken. So bildet sich ein circulus vitiosus aus [271], der unter Umständen bis zu einem rheologisch bedingten, lokalen Strömungsstillstand führen kann.

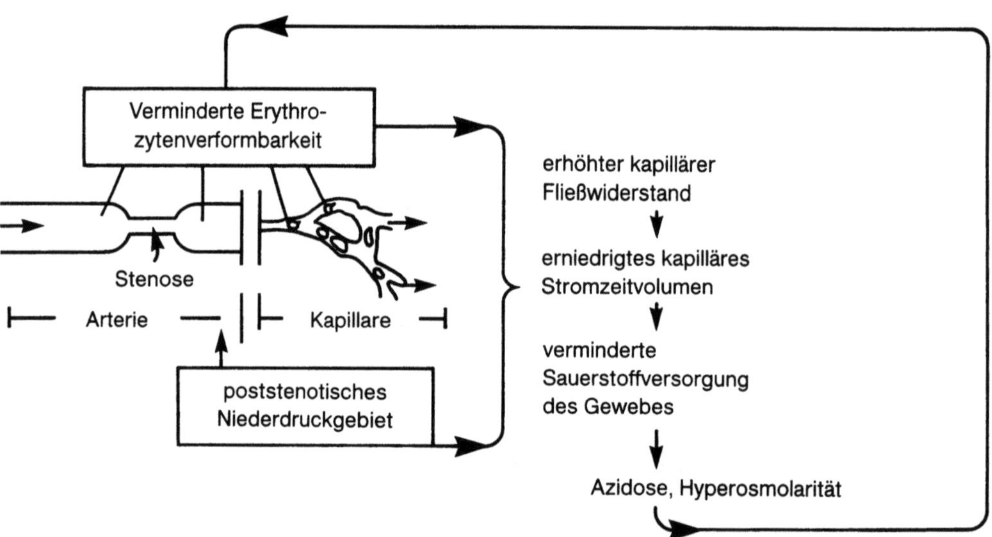

Abb. 2. Konsequenzen der verminderten Verformbarkeit von Erythrozyten im poststenotischen Strombahngebiet (modif. nach 271)

Ein ähnliches Phänomen einer lokalen Verschlechterung der Fließeigenschaften des Blutes gilt auch für die poststenotische Aggregation von Erythrozyten (circulus vitiosus der Erythrozytenaggregation [233, 252]) (Abb. 3). Hierbei kommt es infolge verminderter, desaggregierender hämodynamischer Kräfte zu einer verstärkten Zusammenlagerung der

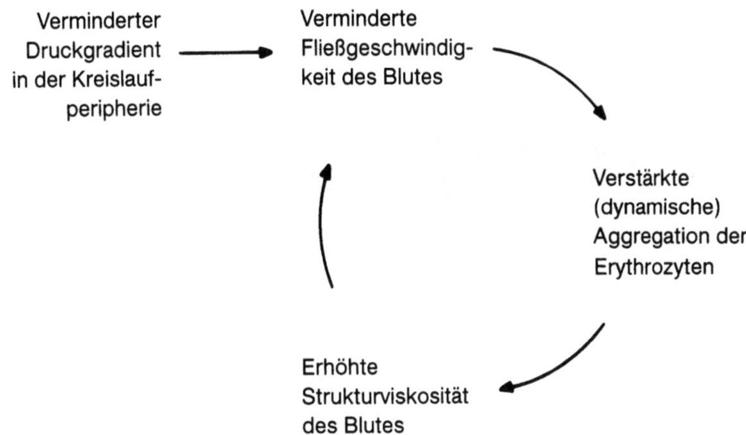

Abb. 3. Wirkung der Erythrozytenaggregation in Gefäßgebieten mit verminderten Druckgradienten im Sinne eines circulus vitiosus (aus 233)

Erythrozyten, was wiederum eine konsekutive Erhöhung der Strukturviskosität nach sich zieht. Diese Teilaspekte sind für rheologisch-therapeutische Überlegungen von großer Bedeutung [252, 268, 273].
Vergleichende Messungen des Stromzeitvolumens und der Gewebeversorgung ischämischer Extremitäten haben gezeigt, daß der Gewebesauerstoffdruck vermindert sein kann, auch wenn die Fließwerte noch ausreichend erscheinen. Dieses als Maldistribution oder mikrozirkulatorisch Blutverteilungsstörung bezeichnete Phänomen kann u. a. auch durch verschlechterte Fließeigenschaften des Blutes bedingt sein (s. Kap. 3.2.1.5.)
So kann eine als klein erscheinende lokale hämorheologische Störung eine verhältnismäßig große Störung der Gewebeversorgung nach sich ziehen.

3.2.1.5. Maldistribution (Mikrozirkulatorische Blutverteilungsstörung)

Von besonderer Bedeutung scheint zu sein, daß die verschlechterten Fließeigenschaften des Blutes per se, insbesondere die Erythrozytenaggregation und die Erythrozytenverformbarkeit, nicht nur nominell nach dem Hagen-Poiseuille'schen Gesetz eine Beeinflussung der Gewebedurchströmung bewirken können, sondern daß sie möglicherweise in weit größerem Maße dazu führen, daß es innerhalb der Endstrombahn zu einer inhomogenen Verteilung der Durchblutung kommt. Erythrozytenaggregate oder auch versteifte Erythrozyten können z. B. die längerstreckigen Kapillaren mit dem erhöhten Widerstand nach dem Ohm'schen Gesetz stärker blockieren als die kurzen Brückenkapillaren, so daß es zu einer Mikrozirkulatorischen Blutverteilungsstörung kommt [282, 286, 288] (s. Abb. 4). Das bedeutet, daß auch bei einer pauschal noch wenig tangierten Beeinträchtigung des Gesamtstromzeitvolumens die Verteilung innerhalb der Endstrombahn zuungunsten der nutritiven Kapillaren gestört sein kann, was im Endeffekt eine erhebliche Unterversorgung des Gewebes mit Sauerstoff und Nährstoffen mit sich bringt.
Grundsätzlich muß gesagt werden, daß die in vitro (extra vivum) gemessenen rheologischen Daten auch deswegen relativiert werden müssen, da bekannt ist, daß z. B. die Viskosität des Blutes in vivo niedriger ist als in vitro. Dies kann aufgrund verschiedener Mechanismen erklärt werden, z. B. durch den Fahraeus-Lindqvist-Effekt [344].

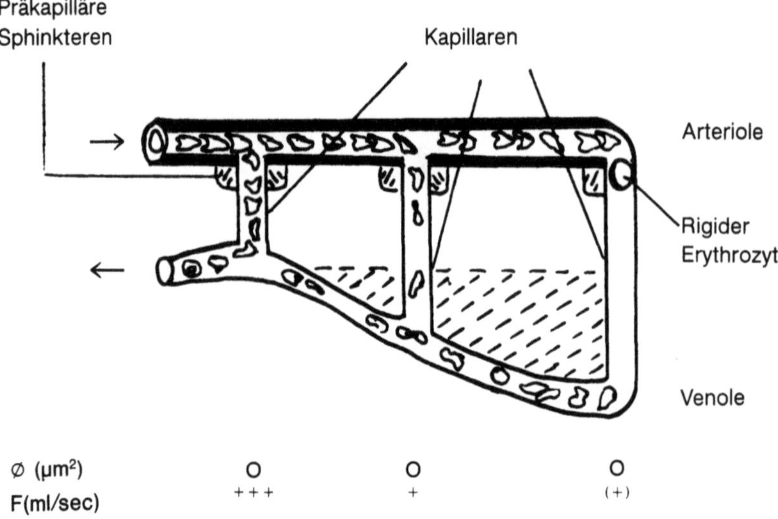

Abb. 4. Mikrozirkulatorische Blutverteilungsstörung (Maldistribution), bedingt durch rigide Erythrozyten bei Kapillaren verschiedener Länge und gleichem Durchmesser. Das Strombahnhindernis (z. B. rigider Erythrozyt) kommt am stärksten in der längsten, sogenannten nutritiven Kapillare (größter Widerstand) zur Wirkung (aus [282, 288])

Bei der Deutung und Wertung günstiger rheologischer Ergebnisse durch medikamentöse Maßnahmen muß weiterhin kritisch betrachtet werden, daß oftmals Medikamente, welche die Fließeigenschaften des Blutes verbessern, darüberhinaus noch andere pharmakologische Eigenschaften aufweisen können [275, 827]. So ist denkbar, daß diese anderen pharmakologischen Eigenschaften die Verbesserung der Fließeigenschaften des Blutes positiv ergänzen. Es ist aber auch denkbar, daß Pharmaka, welche sowohl auf die Fließeigenschaften des Blutes wirken als auch z. B. den Blutdruck senken, im Endeffekt eine in vitro nachgewiesene Verbesserung der Fließeigenschaften des Blutes kompensieren können, so daß letztendlich keine Verbesserung der nutritiven Durchblutung [297] beziehungsweise der Versorgung des Gewebes resultiert.

3.2.1.6. Kombination systemischer und lokaler Verschlechterungen der Fließeigenschaften des Blutes

Bei der zahlenmäßig großen Patientengruppe mit hämorheologischen Veränderungen, den Durchblutungsstörungen peripherer, zerebraler und kardialer Lokalisation, liegen in der Regel nicht nur Kombinationen mehrerer verschlechterter rheologischer Teilfaktoren wie Blutviskosität und Erythrozytenaggregation kombiniert vor, sondern man kann davon ausgehen, daß diese Faktoren sowohl im systemischen Blutkreislauf wie auch in bestimmten Organen und Geweben lokal beeinträchtigt sind. Darüber hinaus spielen die oben genannten circuli vitiosi und die Maldistribution bei ischämischen Erkrankungen eine Rolle [282, 288]. So sind bei Patienten mit diabetischer Mikroangiopathie und Gangrän die Werte für Vollblutviskosität, Plasmaviskosität, Erythrozytenaggregation und Erythrozytenverformbarkeit im zirkulierenden systemischen Blut pathologisch verändert [218, 887, 50, 73]. Darüberhinaus ist anzunehmen, daß in Ulkusnähe die Fließeigenschaften des Blutes durch entzündliche Vorgänge und durch Azidose zusätzlich alteriert sind (s. Kap. 3.2.1.3). Da bei diesen Patienten nicht selten die Globaldurchblutung der Füße klinisch nicht wesentlich eingeschränkt ist, ist eine Blutverteilungsstörung (Maldistribution) wahrscheinlich.

3.2.1.7. Kompensation systemischer Veränderungen der Fließeigenschaften des Blutes

Bei der großen Gruppe der Paraproteinämien und insbesondere beim Morbus Waldenström ist die Viskosität des Plasmas in den meisten Fällen deutlich erhöht, während in der Regel die Vollblutviskosität meistens vermindert ist. Dies ist bedingt durch eine krankheitsspezifische Verminderung der Hämatokritwerte. Die klinische Symptomatik, die sich nur bei einem Teil dieser Erkrankungsfälle in entsprechender Weise zeigt [915] (s. Kap. 4.1.9.) kann in einen direkten Zusammenhang mit der Veränderung der Fließeigenschaften des Blutes gebracht werden; erhöhte Plasmaviskositätswerte müssen aber nicht zwangsläufig zur klinischen Symtomatik führen (s. später). Die Erhöhung der Plasmaviskosität kann offensichtlich durch die gleichzeitig bestehende Anämie hämorheologisch weitgehend kompensiert werden.

3.2.1.8. Offene Fragen zur klinischen Hämorheologie

Bei der Untersuchung von Patienten mit pathologisch veränderten hämorheologischen Parametern, speziell bei vaskulären Erkrankungen, ergeben sich - unabhängig von der sehr wichtigen Frage der hämorheologischen Meßmethodik (s. Kap. 3.3.4) - eine Reihe von Fragen, die sich in der Regel schon im Vorfeld einer hämorheologischen Therapie stellen.
Es ist bis heute offen, ob ein Kausalzusammenhang zwischen der Erkrankung und den pathologisch ausfallenden Fließeigenschaften des Blutes besteht und ob die Erkrankung zu einer Verschlechterung der Fließeigenschaften führt oder umgekehrt.
Es ist zum zweiten die Frage, ob die klinische Symptomatik, z. B. das Auftreten ischämischer Schmerzen, direkt über eine Verschlechterung der Fließeigenschaften des Blutes zu erklären ist.
Weitere experimentelle und klinische Untersuchungen werden durchgeführt zur Frage, ob zwischen dem Verlauf, der Prognose und der Erkrankung und der Veränderung hämorheologischer Parameter eine Korrelation besteht oder nicht und ob die Schwere der Erkrankung positiv mit den pathologischen Veränderungen der Blutviskosität und anderer Teilparameter korreliert. Letztlich wird nicht zu Unrecht zumindest bei einigen Erkrankungen die Frage gestellt, ob labormäßig gefundene Abweichungen der Norm der Blutviskosität und anderer Teilparameter der Fließeigenschaften des Blutes überhaupt einen pathophysiologischen oder pathogenetischen Stellenwert haben oder ob es sich um Epiphänomene handelt, die nur zufällig koinzidieren. Zweifelsfrei ist für einige Erkrankungen diese letztere Frage bereits geklärt. Bei der Sichelzellerkrankung beispielsweise ist die sogenannte Sichelzellkrise mit Auftreten von rigiden und deformierten Erythrozyten sicherlich kein Epiphänomen.
In neuester Zeit wird geprüft, ob der pathologische Ausfall rheologischer Daten von diagnostischem Nutzen bei der Erkennung und auch bei der Früherkennung von Erkrankungen sein kann. In diesem Zusammenhang wird von einigen Autoren auch diskutiert, ob hämorheologische Abnormitäten einen Stellenwert als Risikofaktor bei kardiovaskulären Erkrankungen besitzen oder nicht [37].
Grundsätzlich bleibt die Frage offen, ob die in vitro gemessenen hämorheologischen Werte quantitativ auf die Situation in vivo übertragen werden können (*Whittacker* und *Winton*, 1933) [916].

3.2.2. Zur Validität statistischer Aussagen über veränderte Parameter der Fließeigenschaften des Blutes bei Patienten

In der Literatur wird oft großen Wert auf die Feststellung gelegt, daß bei den verschiedensten Erkrankungen die Fließeigenschaften des Blutes, meist beurteilt anhand der Vollblutviskosität, gegenüber einem gesunden Kontrollkollektiv statistisch signifikant verschlechtert sind. Zur Relevanz solcher Befunde soll im folgenden kurz Stellung genommen werden.

Wiederum am Beispiel der chronischen arteriellen Verschlußerkrankung wurde von verschiedenen Autoren gezeigt, daß bei dieser Erkrankung die Fließeigenschaften des Blutes statistisch signifikant verschlechtert sind; diese Befunde blieben allerdings nicht unwidersprochen. Das Ausmaß der Verschlechterung der Fließeigenschaften des Blutes ist absolut gesehen im Mittel allerdings eher mäßiggradig [590, 504]. Analysiert man diese Arbeiten genauer, dann läßt sich unschwer feststellen, daß bei einer kleineren Anzahl von Patienten die Fließeigenschaften des Blutes nicht verändert sind, obwohl an der Diagnose einer schweren arteriellen Durchblutungsstörung kein Zweifel besteht. Das bedeutet, daß im Einzelfall die Verschlechterung der Fließeigenschaften des Blutes keine zwingende Notwendigkeit und keine Voraussetzung für das klinische Symptomenbild ist [311].

Bekannt ist weiterhin, daß es andere Erkrankungen gibt, bei denen die Fließeigenschaften des Blutes wesentlich stärker verschlechtert sind, ohne daß es zu einer Symptomatik im Sinne einer Durchblutungsstörung gekommen wäre [291]; s. auch Kap. 3.3.7. Hier muß die Frage gestellt werden, ob die gefundenen Veränderungen der Fließeigenschaften des Blutes nicht eher die Folge als die Ursache der Durchblutungsstörung sind (s. auch Kap. 3.2.1.8.).

Insbesondere bei den oft beschriebenen Erhöhungen der Viskositätswerte von Vollblut bei chronisch arteriellen Durchblutungsstörungen muß angenommen werden, daß auch sekundäre Einflüsse, z. B. begleitende lokale Infektionen, eine Zweiterkrankung oder generelle Einflüsse wie das Rauchen eine Rolle spielen.

Für die therapeutische Hämorheologie waren diese Fragen bisher ohne großen Belang. Der theoretische Denkansatz, verschlechterte Fließeigenschaften zu verbessern und damit die Perfusion der Peripherie zu verbessern, bleibt unberührt. Darüberhinaus muß betont werden, daß auch Blut mit „normalen“ Fließeigenschaften rheologisch optimiert werden kann, z. B. durch Senkung der bei gesunden Menschen relativ hohen „normalen“ Fibrinogenkonzentration im Blut [251].

Für die statistische Analyse von rheologischen Ergebnissen bei der Therapie mit hämorheologischen Medikamenten und Maßnahmen (s. Kap. 4) gilt sinngemäß, daß die rechnerische Bearbeitung von Daten und die Aussage einer „statistisch signifikanten“ Veränderung nicht die Verwendung zweifelhafter Meßmethoden oder eines inadäquaten Studiendesigns kompensieren kann. Auf die Relevanz und die klinische Aussagekraft solcher Ergebnisse wird in Kapitel 3.3.7. eingegangen.

3.2.3. Das sogenannte Hyperviskositätssyndrom

Aus der Sicht des Klinikers ist Kritik zu üben an dem vielfach gebrauchten Ausdruck des Hyperviskositätssyndroms (hyperviscosity syndrome [343, 808, 524, 522, 809, 180]; blood high viscosity syndrome [172, 175]; syndromes of hyperviscosity [912]; Hyperviskositätssyndrom [776, 872]).

Ein Syndrom ist definitionsgemäß ein Krankheitsbild, das sich aus verschiedenen Symptomen zusammensetzt. Wenn z. B. bei einer kardiovaskulären Erkrankung oder beim

Plasmozytom von einem Hyperviskositätssyndrom geredet wird, dann besagt dies nur, daß eine bestimmte klinische Symptomatik besteht und daß außerdem ein abnormaler Laborbefund (erhöhte Blut- und Serumviskositätswerte) erhoben wurde.

Fahey [343] spricht von einem Serumhyperviskositätssyndrom. Bei den meisten der Patienten mit Hyperviskosität von Blut oder Serum besteht keine klinische Symptomatik [915]. Weiterhin ist interessant, daß bei hämorheologisch vergleichbar hoher Vollblutviskosität bei Polyzythämie oder Polyglobulie einerseits und bei Paraproteinämie andererseits die klinische Symptomatik bei der letzteren Krankheitsgruppe wesentlich häufiger und dann auch ausgeprägter ist. Aus klinischer Sicht erscheint es nicht sinnvoll, von einem Hyperviskositätssyndrom dann zu sprechen, wenn bei irgendeinem Krankheitsbild meist ohne sichere kausale Verknüpfung ein pathologisch-rheologischer Befund erhoben wird. Mit der gleichen Berechtigung könnte man sonst bei einer Hepatitis auch von einem Hypertransaminasensyndrom reden. Der Ausdruck Hyperviskosität hingegen ist korrekt (Definition s. Kap. 3.2.4.). *Dintenfass* [183] verwendet neuerdings den Ausdruck Hyperviskosämie. *Case* [117] spricht von der sogenannten „symptomatischen Hyperviskosität", wenn bei Patienten eine erhöhte Viskosität mit entsprechender klinischer Symptomatik besteht (z.B. Neuropathien, Blutungen etc.). Ich begrüße diese Formulierung und schlage meinerseits vor, bei Patienten mit erhöhter Blut- oder Plasmaviskosität ohne entsprechende klinische Symptomatik von „asymptomatischer Hyperviskosität" zu sprechen.

Guerrini [408] hat den Ausdruck Hyperviskosität zu präzisieren versucht, indem er gleichzeitig die Genese der Erkrankung mit angab (sogenannte polyzythämische Hyperviskosität). Stoltz [829] und *Di Perri* [188] hatten ebenfalls eine pathogenetisch bezogene Unterteilung versucht, verwenden aber weiterhin den nicht korrekten Begriff „Hyperviskositätssyndrom". *Ernst* [327] verwendete ebenfalls den wenig konkreten Ausdruck „hämorheologisches Defizit". *Stoltz* [830] und *Larcan* und *Stoltz* [550, 551] haben neben *Dintenfass* [179, 180] eine umfassende Dokumentation und Klassifikation zum sogenannten Hyperviskositätssyndrom vorgelegt. Eine gute Definition der Begriffe Hyperviskosität und Hyperviskositätssyndrom ist bei *Baer* und Mitarbeitern [39] zu finden.

3.2.4. Stichwortartige Darstellung einiger wichtiger rheologischer Begriffe (Glossarium)

Es wurde bereits darauf hingewiesen, daß es nicht Aufgabe dieser Arbeit sein kann, theoretische und physiologische Grundlagen zur Rheologie und speziell zur Hämorheologie zu vermitteln (s. Kap. 2.2.). Eine gewisse rheologische Grundkenntnis wird vorausgesetzt; im Einzelfalle können die im Vorwort aufgeführten rheologischen Lehrbücher und Übersichten herangezogen werden. Es erscheint jedoch angebracht, die wichtigsten rheologischen Begriffe stichwortartig alphabetisch aufzuführen und jeweils eine kurze Definition beizufügen.

Defibrinogenierung (Defibrinierung): Therapiemaßnahme, kontrollierte Senkung der Fibrinogenkonzentration im Plasma mit Schlangengiftenzymen.

Endogene Hämodilution (körpereigene, „innere" Hämodilution): Vermehrter Einstrom von interstitieller Flüssigkeit in den Intravasalraum, z. B. nach Aderlaß oder bei Vasodilatation.

Endogene Hämokonzentration (körpereigene, „innere“ Hämokonzentration): Vermehrter Abstrom von intravasaler Flüssigkeit in den Extravasalraum, z. B. bei Streß mit Anstieg der Hämatokritwerte und der Plasmaproteinkonzentration.

Erythrozytapherese: Isolierte Herausnahme von Erythrozyten aus dem Blut. Die anderen Blutkomponenten, insbesondere die Plasmaeiweißkonzentration, bleiben dabei unverändert.

Erythrozytenaggregation: Zusammenlagerung von Erythrozyten zu geldrollenförmigen Strukturen (rouleaux), wobei sich sekundär netzförmige dreidimensionale Strukturen ausbilden. Unter Klumpenaggregation verstehen einige Autoren eine ungeordnete Zusammenlagerung von Erythrozyten, z. B. bei Diabetes mellitus.

Erythrozytenfiltrabilität: Maß für die Filtrierbarkeit von Blut (meist mit einem künstlich eingestellten Hämatokrit von 10%) durch spezielle Filter (Nucleopore, Millipore) mit Porendurchmesser von etwa 5–8 µm. Aus der Menge des filtrierten Blutes oder der Zeit des Durchlaufs wird indirekt auf die Verformbarkeit der Erythrozyten geschlossen.

Erythrozytenverformbarkeit (Deformierbarkeit, Flexibilität, Fluidität): Eigenschaften der Erythrozyten, sich dem Blutstrom passiv anzupassen und dabei ihre Form zu verändern. Dies ermöglicht die Passage durch Kapillaren, deren Durchmesser kleiner ist als der Ruhedurchmesser der Erythrozyten.

Fahraeus-Lindqvist-Effekt: Abnahme der Viskosität des Blutes in engen und schnell durchströmten Röhren. Dieser Effekt ist erst unterhalb eines Röhrendurchmessers von 0,3 mm von Bedeutung.

Fibrinolyse (Fibrinogenolyse): Enzymatische Spaltung von Fibrin bzw. Fibrinogenmolekülen durch Streptokinase, Urokinase oder andere Enzyme.

Fließbedingungen (Fließvoraussetzungen): Hämodynamische und angioarchitektonische Parameter, welche die Blutströmung bestimmen bzw. erst ermöglichen, z. B. Blutdruckhöhe, Druckgradient, Gefäßdurchmesser, Gefäßverzweigung etc. Die Fließbedingungen und die Fließeigenschaften bestimmen zusammen das Fließverhalten des Blutes.

Fließeigenschaften des Blutes: Oberbegriff der verschiedenen rheologischen Teileigenschaften des Blutes
a) Vollblutviskosität (Hämatokrit)
b) Plasmaviskosität
c) Erythrozytenaggregation
d) Erythrozytenverformbarkeit

Fluidität: $\left(\frac{1}{\text{Viskosität}}\right)$ Fließfähigkeit einer Flüssigkeit; manchmal auch im Sinne der Verformbarkeit von Erythrozyten gebraucht.

Hämodilution: (Blutverdünnung): Verdünnung der korpuskulären und plasmatischen Blutbestandteile infolge Infusion zellfreier (meist kolloidaler) Lösungen mit Senkung des Hämatokrit, wobei insbesondere auch die Plasmaeiweißkonzentration entsprechend vermindert wird. (Hypervolämische Hämodilution/Isovolämische Hämodilution; s. S. 44ff.)

Hämokonzentration: Erhöhung der Zell/Plasma-Relation (Hämatokrit) z.B. durch Wasserverlust (Exsikkose).

Hämorheologikum: Medikament, dessen Wirkungsmechanismus mit großer Wahrscheinlichkeit über die Verbesserung der Fließeigenschaften des Blutes erfolgt. Dieser Ausdruck wird nur von wenigen Autoren verwendet.

Hyperviskosität: Erhöhung der Blut- oder Plasmaviskosität (meist bei Erkrankungen), im weiteren Sinne wird darunter auch eine verstärkte Erythrozytenaggregation oder eine verminderte Erythrozytenverformbarkeit verstanden.

Hyperviskositätssyndrom: Klinische Symptome verschiedener Art, die bei einem Teil von Patienten mit meist extremer Hyperviskosität auftreten können (s. Kap. 3.2.3.).

Newton'sche Flüssigkeiten: Flüssigkeiten, bei denen sich die Viskosität nach dem Newton'schen Gesetz verhält, d.h. der Quotient aus Schubspannung und Schergrad ist eine Konstante.

Plasmapherese (Plasmaaustausch): Herausnahme der meist erhöhten Konzentration pathologischer Proteine aus dem Plasma mit anschließendem Volumenersatz.

Plasmaviskosität: Die Viskosität des zellfreien Blutplasmas. Die Größe der Plasmaviskosität wird hauptsächlich durch die im Plasma vorhandene Konzentration von Eiweißen (u.a. Fibrinogen) bestimmt.

Relative Blut- und Plasmaviskosität: Viskosität von Blut oder Plasma im Vergleich zu Wasser ($H_2O = 1$) unter den gleichen Versuchsbedingungen. Viskosität von Wasser bei 20 °C = 1 cP; bei 37 °C = 0,693 cP (aus: W.H. Westphal: Physik. Springer Verlag Heidelberg 1959, 227)

Rigidität: $= \dfrac{1}{\text{Verformbarkeit}}$

Scheinbare Viskosität (apparent viscosity): Reibungsbedingter Strömungswiderstand von Blut, d.h. die Resultante aus Fließbedingungen und Fließeigenschaften.

Schergrad: (Geschwindigkeitsgradient, Schergeschwindigkeit, Schergefälle, „shear rate", Dimension s^{-1}): Maß für die Scherung einer Flüssigkeit zwischen zwei Schichten; ergibt sich aus dem Differentialquotienten der Geschwindigkeit v und dem Abstand x ($\frac{dv}{dx}$).

Schubspannung: $\left(\text{Scherkraft, shear stress, Dimension } \frac{N}{m^2}\right)$.
tangential einwirkende Kraft, die eine gegenseitige Verschiebung von Flüssigkeitslamellen bewirkt.

Simultane hämorheologische Therapie: zeitgleiche Anwendung verschieden wirkender hämorheologisch-therapeutischer Maßnahmen.

Strukturviskosität: Unter Strukturviskosität versteht man den Blutviskositätsanstieg bei abnehmenden Schergraden, der durch die Zusammenlagerung von Erythrozyten zu netzförmigen dreidimensionalen Strukturen (Erythrozytenaggregation) verursacht wird.

Viskosimeter: Meßgerät zur Bestimmung der Viskosität (innere Reibung) von Flüssigkeiten.

Viskosität (innere Reibung, Zähigkeit): Materialeigenschaft von Flüssigkeiten, deren Fließverhalten durch sie wesentlich bestimmt wird. Maßeinheit: Poise (P) bzw. centipoise (cP). Im SI-System Pascal · s (Pa · s) bzw. Millipascal · s (mPa · s). 1 cP entspricht 1 mPa · s.

Yield Stress (Überwindungsdruck, Anlaßwert): Kommt es zu einer Stagnation des Blutstroms oder zur Stase, dann lagern sich die Erythrozyten zu dreidimensionalen Gebilden zusammen, die sich rheologisch sehr steif verhalten. Um die Stagnation des Blutes zu überwinden (Fließpunkt), benötigt man eine Kraft (yield stress), die weit über der Kraft liegt, die für das normale Fließen des Blutes erforderlich ist.

3.3. Therapeutische Hämorheologie

3.3.1. Kurze geschichtliche Entwicklung der therapeutischen Hämorheologie

Otfried Müller und *Ryokichi Inada* haben 1904 [663] in der Deutschen Medizinischen Wochenschrift eine Senkung der Blutviskosität bei Gesunden und Kranken infolge einer Gabe von Jodkali beschrieben (s. Abb. 5).

Obwohl später durchgeführte Untersuchungen anderer Arbeitsgruppen diese Ergebnisse nicht bestätigen konnten, ist diese Arbeit wichtig. Sie ist die erste Publikation, in der über eine medikamentös bedingte Verbesserung der Fließeigenschaften berichtet wurde und in der auch die daraus sich ergebende Konsequenz für die Durchblutung angesprochen wurde. *Romberg* (Tübingen) schreibt in seinem Vorwort zu dieser Publikation von *Müller* und *Inada:* „Das Blut wird durch den Jodgebrauch leichter flüssig. Die Erschwerung des Blutstromes durch die Gefäßerkrankung kann durch das leichtere Fließen des Blutes bis zu einem gewissen Grade oder auch völlig ausgeglichen werden". Diese Fragestellung ist - sieht man einmal von dem verwendeten Medikament Jodkali ab - die wissenschaftlich-klinische Richtschnur der therapeutischen Hämorheologie geworden und bis heute geblieben.

Der Aderlaß als einfachste Form der Senkung der Hämatokritwerte ist schon aus den Frühzeiten der Menschheit bekannt und hat im Mittelalter den Höhepunkt seiner Anwendung erreicht. Daß durch einen Aderlaß auch die Blutviskosität gesenkt wird, ist klinisch erstmals von *Kottmann* [526] untersucht worden. Im geeigneten Fall ist auch heute noch der Aderlaß eine gute und therapeutisch einfache Möglichkeit, die Fließeigenschaften des Blutes zu verbessern [96, 461].

Ein wesentlicher therapeutischer Fortschritt war die Gabe von Plasmaersatzstoffen zur Verbesserung der Fließeigenschaften des Blutes, wie sie ab 1961 von *Gelin* und dessen Arbeitsgruppe [367, 368, 370] eingeführt wurde. Die Plasmaersatzstoffe auf Dextranbasis haben der klinischen Hämorheologie in der Folgezeit entscheidende Impulse in wissenschaftlicher und therapeutischer Hinsicht gegeben.

Im Jahre 1969 wurde die Fibrinogensenkung infolge Fibrinogenolyse mit Streptokinase [235] und 1971 die Defibrinogenierung mit Schlangengiftenzympräparaten als hämorheologische Therapie vorgeschlagen [237].

Später wurden noch andere Substanzen bekannt, welche die rheologischen Eigenschaften des Blutes über eine Fibrinogensenkung verbessern [201, 595, 307].

Mitte der 70er Jahre konnte gezeigt werden, daß es Pharmaka gibt, welche die pathologisch verschlechterte Verformbarkeit der Erythrozyten verbessern können. Auch hieraus entwickelten sich therapeutische Konsequenzen, z. B. mit Pentoxifyllin [266] bei Durchblutungsstörungen.

Untersuchungen der letzten Jahre zeigen [444, 776, 779, 534], daß der Verminderung der Plasmaviskosität offenbar eine große Bedeutung zukommt. Dies geschieht in geringerem Maße bereits beim Aderlaß und im engeren Sinne auch bei der fibrinogensenkenden Therapie. Es gibt heute auch Plasmaersatzstoffe, die die Viskosität des Suspensionsmediums

No. 48. Donnerstag, den 24. November 1904. 30. Jahrgang.

Zur Kenntnis der Jodwirkung bei Arteriosclerose.

Von Dr. **Otfried Müller** und Dr. **Ryokichi Inada.**

Mit einem Vorwort von Prof. **Romberg** in Tübingen.

Vorwort.

Eine stets zunehmende Anzahl von Aerzten sieht in den Jodpräparaten nützliche Mittel für manche Folgen der Arteriosclerose. Aber die Indikation für die Anwendung der Jodverbindungen konnte nicht scharf umgrenzt werden, solange die Art ihrer Einwirkung unbekannt war. Die Annahme Huchards, daß die Jodsalze die kleinen Gefäße erweitern, die Durchblutung der Organe erleichtern und vor allem das mit der erhöhten Gefäßspannung eng verknüpfte Fortschreiten der Arteriosclerose hemmen, ließ sich mit den experimentell festgestellten Tatsachen nicht vereinigen. Boehm und Berg[1]) und vor kurzem Stockman und Charteris[2]) haben gezeigt, daß das Jodkalium keine gefäßerweiternde Wirkung hat. Die Grundlage der ganzen Anschauungsweise wurde hinfällig, als zuerst anatomisch durch Hasenfeld[3]) und C. Hirsch[4]) und dann klinisch speziell durch Sawada[5]) gezeigt wurde, daß bei der großen Mehrzahl der Arteriosclerosen von einer dauernden Hypertension im arteriellen Gebiete, von einem dauernd erhöhten Arteriendrucke keine Rede ist, wenn nicht Nierenerkrankungen in dem Krankheitsbilde eine Rolle spielen. Andere Erklärungsversuche, die Annahme eines resorbierenden Einflusses auf die Produkte der Arteriosclerose, die von Rumpf[6]) vermutete Alkaliwirkung, die indirekte Einwirkung durch Beeinflussung der Schilddrüsen, konnten nur hypothetischen Wert beanspruchen. Von einer spezifischen Wirkung kann nur in einem Bruchteil der Fälle die Rede sein.

Wie ich auf dem Leipziger Kongreß[7]) mitteilte, war mir eine Wirkung der Jodsalze auf das Blut wahrscheinlicher als ein Einfluß auf die Gefäße. Die Untersuchungen von O. Müller und Inada in der Marburger Poliklinik haben gezeigt, daß in der Tat das Blut beeinflußt wird. Die Viscosität des Blutes nimmt durch Jodgebrauch allmählich ab. Die folgenden Mitteilungen der beiden Herren bringen die zahlenmäßigen Belege zunächst für normale Personen. Das Blut wird durch Jodgebrauch leichter flüssig. Die Erschwerung des Blutstromes durch die Gefäßerkrankung kann durch das leichtere Fließen des Blutes bis zu einem gewissen Grade oder auch völlig ausgeglichen werden. In gleichem Verhältnis zur Abnahme der Viscosität steigt nach der Poiseuilleschen Formel die Stromgeschwindigkeit.

Abb. 5. Erstbeschreibung einer Therapie durch Senkung der Blutviskosität (aus [663])

(Plasmaviskosität) vermindern [776, 534]. In die gleiche Richtung zielen therapeutische Maßnahmen wie die Plasmapherese [779]. Hierbei wird, wie auch insbesondere bei der defibrinogenierenden Therapie mit Schlangengiftenzymen, die Aggregation der Erythrozyten ganz wesentlich vermindert.
In neuerer Zeit wurden verschiedene Substanzen gefunden, welche die Fließeigenschaften des Blutes verbessern sollen. Sie sind nicht einer einheitlichen Stoffgruppe zuzuordnen und haben möglicherweise verschiedene Wirkmechanismen.
Die Frage, ob die verwendeten Pharmaka wie auch andere hämorheologisch wirksame Maßnahmen direkt wirksam werden, ob es Metaboliten sind oder ob es durch eine solche Therapie nur indirekt zu einer Verbesserung der Fließeigenschaften des Blutes kommt, bleibt vielfach offen.
Darüberhinaus werfen Ergebnisse von Untersuchungen von *Dintenfass* [176, 181] die Frage auf, inwieweit Blutgruppen-spezifische Einflüsse auf die Fließeigenschaften des Blutes deren Beeinflußbarkeit durch Pharmaka modifizieren können.

Tabelle. 1. Zeitliche Reihenfolge der Erstbeschreibung der wesentlichsten, aufgrund rheologischer Ergebnisse vorgeschlagenen Therapieprinzipien (Verbesserung der Fließeigenschaften des Blutes)

Hämatokritsenkung durch Aderlaß (Kottmann [526], Burch und De Pasquale [96])	1907/1963
Senkung der Plasmaeiweißkonzentration durch Plasmapherese (Schwab und Fahey [779])	1960
Hämatokritsenkung (hypervolämische Hämodilution) durch Plasmaersatzmittel (Rheomacrodex) (Gelin und Ingelmann [367])	1961
Hämatokritsenkung (Aderlaß) und simultaner Volumenersatz mit Dextranlösungen (isovolämische Hämodilution) (Zederfeldt [930])	1963
Senkung der Plasmafibrinogenkonzentration durch a) Fibrinogenolyse (Streptokinase) (Ehrly und Lange [235]) b) Defibrinogenierung (Ancrod) (Ehrly [239])	1969/1971
Medikamentöse Verbesserung der Erythrozytenverformbarkeit (Pentoxifyllin) (Ehrly [266])	1975

Es gibt somit verschiedene therapeutische Möglichkeiten, die Fließeigenschaften des Blutes günstig zu beeinflussen. Sie beruhen auf einer Senkung der Gesamtblutviskosität, einer Verminderung der Plasmaviskosität, einer Hemmung der Erythrozytenaggregation und einer Verbesserung der Verformbarkeit (Flexibilität, Fluidität) der Erythrozyten. Die sich daraus ableitenden rheologischen Therapieverfahren sind bereits vor vielen Jahren diskutiert worden [343, 723, 236]: Hämodilution mit Senkung des Hämatokrits, Desaggregation von Erythrozytenaggregaten durch Defibrinogenierung oder Plasmapherese und Verbesserung der Erythrozytenverformbarkeit.
Zederfeldt [930] hat 1963 erstmals wissenschaftlich exakte rheologische Messungen bei einer simultanen hämorheologischen Therapie (s. oben) angegeben, und zwar die Kombination eines Aderlasses einerseits und einer Infusion von Dextranlösungen andererseits. Beide Therapiemaßnahmen sind als „hämodiluierend" anzusehen. 1977 schlugen *Ehrly* und *Saeger-Lorenz* [274] die Kombination zweier verschiedener hämorheologischer Prinzipien vor: isovolämische Hämodilution mit gleichzeitiger Defibrinogenierung.
Diese gleichzeitige Anwendung verschiedener hämorheologisch wirksamer Therapieprinzipien oder Medikamente eröffnet weitere therapeutische Möglichkeiten (s. Kap. 4.2.).

3.3.2. Theoretisch denkbare Wirkungsmechanismen einer hämorheologischen Therapie

Die konkreten Möglichkeiten und Wirkungsmechanismen einer hämorheologischen Therapie beruhen auf der Kenntnis derjenigen Faktoren, welche die Fließeigenschaften des Blutes insgesamt oder teilweise verschlechtern können. Andere Mechanismen einer Beeinflussung hämorheologischer Parameter als die einer rationalen Beeinflussung sind zwar nicht auszuschließen, spielen aber weder praktisch noch theoretisch derzeit eine Rolle.

Die einfachste Möglichkeit einer Verbesserung hämorheologischer Parameter ist, die pathologisch verschlechterten hämorheologischen Faktoren durch die verschiedenen Maßnahmen wieder in den Normbereich zurückzuführen. In der Tat sind auch die meisten heute bekannten Therapien auf dieser Grundüberlegung aufgebaut. Dennoch ist es möglich und wird auch therapeutisch praktiziert, sogenannte „normale" Werte noch weiter zu optimieren. Dies gilt beispielsweise für die Verringerung des Hämatokritwertes von normal 45% beim gesunden Mann bzw. 42% bei der gesunden Frau auf Werte um oder knapp unter 40%. Die Normwerte, die bei Gesunden angetroffen werden, sind bei bestimmten Erkrankungen, wie beispielsweise bei der arteriellen Verschlußerkrankung, nicht gleichzusetzen mit dem günstigen Hämatokritwert. Zwar ist bei einer therapeutisch induzierten Verringerung der Erythrozytenzahl im zirkulierenden Blut (Hämodilution) die Zahl der Sauerstoffträger und damit die Gesamtbindungskapazität für Sauerstoff verringert, es kommt jedoch auch zu einer Verbesserung des Stromzeitvolumens in der Peripherie durch die Verminderung der Blutviskosität und dementsprechend des peripheren Widerstandes.

Entscheidend ist daher, ob durch Veränderung des Hämatokritwertes die Sauerstofftransportkapazität verbessert wird. Dies sollte nach Möglichkeit durch entsprechende Messungen des Gewebesauerstoffdruckes direkt im sogenannten ischämischen Gewebe untersucht werden. Die bisher aus der Literatur erhältlichen Daten sprechen dafür, daß bei einer mäßiggradigen Absenkung des sogenannten normalen Hämatokrits durchaus eine Verbesserung der Sauerstoffversorgung resultieren kann [540, 541, 316].

In neuerer Zeit konnte festgestellt werden, daß es im Rahmen einer generalisierten oder lokalen Vasodilatation zu einem Einstrom extravaskulärer Flüssigkeit in die Blutbahn kommt, wodurch eine endogene (innere) Hämodilution zu erklären ist [306, 309]. Dieser Wirkungsmechanismus dürfte generell bei vasodilatierenden bzw. vasoaktiven Pharmaka zum Tragen kommen (s. Kap. 4.1.43. u. a.).

Von einer Verminderung der Leukozyten- und Thrombozytenzahl unter die bekannten Normwerte sind bisher wenig konkrete Angaben zu erhalten. Es scheint jedoch denkbar, daß bei einigen wenigen Krankheiten auch ein solcher Therapieansatz eine Besserung der klinischen Symptomatik bringen könnte [330, 214, 756].

Die Frage, ob eine Reduktion der sogenannten physiologischen Erythrozytenaggregation einen therapeutischen Nutzen bringt, ist bisher nicht geklärt. Es ist jedoch außer Zweifel, daß sich bei einer Verminderung z. B. der üblichen Fibrinogenwerte im Plasma die Erythrozytenaggregationswerte vermindern lassen. Wenig ist außerdem über die theoretisch denkbare Möglichkeit bekannt, die normale Verformbarkeit von menschlichen kernlosen Erythrozyten zu verbessern. Hier stellt sich die Frage, ob der gesunde menschliche Erythrozyt nicht schon so optimal verformbar ist, daß weitere Verbesserungen der mechanischen Eigenschaften nicht mehr möglich sind.

Im Hinblick auf die Bedeutung der Plasmaviskosität für die Perfusion in der Mikrozirkulation ist darauf hinzuweisen, daß eine Verminderung dieses Parameters durch Senkung z. B. der „normalen" Fibrinogenkonzentration im Blut durchaus möglich ist. Eine solche

therapeutische Möglichkeit ergibt sich deshalb, weil die „normale“ Konzentration von Plasmaproteinen, insbesondere des Fibrinogens, verhältnismäßig hoch ist. Aus entwicklungsgeschichtlichen Gründen war dies sinnvoll, weil Fibrinogen als eine sehr wichtige Substanz in der Gerinnungskaskade bei den häufigen Verletzungen vorhanden sein mußte. So liegt heute die Fibrinogenkonzentration bei Gesunden zwischen 200 und 400 mg%; zur Blutgerinnung sind jedoch 100 mg% durchaus ausreichend. Theoretisch ist im begrenzten Umfang auch eine Senkung der Gesamteiweißkonzentration zur Verbesserung der Fließeigenschaften des Blutes denkbar, so lange nicht essentielle Aufgaben dieses Systems wie die Immunabwehr oder die onkotische Aktivität des Plasmas alteriert werden.
Viel einfacher stellt sich die Frage der theoretisch denkbaren Mechanismen einer Verbesserung der Fließeigenschaften des Blutes dann, wenn - wie bei vielen Erkrankungen der Fall - die Ausgangswerte der Fließeigenschaften pathologisch verschlechtert sind. Im Falle einer Polyglobulie mit Hämatokritwerten von 60% und mehr bietet sich die Verminderung des Hämatokrits durch Aderlaß und Hämodilution geradezu an. Bei massiver Erythrozytenaggregation durch sehr hohe Konzentrationen von Fibrinogen oder α-2-Makroglobulin ergibt sich auch hier ein leicht einsehbarer therapeutischer Ansatzpunkt. Bei der verschlechterten Verformbarkeit der Erythrozyten muß es Ziel einer kausalen Therapie sein, diese so wichtige Funktion des Einzelerythrozyten zu verbessern und möglicherweise sogar zu normalisieren. Besonders einleuchtend ist die Senkung pathologischer Plasmaviskositätswerte beim Plasmozytom und ähnlichen Erkrankungen, bei denen die Mikrozirkulation auf Grund der hohen Gesamteiweißkonzentration beeinträchtigt ist.
Faßt man die eben aufgeführten theoretischen Möglichkeiten zur Verbesserung der Fließeigenschaften des Blutes zusammen, so sind diese im wesentlichen deckungsgleich mit den heute bereits bekannten und auch klinisch angewandten Methoden der therapeutischen Hämorheologie (s. Kap. 3.3.1.). Einige der oben aufgeführten Möglichkeiten sind noch relativ wenig untersucht, insbesondere gilt dies für die Kombination mehrerer hämorheologisch-therapeutischer Prinzipien.

3.3.3. Zur Bedeutung von in vitro-Versuchen, Tierversuchen und Untersuchungen an gesunden Probanden mit rheologisch aktiven Präparaten

Wie schon in Kapitel 2.2. ausgeführt, wurden bewußt diejenigen Publikationen unberücksichtigt gelassen, welche sich mit der Wirkung rheologisch aktiver Substanzen und damit potentieller rheologischer Therapeutika auf die Fließeigenschaften des Blutes im klassischen in vitro-Versuch (Zusatz von Substanzen zu antikoaguliertem Blut in vitro), bei Tierversuchen und bei Untersuchungen an gesunden Probanden befassen.
Es existiert eine große Anzahl von wissenschaftlichen Publikationen, in denen die medikamentöse Beeinflussung der Fließeigenschaften des Blutes in vitro untersucht wurden. Selbstverständlich ist, daß Ergebnisse dieser Art, sowohl in vitro-Versuche als auch Tierversuche und Untersuchungen an Gesunden, nicht ohne weiteres auf die Situation bei Patienten übertragen werden können. Darüberhinaus muß gesagt werden, daß die Ergebnisse einiger in vitro-Untersuchungen sogar zu Fehlinterpretationen oder zu fehlerhaften Schlußfolgerungen bezüglich der Übertragbarkeit der erhaltenen Ergebnisse auf die Situation beim Patienten geführt haben. So ist beispielsweise gefunden worden, daß bei Versuchen mit einer Substanz in vitro eine wesentliche Verbesserung der Verformbarkeit der Erythrozyten erzielt werden konnte, wenn dabei „ischämisches“ Blut verwendet wurde [z. B. 158]. Das hierbei als „ischämisch“ bezeichnete Blut ist aber keinesfalls Blut, das etwa aus einem ischämischen Gewebe oder aus den venösen Sammelvenen einer ischämischen Extremität gewonnen wurde, sondern es wurde von Gesunden durch eine Tourniquet-

artige Stauung des Oberarms und erschöpfende Arbeit der Unterarmmuskulatur aus der vena cubitalis erhalten.
Anders verhält es sich mit sogenannten Streßtests, die es heute in verschiedener Form gibt und die im Jahre 1974 erstmals beschrieben wurden [258]. Bei diesen in vitro-Tests kann das Blut bei 37 °C Belastungen ausgesetzt werden, wie sie nachgewiesenermaßen auch unter in vivo-Bedingungen vorhanden sein können. So wird beispielsweise eine Hyperosmolarität oder eine mäßiggradige Azidose simuliert und in aller Regel auch das Blut oder die Erythrozytensuspension inkubiert. Unsinnig wäre es allerdings, Blut unter in vitro-Bedingungen auf einen pH von 5 zu bringen und dann Medikamentenwirkungen im Sinne therapeutischer Wirkungen zu interpretieren; ein pH von 5 ist bekanntlich mit dem Leben nicht vereinbar. Weiterhin liegt bei vielen in vitro-Versuchen die erforderliche Pharmakadosis zur Erzielung eines günstigen hämorheologischen Effektes so hoch, daß dies unter in vivo-Bedingungen und insbesondere beim Menschen nicht nachvollziehbar wäre.
Dessenungeachtet haben in vitro-Versuche, Tierversuche und Versuche an gesunden Probanden durchaus ihre Bedeutung bei der Entwicklung der Präparate zur therapeutischen Beeinflussung der Fließeigenschaften des Blutes. Eine Reihe von zwischenzeitlich auch bei Patienten angewandten Präparaten sind über in vitro-Versuche zunächst entdeckt worden, und ihre Entwicklung ging dann über Tierversuche und über Untersuchungen an gesunden Probanden weiter. In vitro-Versuche sind auch gut geeignet, um Fragen nach dem Wirkungsmechanismus zu klären und einfache Fragen zur Dosis-Wirkungsbeziehung aufzudecken.
Tierversuche haben sich bisher bei der Frage zur Wirksamkeit rheologisch aktiver Präparate nicht durchsetzen können. Das liegt vor allen Dingen daran, daß die zur Verfügung stehenden Tiermodelle nicht oder nur bedingt vergleichbare Voraussetzungen für die Fließeigenschaften des Blutes in vivo bei Menschen darstellen.
Die Untersuchungen mit rheologisch wirksamen Pharmaka an gesunden Probanden haben verständlicherweise nur eine begrenzte Aussagekraft. Immerhin ist eine Verbesserung der Fließeigenschaften des Blutes durch „therapeutische" Maßnahmen bei Gesunden ein Hinweis dafür, daß möglicherweise auch beim Patienten die Fließeigenschaften des Blutes verbessert werden könnten. Ob damit natürlich auch eine Verbesserung der klinischen Symptomatik verbunden ist, ist eine weitere ganz wesentliche Frage, die in einem der folgenden Kapitel angesprochen werden soll (s. Kap. 3.3.7.1).

3.3.4. Bemerkungen zu den am häufigsten angewendeten Meßmethoden zum Nachweis eines therapeutisch-hämorheologischen Effekts

Kennzeichnend für die Messung der Fließeigenschaften des Blutes von Patienten durch die einzelnen Untersucher ist die Vielfalt der verwendeten Methoden und Meßgeräte.
Nur selten sind Arbeiten verschiedener Autoren oder Arbeitsgruppen miteinander vergleichbar, weil die methodischen Bedingungen extra vivum in der Regel nicht identisch sind. So wurden bei der Vollblutviskositätsmessung neben Kapillarviskosimetern oder Rotationsviskosimetern vom Typ des Kegel-Platte- oder des Kegel-Kegel-Systems auch Kugelfallviskosimeter verwendet. Beim Kapillarviskosimeter läßt sich eine sehr genaue Reproduzierbarkeit der Messung erreichen, jedoch sind die Scherkräfte üblicherweise so hoch, daß die aggregationsbedingte Strukturviskosität des Blutes nicht erfaßt werden kann.
Viskosimeter, die die Messung bei sehr niedrigen Schergraden erlauben, sind die Kegel-Platte-Viskosimeter und die Kegel-Kegel-Viskosimeter. Hierbei ist allerdings, insbesondere bei der Beurteilung von Patientenblut mit pathologischer Sedimentation der Erythrozy-

ten, die Gefahr sehr groß, daß die Meßergebnisse infolge der Phasentrennung sehr stark verfälscht werden (Heterophaseeffekt) [141]. Zum anderen spielt bei der großen benetzten Oberfläche solcher Viskosimeter die Oberflächenspannung eine Rolle und nur in den wenigsten Fällen ist eine Vorrichtung vorhanden, diese Effekte zu minimalisieren (Guard-Ring). Ergebnisse von Messungen der Viskositätswerte bei niedrigen Schergraden müssen deswegen grundsätzlich mit besonderer Vorsicht interpretiert werden.

Blutviskositätsmessungen mit Kugelfallviskosimetern werden heute wegen der vielfältigen meßtechnischen Probleme und der schwierigen Interpretation der Ergebnisse nur noch selten durchgeführt.

Die Viskosität des Plasmas wird oftmals mit dem gleichen Viskosimetertyp gemessen wie die Blutviskosität, heute meist jedoch mit Kapillarviskosimetern, weil hierbei die Empfindlichkeit und die Genauigkeit sehr groß ist. Bei den Kegel-Platten-Viskosimetern ergeben sich wegen der niedrigen Eigenviskosität des Plasmas in vielen Fällen grundsätzliche meßtechnische Probleme.

Das Aggregationsverhalten von Erythrozyten wird bis heute nur von wenigen Arbeitsgruppen direkt mittels Lichttransmissionsmessungen [932, 87, 513, 756, 277, 492] in Anlehnung an das Verfahren von *Zijlstra* [932] bestimmt. Diese Methoden erlauben eine wichtige Aussage über das Aggregationsverhalten der Erythrozyten, insbesondere über die Bildungsgeschwindigkeit der Aggregate nach vollständiger Dispersion und über die Scherresistenz der Aggregate. Allerdings dürften auch bei dieser Methode andere Faktoren, wie z. B. die Plasmaviskosität, interferieren.

Von verschiedenen Autoren wird auf das Verhalten der Erythrozytenaggregation anhand der Veränderung der Viskositätswerte bei niedrigen Schergraden rückgeschlossen. Diese Schlußfolgerungen sind angesichts der oben angesprochenen Schwierigkeiten bei der Messung von Patientenblut mit Rotationsviskosimetern mit größter Vorsicht zu interpretieren. Andere Autoren haben das Verhalten der Blutkörperchensenkungsgeschwindigkeit als indirektes Maß für die Aggregation der Erythrozyten angesehen. In einigen Fällen wurden die Veränderungen ohne Korrektur des Hämatokrits gewertet. Dies ist aufgrund

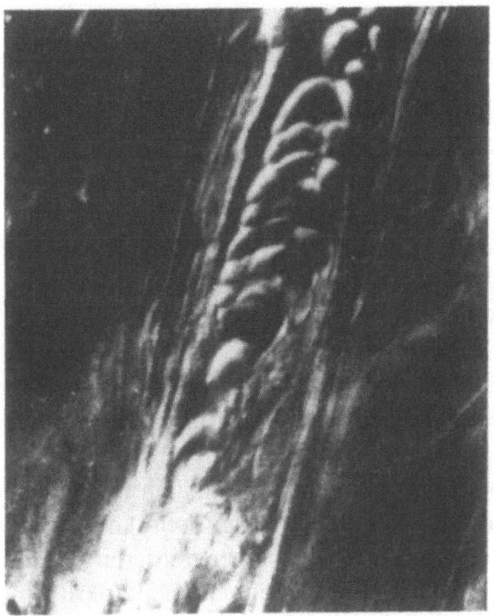

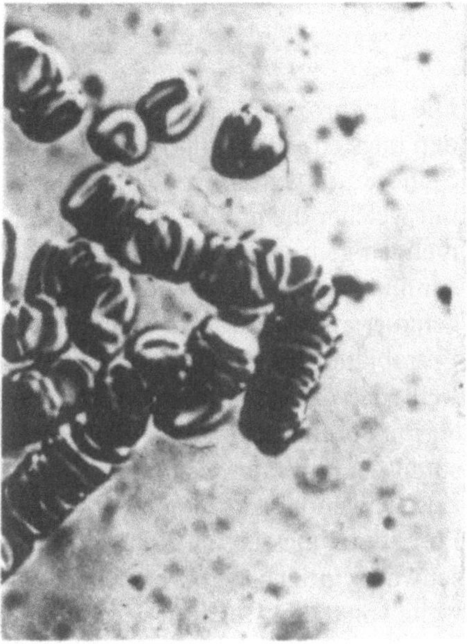

Abb. 6. Erythrozytenaggregation (links in vivo, rechts in vitro)

der starken Abhängigkeit der Blutkörperchensenkungsgeschwindigkeit vom Hämatokrit (z. B. [241]) nicht möglich.

Eine etwas größere Bedeutung hat dagegen die Wertung der Blutkörperchensenkungsgeschwindigkeit bei korrigiertem Hämatokrit (z. B. Einstellung des Hämatokrits auf einen Wert von 40), insbesondere dann, wenn diese Ergebnisse mit den Untersuchungen der fotometrischen Aggregationsmessung der Erythrozyten übereinstimmen. Detailliertere Angaben über die Erythrozytenaggregation in der Hämorheologie sind in einem Verhandlungsband enthalten [832, 136]; ein Vergleich verschiedener Aggregationsmethoden erfolgte von *Linderkamp* et al. [577].

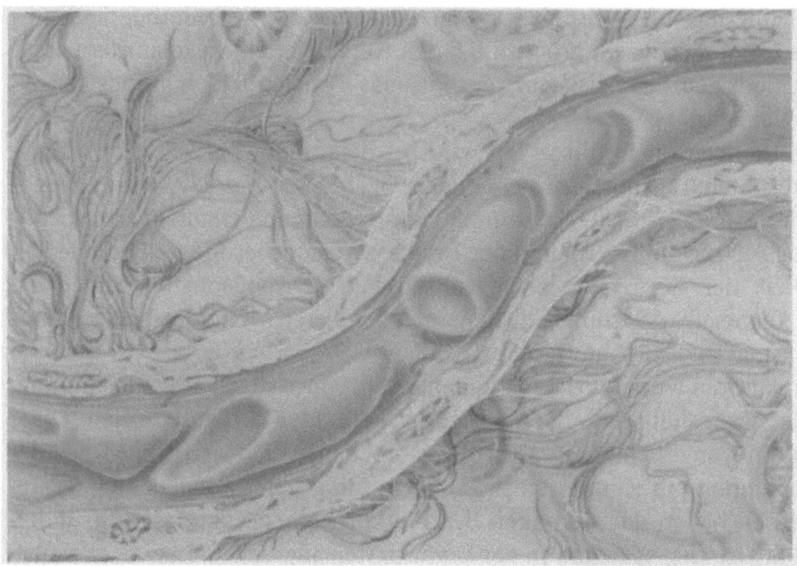

Abb. 7. Geschoßförmige Deformation schnell strömender Erythrozyten in engen Kapillaren (halbschematische Darstellung nach Hochgeschwindigkeits-Filmaufnahmen) (aus 265)

Die Erythrozytenverformbarkeit (Deformabilität, Flexibilität) (s. Abb. 5) wird heute in den meisten Fällen mit der Erythrozytenfiltration durch Filter mit kleinen Poren zwischen 5 und 8 μm gemessen. Die Erythrozytenfiltration ist praktisch eine Durchflußmethode, mit welcher die pro Zeiteinheit durch die Filter laufenden Erythrozytenzahlen bzw. Blutmengen gemessen werden oder wobei umgekehrt festgestellt wird, wieviel Zeit eine bestimmte Menge Blut benötigt, um die Filter zu passieren. Deshalb sollten die Methoden genauer als Filtrationsmethoden (Mikroflußmethoden) bezeichnet und das Ergebnis als Filtrabilität des Blutes bzw. der Erythrozyten bezeichnet werden. Es wird dabei unterstellt, daß die verminderte Verformbarkeit der Erythrozyten den Durchfluß durch die Filter mit Porengrößen um den Durchmesser der Erythrozyten (meist 5–8 μm) behindert und somit die Flußrate vermindert.

Zur Verwendung kommen entweder Nucleopore-Filter mit geraden Kanälen und einem Porendurchmesser von zumeist 5 μm oder Zelluloseester-Filter (z. B. Millipore) mit einem schwammartigen Netzwerk von Schlitzen und „Kapillaren" und einer mittleren Porenweite von 8 μm. Das Blut wird in den meisten Fällen auf einen niedrigen Hämatokrit eingestellt (z. B. Hämatokrit von 10), wobei auf die Entfernung von Leukozyten und Thrombozyten geachtet werden sollte. Ergebnisse aus Vollblutfiltrationsmethoden wie die von

Reid und Mitarbeiter (1976) [721] sollten entsprechend kritisch gewertet werden. Obwohl bekannt ist, daß die Verformbarkeit der Erythrozyten bei dem Erythrozytenfiltrationstest die größte Rolle spielt, muß daran gedacht werden, daß auch andere Faktoren, wie z. B. die Plasmaviskosität, Erythrozytenaggregate und die Leukozyten die Durchflußrate beeinflussen können [467, 10, 846, 211, 607, 625, 626, 847]. Neuerdings gibt es auch Vorrichtungen, um die Verformbarkeit einzelner Erythrozyten zu messen [491]. Pipettenmethoden (Mikropipetten) werden hingegen in der klinischen Hämorheologie kaum verwendet.

Abgesehen von der Verschiedenartigkeit der verwendeten Meßmethoden zur Messung der Fließeigenschaften des Blutes wird die Vergleichbarkeit der einzelnen Arbeiten auch dadurch erheblich beeinträchtigt, daß insbesondere bei den älteren Arbeiten das komplette Spektrum der rheologischen Meßmethoden (rheologischer Status) nicht ausgeschöpft wurde.

Dies kann einmal dazu führen, daß rheologisch und möglicherweise auch klinisch wichtige Einzeleigenschaften der Medikamente (z. B. Verbesserung der Erythrozytenverformbarkeit) übersehen werden, wenn man nur die Vollblutviskosität oder die Plasmaviskosität mißt. Zum anderen können sich auch die verschiedenen Teilparameter der Fließeigenschaften des Blutes in ihrer Wirkung gegenseitig hemmen oder sogar aufheben. Ein Beispiel dafür wäre, - wie in in vitro-Versuchen nachgewiesen wurde [242] - daß bestimmte Substanzen die Erythrozytenaggregation erheblich reduzieren können, daß dabei aber die Verformbarkeit der Erythrozyten vermindert wird. Welcher dieser Faktoren im Endeffekt in der Mikrozirkulation die dominierende Rolle spielt, kann derzeit nicht gesagt werden. Es ist jedoch nicht anzunehmen, daß solche konkurrierenden Verbesserungen bzw. Verschlechterungen rheologischer Teilparameter zu einer globalen Verbesserung der Versorgungssituation des Gewebes führen werden. Andererseits können eine simultane Beeinflussung verschiedener positiv wirkender rheologischer Teilfaktoren (z. B. Hämatokrit und Erythrozytenaggregation) auch therapeutisch sinnvoll sein (s. Kap. 4.2.2.).

In den referierten Arbeiten über hämorheologisch wirksame Behandlungsmaßnahmen wurden die Meßtemperaturen oft unterschiedlich gewählt, verschiedene Antikoagulantien verwendet oder die Stehzeit des Blutes nach der Entnahme verschieden lang gehandhabt. Bei vielen Autoren fehlen oftmals diese detaillierten Angaben, so daß die Ergebnisse nur bedingt verwendbar sind und Vergleiche der verschiedenen Arbeiten schwierig werden.

In vielen Arbeiten ist nicht angegeben, zu welcher Tageszeit die Untersuchungen beim Patienten durchgeführt wurden. Nur in wenigen Fällen ist die inzwischen bekannt gewordene zirkadiane Rhythmik der Fließeigenschaften des Blutes [785, 250, 312] berücksichtigt worden, aus der hervorgeht, daß sich bereits unter physiologischen Bedingungen aufgrund biorhythmischer Schwankungen die rheologischen Parameter zum Teil erheblich zeitabhängig verändern können.

Unabhängig von den Meßmethoden sind bei der Prüfung eines rheologisch aktiven Medikaments die Versuchsansätze oftmals verschieden und schwer vergleichbar, weil die Patientenkollektive unterschiedlich sind und die Dosierung der rheologisch wirksamen Medikamente verschieden gehandhabt wurde. Trotz all dieser Schwierigkeiten wurde bewußt versucht, Aussagen hinsichtlich der Wirkung von Maßnahmen zur therapeutischen Beeinflussung der Fließeigenschaften des Blutes zu machen.

In den letzten Jahren sind zunehmend Modifikationen von Meßgeräten und auch neue Entwicklungen auf dem Markt erschienen, um Teilaspekte der Fließeigenschaften des Blutes genauer untersuchen zu können. Die Frage ist hierbei, ob mit Hilfe solcher sehr spezieller Methoden neue Erkenntnisse für die klinische Wirkung hämorheologischer Pharmaka erhalten werden können. Bezeichnend ist, daß die wesentlichsten hämorheologisch-therapeutischen Prinzipien schon vor Jahren mit relativ einfachen Methoden gefun-

den wurden (s. Tabelle 1). Allerdings werden mit moderneren Methoden Teilaspekte insbesondere z. B. bei der Therapie mit Substanzen zur Verbesserung der Erythrozytenverformbarkeit besser untersucht und überprüft werden können.
Der Vollständigkeit halber soll in dem Zusammenhang auch erwähnt werden, daß mit relativ einfachen, nicht rheologischen Methoden vom Arzt in einem hohen Prozentsatz der Fälle vorhergesagt werden kann, ob bei einem Patienten rheologische Abnormitäten bestehen. Dies ist immer dann anzunehmen, wenn die Hämatokritwerte über 50% liegen (bei untrainierten, nicht höhenangepaßten Personen), wenn der Gesamteiweißgehalt die Normwerte wesentlich überschreitet, und wenn insbesondere die Fibrinogenkonzentration deutlich über dem Normbereich liegt. Ist die Blutkörperchensenkungsgeschwindigkeit bei normalen Hämatokritwerten deutlich gesteigert, so ist ebenfalls eine Verschlechterung der Fließeigenschaften des Blutes, insbesondere eine erhöhte Erythrozytenaggregation anzunehmen. Lediglich die verminderte Erythrozytenverformbarkeit entzieht sich den üblichen, routinemäßigen Labormethoden.

3.3.5. Abhängigkeit hämorheologischer Parameter von den Entnahmebedingungen

Die Fließeigenschaften des Blutes werden üblicherweise mit Venenblut untersucht, welches aus der vena cubitalis entnommen wurde. Die Veränderungen der Fließeigenschaften des Blutes sowohl aus pathophysiologischen Gründen, aber auch als Folge einer therapeutischen Maßnahme wurden in der überwiegenden Mehrzahl aller zitierten Arbeiten aus diesem venösen Mischblut diagnostiziert. Dabei wird stillschweigend davon ausgegangen, daß die Fließeigenschaften des Blutes im gesamten Kreislauf identisch oder doch zumindest vergleichbar sind. Es gibt jedoch Hinweise, daß die Fließeigenschaften des Blutes in den einzelnen Körperregionen, z. B. in Abhängigkeit vom aufrechten Stehen, verändert sind [443, 284] oder daß sich unter entspannten Ruhebedingungen die Viskositätswerte zu einem niedrigen Niveau hin einpendeln. Für vergleichende Untersuchungen, wie sie etwa zur Beurteilung therapeutischer rheologischer Maßnahmen wichtig sind, ist deswegen die Einhaltung bestimmter vergleichbarer Konditionen unbedingt Voraussetzung. Es ist anzunehmen, daß sich, z. B. bei Patienten mit Claudicatio intermittens unter Arbeit, die Fließeigenschaften des Blutes, wie sie sich lokal im arbeitenden ischämischen Muskel finden, deutlich von denen im venösen Mischblut aus der vena cubitalis unterscheiden.
Dies ist so zu erklären, daß die lokale metabolische Situation, insbesondere der pH und/ oder die Osmolarität, die Fließeigenschaften des Blutes und besonders die Verformbarkeit der Erythrozyten beeinflussen. Diese Verminderung der Verformbarkeit ist reversibel und dann nicht mehr nachweisbar, wenn die vorgenannten physikochemischen Parameter in venösem Mischblut wieder normalisiert sind (s. auch Kap. 3.2.1.3.).
Ein weiterer Faktor, welcher die Ergebnisse hämorheologischer Untersuchungen im Zusammenhang mit therapeutischen Maßnahmen verfälschen kann, ist die Tatsache, daß die Fließeigenschaften des Blutes tageszeitlichen Schwankungen unterliegen. Bei Untersuchungen an Probanden fand sich, daß die Blutviskositätswerte unter Ruhebedingungen und ohne therapeutische oder sonstige Beeinflussung Maxima und Minima aufwiesen. So kommt es beispielsweise im Verlauf des Vormittags zu einem Anstieg der Blutviskosität, während um 3 Uhr nachts die Blut- und Plasmaviskositätswerte ihr Minimum erreichen (s. Kap. 3.3.4.). Da die meisten Untersuchungen zu verschiedenen Zeiten nach einer Medikation durchgeführt werden, sind spontane Veränderungen rheologischer Befunde mit zu berücksichtigen. Untersucht man die verschiedenen Publikationen auf diesen Aspekt

hin, so ist festzustellen, daß nur in sehr wenigen Arbeiten die spontanen Veränderungen der Blutviskosität berücksichtigt wurden.

3.3.6. Zur pathophysiologischen Validität der verschiedenen Teilparameter der Fließeigenschaften des Blutes

Die vier wichtigsten Teilparameter der Fließeigenschaften des Blutes, die Vollblutviskosität, die Plasmaviskosität, die Erythrozytenaggregation und die Erythrozytenverformbarkeit werden entsprechend ihrer Bedeutung im Rahmen der klinischen Hämorheologie verschieden gewertet. Unzweifelhaft ist, daß die im allgemeinen über eine Erhöhung des Hämatokrits zustande gekommene erhöhte Vollblutviskosität dann numerisch wie auch klinisch und therapeutisch relevant gesenkt werden kann, wenn über die verschiedensten Maßnahmen der Hämatokritwert gesenkt wird.
In früheren Zeiten wurde der Vollblutviskosität der höchste Stellenwert zuerkannt, weil man von der Gesamtviskosität als Faktor des Hagen-Poiseuille'schen Gesetzes ausging. In den meisten Arbeiten über eine therapeutische Verbesserung der Fließeigenschaften des Blutes ist deshalb auch das Verhalten der Vollblutviskosität bei einem definierten Schergrad oder bei verschiedenen Schergraden gemessen worden. Die pathophysiologische Validität einer erhöhten Vollblutviskosität ist bei Polyglobulien oder Polyzythämien wenig bestritten, da sich eine entsprechende klinische Symptomatik bei Aderlaßtherapie (Hämodilution) im allgemeinen rasch bessert. Andererseits gibt es zweifelsfrei Gesunde (Andenbewohner, Langstreckenläufer) wie auch Patienten mit erhöhten Hämatokritwerten ohne entsprechende klinische Symptomatik (s. Kap. 3.2.2.).
Der pathophysiologisch-pathogenetische Stellenwert der Plasmaviskosität ist meines Erachtens bisher unterschätzt worden. So haben bereits 1960 *Bayliss* [53] und später *Merrill* [636, 637] und andere die Bedeutung der Plasmaviskosität im Rahmen der scheinbaren Vollblutviskosität herausgestellt, während *Begg* und *Hearns* [57] glauben, daß die Konzentration der Plasmaeiweiße keinen wesentlichen Einfluß auf die Viskosität hat. *Groth* und *Thorsén* [395] und *Schülke* und *Hartel* [776] haben bei ihren Untersuchungen mit Plasmaersatzstoffen aus klinischer Sicht 1966 darauf hingewiesen, daß die Plasmaviskosität deswegen eine besondere Rolle spielt, weil in den Kapillaren der Hämatokrit niedriger als in den größeren Gefäßen ist und die Blutviskosität in diesen Mikrogefäßen im wesentlichen von der Plasmaviskosität bestimmt wird. *Barras* [46], *Lutz* und *Barras* [600], *Ehrly* und *Landgraf* [292], *Ernst* und *Matrai* [325], *Landgraf* und *Ehrly* [538] und *Bartolo* [51] haben den klinischen Stellenwert der Plasmaviskosität ebenfalls hoch eingeschätzt, *Rieger* [730] hat den therapeutischen Wert einer Plasmaviskositätssenkung dagegen angezweifelt. *Gustafsson* und Mitarbeiter [410] konnten in Tierversuchen zeigen, daß die scheinbare Blutviskosität im Skelettmuskel ganz wesentlich von der Plasmaviskosität abhängt. *Browning* und Mitarbeiter [90] fanden eine Korrelation zwischen erhöhter Plasmaviskosität und sensoneuraler Schwerhörigkeit, nicht aber zum Hämatokritwert. Auch die von vielen Autoren beschriebenen günstigen therapeutischen Effekte einer Senkung der Plasmaviskosität durch Plasmapherese, z. B. bei Paraproteinämien oder durch Defibrinogenierung, sollten zum Anlaß genommen werden, diesem Teilparameter der Fließeigenschaften des Blutes verstärktes Interesse zu widmen, zumal der Faktor Plasmaviskosität des Hagen-Poiseuille'schen Gesetzes ganz besonders in der terminalen Strombahn zum Tragen kommt (Fahraeus-Lindqvist-Effekt). Die Serumviskosität, die in sehr frühen Untersuchungen des öfteren auch im Zusammenhang mit therapeutischen Maßnahmen gemessen wurde, hat dagegen aus Sicht des Autors nur bei Paraproteinämie Bedeutung; die Höhe der Plasmaviskosität ist relevanter, weil sie der Situation in vivo entspricht.

Die Frage, welcher der einzelnen Parameter der Fließeigenschaften des Blutes pathophysiologisch am wichtigsten ist, ist nicht entschieden. Es ist dabei auch zu bedenken, daß in verschiedenen Strombahnabschnitten die einzelnen hämorheologischen Determinanten verschieden stark zum Tragen kommen. So ist z. B. eine erhöhte Rigidität der Erythrozyten in den Makrogefäßen ohne Bedeutung, kann aber in den Mikrogefäßen der determinierende Faktor werden (Beispiel: Sichelzellkrise). Die pathologisch erhöhte Erythrozytenaggregation hingegen ist theoretisch in den postkapillären Venolen und Venen sowie im poststenotischen Bereich von Arterien bedeutsamer als eine erhöhte Rigidität von Erythrozyten.

Die Bedeutung der Erythrozytenaggregation ergibt sich für die Pathophysiologie wie auch für die therapeutische Hämorheologie von Erkrankungen (z. B. Schock, periphere arterielle Verschlußerkrankungen) aus zweierlei Hinsicht. Einmal ist bekannt, daß die Erythrozytenaggregation das Auftreten der sogenannten Strukturviskosität verursacht, d. h. eine Erhöhung der scheinbaren Vollblutviskosität bei niedrigen Schergraden eintritt. Dieses Aggregationsverhalten der Erythrozyten ist besonders dann anzunehmen, wenn die Scherkräfte, z. B. infolge von Stenosen, poststenotisch deutlich vermindert sind [273, 304]. Weiterhin wird diskutiert, ob die Erythrozytenaggregate direkt im Sinne eines Strömungshindernisses, insbesondere im Gebiet der kleinsten Venen, von Bedeutung sind [231]. Darüberhinaus können Erythrozytenaggregate in low flow-Gebieten die Ursache einer Maldistribution sein (s. unten).

Seit etwa 15 Jahren ist der Verformbarkeit von Erythrozyten bei der Pathophysiologie verschiedener ischämischer Erkrankungen ein besonderer Stellenwert zugemessen worden [270, 722, 291]. Es wird angenommen, daß eine verschlechterte Verformbarkeit der Erythrozyten im Gebiet der Mikrozirkulation den Mikrofluß verlangsamen oder sogar stoppen kann und daß eine therapeutische Verbesserung der Verformbarkeit von Erythrozyten dementsprechend den Fließwiderstand in der Peripherie vermindert. Darüberhinaus könnten rigide Erythrozyten die mikrozirkulatorische Blutverteilung ungünstig beeinflussen, so daß es auch hierdurch zu dem Phänomen der Mikrozirkulatorischen Blutverteilungsstörung (Maldistribution) kommt (s. Kap. 3.2.1.5.).

Zu beachten ist auch, daß sich eine Verbesserung eines Teilparameters der Fließeigenschaften des Blutes auf einen anderen Teilaspekt auch nachteilig auswirken könnte, so z. B. kann eine gesteigerte Erythrozytenaggregation „therapiert" werden, indem man die Erythrozyten rigider macht. Welche Faktoren Priorität haben, kann mit rheologischen Methoden allein nicht entschieden werden (s. Kapitel 3.5.).

Auf Grund der verschiedenen rheologischen Komponenten sind auch verschiedene therapeutische Ansätze zur Verbesserung der Fließeigenschaften des Blutes über eine Verbesserung der Teilparameter der Fließeigenschaften (z. B. Erythrozytenaggregation oder Erythrozytenverformbarkeit) vorgeschlagen worden (s. Kap. 3.3.2.).

3.3.7. Stellenwert rheologisch-therapeutischer Meßergebnisse bei Patienten

3.3.7.1. Allgemeine Bemerkungen

Betrachtet man die Schlußfolgerungen, welche Autoren aus Messungen hämorheologischer Parameter gezogen haben, dann finden sich neben deskriptiven Analysen über therapiebedingte Veränderungen der Fließeigenschaften des Blutes („Therapeutische Hämorheologie") auch Publikationen, in denen aus der Verbesserung hämorheologischer Parameter direkt oder im Analogieschluß auf eine bestehende klinische Wirksamkeit geschlossen wird. Im letzteren Falle ist die zahlenmäßige oder gar prozentuale Aufrechnung nach dem Hagen-Poiseuille'schen Gesetz auf die Situation in der Mikrozirkulation oder gar die klinische Symptomatik sicherlich genauso wenig berechtigt wie eine generelle Ablehnung der Bedeutung der Fließeigenschaften des Blutes in der Pathophysiologie verschiedener Erkrankungen, wie dies früher gelegentlich zu hören war.

Hämorheologische Befunde, die im Verlauf einer Therapie erhoben werden, sind letztlich „extra vivum-Daten", da die Messungen der rheologischen Parameter nahezu ausnahmslos in vitro durchgeführt werden. Die Situation in vivo ist jedoch erheblich differenzierter zu sehen, weil dort eine ganze Anzahl von Variablen die aktuelle Viskosität vor Ort beeinflußt. In vivo dürfen die Fließeigenschaften des Blutes nicht isoliert von anderen hämodynamischen Parametern (Fließvoraussetzungen, s. Kapitel 3.2.1.2.) und den angioarchitektonischen Gegebenheiten gesehen werden. Es könnte denkbar sein, daß im Rahmen einer rheologischen Therapie die erwartete günstige Beeinflussung pathophysiologischer Regelkreise bzw. der Verteilungsstörung (s. Kap. 3.2.1.5.) möglicherweise bedeutsamer ist als eine zahlenmäßig geringfügige Verminderung der systemischen Vollblutviskosität.

Es fehlt daher auch nicht an kritischen Stimmen, welche davor warnen, die klinische Relevanz günstiger hämorheologischer Wirkungen verschiedener Pharmaka bei Erkrankungen zu überschätzen [275, 210, 291, 353, 294, 730, 321, 749, 840]. Während heute kein Zweifel darüber besteht, daß eine rein hämorheologische Therapie bei bestimmten Krankheiten (Polyzythämie, Polyglobulie, Paraproteinämien mit entsprechender Symptomatik) wirksam ist (s. Kap. 3.2.1.1.), ist die klinische Wirksamkeit für andere Therapiearten mit hämorheologischem Wirkmechanismus bisher nur zum Teil belegt. Dies liegt unter anderem daran, daß klinische Studien mit adäquatem Design schwierig durchzuführen und meist zeitaufwendig sind, so daß es bei den relativ neuen hämorheologischen Therapieprinzipien noch einiger Zeit bedarf, um Klarheit zu schaffen. Es gibt zum Teil aber auch erhebliche methodische und ethische Probleme, die klinische Wirksamkeit hämorheologischer Präparate zu belegen.

In diesem Zusammenhang soll noch betont werden, daß mit einer fehlerhaft angelegten Studie natürlich nichts über die klinische Relevanz einer hämorheologischen Therapie ausgesagt werden kann (s. auch Kap. 3.3.7.1.). Es erscheint aber auch wenig hilfreich, die Effektivität einer hämorheologischen Therapie mit hämodynamischen Meßgrößen wie Dopplerdruckwerten im Bereich der Fußarterien oder Messungen des Stromzeitvolumens zu korrelieren. Die Tatsache, daß es bei einer Senkung der Blutviskosität nicht automatisch zu einem Ansteigen des Stromzeitvolumens kommt [252, 263], erlaubt nicht, auf eine fehlende klinische Wirkung zu schließen, da die Verhältnisse in der Mikrozirkulation durch solch globale Meßmethoden nicht erfaßt werden können (s. Kap. 3.3.7.3.2.).

3.3.7.2. Beispiele für die Diskrepanz hämorheologisch-therapeutischer Meßergebnisse einerseits und klinischer Wirkung bzw. Wirksamkeit andererseits

Gerade im Bereich vergleichender Messungen im Rahmen einer hämorheologischen Therapie läßt sich aufzeigen, daß die Verbesserung hämorheologischer Parameter nicht zwangsläufig zu einer Verbesserung der klinischen Symptomatik führen muß. So kann im Rahmen einer Therapie, bei der die Fließeigenschaften des Blutes - quasi als Nebenwirkung - zahlenmäßig geringgradig verschlechtert werden, die klinische Situation verbessert werden (Sympathikomimetika, Erythrozytentransfusion).

Bei Untersuchungen mit Etilefrin, einer α-mimetischen Substanz, zeigte sich [314], daß bei Patienten mit Claudicatio intermittens und gleichzeitig bestehender systemischer Hypotonie eine Verbesserung der Gehleistung erreicht werden kann. Die Infusion von Etilefrin führt zu einem geringgradigen, aber statistisch signifikanten Anstieg der Hämatokritwerte und der Blutviskosität, was im Sinne der sogenannten Rheoregulation erklärt werden kann (s. Kap. 3.4.). Neben der Verlängerung der schmerzfreien Gehstrecke kann es bei diesen Patienten zu einer Erhöhung des Gewebesauerstoffdruckes in der ischämischen Unterschenkelmuskulatur kommen [314], weil der systemische Blutdruck und damit auch die poststenotischen Drucke angehoben werden.
Bei Patienten mit schwerer Anämie kann eine Claudicatio intermittens-Symptomatik auftreten, weil der Hämatokritwert und damit die Zahl der sauerstofftransportierenden Erythrozyten vermindert wird. Die klinische Symptomatik der auftretenden Wadenschmerzen bei körperlicher Belastung kann dann durch eine Transfusion gewaschener Erythrozyten schlagartig behoben werden. Wir selbst haben dies an einem 80jährigen Patienten mit chronisch-myeloischer Leukämie beobachten können. Rein zahlenmäßig stieg die Vollblutviskosität durch die Erhöhung des Hämatokritwertes erwartungsgemäß an [313].

3.3.7.3. Besonderheiten bei der Hämodilution

3.3.7.3.1. Optimaler Hämatokrit

Wie in Kapitel 3.3.2. bereits angedeutet, kommt es bei jeder Hämodilution zu einem Absinken des Hämatokrits und damit der Zahl sauerstoffübertragender Zellen pro Volumeneinheit. Durch die Senkung der Blutviskosität resultiert eine Erhöhung des Stromzeitvolumens, wodurch die Nettotransportkapazität für Sauerstoff aufrechterhalten werden kann. Zwischen den Extremen eines sehr hohen Hämatokrits mit dadurch bedingter hoher Blutviskosität und einem sehr niedrigen Hämatokrit mit geringer Blutviskosität aber auch geringer Sauerstoffbindungskapazität gibt es einen besonders geeigneten Hämatokritbereich für die Sauerstofftransportkapazität, der als sogenannter optimaler Hämatokrit bezeichnet wird. Aus Tierversuchen verschiedener Autoren ist bekannt, daß bei gesunden Versuchstieren der Hämatokrit weit unter 30 abgesenkt werden kann, ohne daß die Sauerstofftransportkapazität verschlechtert wird (z. B. [153, 851, 360]). Dies gilt jedoch nur, wenn die kardiale Leistungsfähigkeit das erhöhte Herzzeitvolumen zuläßt und wenn das Gefäßsystem intakt ist, d. h. keine Verschlüsse oder Stenosen vorliegen. Patienten mit arteriellen Durchblutungsstörungen haben oft eine verminderte kardiale Leistungsfähigkeit; vor allem aber ist die Möglichkeit der kompensatorischen Erhöhung des Blutflusses in der ischämischen Extremität durch die Stenosen oder Verschlüsse erheblich limitiert. *Bollinger* und Mitarbeiter [81] fanden schon 1968, daß bei Patienten mit arterieller Durchblutungsstörung im Rahmen einer Hämodilution mit Plasmaersatzstoffen bei Absenkung der Viskosität das Stromzeitvolumen in der Körperperipherie zunimmt. Die Zunahme des Stromzeitvolumens war in der gesunden Extremität jedoch wesentlich stärker als in der erkrankten, was aus den oben angegebenen Gründen zu erwarten war. Die klinische Erfahrung zeigt, daß der „optimale" Hämatokritwert bei Patienten erheblich über dem liegt, der bei Tierversuchen gefunden wurde.
Konkrete Angaben über den anzustrebenden Hämatokritwert bei ischämischen Erkrankungen gibt es erst seit kurzem, seit im Rahmen einer Hämodilution sowohl die hämorheologischen Parameter als auch der Gewebesauerstoffdruck im ischämischen Muskel-

gewebe gemessen werden können [539, 540, 316]. Aus den bisherigen Meßergebnissen ist zu folgern, daß dieser Wert für das Muskelgewebe knapp über 40% liegen dürfte. Diese Ergebnisse stimmen mit Untersuchungen der Arbeitsgruppe *Linderkamp* [576] überein, die theoretisch einen optimalen Hämatokritwert um 40% annahmen.
Im Lichte der obigen Ausführungen sind auch Angaben über diskrepante klinische Erfolge bei einer Hämodilution von Patienten mit Claudicatio intermittens zu sehen.
Die Frage des optimalen Hämatokrits bei der Hämodilutionsbehandlung von ischämischen Erkrankungen hängt neben der als essentiell anzusehenden Versorgung des Gewebes mit Sauerstoff auch von dem Auswaschen von Metaboliten (wash out) ab, wodurch sich eine Besserung der Symptomatik ergeben kann. Von besonderer Bedeutung ist auch die Frage, ob eine Hämodilution hypervolämisch oder isovolämisch durchgeführt wird. Insbesondere bei der hypervolämischen Hämodilution, bei der Plasmaersatzstoffe oder Plasma infundiert, aber keine Erythrozyten entnommen werden, kommt es zu einem erhöhten Herzzeitvolumen, welches über das bei einer isovolämischen Hämodilution hinausgeht. Dadurch wird die Perfusion auch in den poststenotischen und postokklusiven Arealen verbessert. Weiter sei noch angemerkt, daß die Frage des optimalen Hämatokrits nicht generell für den gesamten Körper angegeben werden kann, da Organe mit hohem Sauerstoffverbrauch wie der Herzmuskel oder die periphere Muskulatur sicherlich andere Bedingungen aufweisen als bradytrophe Gewebe, wie z. B. die Haut. So ist die Therapie der isovolämischen Hämodilution bei koronarer Insuffizienz zu relativieren [730], weil bei unkritischer Handhabung dieser Therapie Angina pectoris-Anfälle und Myokardinfarkte provoziert werden können.
Liegen die Hämatokritwerte bei Erwachsenen allerdings über 50%, dann kann in den meisten Fällen eine deutliche Befundverbesserung durch eine Hämodilutionstherapie mit Absenkung des Hämatokritwertes erreicht werden.

3.3.7.3.2. Maldistribution bei Hämodilution mit Humanalbumin

Unbeschadet von der Frage des optimalen Hämatokrits konnte gezeigt werden [301], daß nach einer Infusion von 500 ml einer 5%igen Humanalbuminlösung bei Patienten mit Claudicatio intermittens, wodurch der Hämatokrit nicht unter 40% gesenkt wurde, eine Verminderung der Gewebesauerstoffdrucke in der ischämischen Unterschenkelmuskulatur nachweisbar war. Die hämorheologischen Parameter, nämlich die Vollblutviskosität, die Plasmaviskosität, die Erythrozytenaggregation und die Erythrozytenfiltrabilität waren dagegen zahlenmäßig optimiert worden.
Wird dagegen in entsprechender Weise eine 10%ige Hydroxyäthylstärke verwendet, dann kommt es zu einem Ansteigen des Gewebesauerstoffdruckes in der Unterschenkelmuskulatur [308], obwohl bei dieser Infusion die Plasmaviskosität nicht gesenkt wurde.
Wir vermuten, daß Spuren von Serotonin und Kininen in der Humanalbuminlösung, welche die Regulation der Gefäßweite in der Mikrozirkulation beeinflussen, verantwortlich dafür sind, daß die Mikrozirkulation im Sinne einer Maldistribution verändert wird (s. Kap. 3.2.1.5.) und daß die nunmehr entstehende inhomogene Blutverteilung im Kapillargebiet zu einer Verschlechterung der Gewebeversorgung führt.

3.3.7.4. Schlußfolgerungen

Die oben genannten Beispiele zeigen deutlich, daß die Ergebnisse von extra vivum-Messungen nur bedingt auf die in vivo-Situation und noch bedingter auf die pathophysiologische Situation übertragen werden können [275]. Es sei in diesem Zusammenhang nochmals darauf hingewiesen, daß die Fließeigenschaften des Blutes in erheblichem Maße von den Fließvoraussetzungen (Fließbedingungen) abhängig sind (s. Kap. 3.2.1.2.). In den verschiedenen Gefäßregionen bestehen auf Grund verschiedener anatomischer und funktionell-hämodynamischer Bedingungen hämorheologische Verhältnisse, die bisher meßtechnisch in vitro nicht nachvollziehbar sind. Diese neuen wissenschaftlichen Erkenntnisse bestätigen im Prinzip, was *Burton-Opitz* bereits 1911 [103] formuliert hat: "While no doubt viscosity may play a very important part under certain conditions, it must also be said that clinicians have attached all together too great an importance to it. To be sure the viscosity can develop into a mighty circulatory factor, but only when other dynamic conditions favour its development". Dies besagt, daß hämorheologische Faktoren in der Regel nur dann eine pathophysiologische Relevanz haben, wenn andere, z. B. hämodynamische Parameter wie der Blutdruckgradient distal von arteriellen Stenosen ebenfalls beeinträchtigt sind.
Diese Anmerkungen zeigen, wie komplex die Beurteilung des Stellenwertes der Fließeigenschaften des Blutes bei Erkrankungen und insbesondere bei therapeutischen Maßnahmen gesehen werden muß. Der Beweis für eine Verbesserung der klinischen Symptomatik kann also nicht allein mit rheologischen Methoden erbracht werden. Neben klinischen Studien bietet sich hier die direkte Messung der Verbesserung der Gewebeversorgung, z. B. durch Bestimmung des Gewebesauerstoffdruckes, an [281, 295, 315]. Dies gilt nicht für offensichtliche Behandlungserfolge durch Plasmapherese bei schwersten Paraproteinämien oder bei Aderlässen im Rahmen von Polyzythämien/Polyglobulien. Für medikamentöse Therapiekonzepte allerdings muß meines Erachtens neben der hämorheologischen Beweiskette des Wirkungsmechanismus' der Beweis einer Verbesserung der Gewebeversorgung mit adäquaten Methoden und letztendlich der Beweis einer klinischen Wirksamkeit (efficacy) geführt werden (s. Kap. 3.3.9., Abb. 8).

3.3.8. Indikationen für eine Therapie mit rheologisch wirksamen Maßnahmen

Nach allgemeinem Verständnis wird eine Therapie mit rheologisch wirksamen Medikamenten dann durchgeführt, wenn anzunehmen ist, daß eine Verschlechterung der Fließeigenschaften des Blutes oder einer ihrer Teilparameter kausal für die Genese der Erkrankung oder für deren Symptomatik ganz oder teilweise verantwortlich gemacht werden kann. Bei vielen Erkrankungen und Erkrankungsgruppen sind aufgrund rheologischer Untersuchungen veränderte bzw. verschlechterte Fließeigenschaften des Blutes nachgewiesen worden (z. B. [343, 523, 200, 251, 722]). Von einer Reihe von Autoren wird deshalb eine Therapie mit rheologisch wirksamen Medikamenten vorgeschlagen, obwohl man damit möglicherweise nur einen Meßparameter des Blutes normalisiert und damit nicht zwangsläufig auch die Symptomatologie der Erkrankung beeinflussen kann. Dennoch wurden im Laufe der Jahre eine Reihe von Erkrankungen oder Erkrankungsgruppen herausgefunden, die heute teilweise oder überwiegend mit rheologisch wirksamen Maßnahmen behandelt werden können. Als erste und größte Gruppe sind die Erkrankungen des Kreislaufs zu nennen. Hierbei läßt sich einmal die generelle Beeinträchtigung der Zirkulation bei den verschiedenen Schockarten (z. B. Verbrennungsschock, immunologischer

Schock, hämorrhagischer Schock) nennen, bei denen insbesondere die Fließeigenschaften im Bereich der Mikrozirkulation verschlechtert sind (z. B. erhöhte Erythrozytenaggregation, verminderte Erythrozytenverformbarkeit). Da sich beim Schock in aller Regel auch eine Hypovolämie findet, und diese nach heutiger Auffassung für die Entstehung und Aufrechterhaltung dieser Erkrankung von größter Bedeutung ist, bieten sich hierfür rheologisch wirksame Medikamente an, die einmal Volumen in die Gefäße einbringen (z. B. Plasmaersatzstoffe) [367, 368, 370] und gleichzeitig die Fließeigenschaften des Blutes verbessern.

Neben Schockzuständen mit allgemeiner Verschlechterung der Kreislaufsituation werden heute insbesondere Erkrankungen der Gefäße hämorheologisch behandelt. Hier spielt die chronisch arterielle Verschlußerkrankung bzw. die obliterierende Arteriosklerose sicher die wichtigste Rolle. Im weiteren Sinne sind darunter neben den Verschlußerkrankungen der Extremitäten auch entsprechende Durchblutungsstörungen des Gehirns und des Herzens zu verstehen. Auch bei venösen Erkrankungen dürften die Fließeigenschaften des Blutes pathophysiologisch eine Rolle spielen [231, 238, 240, 199, 594].

Sieht man die verfügbare hämorheologische Literatur auf Krankheitsgruppen durch, so spielen die „Durchblutungsstörungen" (im weitesten Sinne des Wortes einschließlich des Schocks zu verstehen) die größte Rolle. Nicht ohne Grund wurde deshalb schon vor vielen Jahren die klinische Hämorheologie als ein Teilgebiet der Angiologie angesehen [232]. Es ist jedoch nicht zu übersehen, daß andere und insbesondere auch hämatologische Erkrankungen, wie z. B. Polyzythämien oder Polyglobulien sowie Paraproteinämien, pathophysiologisch eng mit der Verschlechterung der Fließeigenschaften des Blutes verbunden sind und deswegen auch therapeutisch angehbar sind. Das gleiche gilt für die Sichelzellanämie, die eine besondere Form einer hämatologischen Erkrankung mit verschlechterter Verformbarkeit der Erythrozyten darstellt und die klinisch durch Mikrozirkulationsstörungen in Form der Sichelzellkrise imponiert. Neben diesen Krankheitsgruppen (s. Tabelle 2) sind weitere einzelne Krankheitsbilder beschrieben worden, bei denen eine hämorheologisch begründete Therapie von Vorteil sein soll. Diese Erkrankungen sind in den einzelnen Kapiteln des speziellen Teils aufgeführt.

Tabelle 2. Indikationen für eine hämorheologische Therapie (Beispiele)

Polyzythämie
Polyglobulie a) angeborene Herzfehler bei Kindern, respiratory distress disease
b) Herz- und Lungenerkrankungen (Cor pulmonale) bei Erwachsenen

Plasmozytom, Myelom u. ä.

Chronische Verschlußerkrankungen
a) periphere arterielle Durchblutungsstörungen, zerebrale Durchblutungsstörungen, koronare Durchblutungsstörungen
b) venöse Durchblutungsstörungen
c) Störungen der Mikrozirkulation (z. B. M. Raynaud)

Schock und Schockzustände

Prä-, intra- und postoperative Zustände

Diabetes mellitus

Hämatologische Krankheitsbilder mit Beeinträchtigung der Mikrozirkulation (z. B. Sichelzellkrise)

3.3.9. Klinische Zielsetzung der therapeutischen Hämorheologie und Objektivierung der Ergebnisse

Wie jede therapeutische Maßnahme ist auch die Zielsetzung der therapeutischen Hämorheologie primär auf die Verbesserung der klinischen Symptomatik ausgerichtet. Ein erheblicher therapeutischer Fortschritt ist insbesondere dann anzunehmen, wenn andere therapeutische Maßnahmen bei den gleichen Krankheitsgruppen bisher wenig Erfolg gezeigt haben. Als Beispiel einer konkreten Zielsetzung einer hämorheologischen Therapie ist die Beseitigung des Ruheschmerzes bei schwerer arterieller Verschlußerkrankung anzuführen. Wenn in zeitlichem Zusammenhang mit der rheologischen Therapie, auch reproduzierbar im Rahmen von Auslaßversuchen, der Schmerz verschwindet, ohne daß eine direkte schmerzbekämpfende Komponente des Pharmakons bekannt wäre oder sich nachweisen ließe, dann ist eine logische Verbindung zwischen therapeutischer Zielsetzung und therapeutischem Effekt naheliegend. Schwierigkeiten bestehen wie auf vielen Gebieten der Therapie darin, die in Einzelfällen gemachten klinischen Beobachtungen unter einer rheologischen Therapie zu objektivieren. Einmal kann eine klinische prospektive Studie vorgesehen sein, bei der ein möglichst objektiver klinischer Parameter unter validen statistischen Kautelen geprüft werden sollte. Ein solches Ergebnis sagt dann logischerweise sehr wenig aus über die Frage, ob das Wirkprinzip (in unserem Fall die Verbesserung der Fließeigenschaften des Blutes) auch tatsächlich die rationale Ursache für den Therapieerfolg darstellt oder ob die rheologischen Befunde möglicherweise nur zufälliges Beiwerk darstellen. Immerhin wäre dann, wenn die rheologischen Parameter mit großer Wahrscheinlichkeit eine Verbesserung der Flußsituation mit sich bringen würden, die Beweiskette zumindest unter Vorbehalt zu schließen.

Anders verhält es sich mit den einfacheren und des öfteren praktizierten Verfahren, die Änderungen der Fließeigenschaften des Blutes statistisch zu sichern und sie in einen mehr oder weniger bewußten Zusammenhang zwischen gleichzeitig berichteten klinischen Erfolgen zu bringen. Dies ist sicherlich ein gewagter Weg, der kritische Kliniker nicht überzeugen kann. Es ist schon am Beispiel der Hämodilution angedeutet worden (s. Kap. 3.3.7.3.), daß eine statistisch signifikante Verbesserung der Fließeigenschaften des Blutes, z. B. des Teilparameters Vollblutviskosität, wegen der dabei verminderten Zahl der sauerstoffübertragenden Erythrozyten nicht zwangsläufig gleichgesetzt werden kann mit einer verbesserten Gewebeversorgung. Bei solch einer Therapiemaßnahme muß darauf geachtet werden, einen bestimmten Hämatokritwert nicht zu unterschreiten. Darüberhinaus ist im Falle einer Hämodilution mit einigen kolloidalen Plasmaersatzlösungen noch eine Erhöhung der Plasmaviskosität zu berücksichtigen, deren möglicherweise nachteilige Wirkungen auf die Mikrozirkulation noch diskutiert werden.

Die Schwierigkeit liegt sehr oft darin, daß zu einem frühen Zeitpunkt der Einführung eines Präparates prospektive Studien über die Wirksamkeit (klinische Effektivität) rheologisch wirksamer Medikamente nicht verfügbar sind, während Parameter über Wirkungen einer Therapie (z. B. auf die Fließeigenschaften des Blutes) verhältnismäßig rasch zu erhalten sind und sich auch verhältnismäßig leicht einer statistischen Überprüfung unterziehen lassen. Es darf jedoch nicht übersehen werden, daß die Veränderungen irgendeines hämorheologischen Parameters (z. B. Viskosität von Blut aus der vena cubitalis, gemessen in vitro) nur sehr bedingt die Situation in der Mikrozirkulation einer durchblutungsgestörten Extremität wiedergeben. Selbst wenn es gelänge, direkt im Gebiet der durchblutungsgestörten Extremität Blut zu gewinnen und dies rheologisch zu analysieren, wäre immer noch nicht der Beweis erbracht, ob die Versorgung des Gewebes infolge der rheologischen Therapie verbessert wurde.

In der folgenden Tabelle sind zusammenfassend die erstrebenswerten rheologischen Verbesserungen sowie deren mögliche Wirkungen und Folgen auf die Makrozirkulation und Mikrozirkulation aufgeführt (s. Tabelle 3).
Aus den Ableitungen der Tabelle 3 ist ersichtlich, daß der entscheidende methodologische Prüfstein einer hämorheologischen Therapie die Verbesserung der Gewebeversorgung ist. Ist eine hämorheologisch wirksame Therapie für die Gewebeversorgung von Nutzen, dann muß dies zu einem meßbaren Anstieg des Gewebesauerstoffdruckes führen.

Tabelle 3. Verbesserung rheologischer Parameter und deren mögliche Wirkungen und Folgen auf die Mikro- und Makrozirkulation

Senkung der (scheinbaren) Vollblutviskosität
Senkung der Plasmaviskosität
Verminderung der Erythrozytenaggregation
Verbesserung der Erythrozytenverformbarkeit

↓

Erhöhung des Strom-Zeit-Volumens in Mikro- und Makrozirkulation
Senkung des peripheren Fließwiderstandes
Homogenere (nutritive) kapilläre Blutverteilung =
Bekämpfung der Mikrozirkulatorischen Blutverteilungsstörung

↓

Verbesserung der Gewebeversorgung mit Sauerstoff und Nährstoffen (Versorgung)
Verbesserung des Abtransportes von Metaboliten (Entsorgung)

↓

Verbesserte Funktion des Gewebes
Verhinderung von Zelltod (z. B. Nekrose)

Seit mehreren Jahren wird daher von der Arbeitsgruppe des Autors ein Weg zwischen den für sich allein für den therapeutischen Wert relativ wenig aussagekräftigen rheologischen in-vitro Befunden einerseits und den schwer erhältlichen, über lange Zeit dauernden prospektiven klinischen Studien andererseits gewählt.
Wir gingen dabei von der Überlegung aus, daß sich eine Verbesserung des Flusses in der Endstrombahn, ganz besonders des nutritiven Flusses, in einem Parameter zeigen muß, der in vivo, d. h. direkt an Patienten gemessen werden kann. Es handelt sich dabei um die Messung des Gewebesauerstoffdruckes [261] (s. Kap. 3.3.7.4).
Da zwischen Gewebesauerstoffdruck und Funktion (Leistung) des Gewebes eine gute Korrelation besteht [285], bietet sich hier die Möglichkeit an, mit einer Messung direkt im Gewebe die Frage zu entscheiden, ob eine rheologisch wirksame Therapie tatsächlich zu einer Verbesserung der Gewebeversorgung führt. Die verbesserte Gewebeversorgung mit Sauerstoff und zwangsläufig auch mit Nährstoffen ist logischerweise sehr viel enger mit den zu erwartenden klinischen Besserungen zu verknüpfen als ein rheologischer in vitro-Befund (s. unten).
Demnach sollten die Effekte einer rheologischen Therapie unbedingt auch mit einer direkten in vivo-Methode wie der Gewebesauerstoffdruckmessung untersucht und bestätigt werden [305, 310, 278]. Im Falle, daß sich keine Verbesserung der Gewebeversorgung finden läßt, muß die rheologische Therapie zwar als rheologisch wirksam bezeichnet werden („rheologische Kosmetik"); der klinische Nutzen wäre dann allerdings zweifelhaft.
Die Reihenfolge experimenteller und klinischer Untersuchungen eines rheologisch wirksamen Präparats wäre dann wie folgt (Abb. 8):

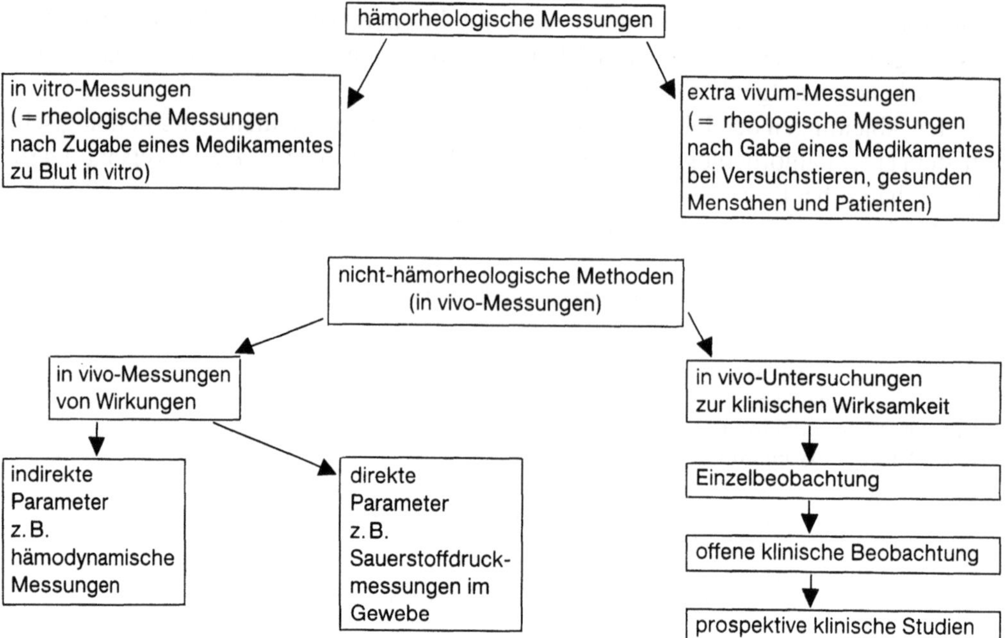

Abb. 8. Reihenfolge experimenteller und klinischer Untersuchungen eines rheologisch wirksamen Präparates

In diesem Zusammenhang muß darauf hingewiesen werden, daß auch statistisch gesicherte prospektive Studien über die klinische Wirksamkeit rheologischer Maßnahmen dann praktisch sinnlos sind, wenn z. B. die klinischen Bewertungskriterien falsch gewählt sind, wenn die Dosierung oder die Zeit der Therapie inadäquat sind oder wenn zwar ein hämorheologisch wirksames Medikament verwendet wird, aber die klinischen Indikationen falsch gewählt wurden. In der Literatur sind solche Beispiele bekannt (z. B. eine 8tägige kontrollierte Studie über eine defibrinogenierende Therapie, die üblicherweise als Langzeitbehandlung 4 Wochen dauern sollte oder eine kontrollierte Studie mit zu niedrig angesetzter Dosierung von Pentoxifyllin). Direkt erhaltene adäquate in vivo-Parameter (s. Tabelle 3) sind in diesen Fällen oft wertvoller als insuffizient angelegte prospektive klinische Studien.

3.3.10. Verschlechterung der Fließeigenschaften des Blutes durch Medikamente

Neben den vielen Medikamenten, denen eine Verbesserung der Fließeigenschaften des Blutes und eine therapeutische Wirksamkeit bei den verschiedensten Erkrankungen nachgesagt worden ist oder bei denen diese Wirkung objektiviert werden konnte, gibt es in der Literatur auch Medikamente bzw. klinisch angewandte Substanzen, die zu einer Verschlechterung der Fließeigenschaften des Blutes führen.

Die Verschlechterung der Fließeigenschaften des Blutes durch solche therapeutisch-medikamentöse Maßnahmen werden dann auch als Ursache für eine klinische Symptomatik diskutiert. In diesem Zusammenhang sind insbesondere die Antikonzeptiva zu nennen, bei denen die statistisch häufiger gefundenen tiefen Thrombosen und deren Komplikationen von verschiedenen Autoren unter anderem auf eine Verschlechterung der Fließeigenschaften des Blutes zurückgeführt werden. Ähnlich ist die Situation bei einer nicht indizierten und falsch dosierten Therapie mit Diuretika, wo es im Gefolge einer Exsikkierung des Patienten zu einer Hämokonzentration mit Verschlechterung der Fließeigenschaften des Blutes kommen kann [247].

Als weiteres Beispiel dieser Gruppe seien ionische Kontrastmittel aufgeführt, deren Gabe beim Patienten zumindest kurzfristig infolge der hohen Hyperosmolarität der Mittel zur Beeinträchtigung der Verformbarkeit von Erythrozyten führen dürfte. Diese auf die Fließeigenschaften des Blutes negativ wirkenden Substanzen und Medikamente sind im speziellen Teil nicht separat aufgeführt worden, sondern entsprechend der üblichen chronologischen Reihenfolge.

3.3.11. Zukünftige Entwicklung und Grenzen der therapeutischen Hämorheologie

In den letzten 20 Jahren sind eine Reihe von Maßnahmen angegeben worden, die zum Ziele haben, die Fließeigenschaften des Blutes zu verbessern und dadurch Erfolge bei der Behandlung von Patienten zu erreichen. Obwohl die wesentlichen, generellen Prinzipien zur Verbesserung der Fließeigenschaften des Blutes seit langem bekannt sind, z. B. Verminderung des Hämatokrits, Verminderung der Fibrinogenkonzentration, Verbesserung der Verformbarkeit der Erythrozyten (s. Kap. 4.1.), scheinen diese Prinzipien bis heute noch nicht maximal ausgeschöpft zu sein. Dies gilt bei der Hämodilution vor allen Dingen für die Frage, bis zu welchen Hämatokritwerten das Patientenblut abgesenkt werden sollte, um eine optimale Verknüpfung zwischen Verminderung der Viskosität des Blutes einerseits und Sauerstofftransportkapazität andererseits zu erreichen (s. Kap. 3.3.7.3.1.). Bei der therapeutischen Defibrinogenierung sind bis heute durch die hohen Kosten der Medikamente einer Verbreitung der klinischen Anwendung enge Grenzen gesetzt. Bei der Entwicklung und Anwendung von Medikamenten zur Verbesserung der Verformbarkeit von Erythrozyten scheinen ebenfalls noch nicht alle Möglichkeiten ausgeschöpft zu sein.

Es ist nicht auszuschließen, daß neben den bereits bekannten generellen Möglichkeiten zur Verbesserung der Fließeigenschaften des Blutes auch neue, bisher unbekannte hinzukommen. Davon unabhängig scheint eine besondere Aufgabe darin zu liegen, die Patienten mit ihren verschiedenartig gelagerten Erkrankungen und ihrer speziellen hämorheologischen Situation auch differenziert mittels der verschiedenen zur Verfügung stehenden hämorheologischen Therapeutika zu behandeln. Hier ergibt sich sicherlich für die Zukunft noch ein großes Aufgabengebiet. Wenig behandelt wurde in der Vergangenheit auch die Möglichkeit der Kombination mehrerer verschiedenartig hämorheologisch wirkender Substanzen und deren Einfluß auf die Fließeigenschaften des Blutes sowie auf die Gewebeversorgung. Obwohl in dieser Beziehung bereits einige klinische Ansätze gemacht wurden (s. Kap. 4.2.2.), sind diese Möglichkeiten noch nicht ausgeschöpft.

In Zukunft stellt sich auch die Frage, ob es gelingt, diejenigen Patienten, die auf eine hämorheologische Therapie gut ansprechen (responder), vor Therapiebeginn zu erkennen, um den Therapieerfolg zu verbessern.

Insgesamt gesehen dürfte sich die Situation so entwickeln, daß von der ursprünglichen Bedeutung der Verbesserung der Fließeigenschaften für die Strömung in größeren Gefäßen die Bedeutung der Verbesserung der einzelnen rheologischen Parameter für die Mikrozirkulation mehr und mehr in den Vordergrund rückt. Von entscheidender klinischer Bedeutung wird die Aufgabe sein, den therapeutischen Wert hämorheologisch wirksamer Substanzen in vivo, d. h. bei Patienten, direkt quantifizierbar zu machen. Dazu gibt es seit einiger Zeit vielversprechende Ansätze (s. Kap. 3.3.9.).

Weitere Erkenntnisse über die Pathophysiologie der zugrunde liegenden Erkrankungen dürften die Voraussetzung sein, heutige und auch zukünftige Mittel zur Verbesserung der Fließeigenschaften des Blutes nutzbringend bei Patienten einzusetzen. In den nächsten Jahren und Jahrzehnten wird die hämorheologische Therapie in enger Verzahnung mit anderen, mikrozirkulatorischen Therapieprinzipien gesehen werden müssen. Diese Feststellung zeigt die Grenzen einer hämorheologischen Therapie auf, eröffnet aber gleichzeitig auch ein weites Feld neuer therapeutischer Möglichkeiten.

3.4. Übersicht über die wichtigsten rheologisch-therapeutischen Maßnahmen, geordnet nach Wirkungsmechanismen

Von den vielen Möglichkeiten zur Verbesserung der Fließeigenschaften des Blutes bei verschiedenen Erkrankungen, die im Laufe der letzten 80 Jahre bekannt wurden, sind viele wieder in Vergessenheit geraten. Dies lag unter anderem daran, daß bei Nachprüfungen der zunächst günstigen rheologischen Ergebnisse kein positiver Effekt mehr gefunden werden konnte. Es dürfte deswegen von Bedeutung sein, zusammenfassend diejenigen Präparate bzw. Präparategruppen sowie andere therapeutische Möglichkeiten zur Verbesserung der Fließeigenschaften des Blutes aufzuführen, bei denen heute weitgehend Übereinstimmung über eine Verbesserung der Fließeigenschaften des Blutes besteht (s. Tabelle 4).

In diesem Zusammenhang soll angemerkt werden, daß die aufgeführten Medikamente oder sonstige Verfahren zur Verbesserung der Fließeigenschaften des Blutes diese Wirkung sowohl direkt als auch indirekt ausüben können. Zu der Gruppe der direkt wirkenden Verfahren zählt die Fibrinogenolyse mit Streptokinase, wobei enzymatisch das rheologisch bedeutsame Fibrinogenmolekül aufgespalten und damit die Fließeigenschaften des Blutes multifaktoriell verbessert werden (s. Kap. 3.3.2.). Während auch bei der Hämodilution infolge Infusion von Plasma oder Plasmaersatzstoffen eine direkte Verminderung der Blutviskosität resultiert, kommt es bei der Verwendung von bestimmten vasodilatatorisch wirkenden Medikamenten, wie z. B. Isosorbiddinitrat, zu einem Einstrom von interstitieller Flüssigkeit in den Intravasalraum und damit sekundär zur körpereigenen, endogenen Hämodilution (s. unten und Kap. 4.1.43.). Als indirekt wirkende Pharmaka müssen streng genommen auch diejenigen gezählt werden, bei deren Anwendung nicht die Substanz selbst, sondern deren Metabolite wirksam werden. Die Frage des direkten oder indirekten Wirkungsmechanismus wird im folgenden nur am Rande besprochen.

Nach einem **Aderlaß** kommt es zu einer Absenkung des Hämatokrits infolge eines kompensatorischen Einstromes von interstitieller Flüssigkeit in den intravasalen Raum. Über diese körpereigene, „innere" Blutverdünnung wird auch die Plasmaeiweißkonzentration etwas gesenkt, da die interstitielle Flüssigkeit eiweißarm ist. Insbesondere in der Pädiatrie, bei Neugeborenen mit Polyglobulien infolge von Herzfehlern, ist der klinische Effekt einer solchen Aderlaßtherapie ganz augenfällig und unbestritten. Darüberhinaus kann diese Behandlung auch beim erwachsenen Patienten mit Polyglobulie, z. B. bei chronischem Cor pulmonale, überraschend wirksam sein. Bei der obliterierenden Arteriosklerose (zerebralen Durchblutungsstörungen und arteriellen Verschlußkrankheiten) ist die klinische Wertigkeit einer Aderlaßtherapie noch nicht für alle genannten Bereiche ausreichend belegt. Zweifelsfrei kommt es jedoch zu einer Senkung der Gesamtblutviskosität und meistens auch zu einer Senkung der Plasmaviskosität und zur Verminderung der Aggregationstendenz der Erythrozyten. Eine besondere Art der Hämatokritsenkung wird bei der **Erythrapherese** erzielt, wobei die Erythrozyten des Blutes maschinell getrennt und nur das Plasma reinfundiert wird.

Verbreitet ist heute die Senkung des Hämatokritwertes über eine **Hämodilution durch Zuführung von erythrozytenfreien Infusionslösungen,** insbesondere von Humanplasma, Plas-

Tabelle 4. Zusammenstellung einiger wichtiger rheologisch-therapeutischer Maßnahmen, deren Indikationen sowie Wirkungsmechanismen und Wirkungsnachweis

Therapeutische Maßnahme	Indikationen	Beinflußte rheologische Parameter	Wirkungs-mechanismus	Bisherige Beurteilung der Wirksamkeit
		Hämorheologische Monotherapie		
Aderlaß	Polyzythämie, Polyglobulie Arterielle Verschlußkrankheit, u. a.	Vollblutviskosität, Plasmaviskosität, Erythrozyten-aggregation	Hämatokrit, Plasmaprotein-konzentration	klinisch
Hämodilution mit				
a) Plasma		Vollblutviskosität	Hämatokrit	klinisch
b) Albumin-lösungen	Arterielle Verschlußkrankheit u. a. (b–d)	Vollblutviskosität, Plasmaviskosität, Erythrozyten-aggregation	Hämatokrit Gesamteiweiß	klinisch
c) Dextran-lösungen*		Vollblutviskosität, Plasmaviskosität	Hämatokrit, Gesamteiweiß	klinisch
d) Hydroxyäthyl-stärkelösungen*		Volblutviskosität, Plasmaviskosität, Erythrozyten-aggregation	Hämatokrit, Gesamteiweiß Erythrozyten-aggregation	klinisch, Gewebe-pO_2-Messungen
e) Endogene Hämodilution mit Vasodilatantien	koronare Durchblutungsstörungen	Vollblutviskosität, Plasmaviskosität	Hämatokrit, Gesamteiweiß	offen
Plasmapherese	Makroglobulinämie, Myelom, Raynaud-Syndrom u. a.	Vollblutviskosität, Plasmaviskosität, Erythrozyten-aggregation	Gesamteiweiß	klinisch
Fibrinogenolyse	Thrombose, Myokardinfarkt, arterielle und venöse Erkrankungen	Vollblutviskosität, Plasmaviskosität, Erythrozyten-aggregation	Fibrinogen-senkung (Gesamteiweiß)	klinisch
Enzymatische Defibrinogenierung (z. B. Ancrod)	Arterielle Verschlußkrankheit u. a.	Vollblutviskosität, Plasmaviskosität, Erythrozyten-aggregation	Fibrinogen (Gesamteiweiß)	klinisch, Gewebe-pO_2-Messungen
Verbesserung der Erythrozyten-verformbarkeit (z. B. Pentoxifyllin)	Arterielle Verschlußkrankheit u. a.	Vollblutviskosität, Erythrozyten-verformbarkeit	Verbesserung der Erythro-zytenverform-barkeit	klinisch, Gewebe-pO_2-Messungen
		Simultane hämorheologische Therapie		
Isovolämische Hämodilution* (Aderlaß + Infusion von z. B. kolloidalen Plasmaersatzmitteln)	Arterielle Verschlußkrankheit	Vollblutviskosität, Plasmaviskosität, Erythrozyten-aggregation	Hämatokrit Gesamteiweiß	klinisch
Isovolämische Hämodilution* + Defibrinogenierung	Arterielle Verschlußkrankheit	Vollblutviskosität, Plasmaviskosität, Erythrozyten-aggregation	Hämatokrit Gesamteiweiß Fibrinogen	klinisch

* Die Veränderungen der hämorheologischen Parameter variieren je nach Molekulargewicht und Konzentration der Lösung und in Abhängigkeit von der Infusionsmenge und Infusionsgeschwindigkeit.

maproteinfraktionen wie Albumin oder sogenannten Plasmaersatzmitteln (s. Kap. 4.1.8., 4.1.10., 4.1.18., 4.1.36.). Die Indikationen dieser („hypervolämischen") Hämodilution entsprechen denjenigen des Aderlasses (s. o.); zusätzlich kommt als weiterer wesentlicher Punkt die Therapie des Schocks hinzu, wobei neben Volumenauffüllung auch die Verbesserung der Fließeigenschaften des Blutes eine wesentliche Rolle spielen dürfte. Nach einer Infusion von zellfreien Lösungen kommt es zu einer hämatokritbedingten Verminderung der Vollblutviskosität. Abhängig von der Art und insbesondere der Viskosität des verwendeten Infusionsmittels kommt es zu Veränderungen der Plasmaviskosität, die je nach Art und Infusionsgeschwindigkeit des Plasmaersatzmittels von einer Verminderung bis zur Erhöhung der Werte führen können.

Der Effekt auf die rheologischen Teilparameter Erythrozytenaggregation und Erythrozytenfiltrabilität ist - soweit überhaupt untersucht - ebenfalls je nach Art des Infusionsmittels verschieden. Über den klinischen Wert der Hämodilutionstherapie gehen die Meinungen für einzelne Indikationen noch auseinander; für einige Indikationsgebiete fehlen prospektive Studien und Untersuchungen mit objektiven Parametern.

Während bei der einfach durchführbaren Infusionstherapie von zellfreien Lösungen (Plasma, Plasmaproteinfraktionen, Plasmaersatzmittel, Elektrolyte) ein nur mäßiggradiger Verdünnungseffekt zu erwarten ist, sind die Auswirkungen auf das Verhalten des Hämatokrits und natürlich auch auf das Verhalten der hämatokritabhängigen Gesamtblutviskosität viel ausgeprägter bei einer Kombination von Aderlaß und der anschließenden Reinfusion von Plasma bzw. Plasmaersatzmitteln. Im Gegensatz zu der „hypervolämischen" Hämodilution (s. o.) wird bei der Kombination von Blutentzug und Wiederauffüllung entsprechender Volumina von blutzellfreiem Plasma bzw. Plasmaersatzmitteln von einer **„isovolämischen" Hämodilution** gesprochen. Hierbei kann ohne wesentliche Veränderung des zirkulierenden Blutvolumens eine Senkung des Hämatokrits erreicht werden - und dies je nach Handhabung nicht nur für kurze Zeit, sondern über Wochen hinaus (chronische isovolämische Hämodilution). Als Indikation für die isovolämische Hämodilution ist vor allen Dingen die chronische arterielle Verschlußkrankheit im Stadium IV untersucht worden. In den meisten Publikationen über die isovolämische Hämodilution wurden als Plasmaersatzmittel Dextranlösungen verwendet (s. Kap. 4.1.7.). Neben der unzweifelhaften Verminderung der Gesamtblutviskosität kommt es aber auch hier je nach Art und Dosierung des verwendeten Plasmaersatzmittels zu unterschiedlichen Verhaltensweisen der Plasmaviskosität und auch der Erythrozytenaggregationstendenz. Pauschal kann gesagt werden, daß die aus rheologischer Sicht ungünstigen Wirkungen auf die Plasmaviskosität sowie die Erhöhung der Aggregationstendenz von Erythrozyten um so deutlicher ist, je höher die Konzentration und das Molekulargewicht der infundierten Lösung sind. Hinsichtlich der klinischen Wirksamkeit kann das gleiche gesagt werden wie für die hypervolämische Dilution. Es gibt eine ganze Anzahl von Publikationen wie auch positiver Einzelbeobachtungen; harte Parameter sind z. T. auch aus methodischen Gründen noch nicht verfügbar, und prospektive, statistisch unzweifelhafte Studien liegen noch kaum vor bzw. sind aus ethischen Gründen nicht durchführbar.

Als eine besondere Art von Hämodilution ist die sogenannte **endogene (körpereigene) Hämodilution** bei der Therapie mit stark vasodilatatorisch wirksamen Medikamenten (insbesondere α-Blocker und Nitrate) anzusehen. Ähnlich wie nach einem Aderlaß (s. oben) kommt es bei der Verwendung von Vasodilatantien zu einer Senkung der Hämatokritwerte und der Gesamteiweißkonzentration. Dies kann über eine temporäre Verschiebung interstitieller Flüssigkeit in den intravasalen Raum erklärt werden [350, 28, 107, 300, 306, 91]. Diese „vasodilatatorische" Hämodilution ohne exogene Flüsssigkeitszufuhr, bedingt durch eine „Verdünnung" des Blutes durch den Einstrom eiweißarmer, extravaskulärer Flüssigkeit führt zur Senkung der Blut- und Plasmaviskosität. Vasokonstriktive Pharmaka dagegen, wie z. B. das α-Mimetikum Etilefrin, führen zu einer Verschiebung von intravaskulärer Flüssigkeit in die extravaskulär gelegenen Gewebe und führen so zur endogenen Hämokonzentration und zur Erhöhung der Blut- und Plasmaviskosität. Die wechselweise Veränderung der Fließeigenschaften des Gefäßinhaltes Blut durch Vasodilatantien einerseits und vasokonstriktive Medikamente andererseits wird als additiver Mechanismus zur Steuerung des peripheren Widerstandes angesehen und als Rheoregulation bezeichnet [306, 309] (s. Kap. 3.3.2.). Die vasodilatatorische, endogene Hämodilution durch Nitrate und andere Substanzen ist möglicherweise bei kardiovaskulären Erkrankungen und bei der primären Raynaud'schen Erkrankung von Bedeutung.

Bei der zweiten großen Gruppe der Maßnahmen zur Verbesserung der Fließeigenschaften des Blutes wird die Plasmaeiweißkonzentration global oder selektiv gesenkt, wobei die Anzahl der sauerstoffübertragenden Erythrozyten (Hämatokrit) unbeeinflußt bleibt (s. Tabelle 4). Historisch gesehen wurde zunächst die **Plasmapherese** verwendet, insbesondere bei Paraproteinämien verschiedenster Art (s. Kap. 4.1.9.). Aber auch bei speziellen Formen einer arteriellen Verschlußerkrankung (z. B. Raynaud-Syndrom) wird diese Therapie durchgeführt. Durch Elimination eines Teils der körpereigenen Plasmaproteine und Austausch gegen niedrigvisköse Flüssigkeiten kommt es zu einer Senkung der Plasmaviskosität, der Vollblutviskosität bei niedrigen Schergeschwindigkeiten sowie zu einer Verminderung der Erythrozytenaggregation. Die Plasmapherese hat in jüngster Zeit an Interesse gewonnen. Bei bestimmten ischämischen Erkrankungen sind ebenfalls klinische Besserungen zu verzeichnen gewesen. Hinsichtlich der wissenschaftlichen Konkretisierung der günstigen Therapieeffekte gilt das gleiche wie für die Aderlaß- und die Hämodilutionstherapie. Zu beachten ist ferner, daß eine Reihe von Autoren bei Paraproteinämien die Plasmapherese oder den Plasmaaustausch mit einer zytostatischen Therapie kombinieren.

Aufgrund der besonderen rheologischen Bedeutung der Plasmaproteinfraktion Fibrinogen hat sich eine dritte Möglichkeit einer rheologischen Therapie ergeben: die **Senkung der Fibrinogenkonzentration im Plasma durch Fibrinogenolyse** z. B. mit Streptokinase (s. Kap. 4.1.19.). Sie basiert insbesondere auf der Verminderung der aggregationsfördernden Fibrinogenfraktion im Plasma, wobei die Hämatokritwerte unverändert bleiben. Das die Fließeigenschaften des Blutes in multifaktorieller Weise beeinflussende Fibrinogen wird proteolytisch in Spaltprodukte zerlegt. Die dadurch bedingte Senkung der Fibrinogenkonzentration im Blut führt zu einer Senkung der sogenannten Strukturviskosität bei niedrigen Schergraden. Besonders ausgeprägt und meßtechnisch gut erfaßbar ist die Verminderung der Erythrozytenaggregation. Durch die Kenntnis dieser günstigen rheologischen Beeinflussung wurden weitere Therapiemöglichkeiten erschlossen: der Schock, der Myokardinfarkt und verschiedene Formen von Durchblutungsstörungen.

Eine weit ausgeprägtere Senkung der Fibrinogenkonzentration, welche darüberhinaus genau steuerbar ist, läßt sich durch sogenannte **defibrinogenierende Substanzen** wie Ancrod und Defibrase erzielen (s. Kap. 4.1.19.). Die mechanistische Rationale sowie die Wirkungen auf die Fließeigenschaften des Blutes sind wie bei der Fibrinolyse zu sehen, d. h. es kommt zu einer Verminderung der Blut- und Plasmaviskosität und vor allen Dingen zu einer starken Senkung der Erythrozytenaggregation. Im Vergleich zu der auch thrombolytisch wirkenden Streptokinase sind klinische Besserungen der defibrinogenierenden Substanzen allein den günstigen rheologischen Effekten zuzuschreiben. In der Tat gibt es, neben vielen Einzelbeobachtungen, eine ganze Anzahl von Publikationen mit günstigen Ergebnissen. Im Falle des Ancrod ist durch Messung des Gewebesauerstoffdruckes im Gewebe auch eine direkte, objektive Verbesserung der Mikrozirkulation nachgewiesen worden. Auch für das fibrinogensenkende Medikament Ancrod gilt, daß adäquate prospektive klinische Studien noch ausstehen. In der Reihe der fibrinogensenkenden Medi-

kamente seien der Vollständigkeit halber auch Clofibrat und Stanozolol erwähnt. Beide Substanzen haben eine geringfügige fibrinogensenkende Wirkung; dementsprechend sind auch die rheologischen Veränderungen verhältnismäßig geringgradig. Von Interesse ist neuerdings auch die kombinierte Therapie von Hämodilution und Defibrinogenierung, deren bisherige klinische Resultate bei bestimmten Formen von Erkrankungen aussichtsreich erscheinen (s. Kap. 4.2.).
Die vierte Gruppe rheologisch wirksamer Medikamente hat einen völlig anderen Wirkungsmechanismus, der weder auf den Hämatokrit, noch auf die Gesamteiweißkonzentration wirkt. Es handelt sich dabei um die **medikamentöse Verbesserung der Erythrozytenverformbarkeit.** Untersuchungen verschiedener Autoren haben gezeigt, daß die Erythrozytenverformbarkeit, beurteilt anhand der Filtration von Blut durch Filtersysteme mit 3 bis 8 μm Kapillardurchmesser, bei Patienten mit arterieller Verschlußkrankheit gegenüber gesunden Vergleichspersonen statistisch signifikant vermindert ist. Das bedeutet, daß insbesondere im poststenotischen Bereich bei erniedrigtem Druckgradienten der Erythrozyt größere Schwierigkeiten hat, durch die um 5 μm weiten Kapillaren hindurchzugelangen.
Die meisten Arbeiten über die Verbesserung der Erythrozytenfiltrabilität (Verformbarkeit) wurden mit der Substanz Pentoxifyllin gemacht (s. Kap. 4.1.27.) Über Pentoxifyllin liegen sowohl prospektive klinische Studien wie auch Messungen des Gewebesauerstoffdrucks vor, die zeigen, daß mit diesem Präparat die Durchblutung der Mikrozirkulation verbessert werden kann.
Eine weitere hämorheologisch-therapeutische Möglichkeit besteht in der **Verminderung der Erythrozytenaggregationstendenz.**
Die Erythrozytenaggregation, d. h. die reversible Zusammenlagerung von Erythrozyten zu geldrollenartigen Verbänden zwei- oder dreidimensionaler Art spielt nach neueren Vorstellungen eine besondere Rolle in der Pathophysiologie von Durchblutungsstörungen. Im Rahmen einer Fibrinogensenkung, aber auch einer Senkung der Plasmaproteinkonzentration durch Plasmapherese kommt es neben der Senkung der Plasmaviskosität und der Strukturviskosität insbesondere zu einer Verminderung der Erythrozytenaggregationstendenz. Vor kurzer Zeit wurde auch über einen Plasmaersatzstoff berichtet (Hydroxyäthylstärke), der eine spezifische desaggregierende Wirkung auf Erythrozytenaggregate aufweist (s. Kap. 4.1.35.).
Einige Medikamente bewirken eine Senkung der Konzentration von Plasmaeiweißen, insbesondere von Fibrinogen, ohne daß sie eine direkte, etwa fibrinolytische Eigenschaft besitzen. Es sind dies z. B. antiphlogistisch und antirheumatisch wirksame Pharmaka, welche die Akute-Phase-Reaktion unterdrücken und so indirekt die Fließeigenschaften des Blutes verbessern. Dazu gehören weiter Hormone, die substituiert werden, wie z. B. Insulin, Cortison und Thyroxin (Pharmaka mit indirekter hämorheologischer Wirkung).

Zusammenfassend kann gesagt werden, daß es derzeit eine Reihe von verschiedenen Wegen gibt, die Fließeigenschaften des Blutes beim Patienten zu verbessern (s. auch Tabelle 4), die zwischenzeitlich therapeutisch weitgehend eingeführt sind. Es sind dies:
a) die Senkung der Hämatokritwerte durch Aderlaß oder Hämodilution
b) die Senkung der Gesamteiweißkonzentration durch Plasmapherese
c) die Senkung der Fibrinogenkonzentration im Plasma durch Fibrinolyse und insbesondere durch Defibrinierung
d) die Verbesserung der Verformbarkeit der Erythrozyten durch Substanzen wie Pentoxifyllin
e) möglicherweise eine spezifische Desaggregation von Erythrozytenaggregaten und
f) die Kombination verschiedener hämorheologischer Wirkprinzipien.

Theoretisch wäre anzunehmen, daß die Aderlaßtherapie am günstigsten bei Patienten mit hohen Hämatokritwerten, die fibrinogensenkende Therapie am aussichtsreichsten bei hoher Plasmafibrinogenkonzentration im Blut und eine Therapie zur Verbesserung der Erythrozytenverformbarkeit am besten bei Patienten mit nachgewiesener Verschlechterung der Erythrozytenverformbarkeit wirken. Da pathophysiologisch oft Kombinationen der rheologischen Störfaktoren vorkommen, sind auch simultane Gaben verschieden wirkender rheologischer Therapeutika möglich.

4. Spezieller Teil

Hämorheologisch-therapeutische Maßnahmen und Medikamente

4.1. Monotherapie (Einzelsubstanzen, Einzelmaßnahmen)

4.1.1. Jodkali

Einleitung

Über günstige klinische Erfahrungen bei der Behandlung von mäßiger Herzschwäche mit Dyspnoe, kardialem Asthma, leichter bis mittelschwerer Angina pectoris und Claudicatio intermittens durch die Verwendung von Jodkalium berichteten ***Huchard, Erb*** *und* ***Erlenmeyer*** *(zit. nach 736). Gangränöse Hauterscheinungen waren durch die Verwendung von Kaliumjodid jedoch nicht zu beeinflussen. Ob der Wirkungsmechanismus mehr in einer Gefäßweitstellung, wie es* ***Huchard*** *postulierte, oder in einer Verminderung der Blutviskosität gesehen werden konnte, überprüften erstmalig* ***Müller*** *und* ***Inada*** *aus der Arbeitsgruppe um* ***Romberg*** *(s.u.). Diese Publikation über die Verbesserung der Fließeigenschaften des Blutes durch Jodkalium war für viele nachfolgende Untersucher Anstoß, eigene Arbeiten über die Wirkung von Jodverbindungen auf hämorheologische Parameter zu publizieren und stellt den ersten Versuch einer medikamentösen therapeutischen Hämorheologie dar.*

Kaliumjodid wird noch heute gelegentlich bei Arteriosklerose, vaskulären Sehstörungen und Altersemphysem gegeben.

Publikationen

Die ersten Untersuchungen über den Einfluß von Jodkali auf die Fließeigenschaften des Blutes bei 2 Patienten mit zerebraler und peripherer Arteriosklerose erfolgten von **Müller** und **Inada** [663] aus der Arbeitsgruppe um Romberg im Jahre 1904. Die Patienten erhielten dreimal täglich 0,3 bis 0,5 g Jodkali über einen Zeitraum von 10 bis 14 Tagen per os. Die Blut- und Serumviskosität wurde mit einem Kapillarviskosimeter nach Hirsch und Beck ($H_2O = 1$) bei einer Temperatur von 38 °C gemessen.
Die Autoren fanden im Laufe der Behandlung eine Herabsetzung der Blutviskosität bei unveränderter Serumviskosität.

Bemerkungen: Weitere rheologische Parameter wurden nicht gemessen.

Klinik: Die Patienten berichteten über eine Besserung ihrer Beschwerden (Schwindelanfälle, Kopfschmerzen, Vergeßlichkeit und pektanginöse Schmerzzustände).

1907 behandelte **Kottmann** [526] 2 Patienten mit Friedreich'scher Krankheit und Magenkarzinom mit oralen Gaben von 14 g Jodkali innerhalb von 11 Tagen. Der Autor notierte ebenfalls eine Senkung der Blutviskosität (Kapillarviskosimeter nach Ostwald, $H_2O = 1$; 38 °C). Als Antikoagulans wurde Hirudin verwendet.

Bemerkungen: Weitere rheologische Parameter wurden nicht gemessen.

Dahingegen berichtete **Determann** [168] 1908 über uneinheitliche rheologische Ergebnisse nach oralen Jodkaligaben. Zwölf Patienten mit verschiedenen Erkrankungen

(Bronchitis, Anämie) erhielten täglich 1,0 bis 1,5 g Jodkali per os. Die Messungen der Blutviskosität wurden hierzu mit einem Kapillarviskosimeter nach Hirsch und Beck ausgeführt.

Bemerkungen: Keine Temperaturangaben zu den Viskositätsmessungen; keine Messungen anderer rheologischer Parameter.

Lindmann [578] bestätigte noch im selben Jahr die Ergebnisse von Determann. Zwölf Patienten mit arteriosklerotischen Gefäßveränderungen und teilweise anderen Erkrankungen erhielten innerhalb eines Behandlungszeitraums von 12 Tagen 18 g Jodkali. Die Blutviskosität wurde mit einem neu konstruierten Kapillarviskosimeter ($H_2O = 1$) nach Determann gemessen. Orale Jodkaligaben führten zu keinen einheitlichen Blutviskositätsveränderungen.

Bemerkungen: Keine Temperaturangaben; keine Messungen anderer rheologischer Parameter.

1909 erschien eine Publikation von **Adam** [5], die dieselbe Thematik zum Inhalt hatte. Patienten mit verschiedenen Erkrankungen erhielten täglich 1,5 bis 2 g Jodkali. Die Blut- und Plasmaviskosität der mit Hirudin antikoagulierten Blutproben wurde mit einem Kapillarviskosimeter nach Hirsch und Beck ($H_2O = 1$) bestimmt.
Auch Adam konnte keinen viskositätssenkenden Einfluß oraler Jodkaligaben feststellen. Die Temperatur bei den Viskositätsmessungen betrug 38 °C.

Bemerkungen: Keine Messungen weiterer rheologischer Parameter.

1913 behandelte **Koga** [519] Patienten mit Spontangangrän unterer wie oberer Extremitäten durch Jodkali. Koga konnte durch Jodkali eine Herabsetzung der Blutviskosität feststellen.

Bemerkungen: Die Art des verwendeten Viskosimeters wurde nicht angegeben; keine Messungen weiterer rheologischer Parameter.

Klinik: Durch Jodkali konnten keinerlei klinisch günstige Resultate erzielt werden.

1923 erschien in einer Arbeit von **Droßbach** [217] eine Notiz über die orale Gabe von fünfmal täglich 0,1 bis 0,2 g Jodkali und Jodnatrium bzw. dreimal täglich 0,7 bis 1,0 g Jodipin. Die Blutviskosität wurde mit einem Kapillarviskosimeter ($H_2O = 1$) nach Hess ausgewertet. Der Untersucher fand keine Verminderung der Blutviskosität unter der Therapie.

Bemerkungen: Die Temperatur zu den Viskositätsmessungen wurde nicht angegeben. Ob es sich bei den behandelten Probanden um Gesunde oder Kranke gehandelt hat, wurde nicht vermerkt; keine Messungen weiterer rheologischer Parameter.

1939 therapierte **Alwall** [12] 21 Patienten mit Hypertonie und Arteriosklerose durch orale Gaben von 0,5 bis 4 g Jod. Die Blut- und Plasmaviskosität der teilweise mit Heparin und Novirudin antikoagulierten Blutproben wurde mit einem Kapillarviskosimeter ($H_2O = 1$) bei 18 °C gemessen.
Der Autor fand keine signifikante Herabsetzung der Blut- und Plasmaviskosität nach oraler Verabfolgung von Jod.

Bemerkungen: Die Viskositätsmessungen erfolgten unterhalb der Körpertemperatur; keine Messungen weiterer rheologischer Parameter.

Moser und Mitarbeiter [657] untersuchten 1985 bei Patienten mit schlecht eingestelltem Diabetes mellitus den Einfluß von Diät, Bewegungstherapie und Jodgaben auf die Fließeigenschaften des Blutes. Bei einer ersten Gruppe von Patienten wurde ein bewegungstherapeutisches Programm mit Gymnastik, Ergometertraining und Schwimmen durchgeführt. In der zweiten Gruppe bekamen die Patienten täglich 200 ml eines Jodsolekonzentrates, entsprechend etwa 9 mg Jod pro Patient und Tag. Bei der dritten Gruppe wurde sowohl das bewegungstherapeutische Programm als auch die Jodsoletherapie angewandt. Die Blutviskosität wurde mit einem Low shear-Viskosimeter der Firma Contraves bei einer Scherrate von 27,7 s^{-1} bestimmt; der Hämatokrit wurde mit einer Mikrohämatokritmethode ermittelt. Es fand sich eine Senkung der Vollblutviskosität in allen drei Gruppen, ebenso eine Verminderung der Plasmaviskosität. Die Veränderungen waren prozentual geringgradig, aber statistisch signifikant. Des weiteren fand sich eine statistisch geringgradige Verminderung des Hämatokritwertes. Die Autoren wiesen darauf hin, daß die Werte nicht zweifelsfrei als jodspezifisch anzusehen sind, da der Effekt der anderen therapeutischen Maßnahmen im Rahmen einer Kur ebenfalls berücksichtigt werden muß.

Bemerkungen: Keine Messung anderer hämorheologischer Parameter.

Diskussion

Im Gegensatz zu *Müller* und *Inada* aus der Arbeitsgruppe um *Romberg* sowie *Kottmann* konnten die nachfolgenden Untersucher keine Veränderung der Blutviskosität nach oralen Kaliumjodidgaben feststellen. Die jüngsten Arbeiten auf diesem Gebiet zeigen einen gewissen Effekt von Kaliumjodid, der aber von den gleichzeitig durchgeführten anderen Therapiemaßnahmen nicht zu trennen ist. Es ist deshalb unwahrscheinlich, daß eine Blutviskositätssenkung durch Kaliumjodid im Sinne einer Direktwirkung angenommen werden kann.

4.1.2. Aderlaß, Erythrapherese

Einleitung

Der Aderlaß stellt eine der ältesten Behandlungsmethoden der Medizin dar.
Die ersten Berichte über den Aderlaß stammen von ***Hippokrates*** *(um 460–322 v. Chr.). Er empfahl den Aderlaß bei allerlei Krankheiten (akute Infektion, Pneunomien, Kopfschmerzen). Auch Celsus (20–30 n. Chr.) bemühte sich um die Verbreitung dieser Behandlungsmethode. Eine Korrelation topographischer Natur zwischen dem Ort des Leidens und der Stelle des Aderlasses stellte* ***Galen*** *(160–210 n. Chr.) auf. Im Mittelalter erlebte der Aderlaß eine Blütezeit.* ***Paracelsus*** *(um 1500) und* ***Marcello Malpighi*** *(1628–1694) waren Vertreter des Aderlaßgedankens. 1907 wurde eine erste Publikation über die hämorheologische Wirkung des Aderlasses auf die Fließeigenschaften des Blutes veröffentlicht.*
Die klassische Indikation des Aderlasses stellten die Polyzythämien und Polyglobulien dar. Da bei diesen Erkrankungen die Blutviskositätswerte erheblich erhöht sind, ist mit Zirkulationsstörungen zu rechnen, die sich in Dyspnoe, Zyanose, zerebraler Minderdurchblutung usw. zeigen können. Die dadurch verursachte Strömungsverlangsamung kann weiterhin zum Auftreten einer tiefen Venenthrombose führen. Daher ist theoretisch die Verbesserung der Fließeigenschaften des Blutes durch eine Herabsetzung des Hämatokrits von großer klinischer Bedeutung.
In neuerer Zeit wurde eine Senkung des Hämatokrits auch durch eine isolierte Herausnahme von Erythrozyten aus dem Blut mit Hilfe von Zellseparatoren durchgeführt. Bei der sogenannten Erythrozytapherese (Erythrapherese) werden Erythrozyten vom Blut abgetrennt und körpereigenes Plasma und gegebenenfalls auch Plasmaersatzstoffe reinfundiert (zur Definition des Begriffes Erythrozytapherese s. bei Kapitel 4.1.9).

Publikationen

Erste Berichte über den hämorheologischen Einfluß des Aderlasses auf die Fließeigenschaften des Blutes erfolgten von **Kottmann** [526] 1907. Bei einer Patientin mit einer Schrumpfniere wurde ein Aderlaß von 320 cm^3 Blut vorgenommen. Die Blut- und Plasmaviskosität wurde mit einem Kapillarviskosimeter ($H_2O = 1$) nach Hirsch und Beck bei 38 °C bestimmt. Der Autor berichtete über eine Senkung der Blut- und Plasmaviskosität, die über 21 Tage nachzuweisen war.

Bemerkungen: Keine Messungen weiterer rheologischer Parameter.

Welsh [914] entzog 1911 bei Patienten mit verschiedenen Erkrankungen (Herzinsuffizienz, Eklampsie etc.) 300 bis 400 ml Blut. Die relative Blutviskosität ($H_2O = 1$) der mit Hirudin antikoagulierten Blutproben wurde mit einem Kapillarviskosimeter nach Determann gemessen.
Simultan mit einer Verminderung des Hämatokrits kam es zu einer Senkung der Blutviskosität.

Bemerkungen: Die Meßtemperatur wurde nicht angegeben; keine Messung weiterer rheologischer Parameter.

Markson [613] behandelte 1936 Patienten mit angeborenem Herzfehler durch eine Phlebotomie. Die Menge des entzogenen Blutes wurde nicht angegeben. Die relative Blutviskosität ($H_2O = 1$) wurde mit einem Kapillarviskosimeter nach Hess bei einer Temperatur zwischen 17 °C und 20 °C ausgewertet.
Der Untersucher fand eine Senkung der Blutviskosität in Verbindung mit einem Hämatokritabfall.

Bemerkungen: Die Viskositätsmessungen erfolgten unterhalb der Körpertemperatur; keine weiteren rheologischen Messungen.

Klinik: Die klinische Symptomatik der angeborenen Herzfehler, welche in zyanotischen Zuständen und in einer Dyspnoe zum Ausdruck kam, wurde durch den Aderlaß entscheidend verbessert.

Albers [8] behandelte 1937 Patienten mit dekompensierter Herzinsuffizienz und erhöhten Viskositätswerten. Die Blutviskosität der mit Novirudin antikoagulierten Blutproben wurde mit einem Kapillarviskosimeter nach Hess gemessen.
Der Autor beobachtete eine gleichzeitige Senkung der Blutviskosität und des Hämatokritwertes.

Bemerkungen: Die Temperatur bei den Viskositätsmessungen wie auch die Menge des bei den Aderlässen entnommenen Blutes wurden nicht angegeben; keine weiteren rheologischen Messungen.

Klinik: Die vorhandene Zyanose wie auch die Atembeschwerden verschwanden.

Eine weitere Publikation über die Verbesserung der Fließeigenschaften des Blutes erfolgte von **Burch** und **De Pasquale** [96] 1963. Sowohl Patienten mit Angina pectoris als auch akutem Herzinfarkt wurde mehrmals 200 bis 425 ml Blut entzogen, um so den Hämatokritwert von 50% auf 45% bis 40% zu senken. Die Blutviskosität wurde mit einem Rotationsviskosimeter bei 4 Schergraden von 23, 46, 115 und 230 s^{-1} gemessen.
Die Untersucher fanden eine Senkung der Blutviskosität bei allen Schergraden, welche bei niedrigen Schergraden besonders stark ausfiel.
Ein weiterer Bericht über ähnliche Ergebnisse bei Patienten mit koronaren Durchblutungsstörungen wurde von **Burch** 1965 veröffentlicht [97].

Bemerkungen: Die Temperatur bei den Viskositätsmessungen wie auch die Art des verwendeten Rotationsviskosimeters wurden nicht angegeben; keine Messungen weiterer rheologischer Parameter.

Klinik: Es kam zu einer Verminderung der Frequenz und Intensität der pektanginösen Schmerzattacken wie auch bei den Patienten mit akutem Herzinfarkt zu einem Verschwinden der retrosternalen Schmerzen.

1965 behandelten **Rakita** und Mitarbeiter [717] Patienten mit sekundärer Polyzythämie und chronisch-pulmonalem Emphysem durch wiederholte Aderlässe von 300 bis 1000 ml Blut. Die Blutviskosität wurde mit einem Ostwald-Kapillarviskosimeter gemessen.
Simultan mit dem Hämatokritabfall fanden die Untersucher eine Verminderung der Blutviskosität.

Bemerkungen: Eine Temperaturangabe zu den Viskositätsmessungen erfolgte nicht; keine Messungen weiterer rheologischer Parameter.

1966 untersuchten **Segel** und **Bishop** [786] Patienten mit chronischer Bronchitis, Polyzythämie und pulmonalem Hochdruck. Innerhalb von 10 Tagen wurden mehrmals 500 ml Blut entnommen. Die Blutviskositätsmessungen erfolgten durch eine in die vena cubitalis eingeführte Kapillare nach Pirofsky. Simultan mit dem Hämatokritabfall kam es zu einer signifikanten Verminderung der Blutviskosität.

Bemerkungen: Keine Messungen weiterer rheologischer Parameter.

Kontras und Mitarbeiter [522] behandelten 1970 Kinder mit erhöhter Blutviskosität und angeborenen Herzfehlern wie auch erhöhten Hämatokritwerten durch mehrfach durchgeführte Aderlässe. Die Blutviskosität wurde bei 37 °C mit einem Brookfield-micro-cone-plate-Viskosimeter bei 11,5 s^{-1} gemessen.
Simultan mit der Senkung des Hämatokritwertes kam es zu einer signifikanten Verminderung der Blutviskosität.

1972 berichtete **Kontras** [523] über den Aderlaß bei Neugeborenen mit Polyzythämie und erhöhter Blutviskosität. Im Rahmen der Untersuchung kam es zu einer gleichzeitigen Senkung der Blutviskosität und des Hämatokritwertes.

Bemerkungen: Keine weiteren Messungen rheologischer Parameter.

Klinik: Die Untersucher beobachteten eine Besserung des plethorischen Krankheitsbildes, was sich in einer Verminderung der Atembeschwerden, der Lethargie, der Krämpfe und der Zyanose niederschlug.

Thomas und Mitarbeiter [857, 858] berichteten 1977 über Patienten mit manifester Polyzythämie. Alle wiesen eine verminderte zerebrale Durchblutung auf. Die Patienten litten unter zerebralen ischämischen Attacken, leichten Schlaganfällen, Demenz und Kopfschmerzen. Zwei Patienten litten ebenfalls an einer schweren Claudicatio intermittens mit Ruheschmerzen. Die Blut- und Plasmaviskosität der mit Heparin antikoagulierten Blutproben wurde mit einem koaxialen Zylinderviskosimeter (Contraves Low Shear 2) bei 4 Schergraden (0,2, 0,67, 26,7 und 91 s^{-1}) gemessen. Nach mehrmaligen Aderlässen von 200 bis 250 ml Blut in zeitlichen Abständen von 2 Tagen bis 5 Wochen kam es simultan mit einem Hämatokritabfall zu einer signifikanten Senkung der Blutviskosität, wobei der Abfall der Blutviskosität bei niedrigen Schergraden am stärksten ausfiel. Der Abfall der Plasmaviskosität war nicht signifikant.

Bemerkungen: Eine Temperaturangabe zu den Viskositätsmessungen erfolgte nicht.

Klinik: Es kam zu einer Besserung der klinischen Symptomatik. Die zwei Patienten mit Ruheschmerzen in den Beinen berichteten über ein Verschwinden dieser Symptomatik.

1979 berichteten **Stangel** und Mitarbeiter [815] über den Einfluß einer Erythrozytapherese auf die Blutviskosität bei Patienten mit Polycythaemia vera. 14 Patienten wurden untersucht. Die Messungen wurden mit einem Contraves Low Shear-Viskosimeter bei sehr niedrigen Schergraden (0,288 s^{-1}) durchgeführt. Die Erythrozytapherese selbst wurde so durchgeführt, daß nach Entnahme von 440 ml Venenblut auf

60 ml ACD-Lösung zunächst 150 ml isotonischer Kochsalzlösung und anschließend das Eigenplasma des Patienten infundiert wurden, um eine Normovolämie zu gewährleisten. Neben der Abnahme des Hämatokrits kam es bei allen Patienten zu einer statistisch signifikanten Abnahme der Vollblutviskosität (Abstract; keine weiteren Details).

1980 publizierten **van den Berg** und Mitarbeiter [871] ebenso wie **Sgries** und Mitarbeiter [792] Untersuchungen über den Einfluß der Erythrozytapherese auf die Fließeigenschaften des Blutes bei Patienten mit Polycythaemia vera und pathologisch erhöhter Vollblutviskosität. Hierzu wurde den Patienten 440 ml Blut entnommen und nach Abzentrifugieren des Zellkonzentrates das körpereigene Plasma mit zusätzlich 150 ml physiologischer Kochsalzlösung reinfundiert. Die Blutviskosität der mit EDTA antikoagulierten Blutproben wurde mit einem Zylinderviskosimeter, Contraves Low Shear 100, bei Schergeschwindigkeiten von 0,0452 und 0,288 s^{-1} (37 °C) gemessen. Die Autoren fanden simultan mit dem Hämatokritabfall eine signifikante Verminderung der Blutviskosität.

Bemerkung: Keine Messungen weiterer rheologischer Parameter.

Klinik: Die Autoren berichteten über eine Besserung der Beschwerden, welche durch die pathologisch erhöhte Blutviskosität hervorgerufen worden waren (Kopfschmerzen, Benommenheit, Übelkeit, Sehstörungen, Parästhesien, Claudicatio- und Raynaud-Symptomatik, Stenokardien).

1980 berichteten **Humphrey** und Mitarbeiter [460] über die Behandlung von Patienten mit zerebralen ischämischen Attacken, leichten Schlaganfällen und Polyzythämie. Den Patienten wurde in wöchentlichen Abständen jeweils ca. 200 ml Blut entzogen, bis der Hämatokrit auf Werte unter 45% gesunken war. Die Blut- und Plasmaviskosität der heparinisierten Blutproben wurde mit einem koaxialen Zylinderviskosimeter (Contraves Low Shear 2) bei zwei Schergraden von 0,67 und 91 s^{-1} und bei 37 °C gemessen.
Gleichzeitig mit einer Verminderung der Hämatokritwerte kam es zu einer signifikanten Senkung der Blutviskosität, die bei niedrigen Schergraden am stärksten war. Die Plasmaviskosität veränderte sich nicht signifikant.
Ein weiterer Bericht erschien im selben Jahr von der Arbeitsgruppe um **Humphrey** [461] mit ähnlichen Ergebnissen.

Bemerkungen: Keine Messungen weiterer rheologischer Parameter.

Klinik: Bei den Patienten kam es zu einer Verminderung der zerebralen ischämischen Attacken.

Challoner und Mitarbeiter [120] untersuchten 1981 den Einfluß von mehreren kleinen Aderlässen auf 2 Gruppen von Patienten mit erhöhtem Hämatokrit, wovon die eine gleichzeitig einen erhöhten Blutdruck hatte. Bei der Verminderung des Hämatokrits um 40% von den Ausgangswerten kam es zu Viskositätserniedrigungen in derselben Größenordnung bei Schergraden von 0,675 s^{-1} und 48,18 s^{-1}. Zwischen beiden Gruppen war die Viskositätsänderung nicht unterschiedlich; der diastolische Blutdruck fiel jedoch in der Gruppe der hypertensiven Patienten statistisch signifikant ab (Abstract, keine Details).

Pollock und Mitarbeiter [704] untersuchten, ob sich im Laufe einer wiederholten Entnahme von Vollblut die Verformbarkeit der Erythrozyten wegen des zu erwartenden Eisenmangels verändern würden und untersuchten dies bei Patienten mit erhöhten Hämatokritwerten und gleichzeitig bestehender Gefäßerkrankung. Verwendet wurde eine Modifikation der Filtrationsmethode nach Reid. Obwohl es nicht zu einer statistisch signifikanten Veränderung des mittleren Zellvolumens kam, fand sich eine geringgradige, statistisch signifikante Verminderung des Deformabilitätsindexes (Abstract, keine Details).

Humphrey und Mitarbeiter [462, 463] fanden bei einer Aderlaßtherapie bei Patienten mit erhöhten Hämatokritwerten und angiologischen Erkrankungen eine statistisch signifikante Senkung der Blut- und Plasmaviskosität. Bei der Mehrzahl der Patienten ließ sich eine Hypovolämie nicht nachweisen (Abstract, keine Details).

Milligan und Mitarbeiter [649, 650] berichteten 1982 über 14 Patienten mit primärer oder sekundärer Polyzythämie, bei denen in mehrfachen Sitzungen 500 ml Blut entnommen wurden. Die Blutviskosität wurde mit einem Contraves low shear-Viskosimeter und einem Deer-Rheometer in einem Bereich zwischen 0,1 bis 220 s^{-1} gemessen.
Diese Messungen wie auch die gleichzeitig durchgeführten plethysmographischen Untersuchungen des Blutflusses wurden frühestens 2 Wochen nach dem letzten Aderlaß durchgeführt.
Die Autoren fanden eine statistisch signifikante Abnahme der Blutviskosität bei gleichzeitiger Erhöhung des peak flow während reaktiver Hyperämie, wohingegen der Blutfluß unter Ruhebedingungen nicht statistisch signifikant anstieg. Auch diese Viskositätsuntersuchungen wurden bei 37 °C durchgeführt.

Bemerkungen: Keine Messungen weiterer rheologischer Parameter.

1983 fand **Wade** [890] bei 20 Patienten mit primärer Polyzythämie einen Abfall der Gesamtblutviskosität bei einer Scherrate von 91 s^{-1}, gemessen mit einem Contraves low shear-Viskosimeter bei 37 °C. Gleichzeitig wurde der zerebrale Blutfluß mittels ^{133}Xenon-Clearance gemessen.

Moscatelli und Mitarbeiter [656] untersuchten 1984 das Verhalten der Vollblutviskosität im Rahmen einer Erythrapherese bei polyzythämischen Patienten und fanden eine Senkung dieses Parameters, gemessen mit einem Brookfield-Viskosimeter bei 225 s^{-1} (Abstract, keine Details).

Cavestri und Mitarbeiter [119] behandelten 18 Patienten mit Schlaganfall mittels Erythrozytapherese und untersuchten die Plasmaviskosität, die Erythrozytenaggregation und die Erythrozytenfiltrabilität (Abstract, keine Details).

Lanzer und **Tilz** [547] beschrieben eine Senkung der Vollblutviskosität durch eine Therapie mit einem „Haemonetics 30"-Zellseparator bei Polyzythämie.

Bemerkungen: Keine Angaben über die verwendete Methodik.

Challoner und Mitarbeiter [121] berichteten 1986 über den Einfluß eines Aderlasses auf die Fließeigenschaften des Blutes. Bei Patienten mit vaskulären Erkrankungen und Hämatokritwerten zwischen 46 und 55% wurden wöchentliche Aderlässe von 250 ml durchgeführt, um eine Hämatokritabsenkung auf 40% zu erreichen. Der Hämatokrit wurde mit einer Mikrohämatokrit-Zentrifuge bestimmt; die Vollblutviskosität wurde mit einem Contraves LS 2-Viskosimeter bei niedrigen und hohen Schergeschwindigkeiten gemessen. Bei der Entnahme von 250 ml Blut kommt es akut zu einer mäßiggradigen Verminderung der Hämatokritwerte und zu einer statistisch signifikanten Verringerung der Vollblutviskosität. Werden die Aderlässe ohne nachfolgende Gabe von kolloidalen oder kristallinen Lösungen im Rahmen einer längerfristigen Behandlung entnommen, so kommt es ebenfalls zu einer Verminderung der Hämatokritwerte und zu einer signifikanten Verminderung der Vollblutviskosität. Wesentliche Änderungen der Plasmaproteinkonzentration wurden nicht beobachtet. Die Autoren folgern aus ihren Ergebnissen, daß der einfache Aderlaß ohne Ersatz von Flüssigkeit ein sicheres Vorgehen für die Verbesserung der Fließeigenschaften des Blutes darstellt.

Wallis und Mitarbeiter [899] untersuchten den Einfluß einer Erythrapherese, durchgeführt mit einem Zellseparator, bei Patienten mit sekundärer Polyzythämie. Sie untersuchten die Vollblutviskosität mit einem Wells-Brookfield-cone-plate-Viskosimeter bei 37 °C. Sowohl bei 23 als auch bei 230 s^{-1} kam es zu einer deutlichen Senkung der Vollblutviskosität.

Diskussion

Die ersten Messungen der Viskosität von Blut und Plasma von *Kottmann* 1907 ergaben eine Senkung der Blut- und Plasmaviskosität, die über drei Wochen nachweisbar war.

Welsh und später *Markson, Albers* und andere führten die Senkung der Blutviskosität auf die Verminderung des Hämatokrits zurück.

Die klinische Besserung war bei den behandelten Patientenkollektiven mit Herzinsuffizienz und anderen Erkrankungen sicherlich nicht nur auf eine Verminderung der Viskosität des Blutes, sondern auch auf eine Volumenentlastung zurückzuführen. Die Angaben von *Kottmann* (1907) lassen sich nach heutiger Kenntnis so erklären, daß mit dem Aderlaß nicht nur Erythrozyten, sondern auch eiweißhaltiges Plasma entzogen wurde. Dadurch kam es zu einer Verminderung der Plasmaviskosität, weil nach dem Aderlaß der Körper versucht, das vermindert zirkulierende Blutvolumen durch Einstrom eiweißarmer Flüssigkeit in das Blutgefäßsystem auszugleichen (innere Hämodilution). Die von *Kottmann* angegebene Wirkungsdauer von 21 Tagen könnte so zu erklären sein, daß nach dieser Zeit der größte Teil der durch Aderlaß verlorengegangenen Erythrozyten wieder durch Neubildung roter Blutkörperchen ersetzt worden ist.

Burch und *De Pasquale* haben erstmals Patienten mit koronaren Durchblutungsstörungen behandelt, indem der Hämatokrit von 50% auf 45% bis 40% abgesenkt wurde.

In den folgenden Jahren wurde die Aderlaßtherapie vorwiegend zur Behandlung der primären und sekundären Polyzythämie angewandt. Von *Burch* und *De Pasquale,* aber auch später von *Thomas* und Mitarbeitern wurde darauf hingewiesen, daß die Blutviskositätssenkung bei niedrigen Schergraden am ausgeprägtesten sei. *Thomas* und Mitarbeiter fanden, daß keine signifikante Plasmaviskositätssenkung resultierte. Die insbesondere zu den kapillarviskosimetrischen Untersuchungen früherer Jahre diskrepanten Befunde sind wahrscheinlich auf die Schwierigkeiten bei der Handhabung der komplizierten Low-Shear-Viskosimeter zurückzuführen, mit denen insbesondere die Plasmaviskosität nur relativ ungenau zu messen ist.

Es könnte aber auch tatsächlich nur eine geringgradige Plasmaviskositätssenkung vorgelegen haben, da die entnommenen Blutmengen, z. B. bei *Humphrey* und Mitarbeitern, akut nur jeweils 200 ml betragen haben. Trotz unterschiedlicher Meßmethoden und teilweise fehlender Temperaturangaben berichteten alle Autoren übereinstimmend über eine Verminderung des Hämatokrits und der Blutviskositätswerte. Veränderungen der Blut- und Plasmaviskosität (Hämatokritabfall und Senkung der Gesamteiweißkonzentration) sind im Sinne einer Autohämodilution zu erklären, wobei der Einstrom von extravaskulärer, eiweißarmer Flüssigkeit die entscheidende Rolle spielen dürfte.

Die Viskositätsunteruchungen zum Thema Aderlaß (ohne gleichzeitige oder anschließende Infusion von Flüssigkeit) zeigt die enge Korrelation zwischen Hämatokrit und Vollblutviskosität auf. Die Untersuchungen von *Pollock* und Mitarbeitern könnten ein Hinweis darauf sein, daß wiederholte Aderlässe über einen längeren Zeitraum zu einem unerwünschten rheologischen Effekt, näm-

lich zu einer Verminderung der Erythrozytenverformbarkeit, führen könnten.
Die Ergebnisse von *Challoner* und Mitarbeitern deuten ebenfalls darauf hin, daß die im Verlauf einer längerfristigen Aderlaßtherapie auftretende Mikrozytose zu einer Verminderung der Erythrozytenverformbarkeit führen könnte.
Die Arbeit von *Milligan* und Mitarbeitern sowie von Wade ergeben hinsichtlich der Viskositätsverminderung gleiche Resultate. In der Diskussion beider Arbeiten wird jedoch die Problematik aufgezeigt, wonach nicht zwangsweise eine Verminderung der Blutviskosität auch zu einer Erhöhung der Durchblutung oder zu einer Verbesserung des Sauerstoffangebotes an das Gewebe führen muß.
Milligan und *Davies* bestreiten, daß es trotz der stark verminderten Blutviskosität zu einer Verbesserung der Sauerstoffversorgung des Gewebes bei den Patienten mit Polyzythämie kommt, während *Wade* unter Zuhilfenahme anderer Berechnungsgrundlagen einen Anstieg des Sauerstofftransportes zum Gehirn nach Aderlaß errechnet hat. Er warnt jedoch vor einer Überschätzung der Rolle des Hämatokrits für die Fließeigenschaften des Blutes, insbesondere im Bereich der zerebralen Blutbahn.
In neuerer Zeit wurde die Hämatokritabsenkung bei Patienten mit Erkrankungen infolge hoher Hämatokritwerte in zunehmendem Maße mit Zellseparatoren durchgeführt, wobei selektiv Erythrozyten entnommen und das überbleibende Plasma reinfundiert wurde. Die hämorheologischen Ergebnisse der Arbeitsgruppen von *Wedzicha, Lanzer, Wallis, van den Berg* und *Sgries* entsprechen den Daten bei der üblichen Aderlaßtherapie. Die meisten Autoren sprechen von einer Verbesserung der klinischen Symptomatik.
An dieser Stelle muß darauf hingewiesen werden, daß viele Untersuchungen über den Einfluß des Aderlasses auf die Fließeigenschaften des Blutes gleichzeitig mit der Gabe von Flüssigkeiten (Kochsalzlösung, Plasmaersatzmittel) erfolgt sind. Diese Publikationen sind unter dem jeweils zugeführten Flüssigkeitsersatzmittel bzw. im Kapitel über Kombinationen rheologischer Maßnahmen (s. Kap. 4.2.) aufgeführt worden.

4.1.3. Kochsalzlösungen, kristalloide Lösungen

Einleitung

Isotonische Kochsalzlösungen werden seit langer Zeit zur Therapie von Flüssigkeitsverlusten verwendet. Außerdem stellen sie Trägerlösungen für Plasmaersatzstoffe (z. B. Dextran) und Aminosäuren dar. Inwieweit auch die Fließeigenschaften des Blutes durch Kochsalzinfusionen verändert werden, untersuchte erstmalig ***Kottmann*** *1907. Bis heute werden isotonische Salzlösungen verschiedenster Art zur Therapie der Dehydration, bei Volumenmangel und Schockzuständen verwendet.*

Publikationen

Erste Berichte über den Einfluß von Kochsalzinfusionen bei Patienten mit verschiedenen Erkrankungen (arteriosklerotische Schrumpfniere, Nephritis, Arteriosklerose, perniziöse Anämie) erfolgten von **Kottmann** [526] 1907. Den Patienten wurde zwischen 267 und 800 ml isotonischer Kochsalzlösung intravenös infundiert. Die Plasma- und Serumviskosität ($H_2O = 1$) wurde mit einem Kapillarviskosimeter nach Hirsch und Beck bei 37 °C gemessen. Der Autor fand nach den Kochsalzinfusionen sowohl eine Verminderung der Blut- als auch der Plasmaviskosität.

Bemerkungen: Messungen weiterer rheologischer Parameter unterblieben.

Mayesima [630] untersuchte 1912 die Fließeigenschaften des Blutes bei einem Patienten mit Gelenkrheumatismus. Die Blutviskosität wurde mit einem Kapillarviskosimeter bei 25 °C bis 30 °C bestimmt. Nach drei- bis einundzwanzigmaliger Infusion einer unbekannten Menge isotonischer Kochsalzlösung kam es zu einer Verminderung der Blutviskosität und des Hämatokritwertes.

Bemerkungen: Die Viskositätsmessungen erfolgten unterhalb der Körpertemperatur; keine Messungen weiterer rheologischer Parameter.

1913 führte **Koga** [519] die Infusion isotonischer Kochsalzlösungen und Ringerlösungen in die Therapie der Spontangangrän unterer und oberer Extremitäten ein. Durch vielfache Infusionen wurden die Blutviskositätswerte auf Normalwerte abgesenkt.

Bemerkungen: Die Art des verwendeten Viskosimeters wie auch Anzahl und Menge der durchgeführten Kochsalzinfusionen wurden nicht angegeben; keine Messungen weiterer rheologischer Parameter.

Klinik: Die Patienten berichteten über ein Sistieren der Ruheschmerzen, der Claudicatio intermittens und über das Abheilen gangränöser Zehen- und Fingernekrosen.

Schülke und **Hartel** [776] infundierten 1966 Patienten mit überstandener Cholecystektomie postoperativ 1000 ml physiologischer Kochsalzlösung, wie auch andere Plasmaersatzstoffe (nieder- und hochmolekulares Dextran, Gelatinepräparate). Die Plasmaviskosität wurde mit einem Kapillarviskosimeter der Fa. Coulter Electronics Ltd. bei 37 °C gemessen.
Die Autoren fanden eine deutliche Verminderung der Plasmaviskosität nach der Infusion von Kochsalzlösungen, wohingegen die üblichen kolloidalen Plasmaersatzstoffe diesen Viskositätsabfall nicht herbeiführen konnten.

Bemerkungen: Keine Messungen weiterer rheologischer Parameter (z.B. Blutviskosität).

Boyan und Mitarbeiter [85] infundierten 1966 bei krebsoperierten Patienten, welche während der Operation wenig Blut verloren hatten, 1000 ml isotonischer Kochsalzlösung innerhalb von 30 Minuten intravenös. Die Blutviskosität wurde mit einem Brookfield-micro-cone-plate-Viskosimeter bei Schergraden von 46, 115 und 230 s^{-1} und 37 °C gemessen.
Die Autoren beobachteten keine signifikante Veränderung der Blutviskosität, obwohl der Hämatokrit am Infusionsende signifikant abfiel.

Bemerkungen: Keine Messungen weiterer rheologischer Parameter.

Shabanov und Mitarbeiter [793] behandelten 1967 Patienten mit Arteriitis obliterans durch Infusionen von 5%iger NaCl-Lösung (50–300 ml/die). Die Blutviskosität wurde mit einem Kapillarviskosimeter gemessen.
Im Laufe der dreiwöchigen Behandlung kam es zu einer Normalisierung der überhöhten Blutviskositätswerte.

Bemerkungen: Keine Messungen weiterer rheologischer Parameter; die Temperatur der Blutviskositätsmessungen wurde nicht angegeben.

1971 berichtete **Dormandy** [198] über die hämorheologische Wirkung einer Infusion von 500 ml Hartmann-Lösung sowie 10%igem Dextran bei Patienten, die einer Abdominaloperation entgegensahen. Die initialen Blutviskositätsmessungen der mit Heparin antikoagulierten Blutproben wurden nach der Prämedikation durchgeführt. Die Blutviskositätsmessungen erfolgten mit einem Brookfield-micro-cone-plate-Viskosimeter bei einer Temperatur

von 37 °C und einem definierten Schergrad von 230 s^{-1}.
Am Infusionsende (Infusionsdauer 10 bis 20 Minuten) fanden die Untersucher einen signifikant stärker und länger anhaltenden Blutviskositätsabfall nach der Dextran- als nach der Hartmann-Lösung. Da die Blutviskositätsveränderungen mit den Hämatokritveränderungen korrelierten, sieht der Autor die blutviskositätssenkende Wirkung von Dextran- und Kochsalzlösungen nur in der Hämodilution.

Bemerkungen: Keine Messungen weiterer rheologischer Parameter.

1974 berichtete **Warstat** in seiner Dissertation [900] über die Verbesserung der Fließeigenschaften des Blutes nach einer intravenösen Infusion von 500 ml Kochsalzlösung bei Patienten mit stark erhöhter Blutkörperchensenkungsgeschwindigkeit.
Die Blut- und Plasmaviskosität der heparinisierten Blutproben wurde mit einem Ostwald-Kapillarviskosimeter bei 23 °C gemessen; die Erythrozytenverformbarkeit mit der Filtrationsmethode nach Ehrly und Roßbach (Milliporefilter aus Zelluloseester, Porendurchmesser 8 µm; treibende Kraft: 12,9 mm H_2O, 23 °C, Hämatokrit 10%) beurteilt.
Am Infusionsende fand der Untersucher eine geringgradige Veränderung der Blut- und Plasmaviskosität sowie des Hämatokrits. Bei den Erythrozytenfiltrationsmessungen ergab sich jedoch eine Mehrperfusion durch das Kapillarfiltermodell.

Bemerkungen: Keine Messungen weiterer rheologischer Parameter.

1975 berichteten **Dawidson** und Mitarbeiter [157] über die Verbesserung der Fließeigenschaften des Blutes durch intravenöse Gaben von 1000 ml isotonischer Kochsalzlösung bei Patienten post operationem. Die Blut- und Plasmaviskosität wurde mit einem Brookfield-micro-cone-plate-Viskosimeter, Modell LVT, bei 37 °C und einem Schergrad von 11,5 s^{-1} bestimmt.
Die Autoren fanden eine simultane Senkung der Blut- und Plasmaviskosität sowie des Hämatokritwertes.

Bemerkungen: Eine Hämatokritkorrektur zu den Blutviskositätsmessungen wurde nicht durchgeführt, Messungen weiterer rheologischer Parameter unterblieben.

Ebenfalls 1978 berichteten **Störmer** und Mitarbeiter [820] über Änderungen der Fließeigenschaften des Blutes nach Gabe von Elektrolytlösungen bei Patienten mit aortofemoralen Bypassoperationen. Die Vollblutviskosität wurde mit einem Wells-Brookfield-cone-plate-Viskosimeter bei hohen Schergeschwindigkeiten und mit einem Rheometer der Firma Contraves AG, Zürich, bei niedrigen Schergeschwindigkeiten gemessen. Bei 15 Patienten kam es im Verlauf der Operation zu einer Abnahme von Blut-, Plasma- und Serumviskosität, die bei Infusion einer Elektrolytlösung deutlicher war als ohne Volumengabe.

Bemerkungen: Eine Hämatokritkorrektur wurde nicht durchgeführt, keine Messung von Erythrozytenaggregation und Erythrozytenverformbarkeit. Die Aussagekraft dieser Untersuchung wird dadurch beeinträchtigt, daß bei den Patienten einmal eine Narkose durchgeführt wurde und zum anderen sicherlich auch ein Blutverlust eine Rolle spielte. Deswegen ist es schwierig, das Ausmaß der Verminderung der Blut- und Plasmaviskosität durch Elektrolytlösungen zu quantifizieren.

1978 erschien von **Heidrich** und **Wachta** [427] eine Veröffentlichung über die Behandlung von Patienten mit arteriellen und venösen Durchblutungsstörungen. Die Probanden erhielten eine einmalige Infusion von 500 ml 0,94%iger NaCl-Lösung innerhalb einer Infusionsdauer von 2–6 Stunden. Die Vollblutviskosität wurde mit einem Brookfield-micro-cone-plate-Viskosimeter (Modell LVT) bei vier Schergraden von 23, 46, 115 und 230 s^{-1} und einer Temperatur von 37 °C bestimmt. Physiologische Kochsalzlösung führte am Ende der vier- und sechsstündigen Infusion nur bei einem Schergrad von 230 s^{-1} zu einer signifikanten Viskositätsabnahme gegenüber dem Ausgangswert. Ein signifikanter Hämatokritabfall wurde registriert.

Bemerkungen: Eine Hämatokritkorrektur zu den Viskositätsmessungen wurde nicht durchgeführt; keine Messungen weiterer rheologischer Parameter.

1980 untersuchten **Harke** und Mitarbeiter [417] im Rahmen von Operationen bei Patientinnen mit Hysterektomie den Einfluß verschiedener Infusionslösungen auf die Fließeigenschaften des Blutes. Dabei wurde eine isotone Elektrolytlösung als Kontrolle mitgeführt. Die Blutviskosität wurde mit einem Kapillarviskosimeter bei 37 °C bestimmt.
Im Verlauf der Infusion und eine Stunde danach kam es zu einem Absinken der Blutviskosität; im Vergleich zu kolloidalen Plasmaersatzmitteln war dieser Abfall aber relativ geringfügig.

Bemerkungen: Eine Hämatokritkorrektur zu den Viskositätswerten wurde nicht durchgeführt; andere rheologische Parameter wurden nicht gemessen. Die Wirkung von Elektrolytlösung auf die Blutviskosität kann aus diesen Untersuchungen nicht selektiv herausgelesen werden, da während der Operation sowohl die Narkose einen Einfluß ausüben könnte als auch der Blutverlust zu einer „inneren“ Hämodilution führen kann.

Litwin und Mitarbeiter [581] berichteten 1981, daß im Verlauf von Operationen bei 39 Pat. die Infusion von Kochsalzlösung (keine Mengenangabe) eine Senkung der Blutviskosität und des Hämatokrits hervorrief (Abstract, keine weiteren Details).

1982 berichteten **Perego** und Mitarbeiter [692] über Kochsalzinfusionen (500 ml) bei Patienten mit peripheren Durchblutungsstörungen. Die Blut- und Plasmaviskosität wurde mit einem Rotationsviskosimeter unbekannter Art bestimmt.
Am Infusionsende fanden die Untersucher eine signifikante Verminderung der Blutviskosität (450, 90, 11,25 s^{-1}) und des Hämatokrits. Folgende Parameter veränderten sich nicht signifikant: Blutviskosität (hämatokritkorrigiert) bei 450 s^{-1}, Plasmaviskosität, Erythrozytenverformbarkeit (keine detaillierten Angaben zur Messung), hämatokritkorrigierte Blutkörperchensenkungsgeschwindigkeit.

Bemerkungen: Keine Messungen der Erythrozytenaggregation; keine Temperaturangaben.

Diskussion

Die Messungen von *Kottmann* 1907, die bei Körpertemperatur durchgeführt wurden, zeigten eine Senkung der Blut- und Plasmaviskosität zumindest für eine kürzere Zeit, was infolge der Hämodilution auch erklärbar erscheint. *Kottmann* und später *Koga* haben erstmals isotonische Kochsalzlösungen auch für die Therapie arteriosklerotischer Durchblutungsstörungen der Extremitäten eingesetzt und berichteten über klinische Besserungen bei gleichzeitiger Verminderung der Viskositätswerte.
Schülke und *Hartel* fanden nach Infusionen von Salzlösungen eine Verminderung der Plasmaviskosität, dagegen nicht nach Infusion von kolloidalen Plasmaersatzstoffen, was auf die deutlich unterschiedlichen Eigenviskositäten der Lösungen zurückzuführen ist.
Boyan und Mitarbeiter fanden keine signifikante Verminderung der Blutviskosität, obwohl der Hämatokrit abfiel. Diese Diskrepanz ist schwer erklärlich und dürfte auf meßtechnische Probleme zurückzuführen sein.
1971 fand *Dormandy*, daß nach Infusion von 500 ml Hartmann'scher Lösung eine Verminderung von Hämatokrit und Blutviskosität bei Patienten nach einer Abdominaloperation eintrat.

Diese Wirkung, wie auch die stärkere Wirkung von niedermolekularen Plasmaersatzmitteln, wurde im Sinne einer Hämodilution erklärt.
1974 wurden von *Warstat* erstmals neben Blut- und Plasmaviskosität auch die Erythrozytenfiltrabilität (Verformbarkeit) nach Infusion von 500 ml Kochsalzlösung bei Patienten untersucht. Neben einer Verminderung von Blut- und Plasmaviskosität wie auch des Hämatokrits wurde eine Verbesserung der Filtrabilität des Blutes durch 8 µm-Porenfilter festgestellt. Die Verminderung der Blut- und Plasmaviskosität wurde im Sinne einer Hämodilution, die verbesserte Filtrationsrate aufgrund der verminderten Viskosität des Suspensionsmediums Plasma erklärt.
Dawidson und Mitarbeiter sowie *Heidrich* und Mitarbeiter und *Perego* und Mitarbeiter haben in späteren Jahren ebenfalls Senkungen von Hämatokrit und Blutviskosität nach Infusionen von isotonischen Salzlösungen feststellen können. Darüberhinaus fanden *Störmer* und Mitarbeiter, *Harke* und Mitarbeiter und *Litwin* und Mitarbeiter ebenfalls Absenkungen der Blutviskosität nach Infusion von Elektrolytlösungen bei Operationen. Diese Senkung der Viskositätswerte könnte jedoch auch durch den Einfluß der Anästhesie bzw. den Blutverlust während der Operation erklärt werden.
Zusammenfassend kann gesagt werden, daß die meisten Untersuchungen eine Verminderung der Blut-, Plasma- und Serumviskosität bei Patienten mit verschiedensten Erkrankungen nach Kochsalzinfusionen ergaben. Die Ursache der Verminderung der Viskositätswerte wird über eine Hämodilution begründet.
Interessant erscheint die Arbeit von *Koga* aus dem Jahre 1913, welcher als ultima ratio Patienten mit arteriellen und venösen Durchblutungsstörungen im Stadium IV nach *Fontaine* mehrfach Kochsalz- bzw. Ringerlösungen infundierte und bei Spontangangrän an den Extremitäten über erstaunliche Erfolge berichtete. Insgesamt gesehen, läßt sich sagen, daß durch niedrigvisköse Kochsalzlösungen eine Verminderung normaler wie auch erhöhter Blutviskositätswerte anzunehmen ist, was sowohl für die Vollblutviskosität als auch für die Plasmaviskosität gilt. Es handelt sich dabei um eine „hypervolämische Hämodilution". Da aber eine schnelle Flüssigkeitsverschiebung vom intravasalen in den interstitiellen und intrazellulären Raum stattfindet, ist die zeitliche Dauer der Blutviskositätssenkung stark begrenzt.

4.1.4. Calciumgluconat

Einleitung

Calciumgluconat wird bei Kalziumstoffwechselstörungen und Kalkmangel, in der Schwangerschaft, bei Frakturen und Tetanie verabreicht. Auch wird es aufgrund seiner gefäßabdichtenden kapillarpermeabilitätseinschränkenden Wirkung bei allergischen Erkrankungen wie Heuschnupfen, Urtikaria, Quincke-Ödem, Arzneimittel- und Serumexanthemen verwendet.

Publikationen

Rogen untersuchte 1940 [735] den Einfluß von Calciumgluconat bei Patienten mit Herzfehlern bzw. Herzschwäche. Er verwendete ein Kapillarviskosimeter nach Hess; weitere Angaben erfolgten nicht. 10 cm^3 einer 10%igen Lösung von Calciumgluconat wurden innerhalb von 2 Minuten intravenös injiziert.

Bei Patienten mit Herzschwäche ohne Vorliegen von Ödemen kam es zu einer Senkung der Blutviskositätswerte nach Calciumgluconat.

Bemerkungen: Keine genauen Meßangaben, keine Messungen anderer rheologischer Parameter.

Diskussion

Aus der vorliegenden Publikation kann keine Aussage darüber getroffen werden, ob Calciumgluconat die Fließeigenschaften des Blutes verändert.

4.1.5. Heparin und Heparinoide

Einleitung

1916 isolierte ***McLean*** *aus verschiedenen Geweben eine Substanz, welche die Blutgerinnung hemmte. Da das Vorliegen dieser Substanz erstmalig in der Leber nachgewiesen werden konnte, wurde sie Heparin genannt. Als wichtigsten Bildungsort des Heparins wurden die Mastzellen des retikulo-endothelialen Systems angesehen.*
Heparin ist keine einheitliche chemische Substanz, sondern ein Gemisch verschiedener Verbindungen unterschiedlicher Kettenlänge und unterschiedlichen Molekulargewichts, welche eine Saccharidgrundstruktur aufweisen. Das durchschnittliche Molekulargewicht liegt bei 10000 bis 20000. Die kleinsten Untereinheiten sind Glucosamin, Glucuronsäure und Iduronsäure, die mit Schwefelsäure verestert sind (Mucopolysaccharidpolyschwefelsäureester).
Heparin wird zur Prophylaxe thromboembolischer Erkrankungen des arteriellen und venösen Gefäßsystems verwendet. Bei schon bestehenden Thromben kann durch Heparin lediglich ein Weiterwachsen verhindert werden. Weiterhin wird Heparin zur Thromboseprophylaxe des frischen Myokardinfarktes eingesetzt, bis die gleichzeitig begonnene Cumarintherapie voll wirksam wird. Ohne Heparin wäre ein extrakorporaler Kreislauf nicht denkbar.
Unter den sogenannten Heparinoiden versteht man halbsynthetisch hergestellte sulfatierte Polysaccharide in verschiedenen chemischen Modifikationen. Am bekanntesten ist Pentosanpolysulfat. Diese Substanzen haben nach Firmenangaben lipolytische, fibrinolytische und antikoagulative Eigenschaften und werden bei verschiedenen Gefäßkrankheiten verwendet.

Publikationen zu Heparin

1950 berichteten **Nalefski** und Mitarbeiter [667] über eine mögliche hämorheologische Wirkung von Heparin auf die Fließeigenschaften des Blutes bei stationär aufgenommenen Patienten mit koronaren Durchblutungsstörungen. Die Autoren fanden eine blutviskositätssenkende Wirkung von Heparin. Sie vermuteten, daß die von einigen Untersuchern gefundene klinisch günstige Beeinflussung der Symptomatik von Patienten mit Koronarthrombose auf eine Tonusänderung der Gefäße zurückzuführen sei.

Bemerkungen: Angaben zur Art und Weise der viskosimetrischen Untersuchungen fehlen. Dosierungsangaben bezüglich des verwendeten Antikoagulans wurden nicht gemacht.

Swank [852] untersuchte 1951 bei 10 Patienten mit zerebrovaskulären Erkrankungen den Einfluß subkutaner Heparininjektionen auf die Blutviskosität. Die Dosierungshöhe von Heparin wurde so gewählt, daß die Blutgerinnungszeit um das zwei- bis dreifache verlängert wurde. Die Behandlungsdauer betrug zwei bis sechs Monate.

Die Viskosität des Nativblutes wurde mit einem Kapillarviskosimeter nach Swank und Roth gemessen. Mathematisch wurde versucht, Hämatokritveränderungen zu berücksichtigen.
Die Autoren fanden keinen signifikanten viskositätssenkenden Einfluß von Heparin auf die Blutviskosität.

Bemerkungen: Die Meßtemperatur wurde nicht angegeben, keine Messungen anderer rheologischer Parameter.

Klinik: Zerebrale ischämische Episoden wurden durch Heparin günstig beeinflußt. Durch eine Diät mit Vermeidung fetthaltiger Speisen konnten gleiche Ergebnisse erzielt werden.

Watson [902] fand 1957 nach intravenösen Gaben von 5000 Einheiten Heparin bei genesenden Patienten keine Veränderung der Blutviskosität. Zu den Viskositätsmessungen wurde ein Kapillarviskosimeter nach Hess bei Raumtemperaturen zwischen 14 °C und 22 °C verwendet. Sowohl durch Fasten wie auch durch Einnahme fetthaltiger Sahne konnte nach Heparinmedikation keine Blutviskositätsveränderung festgestellt werden.

Bemerkungen: Die Blutviskositätsmessungen wurden nicht bei Körpertemperatur ausgeführt, und weitere Messungen rheologischer Parameter erfolgten nicht; eine Hämatokritkorrektur wurde nicht durchgeführt.

1959 untersuchten **Gousios** und **Shearn** [389] den Einfluß intravenöser Heparininfusionen von 80 mg bei 15 fastenden Probanden ohne Hyperlipidämie und Blutgerinnungsstörungen auf die Fließeigenschaften des Blutes. Die Blutviskosität wurde in vivo mittels einer Glaskapillare gemessen, welche in eine Armvene eingeführt wurde. Der venöse Druck wurde mittels einer Gummimanschette bei Werten zwischen 270 bis 300 mm Wasser gehalten.
Die Autoren beschrieben in ihrer Arbeit nur einen minimalen Abfall der Blutviskosität, dem sie weder eine klinische noch physiologische Bedeutung beimaßen.

Bemerkungen: Weitere Parameter der Fließeigenschaften des Blutes wurden nicht untersucht. Eine Hämatokritkorrektur wurde nicht durchgeführt.

Pavlovskii [688] führte 1965 bei 65 operierten Patienten eine intramuskuläre wie auch intravenöse Antikoagulantientherapie durch. Die Patienten erhielten die ersten zwei bis drei Tage post operationem alle 4 bis 6 Stunden 5000 E Heparin. Danach wurde Dicumarol (0,1 g dreimal täglich) oder Phenindion (0,03-0,05 g dreimal täglich) gegeben. Zu den Blutviskositätsmessungen wurde ein Kapillarviskosimeter ($H_2O = 1$) verwendet.
Nach Gabe von Heparin beobachtete der Autor eine Blutviskositätsverminderung (keine Signifikanzberechnung). Prinzipiell die gleiche, aber eine schwächere viskositätssenkende Wirkung wurde bei Dicumarol registriert.

Bemerkungen: Temperaturangaben zu den Viskositätsmessungen fehlen; Messungen weiterer rheologischer Parameter wurden nicht ausgeführt; keine Hämatokritkorrektur.

1967 publizierten **Dintenfass** und **Rozenberg** [173] eine Untersuchung, bei der zwei Patienten mit Herzinfarkt 5000 E Heparin intravenös verabreicht wurden. Zu den Blutviskositätsmessungen der nativen Blutproben wurde ein Dintenfass-cone-in-cone Rotationsviskosimeter bei Schergraden zwischen 0,01 und 150 s^{-1} und einer Temperatur von 37 °C benutzt.
Bei einem Patienten wurde ein Blutviskositätsanstieg gefunden, bei einem zweiten Patienten kam es zu einem Blutviskositätsabfall.

Bemerkungen: Messungen weiterer rheologischer Parameter (z. B. Plasmaviskosität) wurden nicht durchgeführt; keine Hämatokritkorrektur.

1967 veröffentlichte **Gelin** [372] eine Arbeit über rheologische Wirkungen intravenöser Heparininjektionen (100 mg) bei Patienten mit Hypercholesterinämie und erhöhter Blut- und Plasmaviskosität im Vergleich zu einer gesunden Kontrollgruppe. Die Blutviskosität der mit Heparin antikoagulierten Blutproben wurde mit einem Brookfield-micro-cone-plate-Viskosimeter bei 37 °C und Schergraden zwischen 23 und 230 s^{-1} gemessen.
Nach intravenösen Gaben von Heparin kam es bei den Patienten wie auch den Kontrollgruppen zu einer signifikanten Verminderung der Blutviskosität, die bei 23 s^{-1} am stärksten ausfiel. Weiterhin fanden die Autoren einen Abfall der Triglyceride und einen Anstieg der freien, unveresterten Fettsäuren. Der Cholesterinspiegel und der Phospholipidspiegel veränderten sich nicht. Die Plasmaviskosität fiel minimal ab.

Bemerkungen: Eine Hämatokritkorrektur wurde nicht durchgeführt und Messungen weiterer rheologischer Parameter erfolgten nicht.

1968 behandelten **Moulopoulos** und Mitarbeiter [659] Patienten mit Myokardinfarkt wie auch einige mit arteriellen peripheren und zerebralen Thrombosen durch orale wie intravenöse Dosen von Heparin (keine Dosisangabe). Die Blutviskosität des Nativblutes wurde mit einem cone-in-cone-plate-Viskosimeter bei 11,7 bis 175,5 Umdrehungen pro Minute und einer Temperatur von 36,6 °C gemessen.
Bei den Patienten mit einer erhöhten Blutviskosität kam es zu einer Verminderung (keine Signifikanzangabe) der Blutviskosität durch Heparin.

Bemerkungen: Messungen weiterer rheologischer Parameter erfolgten nicht.

1969 berichtete **Chazan** [122] über eine dreizehnjährige Patientin mit diabetischer Azidose. Die Blutviskosität wurde mit einem Kapillarviskosimeter gemessen.
Nach der Injektion einer unbekannten Menge von Heparin kam es zu einer leichten Erhöhung der Blutviskosität.

Bemerkungen: Messungen weiterer rheologischer Parameter wurden nicht durchgeführt; eine Hämatokritkorrektur unterblieb.

1976 berichteten **Erdi** und Mitarbeiter [318] über den Einfluß einer subkutanen Injektion von Heparin auf die Fließeigenschaften des Blutes. Sechzehn Patienten erhielten vor einem chirurgischen Eingriff in achtstündigen Intervallen, danach über einen Behandlungszeitraum von 10 Tagen eine Dosis von 5000 E Heparin subkutan. Eine gesunde Kontrollgruppe erhielt einmalig die o. a. Dosis. Die Blutviskosität der heparinisierten Blutproben wurde bei mathematisch korrigiertem Hämatokrit von 45% mit einem Contraves-Low-Shear-Viskosimeter bei niedrigen Schergraden von 0,77 und 2,62 s^{-1} gemessen.
Einige Stunden nach der Heparininjektion kam es bei den Patienten zu einer signifikanten Verminderung der Blutviskosität bei allen gemessenen Schergraden, die bei dem niedrigsten Schergrad von 0,77 s^{-1} am stärksten ausfiel.
Bei einer Vergleichsgruppe von Patienten, die keiner Antikoagulantientherapie unterzogen wurden, konnten keine Viskositätssenkungen festgestellt werden. Veränderungen des Fibrinogen- und Triglyceridspiegels ergaben sich nicht.

Bemerkungen: Die Hämatokritkorrektur wurde mathematisch ausgeführt und die Blutviskositätsmessungen erfolgten nur bei niedrigen Schergraden. Temperaturangaben zur Viskositätsmessung liegen nicht vor. Messungen weiterer rheologischer Parameter wurden in dieser Untersuchung nicht durchgeführt.

1976 untersuchten **Girolami** und **Cella** [376] sowohl bei Patienten mit überstandenen Herzklappenoperationen als auch bei Patienten mit thromboembolischen Erkrankungen die Blutviskosität mit einem

Brookfield-micro-cone-plate-Viskosimeter (37 °C; 46, 115, 230 s^{-1}) nach subkutanen Injektionen von 0,1 ml/20 kg Körpergewicht zweimal täglich. Die Dauer des Behandlungszeitraums wurde nicht angegeben.
Signifikante Veränderungen der Blut- und Plasmaviskosität konnten rheologisch nicht verifiziert werden. Der leichte Abfall der Blutviskosität wurde auf einen entsprechenden Hämatokritabfall zurückgeführt.

Bemerkungen: Eine Hämatokritkorrektur wurde nicht durchgeführt und das verwendete Antikoagulans nicht angegeben. Messungen weiterer rheologischer Parameter wurden nicht durchgeführt.

1978 berichteten wiederum **Girolami** und Mitarbeiter [377] über eine fehlende Verbesserung der Fließeigenschaften des Blutes durch Heparin bei Patienten mit Herzklappeninsuffizienz. Die Patienten erhielten subkutan für 10 Tage 0,1 ml Kalzium-Heparin pro 20 kg Körpergewicht zweimal täglich. Die Blut- und Plasmaviskosität der mit EDTA antikoagulierten Blutproben wurde mit einem Brookfield-micro-cone-plate-Viskosimeter bei Schergraden von 23, 46, 115 und 230 s^{-1} und einer Temperatur von 37 °C gemessen.
Die Untersucher fanden keine Veränderung der Blut-, Plasma- und relativen Blutviskosität (Blutviskosität durch Plasmaviskosität), aber eine leichte Senkung des Hämatokritwertes.

Bemerkungen: Keine Messungen weiterer rheologischer Parameter.

Motta und **Ratto** [658] untersuchten die Blutviskosität von Patienten mit peripheren arteriellen Verschlußerkrankungen der unteren Extremitäten nach einer intravenösen Heparininfusion von 5 mg Heparin/kg Körpergewicht in 100 ml physiologischer Kochsalzlösung. Die Blutviskosität wurde bei einem korrigierten Hämatokrit von 45% mit einem Kapillarviskosimeter bei einer Temperatur von 37 °C gemessen.
Veränderungen der Blut- und Plasmaviskosität wurden nicht festgestellt.

Bemerkungen: Die Blutviskositätsmessungen wurden bei hohen Schergraden durchgeführt; keine weiteren rheologischen Messungen.

Ruggiero und Mitarbeiter [745] gaben bei 32 Patienten mit akutem Myokardinfarkt oder schwerer Angina pectoris Heparin intravenös und in der Folgezeit subkutan (Dosierung: 4 × 5000 E pro Tag während der ersten zwei Wochen intravenös, anschließend 2 ml Heparin (10000 E) subkutan in zwölfstündigen Abständen über die nächsten zwei Wochen). Die Blutviskosität sowie die Plasma- und die Serumviskosität wurden mit Cannon-, Fenske- und Routine-Viskosimetern gemessen. Des weiteren wurden parallel dazu Hämatokrit, Gesamteiweißkonzentration, Fibrinogen, Plättchenzahl und andere Faktoren bestimmt. Ausgehend von hohen Werten für die Blut-, Plama- und Serumviskosität, kam es nach Heparin zu einem statistisch hochsignifikanten Abfall all dieser Werte; die Ergebnisse wurden mit zunehmender Behandlungsdauer ausgeprägter. Gleichzeitig kam es zu einem Abfall des Hämatokrits, der Fibrinogenkonzentration, der Plättchenzahl und der Gesamteiweißkonzentration. Diese Befunde konnten nur zum Teil interpretiert werden.

Fontányi und Mitarbeiter berichteten 1981 über den Einfluß einer Langzeitbehandlung mit Heparin auf die relative Blutviskosität, gemessen mit einem Ostwald-Kapillar-Viskosimeter [351]. Bei 13 Patienten mit Claudicatio intermittens fand sich bei der Mehrzahl der Fälle eine Senkung der Blutviskosität. Die Autoren fanden gleichermaßen eine Verlängerung der schmerzfreien Gehstrecke unter Heparin (Abstract, keine Details).

Pernigotti und Mitarbeiter [698] berichteten 1985 über den Einfluß einer intravenösen Applikation von 100 Einheiten Heparin pro kg Körpergewicht bei 4 Patienten mit Herzinfarkt und hohem Fibrinopeptid-A-Spiegel. Es kam zu einer Senkung der Blutviskosität, gemessen mit einem Wells-

Brookfield-Viskosimeter bei 450 s^{-1} und zu einer Verbesserung der Filtrabilität des Blutes (Nucleoporefilter). Bei gesunden Probanden sowie bei Patienten mit Myokardinfarkt ohne erhöhten Spiegel von Fibrinopeptid-A kam es dagegen nicht zu hämorheologischen Veränderungen.

Publikationen zu Heparinoiden

Neben Heparin wurde auch das Heparinoid Natrium-Pentosan-Polysulfat im Hinblick auf seine Beeinflussung der Fließeigenschaften des Blutes untersucht.

Fendler und **Horvath** [348] gaben 16 Patienten mit primärer Hyperlipoproteinämie 100 mg SP 54 oral über einen Zeitraum von 100 Tagen. Es kam zu einer Senkung der Blutviskosität sowie zu einer Verringerung der Lipidwerte (Abstract, keine Details). Bereits 1981 hatte die gleiche Gruppe [623] über eine Senkung der Blutviskosität bei einer kombinierten Therapie von Natrium-Pentosan-Polysulfat und Nicotinsäure über 30 Tage berichtet und eine Senkung der Blutviskosität und der Plasmaviskosität festgestellt.

Boisseau und Mitarbeiter [80] beschrieben 1985 den Einfluß von Pentosan-Polysulfat auf die Filtrabilität von Blut (Methode nach Reid und Mitarbeitern) bei Patienten mit Gefäßkrankheiten. Die Autoren fanden eine Tendenz zur Normalisierung von hämorheologischen Störungen bei älteren Patienten (Abstract, keine Details).

Buffet und Mitarbeiter [94] untersuchten 1985 den Einfluß von Pentosan-Polysulfat im Verlauf einer 7 tägigen Therapie mit einer zweimaligen intramuskulären Injektion von 50 mg pro Tag bei 26 Patienten. Die Blutviskosität wurde mit einem Couette-Viskosimeter und die Erythrozytenverformbarkeit mit einem Ektacytometer gemessen. Die Autoren konnten keine Veränderung dieser hämorheologischen Parameter im Verlaufe einer Therapie mit Pentosan-Polysulfat feststellen (Abstract, keine Details).

Montefusco und Mitarbeiter [653, 654] beschrieben 1984 und 1985 die Wirkung einer Mucopolysaccharidmischung auf die Fließeigenschaften des Blutes bei Patienten mit Hyperlipidämie. Verwendet wurde ein Brookfield-LVT-Viskosimeter bei verschiedenen Schergraden und 37 °C. Darüberhinaus wurde die Erythrozytenfiltration nach der Methode von Reid et al. gemessen. Die Autoren berichteten über eine Senkung der Blutviskosität bei einem Schergrad von 11,25 s^{-1}, während die Plasmaviskosität unbeeinflußt blieb. Die Erythrozytenfiltrabilität konnte verbessert werden.

Calabro und Mitarbeiter [111, 112] untersuchten den Einfluß von Sulodexid (Glucuronylglucosaminglycan-Sulfat) in einer Doppelblindanordnung bei Patienten mit peripheren Verschlußerkrankungen. Untersucht wurde die Vollblutviskosität mit einem Wells-Brookfield-Viskosimeter bei 37 °C und einem Schergrad von 11,25 s^{-1}. Die Plasmaviskosität wurde mit demselben Viskosimeter bei 405 s^{-1} gemessen. Die Filtrabilität des Blutes wurde nach einer Methode von Reid und Mitarbeitern gemessen.
Es fanden sich eine Senkung der Vollblutviskosität und der Plasmaviskosität und eine Verbesserung der Erythrozytenfiltrabilität. Gleichzeitig wurden die Triglyceridspiegel erniedrigt.

Ciuffetti und Mitarbeiter [133] beschrieben 1985 den Einfluß von Sulodexid auf die Fließeigenschaften des Blutes bei Patienten mit chronischen arteriellen Durchblutungsstörungen. 30 Patienten wurden über 90 Tage 900 Lipase-Einheiten/die dieses Mucopolysaccharids peroral bzw. über 15 Tage 1200 Einheiten/die intramuskulär verabreicht. Die Blutviskosität und die Plasmaviskosität wurden mit einem Wells-Brookfield-Viskosimeter gemessen, die Erythrozytenfiltrabilität nach der Vollblutmethode von Reid und Mitarbeitern. Die Autoren fanden eine geringgradige, aber statistisch signifikante Abnahme der Plasmaviskosität und der Vollblutviskosität.

Bemerkungen: Die Verminderung der Plasma- und Blutviskosität um 3 bzw. 5% könnte innerhalb der Meßgenauigkeit der Methode liegen.

Pernigotti und Mitarbeiter [698] untersuchten 1985 den Einfluß einer einmaligen Dosis von Heparin-Mesoglycan (1 mg pro kg Körpergewicht) auf die Vollblutviskosität (Wells-Brookfield-Viskosimeter bei 450 s^{-1}) und die Erythrozytenfiltrabilität (Nucleoporefilter) bei Patienten mit durchgemachtem Myokardinfarkt und fanden eine Verbesserung der Blutfiltrabilität und eine Verminderung der Blutviskosität, während bei gesunden Probanden keine entsprechend veränderten Werte gefunden wurden.

Diskussion

Über die Beeinflussung der Fließeigenschaften des Blutes durch Heparin liegen unterschiedliche Forschungsergebnisse vor. Während die meisten Untersucher über keine größeren Senkungen der Blutviskostät berichteten, fanden andere eine signifikante Senkung der Blutviskosität nach intravenösen Heparingaben. Eine Hämatokritkorrektur (nicht mathematisch) wurde nur von einer Arbeitsgruppe [658] durchgeführt, und die Meßtemperatur bei Viskositätsmessungen wurde nicht immer angegeben, bzw. die Viskositätsmessungen erfolgten unterhalb der Körpertemperatur. Die Untersucher, welche die Plasmaviskosität mitbestimmten, konnten keine Veränderung dieses Parameters der Fließeigenschaften des Blutes feststellen, mit Ausnahme von *Fontányi* und *Ruggiero*. Deren zusätzliche Befunde, insbesondere die synchrone Verminderung von Hämatokrit, Gesamteiweiß, Fibrinogen, Plättchenzahl, deuten auf einen unspezifischen Effekt des Heparins hin, etwa im Sinne einer körpereigenen Hämodilution. Bei diesen Patienten handelt es sich darüberhinaus um Personen, die sich in einer Streßsituation befanden (akuter Herzinfarkt oder schwere Angina pectoris), bei der eine relative Hämokonzentration vorgelegen haben kann. Da keine Vergleichsgruppe mitgeführt wurde, ist die Aussage dieser Arbeit zu relativieren.

Interessant ist in diesem Zusammenhang die Beobachtung von *Pernigotti* und Mitarbeitern, die nur bei denjenigen Patienten eine Senkung der Blutviskosität durch Heparin beobachten konnten, bei denen hohe Fibrinopeptid-A-Spiegel vorlagen. Bei diesen Patienten fanden die Autoren auch eine Verbesserung der Filtrabilität des Blutes. Messungen der Erythrozytenaggregation wurden von keiner Arbeitsgruppe durchgeführt.

Entsprechend der durchgeführten Untersuchung ist eine Verminderung der Blut- und Plasmaviskosität durch intravenöse Gabe von Heparin insgesamt unwahrscheinlich; möglicherweise besteht eine Beeinflussung beim Vorliegen hoher Fibrinopeptid-A-Spiegel. Die einzige Mitteilung über eine Veränderung der Filtrabilität des Blutes von *Pernigotti* erlaubt keine Bewertung, da genaue Angaben über die Methodik fehlen.

Die Ergebnisse hinsichtlich der Beeinflussung der Fließeigenschaften des Blutes durch sogenannte Heparinoide sind uneinheitlich. Während *Fendler* und *Horvath*, *Montefusco* und Mitarbeiter, *Calabro* und Mitarbeiter sowie *Ciuffetti* und Mitarbeiter eine Senkung der Blutviskosität nachweisen konnten, wurden von *Buffet* und Mitarbeitern keine Veränderungen der Fließeigenschaften des Blutes festgestellt.

Pernigotti und Mitarbeiter fanden nur dann einen Einfluß auf die Blutviskosität von Patienten mit Myokardinfarkt, wenn gleichzeitig hohe Fibrinopeptid-A-Spiegel vorlagen. Die Aussagen hinsichtlich der Filtrabilität des Blutes, welche von *Montefusco* und Mitarbeitern gemacht wurden, sind wegen der Angreifbarkeit der verwendeten Methodik zu relativieren. Insgesamt ist daher nur zu sagen, daß die Frage der Wirkungen von Heparinoiden auf die Fließeigenschaften des Blutes noch nicht endgültig geklärt ist.

4.1.6. Cumarine

Einleitung

Als orale Antikoagulantien (Vitamin K-Antagonisten) werden chemisch verschiedene Cumarine (Phenprocoumon, Warfarin) verwendet.
Cumarine werden zur Prophylaxe und Therapie thromboembolischer Erkrankungen und zur Langzeitprophylaxe des Herzinfarktes verwendet.

Publikationen

Erste hämorheologische Berichte über Dihydroxycumarin wurden von **Nalefski** und Mitarbeitern [667] 1950 veröffentlicht. Bei stationär aufgenommenen Patienten (koronare Durchblutungsstörungen) konnten die Autoren keine blutviskositätssenkende Wirkung von Dihydroxycumarin nachweisen.

Bemerkungen: Angaben zur Art und Weise der viskosimetrischen Untersuchungen erfolgten nicht; keine Messungen weiterer rheologischer Parameter; keine Dosierungsangaben.

1965 berichtete **Pavlovskii** [688] über eine Antikoagulantientherapie mit Dihydroxycumarin bei 65 operierten Patienten. Die Patienten erhielten 0,1 g Dihydroxycumarin intravenös wie auch intramuskulär. Die o.a. Dosis wurde dreimal täglich verabreicht. Mit einem zu den Blutviskositätsmessungen verwendeten Kapillarviskosimeter ($H_2O = 1$) konnten die Untersucher keine blutviskositätssenkende Wirkung des Antikoagulans finden.

Bemerkungen: Temperaturangaben zu den Viskositätsmessungen wurden nicht gemacht; keine Messungen weiterer rheologischer Parameter.

Rosenblatt und Mitarbeiter [739] untersuchten 1965 den Einfluß von oral appliziertem Warfarin auf die Vollblutviskosität bei Patienten mit Zustand nach Herzinfarkt. Die Untersuchungen wurden mit EDTA-antikoaguliertem Blut bei 37 °C durchgeführt; verwendet wurde ein Brookfield-cone-plate-Viskosimeter des Typs LVT bei einem Schergrad von 230 s^{-1}. Es konnten keine signifikanten Unterschiede der Vollblutviskosität unter Warfarin gefunden werden.

Kallio und Mitarbeiter [484] untersuchten 1967 den Einfluß einer oralen Antikoagulantientherapie bei 4 Patienten (keine genaue Angabe der Erkrankung) und fanden bei Messungen der Blutviskosität mit einem Wells-Brookfield-micro-cone-plate-Viskosimeter bei verschiedenen Schergraden und bei einer Meßtemperatur von 37 °C keine Veränderung der Blutviskosität während einer 5tägigen Behandlung. Keine Angaben über Dosierung; keine Messungen anderer rheologischer Parameter.

Über die Verbesserung der Fließeigenschaften des Blutes bei 31 Patienten mit überstandenem Herzinfarkt und pektanginösen Beschwerden berichtete **Mayer** 1976

[629]. Dihydroxycumarin wurde in oraler Form und in unterschiedlicher Dosierung gegeben. Zu den Blut- und Plasmaviskositätsmessungen wurde ein Kapillarviskosimeter bei 38 °C verwendet.
Sowohl bei den Patienten als auch bei einer Kontrollgruppe wurde eine signifikante Verminderung der Blut- und Plasmaviskosität wie auch der Hämatokritwerte gefunden.

Bemerkungen: Keine Hämatokritkorrektur; keine Messungen weiterer rheologischer Parameter.

Klinik: Bei den Patienten kam es zu einem Sistieren der pektanginösen Beschwerden.

Marshall und **Reiser** [615] fanden 1982 bei einem Vergleich einer Gruppe von Patienten, die mit Phenprocoumon behandelt wurde mit einer Kontrollgruppe niedrigere Viskositätswerte bei den antikoagulierten Patienten als bei der Kontrollgruppe. Die Messungen wurden mit einem automatischen Kapillarviskosimeter bei $42\,s^{-1}$ und $85\,s^{-1}$ durchgeführt.

Bemerkungen: Temperaturangaben zu den Viskositätsmessungen wurden nicht gemacht; keine Messungen weiterer hämorheologischer Parameter.
Ähnliche Resultate wurden von diesen Autoren auch an anderer Stelle präsentiert [614].

Diskussion

Die vorliegenden Untersuchungen über die Wirkung von Cumarinen auf die Fließeigenschaften des Blutes sind uneinheitlich. Während *Nalefski* und Mitarbeiter, *Pavlovskii*, *Rosenblatt* und Mitarbeiter und *Kallio* und Mitarbeiter keine Senkung der Blutviskosität nach oraler Antikoagulantiengabe finden konnten, berichtete *Mayer* über eine Senkung der Blut- und Plasmaviskosität. Da *Mayer* gleichzeitig einen Abfall des Hämatokritwertes fand, ist nicht auszuschließen, daß bei seinen Untersuchungen der Hämatokritabfall die Blutviskositätssenkung zur Folge hatte.
Die Untersuchung von *Marshall* und *Reiser*, die ohne Hämatokritvergleich durchgeführt wurde, ergibt ebenfalls keinen Hinweis dafür, daß Cumarin eine spezifische Wirkung auf die Fließeigenschaften des Blutes hat.
Aus den vorliegenden Publikationen ergeben sich daher keine sicheren Befunde für eine blutviskositätssenkende Wirkung oraler Antikoagulantien.

4.1.7. Dextranlösungen

Einleitung

Die moderne therapeutische Hämorheologie nahm mit dem Einsatz von Plasmaersatzstoffen (Plasmaexpandern) zur Therapie von Mikrozirkulationsstörungen im Jahre 1961 einen erheblichen Aufschwung. Bis zu diesem Zeitpunkt waren Plasmaersatzstoffe nur zur Substitution fehlenden Blutvolumens verwendet worden. Zunächst wurden über Jahrzehnte hinaus niedermolekulares (LMWD) und mittelmolekulares (MMWD) Dextran mit einem mittleren Molekulargewicht von 40.000 bzw. 60.000 oder 75.000 zu den meisten rheologisch-physiologischen und rheologisch-therapeutischen Untersuchungen verwendet. Anfangs vereinzelt, in letzter Zeit aber in zunehmender Anzahl, wurden Untersuchungen und Publikationen auch über die rheologische Wirkung anderer Arten von Plasmaersatzstoffen durchgeführt. Dies gilt insbesondere für Hydroxyäthylstärkelösungen.

Aus historischer Sicht darf die intensive Forschung über die rheologischen Wirkungen von Dextranlösungen als ein wesentlicher Faktor der Gesamtforschung auf dem Gebiet der klinischen und therapeutischen Hämorheologie der letzten Jahrzehnte angesehen werden. Nachdem ***Gelin*** *und Mitarbeiter 1961 über besondere rheologische Eigenschaften einer Dextranlösung mit einem Molekulargewicht von 40.000 berichtet hatten, folgte eine Flut von Publikationen verschiedener Arbeitsgruppen aus aller Welt, die ihrerseits Forschungen auf diesem Gebiet anstellten.*

Es ist ein Verdienst von ***Gelin,*** *auf die besondere Notwendigkeit zur Verbesserung der verschlechterten Fließeigenschaften des Blutes bei Schockzuständen hingewiesen zu haben. In diesem Sinne ist auch die von ihm gebrauchte Bezeichnung von LMWD als „flow improver" zu verstehen. Es besteht kein Zweifel darüber, daß die in größerem Stil durchgeführte Anwendung von LMWD zur Therapie von hypovolämischen Schockzuständen einen grundlegenden Fortschritt darstellte, da man bislang Flüssigkeitsverluste mit Blutkonserven auszugleichen suchte. Dies kann, wie schon in den frühen 60er Jahren die schwedische Arbeitsgruppe um Gelin erkannte, zu einer weiteren Verschlechterung der schon ungünstigen Fließeigenschaften des Blutes führen.*

Ein Plasmaersatzmittel auf der Basis von niedermolekularem Dextran war zwar nicht das erste Therapeutikum im Sinne der „therapeutischen Hämorheologie"; es war jedoch das erste handelsübliche Präparat, von dem die Verbesserung der Fließeigenschaften des Blutes als besondere therapeutisch nutzbare Wirkung bekannt wurde.

Dextrane gehören zu einer Gruppe bakteriell erzeugter Polysaccharide $(C_6H_{10}O_5)_n$ *vom Typ der D-Glucopyranose mit vorherrschender* α*-(1-6) glycosidischer Bindung. Unter den Bakterienstämmen, welche zur industriellen Produktion von Dextranen herangezogen werden, sind die der „Leuconostoc mesenteroides" zu nennen.*

Die heute üblich verwendeten Dextranlösungen enthalten entweder niedermolekulares Dextran (LMWD) mit einem durchschnittlichen Molekulargewicht von 40.000 (z. B. Rheomacrodex oder mittelmolekulares Dextran (MMWD) mit einem mittleren Molekulargewicht von 60.000 bzw. 75.000. Die Dextranlösungen werden als 6 bzw. 10%ige Lösungen in isotonischer Kochsalzlösung wie auch in Glukoselösung angeboten.

Publikationen

Gelin und **Ingelman** [367] berichteten 1961 zum ersten Mal über die Verwendung einer niedermolekularen (mittleres Molekulargewicht 40.000) Lösung von Dextran (LMWD) und gaben rheologische Meßergebnisse an. Die Blut- und Plasmaviskosität wurde mit einem Brookfield-micro-cone-plate-Viskosimeter bei Schergraden von 6-60 s^{-1} und einer Temperatur von 37 °C gemessen. Bei einem Patienten mit einer galligen Peritonitis kam es nach der Infusion von 500 ml einer 15%igen Lösung LMWD zu einer Senkung der Blut- und Plasmaviskosität. Bei einem weiteren Patienten mit Verbrennungen und hohem Hämatokrit konnte nach einer Infusion von 1000 ml LMWD (15%ig) eine simultane Reduktion des Hämatokritwertes und der Blutviskosität beobachtet werden, die bei niedrigen Schergraden besonders stark ausfiel.

Bemerkungen: Weitere rheologische Parameter wurden nicht bestimmt.

Gelin und **Thorén** [368] untersuchten 1961 bei Patienten mit verschiedenartigen Erkrankungen und stark erhöhter Blutkörperchensenkungsgeschwindigkeit die Blutviskosität mit einem Brookfield-micro-cone-plate-Viskosimeter bei Schergraden zwischen 6 und 60 s^{-1} und bei einer Temperatur von 37 °C. Die Blutproben zu den Viskositätsmessungen wurden mit Heparin antikoaguliert. Die Patienten erhielten Infusionen von LMWD (15%ig) mit einem

mittleren Molekulargewicht von 40.000 in einer Dosierung von 1 g/kg Körpergewicht intravenös bzw. mittelmolekulare Dextranlösungen.
Beide Dextranlösungen senkten den Hämatokrit, wobei unter MMWD die Blutviskositätswerte geringgradig anstiegen und unter LMWD eine signifikante Verminderung der Blutviskosität gefunden wurde.

Bemerkungen: Weitere rheologische Parameter wurden nicht gemessen.

1962 erschienen zwei Arbeiten von **Gelin** [369, 370], in denen über ähnliche Ergebnisse berichtet wurde wie 1961.

Bergentz [66] aus der Arbeitsgruppe um Gelin berichtete 1963 über einen Fall von schwerem Trauma, bei dem es infolge einer Infusion von niedermolekularem Dextran (keine Mengenangabe, keine Prozentangabe) zu einer Verminderung der Blutviskosität kam. Gemessen wurde mit einem Brookfield-micro-cone-plate-Viskosimeter bei einer Temperatur von 37 °C und Schergraden zwischen 6 und 60 s^{-1}.

Bemerkungen: Messungen weiterer rheologischer Parameter wurden nicht durchgeführt.

Klinik: Die bei dem Patienten vorhandenen neurologischen Symptome verschwanden.

1965 publizierte **Gelin** [371] eine Arbeit mit dem Titel „Rheological Disturbances Following Tissue Injury", worin die blutviskositätssenkende und hämatokritsenkende Wirkung von LMWD bei einem Patienten mit Trauma nach schwerem Verkehrsunfall beschrieben wurde (Brookfield-micro-cone-plate-Visosimeter, 37 °C, Schergradbereich 6-60 s^{-1}).

Berichte mit ähnlichen Resultaten wurden von **Gelin** 1969 [373] und 1971 [374] publiziert.

Groth und **Thorsén** [394] untersuchten 1965 bei Patienten mit erhöhter Blutkörperchensenkungsgeschwindigkeit den Einfluß von 10%igem als auch 15%igem LMWD (Molekulargewicht 40.000) und von 6%igem MMWD (Molekulargewicht 75.000) im Vergleich zu einer 5%igen Glukoselösung im Hinblick auf die Fließeigenschaften des Blutes. Den Patienten wurde jeweils 500 ml der jeweiligen Dextran- bzw. Glukoselösung innerhalb von 25 bis 30 Minuten intravenös infundiert. Die Plasmaviskosität der heparinisierten Blutproben wurde mit einem Ostwald-Kapillarviskosimeter bei 37 °C gemessen und als relative Viskosität im Vergleich zu destilliertem Wasser angegeben. Die Infusion von LMWD erhöhte die Viskosität des Plasmas; bei hohen Ausgangswerten der Plasmaviskosität wurde eine Verminderung festgestellt. MMWD erhöhte dagegen unabhängig von der Ausgangsviskosität bei allen Patienten die Plasmaviskosität.
(Zur Wirkung von Glukoselösungen siehe Kap. 4.1.15.)

Bemerkungen: Messungen weiterer rheologischer Parameter und der Blutviskosität erfolgten nicht.

1966 überprüfte **Groth** [396] den Einfluß von 10%igem LMWD (Molekulargewicht 40.000) und 10%iger Albuminlösung auf die Fließeigenschaften des Blutes bei Patienten mit erhöhten Viskositätswerten und verschiedenen Erkrankungen. Den Patienten wurde jeweils 10 ml des Plasmaersatzstoffes/kg Körpergewicht intravenös in einer Infusionszeit von einer Stunde gegeben.
Die Blut- und Plasmaviskosität der heparinisierten Blutproben wurde mit einem Brookfield-micro-cone-plate-Viskosimeter (Modell LVT) bei 37 °C und 4 Schergraden von 23, 46, 115 und 230 s^{-1} gemessen. Nach der Infusion der LMWD-Lösung kam es zu einem Abfall des Hämatokrits und zu einer signifikanten Senkung der Blutviskosität bei allen Schergraden, die bei niedrigen Schergraden am stärksten war. Im Gegensatz zu den Blutviskositätswerten fand der Autor eine Steigerung der

Plasmaviskosität. Bei hohen Ausgangswerten der Plasmaviskosität kam es zu keiner Veränderung der Plasmaviskosität.
(Zur hämorheologischen Wirkung von Albuminlösung siehe Kap. 4.1.16.)

Eine Arbeit mit ähnlichen Ergebnissen wurde 1968 von **Groth** [397] publiziert.

Bemerkungen: Quantitative Erythrozytenaggregations- und Erythrozytenfiltrationsmessungen unterblieben.

Ehrly [230] untersuchte 1966 bei drei Patienten mit ausgeprägtem Sludge-Phänomen und stark erhöhter Blutkörperchensenkungsgeschwindigkeit die Blutviskosität bei 37 °C mit einem Kapillarviskosimeter nach Ostwald ($H_2O=1$). Die Patienten erhielten in einer Infusionszeit von 1½ Stunden 500 ml 10%iges LMWD intravenös infundiert. Die Erythrozytenaggregation wurde aufgrund mikroskopischer Betrachtungen von sogenannten Blasausstrichen beurteilt.
Neben einer Verminderung der Blutviskosität und der Hämatokritwerte fand sich ein Anstieg der Blutkörperchensenkungsgeschwindigkeit (nicht hämatokritkorrigiert). Während sich kapillarmikroskopisch die Erythrozytenaggregation in den Gefäßen der conjunktiva bulbi deutlich verminderte, war die Erythrozytenaggregation auf dem Ausstrichpräparat durch die Infusion nicht beeinflußt worden. Aufgrund dieser Ergebnisse und zusätzlich durchgeführter in vitro-Untersuchungen wird gefolgert, daß die Verminderung der kapillarmikroskopisch sichtbaren Erythrozytenaggregation (Sludge-Phänomen) infolge der verbesserten Strömungsbedingungen zustande kommt und daß ein spezifisch desaggregierender Effekt von niedermolekularem Dextran nicht vorliegt.

Bemerkungen: Messungen der Plasmaviskosität, der Erythrozytenfiltrabilität (Erythrozytenverformbarkeit) und direkte Messungen der Erythrozytenaggregation wurden nicht durchgeführt.

Yao und **Shoemaker** [928] verglichen 1966 16 zuvor operierte Patienten mit einem gesunden Kontrollkollektiv nach LMWD-Infusionen. Sie untersuchten die Blut- und Plasmaviskosität mit einem Brookfield-micro-cone-plate-Viskosimeter, Modell LVT, bei verschiedenen Schergraden zwischen 21 und 212 s^{-1} und einer Temperatur von 37 °C. Das Blut wurde heparinisiert und auf einen Standardhämatokrit gebracht. Nach der Infusion von 500 ml (keine Zeitangabe) fanden die Autoren gleichzeitig mit dem Absinken des Hämatokrits eine signifikante Verminderung der Blutviskosität. Die Senkung der Viskosität war insgesamt bei niedrigen Schergraden ausgeprägter. Auch wenn der Hämatokrit vor und nach der Gabe von LMWD auf einen standardisierten Wert eingestellt wurde, beobachteten die Autoren eine durch LMWD bedingte Verminderung der Viskositätswerte, während dies bei gesunden Probanden nicht gefunden werden konnte. Es wird deswegen eine spezifische viskositätssenkende Wirkung von niedermolekularem Dextran im Schock angenommen. Die Plasmaviskosität sank nur ab, wenn die Ausgangswerte der Plasmaviskosität bei den Patienten erhöht waren.

Bemerkungen: Direkte Messungen der Erythrozytenaggregation und der Erythrozytenfiltrabilität wurden nicht durchgeführt.

Schülke und **Hartel** [776] untersuchten 1966 die Wirkung von Infusionen von jeweils 1000 ml verschiedener Plasmaersatzstoffe im Vergleich zu physiologischer Kochsalzlösung auf die relative Plasmaviskosität (Harkness-Kapillarviskosimeter, $H_2O=1$; 37 °C) bei 20 cholecystektomierten Patienten. Sie fanden eine Reduktion der Plasmaviskosität nach Kochsalzinfusionen. Dahingegen beobachteten die Autoren nach 3,5%igen Gelatineinfusionen eine geringgradige, nach niedermolekularen Dextranlösungen eine deutliche und nach mittelmolekularen Dextraninfusionen eine starke Erhöhung der Plasmaviskosität.

Niedermolekulares Dextran (10%) führte in der angegebenen Dosierung zu einer weniger starken Erhöhung der Plasmaviskosität als mittelmolekulares Dextran (4%, 10%), obwohl die relative Viskosität der zu infundierenden Lösungen für niedermolekulares Dextran aufgrund der höheren Konzentrationen der Lösung deutlich höher lag als bei mittelmolekularem Dextran. Die Autoren werteten die Bedeutung der Plasmaviskosität besonders hoch, weil in den Kapillaren bei sinkendem Hämatokrit die Gesamtblutviskosität wesentlich von der Plasmaviskosität bestimmt wird. Sie schlugen daher die Verwendung niederprozentiger Lösungen von niedermolekularen Plasmaersatzstoffen vor.

Bemerkungen: Messungen der Blutviskosität und der Erythrozytenaggregation erfolgten nicht.

Boyan und Mitarbeiter [85] untersuchten 1966 den Einfluß von verschiedenen Plasmaersatzstoffen auf die Blutviskosität bei Patienten am Ende einer Tumoroperation. Die heparinisierten Blutproben wurden mit einem Brookfield-micro-cone-plate-Viskosimeter bei verschiedenen Schergraden zwischen 46 und 230 s^{-1} und bei 37 °C gemessen. Nach der Infusion von 500 ml einer 15%igen Lösung von niedermolekularem Dextran, nach 500 ml einer 6%igen Lösung von mittelmolekularem Dextran sowie nach 500 ml einer Plasmaproteinlösung fanden die Untersucher am Ende der dreißigminütigen Infusion keine Senkung der Blutviskosität, obwohl der Hämatokrit signifikant vermindert wurde. Dies wurde damit erklärt, daß die Viskosität der infundierten Lösungen per se sehr hoch sei und den Effekt der Hämodilution kompensieren könne.

Bemerkungen: Messungen weiterer rheologischer Parameter, wie z. B. der Plasmaviskosität, erfolgten nicht.

Bernstein und **Castaneda** [68] behandelten 1966 25 Patienten, die im Rahmen einer Herzoperation an eine Herz-Lungen-Maschine angeschlossen waren, mit Lösungen von 10%igem niedermolekularem Dextran und 5%iger Dextrose. Die Temperatur bei den Blutviskositätsmessungen lag entsprechend dem Grad der Hypothermie bei 30 bis 31 °C (Brookfield-micro-cone-plate-Viskosimeter; 1,3 bis 130 s^{-1}). Simultan mit einer Verminderung des Hämatokrits wurde die Blutviskosität durch niedermolekulares Dextran stärker und länger anhaltend gesenkt als durch eine 5%ige Zuckerlösung. Der Abfall der Blutviskosität war bei niedrigen Schergraden am stärksten.
Die Autoren glaubten, daß die viskositätssenkende Wirkung des niedermolekularen Dextrans sowohl auf dessen kolloidosmotischen Effekt, wie auch auf eine verstärkte elektrostatische Aufladung der Erythrozyten zurückzuführen sei, die eine Desaggregation von Erythrozytenaggregaten bedinge.

Bemerkungen: Messungen weiterer rheologischer Parameter, wie z. B. Plasmaviskosität, wurden nicht durchgeführt.

1966, 1967 und 1968 [543, 544, 545] wurden von **Langsjoen** erstmals rheologische Befunde nach Infusionen von niedermolekularem Dextran bei akutem Herzinfarkt vorgelegt. Durch 5%ige Dextroselösungen wie auch in stärkerem Maße durch Infusionen von 10%igem niedermolekularem Dextran wurde zugleich mit dem Hämatokritabfall eine Blutviskositätsverminderung beobachtet, die bei niedrigen Schergraden am stärksten war (Rotationsviskosimeter unbekannter Art; 2, 6, 11, 23, 46, 115 und 230 s^{-1}). Eine Verminderung der Mortalität beim akuten Herzinfarkt wurde diskutiert.

Bemerkungen: Angaben zur Meßtemperatur wie auch zur Art des verwendeten Viskosimeters fehlen.

Bollinger und Mitarbeiter [81] untersuchten 1968 den Einfluß von 10%igem niedermolekularem Dextran auf das Verhalten des Stromzeitvolumens distal von Gliedmaßenarterienverschlüssen und maßen gleichzeitig die Blut- und Plasmaviskosität

bei 37 °C mit einem Brookfield-micro-cone-plate-Viskosimeter bei Schergraden zwischen 11,5 und 230 s^{-1}.
Die Untersucher fanden nach der Infusion eine signifikante Verminderung der Vollblutviskosität und einen Anstieg der Plasmaviskosität. Unmittelbar nach der Gabe von LMWD fand sich bei gefäßkranken Patienten eine geringere durchschnittliche Zunahme der Ruhedurchblutung und der reaktiven Hyperämie (gemessen mittels Venenverschlußplethysmographie) als bei nicht durchblutungsgestörten Patienten. Je schwerer die ischämische Erkrankung war, um so geringer war die reaktive Hyperämie nach Infusionen von LMWD; in Einzelfällen wurde eine Verminderung der Durchblutung beobachtet. Interessant ist, daß die Durchblutungssteigerung ihr Maximum nicht unmittelbar nach Infusionsende erreichte.

Bemerkungen: Keine Messungen weiterer rheologischer Parameter.

1968 führten **Lim** und Mitarbeiter [575] bei 15 Patienten mit pathologisch erhöhter Erythrozytensedimentationsrate eine intravenöse Infusion von 500 ml 10%igem niedermolekularem sowie 6%igem mittelmolekularem Dextran durch. Die Blut- und Plasmaviskositätsmessungen wurden mit einem Brookfield-micro-cone-plate-Viskosimeter bei verschiedenen Schergraden zwischen 23 und 230 s^{-1} und einer Temperatur von 37 °C durchgeführt. Zu den Blutviskositätsmessungen wurde der Hämatokrit auf unterschiedlich hohe standardisierte Werte (15, 30, 45, 60%) eingestellt. In der LMWD-Gruppe wurde besonders bei niedrigen Schergraden eine Verminderung der Blutviskosität bei korrigiertem Hämatokrit wie auch eine leichte Erhöhung der Plasmaviskosität beobachtet. Nach MMWD-Infusionen stellte sich sowohl eine Erhöhung der Plasma- als auch der Blutviskosität ein. Ein spezifischer desaggregierender Einfluß von niedermolekularem Dextran wurde von den Autoren postuliert.

Bemerkungen: Messungen weiterer rheologischer Parameter wurden nicht durchgeführt.

1968 legten **Ditzel** und Mitarbeiter [189] eine Doppelblindstudie über den Einfluß von 10%igem niedermolekularem Dextran auf die Blutviskosität beim akuten Myokardinfarkt vor (Brookfield-micro-cone-plate-Viskosimeter, 46 s^{-1}).
Sie konnten frühere Untersuchungen von Langsjoen (s. o.) bestätigen, wonach der Hämatokrit und die Gesamtblutviskosität gesenkt wurden. Die Mortalitätsrate blieb jedoch unbeeinflußt, so daß ein günstiger therapeutischer Effekt beim Herzinfarkt bestritten wurde.

Bemerkungen: Messungen weiterer rheologischer Parameter erfolgten nicht. Keine Temperaturangabe für die Viskositätsmessungen.

1971 untersuchte **Dormandy** [198] mit einem Brookfield-micro-cone-plate-Viskosimeter bei einem Schergrad von 230 s^{-1} und einer Temperatur von 37 °C Heparin-antikoaguliertes Blut von prämedizierten Patienten vor einer Abdominaloperation. 10 Patienten wurde 10%iges niedermolekulares Dextran in Kochsalzlösung und 10 weiteren Patienten Hartmann'sche Lösung innerhalb von 10 bis 20 Minuten infundiert. Zudem wurde die Unterschenkeldurchblutung plethysmographisch gemessen. Während und nach der Infusion sank die Blutviskosität bei beiden Gruppen. 10 Minuten nach Infusionsende war allerdings die Blutviskositätssenkung in der Dextran-Gruppe im Vergleich zu der Kontrollgruppe signifikant stärker. Die stärkere Senkung der Viskosität durch Dextran wurde über eine größere Hämodilution erklärt. Zwischen Viskositätsminderung und Anstieg der Gesamtdurchblutung bestand eine gute Korrelation.

Bemerkungen: Messungen weiterer rheologischer Parameter wurden nicht durchgeführt.

Bei 3 Patienten mit einer durchgeführten Oesophago-Gastrektomie aufgrund eines Karzinoms führte nach Angaben von **Carey** [116] die Gabe von 500 ml 10%igem niedermolekularem Dextran zu einer Verminderung des Hämatokrits wie auch der Blutviskosität (Brookfield-micro-cone-plate-Viskosimeter, Schergrad 23 s^{-1}) und zu einem gesteigerten Herzzeitvolumen.

Bemerkungen: Messungen weiterer rheologischer Parameter wurden nicht durchgeführt. Keine Temperaturangabe zu den Viskositätsmessungen.

1973 veröffentlichte **Langsjoen** [546] weitere Ergebnisse über die Verminderung der Mortalität beim Herzinfarkt durch die Verbesserung der Fließeigenschaften des Blutes durch niedermolekulares Dextran.
Die Ergebnisse entsprechen früheren Arbeiten (s. o.).

1973 untersuchte **Amtoft** [13] 22 Patienten mit Claudicatio intermittens, bei denen die Blutviskosität mit einem Brookfield-micro-cone-plate-Viskosimeter bei verschiedenen Schergraden zwischen 5,75 und 230 s^{-1} gemessen wurde. 6 Patienten erhielten innerhalb einer Stunde eine einmalige Infusion von 500 ml einer 10%igen niedermolekularen Dextranlösung. Den restlichen Patienten wurde die o. a. Menge Dextran täglich über einen Behandlungszeitraum von 10 Tagen intravenös verabreicht. Bei den einmaligen Dextraninfusionen beobachteten die Autoren eine signifikante Senkung der Blutviskosität. Zudem wurde eine Verbesserung der Diffusionskapazität (^{51}Cr-EDTA) nach den Dextraninfusionen beobachtet.

Bemerkungen: Es fehlten die Angaben über die Meßtemperatur der Viskositätsmessung. Weitere rheologische Parameter wurden nicht angegeben.

Klinik: Trotz der zehntägigen Dauerbehandlung mit niedermolekularem Dextran fanden die Autoren anhand einer Bestimmung der schmerzfreien Gehstrecke, der Farbveränderung von zyanotischen Extremitäten und der arteriellen Pulse keine Verbesserung der klinischen Symptomatik. Nur bei einem Patienten konnte ein Behandlungserfolg erzielt werden.

Im Jahre 1973 und 1974 wurden von der Arbeitsgruppe um Hess Untersuchungen über den Einfluß von 10%igem niedermolekularem Dextran auf die Blutviskosität ausgeführt.

Jauch [475] infundierte 500 ml von 10%igem LMWD in einer Infusionszeit von zwei Stunden. Außer dem Hämatokrit wurde die Blutviskosität mit einem Kugelfallviskosimeter nach Reiss und Müller gemessen (Angaben in Fallzeiteinheiten, 37 °C).
Im Verlauf der Infusion wie auch am Infusionsende fand der Autor eine Verminderung der Blutviskosität und des Hämatokrits.

Bemerkungen: Weitere rheologische Parameter wurden nicht bestimmt.

In einer Dissertation berichtete **Franke** [356] aus der Arbeitsgruppe um Hess über ähnliche Ergebnisse wie in der ein Jahr zuvor erschienenen Arbeit.

Ebenfalls 1973 berichtete **Ott** [676] aus der Arbeitsgruppe um Heidrich in seiner Dissertation über den Einfluß von 10%igem LMWD auf die Blutviskosität.
Unter den Probanden befanden sich neben Gesunden auch Patienten mit Durchblutungsstörungen und anderen Erkrankungen. Verwendet wurde das Kugelfallviskosimeter der Firma Haake. Die Messungen erfolgten bei 37 °C. Innerhalb einer Stunde wurden 5 Probanden 500 ml LMWD infundiert. Vier bis acht Stunden nach Infusionsende wurden die Viskositätsmessungen durchgeführt. In der Zwischenzeit erfolgte die Lagerung der Blutproben bei 4 °C. Am Infusionsende wurde ein 15,2%iger Blutviskositätsabfall und ein Hämatokritabfall von 13% gemessen.

1974 und 1975 veröffentlichten **Heidrich, Ott** und **Schlichting** wesentliche Teile dieser Dissertation [421, 423].

Bemerkungen: Messungen weiterer rheologischer Parameter wurden nicht durchgeführt.

1974 untersuchte **Warstat** aus der Arbeitsgruppe um Ehrly im Rahmen seiner Dissertation [900] den Einfluß einer Infusion von 10%igem LMWD auf die Fließeigenschaften des Blutes von Patienten mit mäßiger und starker Erhöhung der Blutkörperchensenkungsgeschwindigkeit. Die Patienten erhielten innerhalb von 30 bis 45 Minuten 500 ml LMWD intravenös. Die Blut- und Plasmaviskosität der heparinisierten Blutproben wurde mit einem Ostwald-Kapillarviskosimeter bei 23 °C gemessen; die Erythrozytenverformbarkeit anhand eines Kapillarfiltermodells (Milliporefilter aus Zelluloseester, Porendurchmesser 8 µm, Druck 12,9 mm H_2O; 23 °C) beurteilt. Am Infusionsende fand der Untersucher parallel mit dem Abfall des Hämatokrits eine starke Senkung der Blutviskosität, wohingegen die Plasmaviskosität geringfügig anstieg. Bei den Erythrozytenfiltrationsmessungen ergaben sich keine signifikanten Veränderungen dieses Parameters der Fließeigenschaften des Blutes bzw. eher eine Mehrperfusion durch das Kapillarfiltersystem, was theoretisch aufgrund der erhöhten Plasmaviskosität nach der Infusion von LMWD nicht zu erwarten gewesen wäre.

Bemerkungen: Messungen der Erythrozytenaggregation wurden nicht durchgeführt, und die Temperatur zu den rheologischen Messungen lag unter 37 °C.

1975 behandelte **Dawidson** [157] 10 Patienten nach operativen Eingriffen mit 500 ml einer 10%igen LMWD-Lösung. Die Blutviskosität wurde mit einem Brookfield-micro-cone-plate-Viskosimeter bei 37 °C und einem Schergrad von 11,5 s^{-1} gemessen. Zusätzlich wurde die Blutviskosität bei einem Hämatokrit von 98% - 99% gemessen (1,15 s^{-1}). Im Vergleich zu einer Kontrollgruppe und einer Gruppe von Patienten, die nur eine Infusion von 1000 ml 0,9 % NaCl erhielten, kam es durch die Verwendung von LMWD zu einer signifikanten Senkung der Blutviskosität, die mit dem Hämatokritabfall korrelierte. Eine spezielle desaggregierende Eigenschaft von LMWD, entsprechend den Resultaten bei hohem Hämatokrit, wurde diskutiert.

Bemerkungen: Messungen weiterer rheologischer Parameter wurden nicht durchgeführt.

1976 infundierten **Humphreys** und Mitarbeiter [464] 12 Patienten, welche an einem Femoralarterienverschluß litten, im Rahmen einer Bypass-Operation 500 ml niedermolekulares Dextran (keine Prozentangabe) innerhalb von 10 bis 15 Minuten intravenös. Die Viskositätsmessungen wurden mit EDTA-antikoagulierten Blutproben mittels eines koaxialen Zylinderviskosimeters vom Typ Contraves Low Shear 2 bei Schergraden von 0,675, 0,786 und 124 s^{-1} gemessen. Nach der Infusion kam es zu einer signifikanten Verminderung der Blutviskosität bei allen Schergraden, welche mit einem Hämatokritabfall korrelierte. Wurde allerdings der Hämatokrit mathematisch auf einen Wert von 45% korrigiert, so konnten bei niedrigen Schergraden keine Blutviskositätsveränderungen beobachtet werden. Bei der Messung der Viskosität bei 124 s^{-1} konnte nach Hämatokritkorrektur ein signifikanter Viskositätsanstieg festgestellt werden. Wie schon Ehrly 1966 [230] und Dormandy 1971 [198] sehen die Autoren den Wirkungsmechanismus von niedermolekularem Dextran als Folge der Hämodilution.

Bemerkungen: Temperaturangaben wurden nicht gemacht, und Messungen weiterer rheologischer Parameter wurden nicht durchgeführt.

1977 untersuchten **Heidrich** und Mitarbeiter [426, 427] 54 Patienten mit peripheren arteriellen und venösen Durchblutungsstörungen. Geprüft wurde das Verhalten der Blutviskosität (Brookfield-micro-cone-plate-Viskosimeter, bei verschiedenen Schergraden zwischen 23 und 230 s^{-1} und einer Temperatur von 37 °C, Heparin als Antikoagulans) während zwei-, vier- und sechsstündiger intravenöser Infusion von 500 ml LMWD 10% bzw. 500 ml 0,9%iger NaCl-Lösung (Kontrollgruppe). Sowohl bei zwei-, vier- als auch sechsstündiger Infusionsdauer führten die Dextran-Infusionen im Vergleich zur Kochsalz-Kontrollgruppe zu einer signifikanten Verminderung der Blutviskosität, die bei niedrigen Schergraden am ausgeprägtesten war. Der Gruppenvergleich gegen Dextran-Lösungen zeigte, daß nach vier- und sechsstündiger Infusionszeit eine signifikant stärkere Senkung der Viskositätswerte beobachtet wurde als nach einer Infusion über 120 Minuten. Die nach zwei-, vier- und sechsstündigen Kochsalzinfusionen registrierten Viskositätsveränderungen waren nur am Ende der vier- und sechsstündigen Infusionszeit bei einem Schergrad von 230 s^{-1} im Vergleich zu den Ausgangswerten signifikant vermindert.

Bemerkungen: Keine Messungen weiterer rheologischer Parameter.

Störmer und Mitarbeiter [820] untersuchten 1978 das Verhalten der Blut-, Plasma- und Serumviskosität bei Patienten, die an einem aortofemoralen Bypass operiert wurden. Die Messung der Blut- bzw. Plasma- und Serumviskosität erfolgte mit einem Wells-Brookfield-cone-plate-Viskosimeter bzw. einem Rheometer der Firma Contraves AG, Zürich, für die niedrigen Schergeschwindigkeiten. Die Meßtemperatur betrug 37 °C. Bei insgesamt 15 Patienten, bei denen die Operationsdauer verschieden war, wurde vor Operationsbeginn, nach Operationsbeginn, nach Eröffnung der Aorta und nach Volumengabe (Dextran 40) die Viskosität von Vollblut, Plasma und Serum bestimmt. Es findet sich während der gesamten Operationsdauer ein Abfall dieser Werte. Nach Infusion von 1000 ml Dextran 40 ist der Abfall der Viskosität des Vollblutes allerdings besonders deutlich, während die Plasmaviskosität sich nicht wesentlich veränderte.

Bemerkungen: Die Aussagekraft dieser Untersuchungen ist deswegen beschränkt, weil sich die Patienten in Narkose befanden. Außerdem führt während der Operation ein Blutverlust bekannterweise zu einer Senkung der Blutviskositätswerte infolge „innerer" Hämodilution.

Burke und Mitarbeiter [98] berichteten 1979 über Patienten mit erhöhter Blut- und Plasmaviskosität, die sich aufgrund eines intrakraniellen Aneurysmas einer Kraniotomie unterzogen hatten. Sieben Patienten erhielten im Vergleich zu einer Kontrollgruppe 500 ml einer 10%igen niedermolekularen Dextranlösung in den ersten 6 Stunden nach der Operation und in den nächsten 48 Stunden zwei weitere Infusionen entsprechend der o. a. Dosierung. Die Viskositätsmessungen erfolgten mit einem modifizierten koaxialen Zylinderviskosimeter nach Gilinson und Mitarbeitern bei einer Temperatur von 37 °C und Schergraden von 0,5, 5,2 und 52 s^{-1}. Am ersten Tag nach der Operation kam es in der Dextrangruppe zu einer signifikanten Verminderung der Blutviskosität wie auch des Hämatokritwertes. Die Plasmaviskosität blieb nach der Operation bei allen 13 Patienten erhöht. Bei einem standardisierten Hämatokrit von 45% wurde ebenfalls nur in der Dextrangruppe am ersten Tag ein Abfall der Blutviskosität beobachtet, der bei niedrigen Schergraden besonders deutlich war. Die relative Blutviskosität (Blutviskosität bei Hämatokrit von 45% durch Plasmaviskosität) sank in den ersten 24 Stunden signifikant ab, allerdings nur bei einem Schergrad von 0,5 s^{-1}. Die Messungen der Erythrozytenverformbarkeit (Erythrozytenflexibilität) mit einem Polycarbonatsieb (Porendurchmesser 3 μm) bei einem Druck von 20 cm H_2O und einem Hämatokrit von 1,5% zeigten keine Veränderungen an. Die Autoren sahen den blutviskositätssenkenden Effekt von niedermolekularem Dextran sowohl in der Hämodilution wie auch in einem spezifischen desaggregierenden Wirkungsmechanismus begründet.

Bemerkungen: Eine quantitative Messung der Erythrozytenaggregation erfolgte nicht.

1980 untersuchten **Harke** und Mitarbeiter [417] in einer offenen Studie bei 30 Patientinnen nach Hysterektomie den Einfluß einer Infusion von 1000 ml dreier verschiedener Lösungen (Elektrolytlösung, 10%ige Dextran 40-Lösung und 10%ige Hydroxyäthylstärkelösung). Die Infusionsdauer betrug 2 Stunden. Neben anderen Parametern wurde auch die Blutviskosität mit einem Kapillarviskosimeter bei 37 °C bestimmt. Blutentnahmen zur Bestimmung der Blutviskosität und des Hämatokrits erfolgten vor und im Verlauf nach der Infusion. Bei einer Gabe von Elektrolyten oder Dextran 40 kam es zu einer Senkung der Blutviskosität, die aber statistisch nicht signifikant war, während der Hämatokrit statistisch signifikant abfiel. Die Autoren führten dies darauf zurück, daß in der vorliegenden Untersuchungsreihe eine 12stündige Nahrungs- und Flüssigkeitskarenz eingehalten worden war, die zu einer relativen Dehydrierung der Patienten geführt hatte, so daß sich die hyperonkotische Dextranlösung nicht ausreichend mit interstitieller Flüssigkeit austauschen konnte. Die hämodiluierende Wirkung der Infusion hielt über viele Stunden an.

1980 untersuchten **Motta** und Mitarbeiter [658] bei 20 Patienten mit peripheren arteriellen Verschlußerkrankungen den Einfluß einer Infusion von 500 ml niedermolekularem Dextran auf die Blut- und Plasmaviskosität (Kapillarviskosimeter, 37 °C). Nach einer Infusionszeit von 30 Minuten konnte eine Verminderung der Blutviskosität und eine Erhöhung der Plasmaviskosität beobachtet werden. Wurde der Hämatokrit auf einen Wert von 45% eingestellt, so kam es zu einem Anstieg der Blutviskosität.

Bemerkungen: Die Blutviskosität wurde nur bei hohen Schergraden gemessen, Bestimmungen anderer rheologischer Parameter erfolgten nicht.

1980 berichteten **Humphrey** und Mitarbeiter [460] über die Behandlung von Patienten mit ischämischen zerebralen Attacken und Polyzythämie mit niedermolekularem Dextran. Die Patienten erhielten innerhalb einer Infusionzeit von einer Stunde 500 ml niedermolekulares Dextran intravenös. Die Blut- und Plasmaviskosität der mit Heparin antikoagulierten Blutproben wurden mit einem Contraves Low Shear 2-Rotationsviskosimeter bei Schergraden zwischen 0,67 und 92 s^{-1} gemessen.
Gleichzeitig mit dem Abfall des Hämatokrits fanden die Autoren einen signifikanten Abfall der Blutviskosität, der bei niedrigen Schergraden besonders stark ausfiel. Die Messungen der Plasmaviskosität zeigten eine leichte Erhöhung der Werte.

Bemerkungen: Eine Hämatokritkorrektur wurde nicht durchgeführt, keine Messungen weiterer rheologischer Parameter.

1981 untersuchten **Litwin** und Mitarbeiter [581] den Einfluß einer Infusion von Dextran 40 bei postoperativen Patienten und fanden eine Abnahme der Vollblutviskosität bei gleichzeitiger Abnahme des Hämatokrits (Abstract, keine Details).

1982 berichtete **Tsyganyi** [864] über den Einfluß von Plasmaersatzstoffen, die in der UdSSR erhältlich sind, auf die Fließeigenschaften des Blutes von Patienten nach Herzoperationen und fand, daß Rheopolyglucin (den üblichen Dextranlösungen entsprechend) die Fließeigenschaften des Blutes verbessert (Original in Russisch).

1982 berichteten **Perego** und Mitarbeiter [692] über die Therapie mit Kochsalz- und LMWD-Lösungen bei Patienten mit peripheren Durchblutungsstörungen (keine Stadieneinteilung). Die Blut- und Plasmaviskosität wurde mit einem Rotationsviskosimeter unbekannter Art gemessen.

Die Untersucher fanden nach einer Infusion von 500 ml einer 10%igen LMWD-Lösung eine signifikante Verminderung der Blutviskosität bei hohen und niedrigen Schergraden (450, 90 und 11,25 s^{-1}), der hämatokritkorrigierten Blutviskosität (450 s^{-1}) und des Hämatokrits. Die Plasmaviskosität stieg minimal an. Die Erythrozytenverformbarkeit (keine detaillierten Angaben zur Methode) wurde signifikant vermindert. Die Erythrozytensedimentationsrate (hämatokritkorrigiert) veränderte sich nicht signifikant. Im Gegensatz zu LMWD- wurde nach Kochsalzinfusionen (500 ml) keine signifikante Verminderung der Blutviskosität (hämatokritkorrigiert) gefunden.

Bemerkungen: Keine Messungen weiterer rheologischer Parameter und keine Temperaturangaben.

Karasawa und Mitarbeiter [485] untersuchten die Blutviskosität schwangerer Frauen mit einem Kegel-Platte-Viskosimeter bei 150 bzw. 375 s^{-1} und fanden, daß nach der intravenösen Infusion von Dextran die Vollblutviskositätswerte vermindert waren.

Siekmann und Mitarbeiter [797] fanden, daß bei 40 Patienten nach einer einmaligen Infusion von 500 ml Dextran 40-Lösung eine Senkung des Hämatokrits sowie eine Verringerung der Erythrozytenaggregation erfolgte (Abstract, keine Details).

Balabanova und Mitarbeiter [41] beschrieben 1983 den Einfluß einer intravenösen Infusion von 400 ml einer niedermolekularen Dextranlösung auf die Fließeigenschaften des Blutes von 20 Patienten, die an chronischer systemischer Sklerodermie litten. Die Autoren fanden eine Senkung der Vollblutviskosität (Original in Russisch, englisches Abstract, keine Details).

1983 untersuchten **Landgraf** und **Ehrly** [535] in einer cross over-Studie den Einfluß einer Infusion von 500 ml niedermolekularem Dextran (9%ige Lösung) im Vergleich zu einer entsprechenden Menge von Hydroxyäthylstärke von einem Molekulargewicht von 200000 auf die Fließeigenschaften des Blutes bei Patienten mit Claudicatio intermittens. Nach 60 minütiger Infusion kommt es zu einer statistisch signifikanten Senkung der Vollblutviskosität, die über die gesamte Untersuchungszeit von 2 Stunden hinaus anhält. Die relative Plasmaviskosität ist bis zum Ende des Untersuchungszeitraums erhöht, der Wert der Erythrozytenaggregation ist bis zu einer Stunde nach Infusionsende signifikant vermindert.

Heilmann [435] beschrieb den Einfluß einer hypervolämischen Hämodilution mit 500 ml niedermolekularem Dextran pro Stunde bei Patienten mit Präeklampsie und fand einen geringgradigen Anstieg der Plasmaviskosität (Kapillarviskosimeter bei 37 °C) sowie eine Verminderung der Erythrozytenaggregation (Rheoaggregometer). Gleichzeitig konnte eine Verbesserung der klinischen Situation festgestellt werden.
Diese Daten wurden auch an anderer Stelle vorgetragen [433].

Witte und Mitarbeiter [919] berichteten 1983 über den Einfluß einer 10 tägigen Therapie mit niedermolekularem Dextran auf die Viskoelastizität des Vollblutes und die Viskosität von Plasma bei Patienten mit Schlaganfall.
Die rheologischen Untersuchungen erfolgten mit einem oszillierenden Kapillarrheometer bei eingestelltem Hämatokrit von 45% bei einem Schergrad von 10 s^{-1} und einer Meßtemperatur von 23 °C. Die Autoren konnten keine signifikanten Effekte auf die viskoelastischen Parameter feststellen (Abstract, keine weiteren Details).

Luther [599] untersuchte die Blutviskosität von Patienten mit chirurgischen Erkrankungen mit einem Kugelfallviskosimeter vor und nach Infusion von 500 ml 6%iger Dextran 40-Lösung. Der Autor fand, daß sich die deutlich erhöhten Viskositätswerte nach der Infusion besonders gut senken ließen, daß die Viskositätssenkung insgesamt aber als diskret zu bezeichnen sei.

Bemerkungen: Keine Messungen anderer rheologischer Parameter.

Krepp und Mitarbeiter [528] beschrieben 1984 Untersuchungen über die Infusion von täglich 500 ml einer 10%igen Lösung von niedermolekularem Dextran im Vergleich zu einer 10%igen Lösung von mittelmolekularer Hydroxyäthylstärkelösung (Molekulargewicht 200000) bei Patienten mit zerebralen Durchblutungsstörungen. Die rheologischen Untersuchungen wurden am vierten Tag nach Beginn der Hämodilutionstherapie und am Ende der Therapie durchgeführt. Die Plasma- wie auch die Harnviskosität wurden mit einem Kapillarviskosimeter nach Ubbelohde bestimmt. In dieser prospektiven, randomisierten Studie kam es in der Dextrangruppe zu einem Anstieg der Plasmaviskosität, währenddessen nach Infusion von Hydroxyäthylstärkelösung die Plasmaviskosität abfiel. Das Verhalten der Harnviskosität zeigte eine statistisch signifikante Erhöhung dieses Parameters nach Dextran 40-Gabe; hier war unter der mittelmolekularen Hydroxyäthylstärkelösung die Harnviskosität weniger deutlich angestiegen.
Die Autoren berichteten über die klinischen Besserungen der zerebralen ischämischen Symptomatik infolge hypervolämischer Hämodilution.

Bemerkungen: Messungen weiterer hämorheologischer Parameter erfolgten nicht.

Apsatarov und Mitarbeiter [25] untersuchten 1985 bei 110 Patienten mit Leriche-Syndrom den Einfluß einer Hämodilution mit Dextran und fanden eine Verminderung der Vollblutviskosität und eine Verbesserung der Gewebeperfusion (Original in Russisch, Abstract in Englisch; keine Details).

Gottschalk [384] infundierte bei Kindern im Alter zwischen 3 und 14 Jahren vor einer geplanten Operation 6%iges Dextran mit einem mittleren Molekulargewicht von 40000. Die Blutviskosität wurde bei 38 °C mit einem Rheoviskosimeter nach Höppler gemessen. Es kam zu einer deutlichen Verminderung der Blutviskosität.

Bemerkungen: Keine weiteren rheologischen Untersuchungen.

Landgraf und Mitarbeiter [539, 540, 541, 316] berichteten 1985 über eine cross over-Studie bei Patienten mit Claudicatio intermittens, denen verschiedene Plasmaersatzmittel hypervolämisch, d. h. ohne vorherige Aderlässe, infundiert wurden. Die Dauer der Infusion betrug 30 Minuten. Intraindividuell wurden 10%iges Dextran 40, 6%ige Hydroxyäthylstärke MW 40000 und 10%ige Hydroxyäthylstärke MW 200000 infundiert. Zwischen den einzelnen Infusionen wurde eine wash out-Periode von 8 Tagen eingehalten. Als Kontrolle diente die Infusion von 500 ml physiologischer Kochsalzlösung. Bei allen infundierten Lösungen kam es zu einer Senkung der Vollblutviskosität, in geringerem Maße auch bei der Verwendung von Kochsalzlösung. Die Plasmaviskosität wurde lediglich bei der Verwendung der Kochsalzlösung und der niedrigmolekularen Hydroxyäthylstärkelösung vermindert. Nach der Gabe von Hydroxyäthylstärke vom Molekulargewicht 200000 stieg die Plasmaviskosität geringgradig, nach der Infusion von niedermolekularem Dextran deutlich an. Die Erythrozytenaggregation wurde bei Dextran 40 und Hydroxyäthylstärke 40 unmittelbar nach der Infusion vermindert, bei Hydroxyäthylstärke vom Molekulargewicht 200000 und bei Kochsalzlösung mehr am Ende der Untersuchungszeit.

Kiesewetter und Mitarbeiter [501] untersuchten 1986 den Einfluß von 10%iger niedermolekularer Dextranlösung im Vergleich zu niedermolekularer Hydroxyäthylstärke (mittleres Molekulargewicht jeweils 40000) bei Patienten mit chronisch arterieller Verschlußkrankheit während einer

14tägigen Hämodilution in Kombination mit einer physikalischen Therapie. Untersucht wurden Erythrozytenaggregation, Erythrozytenrigidität und Fließschubspannung. Bei der Verwendung von Dextran fand sich eine deutliche Abnahme der Rigidität der Erythrozyten, eine geringgradige Verminderung der Erythrozytenaggregation, während die Plasmaviskosität und die Fließschubspannung unter Dextran unbeeinflußt blieben.

Staedt und Mitarbeiter [812, 813, 814] behandelten 15 Patienten mit akuten zerebralen Durchblutungsstörungen im Rahmen eines kontrollierten randomisierten cross over-Verfahrens 2 Tage lang für 6 bis 8 Stunden mit jeweils 500 ml 10%iger Hydroxyäthylstärke (200/0,5) oder Dextran 40. Die Messung der hämorheologischen Parameter erfolgte im EDTA-Blut und -Plasma; Vollblut- und Plasmaviskosität wurden bei zwei verschiedenen Schergraden mit einem Low-Shear-Rheometer gemessen. Die Erythrozytenaggregation wurde mit einem Gerät der Firma Myrenne bestimmt. Es kam zu einer Senkung der Vollblutviskosität und der Plasmaviskosität. Die Erythrozytenaggregation wurde nicht beeinflußt.

Bemerkungen: Keine Messung der Erythrozytenfiltration.

Diskussion

Der therapeutische Begriff der sogenannten Hämodilution ist aus heutiger Sicht eng mit der Verwendung von Plasmaersatzmitteln, insbesondere von Dextranen, verbunden. Sieht man einmal von der sogenannten „inneren Hämodilution“ ab, welche als spontaner Regulationsmechanismus, z.B. nach einem Blutverlust oder als Folge einer Vasodilation, eintritt (s. Kapitel 4.2.1.2.), wird im allgemeinen eine Hämodilution dadurch erzielt, daß Flüssigkeit, insbesondere Plasma oder sogenannte kolloidale Plasmaersatzmittel, in das Gefäßsystem infundiert werden. Die ersten Infusionen von Dextranlösungen erfolgten im Jahre 1961 als einfache Infusionen zum zirkulierenden Blut, so daß das Blutvolumen erhöht wurde („hypervolämische“ Hämodilution) und ein viskositätssenkender Effekt zustande kam.
Eine hypervolämische Hämodilution, die durch eine Infusion von Plasma, Plasmaersatzmitteln oder bedingt auch mit Elektrolyt- oder Glukoselösungen möglich ist, liegt dann vor, wenn eine Infusion ohne vorhergehende Blutentnahme erfolgt und eine Vermehrung des zirkulierenden Blutvolumens die Folge ist.

1963 hatte *Zederfeldt* aus der Arbeitsgruppe um Gelin die erste „isovolämische“ Hämodilution beschrieben. Bei Patienten mit Verbrennungen, bei denen die Vollblutviskosität stark erhöht war, entnahm er venös 1000 ml Blut und reinfundierte ein äquivalentes Volumen von niedermolekularem Dextran.
Diese Art einer kombinierten Therapie verschiedener rheologisch wirksamer Maßnahmen wird an anderer Stelle behandelt werden (s. Kap. 4.2.1.).
Trotz unterschiedlicher Untersuchungsmethoden berichteten alle Autoren über eine Senkung der Blutviskosität und der Hämatokritwerte nach einer Infusion von 9-15%igen Lösungen von Dextran (meist mit einem Molekulargewicht von 40.000) bei Patienten mit verschiedenen Erkrankungen; eine Gruppe von Autoren fand keine Beeinflussung der viskoelastischen Parameter durch Dextraninfusionen [919]. Das Ausmaß der Senkung der Vollblutviskosität sowie des Hämatokrits, d.h das Ausmaß der Hämodilution, hängt natürlich von einer Reihe von Faktoren ab, die die Untersucher unterschiedlich gehandhabt haben, z.B. Infusionsmenge, Infusionsdauer, Konzentration der Infusionslö-

sung, Molekulargewicht, Hydratationszustand des Patienten, Verweildauer etc.

Auch im Hinblick auf die Diskussion um den geeignetsten Plasmaersatzstoff bzw. die geeigneteste Lösung zur Hämodilution müssen die Gegebenheiten der verschiedenen Erkrankungen berücksichtigt werden und insbesondere die Frage, ob primär eine Hypovolämie vorliegt, wie z.B. im Schock, oder ob normale zirkulierende Blutvolumina im steady state vorliegen. *Motta* und Mitarbeiter fanden auch eine Senkung der Blutviskosität nach Infusion von 500 ml niedermolekularem Dextran; wurde allerdings der Hämatokritwert der entnommenen Blutproben nach Infusion auf einen Wert von 45% künstlich eingestellt, so kam es zu einem Anstieg der Blutviskosität, der wahrscheinlich auf die erhöhte Plasmaviskosität zurückzuführen ist.

Zur Messung der Blutviskosität wurden verschiedenste Viskosimetertypen verwendet. Soweit angegeben, wurde die Meßtemperatur von 37 °C von den meisten Untersuchern eingehalten. Wurden Rotationsviskosimeter verwendet, fanden alle Autoren bei den gemessenen Schergraden eine Verminderung der Blutviskosität, die bei niedrigen Schergraden am deutlichsten ausfiel.

Im Gegensatz zu den teilweise beträchtlichen Veränderungen der Blutviskosität nach der Infusion von LMWD fielen die Veränderungen der Plasmaviskosität gering aus. So fanden *Groth* und Mitarbeiter nach der Infusion von LMWD eine Erhöhung der Plasmaviskosität; bei hohen Ausgangswerten der Plasmaviskosität wurde dagegen eine leichte Verminderung der Plasmaviskosität festgestellt.

Ebenso wie *Groth* fanden *Yao* und *Shoemaker* nur dann eine Plasmaviskositätsverminderung, wenn die Plasmaviskositätswerte primär erhöht waren.

Schülke und *Hartel* fanden nach einer Infusion von LMWD eine leichte und nach MMWD eine starke Erhöhung der Plasmaviskosität. Sie wiesen auf die besondere Bedeutung der Plasmaviskosität bei sinkendem Gefäßradius hin. In den Kapillaren kommt es zu einem scheinbaren Hämatokritabfall, und die Viskosität des Blutes wird wesentlich von der Viskosität des Plasmas bestimmt [344]. Aufgrund der Axialmigration der Erythrozyten kommt es zu einem Abfließen von verdünntem Blut aus dem Randstrom in kleinere Gefäßabgänge, während der erythrozytenreiche Axialstrom vorzugsweise in größeren Gefäßen verbleibt. Der intravasale Hämatokrit nimmt in kleinen Gefäßen ab.

Bollinger und Mitarbeiter fanden nach der Infusion von LMWD einen leichten Anstieg der Plasmaviskosität. Ähnlich wie *Schülke* und Mitarbeiter fanden auch *Lim* und Mitarbeiter einen leichten Anstieg der Plasmaviskosität nach MMWD. *Warstat* berichtete 1974 über eine Erhöhung der Plasmaviskosität nach LMWD-Infusionen. Der Autor differenzierte das Verhalten der Plasmaviskosität in verschiedenen Versuchsreihen in Abhängigkeit von der Blutkörperchensenkungsgeschwindigkeit. Bei Patienten mit stark erhöhter Blutkörperchensenkungsgeschwindigkeit trat die geringste Steigerung der Plasmaviskosität auf. Im Gegensatz dazu stieg die Plasmaviskosität bei Patienten mit nur mäßig erhöhter Blutkörperchensenkungsgeschwindigkeit stärker an.

Auch weitere Untersucher wie *Burke* und Mitarbeiter, *Humphreys* und Mitarbeiter, *Heilmann, Landgraf* und *Ehrly, Krepp* und Mitarbeiter und *Haass* und Mitarbeiter berichteten über eine Steigerung der Plasmaviskosität. *Kiesewetter* und Mitarbeiter fanden keine signifikante Veränderung der Plasmaviskosität nach Dextran 40; *Staedt* und Mitarbeiter fanden einen Abfall der Plasmaviskositätswerte. Aus den Arbeiten geht hervor, daß der Einfluß der Plasmaviskosität auf die Höhe der Gesamtblutviskosität zwar von untergeordneter Bedeutung ist; der Einfluß einer erhöhten Plasmaviskosität, wie sie nach Infusionen von LMWD beschrieben worden ist, kann jedoch in den Kapillargefäßen im Gebiet der Mikrozirkulation von erheblich größerer Bedeutung sein (*Bayliss*, 1960). Demzufolge ist bei der Hämodilution mit LMWD ein therapiebedingter Anstieg der Plasmaviskosität mit zu berücksichtigen.

Die von vielen Autoren gefundene Senkung der Strukturviskosität (Blutviskosität bei niedrigen Schergraden) deutet auf eine Verminderung der Erythrozytenaggregation hin.

Zur Frage, ob die Verminderung der Erythrozytenaggregation ursächlich auf die sinkenden Hämatokritwerte und damit auch auf die fallende Konzentration von aggregationsfördernden Plasmaproteinen zurückzuführen ist bzw. teilweise Ausdruck einer spezifischen desaggregierenden Wirkungsqualität von LMWD ist, sind widersprüchliche Untersuchungsergebnisse publiziert worden. Bei der Beurteilung der Frage, ob niedermolekulares Dextran eine spezifische Wirkung auf die Verminderung der Erythrozytenaggregation besitzt, sind *Groth* und *Thorsén* zurückhaltender als *Gelin* und *Ingelman*. *Groth* und *Thorsén* meinen, daß die kapillarmikroskopisch beobachtete Desaggregation wesentlich von den Fließbedingungen in den Gefäßen abhänge. Die aufgrund der Hemmung der Erythrozytensenkungsgeschwindigkeit (hämatokritkorrigiert) angenommene Verringerung der Erythrozytenaggregation durch LMWD wird von Groth zum Teil auf die Verdünnung des Plasmas und der darin enthaltenen aggregierenden Proteine zurückgeführt, zum anderen auf einen spezifisch desaggregierenden Effekt von LMWD.

Ebenso wird angenommen, daß die durch LMWD erhöhte Plasmaviskosität die Blutkörperchensenkungsgeschwindigkeit hemmt und dadurch ein spezifisch desaggregierender Effekt vorgetäuscht wird. Auch *Ehrly* berichtete über die Verminderung des kapillarmikroskopisch nachweisbaren Sludge-Phänomens. Da auf Blasausstrichen keine Desaggregation von Erythrozyten festzustellen war, wird die Verminderung des Sludge-Phänomens mit den verbesserten Strömungseigenschaften des Blutes erklärt, die alleine auf die Hämodilution zurückgeführt werden. *Yao* und *Shoemaker* berichteten über eine signifikante Verminderung der Blutviskosität - bei standardisiertem Hämatokrit - bei Patienten im postoperativen Schockzustand und nach der Infusion von LMWD.

Die Autoren erklären die Senkung der Blutviskosität mit einem spezifisch desaggregierenden Effekt von LMWD. Im Gegensatz dazu konnten bei einer gesunden Kontrollguppe derartige Veränderungen der Blutviskosität nicht festgestellt werden.

Bernstein und *Castaneda* postulierten einen spezifisch desaggregierenden Effekt von LMWD, dessen Ursache sie in einer verstärkten elektronegativen Ladung der Erythrozyten sahen. *Lim* und Mitarbeiter fanden bei zuvor operierten Patienten nach korrigiertem Hämatokrit eine Senkung der Blutviskosität nach der Infusion von LMWD. Die Ursache dieser Blutviskositätssenkung sahen die Autoren in einem spezifisch viskositätssenkenden Effekt von LMWD.

Dormandy fand eine lineare Korrelation zwischen dem Logarithmus der Blutviskosität und dem Hämatokrit. Ein spezifisch viskositätssenkender Effekt von LMWD wird deshalb nicht angenommen.

Amtoft postulierte, entsprechend den Angaben von *Gelin*, einen möglichen desaggregierenden Effekt von LMWD.

Dawidson fand bei hochkonzentrierten Erythrozytensuspensionen einen Blutviskositätsabfall nach der Infusion von LMWD. Eine spezifisch desaggregierende Eigenschaft von LMWD wurde diskutiert.

Humphreys und Mitarbeiter stellten bei mathematisch korrigiertem Hämatokrit keine Blutviskositätssenkung bzw. bei hohen Schergraden eine Blutviskositätserhöhung durch LMWD fest. Wie schon *Ehrly* 1966 und *Dormandy* 1971 sahen die Autoren den Wirkungsmechanismus von LMWD in der Hämodilution begründet.

Burke und Mitarbeiter fanden bei operierten Patienten und standardisiertem Hämatokrit einen Abfall der relativen Blutviskosität (Blutviskosität bei standardisiertem Hämatokrit geteilt durch Plasmaviskosität) nach der Infusion von LMWD. Die Autoren vertraten die Ansicht, daß LMWD einen spezifisch desaggregierenden Effekt auf Erythrozytenaggregate im Blut ausübt.

Ehrly und Landgraf führten eine quantitative Bestimmung der Erythrozytenaggregation mittels eines fotometrischen Verfahrens nach hypervolämischer Hämodilution mit 500 ml einer 9%igen Lösung von niedermolekularem Dextran durch. Es fand sich eine hämatokritunabhängige, kurzzeitige Verminderung der Erythrozytenaggregation, die bis zu einer Stunde nach Ende der 30minütigen Infusion statistisch signifikant war.

Da gleichzeitig die Plasmaviskosität statistisch signifikant angestiegen war, vermuteten die Autoren keinen spezifischen desaggregierenden Effekt von LMWD auf Erythrozytenaggregate, sondern begründeten die kurzfristig gehemmte Aggregation nach Infusionsende als Folge einer verminderten Trefferquote der Erythrozyten, bedingt durch die Erhöhung der Viskosität des Suspensionsmediums Plasma. Die objektiven Befunde der meisten fotometrischen Messungen der Erythrozytenaggregation entsprechen den Ansichten anderer Autoren [540, 501, 812] und bestätigen die Auffassung von *Groth* [394] und *Ehrly* [230], wonach die von vielen Autoren beschriebene desaggregierende Wirkung (Anti-Sludge-Effekt) in vivo wie auch die mit dem Viskosimeter gemessenen Daten auf eine dynamische Desaggregation infolge der besseren Fließfähigkeit des Blutes nach Absenkung der Hämatokritwerte zurückzuführen sind. Das bedeutet, daß, bedingt durch die Herabsetzung des peripheren Widerstandes bei vermindertem Hämatokrit, vor allen Dingen die Fließgeschwindigkeit zunimmt und eine dynamische Desaggregation der Erythrozytenaggregate eintritt.

Zu den Forschungsergebnissen von *Yao* und Mitarbeitern, *Lim* und Mitarbeitern und *Burke* und Mitarbeitern mit korrigiertem Hämatokrit ist zu bemerken, daß durch eine verdünnungsbedingte Verminderung aggregationsfördernder Plasmaproteine, z.B. des Fibrinogens, eine spezifisch desaggregierende Wirkung von LMWD vorgetäuscht werden kann. Dies ist insbesondere dann der Fall, wenn die Fibrinogenkonzentration, wie z.B. bei frisch operierten Patienten, erhöht ist.

Siekmann und Mitarbeiter und *Heilmann* fanden nach einmaliger Infusion von 500 ml Dextran 40 ebenfalls eine Verringerung der fotooptisch gemessenen Erythrozytenaggregation, während *Kiesewetter* und Mitarbeiter und *Staedt* und Mitarbeiter keine wesentlichen Veränderungen dieser Werte fanden.

Zum Teil ist natürlich auch zu berücksichtigen, daß, insbesondere bei Patientenblut mit stark aggregationsfördernden Proteinen, die Konzentration dieser

Eiweißkörper durch die Dextran-induzierte Hämodilution abnimmt und so ein desaggregierender Effekt vorgetäuscht werden kann. Die indirekte Messung der desaggregierenden Wirkung von niedermolekularem Dextran über ein Viskosimeter bei niedrigen Schergraden ist, im Vergleich zu den direkten fotooptischen Methoden, wesentlich weniger aussagekräftig, da den Viskosimetern, insbesondere bei niedrigen Schergraden, prinzipielle Fehler anzulasten sind (s. Kap. 3.5.2.).

Die meisten Autoren sehen demnach in der Hämatokritsenkung und in einer Senkung aggregationsfördernder Plasmaproteine die eigentliche Ursache für eine Verminderung der Erythrozytenaggregation.

Zu möglichen Veränderungen der Erythrozytenfiltration (Erythrozytenverformbarkeit) liegen 3 Untersuchungsberichte vor.

1974 fand *Warstat* bei Erythrozytenfiltrabilitätsmessungen an einem Kapillarfiltermodell keine Veränderungen dieses Parameters bzw. eine geringgradige Mehrperfusion durch das Kapillarfilter. Der Autor diskutierte, daß theoretisch aufgrund der erhöhten Plasmaviskosität eine Verschlechterung der Filtrationsparameter erwartet worden war. Die Filtrationsmessung erfolgte bei 23 °C.

Die Erythrozytenflexibilitätsmessungen von *Burke* 1979 (Polycarbonatsieb, 3 µm Porendurchmesser) zeigten keine Veränderungen dieses Parameters der Fließeigenschaften des Blutes bei unveränderter Plasmaviskosität an.

Kiesewetter und Mitarbeiter fanden dagegen eine deutliche Verbesserung der Erythrozytenrigidität, gemessen mit dem Single Pore-Rigidometer.

Aus diesen Ergebnissen kann gefolgert werden, daß durch Infusionen von LMWD die Flußrate durch Filtersysteme bzw. die Erythrozytenrigidität möglicherweise verbessert wird, obwohl eine verschlechterte Filtrationsrate aufgrund der Erhöhung der Plasmaviskosität (zumindest bei gesunden Probanden) hätte erwartet werden können. *Warstat* diskutierte, daß Dextran ein Coating des Filtersystems bewirkt und somit eine verbesserte Passage der Erythrozyten infolge eines verbesserten Schlupfes (slip) verursachen könne. Desweiteren muß die Auffassung von *Chien* und Mitarbeitern [125] diskutiert werden, wonach die Fluidität der Erythrozyten um so besser ist, je kleiner der Quotient zwischen Gesamtblutviskosität und Plasmaviskosität wird (in vitro-Untersuchungen).

Eine endgültige Beurteilung, ob Dextran die Erythrozytenfiltrabilität oder -rigidität wirklich beeinflußt und ob diese Ergebnisse nicht durch andere rheologische Parameter überlagert werden, muß offen bleiben.

Krepp und Mitarbeiter haben im Vergleich zwischen Dextran 40 und Hydroxyäthylstärkelösung (Molekulargewicht 200000) einen stärkeren Anstieg der Plasmaviskosität nach Dextraninfusion im Vergleich zur Stärkelösung gefunden. Darüberhinaus hat diese Gruppe auch die Harnviskosität gemessen und hier ebenfalls einen deutlichen Anstieg dieses Parameters nach Dextran im Vergleich zu Hydroxyäthylstärke vom Molekulargewicht 200000 gesehen.

Zusammenfassend läßt sich sagen, daß es durch die Hämodilution mit Dextranlösungen zu einer Senkung der Blutviskosität kommt. Die früher vielfach beschriebene Verminderung der Erythrozytenaggregation ist offensichtlich nicht Folge eines spezifischen desaggregierenden Effektes von LMWD, sondern vorwiegend Ausdruck einer dynamischen Desaggregation aufgrund der Blutverdünnung. Die Plasmaviskosität wird nach Infusion von LMWD in Abhängigkeit von den Ausgangswerten der

Plasmaviskosität verändert und in der Regel erhöht. Über den Einfluß von Dextran auf die Erythrozytenverformbarkeit bzw. -filtrabilität kann noch keine endgültige Beurteilung abgegeben werden.
Die Optimierung, der Fließeigenschaften des Blutes führt zu einer verbesserten Durchblutung der gestörten Mikrozirkulation. Bei Patienten mit Ruheschmerzen und bei Patienten mit peripheren Ulzerationen im Stadium IV nach *Fontaine* kann es durch die günstigeren Strömungsbedingungen zu einem Sistieren der Ruheschmerzen wie auch zu einem Abheilen von ischämischen Hautnekrosen kommen.
Daß LMWD nicht nur bei Patienten mit peripheren arteriellen Verschlußerkrankungen günstige klinische Effekte erzielt, sondern auch in der Behandlung verschiedener Schockzustände die Strömungsbedingungen des Blutes nachhaltig verbessert, wurde erstmals von der Arbeitsgruppe um *Gelin* ausführlich dargelegt.

4.1.8. Penicillin

Penicillin ist das erste Antibiotikum, das weltweite Verbreitung zur Therapie bakterieller Infektionen fand.

Publikationen

Ritzmann und Mitarbeiter [731] untersuchten 1960 den Einfluß von 10 Mio. Einheiten Penicillin-Kalium, aufgelöst in 250 ml einer 5%igen Glukoselösung. Die Infusion wurde 1 Stunde lang durchgeführt; Messungen der Serumviskosität erfolgten vor, unmittelbar nach und weitere 30 und 90 min nach Ende der Infusion. Die Autoren fanden eine deutliche Verminderung der Serumviskosität unmittelbar nach Infusionsende; nach 90 Minuten hatten sich die Werte wieder dem Ausgangsniveau angeglichen.

Bemerkungen: Der Einfluß der verwendeten Trägerlösung auf die Serumviskosität wurde nicht vergleichend untersucht.

Harkness und **Whittington** [418] fanden 1971, daß eine längerdauernde Penicillintherapie bei Malaria die Plasmaviskosität vermindert (Kapillarviskosimeter).

Bemerkungen: Keine weiteren rheologischen Untersuchungen.

Diskussion

Aus den vorliegenden Publikationen ist eine direkte viskositätssenkende Wirkung von Penicillin nicht wahrscheinlich.

4.1.9. Hämapheresen (Plasmapherese/Plasmaaustausch, Zytapherese, Hämoperfusion)

Einleitung

Das Wort Plasmapherese setzt sich zusammen aus „Plasma" und dem griechischen Wort aphairesis = wegnehmen. Es bedeutet strenggenommen die Wegnahme von Plasma aus dem zirkulierenden Blutvolumen. Zytapherese bedeutet dementsprechend die Herausnahme von korpuskulären Bestandteilen aus dem Blut, ohne daß das Plasma beeinflußt wird. In größeren Mengen ist eine Plasmapherese im strengen wörtlichen Sinne nur dann möglich, wenn nach dem Abzug von Plasma den Patienten Fremdplasma oder Plasmaersatzmittel reinfundiert werden, d.h. wenn ein Plasmaaustausch erfolgt. Deswegen ist der Ausdruck Plasmaaustausch für diese Art von Therapie der geeignetere. Dennoch gibt es in der Literatur einige Autoren, welche keinen Plasmaaustausch, sondern eine reine Plasmapherese durchgeführt haben. Es erschien sinnvoll, diese Arbeiten in dem vorliegenden Zusammenhang nicht voneinander zu trennen. Die selektive Herausnahme von Erythrozyten (Erythrozytapherese) ist wegen der klinischen Analogie zum Aderlaß in Kapitel 4.1.2. abgehandelt worden. Eine Definition dieser Begriffe und ihre Abgrenzung finden sich bei ***Kennedy*** *und* ***Domen*** *[448] und* ***Nusbacher*** *[670].*

Der Plasmaaustausch, der in der Literatur am häufigsten angegeben wird, ist strenggenommen nur ein partieller Plasmaaustausch, da jeweils nur ein Teil des im zirkulierenden Blut vorhandenen Plasmas mit verschiedener Technik eliminiert und durch Fremdplasma oder Plasmaersatzstoffe ersetzt wird.

1914 berichteten ***Abel*** *und Mitarbeiter [3] über eine günstige therapeutische Wirkung bei einer Plasmapherese. 1937 wurden von* ***Albers*** *erstmals Serumviskositätsmessungen bei Patienten mit multiplem Myelom durchgeführt und den dabei gefundenen erhöhten Werten ein wichtiger klinischer Stellenwert beigemessen [9]. Die erhöhte Viskosität von Plasma, von Serum und gelegentlich auch von Vollblut ist die Folge einer erhöhten Eiweißkonzentration, wobei insbesondere großmolekulare Eiweißkörper (Paraproteine) vermehrt sind. Von der Theorie her ist eine Plasmapherese oder ein Plasmaaustausch sinnvoll, da dadurch verschiedene rheologische Parameter verbessert werden, ohne daß im Idealfall der Hämatokritwert verändert wird. So ist zu erwarten, daß nicht nur die Serum- bzw. die Plasmaviskosität, sondern auch die Blutviskosität und insbesondere auch die Erythrozytenaggregation deutlich vermindert werden.*

Zur Durchführung des Plasmaaustausches bzw. der Plasmapherese wie auch der Zytapherese werden verschiedene technische Verfahren verwendet (Separation, Filtration etc.); auf die unterschiedlichen Verfahren wird in diesem Zusammenhang nicht abgehoben.

Die klinische Bedeutung des Plasmaaustausches bzw. der Plasmapherese liegt hauptsächlich in der Behandlung von Paraproteinämien und Kälteagglutininerkrankungen, aber auch von periphersten Durchblutungsstörungen vom Typ des Raynaud-Syndroms. Von besonderer Wichtigkeit ist in diesem Zusammenhang der Morbus Waldenström, aber auch andere Paraproteinämien. Die Patienten berichten über Müdigkeit, nachlassende Leistungsfähigkeit, Gewichtsverlust, Blutungsbereitschaft und neurologische Zeichen.

Durch Herausnahme von Paraproteinen aus dem zirkulierenden Blutvolumen mit Verminderung der stark erhöhten Plasma- bzw. Serumviskositätswerte kommt es häufig auch zu einer günstigen Beeinflussung der klinischen Symptomatik, auch wenn hinzugefügt werden muß, daß diese Therapie nicht nebenwirkungsfrei ist.

Die Anzahl der Publikationen über die hämorheologischen Veränderungen nach Plasmapherese bzw. Plasmaaustausch nahm in den letzten Jahren deutlich zu. 1983 erschien eine Kurzmonographie [872]; auf dem 3. Europäischen Kongeß für Klinische Hämorheologie wurde ein Symposium über dieses Thema veranstaltet.

Publikationen

Viskosimetrische Untersuchungen im Zusammenhang mit Plasmapherese bzw. Plasmaaustausch als therapeutische Maßnahme bei verschiedenen Erkrankungen wurden erstmals 1960 von **Schwab** und Mitarbeitern [780, 781] durchgeführt. Untersucht wurden zwei Patienten mit Morbus Waldenström. Zur Messung der Serumviskosität ($H_2O = 1$) bei 37 °C wurde ein Ostwald-Kapillarviskosimeter verwendet. Der Normbereich der Serumviskosität einer gesunden Kontrollgruppe lag bei 1,4 bis 1,8. Mit dem Entzug von 1000 ml Blut und der Reinfusion der Erythrozyten, suspendiert in isotonischer Kochsalzlösung, kam es synchron mit der deutlichen Senkung des Gesamteiweißgehaltes und damit auch der Makroglobuline zu einem Abfall der Serumviskosität. Bei einem weiteren Fall war ebenfalls eine deutliche Senkung des Serumproteinspiegels wie auch der Serumviskosität nach Plasmapherese und zusätzlicher Chlorambucil-Therapie zu finden.

1963 veröffentlichte **Fahey** [342] eine weitere Publikation über die Wirkung der Plasmapherese auf die Serumviskosität bei einem Patienten mit Makroglobulinämie. Die relative Serumviskosität ($H_2O = 1$) wurde mit einem Ostwald-Kapillarviskosimeter bei 37 °C gemessen.
Innerhalb eines Jahres wurden 12mal bis zu 1000 ml Plasma entzogen. Mit einem Abfall der Serumviskosität korrelierte die Senkung des Gesamtproteinspiegels wie auch des Makroglobulinspiegels.

Ähnliche Berichte über die Wirkung der Plasmapherese auf die Serumviskosität bei nunmehr 10 Patienten mit Makroglobulinämie wurden 1963 von **Cline** und Mitarbeitern [135] vorgelegt. Die Serumviskosität wurde ebenfalls mit einem Kapillarviskosimeter gemessen.

Bemerkungen: Keine Messungen weiterer rheologischer Parameter.

Klinik: Im Rahmen der sich über Monate hin erstreckenden Plasmapheresebehandlung kam es bei den Patienten der Arbeitsgruppe um Fahey zu einem Sistieren der Schleimhautblutungen und zu einer Besserung der durch Hämorrhagien verursachten Retinopathien. Vorhandene Herzbeschwerden, neurologische Krankheitssymptome wie Lethargie und Übelkeit wie auch die bei einem Patienten entstandene Hepatomegalie wurden weitgehend aufgehoben oder entscheidend gebessert, was als Folge der Verminderung der Plasmaviskosität gedeutet wurde.

1965 berichteten **Fahey** und Mitarbeiter [343] über eine Plasmapheresetherapie bei 10 Patienten mit Makroglobulinämie. Wie bei Schwab und Fahey [780] wurde auch hier Blut entzogen, das Plasma verworfen und die Erythrozyten, suspendiert in physiologischer Kochsalzlösung, reinfundiert. Die relative Serumviskosität ($H_2O = 1$) wurde mit einem Ostwald-Kapillarviskosimeter bei 37 °C ausgewertet.
Im Verlauf einer intensiven Plasmapherese (Entzug von 2-6 Litern Plasma innerhalb von 1-2 Wochen) kam es simultan mit einer Verminderung der Serumviskosität zu einem Abfall der Makroglobulinkonzentration.

Bemerkungen: Keine Messungen anderer rheologischer Parameter.

Klinik: Auch hier beobachteten die Autoren eine Verbesserung der klinischen Symptomatik nach der Plasmapherese. Die neurologischen Krankheitssymptome, die sich in einem Hörverlust wie auch in EEG-Veränderungen niederschlugen, verschwanden. Bei 3 Patienten mit Raynaud-Symptomatik stellte sich eine erhöhte Kältetoleranz bzw. bei einem Patienten ein Abheilen chronischer Fußulcera ein. Herzbeschwerden wurden günstig beeinflußt.

Weitere viskosimetrische Berichte über die Plasmapherese bei 2 Patienten mit multiplem Myelom wurden von **Smith, Kochwa** und **Wassermann** [803] 1965 publiziert.

Hierbei wurden ebenfalls 1 Liter Blut entzogen, das Plasma verworfen und die Erythrozyten, suspendiert in isotonischer Kochsalzlösung, reinfundiert. Die relative Serumviskosität (0,9% NaCl = 1) wurde mittels eines Ostwald-Kapillarviskosimeters bei 37 °C gemessen. Der Normalwert gesunder Probanden lag bei 1,5.
Im Rahmen einer intensiven Plasmapherese (Entzug von ca. 5 Litern Plasma innerhalb von 6 Tagen) wurde ein starker Abfall der Serumviskosität wie auch der Plasmaproteinkonzentration beobachtet. Die Behandlung erstreckte sich teilweise über ein Jahr.

Bemerkungen: Keine Messungen weiterer rheologischer Parameter.

Klinik: Die Autoren fanden eine klinische Besserung der Retinopathien, der Blutungsneigung wie auch der neurologischen Symptome.

1965 behandelten **Hoffmann** und **Ritzmann** [450] 10 Patienten mit Morbus Waldenström durch teilweise sich über Jahre hinziehende Plasmapheresebehandlungen. Innerhalb von 24 Tagen wurden jedem Patienten 4200 ml Plasma entfernt.
Simultan mit einer Senkung des Gesamtproteins und der Makroglobuline wurde eine Verminderung der Serumviskosität verzeichnet.

Bemerkungen: Keine Angaben zur Meßmethode. Keine Messungen weiterer rheologischer Parameter.

Klinik: Eine Verbesserung der klinischen Symptomatik (keine genauen Angaben über diese Symptomatik) wurde beobachtet.

1967 untersuchten **Kopp** und Mitarbeiter [524] einen Patienten mit multiplem Myelom. Die Serumviskosität wurde mit einem Ostwald-Kapillarviskosimeter (H_2O = 1) bei 37 °C gemessen. Im Rahmen einer zehntägigen Plasmapherese (Entzug von 4500 ml Plasma) kam es zu einem Abfall der Serumviskosität wie auch des Plasmaproteinspiegels.

Bemerkungen: Keine Messungen weiterer rheologischer Parameter.

Klinik: Die Untersucher fanden eine Besserung des Nasenblutens, des Sehvermögens wie auch eine verminderte Sludge-Bildung in den Konjunktivalgefäßen.

1968 untersuchten **MacKenzie** und **Brown** [602, 603] sechs Patienten mit Morbus Waldenström und erhöhten Viskositätswerten. Die Serumviskosität wurde anhand eines Ostwald-Kapillarviskosimeters bestimmt. Nach der Plasmapherese kam es zu einem Abfall der relativen Serumviskosität, wobei auch das bei den Patienten erhöht gefundene Plasmavolumen statistisch signifikant vermindert wurde.

Bemerkungen: Die Meßtemperatur bei den Viskositätsmessungen wurde nicht angegeben; keine Messungen weiterer rheologischer Parameter.

1969 berichteten **Ritzmann** und Mitarbeiter [733] über eine Verminderung der Serumviskosität durch die Plasmapherese bei Patienten mit Makroglobulinämie. Die Serumviskositätsmessungen wurden mit einem Ostwald-Kapillarviskosimeter bei 37 °C durchgeführt.

Bemerkungen: Keine Messungen weiterer rheologischer Parameter.

Klinik: Es kam zu einer Besserung der Blutungsneigung wie auch neurologischer Symptome, die in Taubheit, Sehstörungen und Paralysen der Hände und Füße zum Ausdruck kamen.

1970 therapierten **Abruzzo** und Mitarbeiter [4] einen Patienten mit Polyarthritis, Polymyositis, Polysynovitis, Hyperviskosität und einem stark erhöhten 13 S IgG-Anteil, der 40% des Gesamtproteins darstellte. Die relative Serumviskosität (H_2O = 1) wurde mit einem Ostwald-Kapillarviskosimeter bei 25 °C gemessen. Nach dreitägiger Plasmapherese (Entzug von 2000 ml Plasma) und Prednisontherapie kam es zu einem Abfall der Serumviskosität, der Gamma-Globuline und des 13 S-Anteils.

Bemerkungen: Die Viskositätsmessung wurde unterhalb der Körpertemperatur durchgeführt; keine Messungen weiterer rheologischer Parameter.

Klinik: Die schwere Symptomatik der Myositis und Synovitis verschwand. Außerdem kam es zu einer Besserung der neurologischen Ausfallserscheinungen.

Fritz und Mitarbeiter [357] behandelten 1970 10 Patienten mit Paraproteinämien (9 × Plasmozytom, 1 × Morbus Waldenström) mit Plasmapherese. Die Plasmaviskosität wurde mittels der Viskowaage der Gebr. Haake (Balkenviskosimeter) bei 20 °C bestimmt. Die Patienten wurden in zwei Gruppen unterteilt, wobei diejenigen mit einer besonders ausgeprägten klinischen Symptomatik eine erhöhte Plasmaviskosität aufwiesen.
Die intensive Plasmapherese führte zu einer Normalisierung der Plasmaviskositätswerte in Verbindung mit einem Abfall der Paraproteine.

Bemerkungen: Keine Messungen weiterer rheologischer Parameter; die Viskositätsmessungen wurden bei 20 °C ausgeführt.

Klinik: Ein Verschwinden der Blutungen, der Retinopathien wie auch der Herzinsuffizienz und neurologischer Symptome wurde beobachtet.

Benninger und Mitarbeiter [65] prüften 1971 den therapeutischen Einfluß der Plasmapherese bei einem Patienten (80 Jahre) mit multiplem Myelom und Hyperviskosität. Die relative Serumviskosität ($H_2O = 1$) wurde mit einem Ostwald-Kapillarviskosimeter bei 22 °C gemessen. Der Normbereich der Serumviskosität lag bei 1,4 bis 1,9. Im Rahmen der Plasmapheresetherapie sank die Serumviskosität von 11 auf 5 ab; ebenso verhielt sich der Makroglobulinspiegel.

Bemerkungen: Keine Messungen weiterer rheologischer Parameter; die Blutviskosität wurde bei einer Temperatur von 22 °C gemessen.

Klinik: Eine klinische Besserung wurde nicht beobachtet.

Powles und Mitarbeiter [709] berichteten 1971 über die rheologischen Auswirkungen des Plasmaaustausches (NCI-IBM Cell Separator) bei 11 Patienten mit Paraproteinämien (multiples Myelom und Makroglobulinämie) und teilweise nachzuweisenden Kryoglobulinen. Als Plasmaersatz wurde Plasma gesunder Probanden verwendet. Das Viskosimeter bestand aus einer Kapillare mit einem Durchmesser von 1 mm, wobei unter einem konstanten Druck bei 37 °C gemessen wurde.
Im Verlauf des Plasmaaustausches wurde die Normalisierung der Plasmaviskosität bei einem Patienten nach Austausch von 7 Litern Plasma beschrieben. Ein Abfall der Makroglobuline wurde nur bei 6 Patienten nachgewiesen.

Bemerkungen: Keine Messungen weiterer rheologischer Parameter.

Klinik: Durch eine Verminderung retinaler Exsudate und Hämorrhagien kam es zu einer Besserung der Retinopathien. Weiterhin wurde ein Sistieren neurologischer Symptome, nasopharyngealer Blutungen und komatöser Zustandsbilder beschrieben.

Pruzanski und **Watt** [715] behandelten 5 Patienten mit multiplem Myelom und erhöhter Serum- und Plasmaviskosität durch Plasmapherese und eine zusätzliche zytostatische Medikation. Die Serumviskosität wurde sowohl mit einem Kugelfallviskosimeter der Firma Roger bei 24 °C ($H_2O = 1$) als auch mit einem Wells-Brookfield-Viskosimeter bei 37 °C gemessen.
Synchron mit der Verminderung des Gesamtproteins und der Makroglobuline wurde eine Verminderung der Serumviskosität beobachtet.

Klinik: In vier von fünf Fällen wurden günstige klinische Resultate erzielt wie Sistieren der Schleimhautblutungen und Besserung der Retinopathien und der neurologischen Symptome.

Wolf und Mitarbeiter [921] therapierten Patienten mit multiplem Myelom und „Hyperviskositätssyndrom" durch Plasmapherese, wobei bis zu 4500 ml Plasma entfernt wurden.
Synchron mit dem Abfall der abnormalen Plasmaproteine wurde eine Senkung der Serumviskosität festgestellt.

Bemerkungen: Keine Messungen weiterer rheologischer Parameter; Angaben über das verwendete Viskosimeter und die Meßtemperatur wurden nicht gemacht.

Klinik: Nach der Plasmapherese kam es zu einem Sistieren der Blutungen und einer Abnahme der neurologischen Symptome. Weiterhin wurde eine Besserung der Retinopathien, der Herzinsuffizienz und der Nierenfunktion beobachtet.

Reich und Mitarbeiter [719] untersuchten 1973 bei 8 Patienten mit Morbus Waldenström (2 Patienten davon mit Kryoglobulinen) den Einfluß des Plasmaaustausches (IBM Cell Separator) auf die rheologischen Eigenschaften des Serums. Nach Entzug von 2500 bis 3000 ml Plasma wurden der abnorme Proteinspiegel wie auch die Serumviskosität gesenkt.

Bemerkungen: Art und Weise der viskosimetrischen Messung wurden nicht angegeben; Messungen weiterer rheologischer Parameter unterblieben.

Klinik: Die bei einem Teil der Patienten aufgetretene Erblindung und Bewußtlosigkeit wurden durch die Behandlung aufgehoben.

1973 berichteten **Lindsley** und Mitarbeiter [579] über einen Patienten mit multiplem Myelom. Die Blutviskosität wurde mit einem Brookfield-micro-cone-plate-Viskosimeter bei 37 °C und Schergraden zwischen 11,5 und 230 s^{-1} gemessen. Nach mehrfach durchgeführten Plasmapheresen kam es gleichzeitig mit der Verminderung der Makroglobuline zu einer Verminderung der Blutviskosität.

Bemerkungen: Eine Hämatokritkorrektur wurde nicht durchgeführt; keine Messungen weiterer rheologischer Parameter.

Klinik: Eine Besserung des Krankheitsbildes des Patienten und ein Sistieren der retinalen Blutungen wurden beobachtet.

Tuddenham und Mitarbeiter [865] behandelten 1974 vier Patienten mit multiplem Myelom und einer Bluthyperviskosität durch Plasmapherese, wobei zwischen 2 und 3,7 Liter Plasma entfernt wurde. Die Serumviskosität wurde bei 3 Patienten mit einem Ostwald-Kapillarviskosimeter bzw. einem Coulter Electronic Kapillarviskosimeter ($H_2O = 1$) und die Blutviskosität bei einem Patienten anhand eines Wells-Brookfield-Viskosimeters bei einem definierten Schergrad von 230 s^{-1} bestimmt. Die Temperatur bei den Viskositätsmessungen betrug 37 °C. Im Verlauf der Plasmapherese wurde ein Abfall des Gesamteiweißspiegels im Plasma wie auch eine Verminderung der Serum- bzw. Blutviskosität gefunden.

Bemerkungen: Keine Messungen weiterer rheologischer Parameter.

Klinik: Eine Besserung der Retinopathien und der Blutungsneigung wurde nach der Plasmapherese von den Autoren festgestellt.

Viskosimetrische Untersuchungen im Rahmen eines mit Zell- Separator (Celltrifuge) durchgeführten Plasmaaustauschs bei 12 Patienten mit Morbus Waldenström wurden 1976 von **Grindle** und Mitarbeitern [392] durchgeführt. Bei 4 der Patienten wurden die Retinopathien als Ausdruck eines sogenannten „Hyperviskositätssyndroms" gedeutet. Bei dem Plasmaaustausch wurden ca. 5,5 Liter körpereigenes Plasma entfernt und durch 1000 ml isotoni-

sche Kochsalzlösung, 4000 ml einer Plasmaproteinfraktion und 150 ml Dextran substituiert. Die Serumviskosität wurde mit einem Ostwald-Kapillarviskosimeter bei 37 °C ($H_2O = 1$) gemessen. Die Blut- und Plasmaviskositätsmessungen erfolgten mit einem Wells-Brookfield-Viskosimeter bei einem Schergrad von 230 s^{-1} und einer Temperatur von 37 °C.
Am Behandlungsende wurde entsprechend dem Abfall des Gesamtproteinspiegels und der Makroglobuline eine Senkung der Serum-, Plasma- und Blutviskosität gefunden.

Bemerkungen: Viskosimetrische Messungen bei niedrigen Schergraden wurden nicht ausgeführt; keine Messungen weiterer rheologischer Parameter.

Klinik: Bei der Fluoreszenzangiografie wurde eine Normalisierung des retinalen Blutflusses beobachtet. Durch die Auflösung der retinalen Hämorrhagien, den Rückgang der Papillenödeme und eine Verminderung der Venendilation im Augenhintergrund stellte sich durchweg eine Verbesserung der Retinopathien ein.

Buskard und Mitarbeiter [104] behandelten 2 Patienten mit Morbus Waldenström, Raynaud-Symptomatik und erhöhter Blutviskosität. Die Beschwerden der Patienten konnten durch die herkömmliche Chemotherapie nicht behoben werden. Ein Plasmaaustausch mittels eines Blutzellseparators (Celltrifuge) wurde durchgeführt. Hierbei wurden ca. 5 bis 6 Liter Plasma durch 1500 ml isotonische Kochsalzlösung, 3800 ml einer Plasmaproteinfraktion und 500 ml Dextran ersetzt. Diese Behandlung wurde bis zu drei Jahren durchgeführt. Die Serum- und Plasmaviskosität wurde mit einem Ostwald-Kapillarviskosimeter bei 37 °C und die Blutviskosität mit einem Wells-Brookfield-Viskosimeter in einem Schergradbereich von 1,15 bis 230 s^{-1} gemessen.
Analog dem Abfall der Paraproteine im Plasma wurde eine Blut-, Plasma- und Serumviskositätsminderung gefunden.

Bemerkungen: Messungen der Erythrozytenaggregation und der Erythrozytenfiltrabilität (Erythrozytenverformbarkeit) wurden nicht durchgeführt.

Klinik: Die Autoren fanden eine Besserung der Retinopathien. Die Fingerschmerzen sistierten; die klinische Symptomatik einer Herzinsuffizienz wurde bei einem Patienten gänzlich aufgehoben.

Milan und Mitarbeiter [646] behandelten 1977 22 Patienten mit multiplem Myelom und erhöhter Serumviskosität durch Plasmapherese. Die Serumviskosität wurde mit einem Wells-Brookfield-Viskosimeter bei 37 °C und Schergraden zwischen 23 und 230 s^{-1} gemessen.
Synchron mit der Verminderung der Gamma-Globuline und des Serumproteinspiegels wurde eine Verminderung der Serumviskosität festgestellt.

Bemerkungen: Keine Messungen rheologischer Parameter.

Klinik: Die Autoren fanden eine Besserung der Retinopathien wie auch ein Sistieren der häufig vorhandenen Hämorrhagien.

Preston und Mitarbeiter [711] veröffentlichten 1978 einen Bericht über die rheologische Wirkung des mit einem „Aminco cell separator" ausgeführten Plasmaaustauschs bei 11 Patienten mit multiplem Myelom und stark erhöhter Blutviskosität. Die Blutviskosität wurde bei mathematisch korrigiertem Hämatokrit von 45% und Schergraden von 23 bis 230 s^{-1} bestimmt. Die Meßtemperatur betrug 37 °C.
Nach dem Plasmaaustausch wurde synchron mit dem Abfall der Blutviskosität eine Verminderung der IgA- und IgG-Makroglobuline gefunden.

Bemerkungen: Keine Messungen weiterer rheologischer Parameter.

Klinik: Die Autoren beobachteten bei Patienten mit Koma eine dramatische Besserung des Allgemeinzustandes. Es kam zu einem Sistieren der gastrointestinalen Blutungen wie auch der Epistaxis. Die durch retinale Blutungen, gestaute Venen und Papillenödeme entstandenen Retinopathien verschwanden. Die neurologische Symptomatik, die in Lethargie, Übelkeit, Taubheit, Diplopie, Ataxie etc. zum Ausdruck kam, konnte durch den Plasmaaustausch entscheidend gebessert werden.

1978 berichteten **Talpos** und Mitarbeiter [853] über die therapeutische Wirkung des Plasmaaustausches bei 5 Patienten mit Morbus Raynaud, welche vorher erfolglos durch Sympathektomien behandelt worden waren. Der Plasmaaustausch erfolgte fünfmal in wöchentlichen Abständen, wobei das durch einen Zell-Separator (Aminco Celltrifuge) entnommene Plasma durch 2 bis 2,5 Liter einer Plasmaproteinfraktion bzw. durch normales Plasma ersetzt wurde. Die bei 3 Patienten gemessene Blutviskosität sank besonders bei niedrigen Schergraden ab.

Bemerkungen: Angaben zur Meßtemperatur wie auch zur Art des verwendeten Viskosimeters wurden nicht gemacht; keine Messungen weiterer rheologischer Parameter.

Klinik: Bei 3 von 4 Patienten heilten Fingerulcera ab, und es kam zu einer Verminderung der Schmerzhäufigkeit und der Schmerzintensität.

Dodds, O'Reilly, Cotton und Mitarbeiter [191] therapierten 1979 8 Patienten mit Morbus Raynaud durch wöchentlichen Plasmaaustausch. Die mit einem Zell-Separator (Haemonetics Model 30 Blood Processor) entzogene Plasmamenge von 1,9 Litern wurde durch 1,2 Liter einer menschlichen Plasmaproteinfraktion, 0,5 Liter Plasmaersatzstoff und 0,5 bis 1 Liter isotonischer Kochsalzlösung substituiert. Die Blutviskosität wurde mit einem Contraves Low Shear-Zylinderviskosimeter bei einem mathematisch korrigierten Hämatokrit von 45% bei zwei Schergraden (0,77 und 91 s^{-1}) bestimmt. Die Meßtemperatur betrug 37 °C. Die Messungen der Erythrozytenfiltration (Erythrozytendeformierbarkeit) erfolgte durch ein Polycarbonatfiltersystem mit einer Porengröße von 5 µm bei 21 °C. Im Vergleich zu einer gesunden Kontrollgruppe zeigte sich bei den Patienten eine verminderte Erythrozytendeformierbarkeit. Nach dem Plasmaaustausch wurde eine Verminderung der Blutviskosität gefunden, die bei dem niedrigen Schergrad am stärksten ausgeprägt war. Nach jedem Plasmaaustausch erniedrigten sich die Plasmaviskosität, der Fibrinogenspiegel und der Hämatokrit. Auch die Erythrozytenverformbarkeit, beurteilt an Hand der Erythrozytenfiltrationsrate, wurde verbessert. Noch 6 Wochen nach Therapieende konnte bei einem Schergrad von 0,77 s^{-1} eine statistisch signifikante Verminderung der Blutviskosität festgestellt werden.

Ähnliche Berichte mit einer größeren Patientenzahl mit Morbus Raynaud wurden von **O'Reilly** und Mitarbeitern ebenfalls 1979 [671] veröffentlicht.

Bemerkungen: Der Hämatokrit wurde mathematisch korrigiert. Erythrozytenaggregationsmessungen wurden nicht durchgeführt. Die Erythrozytenverformbarkeitsmessungen erfolgten unterhalb der Körpertemperatur; der Einfluß der hohen Plasmaviskosität auf die Erythrozytenfiltration dürfte die Ergebnisse erheblich beeinflußt haben.

Klinik: Die bei drei Patienten vorliegenden Fingerulcera konnten zum Abheilen gebracht werden. Zudem beobachteten die Autoren eine Verminderung von Stärke und Intensität der periodisch auftretenden Schmerzattacken.

1979 berichteten **Kilpatrick** und Mitarbeiter [505] über einen Plasmaaustausch bei 7 Patienten mit Hyperlipoproteinämie, welche an koronaren und peripheren Durchblutungsstörungen litten. Das mit einer „Aminco Celltrifuge" entnommene Plasma wurde durch eine Plasmaproteinlösung ersetzt. Die Blut- und Plasmaviskositätsmessungen wurden mit einem Contraves Low Shear 100-Viskosimeter bei 37 °C durch-

geführt, welches zur Messung niedriger Schergrade an einen Rheomat T 15 (15 Schergrade zwischen 0,07 und 4,6 s^{-1}) angeschlossen wurde. Um Oberflächenartefakte bei den Viskositätsmessungen zu vermeiden, wurde ein Air-Interface-Zusatz verwendet.
Am Behandlungsende wurde eine besonders starke Senkung der Blutviskosität bei niedrigen Schergraden gefunden. Simultan mit der Blutviskositätssenkung wurden ein starker Abfall des Fibrinogenspiegels, der Plasmaviskosität, der Cholesterin- und Triglyceridkonzentration wie auch ein Hämatokritabfall um 5% beobachtet.

Bemerkungen: Eine Hämatokritkorrektur erfolgte nicht; Messungen der Erythrozytenaggregation wie auch der Erythrozytenflexibilität wurden nicht durchgeführt.

Klinik: Bei den zwei Patienten mit peripheren arteriellen Durchblutungsstörungen kam es synchron mit einer Verbesserung der Fließeigenschaften des Blutes zu einer Verbesserung der Claudicatio intermittens-Symptomatik.

1980 berichteten **Yamagata** und Mitarbeiter [926] über den Einfluß des Plasmaaustausches bei einer Patientengruppe des rheumatischen Formenkreises (systemischer Lupus erythematodes, rheumatische Arthritis, progressive systemische Sklerose, mixed connective tissue disease (MCTD)) auf die Fließeigenschaften des Blutes. Den Patienten wurden hierzu jeweils 500 ml Blut entzogen, das pathologisch veränderte Plasma abzentrifugiert und die so erhaltenen Erythrozyten zusammen mit einer Plasmalösung gesunder Spender reinfundiert. Die Serumviskosität wurde mit einem Ostwald-Kapillarviskosimeter gemessen. Gleichzeitig mit dem Abfall des Gesamtproteinspiegels sowie der IgG, IgA, IgM-Immunoglobuline fanden die Autoren eine Verminderung der Serumviskosität.

Bemerkungen: Die Temperaturen bei den Serumviskositätsmessungen wurden nicht angegeben; keine Messungen weiterer rheologischer Parameter.

Klinik: Die Patienten berichteten über ein Verschwinden der aufgetretenen Fieberanfälle, der Gelenkschmerzen, die bis zur Bewegungsunfähigkeit führen konnten, der Exantheme und der Raynaud-Symptomatik.

1980 berichteten **Wrabetz-Wölke** und Mitarbeiter [925] über eine Verminderung der Plasmaviskosität nach mehrfach durchgeführten Plasmapheresen bei Patienten mit Morbus Waldenström und multiplem Myelom.

Bemerkungen: Keine Messungen weiterer rheologischer Parameter, keine Angaben zur Art des verwendeten Viskosimeters.

Klinik: Die Autoren fanden gleichzeitig mit der Verminderung der Plasmaviskosität eine Verbesserung der klinischen Symptomatik.

1980 behandelten **Schooneman** und Mitarbeiter [771] insulinabhängige Diabetiker mit erhöhten Plasmaviskositätswerten sowie Patienten mit Morbus Waldenström und Plasmozytom. Die Plasmaviskosität wurde mit einem Kapillarviskosimeter bei 37 °C gemessen, und die Blutviskosität wurde mit einem Koaxialzylinderviskosimeter (Contraves LS 30) bei konstantem Hämatokrit und 5 Schergraden (0,204, 0,512, 0,95, 20,4 und 128,5 s^{-1}) bestimmt. Die Autoren fanden jeweils nach einem durchgeführten Plasmaaustausch (Blood Cell Separator) einen Abfall der Blutviskosität bei niedrigen Schergraden wie auch eine Verminderung der Plasmaviskosität.

Bemerkungen: Keine Messungen weiterer rheologischer Parameter; die Menge des ausgetauschten Plasmas wurde nicht angegeben.

1980 führten **Iwamoto** und Mitarbeiter [469] mit dem Plasmaflo-Membran-Separator einen Plasmaaustausch bei 2 Patienten mit multiplem Myelom durch, nachdem die kombinierte Therapie mit Prednisolon, Melphalan und Cyclophosphamid keine Besserung des Krankheitsgeschehens gebracht hatte. Gleichzeitig mit dem Abfall der Gesamtproteine und der IgA-Immunglobuline kam es zu einem Abfall der Plasmaviskosität.

Bemerkungen: Die Art und Funktionsweise des verwendeten Viskosimetertyps wie auch die Meßtemperatur wurden nicht angegeben; keine Messungen weiterer rheologischer Parameter.

Klinik: Die Patienten berichteten über ein Sistieren der Schleimhautblutungen und ein Nachlassen der Abgeschlagenheit.

1981 berichtete **Dodds** [192] über die hämorheologischen Auswirkungen eines einmaligen Plasmaaustausches bei 10 Patienten mit vaskulären Gefäßerkrankungen. Die mit einem Zell-Separator (Haemonetics Model 30 Blood Processor) entzogenen Plasmamengen von 2 Litern wurden durch Infusion eines Plasmaersatzstoffes und einer Plasmaproteinfraktion substituiert. Die Blut- und Plasmaviskositätsmessungen erfolgten mit einem Rotationsviskosimeter bei Schergraden von 0,77 und 91 s^{-1}.
Nach Beendigung der Plasmapherese wurde bei dem niedrigen Schergrad ein besonders starker Abfall der Blutviskosität gefunden. Zudem konnte eine synchrone Senkung der Plasmaviskosität und des Fibrinogenspiegels beobachtet werden. Eine Veränderung der Erythrozytenfiltrabilität (Erythrozytendeformierbarkeit) wurde nicht festgestellt.

Bemerkungen: Angaben über die Filtrationsmethode, den Viskosimetertyp und die Meßtemperatur wurden nicht gemacht. Eine Hämatokritkorrektur wurde nicht durchgeführt.

Allan [11] behandelte 1981 Patienten mit Morbus Waldenström durch Plasmaaustausch. Die mit einem Zell-Separator entzogenen Plasmamengen von 2,5 bis 4 Litern wurden durch eine Plasmaproteinfraktion ersetzt. Ein Brookfield-micro-cone-plate-Viskosimeter diente zur Messung der Blut- und Plasmaviskosität bei 37 °C. Der Hämatokrit wurde mathematisch auf einen Standardwert von 30% eingestellt.
Im Rahmen der Behandlung wurde eine simultane Verminderung der Blut- und Plasmaviskosität entsprechend dem Abfall der IgM-Paraproteine gefunden.

Bemerkungen: Angaben über die verwendeten Schergrade und die Meßtemperatur wurden nicht gemacht.

Klinik: Der Autor berichtete über eine Verbesserung der Retinopathien, der Herzinsuffizienz, neurologischer Symptome und der Dyspnoe.

1981 berichteten **Stoltz** und Mitarbeiter [825] über eine Studie bei Patienten mit verschiedenen Erkrankungen und gleichzeitig erhöhter Viskosität des Blutes, bei denen entweder kleinere oder größere Plasmavolumina entfernt bzw. ausgetauscht wurden. Hierbei kam es rheologisch zu einer Verbesserung auch in einem Kontrollkollektiv von Patienten, bei denen keine Hyperviskosität festgestellt wurde (Abstract, keine Details).

Fazzini und Mitarbeiter untersuchten 1981 den Einfluß einer Plasmapherese oder eines Plasmaaustausches bei 11 Patienten mit multiplem Myelom bzw. Kryoglobulinämie [347]. Als Ersatzflüssigkeiten wurden Kochsalzlösung oder Albuminlösung verwendet. Die Messung der Blut- und Plasmaviskosität erfolgte mit einem Brookfield LVT cone-plate-Viskosimeter bei Schergraden zwischen 23 und 230 s^{-1}. Die Plasmaviskosität wurde bei 230 s^{-1} gemessen. Die Filtrabilität des Blutes wurde mittels einer Modifikation der Vollblutmethode nach Reid durchgeführt.
Es fand sich in der Mehrzahl der Fälle eine Senkung der Blut- und Plasmaviskosität. Das Verhalten der Erythrozytenfiltration zeigte in den meisten Fällen eine Besserung des Durchlaufs, wobei keine Parallelität zur Plasmaviskosität gefunden wurde.

Bemerkungen: Keine Messungen der Erythrozytenaggregation.

Klinik: In den meisten Fällen fanden sich auch Besserungen der klinischen Symptome, insbesondere, was die renalen Komplikationen anbelangte.
Die gleichen Autoren berichteten auch an anderer Stelle über diese Befunde [346] (Abstract, keine Details).

Brown und Mitarbeiter [88] untersuchten 1981 die Blut- und Plasmaviskosität bei Patienten mit Polyzythämie vor und nach Plasmaaustausch. Gleichzeitig wurde der zerebrale Blutfluß gemessen; die Autoren fanden eine signifikante Verminderung der Blut- und Plasmaviskosität bei unveränderten Hämoglobinwerten. Dennoch blieb die zerebrale Durchblutung unverändert. Die Autoren schlossen daraus, daß Veränderungen der Plasmaviskosität einen nur geringen Effekt auf die Durchblutung des Gehirns haben (Abstract, keine Details).

Buskard [105] behandelte 1981 12 Patienten mit Waldenström'scher Makroglobulinämie mit einem Zellseparator und ersetzte das entnommene Plasmavolumen durch Plasmaproteinlösung und Kochsalzlösung. Die relative Blutviskosität von Plasma wurde mittels eines Ostwald-Kapillarviskosimeters bei 37 °C vor und nach jedem Plasmaaustausch gemessen. Die Blutviskosität des heparinisierten Blutes wurde mit einem Wells-Brookfield-Mikroviskosimeter bei Scherraten zwischen 1,5 und 230 s^{-1} gemessen. Es fand sich eine deutliche Senkung der Blut- und Plasmaviskosität.

Bemerkungen: Keine Messungen weiterer hämorheologischer Parameter.

Somer und **Ditzel** [810] untersuchten 1981 bei einem Patienten mit Paraproteinämie die Blut- und Plasmaviskosität mittels eines Wells-Brookfield-Mikroviskosimeters vor und nach einer intensiven Plasmapherese. Es kam zu einer deutlichen Verminderung der Blut- und Plasmaviskosität. Daneben untersuchten die Autoren auch noch die Sauerstoffbindungskurve sowie den Sauerstofftransport und fanden keinerlei Veränderung dieser Parameter. Sie schlossen daraus, daß die mikrozirkulatorischen Störungen weitgehend durch die stark erhöhte Plasmaviskosität, die starke Aggregation von Erythrozyten und durch die bestehende Hypervolämie bedingt sind.

Strauer und Mitarbeiter [843] berichteten über 3 Patienten mit Koronarinsuffizienz, bedingt durch Hyperlipidämie und multiples Myelom. Die Blutviskosität und die Plasmaviskosität wurden mit einem modifizierten Wells-Brookfield-Viskosimeter bestimmt, die Erythrozytenaggregation durch fotometrische Messung der Lichttransmission. Die Autoren fanden eine Senkung der Blut- und Plasmaviskosität sowie eine Reduktion der Erythrozytenaggregation durch Plasmapherese.

Klinik: Die pektanginösen Beschwerden der Patienten verminderten sich.

1982 untersuchten **Terekhov** und Mitarbeiter [855] die Fließeigenschaften des Blutes vor und nach einer Hämoperfusion (Methode zur Adsorption z. B. von Toxinen an Kohle oder Kunstharze, wobei auch Plasmaeiweiß verlorengeht) bei 23 Patienten mit Intoxikationen und fanden eine Verbesserung der Fließeigenschaften des Blutes (Original in Russisch, englische Zusammenfassung, keine Details).

1982 beschrieben **Goldberg** und Mitarbeiter [381] den Effekt eines Teilaustausches von Blut gegen Plasma bei Neugeborenen mit stark erhöhter Blutviskosität. Die Viskosität wurde bei Schergraden von 11 und 106 s^{-1} gemessen; es ergaben sich Verbesserungen der Blutviskositätswerte.

Bemerkungen: Außer der Vollblutviskosität wurden keine anderen rheologischen Parameter gemessen.

Klinik: Es wurde eine wesentliche Verbesserung der klinischen Symptomatik beschrieben, insbesondere der neurologischen Abnormitäten.

Bei ebenfalls 3 Patienten mit Paraproteinämie untersuchten **Beck** und Mitarbeiter [54] die Serumviskosität mittels eines Ostwald-Kapillarviskosimeters vor und nach Plasmaaustausch (Plasma-, Albumin- und Kochsalzlösung). Es kam zu einer therapiebedingten Senkung der Viskositätswerte. Die Autoren fanden, daß die Messung der Serumviskosität ein gutes Maß zur Steuerung der Therapie solcher Patienten darstellt.

Baron und Mitarbeiter [45] führten 1982 eine Plasmapherese bei einem Patienten mit einer rheumatischen Hyperviskosität und klinischer Symptomatik durch. Die Serumviskosität wurde mit einem Ostwald-Kapillarviskosimeter bei 25 °C gemessen. Es ergab sich eine deutliche Verminderung der Werte nach Therapie.

Bemerkungen: Keine Messung anderer hämorheologischer Parameter.

Den Einfluß eines Plasmaaustausches auf die Blutviskosität und den zerebralen Blutfluß untersuchten **Brown** und **Marshall** 1982 [89] bei 8 Patienten mit verschiedenen Erkrankungen. Das mit einer Maschine der Firma Haemonetics gewonnene körpereigene Plasma wurde durch 5%ige Humanalbuminlösung und physiologische Kochsalzlösung ersetzt. Die Vollblutviskosität und die Plasmaviskosität wurden bei 37 °C mit einem Contraves Low Shear-Viskosimeter gemessen. Darüberhinaus wurden u. a. der Hämatokrit und die Plasmaeiweißkonzentration bestimmt. Es kam zu einer statistisch signifikanten Verminderung der Vollblutviskosität und der Plasmaviskosität. Während sich der Hämatokrit nicht statistisch signifikant veränderte, kam es erwartungsgemäß zu einer deutlichen Senkung der Konzentration der Bluteiweiße.

Bemerkungen: Andere rheologische Parameter wurden nicht gemessen. Die bei denselben Patienten durchgeführten Messungen des zerebralen Blutflusses zeigten keine signifikante Veränderung, was auf die kompensatorische Funktion der zerebralen Autoregulation zurückgeführt wurde. Die Autoren wiesen darauf hin, daß nach ihren Befunden eine Senkung der Blutviskosität nicht zwangsläufig zu einer Verbesserung der Durchblutung führen muß.

Rosenkrantz und **Oh** [740] berichteten 1982 über das Verhalten der Blutviskosität (Brookfield-Viskosimeter) im Rahmen eines partiellen Plasmaaustausches bei Kindern mit Polyzythämie. Es fand sich eine deutliche Senkung der Viskositätswerte.

Strauer untersuchte 1983 [844] einzelne Patienten mit multiplem Myelom bzw. Paraproteinämie, bei denen nach Plasmapherese die Blutviskosität vermindert und die koronarvenöse Sauerstoffsättigung erhöht war.

Bemerkungen: Keine genauen meßtechnischen Angaben.

Klinik: Bei den Patienten kam es zu einer wesentlichen Besserung der klinischen Symptomatik nach Plasmapherese und Viskositätssenkung.

Van den Berg und Mitarbeiter berichteten 1983 [872] in einer Kurzmonographie über die Therapie des sogenannten Hyperviskositätssyndroms durch Plasmapherese mittels Zellseparator bei Patienten mit Paraproteinämie. Blut wurde venös entnommen und mit EDTA ungerinnbar gemacht. Die Viskositätsmessungen erfolgten mit dem Rotationsviskosimeter Low Shear 100 der Firma Contraves, Zürich, bei 37 °C und niedrigen Schergraden. Bei den Patienten kam es zur Abnahme der Vollblut- und Plasmaviskosität.

Bemerkungen: Weitere rheologische Parameter wurden nicht untersucht. Die Autoren verglichen die Senkung der Blutviskosität durch Plasmapherese mit der plethysmographisch gemessenen Ruhedurchblutung im akralen Bereich der Extremitäten. Bei einigen Patienten fand sich eine Verbesserung der Ruhedurchblutung.

Klinik: Bei allen 8 untersuchten Plasmapherese-Patienten wurde eine Besserung der klinischen Symptomatik festgestellt.

1983 untersuchten **Gueguen** und Mitarbeiter [399] rheologische Parameter des Blutes von 66 Patienten mit verschiedenen monoklonalen Dysglobulinämien im Verlaufe eines Plasmaaustausches. Die Blutviskosität wurde mit einem koaxialen Viskosimeter (Low shear 30) gemessen, die Filtrabilität des Blutes nach der Methode von Reid und Mitarbeitern bestimmt. Die Blut- und Plasmaviskosität verminderten sich nach dem Plasmaaustausch und stiegen nach 48 bis 72 Stunden dann wieder an. Die Filtrabilität des Blutes verbesserte sich im Verlauf einer Plasmaaustauschtherapie (Abstract, keine Details).

Schooneman und Mitarbeiter [772] fanden, daß ein massiver Plasmaaustausch mittels Zellseparator bei verschiedenen Paraproteinämien zu einer Verminderung der Blut- und Plasmaviskosität führte. Bei den untersuchten 25 Patienten war die Aggregabilität der Erythrozyten dann vermindert, wenn als Austauschlösung 4%ige Humanalbuminlösung verwendet wurde (Abstract, keine Details).

Weber und Mitarbeiter [907, 908] führten 1983 eine Plasmafiltration bei 12 Patienten mit Raynaud-Phänomen durch und untersuchten die Erythrozytenaggregation und die Plasmaviskosität. Eine Verbesserung dieser rheologischen Parameter war dann festzustellen, wenn diese vor der Therapie pathologisch erhöht waren. In der Mehrzahl der Fälle fand sich eine klinische Besserung.

Walker und Mitarbeiter [892] untersuchten 1983 bei Patienten mit Claudicatio intermittens die Fließeigenschaften des Blutes nach einer Plasmapherese mit Ersatz durch 1500 ml Plasmaersatzlösung und 500 ml isotonische Kochsalzlösung. Untersucht wurden die Blutviskosität bei verschiedenen Schergraden, die Plasmaviskosität und die Erythrozytenfiltrabilität. Nach der Behandlung kam es zu einer Verminderung der Plasmaviskosität und der Blutviskosität bei allen gemessenen Schergraden. Simultan gemessene Funktionsteste entsprachen der viskosimetrisch gefundenen Verbesserung der Fließeigenschaften des Blutes. Es wurde vermutet, daß die Senkung der Plasmaviskosität durch Plasmapherese bei Patienten mit initial erhöhter Plasmaviskosität von klinischen Nutzen sein könnte (Abstract, keine Details).

Glöckner und Mitarbeiter [378, 379] behandelten einen Patienten mit Morbus Waldenström mit einer sogenannten Kaskadenfiltration, wobei nur die pathologischen hochmolekularen Eiweiße entfernt und die anderen Eiweißfraktionen reinfundiert werden. Es zeigte sich, daß die Viskosität des Serums nach der Filtrationstherapie deutlich herabgesetzt war.

Gülzow und Mitarbeiter [401] fanden 1983 eine Senkung der Plasmaviskosität bei 20 Patienten mit Paraproteinämien nach Plasmapherese. Gemessen wurde mit einem Kapillarviskosimeter bei 37 °C (Abstract, keine Details).

Ryabov und Mitarbeiter [746] berichteten 1983 über die Fließeigenschaften des Blutes vor und nach einer Hämoperfusion bei Patienten mit Peritonitis und Pankreatitis und fanden, daß sich keine Änderung der Plasmaviskosität, dafür aber eine Verminderung der Erythrozytenaggregationstendenz ergab (englische Zusammenfassung, keine Details).

Derksen und Mitarbeiter [167] führten 1983 bei 5 Patienten mit Kryoglobulinämie einen Plasmaaustausch durch und untersuchten die Serumviskosität vor und nach der Therapie. Es fand sich eine Verminderung dieser Werte, gemessen bei 37 °C mit einem Ostwald-Kapillarviskosimeter und bezogen auf die Viskosität von destilliertem Wasser ($H_2O = 1$).

Bemerkungen: Keine Messungen anderer rheologischer Parameter.

Di Lollo und Mitarbeiter [171] führten 1983 bei Patienten mit Plasmahyperviskosität verschiedener Ursachen eine Plasmapherese und einen Plasmaaustausch durch und bestimmten Blut- und Plasmaviskosität (keine genauen Angaben der Methode). Es kam zu einer Senkung sowohl der Blut- als auch der Plasmaviskosität.

Bemerkungen: Keine Messung anderer rheologischer Parameter.

Shirinova und Mitarbeiter [796] führten 1983 bei Patienten mit schweren Verbrennungen und Sepsis eine Hämosorption durch und fanden eine Verbesserung der Fließeigenschaften des Blutes (Original in Russisch).

Walker und **Dormandy** [893] behandelten 1984 6 Patienten mit Claudicatio intermittens durch Plasmaaustausch mit einem Zellseparator. 2000 ml Plasma wurden entzogen und durch 1500 ml eines Gelatinepräparates und zusätzlich 500 ml physiologische Kochsalzlösung ersetzt. Die Autoren fanden eine signifikante Verminderung der Vollblutviskosität, gemessen bei 3 verschiedenen Schergraden mittels eines Contraves-LS 30-Viskosimeters, und der Plasmaviskosität (Kapillarviskosimeter).

Klinik: Keine Verbesserung der schmerzfreien Gehstrecke; darüberhinaus fanden sich auch keine Veränderungen der plethysmographisch gemessenen reaktiven Hyperämie der unteren Extremität.

1984 berichteten **Mehta** und Mitarbeiter [632] über eine deutliche Verbesserung der Vollblutviskosität durch intensive Leukapherese bei 3 Patienten mit chronischer Granulozytenleukämie. Die Patienten litten unter erheblichen Sehstörungen bei sehr hohen Leukozytenzahlen im Blut. Die Herausnahme der vermehrten Leukozyten mittels eines Blutzellseparators führte zu einer Senkung der Vollblutviskosität, gemessen mit einem Contraves-LS-100-Rotationsviskosimeter bei einer Meßtemperatur von 37 °C und bei den Schergraden 22 s^{-1} und 0,775 s^{-1}. In zeitlichem Zusammenhang mit der Senkung der Viskosität verbesserte sich auch die klinische Symptomatik bei den 3 untersuchten Patienten.

Bemerkungen: Keine Untersuchung weiterer rheologischer Parameter.

Crawford und Mitarbeiter [151] behandelten im Jahre 1985 Patienten mit Immunglobulinerkrankungen und Hyperviskosität mittels Plasmapherese und verfolgten die Plasmaviskosität mit einem Couette-Harkness-Viskosimeter bei 25 °C. Sie fanden eine deutliche Verminderung der Werte durch diese Therapie bei gleichzeitiger Verbesserung der klinischen Situation.

Bemerkungen: Keine Messungen anderer hämorheologischer Parameter.

Stoltz und Mitarbeiter [831] berichteten 1985 über das Verhalten hämorheologischer Parameter bei 50 Patienten mit monoklonalen Dysglobulinämien vor und nach einem Plasmaaustausch. Die Vollblutviskosität wie auch die Plasmaviskosität verminderten sich, und die Erythrozytenaggregation (Rheoskop) zeigte eine nahezu vollständige Normalisierung (Abstract, keine Details).

Schoonemann und Mitarbeiter [773, 774] berichteten 1985 über hämorheologische Veränderungen unter Plasmaaustausch bei 50 Patienten mit monoklonaler Dysglobulinämie. Der Plasmaaustausch wurde mit einem Zellseparator durchgeführt. Die Plasmaviskosität wurde bei 37 °C mit einem Kapillarviskosimeter und die Vollblutviskosität mit einem Contraves-LS 30-Viskosimeter nach Hämatokritkorrektur auf 40% gemessen. Die Erythrozytenfiltration erfolgte durch Nucleoporefilter von 5 µm Porendurchmesser. Die Erythrozytenaggregation wurde mit einem Aggregometer (Lichttransmission) gemessen. Die Autoren fanden eine Besserung aller untersuchten hämorheologischen Parameter.

Litmanovich und Mitarbeiter [580] berichteten 1985 über die Behandlung von 28 Patienten mit peripheren arteriellen Verschlußerkrankungen mit Plasmapherese in Kombination mit einer Hämodilution und fanden eine Verbesserung der untersuchten hämorheologischen Parameter (Original in Russisch).

Baer und Mitarbeiter [39] beschrieben 1985 den Einfluß einer Leukapherese auf die klinische Situation eines Patienten mit chronisch lymphatischer Leukämie und Leukozytenzahlen über 500000 pro mm^3. Die Autoren nehmen ein Hyperviskositätssyndrom an, ohne allerdings viskosimetrische Messungen durchgeführt zu haben. Nach der Leukapherese kommt es zu einer klinischen Besserung der Symptomatik bei diesem Patienten.

Von Rhede van der Kloot und Mitarbeiter [889] fanden 1985 bei Patienten mit Raynaud'schem Phänomen nach einer Plasmapherese (Plasmafiltration) in 6 von 7 Fällen mit erhöhter Erythrozytenaggregation eine Verbesserung dieser Werte. Bei denjenigen Patienten, deren Plasmaviskosität vor der Therapie erhöht war, kam es zu einer Senkung der Werte.

Klinik: Bei der Hälfte der untersuchten Patienten fand sich eine subjektive Besserung der Beschwerden.

Bada und Mitarbeiter [38] bestimmten 1986 die Vollblutviskosität mit einem Wells-Brookfield-micro-cone-plate-Viskosimeter bei 37 °C und verschiedenen Schergraden vor und nach einer Entnahme von Erythrozyten bei Neugeborenen mit Polyzythämie. Es kam im Verlauf der Therapie zu einer statistisch signifikanten Senkung der Vollblutviskosität.

Diskussion

Die Verminderung der Serum- bzw. Plasmaviskosität als therapeutische Maßnahme bei Patienten mit stark erhöhter Plasma- und Serumviskosität, bei Makroglobulinämien oder Paraproteinämien wurde erstmals von *Schwab* und *Fahey* über eine sogenannte Plasmapherese durchgeführt. Die Autoren gingen von der Überzeugung aus, daß die erhöhte Viskosität des Plasmas bzw. des Serums und die bei Paraproteinämien oftmals bestehende klinische Symptomatik im Sinne von Retinopathien, Schleimhautblutungen, Herzinsuffizienz, neurologischen Erscheinungen bis hin zum Koma kausal mit der Verschlechterung der Fließeigenschaften des Blutes zusammenhänge. Eine Möglichkeit, die Viskosität des Serums bzw. des Plasmas zu vermindern, ergab sich über eine Herausnahme eines mehr oder minder großen Anteils des Plasmas der Patienten. *Schwab* und *Fahey* haben die Erythrozyten wieder reinfundiert; später haben andere Autoren Plasma oder Plasmafraktionen gesunder Probanden zusätzlich infundiert. Bei einigen der Autoren ist aus den Publikationen nicht zu ersehen, ob sie lediglich einen Plasmaentzug durchgeführt haben (plasma removal) oder ob sie darüberhinaus auch einen Ersatz des entzogenen pathologischen Plasmas durch gesundes Plasma oder durch andere Infusionslösungen durchgeführt haben. Übereinstimmend fanden die Untersucher eine Verminderung der Serum- bzw. Plasmaviskosität. Die Besserung der klinischen Symptomatik war insbesondere bei Patienten mit „Hyperviskositätssymptomatik", d.h. mit Retinopathien, Schleimhautblutungen und neurologischen Symptomen, besonders stark ausgeprägt. Weiterhin wurde von zwei Autoren eine Verbesserung der Perfusion des Augenhintergrundes (Fluoreszenzangiografie) nachgewiesen.

In einer ganzen Anzahl von Arbeiten ist die Plasmapherese mit einer Chemotherapie kombiniert worden, so daß derjenige Anteil der Verbesserung der Fließeigenschaften des Blutes, der auf die Plasmapherese bzw. den Plasmaaustausch zurückzuführen ist, nicht ohne weiteres von der Wirkung der Medikamente abzugrenzen ist.
Die in großer Zahl vorliegenden Befunde zeigen jedoch in guter Übereinstimmung, daß dieses Verfahren geeignet ist, die Symptomatik dieser Erkrankungsgruppe mit Para- bzw. Dysproteinämien zu verbessern. Dies wurde auch über einige Patienten mit peripheren Verschlußerkrankungen (Raynaud-Symptomatik) berichtet, bei denen keine eigentlichen Paraproteinämien bzw. Makroglobulinämien vorgelegen hatten.
Aus den Arbeiten wird auch ersichtlich, daß diese Therapiemaßnahme bei der Malignität von Paraproteinämien einschließlich Morbus Waldenström nur einen palliativen Charakter hatte, d.h. daß die Symptomatik nur über einen bestimmten Zeitraum verbessert werden konnte. Die Patienten sind dann doch an ihrem Grundleiden verstorben. Eine weitere Schwierigkeit besteht darin, daß die Durchführung der Plasmapherese einschließlich des Austausches insgesamt aufwendig ist.
Dennoch kann gesagt werden, daß die Plasmapherese bzw. der Plasmaaustausch bei einer ganzen Reihe von Erkrankungsfällen, bei denen die Plasma- bzw. Serumviskosität infolge verschiedenster Ursachen stark erhöht ist, zu einer von allen Autoren übereinstimmend beurteilten Verbesserung der klinischen Symptomatik führt. Die Plasmapherese stellt eine wichtige Möglichkeit im Sinne der „therapeutischen Hämorheologie“ dar.
Der Wirkungsmechanismus einer Plasmapherese läßt sich verhältnismäßig leicht erklären; durch den Entzug von aggregationsfördernden, die Serum- bzw. Plasmaviskosität stark beeinflussenden Proteinen und infolge einer Verminderung der Gesamteiweißkonzentration im Plasma kommt es zu einer Verbesserung der Blut- und Plasmaviskosität und zu einer Verminderung der Erythrozytenaggregation. Hinsichtlich der Erythrozytenfiltrabilität (Erythrozytenverformbarkeit) liegen widersprüchliche Angaben vor; die meisten Autoren fanden jedoch eine Verbesserung der Erythrozytenfiltrabilität.

4.1.10. Chemotherapie, Zytostatika

Einleitung

Bei malignen Paraproteinämien (Makroglobulinämie, Plasmozytom) kommt es durch ein pathologisches Proteinmuster zu einer starken Erhöhung der Serumviskosität und zu einer Verschlechterung der Fließeigenschaften des Blutes, welche sich klinisch in Form von Schleimhautblutungen, Retinopathien, neurologischen Ausfallserscheinungen und stark reduziertem Allgemeinzustand manifestiert. Bei dieser Krankheitsgruppe sind vielfach Chemotherapeutika (Zytostatika) zur Senkung der erhöhten Plasmaproteinkonzentration verwendet worden.
Über die chemotherapeutische Behandlung von Paraproteinämien in Verbindung mit rheologischen Messungen berichteten erstmals ***Ritzmann*** *und Mitarbeiter [732] 1960. Sie verwende-*

ten zur Behandlung der Makroglobulinämie D-Penicillamin, welches depolymerisierende Eigenschaften auf Makroglobuline haben soll und die Immunglobulinsynthese unterdrückt. D-Penicillamin ist ein D-β,β-Dimethylcystein und wird zur Behandlung der chronischen Polyarthritis und bei Schwermetallvergiftungen verwendet.
Weiterhin wurden von einigen Untersuchern auch aggressivere Chemotherapeutika wie Cyclophosphamid wie auch Chlorambucil und Melphalan verwendet.

Publikationen

Die ersten rheologischen Untersuchungen über die Verbesserung der Fließeigenschaften des Blutes durch Verwendung von Chemotherapeutika bei Patienten mit Morbus Waldenström wurden von der Arbeitsgruppe um **Ritzmann** [731] 1960 veröffentlicht.
Ein Patient, bei welchem die Makroglobuline 38% der gesamten Serumproteine ausmachten, wurde über eine Behandlungszeit von 19 Tagen mit D-Penicillamin therapiert. Alle sechs Stunden wurden dem Patienten 250 mg D-Penicillamin oral verabreicht. Simultan mit dem Abfall des Serummakroglobulinspiegels (Depolymerisation der Makroglobuline) kam es zu einer Verminderung der Serumviskosität (Ostwald-Kapillarviskosimeter, $H_2O = 1$; 20 °C), welche noch 30 Tage nach Therapieende auf einem erniedrigten Niveau blieb.

Bemerkungen: Die Serumviskositätsmessungen erfolgten unterhalb der Körpertemperatur; keine Messungen weiterer rheologischer Parameter.

Klinik: Die Blutungsneigung wurde normalisiert und die Schmerzzustände bei kalten Außentemperaturen aufgehoben.

Desgleichen berichteten **Schwab** und **Fahey** [779, 780] 1960 über eine Senkung der Serumviskosität (Ostwald-Kapillarviskosimeter, $H_2O = 1$; 37 °C) bei einem Patienten mit Morbus Waldenström nach Durchführung von Plasmapheresen und intermittierenden oralen Chlorambucilgaben.
Penicillamin und Kortikosteroide zeigten dagegen keine Wirkung.

Bemerkungen: Die Dosis von Chlorambucil wurde nicht angegeben. Eine Beurteilung der spezifischen Wirkung von Chlorambucil ist wegen der gleichzeitig durchgeführten Plasmapherese schwierig.

Klinik: Die Autoren beobachteten ein Sistieren der Schleimhautblutungen und eine Besserung der durch Hämorrhagien verursachten Retinopathien.

1965 behandelten **Smith** und Mitarbeiter [803] einen Patienten mit multiplem Myelom sowohl chemotherapeutisch mit Melphalan (0,1 bis 0,8 mg täglich oral) als auch durch wöchentliche Plasmapheresen.
Es kam zu einem gleichzeitigen Abfall der Paraproteine wie auch der Serumviskosität (Ostwald-Kapillarviskosimeter, 37 °C, 0,9% NaCl = 1).

Bemerkungen: Keine Messungen weiterer rheologischer Parameter; eine Beurteilung der spezifischen Wirkung von Melphalan ist durch die gleichzeitig durchgeführten Plasmapheresen schwierig.

Klinik: Die Autoren fanden eine klinische Besserung der Retinopathien, der verstärkten Blutungsneigung wie auch der neurologischen Symptome.

1967 publizierten **Kopp** und Mitarbeiter [524] einen Bericht über die zytostatische Behandlung eines Patienten mit multiplem Myelom. Nach oralen Gaben von insgesamt 100 g Cyclophosphamid, die über einen Zeitraum von einem Jahr verabreicht wurden, kam es simultan mit einer Normalisierung des pathologischen Proteinmusters zu einer Senkung der Serumviskosität (Ostwald-Kapillarviskosimeter, 37 °C, $H_2O = 1$).

Bemerkungen: Keine Messungen weiterer rheologischer Parameter.

Klinik: Die Untersucher fanden eine Besserung des Nasenblutens, des Sehvermögens wie auch eine verminderte Sludgebildung in den Konjunktivalgefäßen.

1968 berichteten **Azzena** und Mitarbeiter [36] über die rheologischen Auswirkungen der Plasmapherese wie auch über die Chemotherapie mit Steroiden und Zytostatika bei 3 Patienten mit multiplem Myelom. Die relative Serumviskosität ($H_2O = 1$) wurde mittels eines Ostwald-Kapillarviskosimeters bei 24 °C gemessen.
Synchron mit der Normalisierung des pathologischen Proteinmusters wurde eine Verminderung der Serumviskosität beobachtet.

Bemerkungen: Keine Messungen weiterer rheologischer Parameter; Art und Dosis der verwendeten Steroide und Zytostatika wurden nicht näher erläutert.

Klinik: Die Besserung der Retinopathien, das Sistieren des Nasenblutens, das Ausbleiben neurologischer Ausfallserscheinungen wie auch verschiedenartiger Schmerzzustände (z. B. Rückenschmerzen) interpretierten die Autoren als Ausdruck einer eingetretenen Verbesserung der Fließeigenschaften des Blutes.

Levine [570] veröffentlichte 1968 eine kurze Notiz, wobei nach oralen Gaben von Penicillamin (1-2 g/die) bei 2 Patienten mit Makroglobulinämie die Serumviskosität nicht vermindert wurde.

Bemerkungen: Die Art des verwendeten Viskosimeters wurde nicht angegeben.

Klinik: Der Autor beobachtete keine Besserung der klinischen Symptomatik.

1969 behandelten **Pronk** und Mitarbeiter [714] 4 Patienten mit Morbus Waldenström und einen Patienten mit multiplem Myelom mit oralen Chlorambucil- und Prednisolongaben. Nur bei einem Patienten mit Morbus Waldenström fanden die Autoren eine Verminderung der Serumviskosität und der Makroglobuline (Ostwald-Kapillarviskosimeter, 37 °C, $H_2O = 1$).

Bemerkungen: Keine Messungen weiterer rheologischer Parameter.

1970 therapierten **Abruzzo** und Mitarbeiter [4] einen Patienten mit Polyarthritis, Polymyositis, Polysynovitis, erhöhter Serumviskosität und einem stark erhöhten 13 S IgG-Anteil, der 40% des Gesamtproteins betrug. Die relative Serumviskosität ($H_2O = 1$) wurde mit einem Ostwald-Kapillarviskosimeter bei 25 °C gemessen.
Nach oralen Prednisongaben (60 mg/die) kam es zu einem Abfall der Serumviskosität, der Gamma-Globuline und des 13 S-Paraproteinanteils im Serum.

Bemerkungen: Die Viskositätsmessungen wurden unterhalb der Körpertemperatur durchgeführt. Messungen weiterer rheologischer Parameter wurden nicht vorgenommen.

Klinik: Die schwere Symptomatik der Myositis und Synovitis verschwand. Außerdem kam es zu einer Besserung der neurologischen Ausfallserscheinungen.

1970 berichteten **Ritzmann** und Mitarbeiter [733] über die Behandlung eines Patienten mit Morbus Waldenström durch orale Chlorambucilgaben.
Simultan mit der Senkung der Paraproteine kam es zu einer Verminderung der Serumviskosität (Ostwald-Kapillarviskosimeter, $H_2O = 1$, 37 °C).

Bemerkungen: Keine Messungen weiterer rheologischer Parameter.

Klinik: Die Autoren fanden eine Besserung des klinischen Krankheitsbildes (Dyspnoe, Lethargie und Schleimhautblutungen).

1972 führten **MacKenzie** und **Fudenberg** [604] bei Patienten mit Morbus Waldenström, wovon einige ein sogenanntes „Hyperviskositätssyndrom“ aufwiesen, sowohl eine alkylierende Medikation mit Chlorambucil, Cyclophosphamid und Melphalan als auch eine therapeutische Plasmapherese durch. Die relative Serumviskosität ($H_2O = 1$) wurde bei Raumtemperatur mit einem Ostwald-Kapillarviskosimeter gemessen. Bei Vorliegen von Kryoglobulinen erfolgten die Viskositätsmessungen bei 37 °C. Die Autoren fanden einen Abfall der IgM-Globuline und der Serumviskosität.

Bemerkungen: Keine Messungen weiterer rheologischer Parameter; die Viskositätsmessungen wurden unterhalb der Körpertemperatur durchgeführt. Die Dosis der verwendeten Zytostatika wurde nicht angegeben. Eine Wertung der Effekte der einzelnen Substanzen auf die Fließeigenschaften des Blutes ist aufgrund der zusätzlich durchgeführten Plasmapherese schwierig.

Klinik: Es kam zu einem Sistieren der Schleimhautblutungen, der Retinopathien und der kardialen Beschwerden. Gute Resultate wurden auch bei Patienten im Koma erzielt.

Sugai [850] behandelte 1972 einen Patienten mit multiplem Myelom und erhöhter Serumviskosität. Zusätzlich zu einer Plasmapheresetherapie wurden Cyclophosphamid (100 mg/die) und Prednison (30 mg/die) gegeben.
Durch die kombinierte Behandlung wurden die Serumviskosität (Ostwald-Kapillarviskosimeter, 37 °C, $H_2O = 1$) und der Makroglobulinspiegel gesenkt.

Bemerkungen: Keine Messungen weiterer rheologischer Parameter. Eine Beurteilung der spezifischen Wirkung der zytostatischen Medikamente ist aufgrund der zusätzlich durchgeführten Plasmapherese schwierig.

Klinik: Es wurde eine Verminderung der Blutungsneigung, der Sehstörungen und der neurologischen Symptome wie Übelkeit und Kopfschmerzen beobachtet. Die Verbesserung der Fließeigenschaften des Blutes kam auch in einer Verminderung der Parästhesien zum Ausdruck.

1973 berichteten **Bloch** und **Maki** [71] über eine Verminderung der Serumviskosität durch orale Gaben von 250 mg Penicillamin (alle 6 Stunden) bei Patienten mit Makroglobulinämie. Nach Therapieende blieb die Serumviskosität über mehrere Wochen auf einem erniedrigten Niveau.

Bemerkungen: Die Art des verwendeten Viskosimeters und die Temperatur bei den Viskositätsmessungen wurden nicht angegeben.

Klinik: Die Autoren fanden eine Normalisierung der verstärkten Blutungsneigung sowie eine Verminderung der Schmerzanfälle bei kalten Außentemperaturen.

1980 behandelten **Iwamoto** und Mitarbeiter [469] 2 Patienten mit multiplem Myelom mit einer Chemotherapie mit Prednisolon, Melphalan und Cyclophosphamid. Unter der Chemotherapie fanden die Autoren keine Verminderung der pathologischen Proteine und der Plasmaviskosität.

Bemerkungen: Art und Funktion des verwendeten Viskosimeters wurden nicht angegeben.

1982 berichtete **Case** [117] über eine kombinierte chemotherapeutische Behandlung von Patienten mit Waldenström'scher Makroglobulinämie und Hyperviskosität, die unter entsprechenden Symptomen wie Blutungsneigung und peripherer Neuropathie litten. Die Serumviskosität wurde mit einem Pipettenviskosimeter nach Wright und Jenkins bestimmt und als relative Viskosität im Vergleich zu destilliertem Wasser angegeben. Die kombinierte chemotherapeutische Therapie, die aus Cyclophosphamid, Vincristin, Melphalan und Prednison bestand, führte zu einer Normalisierung der Serumviskositätswerte.

Bemerkungen: Weitere rheologische Untersuchungen wurden nicht durchgeführt.

Klinik: Bei den meisten der Patienten mit klinischen Symptomen bei Hyperviskosität kam es zu einer Besserung der klinischen Symptomatik. Der Autor spricht im übrigen von „symptomatischer Hyperviskosität" und kennzeichnet damit diejenigen Patienten, die außer einer stark erhöhten Serum- bzw. Plasmaviskosität bei der Waldenström'schen Erkrankung auch klinische Symptome haben.

Miller und **Heilmann** [647, 648] berichteten 1985 über den Einfluß einer Chemotherapie mit Cyclophosphamid, 5-Fluorouracil und Methotrexat bei Patienten mit malignen Tumoren. Während es zu keinen statistisch signifikanten Veränderungen der Vollblutviskosität kam, nahm die Erythrozytenaggregation statistisch signifikant ab.

Diskussion

Bei multiplem Myelom besteht eine Hyperproteinämie von IgG- und IgA-Immunglobulinen und bei Morbus Waldenström eine Hyperproteinämie von IgM-Immunglobulinen. Untereinander können die Immunglobuline zu Makroglobulinen aggregieren. Durch die Art und Größe der im Blut zirkulierenden Immunglobuline kommt es zu einer pathologisch erhöhten Serumviskosität. Die verschlechterten Fließeigenschaften des Blutes bestimmen unter anderem die klinische Symptomatik dieser Krankheitsbilder, die in Blutungen, Sehstörungen, neurologischen Erscheinungen, Herz-Kreislauf-Beschwerden und Durchblutungsstörungen zum Ausdruck kommt. Durch die Anwendung von Chemotherapeutika (Zytostatika) kann die Produktion von Immunglobulinen unterdrückt werden.

Die meisten Autoren fanden, daß die Viskositätswerte durch diese Art der Therapie vermindert werden. Da die Chemotherapie meist in Verbindung mit der Plasmapherese durchgeführt wurde, können über die spezifisch viskositätssenkende Wirkung der verschiedenen Zytostatika keine endgültigen Aussagen gemacht werden.

Insgesamt gesehen ist nach den Angaben der verschiedensten Autoren die medikamentöse Therapie mit Zytostatika hinsichtlich einer Verbesserung der Fließeigenschaften des Blutes und einer konsekutiven Verbesserung der klinischen Symptomatik weniger effektiv als eine gut durchgeführte Plasmapherese. Theoretisch gesehen müßte bei einer zytostatischen Therapie mit gleichzeitiger Depression der Synthese von pathologischen Eiweißkörpern die Serumviskosität abfallen und damit auch die Gesamtblut- und Plasmaviskosität. Darüberhinaus ist - was von den Untersuchern bisher nicht geprüft wurde - eine erhebliche Verminderung der Erythrozytenaggregation zu erwarten, da die großmolekularen, langkettigen Proteine eine bekannt starke erythrozytenaggregierende Wirkung aufweisen. Bei der Messung der Vollblutviskosität muß berücksichtigt werden, daß bei diesen aggressiven Behandlungsweisen mit Chemotherapeutika auch die Blutzellbildung alteriert werden kann und es zu einer Verminderung des Hämatokrits bzw. der Erythrozytenzahlen im Vollblut kommt. Dadurch würde auch die hämatokritabhängige Vollblutviskosität gesenkt werden.

4.1.11. Herzwirksame Glycoside

Einleitung

Die Hauptwirkung der Herzglycoside (Digitalispräparate) besteht in einer Erhöhung der Kontraktionskraft des Herzens durch Verbesserung der elektromechanischen Kopplung.

Publikationen

Wasilewski untersuchte 1962 [901] den Einfluß intravenöser Gaben von Lanatosid (genuines Glycosid der Digitalis lanata) auf die Blutviskosität bei Patienten mit kardialer Dekompensation. Die Kapillare eines Ostwald-Viskosimeters wurde direkt an den Kreislauf angeschlossen und das Blut mit konstantem Unterdruck (200-300 mm Hg) angesaugt. Die Aspirationszeit für die durch das Gerät durchgelaufene Menge Blut gab den relativen Grad der Blutviskosität an.
Im Gegensatz zu gesunden Probanden kam es nach der intravenösen Gabe von Lanatosid (keine Dosisangabe) bei den dekompensierten Patienten zu einer Verminderung der Blutviskosität. Wurde zusätzlich noch eine Medikation mit einem Polycarbonsäurederivat durchgeführt, so kam es zu einem noch stärkeren Abfall der Blutviskosität.

Bemerkungen: Messungen weiterer rheologischer Parameter wurden nicht durchgeführt; die verwendete Dosis des Digitalispräparates wurde nicht angegeben.

Eisenberg untersuchte 1964 [317] Patienten mit Herzinsuffizienz, Kardiomegalie, Ödemen und Dyspnoe. Die Blutviskosität wurde mit einem Brookfield-micro-cone-plate-Viskosimeter bei 37 °C und Schergraden von 12-230 s^{-1} gemessen.
Nach Rekompensation (Behandlung mit Digitalis, Salzrestriktion, Bettruhe und Diuretika) kam es zu einer Erhöhung der Blutviskosität, des Hämatokritwertes und des Fibrinogenspiegels.

Bemerkungen: Keine Messungen weiterer rheologischer Parameter.

Diskussion

Wasilewki und *Eisenberg* kommen zu unterschiedlichen Ergebnissen über den Einfluß von Digitalis auf die Fließeigenschaften des Blutes. Dies mag damit zusammenhängen, daß beide völlig unterschiedliche Viskosimeter benutzten und daß Eisenberg neben Digitalis auch Diuretika einsetzte und eine Salzrestriktion verordnete.
Untersuchungen über diese Problematik wären sinnvoll, da eine Senkung der Viskosität die Herzarbeit durch Senkung des Widerstandes in der Peripherie erleichtern würde. Die Tatsache, daß Patienten nach einer erfolgreichen Digitalisierung mit Kräftigung des Herzens im Regelfalle eine sehr starke Diurese haben (dies gilt insbesondere für Patienten mit Ödemen), könnte den theoretischen Schluß nahelegen, daß die Blutviskosität aufgrund einer relativen Hämokonzentration insgesamt ansteigt bzw. sich von vorher niedrigeren Werten wieder normalisiert.

4.1.12. Diuretika

Einleitung

Über das vermehrte Auftreten von Thromboembolien nach der Applikation von Diuretika berichteten ***Kuschinsky*** *und* ***Lüllmann*** *[530],* ***Lyons*** *[601],* ***Völker*** *und* ***Eichler*** *[882],* ***Gormsen***

[383] und andere. Die Ursache dieser Komplikation wird in einer verstärkten Diurese gesehen, welche durch Verminderung des Plasmavolumens zu einer Bluteindickung (Hämokonzentration) führt und so das Entstehen von thromboembolischen Ereignissen begünstigt. Bei einer Diuretika-induzierten Hämokonzentration kommt es zum Anstieg des Hämatokrits und zu einer Erhöhung der Gesamteiweißkonzentration, was zwangsläufig zu einer Erhöhung der Blut- und Plasmaviskosität führen müßte. Deswegen wurden von verschiedenen Autoren rheologische Untersuchungen insbesondere bei den Patienten vorgenommen, bei denen der Einsatz von Diuretika wegen verschiedener Arten von Ödemen indiziert war. Weiterhin dienen Diuretika in breiterem Umfang zur Basistherapie der essentiellen Hypertonie. Auch hier kommt es neben der Natriurese zu einer Diurese, welche über eine Senkung des intravasalen Blutvolumens zu einer Bluteindickung und zu einer Viskositätserhöhung führen könnte. Dies wäre insbesondere dann der Fall, wenn es zu einer Diskrepanz zwischen Urinausscheidung einerseits und Flüssigkeitszufuhr andererseits kommt.
Im Zusammenhang mit rheologischen Untersuchungen wurden zur Therapie von Ödemen wie auch zur Basistherapie der Hypertonie folgende Diuretika verwandt:
Furosemid, Bemetizid, Triamteren, Amilorid, Hydrochlorothiazid, Xipamid und verschiedene Kombinationen.

Publikationen

Eisenberg besimmte 1964 [317] bei 30 Patienten mit Herzinsuffizienz, Kardiomegalie, Ödemen und Dyspnoe die Blutviskosität mit einem Brookfield-micro-coneplate-Viskosimeter bei 37 °C und Schergraden von 12-123 s^{-1}. In dekompensiertem Zustand war die Blutviskosität in den meisten Fällen normal oder nur ganz leicht erhöht.
Nach der Kompensation (Behandlung mit Digitalis, Salzrestriktion und Diuretika) kam es zu einer Erhöhung der Hämatokritwerte, der Fibrinogenwerte und der Blutviskositätswerte.

Bemerkungen: Keine Messungen weiterer rheologischer Parameter. Die verwendeten Diuretika wie auch ihre Dosierung wurden nicht angegeben. Da in dem Behandlungsintervall eine Paralleltherapie mit Digitalispräparaten durchgeführt wurde, können die Veränderungen der Fließeigenschaften des Blutes nicht zweifelsfrei auf die Wirkung der verwendeten Diuretika zurückgeführt werden.

Eine weitere Publikation über die Verschlechterung der Fließeigenschaften des Blutes bei Herz- und Gefäßerkrankungen nach der Gabe von Diuretika folgte im Jahre 1965 von **Völker** und **Eichler** [882]. Die Blutviskosität wurde mit einem eigens dafür konstruierten Kapillarviskosimeter gemessen.
Gleichzeitig mit der Erhöhung der Hämatokritwerte fanden die Autoren eine bis zu 100%ige Erhöhung der Blutviskosität, unabhängig von der Art des Diuretikums und der Applikationsform.

Bemerkungen: Die Meßtemperatur wurde nicht angegeben; Messungen weiterer rheologischer Parameter wurden nicht durchgeführt. Die verwendeten verschiedenartigen Diuretika und deren Dosierung wurden nicht gesondert aufgeführt.

1972 berichtete **Ehrly** [247] über die Veränderung der Fließeigenschaften des Blutes nach intravenöser Gabe von 20 mg Furosemid bei 9 Patienten mit kardialen Ödemen und 10 Patienten mit Ascites (Leberzirrhose). Die relative Blut- und Plasmaviskosität ($H_2O = 1$) wurde mit einem Kapillarviskosimeter, die scheinbare Blutviskosität bei Schergraden von 5,8, 11,5, 23,0 und 46,0 s^{-1} mit einem Brookfield-micro-coneplate-Viskosimeter gemessen.
Die Patienten mit kardialen Ödemen zeigten nach der Injektion von Furosemid keine wesentlichen Veränderungen der Fließeigenschaften im Vergleich zu einer Place-

bogruppe, wohingegen Patienten mit Ascites in der gleichen Zeit eine geringe Hämokonzentration aufwiesen. Die Hämokonzentration äußerte sich in einem Anstieg der Blut- und Plasmaviskosität und des Hämatokritwertes.
Ähnliche Ergebnisse wurden von **Köhler** [518] 1973 und **Ehrly** 1975 publiziert [264].

Bemerkungen: Messungen der Erythrozytenaggregation und der Erythrozytendeformierbarkeit wurden nicht durchgeführt; die Temperatur bei den Viskositätsmessungen betrug 23 °C.

Klinik: Beide Patientengruppen zeigten eine signifikante Erhöhung der Urinausscheidung.

In seiner Dissertation berichtete **Strauß** [845] 1975 aus der Arbeitsgruppe um Ehrly über die Behandlung von 8 Patienten mit essentieller Hypertonie durch vierwöchige orale Einnahme eines diuretikahaltigen Antihypertensivums. Die Patienten erhielten täglich eine Tablette entsprechend 60 mg Furosemid. Die Messungen der Fließeigenschaften des Blutes erfolgten mittels eines Ostwald-Kapillarviskosimeters.
Der Untersucher fand eine signifikante Verminderung der Blut- und Plasmaviskosität bei erniedrigtem Gesamteiweißspiegel und unveränderten Hämatokritwerten.

Bemerkungen: Messungen der Erythrozytenaggregation und der Erythrozytendeformierbarkeit wurden nicht durchgeführt; die Temperatur bei den Viskositätsmessungen betrug 23 °C.

Ehrly und **Bös** [76, 276] untersuchten 1976 und 1977 Patienten mit chronisch venösen Ödemen der unteren Extremitäten aufgrund früherer thrombotischer Erkrankungen. Die Patienten erhielten eine einmalige Injektion von 20 mg Furosemid. In einer zweiten Versuchsserie wurde einer anderen Patientengruppe oral ein sogenanntes Venodiuretikum (täglich 20 mg Triamteren und 10 mg Bemetizid) über einen Behandlungszeitraum von drei Tagen verabreicht. Die relative Blut- und Plasmaviskosität ($H_2O = 1$) wurde mit einem Ostwald-Kapillarviskosimeter bei 23 °C gemessen. Die Messungen der Erythrozytenverformbarkeit wurden mit einer Filtrationsmethode (Milliporefilter 12,9 mm H_2O, Hämatokrit 10%) nach Ehrly und Roßbach durchgeführt.
Nach der Gabe von Furosemid kam es im Vergleich zu der Placebo-Patientengruppe zu einer signifikanten Erhöhung der Blut- und Plasmaviskosität, des Hämatokrits wie auch der Gesamteiweißkonzentration. 60 Minuten nach der Injektion erreichte die gefundene Verschlechterung der Fließeigenschaften des Blutes ein Maximum. Nach der oralen Gabe der protrahiert wirkenden, vergleichsweise niedrig dosierten Diuretikakombination Triamteren/Bemetizid kam es zu einem geringen, nicht signifikanten Anstieg der Blut- und Plasmaviskosität und der Eiweißkonzentration. Nur der Hämatokrit stieg signifikant an. Eine Verminderung der Erythrozytenverformbarkeit (Erythrozytenflexibilität) wurde registriert.

Bemerkungen: Eine quantitative Bestimmung der Erythrozytenaggregation unterblieb; die Temperatur bei den Viskositätsmessungen lag bei 23 °C.

Klinik: Es kam zu einer signifikanten Steigerung der Urinausscheidung und einer Verminderung der Ödeme.

1979 untersuchten **Ehrly** und Mitarbeiter [280] die Frage, inwieweit das Diuretikum Xipamid die Fließeigenschaften des Blutes beeinflußt. In zwei Versuchsreihen wurden Patienten mit essentieller Hypertonie über einen Zeitraum von zehn Tagen 10 wie auch 20 mg Xipamid/die oral verabreicht. Die Blut- und Plasmaviskosität der heparinisierten Blutproben wurde mit einem Ostwald-Kapillarviskosimeter, die Erythrozytenfiltrabilität nach der Methode von Ehrly und Roßbach (unter Verwendung von Milliporefiltern mit einem Porendurchmesser von 8 μm) und die Erythrozytenaggrega-

tion quantitativ nach der Methode von Ehrly und Schmitt bestimmt. Die Meßtemperatur betrug 37 °C. Bei einer Gabe von 10 mg Xipamid/die kam es zu einer geringgradigen, aber signifikanten Erhöhung des Hämatokritwertes am ersten Tag. Signifikante Veränderungen der Blut- und Plasmaviskosität, der Erythrozytenaggregation und der Erythrozytenfiltration wurden nicht festgestellt.
Bei einer Gabe von 20 mg Xipamid/die wurden signifikante Erhöhungen der Blut- und Plasmaviskosität, des Hämatokritwertes und der Gesamteiweißkonzentration gefunden.

Bemerkungen: Keine Blutviskositätsmessungen bei niedrigen Schergraden.

Klinik: Sowohl bei der niedrigen als auch bei der hohen Dosierung kam es zu einer signifikanten Verminderung der überhöhten Blutdruckwerte und zu einer Erhöhung der Urinausscheidung.

1980 untersuchte **Mann** [608] den Einfluß verschiedener Saluretika auf die Fließeigenschaften des Blutes bei Patienten mit essentieller Hypertonie. Die Patienten erhielten im Rahmen von drei parallel ausgeführten Versuchsanordnungen über einen Behandlungszeitraum von 10 Tagen orale Dosen folgender Kombinationspräparate:

½ Tablette einer Kombination von Bemetizid und 20 mg Triamteren/die (A), ½ Tablette (B) und 1 Tablette (C) einer Kombination von 50 mg Hydrochlorothiazid mit 5,677 mg N-Amino-3,5-diamino-6-chlorpyrazin-2-carboxamid-hydrochlorid/die.

Die Blut- und Plasmaviskosität wurde mit einem Ostwald-Kapillarviskosimeter, die Erythrozytenflexibilität nach der Methode von Ehrly und Roßbach durch Milliporefilter mit einer Porengröße von 8 µm und die Erythrozytenaggregation quantitativ nach der Methode von Ehrly und Schmitt (Hämatokrit von 40%) bestimmt. Die Meßtemperatur betrug 37 °C.

Während der niedrigen Dosierung mit (A) wurden die Fließeigenschaften des Blutes kaum tangiert. Bei dem zweiten Präparat kam es bei einer Dosierung von ½ Tablette/die (B) nur am zweiten Tag zu einer signifikanten Erhöhung der Blut- und Plasmaviskosität. Dahingegen kam es bei der höheren Dosierung (C) zu einer signifikanten Erhöhung der Hämatokritwerte von ersten bis dritten Tag, zu einer signifikanten Erhöhung der Blutviskosität am ersten Tag, zu einer signifikanten Erhöhung der Plasmaviskosität am ersten und zweiten Tag und zu einer signifikanten Steigerung der Gesamteiweißkonzentration im Plasma.

An einer anderen Stelle berichtete **Wodniok** [920] 1981 über ähnliche Ergebnisse bei noch höherer Dosierung der Saluretika Bemetizid, Triamteren und Hydrochlorothiazid bei Patienten mit Hypertonie. Signifikante Veränderungen der Erythrozytenaggregation und der Erythrozytenverformbarkeit wurden nicht gefunden.

Bemerkungen: Blutviskositätsmessungen bei niedrigen Schergraden wurden nicht durchgeführt.

Klinik: Auch durch niedrigere Dosen der Saluretika kam es zu einer signifikanten Abnahme der hypertonen Blutdruckwerte und zu einer Steigerung der Urinausscheidung.

Palareti und Mitarbeiter [682] berichteten 1981 über den Einfluß einer Kombination von 5 mg Amilorid + 50 mg Hydrochlorothiazid pro Tag bei Patienten mit unkomplizierter essentieller Hypertonie. Gemessen wurden die Blutviskosität bei 23 und 230 s^{-1}, die Plasmaviskosität und die Erythrozytenfiltration. Nach einer 7tägigen Behandlung kam es zu einer statistisch signifikanten Erhöhung der Blut- und Plasmaviskosität sowie zu einer Verminderung der Erythrozytenfiltrabilität. 30 Tage später hatten sich die Werte wieder normalisiert (Abstract, keine Details).

Karasawa und Mitarbeiter [485] untersuchten 1982 die Vollblutviskosität mit einem Kegel-Platte-Viskosimeter bei Scherraten von 150 und 375 s^{-1} bei präeklamptischen Patientinnen im Rahmen einer Gabe von Furosemid (80 mg pro Tag) und fanden einen Anstieg des Parameters.

1983 berichteten **Jahnsen** und Mitarbeiter [471] über den Einfluß einer hohen intravenösen Dosis von Furosemid bei Patienten mit kardial bedingtem Lungenödem. Gleichzeitig bekamen die Patienten auch intravenös Pethidin und Sauerstoff über einen Nasenkatheter. Einigen Patienten wurden darüberhinaus noch andere Medikamente verabreicht. Es wurde vor und in zeitlichen Abständen bis maximal 2 Stunden nach Beginn der Behandlung Blut aus der vena cubitalis entnommen, welches mit EDTA antikoaguliert wurde. Das Vollblut wurde mit einem Brookfield-cone-plate-Viskosimeter bei Schergraden zwischen 5,75 und 230 s^{-1} bei 37 °C gemessen.
Gleichzeitig mit einem geringgradigen Absinken des Hämatokritwertes kam es bei den Patienten zu einer statistisch signifikanten Verminderung der Vollblutviskosität 60 bzw. 120 Minuten nach der Injektion. Während zwischen den Veränderungen der Blutviskosität und den Veränderungen des Hämatokrits eine enge Beziehung besteht, konnten die Autoren keine statistisch signifikante Beziehung zwischen diesen beiden Parametern und der Urinausscheidung feststellen.

Bemerkungen: Keine Untersuchungen weiterer rheologischer Parameter.

Kiesewetter und Mitarbeiter [495] untersuchten 1984 den Einfluß einer 7tägigen Therapie mit der Kombination von 50 mg Triamteren und 52 mg Hydrochlorothiazid bei Patienten mit chronisch venösen Ödemen. Am 1., 4. und 7. Tag nach Therapiebeginn wurden die Plasmaviskosität, die Erythrozytenrigidität, die Erythrozytenaggregation und die Fließschubspannung gemessen. Die Plasmaviskosität nahm bis zum 4. Tag nach Behandlungsbeginn kontinuierlich zu und blieb dann konstant; die Erythrozytenrigidität nahm zunächst zu, um schließlich dann wieder die Ausgangswerte zu erreichen. Die Erythrozytenaggregation zeigte am 7. Tag eine signifikante Zunahme.

Jahnsen und Mitarbeiter [472] fanden 1985, daß eine tägliche Gabe von im Mittel 6,5 mg Bendroflumethiazid während einer 8wöchigen Behandlung bei Patienten mit arterieller Hypertonie bzw. unspezifischen Ödemen zu einem Anstieg des Hämatokrits und der Blutviskosität führte. Die Untersuchungen erfolgten mit einem Kegel-Platte-Viskosimeter bei verschiedenen Schergraden. Dieser Anstieg übertraf jedoch nicht die Schwankungen dieser beiden Parameter, wie sie im Rahmen der zirkadianen Rhythmik gefunden wurden.

Diskussion

Bei den Patienten mit kardialen Ödemen [247, 471] zeigte sich, daß es trotz erheblicher Flüssigkeitsverluste via Niere nach der intravenösen Gabe eines kurzfristig und stark wirksamen Diuretikums (Furosemid) nicht zu einer Erhöhung der Blut- und Plasmaviskosität kam. Der Körper ist hier in der Lage, die in den Ödemen deponierte Flüssigkeit mit derselben Geschwindigkeit zu mobilisieren, in der die Harnausscheidung vonstatten geht. Anders verhält es sich bei Patienten mit Ascites [247, 518], bei denen die Ascitesflüssigkeit nicht so schnell mobilisiert werden kann und eine Hämokonzentration mit Verschlechte rung der Fließeigenschaften die Folge ist.
Auch bei Patienten mit chronisch venösen Ödemen [76, 276, 495] kam es nach der Injektion von Furosemid, ähnlich

wie bei den Patienten mit Ascites, zu einer Bluteindickung mit signifikanter Erhöhung der Blut- und Plasmaviskosität, des Hämatokrit- und Gesamteiweißwertes.
Die orale Gabe einer vergleichsweise niedrig dosierten Diuretikakombination [76, 276] führte dagegen nicht zu einer Verschlechterung der Fließeigenschaften des Blutes.
Nach der oralen Gabe von Xipamid bei Patienten mit essentieller Hypertonie [280, 920] kam es nur bei höheren Dosierungen zu einer Verschlechterung der Fließeigenschaften des Blutes.
Daß die Höhe der oralen Dosierung von Saluretika von entscheidender Bedeutung für die Fließeigenschaften des Blutes bei Patienten mit essentieller Hypertonie ist, bestätigen weitere Untersuchungen.
Die Untersuchung von *Eisenberg*, der einen Anstieg der Blutviskosität nach Gabe von Diuretika bei Patienten mit kardialen Ödemen feststellen konnte, muß so interpretiert werden, daß es sich dabei um Patienten handelte, deren Ödeme durch die gleichzeitig erfolgte Therapie mit Digitalis schon weitgehend ausgeschwemmt waren, so daß es quasi zu einer iatrogenen und Diuretika-induzierten Exsikkose gekommen ist.
Eine ähnliche Erklärung wäre auch für die Ergebnisse von *Völker* und *Eichler* zu geben. Ein Anstieg der Viskositätswerte um 100% ist allerdings wenig wahrscheinlich und wohl auf methodische Probleme zurückzuführen.
Die Untersuchungen von *Palareti* und Mitarbeitern unterstreichen die Beobachtungen, daß es bei Patienten mit Hypertonie ohne vorliegende Ödeme bei der Gabe hoher Dosen von Diuretika zu einer Hämokonzentration kommen kann. Die Untersuchungen von *Jahnsen* und Mitarbeitern, die eine Erniedrigung der Viskositätswerte nach hochdosierter Gabe des schnell wirkenden Diuretikums Furosemid fanden, sind schwer zu erklären. Einmal könnte dies bedingt sein durch die Flüssigkeitsansammlung im Bereich der Lunge, die auch bei verstärkter Diurese einer Hämokonzentration entgegenwirkt. Zum anderen erschwert die gleichzeitige Gabe von Pethidin bei diesen Patienten die Erklärung des von diesen Autoren beschriebenen Effektes.
Die Ergebnisse von *Kiesewetter* und Mitarbeitern sowie *Jahnsen* und Mitarbeitern bestätigen, daß bei entsprechender Dosierung bestimmter Diuretika eine Hämokonzentration eintreten kann.
Zusammenfassend kann gesagt werden, daß es im Rahmen der Ödemausschwemmung mit schnell und stark wirkenden Diuretika (z. B. Furosemid) bei Patienten mit Ascites und chronisch venösen Ödemen zu einer deutlichen Hämokonzentration kommt. Dies führt zu einer Verschlechterung der Fließeigenschaften des Blutes und zu einer Erhöhung der Konzentration gerinnungsfähiger Substanzen im Blut. Auf zweierlei Weise wird so durch die Erhöhung der Fibrinogenkonzentration und durch die Verlangsamung der Blutströmung das Thromboserisiko erhöht.
Die Hämokonzentration ist so zu erklären, daß das Nachströmen von Flüssigkeit aus dem Interstitium bzw. dem Intrazellulärraum in den Intravasalraum bei den genannten Krankheitsbildern unter der Gabe des rasch und stark wirkenden Medikamentes Furosemid langsamer verläuft als das Abströmen von Flüssigkeit über die Nieren. Dahingegen zeigen die Untersuchungen bei Patienten mit kardialen Ödemen nach der Gabe von Furosemid trotz erheblicher Ausscheidungsmengen im Harn keine Erhöhung der Blutviskosität. Der Körper ist hier in der Lage, die in den Ödemen deponierte Flüssigkeit mit derselben Geschwindigkeit zu mobilisieren,

wie die Harnausscheidung vonstatten geht. Eine zeitliche Phasenverschiebung zwischen Abströmen der Flüssigkeit über die Niere und dem Einströmen von Ödemflüssigkeit in den intravasalen Raum tritt bei diesem Krankheitsbild offensichtlich nicht oder nur bedingt auf [264]. Bei niedrig dosierten Diuretika mit verzögert einsetzender Wirkung sind bei der Therapie der arteriellen Hypertonie wie auch des postthrombotischen Syndroms keine nennenswerten Verschlechterungen der Fließeigenschaften des Blutes zu erwarten.

4.1.13. Adenylverbindungen

Einleitung

Die intraarterielle Infusion von sogenannten energiereichen Phosphaten (meist Gemische aus Adenosintriphosphat, Adenosindiphosphat und anderen) wird von einer Reihe von Angiologen nach wie vor therapeutisch hoch eingeschätzt. Eine intraarterielle Infusion in eine der an obliterierender Arteriosklerose erkrankten Femoralarterien ist wegen des raschen Zerfalls insbesondere von Adenosintriphosphat erforderlich. Die klinische Wirkungsweise ist wohl über eine Vasodilation zu erklären.

Publikationen

1974 berichtete **Franke** [356] aus der Arbeitsgruppe um Hess über die Behandlung von Patienten mit Durchblutungsstörungen durch Adenylverbindungen. Die Patienten erhielten innerhalb einer Infusionszeit von einer halben Stunde 20 ml einer Mischung aus Adenosintriphosphat, Adenosindiphosphorsäure, Adenosinmonophosphorsäure, Adenosin, Guanidin, Guanidinmonophosphorsäure, Inosin und Uridin in die arteria femoralis infundiert. Die Blutviskositätsmessungen der mit Heparin antikoagulierten Blutproben wurden mit einem Brookfield-micro-cone-plate-Viskosimeter bei vier Schergraden von 23, 46, 115 und 230 s^{-1} und einer Temperatur von 37 °C durchgeführt.
Am Infusionsende fanden die Autoren eine Abnahme der Blutviskosität, welche sich 10 Minuten danach wieder normalisierte. Weiterhin wurde eine leichte Senkung des Hämatokrits um 1% festgestellt.

Bemerkungen: Da bei den Untersuchungen keine Hämatokritkorrektur zu den Viskositätsmessungen durchgeführt wurde, könnte der Viskositätsabfall auch durch die eingetretene Hämatokritsenkung verursacht worden sein.

Bemerkungen: Keine Messungen weiterer rheologischer Parameter.

Artale und Mitarbeiter [31] fanden 1982, daß eine intraarterielle Gabe von 200 mg S-Adenosyl-L-Methionin in der Lage ist, den Anstieg der Vollblutviskosität und die Verminderung der Filtrabilität nach muskulärer Belastung zu vermindern. Während nach den Untersuchungen dieser Arbeitsgruppe ohne dieses Therapeutikum ein Anstieg der Blutviskosität und eine Verminderung der Filtrationswerte des Femoralvenenblutes eintraten, war nach der Therapie bei entsprechender muskulärer Belastung dieser Anstieg nicht mehr nachweisbar. Die Blutviskosität wurde mit einem Wells-Brookfield-Viskosimeter gemessen, die Erythrozytenfiltrabilität mit der Methode nach Reid und Mitarbeitern. Die Autoren fanden keine Veränderung von Plasmaviskositätswerten, Hämatokrit und Fibrinogenkonzentration.

Diskussion

Sowohl *Franke* als auch *Artale* und Mitarbeiter fanden eine Senkung der Vollblutviskosität nach intraarterieller Gabe von Adenylverbindungen. Eine komplette rheologische Analyse wurde von keiner der beiden Arbeitsgruppen durchgeführt; die Beurteilung der Erythrozytenverformbarkeit an Hand der Filtrationsmethode nach Reid und Mitarbeitern ist nicht aussagekräftig. Insofern muß die Frage offenbleiben, ob die von beiden Gruppen gefundene Senkung der Blutviskosität als gesichert angesehen werden darf und wie der Mechanismus dieser Viskositätssenkung erklärt werden kann.

4.1.14. Glukoselösungen und Laevuloselösungen

Einleitung

Glukoselösungen (Traubenzuckerlösungen) und Laevuloselösungen werden in niedrigen Konzentrationen sowohl als Infusionslösungen per se wie auch als Trägerlösungen für verschiedene Pharmaka verwendet. In niedrigen Konzentrationen dienen diese Lösungen zur Volumenauffüllung, in höheren zur Osmotherapie bei Hirn- und Lungenödem.

Publikationen

1965 berichteten **Groth** und Mitarbeiter [395] über die Verbesserung der Fließeigenschaften des Blutes bei Patienten mit verschiedenen Erkrankungen durch eine intravenöse Gabe von 500 ml einer 5,5%igen Glukoselösung innerhalb einer Infusionszeit von 25 bis 35 Minuten. Die Plasmaviskosität wurde mit einem Ostwald-Kapillarviskosimeter bei 37 °C gemessen.
Unabhängig von der Höhe der Plasmaviskositätsausgangswerte der Patienten kam es durch Glukoseinfusionen zu einer kurzfristigen, aber hochsignifikanten Senkung der Plasmaviskosität und zu einer signifikanten Verminderung der Hämatokritwerte. Dagegen verursachten Infusionen von niedermolekularem Dextran keine signifikanten Veränderungen der Plasmaviskosität.
An anderer Stelle wurde über ähnliche Ergebnisse berichtet [394, 398].

Bemerkungen: Keine Messungen weiterer rheologischer Parameter.

1966 behandelten **Langsjoen** und Mitarbeiter [543] Patienten mit Herzinfarkt mit Glukoseinfusionen. Die Blutviskosität der mit Heparin antikoagulierten Blutproben wurde mit einem Brookfield-micro-cone-plate-Viskosimeter bei Schergraden zwischen 2 und 230 s^{-1} und einer Temperatur von 37 °C gemessen. Die erhöht gefundenen Blutviskositäts- und Hämatokritwerte wurden durch mehrfach durchgeführte Infusionen von 500 ml 5%iger Glukoselösung gesenkt. Der Blutviskositätsabfall war bei niedrigen Schergraden besonders deutlich.
An anderer Stelle wurde über ähnliche Ergebnisse berichtet [545].

Bemerkungen: Keine Messungen weiterer rheologischer Parameter.

Bernstein und **Castaneda** [68] behandelten 1968 25 Patienten, die im Rahmen einer Herzoperation an eine Herz-Lungen-Maschine angeschlossen wurden, mit 10%iger niedermolekularer Dextran- und 5%iger Dextroselösung. Die Temperatur bei den

Blutviskositätsmessungen lag entsprechend dem Grad der Hypothermie bei 30 bis 31 °C. Gleichzeitig mit der Verminderung des Hämatokrits wurde die Blutviskosität (Brookfield-micro-cone-plate-Viskosimeter; 1,3 bis 130 s^{-1}) durch Dextran stärker und länger anhaltend gesenkt als durch die 5%ige Zuckerlösung. Die Senkung der Blutviskosität war bei niedrigen Schergraden besonders deutlich.

Bemerkungen: Keine Messungen weiterer rheologischer Parameter.

1969 behandelten **Ditzel** und Mitarbeiter [189] Patienten mit akutem Herzinfarkt durch täglich 4stündige Infusionen (500 ml 5%ige Glukoselösung, 500 ml niedermolekulares Dextran - keine Prozentangabe) über einen Behandlungszeitraum von 5 Tagen. Die Blutviskosität wurde mit einem Brookfield-micro-cone-plate-Viskosimeter bei 12 U/min gemessen. Die Untersucher fanden simultan mit der Senkung der Hämatokritwerte eine Verminderung der Blutviskosität durch die Infusionslösungen, jedoch fiel die blutviskositätssenkende Wirkung durch die Dextranlösung signifikant stärker aus als durch die Glukoselösung.

Bemerkungen: Keine Messungen weiterer rheologischer Parameter; keine Angabe zur Meßtemperatur.

1974 fanden **Heidrich** und **Ott** [421] mit einem Kugelfallviskosimeter, daß die Infusion von 250 ml 5%iger Laevulose bei Patienten mit und ohne Durchblutungsstörungen eine Abnahme der Blutviskosität bei geringgradigem Abfall des Hämatokritwertes bewirkte, der allerdings zeitlich begrenzt war. Die Autoren führten die Senkung der Blutviskosität auf einen Plasmaverdünnungseffekt zurück.

Bemerkungen: Keine Messungen weiterer rheologischer Parameter.

Gottschalk [384] bestimmte 1985 die Vollblutviskosität mit einem Rheoviskosimeter nach Höppler bei 38 °C bei Kindern, welche sowohl 10%ige Invertoselösung als auch Aminosäurelösung infundiert bekamen. Bedingt durch die niedrige Eigenviskosität der Aminosäurelösung, kam es zu einer ausgeprägten Senkung der Viskosität; der Effekt war bei 10%iger Invertoselösung etwas geringer.

Bemerkungen: Keine Messungen anderer hämorheologischer Parameter.

Diskussion

Groth und Mitarbeiter fanden nach der Infusion von 500 ml 5,5%iger Glukoselösung eine hochsignifikante Senkung der Plasmaviskosität im Vergleich zu nichtsignifikanten Veränderungen der Plasmaviskosität nach Infusionen von niedermolekularer Dextranlösung. Verantwortlich dafür ist die geringe spezifische Eigenviskosität der Glukoselösung im Gegensatz zu der hochviskösen Dextranlösung.

Groth und Mitarbeiter diskutierten, daß eine starke plasmaviskositätssenkende Wirkung insbesondere im Gebiet der Mikrozirkulation von Bedeutung ist, da dort die Gesamtblutviskosität wesentlich stärker von der Plasmaviskosität beeinflußt wird, als dies in Gefäßen mit größerem Durchmesser der Fall ist. Die Autoren konstatierten, daß die Wirkungsdauer der Glukoselösung auf die Fließeigenschaften des Blutes sehr kurzfristig ist.

Langsjoen und Mitarbeiter fanden eine parallele Senkung der Blutviskosität und des Hämatokrits nach mehrmaligen Infusionen von jeweils 500 ml 5%iger Glukoselösung bei Patienten mit Herzinfarkt. Durch die gleiche Menge 10%iger niedermolekularer Dextranlösung konnte ein noch wesentlich stärkerer hämodiluierender Effekt erzielt werden.

Ditzel und Mitarbeiter berichteten über eine simultane Senkung der Blutviskosität und des Hämatokritwertes nach Infusionen von 500 ml 5%iger Glukoselösung. Im Vergleich zu einer Infusion von 500 ml niedermolekularer Dextranlösung fielen die Viskositäts- und Hämatokritsenkungen durch Glukoselösung signifikant geringer aus, da bei der Infusion isotonischer Glukoselösung im Gegensatz zu Dextran keine zusätzliche Flüssigkeit aus dem interstitiellen und intrazellulären Raum mobilisiert wird.
Für Laevuloselösungen fanden *Heidrich* und *Ott* ähnliche Ergebnisse wie für Glukoselösungen, die - wieder ins Verhältnis gesetzt zur infundierten Gesamtmenge - im Sinne einer unspezifisch induzierten Hämodilution interpretiert werden.
Nach den Untersuchungen von *Gottschalk* kommt es erwartungsgemäß nach Infusion von Invertoselösung wie auch von Aminosäurelösung zu einer dilutionsbedingten Verminderung der Vollblutviskosität.
Zusammengefaßt kann gesagt werden, daß eine Zuckerlösung ähnlich einer isotonischen Salzlösung zu einer verhältnismäßig raschen, aber kurzfristigen Hämodilution führt, was von den verschiedenen Autoren übereinstimmend durch eine Senkung der Blut- und Plasmaviskosität und des Hämatokrits beschrieben wurde. Die Senkung der Viskosität durch isotonische Glukoselösung ist bestimmt von der Einlaufgeschwindigkeit und der Gesamtmenge der infundierten Flüssigkeit. Wie bei nicht-kolloidalen Lösungsmitteln zu erwarten, verschwindet die Flüssigkeit relativ rasch aus dem intravasalen Raum, so daß die hämodilutionsbedingte Verbesserung der Fließeigenschaften des Blutes nicht allzulange anhält.

4.1.15. Humanalbumin- und Humanplasmalösungen

Einleitung

Das menschliche Serumalbumin stellt 52 bis 62% der Gesamtplasmaproteine dar und ist mit seiner ausgesprochenen Fähigkeit zur Wasserbindung ganz wesentlich an der Regulation des kolloidosmotischen Druckes beteiligt. Weiterhin hat Albumin die Fähigkeit, viele Stoffe reversibel zu binden, und stellt ein Vehikel für niedermolekulare, wasserunlösliche Substanzen (z. B. Bilirubin, Salizylsäure) dar. Es besitzt ein durchschnittliches Molekulargewicht von 69.000.
Menschliche Serumalbuminlösungen und Humanplasmalösungen werden unter anderem unter rheologischen Aspekten zur Verdünnung des Blutes (Hämodilution) verwendet. Nach Infusion solcher Lösungen kommt es zu einer Verminderung des Hämatokritwertes und - insbesondere bei pathologischen Proteinkonstellationen wie beim Plasmozytom - auch zu einer Verminderung der Gesamteiweißkonzentration. Die Infusion von Albumin- oder Humanplasmalösungen erfolgt entweder ohne vorherige Entnahme von Blut (hypervolämische Hämodilution) oder als sogenannte isovolämische Hämodilution (Entnahme von Blut und anschließende Infusion von Plasma- oder Albuminlösung). Auf die verschiedenen Arten der Hämodilution ist bereits an anderer Stelle eingegangen worden (siehe Kap. 3.4.).
Die folgenden Publikationen betreffen die hypervolämische Hämodilution ohne vorherigen Aderlaß. Arbeiten, in denen zunächst Blut entnommen wurde und anschließend Plasmaeiweißlösungen infundiert wurden, werden im entsprechenden Kapitel (4.2.1.2.) besprochen.

Publikationen

Die erste Veröffentlichung über den Einfluß von Albuminlösungen auf die Fließeigenschaften des Blutes bei Patienten mit erhöhten Plasmaviskositätswerten und verschiedenartigen Erkrankungen wurde von **Groth** 1966 [396] publiziert. Die Patienten erhielten pro Kilogramm Körpergewicht 10 ml einer 10%igen Albuminlösung bei einer Infusionszeit von einer Stunde. Eine Kontrollgruppe erhielt eine äquivalente Infusion von niedermolekularem Dextran. Die Blut- und Plasmaviskosität der heparinisierten Blutproben wurde mit einem Brookfield-micro-cone-plate-Viskosimeter (Modell LVT) bei 37 °C und 4 Schergraden von 23, 46, 115 und 230 s^{-1} gemessen.
Der Autor fand im Gegensatz zu den Dextraninfusionen bei Albumininfusionen eine signifikante Senkung der Plasmaviskosität. Eine signifikante Verminderung der Blutviskosität bei allen Schergraden wurde durch beide Infusionslösungen erzielt; bei niedrigen Schergraden war die Blutviskositätssenkung besonders deutlich. Vier Stunden nach dem Infusionsende hatten die Plasmaviskositätswerte wie auch die Serumalbuminkonzentration wieder nahezu die Ausgangswerte erreicht, wohingegen die Blutviskosität, der Hämatokrit und die Blutkörperchensenkungsgeschwindigkeit, gemessen bei korrigiertem Hämatokrit, noch um die Hälfte erniedrigt waren.

1968 und 1969 veröffentlichte **Groth** [397, 398] weitere Arbeiten mit ähnlichen Ergebnissen. Wiederum fand der Autor keinen signifikanten Unterschied zwischen den hämorheologischen Effekten von Albumin- und niedermolekularen Dextranlösungen, abgesehen von der Plasmaviskosität.

Bemerkungen: Messungen weiterer rheologischer Parameter wurden nicht durchgeführt.

Ehrly und Mitarbeiter berichteten 1984 [301] über den Einfluß einer 30minütigen intravenösen Infusion von 500 ml 5%iger Humanalbuminlösung bei Patienten mit Claudicatio intermittens. Es kam zu einer Senkung der Vollblutviskosität und der Plasmaviskosität und zu einer Verminderung der Erythrozytenaggregation.

Diskussion

Erste Untersuchungen über den Einfluß von Albumin (hypervolämische Hämodilution) stammen von *Groth.* Wie zu erwarten, hatte die Gabe von Humanalbuminlösung in einer Konzentration von 10% eine hämodiluierende Wirkung mit Senkung des Hämatokrits und der Blutviskosität zur Folge. Da die Eigenviskosität der Lösung niedrig ist, ist auch die Plasmaviskosität nach der Infusion einer 10%igen Albuminlösung deutlich vermindert. Die Verminderung der Blutkörperchensenkungsgeschwindigkeit bei korrigiertem Hämatokrit spricht für eine desaggregierende Wirkung der Albuminlösung auf Erythrozytenaggregate.
Die Untersuchungen von *Ehrly* und Mitarbeitern bestätigten die Ergebnisse der Arbeitsgruppe *Groth.* Die von *Groth* diskutierte mögliche desaggregierende Wirkung von Humanalbumin konnte von *Ehrly* und Mitarbeitern mit der Lichttransmissionsmethode bestätigt werden. Demnach besitzt Albumin eine besondere Potenz zur Verbesserung der Fließeigenschaften des Blutes. Der hohe Preis der Lösung sowie die gelegentlich vorkommenden Nebenwirkungen schränken den Einsatz dieses Mittels für hämorheologische Indikationen jedoch ein.

4.1.16. Anästhetika (Narkosemittel)

Einleitung

Als Anästhetika (Narkosemittel) werden Substanzen bezeichnet, die allein oder in Kombination miteinander eine reversible Bewußtlosigkeit herbeiführen, den Organismus unempfindlich machen gegen Schmerzen und seine Abwehrreflexe herabsetzen. Hierdurch werden die Voraussetzungen für die schonende Durchführung von Operationen und schmerzhaften Eingriffen geschaffen.

Publikationen

1966 erschien eine Publikation von **Boyan** und Mitarbeitern [85] über den Einfluß von Inhalationsanästhetika auf die Fließeigenschaften des Blutes von Patienten mit Tumoroperationen.
Die Patienten wurden mit Diäthyläther, Halothan und Cyclopropan anästhesiert. Die Blutviskosität wurde mit einem Brookfield-micro-cone-plate-Viskosimeter bei 3 Schergraden von 46, 115 und 230 s^{-1} gemessen.
Simultan mit einer leichten Hämatokritsenkung um bis zu 1% kam es zu einer tendenziellen, nicht signifikanten Senkung der Blutviskosität.

Bemerkungen: Eine Hämatokritkorrektur wurde nicht durchgeführt, und Messungen weiterer rheologischer Parameter, z. B. der Plasmaviskosität, unterblieben.

1970 fand **Hess** [442] eine Verminderung der Blutviskosität, gemessen mit einem Kugelfallviskosimeter (keine Zeitangabe) bei Narkosen mit Thiopental und Halothan.

Bemerkungen: Keine weiteren rheologischen Messungen.

Gramstad und **Stovner** [390] berichteten 1979 über den Einfluß cremophorhaltiger Anästhetika (Althesin, Propanidid) bei 29 Frauen, bei denen eine Probekürettage durchgeführt wurde. Zu verschiedenen Zeiten wurden Blutproben entnommen und untersucht. Die Plasmaviskosität wurde mit einem Wells-Brookfield-Mikroviskosimeter bei 37 °C gemessen. Bei allen Patienten fand sich eine Senkung der Plasmaviskosität, wobei das Ausmaß der Veränderungen von Patient zu Patient verschieden war.

Bemerkungen: Die erhebliche Verminderung der Plasmaviskosität um 40% des Ausgangswertes dürfte artifiziell und auf die Oberflächenaktivität von Cremophor zurückzuführen sein. Ob eine Plasmadilution vorgelegen hat, läßt sich aus den vorliegenden Daten nicht ersehen, da andere rheologische Parameter nicht untersucht wurden.

1980 berichteten **Drummond** und Mitarbeiter [220] über den Einfluß der Inhalationsanästhesie mit Halothan und über den Einfluß von Spinalanästhesien mit Cinchocainhydrochlorid auf die Fließeigenschaften des Blutes von Patienten, welche aufgrund eines Schenkelhalsbruches operiert wurden. Die Blutviskosität wurde mit einem Contraves LS 30-Viskosimeter bei Schergraden von 0,94 und 94,5 s^{-1} und mathematisch korrigiertem Hämatokrit bestimmt. Die Erythrozytenverformbarkeit wurde nach der Methode von Reid und Mitarbeitern gemessen. Nach der Operation hatte jeder Patient im Durchschnitt 260 ml Blut verloren. Das defizitäre Blutvolumen wurde durch die Infusion von Plasmaexpandern ausgeglichen, wobei den Patienten der Spinalanästhesiebehandlungsgruppe durchweg die doppelte Flüssigkeitsmenge infundiert wurde. Die Art des Plasmaexpanders wurde nicht angegeben.
Am Operationsende fanden die Autoren bei den Patienten, die mit Halothan anäs-

thesiert wurden, eine signifikante Erhöhung der Blutviskosität bei hohen und niedrigen Schergraden sowie eine signifikante Verminderung der Erythrozytenverformbarkeit. Signifikante Veränderungen rheologischer Parameter während der Spinalanästhesie wurden nicht gefunden.

Bemerkungen: Die Hämatokritkorrektur wurde nur mathematisch durchgeführt; Wechselwirkungen zwischen den verwendeten Plasmaexpandern und den Anästhetika in Bezug auf die Fließeigenschaften des Blutes sind wahrscheinlich, so daß eine definitive Aussage hinsichtlich der rheologischen Wertung von Halothan nicht gemacht werden kann.
Messungen weiterer rheologischer Parameter, z. B. der Plasmaviskosität, wurden nicht durchgeführt.

Orr und Mitarbeiter [672] untersuchten 1982 den Einfluß einer intravenösen Infusion von Althesin (0,5 ml pro Minute) auf die Fließeigenschaften des Blutes bei 11 Patienten mit kleineren chirurgischen Eingriffen. Blutentnahmen erfolgten vor und 5 bis 10 Minuten nach Eintreten der Anästhesie. Die Blutviskosität wurde mit einem Contraves-low-shear-30-Viskosimeter bei 37 °C bei einem standardisierten Hämatokrit von 45% gemessen. Die Plasmaviskosität wurde bei 25 °C mit einem Kapillarviskosimeter bestimmt. Weiterhin erfolgte die Filtration von Blut nach der Methode von Reid und Mitarbeitern (1976).
Die Autoren fanden eine geringgradige Verminderung des Hämatokrits und der Plasmaviskosität. Die Vollblutviskosität war nur bei einem Schergrad statistisch signifikant vermindert. Die Erythrozytenfiltrabilität ergab keine Veränderung der Werte. Die Autoren vermuten, daß die geringgradige Veränderung der rheologischen Parameter als Effekt der Sedierung aufgefaßt werden kann, und sprechen dem Anästhetikum eine direkte rheologische Wirkung ab.

Bemerkungen: Keine Messungen der Erythrozytenaggregation.

Gibbs und Mitarbeiter [375] untersuchten 1984 den Einfluß von Althesin bei 12 Patienten während einer Langzeitinfusion und fanden einen Anstieg der Plasmaviskosität (Leserbrief, keine Details).

Gonzalez de Zarate und Mitarbeiter [382] berichteten 1985 über den Einfluß von Propanidid-Cremophor EL bei 8 Patienten und untersuchten die Vollblutviskosität bei verschiedenen Schergraden mit einem Brookfield-LVT-Viskosimeter bei einer Meßtemperatur von 37 °C. Die Dosierung betrug 7–10 mg pro kg Körpergewicht. Es fand sich eine statistisch signifikante Verminderung der Vollblutviskosität bereits wenige Minuten nach der Gabe des Medikamentes. Der Hämatokrit sank im Mittel von 43,5 auf 41,0, was sich statistisch allerdings nicht sichern ließ. Die Autoren folgerten daraus, daß eine Hämodilution nicht die Ursache des Viskositätsabfalles sein könnte.

Bemerkungen: Keine Messung der Plasmaviskosität.

Diskussion

Anhand der vorliegenden widersprüchlichen Ergebnisse lassen sich keine Aussagen über eine mögliche Beeinflussung der Fließeigenschaften des Blutes durch Anästhetika machen. Dies liegt zum großen Teil an der sehr geringen Anzahl der publizierten Arbeiten und an methodischen Schwierigkeiten.

Es gibt aber in den einzelnen Arbeiten Hinweise darauf, daß nicht die Narkosemittel als solche einen Einfluß auf die Blutviskosität haben, sondern daß die gefundene geringgradige Senkung der Blut- und Plasmaviskosität, wie sie von einzelnen Autoren beschrieben wurde, auf den Effekt einer Vasodilation zurückzuführen ist und über eine endoge-

ne Hämodilution zustande kommt. Nicht auszuschließen ist allerdings auch eine Verminderung der Blutviskosität durch eine Hämatokritsenkung infolge der Blutverluste, die bei Operationen zwangsläufig auftreten.
Eine kurze Übersicht zu dieser Thematik findet sich bei Dormandy 1984 [213].

4.1.17. Gelatinelösungen

Einleitung

Gelatinelösungen sind kolloidale Plasmaersatzstoffe, die beim Abbau von Kollagen entstehen.
1951 wurde Oxypolygelatine, 1952 ein Polymerisat aus abgebauter, succinylierter Gelatine und 1962 ein vernetztes Polypeptidgemisch entwickelt. Gelatinepräparate werden aufgrund ihres niedrigen Molekulargewichts von 23.000 bis 27.000 schneller aus dem Kreislauf ausgeschieden als vergleichbare Dextranpräparate.
Gelatinepräparate werden zur Schocktherapie, bei allen Formen von Blut- und Plasmaverlusten sowie beim extrakorporalen Kreislauf und bei der Hämodialyse verwendet.

Publikationen

1966 berichteten **Schülke** und **Hartel** [776] über die Verbesserung der Fließeigenschaften des Blutes bei cholecystektomierten Patienten nach der Infusion von 1000 ml eines 3,5%igen Gelatinepräparates. Die Plasmaviskosität wurde mit einem Kapillarviskosimeter bei 37 °C gemessen.
Die Autoren fanden eine leichte Erhöhung der Plasmaviskosität nach Infusion des Gelatinepräparates und im Vergleich dazu eine deutliche Erhöhung der Plasmaviskosität nach der Infusion einer 10%igen Lösung von niedermolekularem Dextran.

Bemerkungen: Messungen anderer rheologischer Parameter wurden nicht durchgeführt.

1980 behandelten **Motta** und Mitarbeiter [658] Patienten mit peripheren arteriellen Durchblutungsstörungen im Stadium II nach Fontaine. Die Blut- und Plasmaviskosität der heparinisierten Blutproben wurde mit einem Kapillarviskosimeter bei 37 °C gemessen. Für die Blutviskositätsmessungen wurde der Hämatokrit zum Teil auf einen Wert von 45% korrigiert. Durch die Infusion von 1250 ml einer 3,5%igen Gelatinelösung kam es zu einer starken Verminderung der Blutviskosität, zu einer leichten Erhöhung der Blutviskosität bei korrigiertem Hämatokrit und zu einem 5,6%igen Anstieg der Plasmaviskosität. Prinzipiell ähnliche Veränderungen der Fließeigenschaften des Blutes wurden nach Infusionen von 10%igen Lösungen von niedermolekularem Dextran beobachtet.

Bemerkungen: Messungen weiterer rheologischer Parameter wurden nicht durchgeführt.

Diskussion

Motta und Mitarbeiter berichteten über eine Senkung der Blutviskosität nach der Infusion einer 3,5%igen Gelatinelösung bei Patienten mit peripheren arteriellen Durchblutungsstörungen. Die

Autoren führen diese Blutviskositätssenkung auf die Hämodilution (Blutverdünnung) zurück, welche in einer Hämatokritsenkung zum Ausdruck kommt. Wurde der Hämatokrit zu den Blutviskositätsmessungen dagegen auf einen standardisierten Wert von 45% eingestellt, so fanden die Untersucher eine leichte Erhöhung der Blutviskosität. Bei standardisiertem Hämatokrit sind die Blutviskositätsergebnisse unabhängig von der Anzahl der vorhandenen Erythrozyten. Die Erhöhung der Blutviskosität bei eingestelltem Hämatokrit wurde auf die Erhöhung der Plasmaviskosität zurückgeführt. Außerdem wäre eine Erhöhung der Erythrozytenaggregation und eine Verschlechterung der Erythrozytenfiltration denkbar; entsprechende Untersuchungen wurden jedoch nicht durchgeführt. Messungen der Plasmaviskosität nach Infusionen von 3,5%igen Gelatinelösungen durch *Schülke* und *Hartel* ergaben ebenfalls eine leichte Erhöhung der Werte.

Schülke und *Hartel* konstatieren, daß die Erhöhung der Plasmaviskosität nach Gelatineinfusionen in der spezifischen Eigenviskosität des zu infundierenden Infusionsmittels (Gelatine) liegt, da menschliches Plasma niedrigere Viskositätswerte aufweist.

Insgesamt gesehen liegen über Plasmaersatzmittel auf Gelatinebasis nur wenige Publikationen vor, die eine differenzierte Beurteilung der hämorheologischen Eigenschaften dieser Substanzen nicht ermöglichen.

4.1.18. Streptokinase/Urokinase

Einleitung

Streptokinase ist ein aus ß-hämolysierenden Streptokokken gewonnenes Enzym mit einem Molekulargewicht von 47.000, welches Fibrin und Fibrinogen im Blutplasma spaltet.

Die klinischen Indikationen für die Therapie mit Streptokinase sind vor allen Dingen tiefe Venenthrombosen, Lungenembolien wie auch akute und chronische Verschlüsse von Arterien. Schon früh wurde festgestellt, daß dieses fibrinolytische Enzym nicht nur Fibrin spaltet und so den Thrombus auflöst, sondern auch das im Plasma gelöst vorkommende Fibrinogen in Spaltprodukte (split products) spaltet. Dies ist auch der Grund für die wesentlichste Nebenwirkung der Streptokinase, nämlich die Blutungskomplikation infolge einer starken Verminderung der Plasmafibrinogenkonzentration bei gleichzeitiger Erhöhung der Fibrinogenspaltprodukte im Plasma.

1969 fand ***Ehrly*** *[235], daß die medikamentöse Senkung der Fibrinogenkonzentration durch Fibrinogenspaltung mit Streptokinase in vitro und in analoger Weise auch bei Patienten in vivo zu einer Verbesserung der Fließeigenschaften des Blutes führt. In vitro-Untersuchungen von* ***Merrill*** *und Mitarbeitern [636, 637] aus den Jahren 1963 und 1966 zeigten bereits, daß durch Zugabe oder Herausnahme von Fibrinogen die Fließeigenschaften des Blutes beeinflußt werden können. Auch* ***Chien*** *und Mitarbeiter [124] stellten 1966 in in vitro-Untersuchungen fest, daß das Nicht-Newton'sche Verhalten des Blutes hauptsächlich von den Plasmaproteinen abhängt, insbesondere von Fibrinogen.*

Neben der Streptokinase ist in den letzten Jahren auch ein anderes thrombolytisches Enzym, die Urokinase, verwendet worden. Urokinase ist ein aus menschlichem Urin hergestelltes, hochgereinigtes Polypeptid mit einem Molekulargewicht von 54.000. Diese körpereigene Sub-

stanz ist ebenfalls in der Lage, Fibrin und damit Thromben aufzulösen. Da sie gleichzeitig das gelöste Fibrinogen spaltet, kommt es zu einer Verminderung der Fibrinogenkonzentration und über diesen Mechanismus zu einer Beeinflussung der Fließeigenschaften des Blutes. Die Indikationen von Urokinase entsprechen weitgehend denen von Streptokinase.

Publikationen

1969 berichteten **Ehrly** und **Lange** [235] über eine Verbesserung der Fließeigenschaften des Blutes im Verlauf einer Behandlung von Patienten mit arteriellen Verschlußkrankheiten mit Streptokinase. Die Dosis betrug 250.000 und 500.000 E/Stunde, was einer Streptokinasekonzentration von 50-100 E pro ml Blut entspricht. Die Resultate dieser Patientenversuche entsprachen gleichzeitig durchgeführten in vitro-Untersuchungen, bei denen sich zeigte, daß die Gesamtblutviskosität besonders bei niedrigen Schergraden gesenkt werden konnte. Die Blutviskosität wurde mit einem Brookfield-micro-cone-plate-Viskosimeter und einem Ostwald-Kapillarviskosimeter gemessen, die Plasmaviskosität lediglich mit einem Ostwald-Kapillarviskosimeter bei 23 °C. Es ergab sich ein deutlicher Abfall der Viskositätswerte während der Streptokinasewirkung bei gleichzeitiger Verminderung der Fibrinogenkonzentration im Plasma. Auf sogenannten Blasausstrichen wurde eine Verminderung der Erythrozytenaggregation beobachtet; auch eine Verminderung der Blutkörperchensenkungsgeschwindigkeit wurde in diesem Sinne interpretiert.

Bemerkungen: Quantitative Messungen des Erythrozytenaggregationsverhaltens und der Erythrozytenflexibilität wurden nicht durchgeführt. Die Meßtemperatur betrug 23 °C; statistische Untersuchungen an einer größeren Anzahl von Patienten fehlen.

In einer weiteren Publikation diskutierten **Ehrly** und **Lange** [243] die gefundenen Ergebnisse im Hinblick auf die Therapie des Infarktgeschehens. Es wurde erörtert, daß die um den Infarkt gelegenen gefährdeten Randgebiete bei einer Verbesserung der Fließeigenschaften des Blutes besser perfundiert werden und daß somit die Größe des Infarktgebietes limitiert werden könnte. Die mögliche klinische Bedeutung der Verbesserung der Fließeigenschaften durch Streptokinase wurde an anderer Stelle auch im Zusammenhang mit der Therapie venöser Thrombosen und bestimmter Schockformen abgehandelt [238, 240, 244, 252].

Benda und Mitarbeiter [60] berichteten 1971 über die fibrinolytische Therapie mit Streptokinase bei 28 Patienten mit schwerer Angina pectoris, wobei es bei 19 Patienten zu einer Besserung der Nitroglycerinresistenten Stenokardien kam. Zur Messung der Blutviskosität wurde ein Brookfield-micro-cone-plate-Viskosimeter verwendet. Nach einer Dosis von 500.000 E Streptokinase innerhalb von 45 Minuten und einer nachfolgenden Gabe von 750.000 E Streptokinase in den nächsten 4 bzw. 8 Stunden wurde ein Absinken der Blutviskosität und der Plasmafibrinogenkonzentration verzeichnet. Im Anschluß an die Behandlung mit Streptokinase wurde eine Antikoagulantientherapie durchgeführt. Benda erklärte die günstige klinische Wirkung beim drohenden Herzinfarkt über die Senkung der Blutviskosität, die Hemmung der Thrombozytenadhäsivität und die Lyse von Fibrin-Plättchen-Mikrothromben in den Koronararterien.

Bemerkungen: Angaben über die Temperatur und die verwendeten Schubspannungen bei den Blutviskositätsmessungen wurden nicht gemacht. Keine Messungen anderer rheologischer Parameter; keine Hämatokritkorrektur.

Bapistella [42] prüfte 1972 den Einfluß von Streptokinase auf die Fließeigenschaften des Blutes bei 12 Patienten mit arteriellen und venösen Thrombosen. Nach einer

Initialdosis von 250.000 E Streptokinase in 30 Minuten erhielten die Patienten als Erhaltungsdosis 150.000 E Streptokinase pro Stunde. Die Blutviskosität wurde sowohl mit einem Brookfield-micro-cone-plate-Viskosimeter (11,5 s^{-1}) als auch einem Ostwald-Kapillarviskosimeter bei einem konstanten Hämatokrit von 38% gemessen. Für die Messung der Plasmaviskosität wurde ein Ostwald-Kapillarviskosimeter bei 23 °C verwendet. Es ergab sich ein synchroner Abfall der Blutviskosität (bei hohen und niedrigen Schergraden), der Plasmaviskosität und der Fibrinogenkonzentration im Plasma, welcher 3 Stunden nach Infusionsbeginn am deutlichsten ausgeprägt war. Die Blutkörperchensenkungsgeschwindigkeit und die in den Blasausstrichen vermindert gefundenen Erythrozytenaggregate weisen auf eine Desaggregation der Erythrozyten hin.
Später erschien von **Ehrly** [255] eine Publikation mit ähnlichen Ergebnissen.

Bemerkungen: Die Viskositätsmessungen erfolgten bei 23 °C. Eine quantitative Erfassung des Aggregationsverhaltens der Erythrozyten wurde nicht durchgeführt. Keine Messungen der Erythrozytenflexibilität.

1972 berichtete **Benda** [61] über Blutviskositäts- und Fibrinogensenkungen bei einem Patienten mit akutem Herzinfarkt im Verlauf der fibrinolytischen Therapie mit Streptokinase. Die Blutviskosität wurde mit einem Brookfield-micro-cone-plate-Viskosimeter bei Schubspannungen zwischen 5,6 und 115 s^{-1} gemessen.

Bemerkungen: Keine Messungen weiterer rheologischer Parameter. Keine Temperaturangaben.

Ehringer [228] beschrieb 1972 die hämorheologischen Wirkungen von Streptokinaseinfusionen bei Patienten mit peripheren arteriellen Verschlüssen. Nach einer Initialdosis von 400.000 E Streptokinase in 15 Minuten betrug die Erhaltungsdosis 100.000 E Streptokinase pro Stunde. Die Blutviskositätsmessungen erfolgten mit einem Brookfield-micro-cone-plate-Viskosimeter bei einem Schergrad von 11,5 s^{-1} und 37 °C. Es kam zu einer Senkung der Blutviskosität bei gleichzeitiger Verminderung der Fibrinogenkonzentration im Plasma.

Bemerkungen: Die Viskositätsmessungen wurden ohne Hämatokritkorrektur durchgeführt; andere rheologische Parameter wurden nicht untersucht.
Über ähnliche Ergebnisse wurde an anderer Stelle berichtet [229].

1973 beschrieb **Vogeler** [883] in einer Dissertation die Verbesserung der Fließeigenschaften des Blutes bei Patienten mit peripheren arteriellen Durchblutungsstörungen durch Streptokinaseinfusionen. Die Erythrozytenverformbarkeit wurde mit einer Erythrozytenfiltrationsmethode (Milliporefilter (∅8 µm), Hämatokrit 10%, 12,9 mm H_2O) nach Ehrly und Roßbach bestimmt. Die Blut- und Plasmaviskosität der heparinisierten Blutproben wurde mit einem Ostwald-Kapillarviskosimeter bei 23 °C gemessen. Es wurde eine Verminderung der Blut- und Plasmaviskosität gefunden; die Verformbarkeit der Erythrozyten wurde nicht beeinflußt.

Bemerkungen: Messungen der Erythrozytenaggregation wurden nicht durchgeführt; keine Hämatokritkorrektur bei den Blutviskositätsmessungen. Die Viskositätsmessungen erfolgten unterhalb der Körpertemperatur.

Benda und Mitarbeiter [62] untersuchten 1973 bei 40 Patienten mit akutem Herzinfarkt die Blutviskosität bei einem definierten Schergrad von 5,8 s^{-1} im Rahmen einer fibrinolytischen Therapie mit Streptokinase. Die Höhe der Dosierung der Streptokinase betrug in den ersten 30 Minuten 500.000 E, in den nächsten 4 Stunden 750.000 E und in den folgenden 8 Stunden 750.000 E. Es fand sich ein gleichsinniger Abfall der Blutviskosität und des Fibrinogenspiegels wie auch der mit dem Aggregometer nach Fleisch und Perren (keine genauen Angaben) gemessenen Erythrozytenaggregation.

Bemerkungen: Die Blutviskositätsmessungen erfolgten nur bei einem Schergrad; keine Temperaturangaben zu den Viskositätsmessungen. Keine Hämatokritkorrektur.

Klinik: Im Vergleich zu einer unbehandelten Kontrollgruppe fanden die Autoren bei der Behandlung des akuten Herzinfarktes durch Streptokinase keine Verminderung der Letalität.

Ebenfalls 1973 berichteten **Breddin** und Mitarbeiter [86] über die Kurzzeitfibrinolyse beim akuten Myokardinfarkt. 6 Patienten wurden jeweils 750.000 E Streptokinase innerhalb von 3 Stunden infundiert; anschließend erfolgte eine Dauerinfusion mit Heparin. Die Blutviskosität wurde sowohl mit einem Brookfield-micro-cone-plate-Viskosimeter als auch mit einem Ostwald-Kapillarviskosimeter, die Plasmaviskosität lediglich mit einem Ostwald-Kapillarviskosimeter gemessen. Nach der Streptokinasegabe sanken die Blut- und Plasmaviskosität wie auch der Fibrinogenspiegel deutlich ab. Die Senkung der Blutviskosität fiel bei niedrigen Schergraden am deutlichsten aus. Wie auch in früheren Arbeiten [244] wurde die Verminderung der Erythrozytenaggregation anhand der Blutkörperchensenkungsgeschwindigkeit und mikroskopisch durch Blasausstriche festgestellt.

Bemerkungen: Keine Hämatokritkorrektur, keine Angaben zur Höhe der Meßtemperatur. Die Blutviskositätssenkung wurde statistisch nicht gesichert.

Klinik: Die Untersucher fanden im Vergleich zu einer Kontrollgruppe (Heparin) nach der Streptokinasebehandlung eine Verminderung der Letalität bei den Herzinfarktpatienten.

Im Jahre 1973 untersuchte **Jauch** in einer Dissertation [475] die Auswirkungen von 18 Thrombolysebehandlungen mit Streptokinase auf die Blutviskosität. Die Patienten erhielten initial 250.000 E Streptokinase innerhalb von 30 Minuten, anschließend als Erhaltungsdosis 100.000 E Streptokinase pro Stunde. Die Blutviskosität wurde mit einem Kugelfallviskosimeter bei 37 °C gemessen. Es fand sich während der Fibrinolyse eine simultane Erniedrigung der Vollblutviskosität und des Fibrinogenspiegels.

Bemerkungen: Eine Hämatokritkorrektur wurde nicht durchgeführt; Messungen weiterer rheologischer Parameter erfolgten nicht.

1974 behandelte **Franke** [356] im Rahmen einer Dissertation 18 Patienten mit Gefäßverschlüssen durch jeweils eine initiale Infusion von 250.000 E Streptokinase in 50 ml isotonischer Kochsalzlösung. Die folgende Erhaltungsdosis betrug 100.000 E Streptokinase pro Stunde. Vor und nach den intravenösen Streptokinaseinfusionen wurden die Blutviskositätsveränderungen (Brookfield-micro-cone-plate-Viskosimeter bei 37 °C und definiertem Schergrad von 230 s^{-1}) miteinander verglichen. Die stärkste Blutviskositätssenkung erfolgte 2 Stunden nach Behandlungsbeginn. Ein gleichsinniger Abfall des Fibrinogenspiegels wie auch der Hämatokritwerte wurde beobachtet.

Bemerkungen: Eine Hämatokritkorrektur wurde nicht durchgeführt; keine Messungen weiterer rheologischer Parameter, keine Viskositätsmessungen bei niedrigen Schergraden.

Benda und Mitarbeiter [63] überprüften 1976 das Verhalten der Blutviskosität bei 57 Patienten mit akutem oder drohendem Herzinfarkt vor und nach einer fibrinolytischen Behandlung mit Streptokinase. Der Streptokinaseinitialdosis von 500.000 E in 30 Minuten folgten unterschiedlich hohe Erhaltungsdosen. Die Blutviskosität wurde mittels eines Brookfield-micro-cone-plate-Viskosimeters bei 37 °C und einem Schergrad von 5,8 s^{-1} gemessen. 4 Stunden nach Infusionsbeginn wurde ein maximaler Abfall der Blutviskosität und des Plasmafibrinogenspiegels beobachtet.

Ähnliche Berichte über das Verhalten der Blutviskosität nach Streptokinasebehandlungen publizierten **Benda** und Mitarbeiter auch 1977 [64].

Bemerkungen: Keine Hämatokritkorrektur, keine Messungen weiterer rheologischer Parameter.

Klinik: Die Autoren beobachteten ein Sistieren der vormals therapieresistenten Stenokardien.

Schmid-Schönbein und Mitarbeiter [759] untersuchten 1977 11 Patienten mit obliterierenden Arteriopathien. Nach einer Initialdosis von 250.000 bis 750.000 E Streptokinase, gefolgt von einer Erhaltungsdosis von 100.000 E Streptokinase pro Stunde, wurden Blut- und Plasmaviskosität mit einem Brookfield-micro-cone-plate-Viskosimeter mit Mooney-Adapter bei einer Temperatur von 37 °C und in einem Schergradbereich von 2,3 bis 160 s^{-1} gemessen. Während der Therapie mit Streptokinase konnten eine Normalisierung der überhöhten Plasmaviskositätswerte im Vergleich zu den Kontrollen wie auch ein Abfall der scheinbaren relativen Blutviskosität (Blutviskositätswerte dividiert durch Plasmaviskositätswerte) beobachtet werden, was bei einem Schergrad von 2,3 s^{-1} am deutlichsten war. Die Senkung der scheinbaren relativen Blutviskosität konnte allerdings in keinem Schergradbereich im Vergleich zu den Kontrollwerten statistisch gesichert werden.
Entsprechend der im Verlauf der fibrinolytischen Therapie erniedrigten Fibrinogenkonzentration fand sich auch eine Verminderung der Erythrozytenaggregation, die anhand der Scherungsresistenz wie auch der Bildungsrate der Erythrozytenaggregate mittels fotometrischer Aufzeichnung der Lichttransmission verifiziert werden konnte. Der Hämatokrit schwankte um 2%.

Bemerkungen: Keine Messungen der Erythrozytenfiltrabilität (Erythrozytenverformbarkeit).

In einer randomisierten Studie mit 27 Patienten mit akutem Herzinfarkt wurden von **Theiss** und Mitarbeitern [856] 1980 im Rahmen einer fibrinogenolytischen Therapie mit Streptokinase die Blut- und Plasmaviskositätswerte mit einem Brookfield-micro-cone-plate-Viskosimeter mit Mooney-Adapter in einem Schergradbereich zwischen 8 und 80 s^{-1} bei 37 °C gemessen. Die Initialdosis von 250.000 E Streptokinase wie auch die nachfolgende Erhaltungsdosis von 100.000 E Streptokinase pro Stunde in 50 ml einer 15%igen Glukoselösung führten zu einer starken Verminderung der Fibrinogenkonzentration in der Behandlungsgruppe im Vergleich zu der ansteigenden Fibrinogenkonzentration in der Placebogruppe. Die im Vergleich zu gesunden Probanden statistisch erhöhten Plasma- und Blutviskositätswerte der Patienten normalisierten sich. Im Gegensatz dazu stiegen in der Placebogruppe die Viskositätswerte an.

Bemerkungen: Messungen der Erythrozytenaggregation und -filtration wurden nicht durchgeführt.
Ähnliche Ergebnisse wurden auch an anderer Stelle berichtet [888].

Arntz und Mitarbeiter [27] behandelten 1985 Patienten mit akutem Myokardinfarkt mit intravenös gegebener, hochdosierter Streptokinase und fanden eine deutliche Verminderung der Vollblutviskosität - gemessen mit einem Wells-Brookfield-cone-plate-Viskosimeter - bei niedrigen Schergraden, während bei hohen Schergraden nur geringe Veränderungen gefunden wurden. Die Plasmaviskosität nahm ebenfalls statistisch signifikant ab. Die Erythrozytenaggregation, gemessen mit einem transmissionsoptischen Gerät, zeigte ebenfalls eine deutliche Verminderung, während die Erythrozytenfiltrabilität (Apparat nach Teitel) sowohl in der Streptokinase- wie auch in der Placebogruppe abnahm (Abstract, keine Details).

Ehrly und Mitarbeiter [307] untersuchten 1985 den Einfluß von systemisch gegebener Urokinase bei Patienten mit thrombotischen Erkrankungen. Synchron mit der Verminderung der Fibrinogenkonzentration kam es zu einer Senkung der Vollblutviskosität, der Plasmaviskosität und der Erythrozytenaggregation, während die Erythrozytenfiltrabilität unverändert blieb (Abstract, keine Details).

Kiesewetter und Mitarbeiter [497] untersuchten bei 10 Patienten mit tiefen Venenthrombosen den Einfluß einer 15minütigen intravenösen Gabe von 250000 Einheiten Urokinase auf die Fließeigenschaften des Blutes. Bei allen Patienten wurde die Fließfähigkeit des Blutes während der Therapie verbessert (Fließschubspannung, Erythrozytenaggregation und Plasmaviskosität), während die Erythrozytenverformbarkeit unverändert blieb.

Diskussion

Von allen Autoren wurde übereinstimmend eine Senkung der Blutviskosität im Verlauf einer Fibrinolyse bzw. Fibrinogenolyse mit Streptokinase festgestellt, auch wenn bei einigen Arbeiten der Einfluß des sich verändernden Hämatokrits auf die Blutviskosität unberücksichtigt blieb.

Von mehreren Autoren wurde gezeigt, daß sowohl bei einer Meßtemperatur von 23 °C als auch bei 37 °C im Bereich niedriger Schergrade ein besonders starker Abfall der Blutviskosität auftritt.

Daher war theoretisch eine Verminderung der Erythrozytenaggregation zu erwarten gewesen. Tatsächlich fand sich bei entsprechenden semiquantitativen oder quantitativen Messungen eine erhebliche Verminderung der Erythrozytenaggregation. Da infolge der Senkung der Fibrinogenkonzentration im Plasma die Plasmaviskosität ebenfalls erniedrigt gefunden wurde, kann gesagt werden, daß Streptokinase eine multifaktorielle Verbesserung der Fließeigenschaften des Blutes bewirkt [263].

Zusammenfassend kann gesagt werden, daß Streptokinase neben der Senkung der Blut- und Plasmaviskosität insbesondere eine Verminderung der Erythrozytenaggregation bewirkt. Die Senkung der Blutviskosität bei niedrigen Schergraden (Strukturviskosität) ist für die Gefäßregionen von Bedeutung, in denen die Schergrade pathophysiologischerweise sehr niedrig sind. Über die gefundenen Verbesserungen der Fließeigenschaften des Blutes könnten sich auch die von einigen Autoren gefundenen klinischen Wirkungen der Streptokinase erklären lassen, so z. B. die Verminderung der Häufigkeit von Angina pectoris-Anfällen bei Patienten mit drohendem Herzinfarkt [63, 64].

Die im Vergleich zur konventionellen Heparintherapie gefundene Verringerung der Letalität des frischen Herzinfarktes durch Streptokinase dürfte vorwiegend auf die Verbesserung der Fließeigenschaften des Blutes zurückzuführen sein. Es ist anzunehmen, daß durch die Verwendung von Streptokinase eine Steigerung der Perfusion in den Randgebieten von Infarkten (Penumbra) wie auch eine Auflösung intravasaler Mikrothromben stattfinden [86]. Dies könnte eine zusätzliche Infarzierung der Randgebiete verhindern.

Interessant ist auch die Beobachtung, daß eine Streptokinasebehandlung bei akuter tiefer Venenthrombose mit livider Verfärbung und Schmerzen in den Beinen schon zu einer subjektiven Besserung führt, wenn der Verschluß phlebographisch noch unverändert vorhanden ist. Auch hierfür dürfte eine Verbesserung der hämorheologischen Parameter in der Mikrozirkulation verantwortlich sein [240].

Nach den Untersuchungen von *Ehrly* und Mitarbeitern und *Kiesewetter* und Mitarbeitern ist Urokinase rheologisch ähnlich wirksam wie Streptokinase.

4.1.19. Ancrod/Batroxobin

Einleitung

*1963 veröffentlichten **Reid** und Mitarbeiter [720] erste Berichte über die antikoagulatorische Wirkung eines Schlangengiftenzyms der malaiischen Grubenotter (Aghistrodon rhodostoma). Sie beobachteten, daß das Blut der Menschen nach einem nicht-tödlichen Biß der Schlange für mehrere Tage ungerinnbar war. **Reid** glaubte, ein neues Antikoagulans gefunden zu haben. Intensive Forschungsbemühungen führten in der Folgezeit zur Trennung der fibrinogensenkenden Fraktion (Generic name: Ancrod) vom Gesamtschlangengift. Chemisch stellt Ancrod ein Glycoproteid mit einem Molekulargewicht von 30.000 dar. Der Wirkungsmechanismus der Fibrinogensenkung von Ancrod beruht auf einer Abspaltung der Fibrinopeptide A, AP und AY vom Fibrinogenmolekül, wobei die nun entstandenen Fibrinmonomere zu Fibrinfilamenten polymerisieren und durch die lytische Aktivität der körpereigenen Fibrinolyse aufgespalten werden.*
*Bei der zunächst üblichen intravenösen Gabe kam es zu einem raschen Abfall der Fibrinogenkonzentration im Blut, welche sich gegen Null näherte. Die dadurch bedingte antikoagulatorische Wirkung des Präparates wurde zunächst zur Behandlung der tiefen Venenthrombose, der Thrombophlebitis, des Herzinfarktes, des Priapismus und der Thrombose der vena centralis retinae verwandt. Das Präparat konnte sich als Antikoagulans gegen die gebräuchlichen anderen gerinnungshemmenden Substanzen nicht durchsetzen. 1970 wurde von **Ehrly** [237] die Verwendung von Ancrod zur Therapie chronisch arterieller Durchblutungsstörungen vorgeschlagen. Die theoretische Grundlage für diesen Vorschlag beruhte auf der Annahme, daß bei unveränderten hämodynamischen und anatomischen Gegebenheiten über eine Verbesserung der Fließeigenschaften des Blutes eine Erhöhung des Stromzeitvolumens in der Mikrozirkulation resultiert. In der Folgezeit wurde die therapeutische Defibrinogenierung als neues Prinizip zur Behandlung peripherer arterieller Verschlußerkrankungen präzisiert [263].*
Batroxobin ist in Analogie zu Ancrod eine gereinigte Fraktion des Giftes der Schlange Bothrops atrox.

Publikationen

1971 trugen in kurzen zeitlichen Abständen hintereinander **Ehrly** [253], **Ehringer** und Mitarbeiter [223] und **Vinazzer** [875] Untersuchungsergebnisse über eine Senkung der Blutviskosität im Verlaufe einer Therapie mit Ancrod vor.

Ehrly untersuchte die Fließeigenschaften des Blutes bei 5 Patienten mit peripheren arteriellen und venösen Durchblutungsstörungen nach intravenöser Gabe von ein bis drei Ampullen Ancrod (70 bis 210 E) innerhalb der ersten drei Stunden. Messungen der Blut-, Plasma- und Serumviskosität erfolgten mit einem Ostwald-Kapillarviskosimeter, die der Blutviskosität außerdem mit einem Brookfield-micro-cone-plate-Viskosimeter. Unter der Therapie mit Ancrod kam es gleichzeitig mit der Senkung der Fibrinogenkonzentration zu einer Verminderung der Blut- und Plasmaviskositätswerte, wobei die Plasmaviskosität nahezu die Werte der Serumviskosität erreichte. Bei allen, aber besonders bei niedrigen Schergraden war die Verminderung der Blutviskosität besonders ausgeprägt. Als Zeichen der Verminderung der Erythrozytenaggregation normalisierte sich die erhöhte Blutkörperchensenkungsgeschwindigkeit. Dieser Befund entsprach auch der mikroskopisch beobachteten Reduktion von Zahl und Größe der im sogenannten Blasausstrich nachweisbaren Erythrozytenaggregate.

Bemerkungen: Die Temperatur bei den Viskositätsmessungen wurde nicht angegeben, keine Hämatokritkorrektur. Messungen weiterer rheologischer Parameter wurden nicht durchgeführt.

Klinik: Im Rahmen der Therapie mit Ancrod und im Verlauf der Verbesserung der Fließeigenschaften kam es klinisch zu einer Besserung ischämischer Symptome, insbesondere zu einer Verminderung des Ruheschmerzes.

Ehringer und Mitarbeiter berichteten ebenfalls 1971 über eine Senkung der Blutviskosität im Rahmen einer intravenösen Behandlung von Patienten mit arteriellen Durchblutungsstörungen. In einem Behandlungszeitraum von 10 Tagen erhielten die Patienten zweimal täglich 134 E Ancrod.
Am Behandlungsende kam es parallel mit der Abnahme des Fibrinogenspiegels auf Werte um 40 mg% zu einer deutlichen Verminderung der Blutviskosität.

Bemerkungen: Genaue Angaben über meßtechnische Details und die Art des verwendeten Viskosimeters wurden nicht gemacht. Messungen weiterer rheologischer Parameter und eine Hämatokritkorrektur wurden nicht durchgeführt.

Klinik: Zwischen den durch Ancrod verbesserten Fließbedingungen des Blutes und dem Verschwinden der Ruheschmerzen bei 4 von 5 Patienten mit multiplen Gefäßverschlüssen wurde ein Zusammenhang vermutet.

Vinazzer untersuchte 1971 bei 5 Patienten die Blut- und Plasmaviskosität vor und nach einer fünftägigen Ancrod-Behandlung. Die Patienten erhielten als Initialdosis eine Dauertropfinfusion von 150–200 E Ancrod in 500 ml isotonischer Kochsalzlösung in einer Infusionszeit von 4 Stunden und später mittels Kurzinfusionen eine Erhaltungsdosis von 75–150 E Ancrod zweimal täglich in 100 ml isotonischer Kochsalzlösung. Für die Viskositätsmessungen wurde eine Viskowaage der Fa. Haake (Kugelbalkenviskosimeter, 20 °C, drei verschiedene Schergrade) verwendet. Die Viskositätswerte wurden als relative Viskosität ($H_2O = 1$) angegeben.
Als Folge der Therapie mit Ancrod fand sich eine deutliche Verminderung der Blut- und Plasmaviskosität.

Bemerkungen: Es wurden keine Messungen der Erythrozytenaggregation wie auch der Erythrozytenfiltration durchgeführt. Keine Angaben bezüglich der Schergrade.

Ehrly [238, 244], **Ehringer** und Mitarbeiter [224] publizierten in der Folgezeit weitere Arbeiten, die im wesentlichen die bereits vorgenannten Ergebnisse zum Inhalt hatten.

Im Jahre 1972 wurde von **Ehrly** die Verbesserung der Fließeigenschaften des Blutes bei einer therapeutischen Defibrinogenierung mit Ancrod bei 12 Patienten mit peripheren arteriellen Verschlußkrankheiten detaillierter beschrieben und statistisch untersucht [245, 255, 246]. Bei einer initialen Dosierung von 490–560 E Ancrod pro Tag und einer Erhaltungsdosis von 350–420 E Ancrod (mit einem Perfusor intravenös appliziert) kam es zu einer weitgehenden Senkung des Plasmafibrinogenspiegels innerhalb von wenigen Tagen. Bei unveränderten Hämatokritwerten nahm die Blutviskosität (Brookfield-micro-cone-plate-Viskosimeter) bei Schergraden von 5,8 bis 46 s^{-1} und einer Temperatur von 23 °C statistisch signifikant ab. Die Viskositätssenkung fiel bei kleinen Schergraden besonders deutlich aus. Auch die Plasmaviskosität (Ostwald-Kapillarviskosimeter, 23 °C) nahm statistisch signifikant ab.
Die Viskositätswerte blieben während der gesamten Therapiezeit erniedrigt und normalisierten sich wieder nach Absetzen der Behandlung. Parallel mit der Senkung des Fibrinogenspiegels erreichte die Blutkörperchensenkungsgeschwindigkeit physiologische Werte, und im Blasausstrich ließen sich keine größeren Erythrozytenaggregate mehr nachweisen. Die Verformbarkeit der Erythrozyten, gemessen mit der

Filtrationsmethode nach Ehrly und Roßbach bei 23 °C und 37 °C, wurde durch Ancrod nicht beeinflußt.
An anderer Stelle wurden diese rheologischen und klinischen Ergebnisse der Therapie mit Ancrod als neues rheologisch-therapeutisches Konzept zur Behandlung chronisch peripherer arterieller Verschlußerkrankungen vorgestellt [249, 248].

Bemerkungen: Die Messungen erfolgten bis auf die Erythrozytenfiltration bei 23 °C. Eine quantitative Messung der Erythrozytenaggregation wurde nicht durchgeführt.

Klinik: Die Verbesserung der Extremitätendurchblutung bzw. -versorgung wurde insbesondere mit dem in einem zeitlichen Zusammenhang stehenden Verschwinden des Ruheschmerzes in Verbindung gebracht.

Ehringer und Mitarbeiter [225] berichteten 1972 über Patienten mit Ruheschmerzen bei chronischen arteriellen Verschlußerkrankungen. Die Patienten erhielten am ersten Tag 134 E Ancrod innerhalb von 6 Stunden und vom zweiten bis zum zehnten Tag alle 12 Stunden 134 E Ancrod intravenös als Kurzinfusion. Die Blutviskosität wurde mit einem Brookfield-micro-cone-plate-Viskosimeter bei Schergraden zwischen 11,5 und 230 s^{-1} und einer Temperatur von 37 °C gemessen. Im Laufe der Behandlung kam es zu einem zeitgleichen Abfall der Blutviskosität, des Plasmafibrinogenspiegels und des Hämatokrits.
Ähnliche Arbeiten dieser Arbeitsgruppe wurden auch 1973 publiziert [227].

Bemerkungen: Keine Hämatokritkorrektur. Keine Messungen weiterer rheologischer Parameter.

Klinik: Die Autoren fanden eine leichte, aber statistisch nicht signifikante Erhöhung der Ultraschall-Doppler-Druckwerte distal von Gliedmaßenarterienverschlüssen und eine Erhöhung der Ruhedurchblutung und der reaktiven Hyperämie des Unterschenkels. Bei 5 von 9 Patienten kam es zu einer Besserung der Symptomatik, welche auch nach Behandlungsende bestehen blieb.

1973 untersuchten **Ehrly** und **Jung** [251] bei gesunden Probanden und Patienten mit chronisch arteriellen Verschlußkrankheiten und Angina pectoris den Einfluß von Ancrod auf die Fließeigenschaften menschlichen Blutes bei subkutaner Applikation des Präparates. Die Blutviskosität wurde sowohl mit einem Ostwald-Kapillarviskosimeter als auch mit einem Brookfield-micro-cone-plate-Viskosimeter bestimmt; die Plasma- und Serumviskosität wurde mit einem Ostwald-Kapillarviskosimeter gemessen. Das Aggregationsverhalten der Erythrozyten wurde mikroskopisch beurteilt und die Erythrozytenfiltrabilität nach Ehrly und Roßbach überprüft. Die Meßtemperatur betrug jeweils 23 °C.
Es fand sich im Vergleich zur intravenösen Applikation bei der subkutanen Gabe von Ancrod ein protrahierteres Absinken der Blut- und Plasmaviskosität und auch der Erythrozytenaggregation. Der Fibrinogenspiegel sank im Verlauf von zwei bis drei Tagen allmählich auf die erwünscht niedrige Konzentration (um 80 mg%) ab. Die Einfachheit der Applikation und die gut steuerbare niedrige Dosierung erlaubten es, den Fibrinogenspiegel über den gesamten Behandlungszeitraum auf diesem erwünscht niedrigen Niveau zu halten. Im Blut gesunder Probanden wurden ähnliche Veränderungen der Fließeigenschaften beobachtet.
Diese Ergebnisse wurden auch an anderer Stelle aufgeführt [256, 263, 254].

Bemerkungen: Alle Messungen wurden bei 23 °C durchgeführt; eine quantitative Bestimmung der Erythrozytenaggregation erfolgte nicht.

Klinik: Im Verlauf der Behandlung kam es zu einer Verminderung der Ruheschmerzen im Fußbereich sowie in einigen Fällen auch zu einer Verminderung der pektanginösen Beschwerden.

1973 wurden in einer Monographie der theoretische und experimentelle Stand des Zusammenhanges zwischen Verbesserung der Fließeigenschaften des Blutes und der Therapie angiologischer Erkrankungen abgehandelt und früher publizierte Meßdaten verwendet [252]. Das bereits früher angegebene Konzept einer Therapie der peripheren arteriellen Verschlußerkrankungen durch Verbesserung der Fließeigenschaften des Blutes [245] wurde dabei detaillierter beschrieben.

Völker berichtete 1973 [879] über rheologische Veränderungen nach einer medikamentösen Therapie mit Batroxobin, einem hochgereinigten Schlangengiftenzym der brasilianischen Viper Bothrops atrox. Die Behandlungsdauer bei 11 Patienten mit chronischen Arteriopathien im Stadium III und IV nach Fontaine erstreckte sich über 5 Tage. Die als tägliche Kurzinfusion intravenös applizierte Dosis betrug 75 µl Batroxobin pro Kilogramm Körpergewicht. Zur Messung der Blut- und Plasmaviskosität wurde ein Brookfield-micro-cone-plate-Viskosimeter verwendet. Die Aggregationstendenz der Erythrozyten wurde mit einem Rheoskop beurteilt.
Es ergab sich eine Senkung der Blut- und Plasmaviskosität; der Fibrinogenspiegel war von initial über 300 auf 19 mg% abgefallen. Die Erythrozytenaggregation wurde durch Batroxobin vermindert. Der Hämatokrit verminderte sich um 3%.

Bemerkungen: Keine Angaben zur Meßtemperatur. Keine Hämatokritkorrektur.

Die Arbeit von **Völker** und **Martin** [877] aus dem Jahre 1973 über das Verhalten der Blutviskosität unter Batroxobin entspricht weitgehend der oben zitierten Arbeit.

1975 wurde von **Ehrly** [263, 252] der Einfluß einer subkutanen Gabe von Ancrod an einer größeren Fallzahl von Patienten mit schweren arteriellen Durchblutungsstörungen im Stadium III und IV nach Fontaine untersucht. Mittels eines Ostwald-Kapillarviskosimeters wurde die Blut-, Plasma- und Serumviskosität (H_2O = 1) bei 23 °C gemessen. Im Rahmen des angegebenen Dosierungsschemas wurden vier Tage lang 1 E Ancrod/kg Körpergewicht/die und ab dem fünften Tag ein Depot von 4 E/kg Körpergewicht gegeben. Es folgten zweimal wöchentlich Depotinjektionen à 4 E Ancrod/kg Körpergewicht.
Im Laufe der Behandlung kam es zu einer Verminderung der Blutviskosität und der Plasmaviskosität (keine Signifikanzangaben).

Bemerkungen: Alle Messungen wurden bei 23 °C durchgeführt. Quantitative Erythrozytenaggregationsmessungen wurden nicht durchgeführt.

Klinik: Es wurde über eine Verminderung der Ruheschmerzen und über ein schnelleres Abheilen von Ulcera bei Patienten im Stadium IV nach Fontaine berichtet.

Tilsner und **Greul** [860] berichteten 1975 über das Verhalten der Blut- und Plasmasowie der Serumviskosität nach subkutaner Applikation von Ancrod bei 53 Patienten mit chronisch arterieller Verschlußerkrankung im Stadium III bis IV nach Fontaine. Die Patienten erhielten bis zum Erreichen eines therapeutisch wirksamen Fibrinogenspiegels pro Tag 1 E Ancrod/kg Körpergewicht und als Erhaltungsdosis zweimal wöchentlich 3 E Ancrod/kg Körpergewicht. Die Therapie wurde für 4 bis 8 Wochen fortgesetzt.
Zeitgleich mit dem Abfall des Fibrinogenspiegels wurde eine Verminderung der Blut- und Plasmaviskosität bei nahezu unveränderter Serumviskosität festgestellt.

Bemerkungen: Über das verwendete Viskosimeter sowie weitere viskosimetrische Daten wurden keine Angaben gemacht. Andere rheologische Parameter wurden nicht gemessen.

Klinik: Während der Behandlung kam es bei 43 Patienten zu einem Sistieren der Ruheschmerzen; teilweise wurde auch ein Abheilen der Nekrosen beobachtet. Sechs

Wochen nach Therapieende waren nur noch 33 Patienten ruheschmerzfrei. Von 26 Patienten, die über ein Jahr beobachtet werden konnten, zeigten 15 Patienten ein Jahr nach Therapieende noch günstige klinische Resultate.

1976 behandelten **Dormandy** und Mitarbeiter [203] 18 Patienten, die an Claudicatio intermittens, Ruheschmerzen oder Gangrän litten. Die Dosierung betrug zweimal wöchentlich 8 E Ancrod/kg Körpergewicht subkutan. Die Vollblutviskosität wurde bei einem Schergrad von 0,77 s^{-1} gemessen.

Im Verlauf des Abfalls des Fibrinogenspiegels von im Mittel 510 mg% auf Werte um 50 mg% sank die Blutviskosität bei allen Patienten deutlich ab.

Entsprechende Daten wurden auch in einer Übersichtsarbeit 1976 mitgeteilt [205].

Bemerkungen: Angaben über den Viskosimetertyp und die Meßtemperatur erfolgten nicht. Weitere rheologische Teilparameter, wie z. B. Plasmaviskosität, wurden nicht gemessen; keine Hämatokritkorrektur.

Klinik: Bei 14 von 18 Patienten kam es zu einem Sistieren der Ruheschmerzen und teilweise auch zu einem Abheilen der Nekrosen. Bei den Patienten mit Claudicatio intermittens fand sich eine Verlängerung der schmerzfreien Gehstrecke.

1976 untersuchten **Ehrly** und **Köhler** [269] die Fließeigenschaften des Blutes im Rahmen eines modifizierten Dosisschemas für die subkutane Anwendung von Ancrod bei 30 Patienten mit schweren chronischen arteriellen Durchblutungsstörungen, bei denen die üblichen zur Verfügung stehenden konservativen und physikalischen Behandlungsmethoden keine klinische Besserung erbracht hatten. Unabhängig vom Körpergewicht und dem Ausgangswert des Fibrinogenspiegels wurde jeweils täglich eine Ampulle Ancrod (70 E) subkutan injiziert. Die Bestimmung der relativen Blut-, Plasma- und Serumviskosität (23 °C, $H_2O = 1$) erfolgte bei 10 Patienten mit einem Ostwald-Kapillarviskosimeter.

Synchron mit der protrahierten Senkung der Plasmafibrinogenkonzentration auf Werte um 100 mg% kam es zu einer Senkung der Blut- und Plasmaviskosität bei nicht variierender Serumviskosität. Die Blutkörperchensenkungsgeschwindigkeit fiel bei vergleichbaren Hämatokritwerten ab, was auf eine Verminderung der Erythrozytenaggregation zurückgeführt wurde. Das Ausmaß der viskosimetrischen Veränderungen ist mit dem bereits früher beschriebenen Dosisschema [260] vergleichbar.

Bemerkungen: Alle Messungen erfolgten unterhalb der Körpertemperatur bei 23 °C. Quantitative Untersuchungen der Erythrozytenaggregation wurden nicht durchgeführt. Es liegen keine viskosimetrischen Messungen bei niedrigen Schergraden vor.

Klinik: Bei den Patienten mit schwerer Claudicatio intermittens kam es zu einer Verlängerung der schmerzfreien Gehstrecke, bei den anderen Patienten teilweise auch zu einem Verschwinden der ischämischen Ruheschmerzen.

1976 behandelten **Forbes** und Mitarbeiter [352] 13 Patienten mit thromboembolischen Verschlußerkrankungen mit einer zwölfstündigen Dauertropfinfusion mit 2 E Ancrod/kg Körpergewicht über drei bis sechs Tage. Die mit EDTA antikoagulierten Blutproben wurden innerhalb von 30 Minuten nach Entnahme gemessen. Die Blutviskositätsmessungen (Viskosimeter nach Dintenfass) wie auch die Plasmaviskositätsmessungen (U-förmiges Kapillarviskosimeter) wurden bei 37 °C ausgeführt. Im Rahmen der Senkung des Plasmafibrinogenspiegels fielen die Blut- und Plasmaviskositätswerte ab.

Bemerkungen: Keine Hämatokritkorrektur; keine Angabe der Schergrade.

1977 berichtete **Schmitt** in einer Dissertation [766] über die Verbesserung der Fließ-

eigenschaften des Blutes durch Ancrod bei Patienten mit peripheren arteriellen Durchblutungsstörungen. Die Erythrozytenaggregation wurde mit einem Aggregometer (Prinzip der Lichttransmission) bei 37 °C und konstantem Hämatokrit gemessen.
Der Untersucher fand im Laufe der Therapie mit Ancrod gleichzeitig mit der Verminderung des Fibrinogenspiegels eine Verminderung der Erythrozytenaggregation.

Bemerkungen: Keine Messungen weiterer rheologischer Parameter.

Dormandy und Mitarbeiter [206] berichteten 1977 über rheologische Untersuchungen bei 15 Patienten mit intermittierendem Hinken während einer subkutanen Gabe von Ancrod (Einführungsphase (4 E pro kg Körpergewicht pro Tag über sechs Tage), Erhaltungsphase (8 E Ancrod pro kg Körpergewicht zweimal wöchentlich über vier Wochen)). Verwendet wurde ein nicht näher bezeichnetes Rotationsviskosimeter mit Schubspannungen zwischen 0,77 und 91 s^{-1}.
Nach wenigen Tagen kam es parallel zum Absinken des Fibrinogenspiegels zu einer statistisch signifikanten Verminderung der Blutviskosität bei allen gemessenen Schergraden, wobei die stärkste Verringerung bei niedrigen Schubspannungen beobachtet wurde.

Bemerkungen: Keine Hämatokritkorrektur. Weitere rheologische Parameter wurden nicht gemessen. Keine Temperaturangaben zur Viskositätsmessung.

Klinik: Bei allen Patienten wurde eine Verlängerung der schmerzfreien Gehstrecke festgestellt.

Ähnliche Ergebnisse wurden von **Dormandy** auch an anderer Stelle publiziert [202, 207].

Humphreys und Mitarbeiter [465] untersuchten 1977 die Blutviskosität bei 16 Patienten mit peripheren Arteriopathien, mit Ruheschmerzen und gangränösen Hautveränderungen unter einer Fläche von 3 cm^2 im Verlauf einer intravenösen Behandlung mit Ancrod. Die Vollblutviskosität wurde mit einem Rotationsviskosimeter vom Typ Contraves Low Shear 2 bei den Schergraden 124, 0,675 und 0,0786 s^{-1} gemessen. Die Hämatokritkorrektur erfolgte mathematisch auf einen Wert von 45%.
Nach einer Initialdosis von 4 E Ancrod/kg Körpergewicht in 500 ml NaCl innerhalb der ersten acht Stunden wurde an den folgenden vier Tagen jeweils zweimal täglich eine Kurzinfusion von 2 E Ancrod/kg Körpergewicht durchgeführt.
Simultan mit der Senkung des Fibrinogenspiegels von 4,24 g/l auf 0,455 g/l kam es zu einem statistisch signifikanten Abfall der Blutviskosität, der bei kleinen Schergraden besonders deutlich ausfiel.

Bemerkungen: Keine Angaben zur Meßtemperatur, keine Messungen anderer rheologischer Parameter.

Klinik: Subjektiv gesehen, stellte sich nur bei einem Patienten ein Verschwinden der Schmerzen ein, und bei fünf Patienten kam es zu einer leichten Verminderung der Ruheschmerzen. Nach Beendigung der Therapie traten die Ruheschmerzen wieder auf.

Lowe und Mitarbeiter [584] untersuchten 1978 das Verhalten der Viskositätswerte im Rahmen einer antithrombotischen Therapie mit Ancrod bei 110 Patienten mit Femurhalsbrüchen (Doppelblindstudie). Die Blutviskosität wurde mit einem koaxialen, rhombosphärischen Rotationsviskosimeter nach Dintenfass bei einer Temperatur von 37 °C und in einem Schergradbereich von 12 s^{-1} bis 280 s^{-1} gemessen. Der Hämatokrit wurde mathematisch auf einen Wert von 40% eingestellt. Die Plasmaviskosität wurde mit einem Kapillarviskosimeter bei 37 °C bestimmt. Bei Operationsende erhielten 53 Patienten 4 Ampullen Ancrod zu je 70 E subkutan und an den folgenden vier Tagen jeweils eine Ampulle.

Im Gegensatz zu dem beobachteten Anstieg der Fibrinogenwerte in den Kontrollgruppen kam es in der Ancrod-Gruppe zu einem deutlichen Abfall des Fibrinogenspiegels auf 0,9 g/l, begleitet von einer statistisch signifikanten Verminderung der Blut- und Plasmaviskosität.
Ähnliche Ergebnisse wurden an anderer Stelle publiziert [585].

Bemerkungen: Die Korrektur der Hämatokritwerte erfolgte nur mathematisch; keine Messung der Erythrozytenverformbarkeit und der Erythrozytenaggregation.

1979 untersuchten **Lowe** und Mitarbeiter [586] die Wirkung subkutaner Ancrod-Injektionen bei 9 Patienten mit Claudicatio intermittens und Ruheschmerzen. Die Blutviskosität wurde mit einem koaxialen, rhombosphärischen Rotationsviskosimeter nach Dintenfass in einem Schergradbereich von 12 bis 280 s^{-1} gemessen; die Plasmaviskosität wurde mit einem Kapillarviskosimeter bei 37 °C bestimmt. Nach einer Initialdosis von 4 E Ancrod/kg Körpergewicht wurden alle ein bis vier Tage 1-4 E Ancrod/kg Körpergewicht subkutan injiziert.
Simultan mit dem Abfall des Fibrinogenspiegels von initial 3,76 g/l auf 0,31 g/l am fünften Tag der Behandlung wurde eine statistisch signifikante Verminderung der Blut- und Plasmaviskosität beobachtet. Die Behandlungsdauer betrug drei Wochen.

Bemerkungen: Keine Messung der Erythrozytenverformbarkeit und der Erythrozytenaggregation. Die Korrektur der Hämatokritwerte erfolgte nur mathematisch. Die verbesserten Fließeigenschaften des Blutes hatten keinen Einfluß auf die venenverschlußplethysmographischen Werte; jedoch wurde mit der ^{133} Xenon-Clearance-Methode eine verbesserte Hautdurchblutung beobachtet.

Klinik: Bei 3 von 6 Patienten kam es zu einer Verlängerung der schmerzfreien Gehstrecke; 2 von 3 Patienten mit Ruheschmerzen wurden schmerzfrei.

1979 untersuchten **Yasunaga** und Mitarbeiter [929] den Einfluß von Batroxobin auf die Fließeigenschaften des Blutes bei 8 Patienten mit peripheren Gefäßverschlüssen. Batroxobin wurde als Tropfinfusion intravenös gegeben (20 bis 40 Mikroliter pro kg Körpergewicht), um die Fibrinogenkonzentration in einem Bereich von 80-150 mg% zu halten.
Die Blutviskosität wurde mit einem Brookfield-micro-cone-plate-Viskosimeter bei einem Schergrad von 115 s^{-1} und bei einer Temperatur von 37 °C gemessen.
Es kam zu einer Senkung der Blutviskosität im Verlauf von Stunden, die niedrigsten Werte wurden 24 Stunden nach Beginn der Therapie gemessen.

Bemerkungen: Keine Hämatokritkorrektur; keine Messungen weiterer rheologischer Parameter.

Der Einfluß von Ancrod auf die Filtrabilität von Blut von Patienten nach Hüftgelenksoperation wurde 1981 von **Ernst** und **Dormandy** untersucht [319]. Dabei wurde diesen Patienten zunächst eine Initialdosis intravenös injiziert; über weitere 10 Tage wurde die Medikation subkutan durchgeführt. Die Erythrozytenfiltration wurde nach der Methode von Dodds et al. bestimmt. Die Autoren fanden bei hüftoperierten Patienten, die mit Ancrod behandelt wurden, eine länger anhaltende Verminderung der Filtrierbarkeit des Blutes als bei einer operierten Vergleichsgruppe ohne Ancrod.

Bemerkungen: Keine Angaben über die Antikoagulation der Blutproben. Bei in vitro-Untersuchungen fand sich keine direkte Wirkung von Ancrod auf die Erythrozytenfiltrabilität. Die Autoren schließen aus ihren Untersuchungen auf eine Korrelation zwischen Fibrinogenspaltprodukten und Erythrozytenfiltrabilität.

1982 untersuchten **Lowe** und Mitarbeiter [591] in einer Doppelblindstudie bei 27 Patienten mit ischämischen Ruheschmerzen

den Einfluß einer 8tägigen Therapie mit intravenöser Gabe von Ancrod.
Die Blutviskosität wurde mit einem koaxialen, rhombosphärischen Rotationsviskosimeter nach Dintenfass gemessen; die Plasmaviskosität wurde mit einem Kapillarviskosimeter bei 37 °C bestimmt.
Die Blut- und Plasmaviskosität nahmen statistisch signifikant ab.

Bemerkungen: Keine Messungen weiterer rheologischer Parameter.

Klinik: Die Autoren fanden keine Verbesserung der Ruheschmerzen in der Ancrodgruppe im Vergleich zu einer Placebogruppe. An Stelle der üblichen 4wöchigen Therapie wurde allerdings nur eine 8tägige Behandlung durchgeführt.

Kindl-Mascher untersuchte 1984 den Einfluß von Batroxobin auf die Fließeigenschaften des Blutes von Patienten mit Claudicatio intermittens [506]. Die Blutviskosität wie auch die Plasmaviskosität wurden bei 37 °C mittels eines Kapillarviskosimeters gemessen. Die Erythrozytenaggregation wurde fotooptisch untersucht. Die Erythrozytenfiltrabilität wurde nach der Methode von Ehrly und Roßbach bestimmt.
Nach subkutaner Injektion von Batroxobin kam es zu einer statistisch signifikanten Senkung der Vollblut- und Plasmaviskosität sowie zu einer erheblichen Verminderung der Erythrozytenaggregation. Bei der Erythrozytenfiltration ergaben sich keine Veränderungen.

Kollár und Mitarbeiter [520] untersuchten 1985 in einer Doppelblindstudie den Einfluß von Ancrod auf die Vollblutviskosität, die Plasmaviskosität und die Erythrozytenaggregation; sie fanden eine Verminderung dieser Parameter während der Therapie (Abstract, keine Details).

Cappelli und Mitarbeiter [115] untersuchten den Einfluß von Defibrotide auf die Fließeigenschaften des Blutes von 10 Patienten mit Claudicatio intermittens. Defibrotide ist ein Poly-Deoxynukleotid, extrahiert aus Lungengewebe. Es wurde mit 100 ml Kochsalzlösung in etwa 30 min infundiert. Es kam zu einer Absenkung der Fibrinogenkonzentration, zu einer Verminderung der Vollblut- und Plasmaviskosität und zu einer Verbesserung der Erythrozytenfiltrabilität (Abstract, keine Details).

Diskussion

Obwohl aus heutiger Sicht in den Anfangsjahren der Therapie mit defibrinogenierenden Enzymen (Ancrod, Batroxobin) viele der hämorheologischen Untersuchungen methodische Mängel aufwiesen, wurde von allen Autoren übereinstimmend und unabhängig von der angewandten Dosierung und der Art des verwendeten Viskosimeters eine Verminderung der Vollblutviskosität festgestellt, welche mit dem Abfall des Fibrinogenspiegels korrelierte. Einige Viskositätsmessungen erfolgten nicht bei konstanten Hämatokritwerten [223, 253, 929]; bei anderen wurden die Viskositätswerte lediglich mathematisch auf einen bestimmten Standardhämatokrit korrigiert [465, 585].
Die wenigen viskosimetrischen Untersuchungen, bei denen die Vollblutviskosität bei verschiedenen Schergraden und insbesondere bei niedrigen Schergraden gemessen wurde, zeigten eine deutliche Verminderung der Gesamtblutviskosität bei niedrigen Schergraden unter 50 s^{-1}. Die Plasmaviskositätsmessungen belegen übereinstimmend sowohl bei 23 °C als auch bei 37 °C einen Abfall der Werte bei sinkenden Fibrinogenkonzentrationen im Plasma.
Die nur vereinzelt durchgeführten indirekten Erythrozytenaggregationsmessungen zeigen eine deutliche erythrozy-

tendesaggregierende Wirkung unter der Therapie mit Ancrod bzw. Batroxobin. In zwei Arbeiten [249, 274] wurde die Erythrozytenaggregation auch quantitativ mittels eines fotometrischen Verfahrens (Lichttransmission) direkt gemessen. Die nachgewiesene Verminderung der Erythrozytenaggregatbildung ist auch eine Erklärung für die besonders stark ausgeprägte Verminderung der Blutviskosität bei niedrigen Schergraden (Strukturviskosität). Bei hohen Schergraden (gemessen mit einem Ostwald-Kapillarviskosimeter) trägt auch die Verminderung der Plasmafibrinogenkonzentration über eine Senkung der Gesamteiweißkonzentration im Plasma zu einem Abfall der Vollblutviskosität bei [251, 253].

Untersuchungen von *Ehrly* und Mitarbeitern [245, 255] über den Einfluß von Ancrod auf die Erythrozytenfiltrabilität ergaben keine Veränderungen dieses Parameters. Diese Befunde stimmen mit Ergebnissen von *Sirs* und Mitarbeitern überein, die mit einer anderen Methodik im Tierversuch erhalten wurden [800]. Demgegenüber fanden *Ernst* und *Dormandy* bei Patienten mit Hüftgelenkersatz eine Verminderung der Filtrierbarkeit von Blut, die bei einer hohen Dosis Ancrod noch stärker ausgeprägt war. Die Autoren konnten keine direkte Wirkung von Ancrod auf die Filtrabilität von Blut in vitro finden, fanden aber eine positive Korrelation zu der Konzentration von Fibrinogenspaltprodukten. Möglicherweise ist die Verminderung der Filtrierbarkeit von Blut bei den Untersuchungen dieser Autoren die Folge einer in vitro stattfindenden Teilgerinnung des Blutes, die durch die üblichen Antikoagulantienzusätze nicht verhindert werden kann.

Bei der Verwendung von Batroxobin wurde eine Verminderung der Blut- und Plasmaviskosität sowie der Erythrozytenaggregation gefunden [879, 929]. Aus den Untersuchungen von *Kindl-Mascher* geht hervor, daß bei subkutaner Gabe von Batroxobin die Filtrabilität des Blutes nicht beeinflußt wird.

Von nahezu allen Autoren wurden klinische Besserungen mitgeteilt. *Lowe* [586] fand darüberhinaus eine Verbesserung der Hautdurchblutung. In einer Doppelblindstudie berichteten *Lowe* und Mitarbeiter [591] über Verbesserungen der Fließeigenschaften nach Gabe von Ancrod, ohne daß es zu einem statistisch signifikanten Verschwinden des ischämischen Ruheschmerzes kam. Da diese Therapie nur 8 Tage durchgeführt wurde, war eine klinische Besserung in dieser kurzen Zeit kaum zu erwarten.

Zusammenfassend läßt sich sagen, daß durch defibrinogenierende Substanzen eine multifaktorielle Verbesserung der Fließeigenschaften des Blutes erfolgt [263, 298]. Es kommt zu einer Senkung der Plasmaviskosität und der Blutviskosität bei niedrigen Schergraden (Strukturviskosität) und zu einer Verminderung der Aggregationstendenz der Erythrozyten bei unveränderter Zahl der sauerstoffübertragenden Blutkörperchen.

Die Aussagen über den Einfluß defibrinogenierender Substanzen auf die Erythrozytenfiltrabilität (Erythrozytenverformbarkeit) sind divergierend; diese Untersuchungen wurden bei verschiedenen Patientenkollektiven und mit verschiedenen Substanzen und unterschiedlichen methodischen Ansätzen gemacht.

Von besonderer Bedeutung für klinische Belange dürfte die Senkung der Blutviskosität bei niedrigen Schergraden sein. Diese niedrigen Schergrade finden sich im gesamten venösen System sowie im arteriellen System distal von Verschlüssen. Es ist anzunehmen, daß speziell in poststenotischen, ischämischen Bezirken (low flow-Gebiete) die hierbei auftretende dynamische Aggregation der Erythrozyten wie auch ein damit verbundener exponentieller Anstieg der Strukturviskosität des Blutes durch defibrinogenierende Enzyme weitgehend verhindert werden kann (therapeutische Beeinflussung des circulus vitiosus der Erythrozytenaggregation [252, 263]).

4.1.20. Elektrisch induzierter Schlaf

Einleitung

Aus therapeutischen Gründen kann es erforderlich sein, Patienten in den Schlafzustand zu versetzen. Eine Methode dazu ist die Induktion des Schlafes durch elektrische Reize.

Magora und Mitarbeiter [606] untersuchten 1970 den Einfluß eines einstündigen elektrisch induzierten Schlafes auf die Blutviskosität und den Hämatokrit bei 33 Patienten. Die Blutviskosität wurde mit einem Brookfield-LVT-Kegel-Platte-Viskosimeter bei 37 °C und verschiedenen Schergraden gemessen. Die Blutproben wurden ungestaut venös entnommen und mit Heparin antikoaguliert.
Nach einstündigem elektrisch induziertem Schlaf kam es im Vergleich zu den Vorwerten zu einer Senkung der Blutviskosität bei 27 der 33 Patienten. Der Viskositätsminderung entsprach eine Senkung des Hämatokrits. Überraschenderweise sank auch bei denjenigen Patienten die Blutviskosität ab, die als Kontrolle dienten und bei denen ein elektrisch induzierter Schlaf nur simuliert wurde. Die Autoren vermuten, daß die Verminderung der Blutviskosität mit einer Verminderung der sympatikotonen Aktivität einhergeht.

Bemerkungen: Keine Messungen weiterer hämorheologischer Parameter.

4.1.21. Kontrazeptiva

Einleitung

Als orale Kontrazeptiva werden verschiedene, zum Teil chemisch modifizierte weibliche Sexualhormone in verschiedener Dosierung verwendet.
Seit vielen Jahren liegen Berichte über thromboembolische Komplikationen nach oraler Einnahme von Kontrazeptiva vor. Diese Zusammenhänge und die Frage des Pathomechanismus' dieser thromboembolischen Ereignisse veranlaßte mehrere Untersucher, auch Messungen der Fließeigenschaften des Blutes durchzuführen.
Denkbar wäre, daß bei erhöhter Blutviskosität und entsprechend verminderter Blutströmungsgeschwindigkeit im Sinne der Virchow'schen Trias Thromben entstehen. Weiter wird angenommen, daß bei einer Strömungsverlangsamung auch eine Hyperkoagulabilität sui generis entsteht.

Publikationen

Aronson und Mitarbeiter [29] untersuchten 1971 in einem Beobachtungsintervall von 6 Monaten den Einfluß zweier oraler, äthinylöstradiolhaltiger Kontrazeptiva auf die Fließeigenschaften des Blutes von 47 gesunden Frauen. Die Autoren fanden bei 8 Frauen (17%) eine Erhöhung der Hämatokrit- und Blutviskositätswerte (Brookfield-micro-cone-plate-Viskosimeter, Modell LTV, 37 °C, 11,5, 23,0, 46,0, 115,0, 230,0 s^{-1}), welche 2 Monate nach Absetzen der Kontrazeptiva in den Normbereich zurückkehrten.

Bemerkungen: Keine Hämatokritkorrektur; keine Messungen weiterer rheologischer Parameter.

Klinik: Bei einer Frau mit den höchsten Hämatokrit- und Viskositätswerten mußte der Versuch nach 3 Monaten wegen einer Thrombophlebitis abgebrochen werden.

1972 untersuchten **Oski** und Mitarbeiter [674] die Erythrozytenverformbarkeit durch Filterpapierstreifen nach der Methode von Teitel bei 70 Frauen (36 Frauen stellten die Kontrollgruppe dar), welche unterschiedliche Kontrazeptiva (Norethindron und Mestranol, Ethynodiol und Mestranol, Norgestrel und Äthinylöstradiol) einnahmen. Die Meßtemperatur betrug 37 °C. Im Vergleich zu der Kontrollgruppe beobachteten die Untersucher eine signifikante Verminderung der Erythrozytenverformbarkeit. Zwischen den einzelnen Kontrazeptiva wurden keine signifikanten Wirkungsintensitätsunterschiede bezüglich der Erythrozytenverformbarkeit festgestellt.
Bei 4 männlichen Freiwilligen konnten ähnliche Veränderungen festgestellt werden. Ob die Erythrozytenflexibilitätsveränderungen durch Östrogene oder Gestagene hervorgerufen wurden, konnte nicht geklärt werden.

Bemerkungen: Keine Messungen weiterer rheologischer Parameter.

Durocher und Mitarbeiter [221] verglichen 1975 den Einfluß von Antikonzeptiva verschiedener Zusammensetzung auf die Erythrozytenfiltrabilität (Polycarbonatfilter) nach mindestens 2 monatiger Einnahme mit den Daten vor Beginn der Untersuchung. Die Erythrozytenfiltration wurde mit gewaschenen Erythrozyten durchgeführt. Die Autoren konnten keinen Einfluß der Antikonzeptiva auf die Erythrozytenverformbarkeit feststellen.

Bemerkungen: Keine Messungen anderer rheologischer Parameter.

1978 berichteten **Leonhardt** und Mitarbeiter [565] über die Veränderungen der Blutviskosität durch orale Kontrazeptiva. Hierzu wurden 33 Frauen untersucht, welche 2 Jahre lang ununterbrochen Kontrazeptiva einnahmen. Die Messung der Blut- und Plasmaviskosität wurde bei einem korrigierten Hämatokrit von 40% und zwei Schergraden (46 und 115 s^{-1}) mit einem Brookfield-micro-cone-plate-Viskosimeter durchgeführt; die Plasmaviskosität wurde zusätzlich mit einem Kapillarviskosimeter bestimmt (37 °C). Die Autoren fanden nur bei einem Schergrad von 46 s^{-1} eine signifikante Erhöhung der relativen Blutviskosität infolge oraler Einnahme von Kontrazeptiva im Vergleich zu einer Kontrollgruppe. Die Plasmaviskosität veränderte sich nicht.

Bemerkungen: Keine Messungen weiterer rheologischer Parameter.

1980 publizierten **Lowe** und Mitarbeiter [587] über hämorheologische Untersuchungen bei 25 Frauen, die 3 Monate lang orale Kontrazeptiva einnahmen. Die Messung der Blut- und Plasmaviskosität erfolgte mit einem Rotationsviskosimeter (100 s^{-1}). Zu den Blutviskositätsmessungen wurde der Hämatokrit auf einen Wert von 45% eingestellt. Die Untersucher fanden eine erhöhte Blutviskosität nach Einnahme oraler Kontrazeptiva, was sie auf einen erhöhten Plasmafibrinogen- und Hämatokritspiegel zurückführten. Veränderungen der Plasmaviskosität wurden nicht beobachtet.

Bemerkungen: Keine Angabe der Meßtemperatur; keine Messungen weiterer rheologischer Parameter.

1980 untersuchten **Buchan** und Mitarbeiter [92] bei 38 Frauen, welche ein Kontrazeptivum (Äthinylöstradiol und Norgestrel) 6 Monate lang einnahmen, die Blut- und Plasmaviskosität mit einem Deer Rheometer (37 °C) und die Erythrozytenverformbarkeit (Erythrozytenflexibilität) nach der Methode von Buchan (keine detaillierten Angaben dazu). Die Autoren fanden nach der 6monatigen Einnahme des Kontrazeptivums bei diesen Frauen im Gegensatz zu einer Kontrollgruppe eine signifikante Erhöhung der Blut- und Plasmaviskosität wie auch des Fibrinogenspiegels und des Hämatokrits. Weiterhin fand sich eine verminderte Erythrozytenverformbarkeit.

Bemerkungen: Keine Hämatokritkorrektur; keine Messung der Erythrozytenaggregation.

Easthope und **Brooks** [222] fanden 1980 bei 31 Gesunden, von denen 11 orale Kontrazeptiva einnahmen, keine statistisch signifikanten Änderungen der Blutviskosität, gemessen mit einem Rotationsviskosimeter bei 25 °C. In der Tendenz waren zwar die Fibrinogenkonzentration und die Blut- und Plasmaviskosität in der Gruppe der Frauen mit oralen Kontrazeptiva erhöht; die Unterschiede waren nicht statistisch signifikant.

Heilmann und Mitarbeiter [432] berichteten 1981 über den Einfluß oraler Kontrazeptiva auf die Vollblutviskosität (Wells-Brookfield-Viskosimeter bei verschiedenen Schergraden und konstantem Hämatokrit) und die Erythrozytenverformbarkeit (Nukleoporefilter, 5 μm Porendurchmesser). Die Autoren fanden eine Verschlechterung der Erythrozytenfiltrabilität bei den Frauen, die Ovulationshemmer einnahmen, im Vergleich zu einer Kontrollgruppe. Bei hohen Schergeschwindigkeiten war außerdem die Vollblutviskosität erhöht, während die Plasmaviskosität unverändert blieb.

Palareti und Mitarbeiter [683] berichteten 1982 über hämorheologische Veränderungen, bedingt durch orale Kontrazeptiva. Im Verlauf einer einjährigen Einnahme eines niedrigdosierten oralen Antikonzeptivums kam es zu einer geringgradigen Verschlechterung der Filtrationswerte des Blutes im Vergleich zu einer Kontrollgruppe. Bei vielen Frauen war jedoch kein Unterschied festzustellen. Die Blutviskosität, gemessen bei 230 s^{-1}, und die Plasmaviskosität waren im Mittel geringgradig erhöht, während sich die Plasmafibrinogenkonzentration statistisch nicht von derjenigen der Vergleichsgruppe unterschied (Abstract, keine Details).

Buchan [93] beschrieb 1982 erhöhte Werte der Vollblutviskosität und eine verminderte Erythrozytenverformbarkeit bei Frauen, welche orale Antikonzeptiva einnahmen und außerdem erhöhte Blutdruckwerte aufwiesen bzw. starke Raucherinnen waren (Abstract, keine Details).

Diskussion

Die erste Publikation über eine Verschlechterung der Fließeigenschaften des Blutes durch die Einnahme oraler Kontrazeptiva erfolgte 1971 durch *Aronson* und Mitarbeiter. Die Autoren fanden bei 17% der untersuchten Frauen eine Erhöhung des Hämatokrits und der Blutviskosität bei allen gemessenen Schergraden. Sie glauben, daß das Stromzeitvolumen in einem reziproken Verhältnis zur Blutviskosität steht und daß eine Steigerung der Blutviskosität zu einer erheblich stärkeren Verminderung des Stromzeitvolumens führt. Die Autoren diskutieren, daß die eingetretene Strömungsverlangsamung zu einer Erhöhung der Strukturviskosität (Blutviskosität bei niedrigen Schergraden) führt, was die Entstehung von thromboembolischen Komplikationen begünstigen würde. In einer weiteren Veröffentlichung berichteten *Leonhardt* und Mitarbeiter über eine Erhöhung der Blutviskosität bei niedrigen Schergraden und korrigiertem Hämatokrit. Die Autoren konstatierten, daß die Einnahme oraler Kontrazeptiva die reversible Erythrozytenaggregation erhöht und damit eine Steigerung der Strukturviskosität bewirkt.

Ebenso berichteten *Lowe* und Mitarbeiter, *Buchan* und Mitarbeiter und *Heilmann* und Mitarbeiter über eine Erhöhung der Blutviskosität und des Hämatokrits. Buchan diskutiert, daß bisher keine vergleichende Untersuchung über die Veränderung der Fließeigenschaften des Blutes während des Menstrualzyklus' und unter der Einnahme oraler Kontrazeptiva durchgeführt wurde, und betont, daß entsprechende Verschlechterungen der Fließeigenschaften des Blutes auch im Verlauf des Menstrualzyklus beobachtet wurden. Demzufolge führt *Buchan* das Auftreten von thromboembolischen Komplikationen nicht auf die Verschlechterung der Fließeigenschaften des Blutes durch orale Kontrazeptiva, sondern auf andere Mechanismen zurück. *Leonhardt* und Mitarbeiter wie auch *Lowe* und Mitarbeiter und *Heilmann* und Mitarbeiter berichteten über keine signifikante Veränderung der Plasmaviskosität. Dennoch fanden *Lowe* und Mitarbeiter erstaunlicherweise eine Erhöhung des Plasmafibrinogenspiegels. Buchan fand sowohl eine Erhöhung des Fibrinogenspiegels als auch der Plamaviskosität.

Während *Easthope* und *Brooks* eine Erhöhung des Fibrinogenspiegels fanden, wurde eine entsprechende Veränderung von *Palareti* und Mitarbeitern nicht beschrieben. *Oski* und Mitarbeiter sowie *Buchan* und Mitarbeiter und auch *Heilmann* und Mitarbeiter fanden eine Verminderung der Erythrozytenverformbarkeit. Die Filtrationsuntersuchungen von *Palareti* und Mitarbeitern zeigten dagegen, daß die meisten Patienten trotz einer Einnahme von Kontrazeptiva keine verschlechterten Filtrationswerte aufwiesen. Auch *Durocher* und Mitarbeiter fanden keine Beeinflussung der Erythrozytenverformbarkeit. Die von den verschiedenen Autoren verwendeten Methoden sind so unterschiedlich, daß hinsichtlich der Frage des Einflusses oraler Kontrazeptiva auf die Filtrabilität nicht entschieden werden kann.

Zusammenfassend kann gesagt werden, daß die meisten Autoren, unabhängig von der Art der verwendeten Kontrazeptiva, über eine Erhöhung der Blutviskositäts- und Hämatokritwerte berichteten. Teilweise wurde zu den Blutviskositätsmessungen eine Hämatokritkorrektur durchgeführt, wobei die Erhöhung der Blutviskositätswerte weniger deutlich war.

Die Aussagen hinsichtlich des Verhaltens der Plasmaviskosität sind unterschiedlich; die meisten Untersucher finden eine geringgradige Erhöhung der Plasmaviskosität. Die Angaben zur Erythrozytenfiltrabilität sind ebenfalls nicht übereinstimmend.

Viele Untersucher führten die beobachteten thromboembolischen Komplikationen auf eine Erhöhung der Erythrozytenaggregation sowie der Strukturviskosität zurück, die sie mit erhöhten Hämatokrit- und Fibrinogenwerten belegen. Quantitative Messungen der Erythrozytenaggregation wurden allerdings von keiner Arbeitsgruppe durchgeführt.

Die Gesamtbewertung ist dadurch erschwert, daß, abgesehen von der Verschiedenheit der Meßmethoden, nicht vergleichbare Zusammensetzungen von Kontrazeptiva verwendet wurden und die rheologischen Untersuchungen zum Teil zu unterschiedlichen Zyklusphasen erfolgten.

4.1.22. Röntgenkontrastmittel

Einleitung

Intravasal gegebene Jodverbindungen werden aus diagnostischen Gründen zur röntgenologischen Darstellung arterieller und venöser Gefäße gegeben.
Bei der Verwendung von intravasal applizierten Röntgenkontrastmitteln sind Nebenwirkungen bekannt, die sich nicht alleine auf allergisch-hyperergische Mechanismen zurückführen lassen. Da ist beispielsweise der bekannte Schmerz bei intraarterieller Injektion von Kontrastmitteln hinsichtlich seines Entstehungsmechanismus' noch nicht geklärt. Eine durch hyperonkotische Bedingungen beeinflußte Gefäßintima wäre ebenso zu diskutieren wie eine temporäre mikrozirkulatorische Ischämie durch rigide Erythrozyten. Die Frage, ob rheologische Faktoren eine Rolle spielen, wurde in einer Reihe von Publikationen untersucht, wobei verschiedene Jodverbindungen verwendet wurden (Iothalaminsäure, Diatrizoesäure, Adipiodon und Metrizoesäure.

Publikationen

Die ersten in vivo-Untersuchungen über die Veränderungen der Fließeigenschaften des Blutes bei intravenösen und intraarteriellen Kontrastmittelinfusionen wurden 1971 von **Köhler** [516] durchgeführt. Bei den Patienten wurden Urogramme, Cholezystangiografien und Arteriografien vorgenommen. Dabei wurden hypertone, hochvisköse, ionische Kontrastmittel intravenös und bei den Arteriografien intraarteriell injiziert. Zur Anwendung kamen Iothalaminsäure (40 ml), Diatrizoesäure (40 ml), Adipiodon (20 ml) und Metrizoesäure (45 ml). Die relative Blut- und Plasmaviskosität der mit Na-citrat antikoagulierten Blutproben wurde mit einem Ostwald-Kapillarviskosimeter ($H_2O = 1$) gemessen; weitere Blutviskositätsmessungen wurden mit einem Brookfield-micro-cone-plate-Viskosimeter (5,8, 11,5, 23,0 und 46 s^{-1}) durchgeführt. Die Messung der Erythrozytendeformierbarkeit erfolgte nach der Methode von Ehrly und Roßbach (Hämatokrit 10%, Milliporefilter ∅ 8 µm, 37 °C, treibende Kraft 12,9 mm H_2O). Alle Messungen wurden bei 37 °C durchgeführt. Bei den intravenösen Injektionen kam es 5, 15 und 30 Minuten nach Gabe des Kontrastmittels gleichzeitig mit der Senkung des Hämatokrits und des Gesamteiweißspiegels zu einer Senkung der Blut- und Plasmaviskosität. Signifikante Veränderungen der Erythrozytenverformbarkeit ergaben sich nicht. Bei der intraarteriellen Injektion kam es schon nach einer Minute zu einer Verminderung der relativen Blut- und Plasmaviskosität wie auch des Hämatokrits und des Eiweißspiegels. Signifikante Veränderungen der Erythrozytenverformbarkeit ergaben sich nicht. Um eine möglichst hohe Kontrastmittelkonzentration bei noch geringer, eben einsetzender Hämodilution zu erhalten, wurde bei Nierenangiografien zusätzlich zu dem Injektionskatheter ein Blutentnahmekatheter verwendet, der ca. 30 cm hinter der Injektionsstelle in der Aorta abdominalis lag. Die Messungen der Fließeigenschaften des Blutes ergaben dabei eine leichte Erhöhung der Blutviskosität und eine Verminderung der Erythrozytendeformierbarkeit bei unverändertem Hämatokrit, unveränderter Plasmaviskosität und konstantem Plasmaeiweißspiegel.

Bemerkungen: Keine Messungen der Erythrozytenaggregation.

1973 berichtete **Jauch** [475] über den Einfluß von Kontrastmittelinfusionen (100 ml Diatrizoesäure) auf die Fließeigenschaften des Blutes. Die relative Blutviskosität ($H_2O = 1$) wurde mit einem Kugelfallviskosimeter nach Reiss und Müller bei 37 °C gemessen. Gleichzeitig mit einer Senkung der Hämatokritwerte kam es zu einer Verminderung der Blutviskosität.

Bemerkungen: Keine Messungen weiterer rheologischer Parameter.

Störmer und Mitarbeiter [821] untersuchten 1976 den Einfluß zweier verschiedener wasserlöslicher Röntgenkontrastmittel auf die Vollblutviskosität, gemessen mit einem Wells-Brookfield-Viskosimeter und einem Low shear-Viskosimeter der Firma Contraves. Bei Patienten mit chronischer peripherer Verschlußkrankheit wurden im Rahmen von Angiografien bis 150 ml intraarteriell injiziert. Die zur Messung der Viskosität notwendigen Blutproben wurden direkt über den liegenden Katheter 10, 60 und 180 min nach der Kontrastmittelinjektion entnommen. Es fand sich ein Absinken der Vollblutviskosität 10 min nach der Injektion; später sind die Viskositätswerte über die Ausgangswerte erhöht. Diese Veränderungen entsprechen dem Verhalten der Hämatokritwerte.

Bemerkungen: Keine Messungen anderer hämorheologischer Parameter.

1981 untersuchten **Everts** und **Böhme** [338, 339] die Veränderungen der Fließeigenschaften des Blutes nach Angiografien (A. femoralis) mit Diatrizoesäure bei 21 Patienten mit peripheren arteriellen Verschlußerkrankungen und zerebrovaskulären Durchblutungsstörungen. Die Blutviskositätsmessungen (konstant eingestellter Hämatokrit von 40%) und die Plasmaviskositätsmessungen wurden mit einem Contraves LS 30-Viskosimeter durchgeführt.
30 Minuten nach der Kontrastmittelinjektion fanden die Untersucher eine Verminderung der Plasmaviskosität, aber eine Erhöhung der Blutviskosität bei niedrigen Schergraden.

Bemerkungen: Keine Messungen weiterer rheologischer Parameter; keine Temperaturangabe.

1982 berichteten **Schäbitz** und Mitarbeiter [753] über den Einfluß eines ionischen Röntgenkontrastmittels aus Natrium-amidotrizoat und Methylglucamin-amidotrizoat auf die Blutviskosität von Patienten, die im Rahmen einer Angiokardiografie etwa 50 ml des Kontrastmittels in den linken Ventrikel oder die Aorta ascendens gespritzt bekamen.
Die Viskosität wurde mit einem Rotationsviskosimeter vom Typ Rheotest 2 bei einer Bluttemperatur von 37 °C und bei Schergraden von 218,7-1312 s^{-1} gemessen.
Die Blutproben zur Viskositätsbestimmung wurden vor, sowie 3 und 10 Minuten nach der Kontrastmittelinjektion entnommen und mit Heparin antikoaguliert.
Es kam zu einer Verminderung der Vollblutviskosität bei gleichzeitiger Reduktion des Hämatokritwertes, wobei diese Wirkung am deutlichsten 3 Minuten nach der Kontrastmittelinjektion zu finden war. Die Autoren erklären diese Verminderung der Vollblutviskosität bei hohen Schergraden über den verminderten Hämatokrit; als Ursache dafür wird die hypertonische Kontrastmittellösung genannt, die Flüssigkeit aus dem Interstitialraum in den Intravasalraum zieht. Darüber hinaus wird eine geringfügige Dilution durch die zum Spülen verwendete Kochsalzlösung diskutiert.

Bemerkungen: Weitere rheologische Parameter wurden nicht untersucht.

1983 wurden diese Ergebnisse an anderer Stelle vorgetragen [754].

1983 untersuchten **Everts** und **Böhme** [340] den Einfluß eines nicht-ionischen Kontrastmittels auf die Vollblutviskosität im Zusammenhang mit einer Phlebografie. Es handelte sich um 20 Patienten mit postthrombotischem Syndrom oder tiefer Venenthrombose. Die Vollblutviskosität wurde mit einem Contraves Low Shear LS 30-Viskosimeter bestimmt. Blutproben wurden vor Injektion des Kontrastmittels, unmittelbar danach und 30 sowie 60 Minuten nach der Untersuchung gemessen. Die Autoren fanden eine erhebliche Senkung der Vollblutviskosität, besonders bei niedrigen Schergraden (Abstract, keine Details).

Diskussion

Köhler, Jauch, Störmer und Mitarbeiter sowie *Schäbitz* und Mitarbeiter und *Everts* und *Böhme* berichteten über eine Verminderung der Blutviskosität nach Injektionen von hochviskösen, hypertonen Röntgenkontrastmitteln. Die Autoren begründen die Verminderung der Blutviskosität mit einer Hämodilution. Durch die Injektionen von hypertonen wasserlöslichen Kontrastmitteln kommt es zu einem Flüssigkeitseinstrom vom interstitiellen und intrazellulären in den intravasalen Raum, um so das osmotische Druckgefälle auszugleichen. Die Hämodilution läßt sich auch aus der Senkung des Hämatokritwertes [475, 516], der Plasmaviskosität [339, 516] und des Gesamteiweißspiegels [516] ersehen. In der Nähe der Injektionsstelle liegt die Röntgenkontrastmittelkonzentration sehr hoch, so daß es zu diesen Veränderungen der Fließeigenschaften des Blutes kommt. Diese Veränderungen sind reversibel, wenn das osmotische Druckgefälle beseitigt wird. Auch bei der intraarteriellen Injektion in die Aorta abdominalis kam es schon eine Minute nach der Injektion zu einer Senkung der Blut- und Plasmaviskosität, weil der größte Teil des Kontrastmittels den Kreislauf schon einmal durchlaufen hatte und ein osmotischer Ausgleich in der Peripherie stattgefunden hatte. Lag die Blutentnahmestelle allerdings nur 30 cm von dem Injektionskatheter entfernt [516], so kam es zu einem leichten Anstieg der Blutviskosität und einer Verminderung der Erythrozytendeformierbarkeit bei unveränderter Plasmaviskosität, unverändertem Hämatokrit und konstantem Plasmaeiweißspiegel. Unmittelbar an der Injektionsstelle selber kann der erhöhte osmotische Druck nicht so rasch abgebaut werden, und führt daher über eine Verminderung der Erythrozytenverformbarkeit auch zu einer Erhöhung der Blutviskosität. Auch bei Patienten mit peripheren arteriellen Verschlußerkrankungen, bei denen das osmotische Druckgefälle nur langsam ausgeglichen werden kann, könnte die Infusion größerer Mengen von Kontrastmittel über eine Flexibilitätsverminderung eine Erhöhung der Blutviskosität bewirken [516].

Einige Autoren fanden auch bei der Verwendung nicht-ionischer Kontrastmittel im Rahmen von Phlebografien eine Senkung der Vollblutviskosität [340]. Offensichtlich sind die Wirkungen und das Ausmaß dieser Wirkungen auf die Hämorheologie in vivo sehr von der Art des verwendeten Kontrastmittels (ionisch, nicht-ionisch), von Konzentration, Menge, Abnahmebedingungen etc. abhängig.

4.1.23. Rutoside

Einleitung

Rutoside sind chemisch definierte Substanzen, welche vorwiegend zur Behandlung der chronisch-venösen Insuffizienz verwendet werden. Es liegen einige Publikationen über 0-(β-Hydroxyäthyl)-rutosid sowie eine Arbeit über Tri-(Hydroxyäthyl)-rutosid vor.

Publikationen

Die erste Publikation über die Beeinflussung der Fließeigenschaften des Blutes durch intravenöse Gaben von 0-(β-Hydroxyäthyl)-rutosid wurde 1971 von **Barras** und **Maibach** [47] veröffentlicht. Fünf Patienten, welche an chronisch-venöser Insuffizienz litten und eine erhöhte Plasmaviskosität aufwiesen, wurde 4 Tage lang täglich 500 mg Hydroxyäthylrutosid intravenös infundiert. Die Blut- wie auch die Plasmaviskositätsmessungen der heparinisierten Blutproben erfolgte mit einem Kapillarviskosimeter. Am Infusionsende wurde eine Verminderung der Plasmaviskosität gefunden, die um so deutlicher war, je höher die Ausgangswerte lagen. Neben der Senkung der Plasmaviskosität fand sich auch eine Verminderung der Blutviskosität. Bei um das 3fache erhöhter Dosierung von Hydroxyäthylrutosid fanden die Autoren keine Viskositätssenkung (Abstract, keine Details).

Bemerkungen: Keine Messungen weiterer rheologischer Parameter; keine Temperaturangabe; keine Hämatokritkorrektur.

In einer ein Jahr später erschienenen Arbeit von **Thulesius** und **Gjöres** [859] wurde die Blutviskosität der mit EDTA antikoagulierten Blutproben vor und nach oraler Gabe unterschiedlicher Dosen von 0-(β-Hydroxyäthyl)-rutosid bei Patienten mit Venenthrombosen gemessen (Brookfield-micro-cone-plate-Viskosimeter, 37 °C, 2,3 bis 115 s^{-1}). Bei einer hohen täglichen Dosierung von 4,8 g/die und einer Behandlungsdauer von 15 Tagen fanden die Untersucher eine leichte, aber nicht signifikante Verminderung der Blutviskosität. Eine Erklärung für die rheologische Wirkungsweise der Hydroxyäthylrutoside konnte nicht gegeben werden.

Bemerkungen: Keine Messungen weiterer rheologischer Parameter; keine Hämatokritkorrektur; keine Temperaturangabe.

1978 untersuchte **Schmid-Schönbein** [760] das Verhalten der Erythrozytenaggregation (fotometrisches Verfahren) nach intravenöser Injektion von 3 g 0-(β-Hydroxyäthyl)-rutosid innerhalb von 10 Minuten bei Patienten mit venösen Ulcera cruris und normalen Versuchspersonen. Am Infusionsende fand der Autor bei Blutproben mit normaler Aggregationsneigung einen wesentlich ausgeprägteren aggregationsvermindernden Effekt der Hydroxyäthylrutoside als bei Patienten mit primär gesteigerter Aggregation.

Bemerkungen: Keine Messungen weiterer rheologischer Parameter; keine Temperaturangabe.

1983 berichteten **Barnes** und Mitarbeiter [44] über den Einfluß einer intravenösen Gabe von 2,5 g 0-(β-Hydroxyäthyl)-rutosid bei Patienten mit insulinpflichtigem Diabetes mellitus. Im Vergleich zu Normalpersonen, bei denen sich kaum rheologische Veränderungen feststellen ließen, kam es bei den Diabetikern zu einer Senkung der Vollblutviskosität bei hohen Schergraden, während die Plasmaviskosität unbeeinflußt blieb. Die Filtrabilität von Vollblut war bei den Diabetikern nach der Gabe des Medikamentes ebenfalls verbessert. Die Autoren schließen aus diesen Ergebnissen, daß die Substanz möglicherweise die Erythrozytenverformbarkeit dann verbessert, wenn sie beim Patienten primär verschlechtert ist (Abstract, keine weiteren Details).

Lukjan und Mitarbeiter [597] untersuchten den Einfluß einer Gabe von 500 mg 0-(β-Hydroxyäthyl)-rutosid auf die Filtrabilität von Vollblut bei Patienten mit peripheren Durchblutungsstörungen mittels des Filtrationstestes nach Reid und Mitarbeitern. Sie fanden eine Verbesserung der Meßwerte (Abstract, keine Details).

Le Devehat und **Lemoine** [560] berichteten 1985 über den Einfluß von Troxerutin auf die Fließeigenschaften des Blutes von Patienten mit chronisch-venöser Insuffizienz der unteren Extremitäten. Bei 22 Patienten wurden die Filtrabilität des Blutes, die Plasmaviskosität und die Fibrinogenkonzentration gemessen. Nach einer 10tägigen Therapie mit täglich 3 g Troxerutin oral kam es zu einer Verbesserung der Vollblutfiltrabilität sowie zu einer Verminderung der Plasmaviskosität und der Fibrinogenkonzentration (Abstract, keine Details).

Gallasch und Mitarbeiter [364] untersuchten 1985 im Rahmen einer kontrollierten Doppelblindstudie den Einfluß von Tri-(Hydroxyäthyl)-rutosid auf verschiedene hämorheologische Parameter. Patienten mit Retinopathie erhielten entweder Placebo oder für die ersten 7 Versuchstage 1,89 und dann 0,9 g der zu testenden Wirksubstanz. Die Vollblutviskositätsmessung wurde mit einem Wells-Brookfield-Gerät durchgeführt; die Serum- und Plasmaviskosität wurde mit einem Kapillarviskosimeter bestimmt. Die Erythrozytenaggregation wurde fotometrisch und die Erythrozytenfiltration mit einem Polymikroviskosimeter nach Teitel untersucht.
Nach oraler Gabe des Präparates fand sich bei der vorliegenden Dosierung kein Einfluß auf die Fließeigenschaften des Blutes.

Diskussion

Barras und *Maibach* berichteten über eine Verminderung der Blutviskosität nach oralen wie auch intravenösen Gaben von 0-(β-Hydroxyäthyl)-rutosid bei Patienten mit chronisch-venöser Insuffizienz und erhöhten Plasmaviskositätswerten. Da keine Hämatokritkorrektur zu den Blutviskositätsmessungen durchgeführt und die Meßtemperatur nicht angegeben wurde, sind die Meßergebnisse schwierig zu interpretieren, zumal auch keine statistische Sicherung der Ergebnisse durchgeführt wurde.
Die von *Schmid-Schönbein* quantitativ gemessene Verminderung der Erythrozytenaggregation deutet auf einen möglichen Wirkungsmechanismus der Verbesserung der Fließeigenschaften des Blutes hin. Allerdings fiel die Verminderung der Erythrozytenaggregation bei Patienten mit peripheren venösen Durchblutungsstörungen wesentlich geringer aus als bei gesunden Probanden.
Untersuchungen aus der Arbeitsgruppe von *Barnes* an Patienten mit Diabetes mellitus zeigten eine statistisch signifikante Senkung der Vollblutviskosität bei hohen Schergraden ohne Veränderung der Plasmaviskosität. Die Autoren führen dies auf eine Verbesserung der Erythrozytenverformbarkeit zurück. *Le Devehat* und *Lemoine* fanden bei der Verwendung von Troxerutin eine Verbesserung der Vollblutfiltrabilität und eine Senkung der Plasmaviskosität. Tri-(Hydroxyäthyl)-rutosid hat nach den Ergebnissen von *Gallasch* und Mitarbeitern keinen hämorheologischen Effekt.
Zusammenfassend ist zu sagen, daß die bisher vorliegenden Ergebnisse der verschiedenen Arbeitsgruppen keine einheitliche Deutung zulassen. Die Ergebnisse lassen keinen sicheren Schluß auf einen möglichen rheologischen Wirkungsmechanismus zu.
(Publikationen über weitere Pflanzenextrakte s. Kap. 4.1.56).

4.1.24. Eiweißfreier Kälberblutextrakt

Einleitung

Eiweißfreier Kälberblutextrakt wird von verschiedenen Firmen zur Therapie ischämischer Erkrankungen hergestellt. Der eiweißfreie Kälberblutextrakt ist elektrolytreich und enthält eine Reihe von Aminosäuren, Peptide noch unbekannter Struktur und Metabolite des Zitronensäurezyklus. Nach Angaben der Hersteller ist er auf die Förderung der Zellatmung standardisiert. Die Sauerstoffaufnahme soll erhöht, die Glukoseeinschleusung und -verwertung begünstigt und energiebedürftige Prozesse im Sinne eines anabolen Effektes gefördert werden. Die Funktion der Zelle soll auch unter hypoxischen Verhältnissen über längere Zeit gewährleistet bleiben. Prozesse mit hohem Energiebedarf, wie z.B. die Wundheilung, die Regeneration von Fermentsystemen etc., sollen angeregt und beschleunigt werden.

Publikationen

1973 berichtete **Ott** [676] aus der Arbeitsgruppe um Heidrich und Schlichting über den Einfluß von eiweißfreiem Kälberblutextrakt auf die Blutviskosität. Unter den Probanden fanden sich neben Gesunden Patienten mit Durchblutungsstörungen und anderen Erkrankungen. Zu den Viskositätsmessungen wurde ein Kugelfallviskosimeter bei 37 °C verwendet. Innerhalb einer Stunde erhielten 5 Probanden eine einmalige Infusion von 30-40 ml eiweißfreiem Kälberblutextrakt in 250 ml einer 5%igen Lävuloselösung. 4 bis 8 Stunden nach dem Infusionsende wurden die Viskositätsmessungen durchgeführt. In der Zwischenzeit folgte die Lagerung der Blutproben bei 4 °C. Am Infusionsende stellte sich bei einem Hämatokritabfall von 2,77% keine Senkung der Blutviskosität ein. Im Vergleich dazu wurde nach alleiniger Verabreichung der Trägerlösung (250 ml 5%ige Lävuloselösung) bei einem Hämatokritabfall von 1,21% eine 6,61%ige Senkung der Blutviskosität gefunden.

Bemerkungen: Die Blutviskosität wurde mit einem nicht adäquaten Viskosimeter gemessen; keine Hämatokritkorrektur; keine Messungen weiterer rheologischer Parameter.

1976 berichtete **Becker** [55] über die Wirkungen einer einmaligen intravenösen Injektion von 10 ml eiweißfreiem Kälberblutextrakt bei Patienten mit Polyglobulie. Die Blutviskosität wurde mit einem Brookfield-micro-cone-plate-Viskosimeter bei den Schergraden von 5,8, 11,5, 23,0 und 46 s^{-1} gemessen. Zur Bestimmung der Plasmaviskosität wurde ein Ostwald-Kapillarviskosimeter verwendet ($H_2O = 1$). Die Erythrozytenverformbarkeit wurde nach Ehrly und Roßbach (Hämatokrit 10%, Milliporefilter Ø 8 µm, treibende Kraft 1,29 cm H_2O, 23 °C) bestimmt. Der Untersucher fand bei Patienten mit Polyglobulie im Gegensatz zu gesunden Probanden eine geringgradige, aber signifikante Senkung der Blutviskosität. Veränderungen der Erythrozytenverformbarkeit wurden nicht gefunden.

Bemerkungen: Keine Hämatokritkorrektur; keine quantitative Messung der Erythrozytenaggregation; keine Viskositätsmessungen bei Körpertemperatur.

1978 behandelte **Watzlaw** [904] 8 Patienten mit chronischen peripheren arteriellen Durchblutungsstörungen über einen Zeitraum von 3 Tagen mit täglichen Injektionen von 20 ml eiweißfreiem Kälberblutextrakt. Die Bestimmung der relativen Blut- und Plasmaviskosität ($H_2O = 1$) wurde mit einem Ostwald-Kapillarviskosimeter bei 37 °C durchgeführt. Die Messung der Erythrozytenfiltration erfolgte nach Ehrly und Roßbach (Milliporefilter 14 µm). Der Untersucher fand keine Beeinflussung der gemessenen rheologischen Parameter.

Bemerkungen: Keine Hämatokritkorrektur; keine Messung der Erythrozytenaggregation.

Diskussion

Die zur Zeit vorhandenen Publikationen deuten bei den gewählten Versuchsanordnungen nicht auf eine Verbesserung der Fließeigenschaften des Blutes durch intravenöse Injektionen von eiweißfreiem Kälberblutextrakt bei Patienten mit Durchblutungsstörungen hin. Somit müssen klinisch günstige Beobachtungen über andere Mechanismen erklärt werden.

4.1.25. Nicotinsäurederivate

Einleitung

Nicotinsäurepräparate werden seit langer Zeit als Vasodilatoren bei der Behandlung zerebraler und peripherer Durchblutungsstörungen verwendet.
Xantinolnicotinat, ein Salz der Nicotinsäure, wird zur Behandlung arterieller Durchblutungsstörungen mit Ruheschmerz und Gangrän wie auch bei Kälteschäden und zerebralen Durchblutungsstörungen angewandt. Untersuchungen über den Einfluß von Xantinolnicotinat auf die Fließeigenschaften des Blutes liegen seit 1972 vor.
Inositolnicotinat, chemisch ein Inosithexanicotinsäureester, wird vorwiegend zur Behandlung von zerebralen sowie peripheren Durchblutungsstörungen und zur Senkung eines erhöhten Blutfettspiegels verwendet.
Nicofuranose wird ebenfalls zur Behandlung von peripheren arteriellen und venösen Durchblutungsstörungen, bei Thrombangitis obliterans, Raynaud-Syndrom, Claudicatio intermittens, Ulcus cruris und Hyperlipoproteinämie verwendet.
Weiter wurden Niceritrol und Ciclonicat untersucht.

Publikationen

1972 berichteten **Davis** und **Rozov** [155] über Verbesserungen der Fließeigenschaften des Blutes durch Xantinolnicotinat bei Patienten mit peripheren arteriellen Durchblutungsstörungen. Für die Blutviskositätsmessungen wurde ein Brookfield-micro-cone-plate-Viskosimeter bei Schergraden von 3 bis 60 s^{-1} verwendet. Die Patienten erhielten täglich zwischen 1,8 und 2,4 g Xantinolnicotinat oral. Die durchschnittliche Behandlungsdauer betrug 6½ Monate. Am Behandlungsende fanden die Untersucher eine signifikante Verminderung der Blutviskosität bei niedrigen Schergraden wie auch ein Abfall des Fibrinogenspiegels von 477,6 mg% auf 378,8 mg%. Eine Verminderung des Cholesterinspiegels wurde festgestellt. Weiterhin wurde kapillarmikroskopisch eine Senkung der Sludgebildung in den retinalen Blutgefäßen gefunden.

Bemerkungen: Keine Hämatokritkorrektur; keine Angaben der Meßtemperatur; keine Messungen weiterer rheologischer Parameter.

Klinik: Bei Patienten mit trophischen bzw. nekrotischen Hautveränderungen kam es zu einer klinischen Besserung. Weiterhin stellte sich eine Erhöhung der Hauttemperatur ein. Insgesamt fanden die Autoren bei 39 von 60 Patienten eine klinische Besserung.

1974 untersuchte **Schmittner** [767] aus der Arbeitsgruppe Ehrly den Einfluß einer einmaligen intravenösen Gabe von 300 mg Xantinolnicotinat auf die Fließeigenschaften des Blutes von Patienten mit peripheren Durchblutungsstörungen. Die Blut- und Plasmaviskosität wurde mit einem Ostwald-Kapillarviskosimeter ($H_2O = 1$), die Blutviskosität außerdem mit einem Brookfield-micro-cone-plate-Viskosimeter bei Schergraden zwischen 5,8 und 46 s^{-1} gemessen. Die Meßtemperatur betrug 23 °C. Die Messungen der Erythrozytenfiltration wurden nach der Methode von Ehrly und Roßbach durchgeführt. Am Infusionsende fand sich keine statistisch signifikante Verbesserung der Fließeigenschaften des Blutes im Vergleich zu den Ausgangswerten.

Bemerkungen: Keine Hämatokritkorrektur; keine Messung der Erythrozytenaggregation; Blutviskositätsmessungen nicht bei 37 °C.

1975 publizierten **Davis** und **Rozov** [156] die Ergebnisse einer gekreuzten Doppelblindstudie über Xantinolnicotinat. Die Autoren gelangten zu ähnlichen Ergebnissen wie in der von ihnen im Jahre 1972 veröffentlichten Arbeit. Darüberhinaus berichteten die Verfasser über eine Besserung der Ruheschmerzen und eine Verlängerung der schmerzfreien Gehstrecke bei Patienten mit Claudicatio intermittens.

1975 berichteten **Chmiel** und Mitarbeiter [131] über eine Verminderung der Blutviskosität durch Gabe von Xantinolnicotinat bei Rauchern (Abstract, keine Details).

Djurdjevic und Mitarbeiter [190] untersuchten 1976 die Wirkung von Inositolnicotinat auf die Fließeigenschaften des Blutes bei Patienten mit Hyperlipoproteinämien der Typen IIb und IV (ermittelt über Lipidelektrophorese). Die Probanden erhielten täglich 900 mg Inositolnicotinat per os. Der Behandlungszeitraum betrug 3 Monate. Die Blutviskosität wurde mit einem Kapillarviskosimeter (20 °C) gemessen. Die Untersucher fanden eine signifikante Verminderung der Blutviskosität sowie des Cholesterin- und Triglyceridspiegels.

Bemerkungen: Keine Hämatokritkorrektur; keine Messung der Blutviskosität bei Körpertemperatur; keine Messungen weiterer rheologischer Parameter.

1978 untersuchten **Mashiah** und Mitarbeiter [620] den Einfluß einer oralen Gabe von Nicofuranose auf die Fließeigenschaften bei Patienten mit Claudicatio intermittens und erhöhten Blutviskositätswerten im Vergleich zu einer gesunden Kontrollgruppe. Die Blutviskosität der mit EDTA antikoagulierten Blutproben wurde mit einem koaxialen Zylinderviskosimeter (Contraves low shear 2) bei Schergraden von 1,24 und 124 s^{-1} gemessen. Die Meßtemperatur betrug 21-25 °C. Nach der 6wöchigen Behandlungszeit fanden die Untersucher eine signifikante Verminderung der Blutviskositätswerte bei niedrigen Schergraden.

Bemerkungen: Der Hämatokrit wurde mathematisch auf 45% korrigiert. Die Meßtemperatur der Blutviskositätsmessungen schwankte zwischen 21 und 25 °C. Keine Messungen weiterer rheologischer Parameter. Die Höhe der oralen Dosierung von Nicofuranose wurde nicht angegeben.

1979 behandelte **Holti** [451] Patienten mit Raynaud-Syndrom, sonstigen peripheren Durchblutungsstörungen, systemischer Sklerose und subakutem Lupus erythematodes im Rahmen eines Einfachblind-Versuches über 16 Wochen mit 4 g Inositolnicotinat täglich oral. Die Autoren fanden neben einer signifikanten Verminderung des Cholesterin-, Triglycerid- und Plasmafibrinogenspiegels keinen signifikanten Abfall der Plasmaviskosität.

Bemerkungen: Genaue viskosimetrische Angaben fehlen; keine Messungen weiterer rheologischer Parameter, wie z. B. Blutviskosität; keine Temperaturangabe.

Klinik: Die Patienten gaben eine Schmerzminderung auf Kältereize, eine Erhöhung der Hauttemperatur und eine Verminderung ischämischer Symptome an.

Strano und Mitarbeiter [835] untersuchten den Einfluß von D-glucitol-Hexanicotinat bei einer Gruppe von Patienten mit Durchblutungsstörungen und einer zweiten Gruppe, die gleichzeitig Diabetes mellitus hatte. Es wurde Nicotinsäure in einer Dosierung von 100 mg bzw. D-glucitol-Hexanicotinat in einer Dosierung von 400 mg oral verabfolgt. Die Erythrozytenverformbarkeit wurde nach der Vollblutmethode von Reid gemessen. Die Messung der Blutviskosität erfolgte mit einem Wells-Brookfield-Mikroviskosimeter bei 37 °C und verschiedenen Schergraden. Die Plasmaviskosität wurde mit dem gleichen Instrument bei 230 s^{-1} gemessen. Blutentnahmen erfolgten 60 Minuten nach oraler Gabe von Nicotinsäure und 150 Minuten nach der Gabe von D-glucitol-Hexanicotinat. Es kam zu einem Anstieg der Filtrationsrate, zu einer Senkung der Blutviskosität bei verschiedenen Schergraden und zu einer Verminderung der Plasmaviskosität bei beiden Präparaten. Die Verbesserung der Filtrationswerte wie auch die Verminderung der Viskositätswerte waren in beiden untersuchten Patientengruppen feststellbar.

Bemerkungen: Andere rheologische Parameter wurden nicht gemessen; Hämatokritwerte wurden nicht angegeben.

Pretolani und Mitarbeiter [713] beschrieben 1983 den Einfluß einer 90 Tage dauernden Behandlung mit Ciclonicat (einem Nicotinsäurederivat) auf die Erythrozytenfiltrabilität, gemessen nach der Methode von Reid und Mitarbeitern. Sie fanden eine statistisch signifikante Verbesserung der Meßwerte.

Bemerkungen: Keine Messungen anderer hämorheologischer Parameter.

Annoni und Mitarbeiter [22] untersuchten 1983 den Einfluß von Ciclonicat auf die Fließeigenschaften des Blutes von Patienten mit chronisch arterieller Verschlußkrankheit. Eine einmalige Dosis von 400 mg der Substanz führte zu einer Senkung der Vollblutviskosität, gemessen mit einem Wells-Brookfield-LVT-Viskosimeter, bei verschiedenen Schergraden.

Bemerkungen: Keine Angabe der Meßtemperatur; sonstige hämorheologische Parameter wurden nicht untersucht.

Hamazaki und Mitarbeiter [415] untersuchten 1985 den Einfluß von 1500 mg eines Nicotinsäurederivates (Niceritrol) auf die Vollblutviskosität von Patienten mit Diabetes mellitus und arterieller Hypertonie. Die Blutviskosität wurde bei unverändertem Hämatokrit bei Schergraden von 37,6 und 376 s^{-1} gemessen. Die Autoren fanden keine Veränderungen der Viskositätswerte durch die Therapie.

Diskussion

Davis und *Rozov* sowie *Chmiel* und Mitarbeiter berichteten über eine Senkung der Blutviskosität bei Patienten mit peripheren arteriellen Durchblutungsstörungen und starken Rauchern durch Xantinolnicotinat, die bei niedrigen Schergraden besonders stark ausfiel. Die Untersuchungen von *Djurdjevic* und Mitarbeitern über die Wirkung von Inositolnicotinat ergaben ebenfalls eine Verbesserung der Blutviskositätswerte, ebenso wie die 1979 durchgeführten Untersuchungen von *Holti*, der eine Senkung der Plasmaviskosität feststellte. *Schmittner* fand dagegen keine Verminderung der Blut- und Plasmaviskosität. *Strano* und Mitarbeiter fanden für Nicotinsäure sowie für D-glucitol-Hexanicotinat sowohl eine Senkung der Blut- als auch der Plasmaviskosität nach oraler Gabe dieser Medikamente über einen längeren Behandlungszeitraum.

Außer von *Schmittner* wurden von den Autoren keine Hämatokritkorrekturen durchgeführt. Bei den meisten Autoren, mit Ausnahme von *Strano* und Mitarbeitern, wurde nicht bei 37 °C gemessen. Messungen der Erythrozytenaggregation wurden nicht durchgeführt. *Davis* und *Rozov* fanden allerdings kapillarmikroskopisch eine Verminderung der Erythrozytenaggregation und führten die günstige klinische Wirkung auf einen rheologischen Wirkungsmechanismus zurück. Die Erythrozytenverformbarkeit wurde nur von *Strano* und Mitarbeitern sowie von *Schmittner* geprüft. *Strano* führte seine Filtrationsmessung mit der heute nicht mehr adäquaten Methode nach *Reid* und Mitarbeitern durch.

Über die Veränderungen der Fließeigenschaften des Blutes durch Nicofuranose liegt nur eine Publikation vor: *Mashiah* und Mitarbeiter konnten bei mathematisch korrigiertem Hämatokrit keine Veränderung der Blutviskosität bei hohen und niedrigen Schergraden feststellen.

Ciclonicat bewirkt nach *Annoni* und Mitarbeitern sowie *Pretolani* eine Verminderung der Blutviskosität bzw. eine Verbesserung der Erythrozytenfiltrabilität.

Über Niceritrol liegt nur eine Arbeit vor.

Zusammenfassend kann gesagt werden, daß widersprüchliche Ergebnisse der verschiedenen Untersucher vorliegen, die keinen sicheren Aufschluß darüber geben, ob Nicotinsäure und deren Derivate die Fließeigenschaften des Blutes insgesamt bzw. ihre Teilfaktoren günstig beeinflussen.

4.1.26. Bencyclan

Einleitung

Bencyclan wird pharmakologisch als muskulotroper Vasodilatator eingeordnet.
Seit 1970 wird Bencyclan zur Behandlung zerebraler und peripherer Durchblutungsstörungen eingesetzt.

Publikationen

Die erste Publikation über die hämorheologischen Wirkungen der vasoaktiven Substanz Bencyclan wurde von **Ott** [676] aus der Arbeitsgruppe um Heidrich 1973 im Rahmen seiner Dissertation veröffentlicht. Unter den Probanden befanden sich Patienten mit Durchblutungsstörungen und anderen Erkrankungen. Verwendet wurde das Kugelfallviskosimeter der Firma Haake; die Messung der Blutviskosität wurde bei 37 °C durchgeführt. Innerhalb einer Stunde erhielten 5 Patienten eine einmalige Infusion von 150 mg Bencyclan in 250 ml einer 5%igen Lävuloselösung intravenös. Die Viskositätsmessungen wurden innerhalb von 4 bis 8 Stunden nach dem Infusionsende durchgeführt. In der Zwischenzeit erfolgte die Lagerung der heparinisierten Blutproben bei 4 °C. Am Infusionsende stellte sich bei einem Hämatokritabfall von 6,36% eine 3,96%ige Senkung der Blutviskosität ein. Die alleinige Gabe der Trägerlösung in einer Kontrollgruppe von 5 Probanden führte bei einem Hämatokritabfall von 1,12% zu einer Verminderung der Blutviskosität um 6,61%. Unter der Gabe von Lävulose mit Bencyclan kam es demnach zu einer deutlich geringeren Blutviskositätssenkung als durch die alleinige Infusion der Trägerlösung Lävulose.

1974 und 1975 veröffentlichten **Heidrich** und **Schlichting** und **Ott** [421, 422, 424] wesentliche Teile dieser Arbeit.

Bemerkungen: Die mittels Kugelfallviskosimeter erhobenen viskosimetrischen Befunde sind aus methodischen Gründen wenig aussagekräftig. Eine Hämatokritkorrektur erfolgte nicht; keine Messungen weiterer rheologischer Parameter.

1974 berichteten **Ehrly** und Mitarbeiter [257] über den Einfluß von Bencyclan auf die Fließeigenschaften des Blutes von 6 Patienten mit peripheren arteriellen Verschlußerkrankungen im Stadium III und IV nach Fontaine. Bencyclan wurde als einmalige Infusion von 500 mg in 60 ml physiologischer Kochsalzlösung innerhalb von 20 Minuten intravenös verabreicht. Für die Blutviskositätsmessungen wurde ein Brookfield-micro-cone-plate-Viskosimeter bei Schergraden zwischen 5,8 und 46 s^{-1} verwendet; die relative Blut- und Plasmaviskosität ($H_2O = 1$) wurde mit einem Ostwald-Kapillarviskosimeter gemessen (23 °C und 37 °C). Die Messung der Erythrozytenfiltrabilität erfolgte nach der Methode von Ehrly und Roßbach.
Im Vergleich zu zwei Leerwertmessungen kam es am Infusionsende zu einer geringen, aber nicht signifikanten Verminderung der Blutviskosität, gemessen mit dem Brookfield- und dem Ostwald-Viskosimeter, die mit dem minimalen Rückgang des Hämatokrits korrelierte. Eine Veränderung der Plasmaviskosität fand sich nicht. Bei der Messung der Erythrozytenfiltrabilität fand sich eine geringgradige, aber nicht signifikante Steigerung der Werte nach Bencyclangabe.
1975 berichtete **Blendin** [70] aus der Arbeitsgruppe um Ehrly in seiner Dissertation über ähnliche Ergebnisse.

Bemerkungen: Keine Messung der Erythrozytenaggregation.

1974 berichteten **Hess** und Mitarbeiter [445] über den Einfluß von Bencyclan auf die Fließeigenschaften des Blutes bei Patienten mit Gliedmaßenarterienverschlüssen im Stadium II, III und IV nach Fontaine. Die Probanden erhielten während einer Infusionszeit von 20 Minuten 100 mg bzw. 200 mg Bencyclan in 30 ml 5%iger Lävuloselösung intravenös. Die Blutviskosität des Nativblutes wurde mit einem Brookfield-micro-cone-plate-Viskosimeter bei einem definierten Schergrad von 230 s^{-1} gemessen. Am Infusionsende sowie danach wurde besonders bei der niedrigen Dosierung von Bencyclan eine signifikante Verminderung der Blutviskosität gefunden. 150 Minuten nach Infusionsende war die viskositätssenkende Wirkung von Bencyclan stärker als 90 Minuten nach Infusion von 500 ml niedermolekularem Dextran.
In Leerversuchen mit alleiniger Verabreichung der Trägerlösung kam es zu geringen Schwankungen der Blutviskosität.

Bemerkungen: Keine Temperaturangabe; keine Hämatokritkorrektur; keine Messungen weiterer rheologischer Parameter.

1974 untersuchte **Völker** [878] die rheologischen Veränderungen unter einer oralen Langzeittherapie mit Bencyclan im Rahmen einer randomisierten Doppelblindstudie bei 26 Patienten mit chronischen Arteriopathien im Stadium II nach Fontaine. Die Patienten erhielten über einen Behandlungszeitraum von 8 Wochen täglich 600 mg Bencyclan. Die scheinbare Vollblutviskosität wurde mit einem Brookfield-micro-cone-plate-Viskosimeter in einem Schergradbereich von 5,75 bis 230 s^{-1} und die Plasmaviskosität bei Schergraden von 230 und 115 s^{-1} gemessen. Die Erythrozytenaggregation wurde mit einem Rheoskop beurteilt. Am Behandlungsende konnte eine signifikante Verminderung der Vollblutviskosität um 20% bei einem Schergrad von 11,5 s^{-1} gefunden werden. In der Mehrzahl der Fälle wurde eine leichte, nicht signifikante Verminderung der Erythrozytenaggregation festgestellt. Bedeutsame Veränderungen der Plasmaviskosität, des Gesamteiweiß-, Cholesterin- und Triglyceridspiegels fanden sich nicht. Die Hämatokritschwankungen waren gering.

Bemerkungen: Keine Temperaturangabe; keine Hämatokritkorrektur; keine Messungen der Erythrozytenverformbarkeit.

1977 berichteten **Störmer** und Mitarbeiter [818] über die rheologischen Wirkungen einer Infusion von Bencyclan in 250 ml einer 5%igen Glukoselösung (10 mg Bencyclan pro kg Körpergewicht) bei 15 Patienten mit chronisch arteriellen Verschlußerkrankungen. Für die Viskositätsmessungen wurden die Blutproben mit EDTA antikoaguliert und bis zu 2 Stunden bei 37 °C aufbewahrt. Die Blutviskosität wurde mit einem Couette-Rheometer vom Typ Low Shear der Firma Contraves bei Schergraden zwischen 1,0 und 4,6 s^{-1} gemessen. Die Plasma- und Serumviskosität wurde mit dem gleichen Viskosimeter bei einem Schergrad von 4,6 s^{-1} gemessen. Die Meßtemperatur betrug 37 °C. Die Hämatokritkorrektur erfolgte mathematisch. Am Ende der 9tägigen Behandlung konnten unter der Therapie mit Bencyclan keine einheitlichen Veränderungen der Blut-, Plasma- und Serumviskosität beobachtet werden.
Analoge Untersuchungen von **Störmer** und Mitarbeitern [819] wurden 1978 publiziert.

Bemerkungen: Keine Messungen weiterer rheologischer Parameter; Veränderungen der Blutproben durch Aufbewahren (2 h bei 37 °C) sind nicht auszuschließen.

Völker [881] berichtete 1979 über den Einfluß von Bencyclan auf die Fließeigenschaften des Blutes bei Patienten mit chronisch-obliterierenden Arteriopathien im Stadium II nach Fontaine. Die Patienten erhielten in einem Behandlungszeitraum von 2–3 Wochen täglich 600 mg Bencyclan per os. Die Blutviskosität wurde bei einem korrigierten Hämatokrit von 45% in einem Schergradbereich von 5,75 bis 230 s^{-1} bestimmt. Die Plasmaviskositätsmessung erfolgte mit dem gleichen Viskosimeter bei Schergraden von 115 bis 230 s^{-1}. Die Meßtemperatur betrug 37 °C. Die Erythrozytenverformbarkeit wurde nach Angaben von Schmid-Schönbein bestimmt (Nucleporefilter 5 µm, Vollblut, treibende Kraft 50 mm H_2O). Am Behandlungsende wurde bei allen Schergraden eine signifikante Verminderung der Vollblutviskosität von im Mittel 16,6% gefunden. Weiterhin fand der Untersucher eine signifikante Verbesserung der Erythrozytenverformbarkeit. Veränderungen der Plasmaviskosität, des Serumcholesterins, des Serumtriglyceridspiegels wie auch des Plasmafibrinogenspiegels wurden nicht beobachtet.

Bemerkungen: Keine Messungen weiterer rheologischer Parameter.

1980 berichteten **Le Devehat** und Mitarbeiter [555] über den Einfluß oraler Gaben von Bencyclan (400 mg/die) auf die Verformbarkeit der Erythrozyten. Die Messungen erfolgten nach der Methode von Reid und Mitarbeitern (Vollblut, Nucleporefilter 5 µm, treibende Kraft 20 cm H_2O). Die bei Patienten mit Diabetes mellitus vermindert gefundene Erythrozytenverformbarkeit konnte durch Bencyclangaben normalisiert werden.

Bemerkungen: Keine Messungen weiterer rheologischer Parameter; keine Temperaturangabe.

Diskussion

Sowohl *Hess* und Mitarbeiter als auch *Völker* berichteten über eine signifikante Verminderung der Blutviskosität nach oralen wie intravenösen Gaben von Bencyclan. Hier ist insbesondere die Arbeit von Völker zu nennen, der bei standardisiertem Hämatokrit bei hohen und niedrigen Schergraden eine Senkung der Blutviskosität bei oraler Langzeitbehandlung mit Bencyclan vorfand. Dahingegen fanden die Arbeitsgruppen um *Heidrich, Ehrly* und *Störmer* keinen signifikanten Abfall der Blutviskosität nach intravenösen Bencyclangaben. Interessant ist eine Beobachtung aus der Arbeitsgruppe um *Heidrich,* daß durch die alleinige Infusion der Trägerlösung Lävulose eine stärkere viskositätssenkende Wirkung erzielt werden konnte als mit einem entsprechenden Bencyclanzusatz zur Lävuloselösung. Plasmaviskositäts-, Plasmafibrinogen- und Gesamteiweißveränderungen konnten nicht festgestellt werden. *Ehrly* und Mitarbeiter berichteten über eine geringgradige, aber nicht signifikante Verbesserung der Erythrozytenverformbarkeit nach intravenöser Applikation von Bencyclan bei Patienten mit peripheren Verschlußerkrankungen.

Völker [878] wie auch *Le Devehat* und Mitarbeiter fanden bei oraler Medikation dagegen eine signifikante Verbesserung der Erythrozytenverformbarkeit.

In einer Arbeit wurden semiquantitative Messungen der Erythrozytenaggregation publiziert [878]. Hierbei wurde in den meisten Fällen eine Verminderung der Erythrozytenaggregation beobachtet.

Insgesamt gesehen sind von den einzelnen Untersuchern widersprüchliche Ergebnisse publiziert worden. Dies gilt sowohl für die Blutviskositätsmessungen wie auch für die Erythrozytenfiltrabilität. Es ist nicht anzunehmen, daß alleine die unterschiedliche Applikationsart der Substanz die Ursache für diese Diskrepanzen darstellt. Ein Teil der Untersuchungen ist mit Methoden durchgeführt worden, die heute nicht mehr akzeptiert werden können.

Die von einem Autor gefundene stärkere Viskositätssenkung durch Bencyclan als durch niedermolekulares Dextran erscheint unwahrscheinlich.

Aus den vorliegenden Ergebnissen läßt sich kein Schluß auf einen möglichen rheologischen Wirkungsmechanismus des Präparates zur Therapie von Durchblutungsstörungen ziehen.

4.1.27. Pentoxifyllin

Einleitung

Pentoxifyllin ist ein Xantinderivat. Das Medikament galt zunächst als vasoaktive Substanz, zumal ein gewisser vasodilatierender Effekt in hoher Dosierung bei intravenöser Gabe nachweisbar ist. Heute wird Pentoxifyllin weltweit als Therapeutikum für Durchblutungsstörungen verwendet. Nachdem ***Hess*** *[444] eine viskositätssenkende Wirkung beschrieben hatte, ergaben Untersuchungen von* ***Ehrly*** *[262] und anderen [564, 476, 787], daß Pentoxifyllin eine Verbesserung der eingeschränkten Erythrozytenverformbarkeit bewirkt. Diese Erkenntnis war der Beginn einer intensiven forscherischen Ära auf dem Gebiete der Hämorheologie. Abgesehen von den Arbeiten zur Hämodilution mit Dextranlösungen sind mit Abstand die meisten Publikationen über die Wirkungen eines „hämorheologischen" Medikamentes zu Pentoxifyllin erarbeitet worden.*

Publikationen

Erste Arbeiten über die Wirkung der Substanz Pentoxifyllin auf die Fließeigenschaften des Blutes bei Patienten stammen aus der Arbeitsgruppe um Hess [475, 444, 356] aus den Jahren 1973 und 1974.

Jauch [475] infundierte 200 mg Pentoxifyllin in 100 ml 5%iger Lävulose innerhalb von 90 Minuten bei Patienten mit Durchblutungsstörungen. Die Blutviskosität wurde mit einem Kugelfallviskosimeter nach Reiss und Müller gemessen (Angaben in Fallzeiteinheiten). Am Infusionsende fand der Autor eine Senkung der Gesamtblutviskosität. Trotz gleichzeitiger Verminderung der Hämatokritwerte vermutete der Autor, daß ein substanzspezifischer Effekt zur Viskositätsminderung beigetragen hatte.

Bemerkungen: Die Untersuchungen wurden mit einem nicht adäquaten Viskosimeter durchgeführt; keine Messungen weiterer rheologischer Parameter.

In einer weiteren Publikation dieser Arbeitsgruppe [444] wurde die Viskosität von Nativblut unter Verwendung eines Kegel-Platte-Viskosimeters der Firma Brookfield bei einem Schergrad von 230 s^{-1} nach einer 90minütigen intravenösen Gabe von 3 mg Pentoxifyllin pro kg Körpergewicht in 20 ml 5%iger Lävulose untersucht. Eine Senkung der Blutviskosität bei den 15 behandelten Patienten mit peripheren obliterativen Arteriopathien wurde am Infusionsende sowie einige Zeit danach festgestellt. Im Gegensatz dazu fand sich bei den Kontrollen mit alleiniger Verabreichung der Trägerlösung (20 ml 5%ige Lävulose) keine signifikante Verminderung der Gesamtblutviskosität. Im Vergleich zu dem mit Pentoxifyllin erzielten Viskositätsabfall fiel die Viskositätssenkung durch eine 90minütige Infusion von 500 ml niedermolekularem Dextran nicht wesentlich stärker aus. Tagesschwankungen der Viskosität bei 10 ruhenden Patienten ohne Medikamentengabe waren statistisch nicht zu sichern.

Bemerkungen: Keine Angabe zur Meßtemperatur; keine Messungen weiterer rheologischer Parameter; keine Hämatokritkorrektur.

Klinik: Es wurde von einem Sistieren der Ruheschmerzen bei den Patienten mit Durchblutungsstörungen im Stadium III nach Fontaine berichtet.

Im gleichen Jahr wurden Ergebnisse von **Ott** [676] aus der Arbeitsgruppe um Heidrich und Schlichting über den Einfluß vasoaktiver Substanzen auf die Blutviskosität publiziert. Es wurden sowohl Gesunde als auch Patienten mit Durchblutungsstörungen untersucht. Verwendet wurde das Kugelfallviskosimeter der Firma Haake; die Messungen erfolgten bei 37 °C. Innerhalb einer Stunde erhielten 10 Patienten eine einmalige Infusion von 150 mg Pentoxifyllin in 250 ml einer 5%igen Lävuloselösung. Die Viskositätsmessungen wurden 4 bis 8 Stunden nach dem Infusionsende durchgeführt. In der Zwischenzeit erfolgte die Lagerung der Blutproben bei 4 °C. Am Infusionsende fand der Autor bei einem Hämatokritabfall von 3,8% eine 13%ige Senkung der Blutviskosität. Im Vergleich dazu konnte durch eine Infusion von niedermolekularem Dextran (500 ml) nur eine 15,2%ige Senkung der Viskosität bei einem gleichzeitigen Hämatokritabfall von 13% erreicht werden.

Bemerkungen: Die mittels Kugelfallviskosimeter erhobenen viskosimetrischen Befunde sind aus technischen Gründen zu relativieren; keine Hämatokritkorrektur.

1974 veröffentlichten **Heidrich** und **Ott** wesentliche Teile dieser Arbeit an anderer Stelle [421].

Analoge Untersuchungen, entsprechend den bisherigen mit einem Kugelfallviskosimeter ausgeführten Viskositätsmessungen, wurden 1975 und 1976 von **Heidrich, Schlichting** und **Ott** [423, 424, 425] publiziert. Im Unterschied zu den früheren Arbeiten wurde die Blutviskosität zusätzlich mit einem Kegel-Platte-Viskosimeter (Rotovisko RV 2 der Firma Haake) bei 37 °C und einem definierten Schergrad von 330 s^{-1} gemessen. Nach einer 30minütigen Infusion (Perfusor) von 200-300 mg Pentoxifyllin bei Patienten mit peripheren arteriellen Verschlußerkrankungen wurden die Blut- und Serumviskosität am Infusionsende wie auch 90 Minuten später gemessen. Bei einer parenteralen Dosierung von 300 mg Pentoxifyllin konnten die Autoren unmittelbar nach Infusionsende eine signifikante Verminderung der Blutviskosität um 8,92% sichern. Die Serumviskosität und der Hämatokrit veränderten sich nicht.

Bemerkungen: Keine Messungen weiterer rheologischer Parameter.

1975 fand **Ehrly** [262, 266] erstmalig Veränderungen der Erythrozytenfiltrabilität nach einer intravenösen Infusion von 200 mg Pentoxifyllin. Die zur Verwendung kommende Methode bestand in der Bestimmung der Filtrabilität von Erythrozytensuspensionen bei einem konstanten Hämatokrit von 10% durch Milliporefilter mit standardisierter Porengröße von 8 µm bei einem Druck von 1,32 cm H_2O und einer konstanten Temperatur von 37 °C.
Bei diesen Untersuchungen fand sich eine statistisch signifikante Steigerung der Erythrozytenfiltrabilität sowohl 15 als auch 60 Minuten nach Infusionsende.

Bemerkungen: Keine Messungen weiterer rheologischer Parameter.

Smud und Mitarbeiter [804] untersuchten den Einfluß oraler (300-1600 mg/die) wie auch einmaliger intravenöser Pentoxifyllingaben zwischen 100 und 300 mg, suspendiert in 100 ml physiologischer Kochsalzlösung, bei Patienten mit multiplem Myelom, Hyperlipidämie und Polyglobulie. Die Infusionszeit bei der parenteralen Pentoxifyllingabe betrug 60 Minuten. Die Blutproben wurden 60, 120 und 240 Minuten nach dem Infusionsende abgenommen und mit Heparin antikoaguliert. Für die Blutviskositätsmessungen stand ein Harkness-Kapillarviskosimeter zur Verfügung; die Meßtemperatur betrug 25 °C. Die intravenöse Gabe des Medikamentes führte bei der angeführten Dosierung zu einer Senkung der Viskosität, wohingegen bei oraler Applikation erst nach einer Gabe von 600 mg Pentoxifyllin eine dosisabhängige Viskositätssenkung erzielt wurde. Es wurden keine Veränderungen des Hämatokrits, der Serumviskosität und der Plasmaviskosität gefunden.

Bemerkungen: Die Messungen wurden bei 25 °C durchgeführt; keine Messungen weiterer rheologischer Parameter.

Völker [880] führte 1976 Filtrationsuntersuchungen mit Erythrozytensuspensionen von 10% (Nucleporefilter, Porendurchmesser 5 µm, treibende Kraft 50 mm H_2O) aus. Die Blutviskosität wurde mit einem Brookfield-micro-cone-plate-Viskosimeter mit Mooney-Adapter bei einem korrigierten Hämatokrit von 45% (37 °C) und bei verschiedenen Schergraden zwischen 1,96 und 78,36 s^{-1} gemessen. Die orale Gabe von 3×3 Tabletten (= 900 mg) Pentoxifyllin täglich wurde bei 19 Patienten mit peripheren arteriellen Durchblutungsstörungen im Vergleich zu einer Placebogruppe untersucht. Die Behandlungsdauer betrug 10 Tage. Am Behandlungsende fand sich kein signifikanter Unterschied der Erythrozytenfiltrabilität beider Gruppen, jedoch wurde bei der Pentoxifyllingruppe eine geringgradige, nicht signifikante Verminderung der Blutviskosität beobachtet. Veränderungen der ebenfalls gemessenen Plasmaviskosität, der Erythrozytensenkungsgeschwindigkeit, des Fibrinogenspiegels und des Gesamtproteins konnten nicht festgestellt werden.

Nach oraler wie intravenöser Gabe von Pentoxifyllin bei Patienten mit verschiedenartigen Erkrankungen führten **Deguchi** und Mitarbeiter [164] mit einem Rotationsviskosimeter (736,12 s^{-1}) Blutviskositätsmessungen durch. Es wurden Viskositätssenkungen von bis zu 8,2% registriert.

Bemerkungen: Da konkrete Daten über den Viskosimetertyp, die Meßtemperatur und den Hämatokrit fehlen, ist eine Wertung dieser Ergebnisse schwierig.

Knarr [514] untersuchte bei 8 Patienten mit chronisch arteriellen Verschlußerkrankungen die Blut- und Plasmaviskosität sowie die Erythrozytenflexibilität nach der Methode von Ehrly und Roßbach. Nach zwei Leerwertmessungen vor der Injektion wurden 200 mg Pentoxifyllin, suspendiert in 10 ml physiologischer Kochsalzlösung, in einer Zeit von 10 Minuten infundiert, wobei 15 bis 60 Minuten nach Infusionsende die Viskositätsmessungen ausgeführt wurden. Die Blutproben wurden mit Heparin antikoaguliert. Es fand sich eine geringgradige Steigerung der relativen Blutviskosität (Ostwald-Viskosimeter, $H_2O = 1$, 23 °C), wohingegen die Plasmaviskosität unverändert blieb. Nach intravenöser Injektion der entsprechenden Menge physiologischer NaCl-Lösung bei einer Placebogruppe kam es nicht zu signifikanten Veränderungen der Fließeigenschaften des Blutes.
Während der Untersuchungszeit stieg der Hämatokrit sowie die Erythrozytenzahl pro ml Blut geringgradig, aber signifikant an. Die Blutkörperchensenkungsgeschwindigkeit zeigte keine Veränderung. Bei der Erythrozytenfiltration (Milliporefilter, Porendurchmesser 8 μm, treibende Kraft 1,29 cm H_2O, Hämatokrit 10%, 23 °C) war 15 Minuten nach dem Infusionsende keine Veränderung der Filtrationsrate festzustellen; 60 Minuten später fand sich eine signifikante Erhöhung der pro Zeiteinheit durch das Kapillarsystem gelangten Erythrozytenzahlen.

Bemerkungen: Die Messungen der Blutviskosität wie auch der Erythrozytenfiltration wurden bei 23 °C durchgeführt; keine Messungen weiterer rheologischer Parameter.

1977 verglichen **Schubotz** und **Mühlfellner** [775] die Erythrozytendeformierbarkeit vor und nach 2wöchiger Pentoxifyllinmedikation bei 10 Altersdiabetikern mit chronisch arteriellen Verschlußerkrankungen. Die tägliche Dosis betrug 3 × 400 mg Pentoxifyllin per os. Die Filtration der mit Na-citrat antikoagulierten Blutproben erfolgte 30 Minuten nach der Blutentnahme, entsprechend der von Reid und Mitarbeitern angegebenen Methode (Vollblut, Nucleporefilter, Porengröße 5 μm, treibende Kraft 20 cm H_2O Unterdruck). Die Filtrationstemperatur betrug 25 bis 30 °C. Am Behandlungsende stiegen die Erythrozytenfiltrationsraten von 0,336 ml/min auf 0,702 ml/min signifikant an.

Mittels rheologischer und audiologischer Methoden prüften **Schulz** und Mitarbeiter [778] den Einfluß von Pentoxifyllin bei Patienten mit akuter und chronischer Innenohrschwerhörigkeit. Schulz infundierte bei 20 Patienten 400 mg Pentoxifyllin in 500 ml einer Kristalloidlösung (Ringer-Lactat) in 2 Stunden. 10 weitere Patienten erhielten die entsprechende Lösung, jedoch ohne das Medikament. Als einziger hämorheologischer Parameter wurde die Blutviskosität mit einem Kapillarviskosimeter der Firma Schott bei 37 °C gemessen. Im Vergleich zu den Kontrollen kam es am Infusionsende bei der Pentoxifyllingruppe zu einer stärkeren Senkung der Blutviskosität als bei der Placebogruppe.

Bei 14 Patienten mit chronischen arteriellen Verschlußerkrankungen untersuchten **Störmer** und Mitarbeiter [818, 819] die rheologischen Auswirkungen einer Infusion von Pentoxifyllin (10 mg/kg Körpergewicht in 250 ml einer 5%igen Glukoselösung) bei Patienten mit arterieller Verschlußkrankheit. Für die Viskositätsmessungen wurden die Blutproben mit EDTA antikoaguliert und bis zu zwei Stunden bei 37 °C aufbewahrt. Gemessen wurde die Blutviskosität mit einem Couette-Rheometer vom Typ Low Shear der Firma Contraves bei 1,0–4,6 s^{-1} und bei hohen Schergraden mit einem Kegel-Platte-Viskosimeter der Firma Brookfield. Die Temperatur bei den Messungen betrug 37 °C. Mathematisch wurde versucht, Änderungen der Hämatokritwerte zu berücksichtigen. Bei allen gemessenen Schergraden, besonders im Bereich niedriger Schergeschwindigkeiten, fand sich ein signifikanter Abfall der Blutviskosität. Im Laufe der 9tägigen Behandlung reduzierten sich auch die Plasma- und Serumviskositätswerte; dieses Verhalten war allerdings nicht konstant.

Bemerkungen: Keine Messungen weiterer rheologischer Parameter (hinsichtlich der prinzipiellen Aussagekraft von Low Shear-Messungen mit Rotationsviskosimetern siehe Kap. 3.3.4.).

1978 berichtete **Ehrly** über die bereits in der Dissertation von Knarr beschriebenen Ergebnisse einer Verbesserung der Erythrozytenfiltrabilität nach intravenöser Gabe von 200 mg Pentoxifyllin bei Patienten mit chronisch arteriellen Durchblutungsstörungen [279, 283].

Lusov und Mitarbeiter [598] behandelten nach initial intravenöser Therapie 40 Patienten mit peripheren wie auch koronaren Durchblutungsstörungen mit 250-750 mg Pentoxifyllin täglich per os. Die Behandlungszeit variierte zwischen 1½ und 3 Monaten. Die Blutviskosität wurde mit einem Rotationsviskosimeter unbekannter Art bei Schubspannungen von 0,7 dyn/cm^2 bzw. 5,0 dyn/cm^2 gemessen (keine Temperaturangabe). Die im Vergleich zu einer gesunden Kontrollgruppe gefundenen Viskositätsausgangswerte waren bei 60% der Patienten erhöht. Am Behandlungsende kam es bei den Patienten mit Viskositätserhöhung zu einer Normalisierung der Blutviskosität. Es wurden keine Hämatokritschwankungen beobachtet.

Bemerkungen: Abgesehen von den fehlenden Angaben über die Meßtemperatur, konnten die Autoren teilweise nur dort einen Viskositätsabfall registrieren, wo im Vergleich zu Gesunden eine Hyperviskosität des Blutes festgestellt worden war; keine Messungen weiterer rheologischer Parameter.

Klinik: Am Behandlungsende beobachteten die Autoren bei Patienten mit peripheren Durchblutungsstörungen im Stadium III und IV nach Fontaine ein Verschwinden der Ruheschmerzen, ein Ausbleiben der Parästhesien und bei 65% ein Sistieren der kältebedingten Schmerzen. Zudem stellte sich bei den Patienten mit Durchblutungsstörungen eine Verbesserung der am Ergometer überprüften Leistung ein. Bei 15 Patienten mit Angina pectoris und peripheren Arteriopathien konnte allerdings nur in 3 Fällen ein günstiges klinisches Resultat verifiziert werden.

Mashiah und Mitarbeiter [620] untersuchten 1978 die Blutviskosität von 13 Patienten mit Claudicatio intermittens, die seit über einem Jahr diese klinische Symptomatik aufwiesen. Die Patienten wurden über einen Zeitraum von 6 Wochen mit oralen Pentoxifyllindosen (keine Dosisangabe) behandelt. Die Viskositätsmessungen fanden bei einer Temperatur von 21-25 °C (Contraves Low Shear-Viskosimeter, 1,24 und 124 s^{-1}) statt.
Der Hämatokrit wurde mathematisch auf einen Wert von 45% korrigiert. Die Ergebnisse der Viskositätsmessungen waren uneinheitlich, und eine signifikante Blutviskositätsverminderung durch Pentoxifyllin war nicht nachzuweisen.

Bemerkungen: Die Viskositätsmessungen bei inkonstanten Temperaturen, die nur mathematisch korrigierten Hämatokritwerte und die fehlenden Angaben zur Dosierung erschweren die Wertung der Ergebnisse dieser Arbeit.

Pecker und Mitarbeiter [689] untersuchten 1978 bei 12 Patienten mit zerebralen Durchblutungsstörungen die Erythrozytenverformbarkeit nach der Methode von Reid und Mitarbeitern. Im Vergleich zu einem gesunden Kontrollkollektiv war die Erythrozytenverformbarkeit in der Patientengruppe stark erniedrigt. Pentoxifyllin wurde täglich intravenös in einer Dosis von 600-800 mg verabreicht. Nach 8 Tagen kam es bei 6 Patienten zu einer Verdoppelung der ursprünglichen Erythrozytendurchflußmengen.

Bemerkungen: Bezüglich der Aussagekraft der verwendeten Filtrationsmethode sei auf die zusammenfassende Darstellung und auf einen entsprechenden Kommentar im Kapitel „Methoden" hingewiesen. Das gleiche gilt auch für die nachfolgenden Arbeiten von Angelkort und Mitarbeitern, Gaillard und Mitarbeitern, Keller und Leonhardt, Manrique, Martin und Vives, Le Devehat und Mitarbeitern.

Satewachin und Mitarbeiter [751] führten mit einem Rotationsviskosimeter nach Zachartschenko bei Schergraden von 0,1 bis 25 s^{-1} Blutviskositätsmessungen bei Patienten mit arteriellen Thrombosen aus. Nach gefäßchirurgischer Entfernung der Blutgerinnsel wurde eine kombinierte Therapie (Infusion) von Heparin, Dextran, Nicotinsäure und Dicumarol begonnen, um eine Rethrombose zu vermeiden. Vergleichend dazu erhielt eine Kontrollgruppe zusätzlich alle 8 Stunden 200 mg Pentoxifyllin intravenös. Bei der Pentoxifyllingruppe wurde eine stärkere Reduktion des Anlaßwertes (Yield stress) gefunden, was auf eine Verminderung der Erythrozytenaggregation zurückgeführt wurde.

Bemerkungen: Die Ergebnisse sind wegen der Kombination verschiedener Präparate schwer zu interpretieren. Darüberhinaus fehlen Angaben über die Meßtemperatur und Hämatokritveränderungen.

1979 und 1980 untersuchten **Angelkort** und Mitarbeiter [15, 16] die Verformbarkeit der Erythrozyten bei 25 Patienten mit chronischen peripheren Verschlußerkrankungen im Stadium IIa bis III nach der Methode von Reid und Mitarbeitern. Die Patienten erhielten 6 Wochen lang täglich 4 × 400 mg Pentoxifyllin per os. Mit der genannten Methode wurde zunächst zwischen Gesunden und einem unbehandelten Kontrollkollektiv ein deutlicher Unterschied der Erythrozytendeformierbarkeit gefunden. Am Ende der Behandlung stieg die Durchflußrate bis zu 50% über den Ausgangswert signifikant an (von 1,7 ± 0,3 ml/min auf 2,5 ± 0,3 ml/min).

Bemerkungen: Wie bei Pecker und Mitarbeitern auf Seite 167.

Gaillard und Mitarbeiter [361] prüften bei 12 Patienten (keine Diagnoseangaben) die Wirkungsintensität und Wirkungsdauer unterschiedlicher galenischer Zubereitungen von Pentoxifyllin. Dazu wurde den Patienten eine Tablette (mit 400 mg Pentoxifyllin) und bei der einen Tag später folgenden Untersuchung 4 Tabletten (mit je 100 mg Pentoxifyllin) gegeben. Es kam zu einer signifikanten Steigerung der Erythrozytendurchflußraten, welche bei 400 mg Einzeldosis stärker und länger anhaltend war. Die Verformbarkeit der Erythrozyten wurde nach der Methode von Reid et al. bestimmt.

Bemerkungen: Wie bei Pecker und Mitarbeitern auf Seite 167.

Metoki und Mitarbeiter [643] untersuchten mit einem Brookfield-cone-plate-Viskosimeter die Blutviskosität von Patienten mit akuten zerebralen Thrombosen und Hämorrhagien vor und nach Gabe von Pentoxifyllin (keine Dosisangabe). In denjenigen Fällen, bei denen die Gesamtblutviskosität erhöht war, kam es nach der Medikation mit Pentoxifyllin zu einer Verminderung der Blutviskositätswerte.

Bemerkungen: Aufgrund fehlender Dosisangaben wie auch meßtechnischer Einzelheiten ist eine Bewertung dieser Arbeit schwierig; keine Messungen weiterer rheologischer Parameter.

Keller und **Leonhardt** [486, 487] behandelten Schmerzzustände infolge akut auftretender Hämolysen bei einer Patientin mit homozygoter Sichelzellanämie mit täglichen Gaben von 2,4 g Pentoxifyllin. Die Blutviskosität wurde mit einem Kegel-Platte-Viskosimeter bei einem Schergrad von 46 s^{-1} gemessen. Die Erythrozytenfiltrabilität wurde analog der Vollblutmethode von Reid und Mitarbeitern mit Nucleporefiltern (Durchmesser 5 μm) geprüft. Es fand sich eine Verminderung der Blutviskosität sowie eine Erhöhung der Erythrozytenverformbarkeit.

Bemerkungen: Wie bei Pecker und Mitarbeitern auf Seite 167. Es fehlen Temperaturangaben zu den verwendeten Methoden.

Klinik: Zwar wurden die hämolytischen Krisen durch Pentoxifyllin nicht unterbunden, aber sie waren nicht mehr mit Schmerzen verbunden. Auf die Einnahme von Analgetika konnte verzichtet werden.

Manrique [609] untersuchte 1979 den Einfluß einer 14tägigen Behandlung mit 3 Tabletten Pentoxifyllin 400 mg pro Tag auf die Erythrozytenfiltration (Methode nach Reid und Mitarbeitern) bei Patienten mit arteriellen Verschlußerkrankungen. Die Filtrationsmenge stieg von 0,63 ± 0,21 ml/min nach 7tägiger Behandlung auf 0,98 ± 0,41 ml/min signifikant an. Es zeigte sich weiterhin, daß der prozentuale Anstieg der Filtrationsmenge innerhalb der Patientengruppe sehr unterschiedlich war.

Bemerkungen: Wie bei Pecker und Mitarbeitern auf Seite 167.

Martin und **Vives** [617, 618] untersuchten 1979 bei 49 Patienten (mittleres Lebensalter um 68 Jahre) mit abgelaufenen zerebrovaskulären Attacken die Erythrozytenrigidität nach der Methode von Reid und Mitarbeitern. Im Vergleich zu einem gesunden Kontrollkollektiv (mittleres Lebensalter um 46 Jahre) fand sich eine deutliche Verminderung der Erythrozytendurchflußmenge (1,3 ± 0,20 ml/min zu 0,61 ± 0,05 ml/min) bei dem Patientenkollektiv. Am Behandlungsende betrug die Filtrationsrate bei den 28 mit Pentoxifyllin behandelten Patienten 0,98 ± 0,06 ml/min, was einer signifikanten Steigerung entspricht.

Bemerkungen: Wie bei Pecker und Mitarbeitern auf Seite 167.

Martin [619] untersuchte bei 49 Kranken mit zerebralen Durchblutungsstörungen im Vergleich zu 65 Gesunden die Verformbarkeit der roten Blutkörperchen an Hand der Filtrationsmethode nach Reid und Mitarbeitern. Nach einer oralen Gabe von 600 mg Pentoxifyllin pro Tag fanden die Autoren eine statistisch signifikante Verbesserung der Filtrationswerte.

Bemerkungen: Wie bei Pecker und Mitarbeitern auf Seite 167.

Angelkort und Mitarbeiter [18] untersuchten 1981 den Einfluß einer oralen Behandlung mit 1600 mg Pentoxifyllin pro Tag über einen Zeitraum von 6 bis 8 Wochen bei Patienten mit chronischer arterieller Verschlußkrankheit im Stadium IIa bis IV nach Fontaine. Gemessen wurde die Filtrabilität der Erythrozyten durch Nucleoporefilter mit einem Porendurchmesser von 5 μm bei einem treibenden Druck von 20 cm Wassersäule.
Es fand sich ein statistischer Anstieg der Erythrozytenfiltrationswerte nach 6wöchiger Therapie mit Pentoxifyllin.

Ähnliche Ergebnisse wurden von **Angelkort** und **Kiesewetter** auch an anderer Stelle beschrieben [17].

Bemerkungen: Keine Messungen anderer rheologischer Parameter.
Die Autoren untersuchten gleichzeitig die Muskeldurchblutung mit der Xenon-Clearance und fanden eine statistisch signifikante Erhöhung der Werte unter Pentoxifyllin, insbesondere bei initial schlechter Durchblutung.

Johnsson und Mitarbeiter [477] berichteten 1980 über den Einfluß von 1200 mg Pentoxifyllin/die auf die Erythrozytenflexibilität von 40 Patienten mit Herzklappenersatz. Es wurden Nucleporefilter mit einem Porendurchmesser von 3 μm verwendet. Bei einer Patientengruppe mit arteriosklerotischen Veränderungen der Gefäße wurde eine verbesserte Erythrozytenfiltration nach Pentoxifyllingabe beobachtet, wohingegen bei den Patienten mit synthetischen Herzklappen keine signifikanten Veränderungen gefunden wurden.

Bemerkungen: Da außer dem Porendurchmesser der Filter keine weiteren technischen Einzelheiten zur Methodik der Erythrozytenverformbarkeitsmessungen gemacht wurden, ist eine Beurteilung dieser Arbeit schwer möglich.

1980 berichteten **Le Devehat** und Mitarbeiter [554] über den Einfluß von Pentoxifyllin auf die Erythrozytendeformierbarkeit bei Diabetikern mit arteriellen Durchblutungsstörungen. Die Messung der Erythrozytenfiltrabilität erfolgte nach der Methode von Reid und Mitarbeitern. Die Patienten erhielten pro Tag 600 mg Pentoxifyllin. Es wurde eine Verbesserung der Erythrozytenverformbarkeit festgestellt (keine Signifikanzangabe).

Ähnliche Ergebnisse wurden von **Le Devehat** und Mitarbeitern auch 1981 berichtet [557].

Bemerkungen: Wie bei Pecker und Mitarbeitern auf Seite 167.

Artale und Mitarbeiter [30] beschrieben 1980 den Effekt einer intravenösen Infusion von 200 mg Pentoxifyllin in 250 ml physiologischer Kochsalzlösung auf die Vollblutviskosität (Wells-Brookfield-Viskosimeter bei 37 °C) und die Erythrozytenverformbarkeit (Vollblutmethode nach Reid und Mitarb.). Die Autoren fanden eine Senkung der Blutviskosität bei verschiedenen Schergraden, während der Hämatokrit sich nicht statistisch veränderte. Die Erythrozytenverformbarkeit wurde verbessert.

Bemerkungen: Messung der Erythrozytenverformbarkeit bei 25 °C, methodische Unzulänglichkeit der Erythrozytenfiltrationsmethode. Einfluß der Trägerlösung nicht auszuschließen.

Chmiel und Mitarbeiter [132] untersuchten 1981 den Einfluß einer intravenösen Gabe von 3 mg Pentoxifyllin pro kg Körpergewicht (Kurzinfusion mit 50 ml Kochsalzlösung innerhalb von 15 Minuten). Die Blutproben wurden 1, 15, 30, 60 und 120 Minuten nach Ende der Infusion abgenommen. Gemessen wurde die Viskoelastizität des Blutes mit einem oszillierenden Monokapillarviskosimeter bei einem Schergrad von 10 s^{-1} und einer Meßtemperatur von 22 °C.
Die Autoren fanden eine Verminderung der Viskoelastizität des Blutes, die bis eine Stunde nach Ende der Infusion von Pentoxifyllin nachzuweisen war.

Bemerkungen: Die Messungen wurden bei 22 °C durchgeführt. Zu vermerken ist, daß von den 9 untersuchten Patienten 6 gleichzeitig mit einem Diuretikum behandelt wurden.

Ott und **Lechner** untersuchten 1981 bei 15 Patienten mit subakuter zerebraler Durchblutungsstörung [677] den Einfluß einer 25tägigen Behandlung mit 1200 mg Pentoxifyllin oral auf die Vollblutviskosität bei verschiedenen Schergraden und auf die Fibrinogenkonzentration im Blut. Im Verlauf der knapp 4wöchigen Therapie kam es zu einer statistisch signifikanten Senkung der Viskositätswerte mit einem Maximum bei Schergrad 11 s^{-1}, ebenso wie zu einer Senkung der Fibrinogenkonzentration. Die Hämatokritwerte veränderten sich dabei nicht signifikant.

Bemerkungen: Keine exakten Angaben über das Verhalten der Hämatokritwerte; keine Messungen weiterer rheologischer Parameter.

Ähnliche Ergebnisse wurden von der gleichen Arbeitsgruppe 1983 an anderer Stelle publiziert [678].

1981 berichteten **Sergio** und Mitarbeiter [791] über den Einfluß einer 90tägigen Behandlung mit täglich 1200 mg Pentoxifyllin auf die Blutviskosität, die Plasmaviskosität und die Erythrozytenverformbarkeit bei Patienten mit chronisch-arterieller Verschlußkrankheit.

Die Blutviskosität wurde bei einem Schergrad von 450 s^{-1} statistisch signifikant vermindert, die Erythrozytenfiltrabilität erhöht. Die Plasmaviskosität wurde ebenso wie die Fibrinogenkonzentration statistisch signifikant gesenkt. Auch die Erythrozytenaggregation war nach Ende der Behandlung statistisch signifikant vermindert (Abstract, keine Details).

Donaldson und Mitarbeiter [194] untersuchten 1981 in einer randomisierten Doppelblindstudie den hämorheologischen Effekt einer oralen Gabe von 200 mg Pentoxifyllin bei 40 Patienten mit Claudicatio intermittens. Es kam zu einer signifikanten Verbesserung der Erythrozytenverformbarkeit, während in der Placebogruppe ein solches Verhalten nicht feststellbar war. Die Blutviskosität war hingegen nicht statistisch signifikant verändert. Sowohl bei Verum als auch bei Placebo fanden sich keine statistischen Unterschiede hinsichtlich der schmerzfreien Gehstrecke und des plethysmographisch gemessenen Blutflusses im Bereich des Unterschenkels (Abstract, keine Details).

Guerrini und Mitarbeiter [403] untersuchten 1981 den Einfluß einer akuten intravenösen und einer chronischen Gabe von Pentoxifyllin auf die Fließeigenschaften des Blutes bei Patienten mit chronisch arterieller Verschlußkrankheit. Die Blutviskosität wurde mit einem Wells-Brookfield-Platte-Kegel-Viskosimeter bei 37 °C und verschiedenen Schergraden gemessen. Die Plasmaviskosität wurde bei 375 s^{-1} mit dem gleichen Gerät bestimmt. Die Erythrozytenfiltration wurde mit der Methode von Reid und Mitarbeitern bei 37 °C gemessen. Bei 10 Patienten wurden 16,6 mg Pentoxifyllin pro min über 30 min intravenös verabfolgt. Blutentnahmen wurden bis 60 min nach Infusionsende durchgeführt. Im Rahmen der chronischen Studie wurden bei 25 entsprechenden Patienten 3mal täglich 400 mg Pentoxifyllin über 30 Tage verabfolgt. Sowohl bei der intravenösen Gabe als auch bei der chronischen oralen Gabe von Pentoxifyllin kam es zu einer Verminderung der Blutviskosität bei allen Schergraden. Hämatokritwerte, Plasmaviskosität und Fibrinogenkonzentration blieben konstant. Die Filtrabilität von Blut wurde verbessert.

Bemerkungen: Keine Messungen der Erythrozytenaggregation. Die Messung der Erythrozytenfiltrabilität nach der Reid'schen Methode ist nicht aussagekräftig genug. Die Autoren führen die Verminderung der Vollblutviskosität bei unveränderten Hämatokritwerten auf eine Verminderung der Erythrozytenverformbarkeit zurück.

Ähnliche Ergebnisse wurden von **Guerrini** und Mitarbeitern an anderer Stelle berichtet [407].

Strano und Mitarbeiter [834] beschrieben 1981 den Einfluß von Pentoxifyllin auf die Fließeigenschaften des Blutes bei Patienten mit chronischen arteriellen Verschlußkrankheiten (2 × 400 mg pro Tag oral). Die Blut- und Plasmaviskosität wurden mit dem Brookfield-Mikroviskosimeter gemessen und erfuhren über einen Therapiezeitraum von 90 Tagen eine statistische Senkung.

Bemerkungen: Keine vergleichende Messung der Hämatokritwerte.

1981, 1982 und 1983 untersuchten **Perego** und Mitarbeiter [691, 692, 694] den Einfluß oraler Pentoxifyllindosen (3 × 400 mg/die) auf die Fließeigenschaften des Blutes von Patienten mit peripheren arteriellen Durchblutungsstörungen. Die Blutviskosität wurde mit einem Brookfield-micro-cone-plate-Viskosimeter bei 37 °C und den Schergraden 11,25, 90 und 450 s^{-1} (mathematische Hämatokritkorrektur) gemessen; die Plasmaviskosität wurde bei 450 s^{-1} gemessen. Die Erythrozytenaggregation wurde anhand der Blutkörperchensenkungsgeschwindigkeit, welche entsprechend dem Hämatokrit und der Plasmaviskosität korrigiert wurde, gemessen. Die Erythrozytenverformbarkeit im Vollblut wurde nach der Methode von Reid und Mitarbeitern bestimmt.

Nach der 30-, 60- und 90tägigen Behandlung der Patienten mit Pentoxifyllin fanden die Untersucher eine signifikante Verminderung der Vollblutviskosität bei allen Schergraden, welche bei niedrigen Schergraden am stärksten war. Weiterhin fanden sie eine signifikante Verminderung der Plasmaviskosität, der Blutkörperchensenkungsgeschwindigkeit und der Erythrozytenverformbarkeit.

Bemerkungen: Keine quantitativen Messungen der Erythrozytenaggregation.

Heilmann und Mitarbeiter [428] untersuchten 1982 den Einfluß einer mehrwöchigen oralen Therapie mit täglich 1200 mg Pentoxifyllin bei Patienten mit Polycythaemia vera. Die Blutviskosität wurde vor und nach dieser Therapie unter Verwendung eines Kugelfallviskosimeters bei standardisiertem Hämatokrit von 40% untersucht. Die Erythrozytenverformbarkeit wurde mit der Filtrationsmethode nach Reid und Mitarbeitern bestimmt. Die Autoren fanden eine statistisch signifikante Senkung der Blutviskosität sowohl bei den Patienten als auch bei den behandelten Kontrollpersonen, während die Erythrozytenfiltrabilität nur bei den Patienten statistisch signifikant vermindert war.

Bemerkungen: Keine Messungen der Plasmaviskosität und der Erythrozytenaggregation; beide rheologischen Meßtechniken werden heute nicht mehr als aussagekräftig angesehen (siehe Kap. 3.3.4.).

1982 behandelten **Heilmann** und Mitarbeiter [429] eine 29jährige türkische Patientin mit homozygoter Sichelzellanämie und mehrfach pro Jahr auftretenden hämolytischen Krisen. Dabei bestanden Schmerzen im Bereich der großen Gelenke und des rechten Unterschenkels. Die Autoren prüften die Erythrozytenfiltration vor und nach einer 8monatigen Therapie mit Pentoxifyllin (in einer Dosierung von täglich 800 mg oral) durch Nucleoporefilter mit einer mittleren Porengröße von 3 μm bei einem standardisierten Hämatokrit von 20%. Es zeigte sich, daß die Passagezeit der Erythrozyten durch die Filter unter Pentoxifyllin von vorher 20 auf 14 min zurückging, was auf eine Verbesserung der Flexibilität zurückgeführt wurde. Das Ergebnis ähnelt den von Keller und Leonhardt erhobenen Befunden bei Sichelzellanämie (S. 168).

Bemerkungen: Einzelkasuistik, keine Temperaturangaben.

Strano und Mitarbeiter [838] beschrieben 1983 den Einfluß einer mehrmonatigen peroralen Gabe von 400 mg Pentoxifyllin bei Patienten mit chronischen peripheren Durchblutungsstörungen und chronischen zerebrovaskulären Erkrankungen. Die Blut- und Plasmaviskosität wurde mit einem Brookfield-Mikro-Viskosimeter und die Erythrozytenverformbarkeit mit der Vollblutmethode nach Reid bestimmt.
Die Autoren fanden eine statistisch signifikante Verminderung der Blut- und Plasmaviskosität sowie eine Verbesserung der Erythrozytenfiltrabilität.

Bemerkungen: Keine Messung der Erythrozytenaggregation. Mangelnde Aussagekraft der Filtrationsmethode.

Heilmann [430] untersuchte 1983 10 Patienten mit Polycythaemia vera, denen über 4 Wochen täglich 1200 mg Pentoxifyllin per os gegeben wurde. Die Blut- und Plasmaviskosität wurde in einem Kugelfallviskosimeter nach Höppler bestimmt, die Erythrozytenfiltrabilität mit Nukleoporefiltern. Es fand sich eine statistisch signifikante Verminderung der Vollblutviskosität sowie eine Verbesserung der Erythrozytenverformbarkeit.

Bemerkungen: Geringe Validität des verwendeten Viskosimeters.

Pennarola und Mitarbeiter [690] berichteten 1983 über Untersuchungen an 25 Patienten mit Raynaud'scher Erkrankung infolge Vibrationstrauma vor und nach 60tägiger Behandlung mit 3 × 400 mg Pentoxifyllin pro Tag und fanden eine Verbesserung der Erythrozytenverformbarkeit (Abstract, keine Details).

1983 untersuchten **Strano** und Mitarbeiter [837] den Einfluß einer oralen Gabe von 800 mg Pentoxifyllin pro Tag über einen Zeitraum von 90 Tagen bei Patienten mit Claudicatio intermittens und Ruheschmerzen. Sie bestimmten die Viskosität nach Reid (1964), die Erythrozytenfiltrabilität nach Reid (1976) und die Plasmafibrinogenkonzentration. Am Ende der Therapieperiode waren alle Faktoren statistisch signifikant verbessert (Abstract, keine Details).

Cabannes und Mitarbeiter [106] untersuchten 1983 den Einfluß von Pentoxifyllin auf Viskosität und Filtrabilität des Blutes von Patienten mit Sichelzellerkrankung (keine Ergebnisse und keine weiteren Details im Abstract).

Urai und Mitarbeiter [869] untersuchten die Filtrabilität des Blutes bei 20 Patienten mit chronisch arterieller Verschlußerkrankung vor und nach 3monatiger Einnahme von 400 mg Pentoxifyllin täglich. Bei 27% der Patienten, bei denen die Verformbarkeit der Erythrozyten primär verändert war, fand sich eine Verbesserung der Filtrabilitätswerte (Abstract, keine Details).

Seiffge und Mitarbeiter [788] berichteten 1983 über einen Patienten mit Sichelzell-Thalassämie und erheblichen Schmerzen wegen kapillärer Verschlüsse infolge stark rigider Erythrozyten. Nach der Gabe von 2 g Pentoxifyllin pro Tag kam es zu einer klinischen Besserung. Rheologisch fanden sich eine Verbesserung der Erythrozytenfiltrabilität (durch Nucleoporefilter mit einem Porendurchmesser von 5 µm) und eine Verbesserung der Ergebnisse mit einem Erythrozytenrigidometer.

Bemerkungen: Einzelfallbeobachtung; Messungen der Erythrozytenverformbarkeit in einem albuminhaltigen Puffer.

Metoki und Mitarbeiter [644] beschrieben 1983 den Einfluß einer vierwöchigen Therapie mit intravenöser Gabe von Pentoxifyllin bei Patienten mit zerebrovaskulären Erkrankungen und fanden sowohl eine Senkung der Vollblut- als auch der Serumviskosität (Original in Japanisch, engl. Abstract).

Manrique [611] prüfte den Effekt von Pentoxifyllin gegenüber Placebo bei Patienten mit akutem Myokardinfarkt und fand eine Verbesserung der Filtrabilität in der Verumgruppe (Abstract, keine Details).

Muggeo und Mitarbeiter [665] berichteten 1983 über den Einfluß sowohl einer einwöchigen intravenösen Therapie mit 600 bis 800 mg als auch einer 30- bis 60tägigen oralen Therapie mit 1,2 bis 1,6 g Pentoxifyllin täglich bei Patienten mit akuten zerebrovaskulären Erkrankungen im Vergleich zu gesunden Kontrollen. Die intravenöse Gabe von Pentoxifyllin erfolgte in 250 ml physiologischer Kochsalzlösung. Die Blut- und Plasmaviskosität wurden mit einem Wells-Brookfield-LVT-Viskosimeter bei $230\ s^{-1}$ gemessen. Es kam zu einer tendenziellen Verminderung der Blut- und Plasmaviskosität sowohl in der Gruppe der intravenösen als auch der oralen Therapie.

Bemerkungen: Keine statistische Berechnung der Ergebnisse.

Moratti und Mitarbeiter [655] beschrieben 1983 den Einfluß von Pentoxifyllin auf Patienten mit diabetischer Vaskulopathie. 12 Patienten wurden 1200 mg der Substanz täglich oral verabreicht, was zu einer Verbesserung der Erythrozytenfiltrationsrate führte (Vollblutmethode von Reid und Mitarbeitern).

Solerte und Mitarbeiter [805] berichteten 1983 über den Einfluß von Pentoxifyllin (1,2 g pro Tag über 8 Monate) auf die Erythrozytenfiltrabilität und fanden eine statistisch signifikante Verbesserung (Abstract, keine Details).

Koul und Mitarbeiter [527] verabfolgten 1984 Patienten, die am offenen Herzen operiert wurden, 3 × täglich 1200 mg Pentoxifyllin oral und am Operationstag zusätzlich 300 mg intravenös und bestimmten die Erythrozytenfiltrabilität (nach Reid und Mitarbeitern) vor und nach der extrakorporalen Zirkulation des Blutes. An den beiden ersten postoperativen Tagen war die Verformbarkeit sowohl in der Pentoxifyllin- wie auch in der Placebogruppe deutlich verschlechtert, verbesserte sich aber dann deutlich in der Verumgruppe.

Bemerkungen: Keine Angaben über Plasmaviskosität; eingeschränkte Relevanz der Filtrationsmethode.

Strano und Mitarbeiter [839] untersuchten 1984 den Einfluß von Pentoxifyllin (2 × 400 mg oral) über 90 Tage in einem Doppelblind-crossover-Versuch im Vergleich zu Placebo bei Patienten mit peripheren Durchblutungsstörungen im Stadium II und III nach Fontaine. Neben anderen Parametern, wie der schmerzfreien Gehstrecke, dem Verhalten der Plättchenfunktion usw., wurden noch die Vollblutviskosität bei einem Schergrad von 230 s^{-1}, die Plasmaviskosität, die Erythrozytenfiltrabilität und die Plasmafibrinogenkonzentration untersucht. Blutentnahmen wurden vor und nach 30 und 90 Tagen während der Behandlung mit Pentoxifyllin bzw. Placebo durchgeführt. Es kam zu einer Senkung der Vollblutviskosität wie auch der Plasmaviskosität und zu einem Anstieg der Erythrozytenfiltrationsrate in der Pentoxifyllingruppe, während es unter Placebo keine signifikanten Veränderungen gab.

Bemerkungen: Keine Angaben über Meßtemperatur und Art der verwendeten Methoden zur Bestimmung der rheologischen Parameter; keine Angaben des Hämatokrits.

Klinik: Die Autoren fanden eine statistisch signifikante Verbesserung der schmerzfreien Gehstrecke durch Pentoxifyllin im Vergleich zu Placebo.

Angelkort und Mitarbeiter [20] berichteten 1984 über den Einfluß einer oralen Gabe von 1600 mg Pentoxifyllin pro Tag über 6 Wochen bei Patienten mit schwerer chronisch arterieller Verschlußerkrankung. Die Messung der Erythrozytenfiltrabilität erfolgte nach der Methode von Reid und Mitarbeitern. Es fand sich eine Verbesserung der Filtrabilität des Blutes, die mit der Verlängerung der schmerzfreien Gehstrekke korrelierte.

Bemerkungen: Bezüglich der Validität der Methode von Reid und Mitarbeitern siehe Kap. 3.3.4.

James und Mitarbeiter [473] behandelten 10 Patienten mit Claudicatio intermittens über 2 bzw. 4 Wochen mit Pentoxifyllin in einer Dosierung von 1200 mg pro Tag; sie bestimmten vor und nach der Therapie die Vollblutviskosität mit einem Wells-Brookfield-Viskosimeter bei 37 °C und die Erythrozytenfiltration nach der Methode von Reid und Mitarbeitern. Es kam zu einer Verbesserung der Erythrozytenfiltrabilität, während keine statistisch signifikanten Unterschiede in der Vollblutviskosität zu finden waren.

Donaldson und Mitarbeiter [195] untersuchten 1984 in einer Doppelblindstudie den Einfluß von 3 × 200 mg Pentoxifyllin auf die Vollblutviskosität und die Erythrozytenverformbarkeit von 40 Patienten mit Claudicatio intermittens. Die Erythrozytenfiltration wurde nach der Methode von Reid und Mitarbeitern bestimmt, die Vollblutviskosität mit mehreren Rotationsviskosimetern bei verschiedenen Schergraden. Es fand sich eine signifikante Verbesserung der Erythrozytenverformbarkeit, während die Vollblutviskosität keine statistisch signifikante Veränderung erfuhr.

Bemerkungen: Fehlende Relevanz der Erythrozytenfiltrationsmethode; keine Angaben über die Meßtemperatur im Viskosimeter.

Sturani und Mitarbeiter [849] infundierten 1985 bei Patienten mit chronischem Cor pulmonale 100 mg Pentoxifyllin innerhalb von 5 Minuten, wobei es zu einer Verminderung der Vollblutviskosität bei 94 s^{-1} und zu einer Verbesserung der Erythrozytenfiltrabilität (gewaschene Erythrozyten nach Elimination der Leukozyten mittels Filter) kam (Abstract, keine Details).

Spürk und Mitarbeiter [811] untersuchten 1985 den Einfluß einer Therapie mit 2 × 600 mg Pentoxifyllin bei Patienten mit schwerer arterieller Verschlußerkrankung und fanden eine Verbesserung der Erythrozytenfiltrabilität, der Erythrozytenaggregation und der Plasmaviskosität (Abstract, keine Details).

Ernst und Mitarbeiter [330, 331] untersuchten 1985 den Einfluß einer oralen Gabe von 1200 mg Pentoxifyllin bei 30 Patienten mit Claudicatio intermittens. Im Verlauf der 4wöchigen Therapie kam es zu einer signifikanten Verbesserung der Vollblutviskosität und der Erythrozytenfiltrabilität sowie zu einer Verlängerung der schmerzfreien Gehstrecke. Die Autoren vermuten auch eine Verbesserung der Leukozytenverformbarkeit.

Petralito und Mitarbeiter [699] untersuchten 1985 in einer offenen Studie den Einfluß von Pentoxifyllin auf die Erythrozytenaggregation, gemessen mit einem Lichttransmissions-Aggregometer, nach einer ein- bis zweimonatigen Therapie mit 400 mg Pentoxifyllin oral täglich. Die Autoren beschrieben eine signifikant verminderte Erythrozytenaggregabilität durch Pentoxifyllin (Abstract, keine Details).

Vaya [874] beschrieb 1985 den Einfluß von Pentoxifyllin auf die Erythrozytenflexibilität von Patienten mit zerebrovaskulären Erkrankungen. An Hand der Methode von Reid und Mitarbeitern fand sich eine Verbesserung der Meßwerte (Abstract, keine Details).

Clivati und Mitarbeiter [138] untersuchten 1985 bei 36 Kindern mit Beta-Thalassämie den Einfluß einer dreitägigen Therapie mit 1200 mg Pentoxifyllin oral pro Tag auf die Vollblutviskosität, die Erythrozytenaggregation und die Erythrozytenfiltrabilität. Sie fanden eine Verbesserung aller untersuchten Parameter (Abstract, keine Details).

Antignani und Mitarbeiter [24] berichteten 1985 über den Einfluß einer kombinierten oralen und intravenösen Therapie mit Pentoxifyllin auf die Fließeigenschaften des Blutes von Patienten mit peripherer Verschlußkrankheit und fanden eine Verbesserung der Filtrabilität (Abstract, keine Details).

Doletskii und Mitarbeiter [193] untersuchten 1985 die Blutviskosität bei Kindern nach chirurgischen Eingriffen und fanden eine Verbesserung der Vollblutviskosität bei verschiedenen Schergraden durch eine Infusion von Pentoxifyllin (Artikel in Russisch).

Gallus und Mitarbeiter [365] untersuchten 1985 im Rahmen einer randomisierten Doppelblindstudie den Einfluß einer retardierten Version von Pentoxifyllin bei Patienten mit Claudicatio intermittens auf die Vollblutviskosität (bei 37 °C mit einem Wells-Brookfield-Viskosimeter) und die Erythrozytenflexibilität (sowohl mit einem Vollblutfiltrationstest als auch an Hand der Packungsdichte bei einer spezifischen Zentrifugation). Die Autoren fanden keinerlei Änderungen der hämorheologischen Parameter. Auch die Hämatokritwerte und die Plasmafibrinogenkonzentration blieben unverändert.

Klinik: Die Autoren fanden keine statistisch signifikante Verlängerung der schmerzfreien Gehstrecke.

Boisseau [79] untersuchte den Einfluß von Pentoxifyllin bei Patienten mit akuter zerebrovaskulärer Insuffizienz und fand eine Verbesserung der Filtrationswerte (Abstract, keine Details).

Canovi und Mitarbeiter [114] fanden 1985 bei 54 Patienten mit verschiedenen Erkrankungen eine Verbesserung der Erythrozytenfiltration (Methode von Cordaro und Carandente) nach einer zweiwöchigen Behandlung mit täglich 800 mg Pentoxifyllin.

Bemerkungen: Keine Messungen weiterer hämorheologischer Parameter.

Sternitzky und **Seige** [816] behandelten im Jahre 1985 90 Patienten mit peripherer chronischer arterieller Verschlußkrankheit mit Pentoxifyllin und untersuchten neben anderen Parametern auch die Vollblutviskosität bei mittleren und hohen Schergraden (keine genauen Angaben zur Methodik); sie fanden nur kleine und nicht signifikante Veränderungen.

Bemerkungen: Keine Messungen anderer hämorheologischer Parameter; es fanden sich jedoch erhebliche klinische Verbesserungen.

Solerte und Mitarbeiter [806] verabreichten Diabetikern 1,2 g Pentoxifyllin täglich über 6 Monate. Sie fanden eine Senkung der Vollblutviskosität bei 4,5 und 2,25 s^{-1} und eine Verbesserung der Vollblutfiltrabilität (Abstract, keine Details).

Solerte und **Ferrari** [807] bestimmten die Erythrozytenfiltrabilität bei 70 Patienten mit Diabetes mellitus mit und ohne Gefäßkomplikation vor und nach einer Langzeittherapie mit oraler Gabe von Pentoxifyllin (1200 mg täglich). Die Erythrozytenfiltrabilität wurde in einer Modifikation der Vollblutmethode nach Reid und Mitarbeitern bestimmt. Die Autoren fanden eine statistisch signifikante Verbesserung der Erythrozytenfiltrabilität sowie eine Senkung der Fibrinogenkonzentration im Plasma.

Bemerkungen: Weitere hämorheologische Parameter wurden nicht untersucht.

Angelkort und Mitarbeiter [21] beschrieben 1985 die Verbesserung der Filtrabilität des Blutes nach oraler Gabe von Pentoxifyllin (Nukleoporefilter mit 5 μm Porendurchmesser, Druck 20 cm Wassersäule). Die Erythrozytenaggregation wurde mit dem Myrenne-Gerät und die Plasmaviskosität mit einem Kapillarviskosimeter gemessen. Die Patienten mit chronisch arterieller Verschlußerkrankung erhielten über mehrere Wochen tägliche Infusionen von 600 mg Pentoxifyllin. Es fand sich eine statistisch signifikante Verbesserung aller untersuchten hämorheologischen Parameter.

Bemerkungen: Die Verbesserung der hämorheologischen Daten korrelierte weitgehend mit einer klinischen Besserung.

Strano und Mitarbeiter [841] behandelten 16 Patienten mit Myokardinfarkt mit Pentoxifyllin in einer Dosis von 1200 mg pro die oral über einen Zeitraum von 120 Tagen in einem crossover-Versuch gegen Placebo. Die Blut- und Plasmaviskosität wurde mit einem Brookfield-Mikroviskosimeter bei 230 s^{-1} untersucht und die Erythrozytenfiltrabilität nach der Vollblutmethode von Reid und Mitarbeitern geprüft. Es fand sich eine statistisch signifikante Senkung der Vollblut- und der Plasmaviskosität in der Verumgruppe, aber nicht in der Placebogruppe. Die Erythrozytenfiltrabilität war ebenfalls nur in der Verumgruppe verbessert.

Parnetti und Mitarbeiter [685] untersuchten vier randomisierte Gruppen von Patienten mit zerebrovaskulärer Insuffizienz. Sie verabreichten 3 × 400 mg Pentoxifyllin pro Tag oral. Die Erythrozytenfiltrabilität wurde in einer Modifikation der Vollblutmethode nach Reid und Mitarbeitern durchgeführt. Es fand sich eine statistisch signifikante Verbesserung der Erythrozytenfiltrabilität.

Bemerkungen: Gleichzeitig durchgeführte neuropsychologische Tests ergaben keine wesentliche Beeinflussung.

Matrai und **Ernst** [627] bestimmten die Erythrozytenfiltrabilität mittels eines St.-George-Filtrometers bei 20 männlichen Patienten mit chronischer arterieller Verschlußkrankheit vor und nach oraler Gabe von 1200 mg Pentoxifyllin über 4 Wochen. Die Autoren beschreiben eine statistisch signifikante, aber geringgradige Verbesserung der Erythrozytenverformbarkeit und eine deutliche Verminderung der Blockierung der Filterporen, was mit einer Verbesserung der rheologischen Eigenschaften der Leukozyten erklärt wurde.

Perego und Mitarbeiter [696] gaben bei 25 Patienten mit Claudicatio intermittens 3 × täglich 400 mg Pentoxifyllin oral über 90 Tage und untersuchten die Vollblutviskosität und die Plasmaviskosität mit einem Wells-Brookfield-Mikroviskosimeter bei 37 °C. Die Erythrozytenfiltrabilität wurde mit der Vollblutmethode nach Reid und Mitarbeitern bestimmt. Veränderungen der Erythrozytensedimentationsgeschwindigkeit dienten als Maß für die Erythrozytenaggregation. Die Autoren beschrieben statistisch signifikante Verbesserungen aller untersuchten hämorheologischen Parameter.

Bemerkungen: Bezüglich methodologischer Einwände siehe Kap. 3.3.4.

Schneider und Mitarbeiter [770] behandelten 40 Patienten mit lakunaren Schlaganfällen mit 800-1600 mg Pentoxifyllin oral über 3 Monate. Untersucht wurden die Erythrozytenaggregation mit einem Mini-Erythrozytenaggregometer, die Plasmaviskosität mit einem Kapillarviskosimeter, die Erythrozytenverformbarkeit mit einem Single-Pore-Erythrozyten-Rigidometer sowie der Yield-shear-stress mit einem entsprechenden Gerät. Bei minimal geänderten Hämatokritwerten kam es zu einer statistisch signifikanten Verminderung der Erythrozytenaggregation und der Plasmaviskosität sowie zu einer Verbesserung der Erythrozytenverformbarkeit. Der Yield-shear-stress nahm statistisch signifikant ab.

Strano und Mitarbeiter [842] untersuchten die Vollblutviskosität bei 230 s^{-1}, die Plasmaviskosität und die Erythrozytenfiltrabilität bei Patienten mit arterieller Verschlußerkrankung im Rahmen einer Doppelblind-crossover-Studie, wobei über 90 Tage 2 × täglich 400 mg Pentoxifyllin oral bzw. Placebo gegeben wurden. Es wird von einer Verbesserung der rheologischen Werte berichtet.

Bemerkungen: Keine genauen Angaben zur Methodik und keine zahlenmäßigen Angaben zu den Resultaten.

Diskusssion

Nachdem von den Arbeitsgruppen um *Hess* und *Heidrich* im Jahre 1973 eine viskositätsmindernde Eigenschaft des „vasoaktiven" Präparates Pentoxifyllin beschrieben worden war, kam es in der Folgezeit zu einer großen Anzahl von Untersuchungen über die Verbesserung der Fließeigenschaften des Blutes durch dieses Medikament. Die zunächst uneinheitlichen Ergebnisse sind im wesentlichen auf methodische Schwierigkeiten zurückzuführen. Die ursprünglichen viskosimetrischen Untersuchungen von *Jauch, Ott* und *Heidrich* wurden vorwiegend mit wenig geeigneten Kugelfallviskosimetern ausgeführt, deren Meßergebnisse schwierig zu interpretieren sind. Bei späteren Forschungsarbeiten von verschiedenen Arbeitsgruppen mit Rotationsviskosimetern erfolgte nur in Einzelfällen eine Hämatokritkorrektur [880]; in vielen Fällen dagegen wurde dieser Parameter nicht berücksichtigt oder nur mathematisch kalkuliert [620, 691, 692, 818, 819]. Schwankungen der Blutviskosität, bedingt durch die zirkadiane Rhythmik, und Veränderungen der Meßwerte durch die Hämodilution infolge zugeführter Flüssigkeitsmengen wurden nur sporadisch mitdiskutiert. So ist es schwer verständlich, daß die Viskositätssenkung durch Pentoxifyllin ähnliche Ausmaße annehmen sollte wie im Falle einer Infusion von 500 ml niedermolekularem Dextran [421, 444, 676].

Die Einhaltung einer konstanten Meßtemperatur von 37 °C erscheint angesichts der vergleichenden Wertung der vorliegenden Arbeiten besonders wichtig; jedoch wurden von vielen Arbeitsgruppen Messungen unterhalb der Körpertemperatur durchgeführt.

Der von *Völker* 1976 [880] nach oraler Gabe von Pentoxifyllin beobachtete Blutviskositätsabfall entspricht den Ergebnissen von *Störmer* und Mitarbeitern [818] nach intravenöser Gabe des Präparates, wobei Völker während der Viskositätsmessung den Hämatokrit auf einen konstanten Wert eingestellt hatte und Störmer versuchte, den Einfluß eines variablen Hämatokritwertes auf die Blutviskosität mathematisch zu eliminieren. Auch *Perego* und Mitarbeiter [694] berichteten über einen Blutviskositätsabfall bei mathematisch korrigiertem Hämatokrit, wohingegen *Knarr* [514] und *Mashiah* [620] keine Verminderung der Gesamtblutviskosität durch Pentoxifyllin bei Raumtemperatur gemessen hatten.

Chmiel und Mitarbeiter [132] fanden eine Verminderung der Viskoelastizität von Blut bis zu einer Stunde nach Ende einer Infusion von Pentoxifyllin. Die Untersuchungen wurden allerdings bei 22 °C durchgeführt. Weitere Befunde über eine Senkung der Vollblutviskosität erhoben *Sergio* und Mitarbeiter [791], während *Donaldson* und Mitarbeiter [195] bei der niedrigen Dosis von nur 200 mg Pentoxifyllin keine Beeinflussung der Blutviskosität feststellen konnten.

Guerrini und Mitarbeiter [403] fanden eine Verminderung der Blutviskosität nach 3 × 400 mg Pentoxifyllin täglich über 30 Tage, während die Plasmaviskosität konstant blieb.

Die von *Ott* und *Lechner* [677] gemessene Verminderung der Vollblutviskosität kann unter Umständen auf eine geringgradige Verminderung der Hämatokritwerte zurückgeführt werden, auch wenn diese Senkung des Hämatokrits nicht statistisch signifikant ist. Die Senkung der Vollblutviskosität wird von den Autoren auf eine Verminderung der Fibrinogenkonzentration zurückgeführt; genaue Aussagen wären aber nur dann möglich, wenn gleichzeitig die Gesamtproteinkonzentration im Plasma gemessen worden wäre.

Eine Senkung der Vollblutviskosität fanden auch *Heilmann* und Mitarbeiter [428] mittels eines Kugelfallviskosimeters und *Strano* und Mitarbeiter [841] mit einer Viskositätsmeßmethode nach *Rand, Artale* und Mitarbeiter [30], *Strano* und Mitarbeiter [834] und *Muggeo* et al. [665] mit einem Kegel-Platte-Viskosimeter, während *James* und Mitarbeiter [473] keine Verminderung der Vollblutviskosität feststellen konnte.

Wie schon an anderer Stelle aufgeführt (s. Kap. 2.1), ist nach dem heutigen Stand der Dinge eine komplette rheologische Analyse einschließlich der Messung der Plasmaviskosität, der Erythrozytenaggregation und der Erythrozytenfiltration erforderlich (rheologischer Status), um ein eindeutiges Urteil über die Wirkung eines Pharmakons auf die Fließeigenschaften des Blutes abgeben zu können.

Nach Auffindung der Pentoxifyllin-bedingten Verbesserung der Erythrozytenfiltrabilität durch *Ehrly* 1975 [266] wurde dieser spezielle rheologische Parameter von verschiedenen Arbeitsgruppen in zunehmendem Maße geprüft. Während *Ehrly* [262, 266] eine Verbesserung der Erythrozytenfiltrabilität nach intravenöser Gabe von Pentoxifyllin beschrieb, fand *Völker* [880] bei oralen Pentoxifyllingaben keinen Einfluß auf die Erythrozytenfiltrabilität. *Knarr* [514] aus der Arbeitsgruppe um *Ehrly* fand eine Verbesserung der Erythrozytenfiltrationsrate nach intravenöser Infusion von Pentoxifyllin; allerdings wurde hier bei 23 °C gemessen.

Der größte Teil der nachfolgend diskutierten Untersuchungen über die Erythrozytenfiltration wurde nach der Methode von *Reid* und Mitarbeitern durchgeführt, die vom heutigen Standpunkt aus als überholt gilt und deren Ergebnisse daher sehr relativiert werden müssen (s. Kap. 3.3.4.).

Schubotz und *Mühlfellner* [775], *Pecker* und Mitarbeiter [689], *Angelkort* und Mitarbeiter [15], *Manrique* [609], *Martin* und *Vives* [619], *Le Devehat* und Mitarbeiter [557], *Guerrini* und Mitarbeiter [403], *Heilmann* und Mitarbeiter [428], *Strano* und Mitarbeiter [837], *Moratti* und Mitarbeiter [655], *Pennarola* und Mitarbeiter [690], *Solerte* und Mitarbeiter [805], *Koul* et al. [527], *Strano* et al. [839], *James* et al. [473], *Donaldson* et al. [195], *Vaya* [874], *Solerte* und *Ferrari* [807], *Perego* und Mitarbeiter [696] überprüften die Erythrozytenflexibilität nach der oben angegebenen Methode. Bis auf die Berichte von *Martin* und *Vives* [619], welche Patienten mit zerebrovaskulären Zwischenfällen behandelten, handelte es sich bei den anderen Probanden um Patienten mit peripheren obliterativen Arteriopathien.

Alle Autoren fanden nach oraler wie intravenöser Gabe von Pentoxifyllin eine teils statistisch signifikante Erhöhung der Erythrozytendurchflußmengen durch Nucleporefilter, wobei *Manrique* [609] beobachtete, daß der Anstieg der Erythrozytenfiltrabilität innerhalb seines Patientenkollektives sehr unterschiedlich ausfiel. *Johnsson* und Mitarbeiter [477] behandelten sowohl Patienten mit peripheren Durchblutungsstörungen als auch Patienten mit künstlichen Herzklappen. Eine Verbesserung der Erythrozytenfiltrabilität konnte nur bei Patienten mit Durchblutungsstörungen gefunden werden.

Donaldson und Mitarbeiter untersuchten 1981 [194] die Blutviskosität bei Patienten mit Claudicatio intermittens und fanden eine Verminderung der Erythrozytenverformbarkeit nach einer oralen Gabe von nur 200 mg Pentoxifyllin täglich.

Gallus und Mitarbeiter [365] fanden in ihrer Studie keinerlei hämorheologische Veränderungen.

Interessant ist auch die Schilderung eines Einzelfalles von *Keller* und *Leonhardt* [486]. Bei einer Patientin mit Sichelzellanämie kam es nach oraler Pentoxifyllingabe zu einer Erhöhung der Erythrozytenfiltration, was mit einem Verschwinden der anfallsartig auftretenden Schmerzzustände korrelierte.

Heilmann und Mitarbeiter [429] berichteten über eine Verbesserung der Erythrozytenfiltrabilität und eine Besserung der Symptomatik bei einem Patienten mit homozygoter Sichelzellanämie.

Seiffge und Mitarbeiter [788] konnten über einen ähnlich gelagerten Fall mit einer Sichelzell-Thalassämie berichten.

Insgesamt gesehen wird von den meisten Untersuchern eine Verbesserung der Erythrozytenfiltration (Erythrozytenverformbarkeit) nach der Gabe von Pentoxifyllin festgestellt. Methodische Schwierigkeiten müssen allerdings berücksichtigt werden. In letzter Zeit wurde eine Verbesserung der Erythrozytenverformbarkeit bzw. -filtrabilität auch mit neueren Verfahren beschrieben [849, 114, 627, 770]. Eine Reihe von in vitro-Ergebnissen spricht ebenfalls für eine Verbesserung der Erythrozytenfiltration unter Pentoxifyllin [262, 564].

Hinsichtlich des Verhaltens der Plasmaviskosität finden sich widersprüchliche Angaben. Während einige Autoren von einer Verminderung sprechen, finden andere keine wesentlichen Änderungen dieses Parameters. Die Angaben von *Störmer* und Mitarbeitern [818], daß der Abfall der Blutviskosität besonders bei niedrigen Schergraden sichtbar wird, müßte theoretisch mit einer Desaggregation von Erythrozytenaggregaten zu erklären sein.
Messungen der BSG sowie direkte Messungen der Erythrozytenaggregate (Lichttransmission) ergaben eine Verminderung dieses Parameters [691, 811, 699, 138, 21, 696, 770]. Dies könnte möglicherweise über eine von vielen Autoren beschriebene Verminderung der Plasmafibrinogenkonzentration zu erklären sein.

Zusammenfassend kann Pentoxifyllin als eine rheologisch wirksame Substanz bezeichnet werden, von der die Mehrzahl der Untersucher eine Verminderung der Vollblutviskosität und nahezu alle Untersucher eine Verbesserung der Filtrabilität von Erythrozyten beschrieben haben. Die Angaben zum Verhalten der Plasmaviskosität sind widersprüchlich. Die wenigen Arbeiten über das Verhalten der Erythrozytenaggregation sprechen für eine Verminderung der Aggregationstendenz der Erythrozyten unter Pentoxifyllin.
Pentoxifyllin ist neben Dextranlösung das am besten untersuchte rheologische Therapeutikum; über keine andere Substanz sind vergleichbar viele Untersuchungen zur Erythrozytenverformbarkeit respektive Erythrozytenfiltrabilität durchgeführt worden.

4.1.28. Carbocromen

Einleitung

Carbocromen ist ein Koronardilatator. Die Hauptindikation für Carbocromen ist die koronare Herzkrankheit.

Publikationen

1974 und 1975 berichteten **Chmiel** und Mitarbeiter [129, 130] über hämorheologische Wirkungen von Carbocromen bei Patienten mit frischem Myokardinfarkt und erhöhten Viskositätswerten. Innerhalb von 30 Minuten wurden den Patienten 200 mg Carbocromen in 50 ml Ringerlösung intravenös infundiert. Die Blutviskosität wurde mit einem Rotationsviskosimeter vom Couette-Typ bestimmt, welches mit einem „guard ring" zur Vermeidung von Oberflächeneffekten ausgestattet war. Die Plasmaviskosität wurde mit einem Kapillarviskosimeter gemessen. Der Hämatokrit wurde mathematisch korrigiert. Die Autoren fanden im Vergleich zu einer Placebogruppe eine signifikante Verminderung der Blutviskosität, besonders bei einem Schergrad von 0,488 s^{-1}. Prinzipiell die gleichen Blutviskositätssenkungen fanden sich bei starken Rauchern. Die Plasmaviskosität und die Blutviskosität bei hohen Schergraden (deren Messung wurde von den Autoren als indirekte Methode zur Bestimmung von Veränderungen der Erythrozytenverformbarkeit angesehen) veränderten sich nicht.

Bemerkungen: Die Meßtemperatur bei den Blutviskositätsmessungen wurde nicht angegeben; die Hämatokritkorrektur erfolgte mathematisch; die Erythrozytenverformbarkeit wurde nicht anhand eines Filtrationstestes, sondern indirekt mit einem Kapillarviskosimeter bestimmt.

Diskussion

Über die rheologischen Wirkungen von Carbocromen liegen nur zwei Publikationen einer Arbeitsgruppe vor. Hierbei fanden die Untersucher bei Patienten mit frischem Herzinfarkt und erhöhten Viskositätswerten eine Verminderung der Blutviskositätswerte bei niedrigen Schergraden. Die Autoren diskutieren, daß die Verminderung der Blutviskosität bei niedrigen Schergraden auf eine Verminderung der Erythrozytenaggregation zurückzuführen ist. Quantitative Messungen der Erythrozytenaggregation wurden nicht durchgeführt. Da auch die Erythrozytenverformbarkeit nur indirekt bestimmt worden ist, ist eine Beurteilung der rheologischen Eigenschaften des Präparates nur bedingt möglich.

4.1.29. Clofibrat

Einleitung

Clofibrat wird zur Behandlung von Hyperlipoproteinämien verwendet.
Eine weniger bekannte Wirkung des Medikamentes besteht in einer Senkung des Fibrinogenspiegels.
Seit 1974 wird Etofibrat als Verbindung von Clofibrat mit einem anderen Lipidsenker, der Nicotinsäure, zur Behandlung von Hyperlipoproteinämien verwendet.

Publikationen

Der erste Bericht über die Verbesserung der Fließeigenschaften des Blutes durch Clofibrat erschien 1974 von **Dormandy** und Mitarbeitern [201]. Die 62 untersuchten Patienten litten seit über 32 Monaten an Claudicatio intermittens und teilweise an Ruheschmerzen. Die Knöchelpulse waren bei der Mehrzahl der Patienten nicht zu tasten. Die Patienten erhielten im Vergleich zu einer unbehandelten Kontrollgruppe für mindestens sechs Monate 2 g Clofibrat täglich oral. Die Blutviskosität wurde bei Schergraden zwischen 23 und 230 s^{-1} mit einem Brookfield-micro-cone-plate-Viskosimeter und bei Schergraden von 0,77 bis 2,62 s^{-1} mit einem Contraves-Viskosimeter gemessen. Eine mathematische Hämatokritkorrektur auf einen standardisierten Wert von 45% wurde durchgeführt.
Am Behandlungsende kam es zu einer signifikanten Senkung des Cholesterin- und Triglyceridspiegels von 265 auf 205 mg/100 ml bzw. von 185 auf 135 mg/100 ml wie auch des Fibrinogenspiegels von 426 auf 330 mg/100 ml. Bei allen gemessenen Schergraden kam es zu einer Verminderung der Blutviskosität.

Bemerkungen: Keine Temperaturangabe bei den Viskositätsmessungen; keine Messungen weiterer rheologischer Parameter.

Klinik: Bei 10 von 62 Patienten kam es zu einer Verbesserung der klinischen Symptomatik (Verminderung der Ruheschmerzen und Verlängerung der schmerzfreien Gehstrecke).

1976 erschien von **Djurdjevic** und Mitarbeitern [190] eine randomisierte Studie über 40 Patienten mit erhöhtem Blutfettspiegel. Im Vergleich zu einer Placebogruppe (n = 40) erhielten die Patienten 1,5 g Clofibrat täglich. Die Blutviskosität wurde bei 20 °C mit einem Kapillarviskosimeter (0,3 mm Durchmesser) gemessen.
Nach einer zwölfwöchigen Behandlung kam es zu einer Senkung des Cholesterin- wie auch des Triglyceridspiegels und zu einer signifikanten Verminderung der Blutviskosität.

Bemerkungen: Keine Hämatokritkorrektur, keine Messung weiterer rheologischer Parameter, keine Blutviskositätsmessungen bei Körpertemperatur.

1978 berichteten **Pfeiffer** und **Tilsner** [700] über 33 Patienten mit Hyperlipoproteinämie, die teilweise im Vergleich zu gesunden Probanden (Plasmaviskosität 1,4 ± 0,1 cP) eine erhöhte Plasmaviskosität aufwiesen. Die Patienten erhielten in einem Behandlungszeitraum von sechs Wochen täglich 900 mg Etofibrat (Clofibrinsäurenicotinsäureester) oral. Die Plasmaviskosität wurde mit einem Brookfield-micro-cone-plate-Viskosimeter bei 20 °C und bei Schergraden von 1-10 s^{-1} gemessen.
Simultan mit der Senkung der Triglyceride um 45% und des Cholesterinspiegels um 21% kam es zu einer Senkung der Plasmaviskosität, die bei den Patienten mit erhöhter Plasmaviskosität am stärksten ausfiel. Eine Senkung des Fibrinogenspiegels wurde vermutet.

Bemerkungen: Keine Hämatokritkorrektur; keine Messungen weiterer rheologischer Parameter; keine Blutviskositätsmessungen bei Körpertemperatur.

1978 untersuchten **Schwartzkopff** und **Roetz** [782] in einer Crossover-Doppelblindstudie 53 Patienten mit Hyperlipoproteinämie der Typen IIa, IIb und IV. 41 Patienten erhielten während des zwölfwöchigen Zeitraums weiterhin eine nicht lipidsenkende Begleitmedikation (darunter Medikamente wie z. B. Pentoxifyllin und β-Blocker). Im Rahmen des Versuchs wurde den Patienten täglich 1,5 g Clofibrat bzw. 1,5 g Clofibrat und 60 mg standardisierter Mucopolysaccharidkomplex gegeben. Die Blutviskositätsmessungen wurden mit einem Mikro-KPG-Ubbelohde-Kapillarviskosimeter bei 37 °C ausgeführt.
Nur in der Mucopolysaccharid-Behandlungsgruppe kam es im Vergleich zur Placebogruppe zu einer signifikanten Verminderung der Blutviskosität. Dahingegen ließen sich sowohl für die Kombination als auch für Clofibrat eine signifikante Verminderung des Serumcholesterinspiegels um 10-20% und des Serumtriglyceridspiegels um 30-70% verifizieren.

Bemerkungen: Keine Hämatokritkorrektur; keine Messungen weiterer rheologischer Parameter.

1979 untersuchten **Arntz** und Mitarbeiter [26] den Einfluß einer sieben- bis neunwöchigen Clofibrattherapie mit 2 g täglich auf die Fließeigenschaften und auf den Lipoproteinspiegel des Blutes bei 36 Patienten mit primärer Hyperlipoproteinämie der Typen II und IV bei gleichzeitig erhöhten Serum- und Plasmaviskositätswerten. Die Serum- und Plasmaviskosität wurde mit einem Kapillarviskosimeter der Fa. Schott und die Blutviskosität mit einem Brookfield-micro-cone-plate-Viskosimeter bei Schergraden von 46 und 115 s^{-1} gemessen. Zu den Blutviskositätsmessungen wurde zuvor der Hämatokrit auf einen Wert von 40% eingestellt.
Am Behandlungsende wurde eine Senkung des Triglyceridspiegels bei den Patienten um 30-147 mg% beobachtet. Der Serumcholesterinspiegel sank nur bei den Patienten der Gruppe vom Typ II um 45 mg%. Simultan mit der Veränderung des Fettspiegels im Blut wurde nur bei Typ IV eine signifikante Verminderung von Serum-, Plasma- und Blutviskosität bei einem

Schergrad von 46 s^{-1} notiert. Eine leichte Verminderung des Fibrinogenspiegels konnte beobachtet werden.

Bemerkungen: Temperaturangaben zu den Viskositätsmessungen wurden nicht gemacht; keine Messungen weiterer rheologischer Parameter.

1980 publizierten **Calvert** und Mitarbeiter [113] eine randomisierte Doppelblindstudie über die Wirkung einer zwölftägigen Clofibrattherapie bei 22 Patienten mit manifestem Diabetes. Die Blutviskosität wurde mit einem Brookfield-micro-cone-plate-Viskosimeter bei einem zuvor auf einen Wert von 45% eingestellten Hämatokrit in einem Schergradbereich von 5,75 bis 230 s^{-1} gemessen. Die Erythrozytenverformbarkeit (Erythrozytenflexibilität) wurde nach Angaben von Reid und Mitarbeitern (Nuclepore-Filter mit einem Porendurchmesser von 5 μm) bestimmt.
Ein signifikanter Abfall des Cholesterinspiegels um 10%, des Triglyceridspiegels um 33 bis 44% und ein Abfall der unveresterten Fettsäuren um 23% konnte beobachtet werden. Der Plasmafibrinogenspiegel fiel ebenfalls um 23% ab, wobei bei Patienten mit hohem Plasmafibrinogenspiegel die Senkung am stärksten war. Der Abfall der Blutviskosität bei korrigiertem Hämatokrit war nicht eindeutig signifikant. Die Autoren konnten keinerlei Veränderung der Erythrozytenverformbarkeit unter der Behandlung mit Clofibrat feststellen.

Bemerkungen: Keine Temperaturangabe; keine Messungen weiterer rheologischer Parameter.

Landgraf und **Ehrly** [536] untersuchten 1984 den Einfluß von 2 g Clofibrat täglich oral über 6 Wochen bei Patienten mit chronischer arterieller Verschlußkrankheit; sie bestimmten die Vollblut- und die Plasmaviskosität mit einem Ostwald-Kapillarviskosimeter und die Erythrozytenaggregation mit einem transmissionsoptischen Verfahren. Es zeigte sich eine Verminderung der Erythrozytenaggregation und der Plasmaviskosität.

Diskussion

Eine signifikante Senkung der Blut- und Plasmaviskosität durch Clofibrat bzw. Etofibrat wurde mit Ausnahme von *Schwartzkopff* und *Roetz* von allen Autoren gefunden. Während *Dormandy* bei allen Schergraden eine Verminderung der Blutviskosität fand, ist dies von anderen Autoren nicht oder nur für bestimmte Schergrade nachzuweisen gewesen.
In diesem Zusammenhang ist, wie bereits in Kapitel 3.3.4. beschrieben, darauf hinzuweisen, daß Messungen mit Rotationsviskosimetern bei niedrigen Schergraden Ergebnisse liefern können, die schwer zu werten sind. Weiter ist nur von zwei Autoren [26, 113] in praxi eine Einstellung auf einen bestimmten Hämatokrit durchgeführt worden.

An der Senkung der Fibrinogenkonzentration, insbesondere bei primär erhöhten Fibrinogenspiegeln [201, 26], ist aufgrund übereinstimmender Befunde nicht zu zweifeln. Deshalb ist eine Wirkung von Clofibrat bzw. Etofibrat auf die Fließeigenschaften des Blutes durchaus anzunehmen. Die quantitativen Messungen der Erythrozytenaggregation ergaben eine Verminderung der Werte, die gut mit dem Verhalten der Fibrinogenkonzentration korrelierten. Ob durch die Wirkung von Clofibrat die Filtrabilität des Blutes verändert wird, müßte mit einer verbesserten Filtrationstechnik nochmals geprüft werden.
Das Ausmaß der Veränderungen der Fließeigenschaften des Blutes durch die Fibrinogensenkung dürfte aufgrund der im Vergleich zu Streptokinase und An-

crod relativ geringgradigen Senkung der Fibrinogenkonzentration zahlenmäßig nicht so hoch anzusetzen sein. Vielleicht ist in diesem Zusammenhang auch das relativ geringe therapeutische Ansprechen bei Patienten mit Claudicatio intermittens zu erklären. Inwieweit die Senkung des Blutfettspiegels direkt eine Rolle für die Verbesserung der Fließeigenschaften des Blutes spielt, konnte durch die vorliegenden Untersuchungen nicht geklärt werden. Es erscheint denkbar, daß, insbesondere bei Kegel-Platte-Viskosimetern, durch einen erhöhten Lipidgehalt des Blutes Meßartefakte vorkommen können.

4.1.30. Pyridinolcarbamat

Einleitung

Pyridinolcarbamat ist ein in Japan entwickeltes Medikament, durch das eine Verbesserung der peripheren Durchblutungssituation erreicht werden soll.

Publikationen

1975 untersuchte **Blendin** [70] den Einfluß einer 10minütigen intravenösen Infusion von 100 ml (150 mg) Pyridinolcarbamat auf die Fließeigenschaften des Blutes von Patienten mit peripheren Durchblutungsstörungen. Die relative Blut- und Plasmaviskosität ($H_2O = 1$) der heparinisierten Blutproben wurde mit einem Ostwald-Kapillarviskosimeter und die Erythrozytenverformbarkeit (Erythrozytenflexibilität) nach der Methode von Ehrly und Roßbach gemessen. Alle Untersuchungen erfolgten bei 23 °C. 15 und 45 Minuten nach der Infusion fand der Autor keine Veränderungen der gemessenen hämorheologischen Parameter.

Bemerkungen: Die Messungen der rheologischen Parameter erfolgten bei 23 °C; eine Hämatokritkorrektur wurde nicht durchgeführt.

Diskussion

Es liegt nur eine Publikation über hämorheologische Wirkungen von Pyridinolcarbamat vor. Unter den gewählten Versuchsbedingungen konnte der Autor keine Veränderung der Blut- und Plasmaviskosität wie auch der Erythrozytenverformbarkeit feststellen. Die Meßtemperatur lag bei 23 °C; eine Hämatokritkorrektur wurde nicht durchgeführt. Deshalb kann keine definitive Aussage darüber gemacht werden, ob Pyridinolcarbamat die Fließeigenschaften des Blutes beeinflußt oder nicht.

4.1.31. Agonisten und Antagonisten an Adrenozeptoren

Einleitung

Die Regulation der Lumendurchmesser von Gefäßen, speziell von Arteriolen, erfolgt durch Adrenozeptoren. Man unterscheidet zwischen Blockern und Stimulatoren solcher Adrenozeptoren, von denen bis heute verschiedene Arten beschrieben wurden. Am bekanntesten sind die α- und β-Rezeptoren; auf nähere Einzelheiten soll hier nicht eingegangen werden. Agonisten und Antagonisten (Stimulatoren bzw. Blocker) sind darüberhinaus für verschiedene Funktionen am Herzen und an anderen Organen verantwortlich. α-Blocker, wie Prazosin, führen zu einer deutlichen Senkung des systemischen Blutdruckes über eine Vasodilation. Agonisten und Antagonisten an Adrenozeptoren werden insbesondere bei Koronarinsuffizienz und Hypertonie verwendet. Über den Einfluß von α-Blockern auf die Fließeigenschaften des Blutes liegen nur wenige Publikationen vor; mehr Publikationen finden sich über hämorheologische Wirkungen sogenannter β-Blocker.
Da über das β-Mimetikum Isoxsuprin verhältnismäßig viele Publikationen vorliegen, wird diese Substanz separat im Rahmen dieses Kapitels abgehandelt.

Publikationen

Aronson und Mitarbeiter [28] berichteten 1970 über den Einfluß von Droperidol, ein sympathikolytisch wirksames Medikament. Patienten, denen kleinere Operationen bevorstanden, bekamen Droperidol intravenös injiziert (1 mg pro 8 kg). Untersuchungen der Blutviskosität wurden mit einem Brookfield-LVT-Kegel-Platte-Viskosimeter bei 37 °C und verschiedenen Schergraden durchgeführt; der Hämatokrit wurde mit einer Mikro-Hämatokrit-Zentrifuge bestimmt. 1 Stunde nach der intravenösen Gabe wurde eine Senkung der Vollblutviskosität bei allen Schergraden sowie eine Senkung der Hämatokritwerte festgestellt.

Bemerkungen: Die Autoren führen den Effekt auf eine endogene Hämodilution zurück. Keine Messungen weiterer hämorheologischer Parameter.

1976 berichteten **Dintenfass** und **Lake** [177] über die Behandlung von Patienten mit ischämischen Herzerkrankungen. Die Patienten erhielten 340 mg Alprenolol/die oral. Die Blutviskosität der mit EDTA antikoagulierten Blutproben wurde mit einem Rotationsviskosimeter (keine detaillierten Angaben dazu) bei einem Schergrad von 180 s^{-1} und bei 37 °C gemessen. Im Vergleich zu einer nicht behandelten Kontrollgruppe fanden die Autoren eine signifikante Verminderung der Blutviskosität. Sie schließen auf eine Verbesserung der Erythrozytenverformbarkeit.

Bemerkungen: Keine Hämatokritkorrektur; keine direkten Messungen der Erythrozytenverformbarkeit; keine Messungen weiterer rheologischer Parameter.

1979 berichteten **Letcher** und Mitarbeiter [569] über die Behandlung von 11 Patienten mit essentieller Hypertonie im Vergleich zu einer unbehandelten Kontrollgruppe. Die Patienten erhielten in einem Behandlungszeitraum von ca. 8 Wochen täglich 3-20 mg Prazosin oral in mehreren Einzeldosen. Die Blut- und Plasmaviskosität wurde bei hohen Schergraden (208 bis 52 s^{-1}) und bei niedrigen Schergraden (5,2 bis 0,1 s^{-1}) mit einem Couette-Viskosimeter bei 37 °C gemessen. Gleichzeitig mit der Verminderung des Hämatokritwertes und der Veränderung der Plasmaproteinzusammensetzung (reziproke Veränderung der Fibrinogen- und Globulinfraktion) kam es zu einem signifikanten Blutviskositätsabfall, der bei hohen Schergraden am stärksten ausfiel. Die Plasmaviskosität veränderte sich nicht signifikant.

Bemerkungen: Keine direkten Messungen der Erythrozytenaggregation und der Erythrozytenverformbarkeit.

Palareti und Mitarbeiter [682] untersuchten 1981 den Einfluß von Metoprolol in einer Dosis von 10 mg pro Tag bei Patienten mit unkomplizierter essentieller Hypertonie. Nach einer 7 tägigen Therapie kam es zu einer signifikanten Abnahme des Hämatokritwertes und zu einem Trend zur Verminderung der Vollblutviskosität, der Plasmaviskosität und der Erythrozytenfiltrabilität (Abstract, keine Details).

Kirigaya und Mitarbeiter [507] untersuchten 1982 den Einfluß einer täglichen Gabe von 30 mg Propranolol auf die Blutviskosität bei Patienten mit ischämischen Herzerkrankungen. Es wurde ein eigenes Blutviskosimeter verwendet. Die Autoren fanden keinen Effekt auf die Blutviskosität (Abstract, keine Details).

1982 untersuchten **Sarno** und Mitarbeiter [748] den Einfluß des β-Blockers Timolol auf die Fließeigenschaften des Blutes von 14 Patienten mit essentieller Hypertonie. Die Vollblutviskosität wurde mit einem Wells-Brookfield-Rotationsviskosimeter bei 37 °C und Schergraden zwischen 450 und 90 s^{-1} gemessen. Die Plasmaviskosität wurde mit dem gleichen Gerät bei 450 s^{-1} bestimmt. Die Erythrozytenfiltrabilität wurde mit der Vollblutmethode nach Reid geprüft. Nach der Gabe von 10 und 20 mg Timolol pro Tag kam es zu einer statistisch signifikanten Senkung der Vollblutviskosität bei geringgradiger, aber statistisch nicht signifikanter Verminderung des Hämatokritwertes. Die Plasmaviskosität blieb im wesentlichen unverändert. Bei der Erythrozytenfiltrabilität ergab sich keine statistisch signifikante Veränderung.

Caimi und Mitarbeiter [108] berichteten 1982 über den Einfluß von Metoprolol und Oxprenolol auf die Fließeigenschaften des Blutes von Patienten mit Hypertonie. Die Vollblutviskosität wurde mit einem Wells-Brookfield-Viskosimeter bei verschiedenen Schergraden gemessen; die Messung der Plasmaviskosität erfolgte ebenfalls mit einem Wells-Brookfield-Viskosimeter bei hohen Schergraden. Die Erythrozytenfiltrabilität wurde nach der Vollblutmethode von Reid und Mitarbeitern bestimmt.

18 Patienten mit Hypertension bekamen täglich 200 mg Metoprolol, 23 Patienten bekamen täglich 160 mg Oxprenolol oral. Die Autoren fanden keine statistisch signifikanten Veränderungen der gemessenen hämorheologischen Parameter.

1982 berichtete **Waller** [895] über die Behandlung von Patienten mit essentieller Hypertonie durch Atenolol (100 mg/die) und Metoprolol (100/200 mg/die). Der Behandlungszeitraum betrug 1 Monat. Die Blutviskosität wurde mit einem modifizierten Deer Rheometer bei 7 definierten Scherkräften von 0,04 Nm^{-2} bis 1,73 Nm^{-2} gemessen; die Plasmaviskosität wurde mit einem Kapillarviskosimeter gemessen. Der Untersucher fand am Behandlungsende einen signifikanten Abfall des systolischen und diastolischen Druckes, wohingegen sich bezüglich des Hämatokrits und der Blut- und Plasmaviskosität keine signifikanten Veränderungen zu den Ausgangswerten feststellen ließen.

Bemerkungen: Eine Hämatokritkorrektur wurde nicht durchgeführt; keine Messungen weiterer rheologischer Parameter.

1983 berichteten **Pau** und Mitarbeiter [687] über den Einfluß von Atenolol auf die Erythrozytenverformbarkeit von Patienten mit Raynaud-Syndrom. Die Erythrozytenfiltrabilität wurde nach der Reid'schen Methode gemessen. Die Autoren fanden keine Beeinflussung der Erythrozytenfiltrabilität (Abstract, keine Details).

Heilmann berichtete 1983 [436, 437] über die Wirkungen einer intravenösen Gabe von Hexoprenalin (0,3 Mikrogramm pro min) auf die Fließeigenschaften des Blutes von Patientinnen mit vorzeitiger Wehentätigkeit. Bei 10 Patientinnen kam es zu einer Abnahme der Plasmaviskosität, zu einer Verminderung der Erythrozytenaggregation und zu einer Besserung der Erythrozytenverformbarkeit.

Chien und Mitarbeiter [127] untersuchten den Einfluß von Prazosin bei Patienten mit essentieller Hypertonie und fanden eine Senkung der Blutviskosität, die auf eine Reduktion des Hämatokritwertes und der Plasmaviskosität zurückgeführt werden konnte (Abstract, keine Details).

Lang und Mitarbeiter [542] bestimmten die Blutviskosität bei 23 Patientinnen mit Präeklampsie und 10 Patientinnen mit intrauteriner Wachstumshemmung mit einem Contraves LS 30-Viskosimeter. Im Vergleich zu einem Kontrollkollektiv hatten diese Patientinnen eine erhöhte Blutviskosität, einen erhöhten Hämatokritwert und eine erhöhte Fibrinogenkonzentration. Die ein- bis zweiwöchige Gabe von Labetalol (einem kombinierten α- und β-Blocker) bei 9 Patientinnen ergab keine Veränderung der hämorheologischen Parameter (Abstract, keine Details).

Dintenfass [182] untersuchte 1983 den Einfluß von Alprenolol auf die Fließeigenschaften des Blutes bei Patienten. Gemessen wurden die Vollblutviskosität, die Erythrozytenverformbarkeit und die Erythrozytenaggregation sowie die Plasmaviskosität (keine Ergebnisse im Abstract angegeben; keine weiteren Details).

Albanese [7] berichtete 1983 über die Wirkung des α-Blockers Timoxamin auf den Mikrohämatokrit, die Vollblutviskosität (gemessen mit einem Brookfield-Kegel-Platte-Viskosimeter), die Plasmaviskosität (Brookfield-Viskosimeter) und die Erythrozytenfiltrabilität nach Reid und Mitarbeitern in der Modifikation von Cordaro und Carandente. 68 mg des Medikamentes wurden in 200 ml physiologischer Kochsalzlösung innerhalb von 30 min bei Patienten mit arteriellen Verschlußerkrankungen infundiert. Die Autoren fanden eine statistisch signifikante Verminderung der Vollblutviskosität und der Plasmaviskosität. Bei parallel durchgeführten in vitro-Versuchen fanden sich keine Einflüsse auf die Fließeigenschaften des Blutes. Die Autoren schlossen daraus, daß die Verminderung von Hämatokrit und Vollblutviskosität der α-blockierenden Eigenschaft des Medikamentes zugeschrieben werden muß.

Bemerkungen: Keine Messungen weiterer hämorheologischer Parameter.

Caimi und Mitarbeiter [109] untersuchten 1983 eine Gruppe von 52 Hypertonikern und bestimmten die Blutviskosität mit einem Wells-Brookfield-Mikroviskosimeter bei verschiedenen Schergraden bei 37 °C. Des weiteren wurde die Plasma- und Serumviskosität mit dem gleichen Instrument bei 450 s^{-1} gemessen. Die Erythrozytenverformbarkeit wurde sowohl rechnerisch nach Dintenfass als auch nach der Vollblutmethode von Reid und Mitarbeitern untersucht. Es wurden 3 Medikamente (Betablocker) miteinander verglichen, und zwar Timolol (20 mg/die), Metoprolol (200 mg/die) und Oxprenolol (160 mg/die). Während Metoprolol und Oxprenolol keinerlei Wirkungen auf hämorheologische Parameter hatten, kam es im Laufe der insgesamt 30tägigen Behandlung mit Timolol zu einer Senkung der Vollblutviskosität bei verschiedenen Schergraden. Die Serum- und die Plasmaviskosität nahm im Rahmen der 30tägigen Therapie eher zu als ab, was jedoch statistisch nicht signifikant war. Keine Veränderungen gab es auch bei der Filtrabilität des Blutes.

Blume und Mitarbeiter [72] berichteten 1984 über den Einfluß des Betablockers Metoprolol auf die Fließeigenschaften des Blutes bei Patienten mit peripherer Durchblutungsstörung. Patienten mit Claudicatio intermittens, die eine Hypertonie aufwiesen, wurden 100 mg Metoprolol täglich über 4 Wochen gegeben. Untersucht wurden die Erythrozytenflexibilität mit einem selektierenden Erythrozytenrigidometer, die Erythrozytenaggregation mit einem fotooptischen Verfahren, die Plasmaviskosität mit einem Kapillarviskosimeter sowie die Fließschubspannung. Es kam zu einer statistisch signifikanten Verminderung der Erythrozytenaggregation, einer Verminderung der Erythrozytenrigidität sowie einer Verbesserung der Fließschubspannung.

Siekmann und **Heilmann** [798] berichteten 1984 über die Tokolysebehandlung mit Hexoprenalin und Metoprolol bei Gebärenden und bestimmten die Plasmaviskosität und die Erythrozytenaggregation sowie den Hämatokrit vor und 120 min nach isolierter β-Stimulation mit Hexoprenalin und nach zusätzlicher Gabe von Metoprolol. Die Plasmaviskosität wurde mit einem Kapillarviskosimeter, die Erythrozytenaggregation mit einem fotooptischen Verfahren gemessen. Darüberhinaus wurde die Serumosmolarität bestimmt. Während die Erythrozytenaggregation nur unwesentlich beeinflußt wurde, kam es zu einer statistisch signifikanten Verminderung der Hämatokritwerte sowie zu einer Verringerung der Plasmaviskosität. Die Autoren erklären die Veränderung der Hämatokritwerte und der Plasmaviskosität als Ausdruck einer „inneren" Hämodilution.

Turczynski und **Znamirowska** [866] untersuchten 1985 32 Patienten mit peripheren Durchblutungsstörungen und fanden eine statistisch signifikante Verminderung der Vollblutviskosität, gemessen mit einem Rotationsviskosimeter, nach Gabe von 160 mg Propranolol pro Tag (Original in Polnisch).

Furkalo und Mitarbeiter [358] berichteten 1985 über den Einfluß antianginöser Medikamente auf Vollblutviskosität und Plasmaviskosität von Patienten mit chronischer Koronarinsuffizienz und fanden eine Verminderung dieser hämorheologischen Parameter unter Verwendung von Nitraten, β-Blockern und Molsidomin (Publikation in Russisch).

Toikawa und Mitarbeiter [861] untersuchten 1985 den Einfluß von Prazosin auf die Plasmaviskosität bei Patienten mit essentieller Hypertonie und fanden eine Senkung der Werte (Abstract, keine Details).

Kiesewetter und Mitarbeiter [499] untersuchten 1986 den Einfluß von Metoprolol bei 15 Patienten mit essentieller Hypertonie in einer offenen Studie. Die Patienten wurden über 4 Wochen mit täglich 100 mg Metoprolol behandelt. Untersucht wurden die Plasmaviskosität mit einem Kapillarviskosimeter, die Erythrozytenaggregation mit einem Lichttransmissionsgerät und die Erythrozytenrigidität mit einem Einzelzellfiltrometer. Darüberhinaus wurde noch die Fließschubspannung gemessen. Es kam zu einer Verminderung der Erythrozytenaggregation sowie zu einer Verbesserung der Erythrozytenverformbarkeit, während die Plasmaviskosität unverändert blieb. Die Fließschubspannung war ebenfalls deutlich verringert.

Diskussion

Die Ergebnisse der hämorheologischen Untersuchungen nach Gabe von Agonisten und Antagonisten an Adrenozeptoren sind nicht einheitlich. Dies nimmt nicht wunder, da es sich - obwohl unter einem gemeinsamen Oberbegriff zusammengefaßt - um Substanzen mit verschiedenen Wirkungen handelt. So sind β-Blocker nicht gleich β-Blocker und α-Blocker weder klinisch noch pharmakologisch mit β-Stimulatoren gleichzusetzen. Darüberhinaus haben die einzelnen Autoren auch verschiedene Dosierungen verwendet, und es ist bekannt, daß ein und dieselbe Substanz bei verschiedenen Dosierungen konträre Effekte hinsichtlich der Vasoaktivität auf die peripheren Gefäße hervorrufen kann. Bei der Vielzahl der verwendeten

Medikamente scheint es schwierig, eine Wertung zu geben; Isoxsuprin wird separat diskutiert.
Die α-Blocker Droperidol und Prazosin senken nach den Untersuchungen von *Aronson* und Mitarbeitern, *Dintenfass*, *Letcher* und Mitarbeitern sowie *Toikawa* und *Albanese* die Blutviskosität bei gleichzeitiger Verminderung der Hämatokritwerte. *Aronson* und Mitarbeiter wie auch *Letcher* und Mitarbeiter führen den Abfall der Blutviskosität auf einen vermehrten Einstrom interstitieller Flüssigkeit in das intravasale Kompartiment zurück.
Waller sowie *Pau* und Mitarbeiter fanden bei der Verwendung von Atenolol und Isoproterenol keine Veränderung der Blut- und Plasmaviskosität respektive der Erythrozytenfiltrabilität. *Waller* fand auch bei der Verwendung von Metoprolol keine Veränderung der Blutviskosität, ebenso *Caimi* und Mitarbeiter, während *Palareti* und Mitarbeiter eine tendenzielle Verminderung der Vollblutviskosität und der Plasmaviskosität fanden.
Kiesewetter und Mitarbeiter sowie *Blume* und Mitarbeiter fanden bei einer täglichen Gabe von 100 mg Metoprolol eine Verminderung der Erythrozytenaggregation und eine Verbesserung der Erythrozytenverformbarkeit.
Siekmann und *Heilmann* fanden ebenfalls eine Beeinflussung hämorheologischer Parameter durch Metoprolol.
Nach *Kirigaya* und Mitarbeitern hat die Gabe von 30 mg Propranolol/die keinen Einfluß auf die Blutviskosität, wogegen *Turczynski* und *Znamirowska* bei 160 mg Propranolol/die eine Senkung der Vollblutviskosität fanden.
Sarno und *Caimi* fanden für Timolol eine statistisch signifikante Senkung der Vollblutviskosität bei nicht signifikanter Verminderung des Hämatokritwertes. Hexoprenalin bewirkt nach den Untersuchungen von *Heilmann* eine Senkung der Plasmaviskosität sowie eine Verminderung der Erythrozytenaggregation.
Lang und Mitarbeiter konnten nach Gabe von Labetalol keine Veränderungen hämorheologischer Parameter finden. Oxprenolol hat nach den Untersuchungen von *Caimi* ebenfalls keinen hämorheologischen Effekt.

Isoxsuprin

Isoxsuprin ist ein β-Sympathikomimetikum und wird bei zerebralen und peripheren Durchblutungsstörungen verwendet.

Publikationen

Schlichting und **Heidrich** [755] berichteten 1976 erstmals über eine Verbesserung der Fließeigenschaften des Blutes durch intravenöse Gaben von 30 mg Isoxsuprin bei Patienten mit peripherer arterieller Verschlußkrankheit. Die Infusionszeit betrug 30 Minuten. Die Blutviskositätsmessungen der heparinisierten Blutproben erfolgten mit einem Brookfield-micro-cone-plate-Viskosimeter bei Schergraden von 1,14 bis 229,3 s^{-1}.
Die Infusion von Isoxsuprin führte unmittelbar am Infusionsende zu einer signifikanten, schergradabhängigen Verminderung der Blutviskosität. Der Hämatokrit veränderte sich nicht signifikant. Die Senkung der Blutviskosität war bei niedrigen Schergraden ausgeprägter als bei hohen und 30 Minuten nach Infusionsende noch unverändert nachweisbar. Der Wirkungs-

mechanismus der Viskositätssenkung konnte von den Autoren nicht erklärt werden.

Bemerkungen: Keine Hämatokritkorrektur; keine Messungen weiterer rheologischer Parameter; keine Angaben zur Meßtemperatur.

1976 publizierten **De Quiros** und **Hess** [166] eine Untersuchung über die rheologischen Auswirkungen intravenöser Isoxsuprin-Infusionen bei Patienten mit peripheren arteriellen Verschlußerkrankungen (keine Stadienangaben). Die Blut- und Plasmaviskosität der mit EDTA antikoagulierten Blutproben wurden mit einem Brookfield-micro-cone-plate-Viskosimeter mit Mooney-Adapter bei Schergraden zwischen 7,8 und 78 s^{-1} gemessen. Den Patienten wurde in zwei Versuchsserien 30 mg Isoxsuprin innerhalb von 30 bzw. 60 Minuten infundiert. Isoxsuprin führte am Infusionsende zu einer signifikanten Verminderung der Blutviskosität bei allen gemessenen Schergraden, die aber bei niedrigen Schergraden am deutlichsten ausfiel. Bei einer Infusionszeit von 30 Minuten lag das Maximum der Viskositätsverminderung unmittelbar am Infusionsende, wohingegen bei einer längeren Infusionszeit noch 90 Minuten nach dem Infusionsende eine signifikante Verminderung der Vollblutviskosität festgestellt wurde. Veränderungen der Plasmaviskosität waren nicht feststellbar. Die Autoren interpretierten die Viskositätssenkung über eine Verminderung der Aggregationsneigung der Erythrozyten und eine Verbesserung der Erythrozytenflexibilität.

Bemerkungen: Keine Hämatokritkorrektur; keine Angaben zur Meßtemperatur; keine Messungen weiterer rheologischer Parameter.

1978 berichteten **Di Perri** und Mitarbeiter [185] über den Einfluß der intravenösen Gabe von Isoxsuprin auf die Fließeigenschaften des Blutes bei Patienten mit peripheren arteriellen Verschlußkrankheiten (keine Angaben des Fontaine-Stadiums). Die Probanden erhielten eine Dosis von 20 mg $kg^{-1}min^{-1}$ Isoxsuprin über 30 Minuten in einer Verdünnung von 1 mg Isoxsuprin pro 2,5 ml isotonischer Kochsalzlösung. Die Blutviskosität der mit EDTA antikoagulierten Blutproben wurde mit einem Brookfield-micro-cone-plate-Viskosimeter (Modell 1/4 RVT) bei Schergraden von 3,75 bis 750 s^{-1} und einer Temperatur von 37 °C gemessen. Plasma- und Serumviskositätsmessungen erfolgten ebenfalls mit diesem Viskosimeter.
Leerwertmessungen mit alleiniger Verabreichung der Trägerlösung (isotonische Kochsalzlösung) führten zu keiner Veränderung rheologischer Parameter.
Am Infusionsende kam es zu einer signifikanten Verminderung der Blutviskosität bei allen gemessenen Schergraden, wobei die Viskositätssenkung 30 Minuten nach dem Infusionsende einen maximalen Wert erreichte. Bei niedrigen Schergraden fiel die Blutviskositätssenkung am stärksten aus. Simultan sanken die Plasma- und Serumviskosität, der Fibrinogenspiegel und der Hämatokrit ab. Außer einer Erhöhung der freien Fettsäuren im Blut wurden keine Veränderungen der Blutfettwerte gefunden.
Die blutviskositätssenkende Wirkung von Isoxsuprin wurde von den Autoren auf eine Hämatokritsenkung und auf eine Verminderung der Erythrozytenaggregation und Erythrozytenverformbarkeit zurückgeführt. Die Plasmaviskositätssenkung wurde mit einer verminderten Fibrinogenkonzentration begründet, die der Serumviskosität mit Veränderungen im Protein- und Fettspiegel.

Bemerkungen: Keine Hämatokritkorrektur; direkte Messungen der Erythrozytenaggregation und der Erythrozytenverformbarkeit wurden nicht durchgeführt.

1978 berichtete **Weber** [905] über Ergebnisse bei der Therapie peripherer arterieller Verschlußerkrankungen mit Isoxsuprin und fand eine Viskositätssenkung.

In einer weiteren Arbeit aus dem Jahre 1980 untersuchten **Weber** und Mitarbeiter [906] in einer placebokontrollierten cross over-Studie den Einfluß einer Infusion von Isoxsuprin bei Patienten mit chronisch-peripheren Durchblutungsstörungen im Stadium III bis IV. Die Medikation erfolgte jeweils über 3 Tage mittels einer intravenösen Gabe von 30 mg Isoxsuprin. Die Blutviskosität wurde mit einem eigens entwickelten Kapillarviskosimeter untersucht. Die Autoren fanden eine Senkung der Vollblutviskosität in der Isoxsupringruppe. Auch die Hämatokritwerte waren signifikant vermindert. Die Autoren vermuten eine nicht hämodilutionsbedingte Verminderung der Viskosität, obwohl die Hämatokritwerte unter Gabe von Verum niedriger lagen als unter Placebo.

Bemerkungen: Keine Hämatokritkorrektur; keine Angaben zur Temperatur bei den Viskositätsmessungen; keine Messungen weiterer rheologischer Parameter.

Guerrini und Mitarbeiter [405] berichteten 1981 über den Einfluß von Isoxsuprin auf die Blutviskosität von Patienten mit chronischer arterieller Verschlußkrankheit. Das Medikament wurde akut innerhalb von 30 Minuten oder 2 × täglich über eine Woche verabfolgt. Die Autoren beschreiben einen Einfluß auf die Hyperviskosität des Blutes (Abstract, keine Details).

Di Perri und Mitarbeiter [187] beschrieben 1981 den Einfluß von Isoxsuprin auf die Blutviskosität bei gleichzeitiger Therapie mit dem nicht-selektiven β-Blocker Propranolol und dem selektiven β-Blocker Metoprolol bei Patienten mit chronisch-arterieller Verschlußerkrankung. Die Blut- und Plasmaviskosität wurde mit einem Wells-Brookfield-Mikroviskosimeter bei 37 °C gemessen; die Erythrozytenfiltration wurde nach der Methode von Reid und Mitarbeitern durchgeführt.
Bei 8 Patienten mit chronisch-arterieller Verschlußerkrankung kam es bei alleiniger Gabe von Isoxsuprin zu einer Senkung der Blut- und Plasmaviskosität. Bei einer Vorbehandlung und Weiterführung dieser Therapie mit Propranolol kam es nach Infusion von Isoxsuprin nicht zu einer Senkung der Blut- und Plasmaviskosität. Wurde dagegen der selektive Betablocker Metoprolol vorab und gleichzeitig mit Isoxsuprin verabfolgt, dann ergab sich der für Isoxsuprin bekannte viskositätssenkende Effekt.

Kirigaya und Mitarbeiter [507] berichteten 1982 über eine Senkung der Blutviskosität bei Patienten mit ischämischen Herzerkrankungen mit einem von der Arbeitsgruppe entwickelten Viskosimeter (Abstract, keine Details).

1982 berichteten **Bode** und Mitarbeiter [73] über den Einfluß oraler Gaben von Isoxsuprin (80 mg/die) auf die Fließeigenschaften des Blutes von Patienten mit Altersdiabetes. Die Blutviskosität (mathematisch korrigierter Hämatokrit) und die Plasmaviskosität wurden bei Schergraden zwischen 0,08 und 94,5 s^{-1} mit einem Contraves Low Shear 30-Rheometer gemessen. Nach einer dreimonatigen Behandlungsdauer fanden die Untersucher keine signifikanten Veränderungen der Blut- und Plasmaviskosität.

Bemerkungen: Keine Temperaturangabe; keine Messungen weiterer rheologischer Parameter.

Aarts und Mitarbeiter [1, 2] untersuchten 1985 und 1986 in einer Doppelblind-cross over-Studie bei Patienten mit Claudicatio intermittens den Einfluß von Isoxsuprin, wobei entweder 40 mg Verum oder Placebo 3 × täglich gegeben wurden. Die Viskosität von Blut und Plasma wurde mit einem Contraves LS 30-Viskosimeter bei 130 s^{-1} gemessen und die Erythrozytenverformbarkeit indirekt nach Dintenfass bestimmt. Die Autoren fanden eine Verbesserung der Erythrozytenverformbarkeit. Signifikante Veränderungen der Vollblutviskosität und der Plasmaviskosität waren nicht festzustellen.

Diskussion

Bei der Verwendung von Isoxsuprin fanden mit Ausnahme von *Bode* und Mitarbeitern und *Aarts* und Mitarbeitern alle anderen Autoren eine Verbesserung der Fließeigenschaften des Blutes nach intravenöser Gabe von Isoxsuprin. Sowohl bei *Schlichting* und *Heidrich* als auch bei *De Quiros* und *Hess* wie auch bei den Studien von *Di Perri* und Mitarbeitern und *Weber* und Mitarbeitern wurden die Veränderungen der Viskosität nicht hämatokritkorrigiert, d.h. eine substanzspezifische Beeinflussung der Viskosität außerhalb einer möglichen hämodiluierenden Wirkung ist nicht zu belegen.
Zu den Viskositätsmessungen wurden die heute üblichen Rotationsviskosimeter verwendet, wobei besonders bei niedrigen Schergraden eine Verminderung der Blutviskosität gefunden wurde. Dies könnte auf eine Verminderung der Erythrozytenaggregation hindeuten; Messungen dieser Art wurden allerdings von keiner Arbeitsgruppe durchgeführt.
Während *De Quiros* und *Hess* keine Veränderungen der Plasmaviskosität fanden, stellten *Di Perri* und Mitarbeiter eine Senkung dieses Parameters neben einer Senkung der Vollblutviskosität fest.
Da eine Hämatokritkorrektur zu den Viskositätsmessungen nicht erfolgte und zwei Autoren [185, 906] einen Hämatokritabfall feststellten, ist eine abschließende Aussage über die blutviskositätssenkende Wirkung von Isoxsuprin und über seine rheologischen Wirkungsmechanismen noch nicht möglich.
Eine Zusammenstellung verschiedener Publikationen über das Thema „β-Blokker und Hämorheologie" ist 1983 erschienen [434].

4.1.32. Cholinester („essentielle Phospholipide"), ungesättigte Fettsäuren, Fischölpräparate

Einleitung

Bei den „essentiellen" Phospholipiden (EPL) handelt es sich um Cholinphosphorsäurediglyceridester natürlicher Herkunft mit einem überwiegenden Anteil von ungesättigten Fettsäuren wie Linolsäure (ca. 70%), Linolen- und Ölsäure. Die „essentiellen" Phospholipide werden zur Behandlung von peripheren und zerebralen Durchblutungsstörungen, bei erhöhten Blutfettwerten sowie bei Angina pectoris und bei diabetischen Angiopathien verwendet.
Des weiteren wurden auch andere Cholinester, ungesättigte Fettsäuren (wie die Eicosapentaensäure) und Fischölpräparate auf ihre hämorheologische Wirkung hin untersucht.

Publikationen

1976 berichteten **Ehrly** und **Blendin** [272] über die Verbesserung der Fließeigenschaften des Blutes bei Patienten mit peripheren Durchblutungsstörungen im Stadium II nach Fontaine durch essentielle Phospholipide. Die Patienten erhielten 750 mg der Substanz innerhalb von 15 Minuten intravenös infundiert. Die Blut- und Plasmaviskosität (Heparin als Antikoagulans) wurde mit einem Ostwald-Kapillarviskosimeter gemessen. Zusätzliche Blutviskositätsmessungen bei Schergraden zwischen 5,6 und

46 s^{-1} wurden mit einem Brookfield-micro-cone-plate-Viskosimeter durchgeführt. Alle Viskositätsmessungen erfolgten bei 23 °C. Die Erythrozytenverformbarkeit wurde nach der Methode von Ehrly und Roßbach überprüft. Die Untersucher fanden keine Veränderung der Blut- und Plasmaviskosität. Eine tendenzielle, aber nicht signifikante Verbesserung der Erythrozytenverformbarkeit wurde festgestellt.

Bemerkungen: Keine Hämatokritkorrektur; keine Viskositätsmessung bei Körpertemperatur; keine Messung der Erythrozytenaggregation.

Klemm [509] untersuchte 1976 Patienten mit peripheren arteriellen Durchblutungsstörungen. Die Patienten erhielten über einen Behandlungszeitraum von 18 Tagen täglich dreimal 600 mg essentielle Phospholipide per os. Am Behandlungsende fand der Untersucher eine Verminderung der Blutviskosität um 2,7% im Vergleich zu den Ausgangswerten.

Bemerkungen: Zu der Methode der Blutviskositätsmessung wurden keine detaillierten Angaben gemacht; keine Messungen weiterer rheologischer Parameter.

Auteri und Mitarbeiter [33] behandelten Patienten mit chronisch-ischämischen Erkrankungen der unteren Extremitäten mit einer einmaligen intravenösen Gabe von 1 g CDP-Cholin und untersuchten die Vollblut-, die Plasma- und die Serumviskosität mit Hilfe eines Wells-Brookfield-Mikroviskosimeters 10, 30 und 60 Minuten nach der Infusion. Die Autoren fanden, daß Cytidin-diphosphocholin eine statistisch signifikante Senkung der Vollblutviskosität - mit einem Maximum nach 30 Minuten - und eine Verbesserung der Erythrozytenfiltrabilität, ebenfalls mit einem Maximum 30 Minuten nach der Infusion, bewirkt. Plasmaviskosität und Fibrinogenkonzentration zeigten keine signifikante Änderung.

Falchi Delitala und Mitarbeiter [345] beschrieben 1984 den Einfluß von 1 g Cyticholin im Vergleich zu isotonischer Kochsalzlösung auf eine Reihe klinischer und laborklinischer Parameter, unter anderem auf die Blutviskosität (gemessen mit einem Contraves low shear 2-Viskosimeter bei 37 °C), und fanden eine Verminderung unter dieser Therapie.

Bemerkungen: Keine Messung anderer hämorheologischer Parameter.

Crolle und Mitarbeiter [152] behandelten 10 Patienten mit vaskulären Erkrankungen mit 2 × 1000 mg Cyticholin über 6 Tage und fanden eine Verbesserung des Erythrozytenfiltrationsindexes. Dieser wurde nach der Originalmethode von Reid und Mitarbeitern (Vollblutmethode) bestimmt.

Simons und Mitarbeiter [799] untersuchten 1985 den Einfluß eines verkapselten Fischölpräparates auf die Blutviskosität von Patienten mit Hyperlipidämie im Vergleich zu Placebo. Die Blutviskosität wurde mit einem Wells-Brookfield-Mikroviskosimeter gemessen. Nach einer mehrmonatigen Therapie konnte keine Verminderung der viskosimetrischen Daten durch das fettsäurereiche Fischöl nachgewiesen werden, obwohl die Plasmatriglyceridkonzentration deutlich abgenommen hatte.

Bemerkungen: Keine Messung anderer hämorheologischer Parameter.

Merchan und **Doná** [633] untersuchten 1984 25 Patienten mit zerebrovaskulärer oder kardiovaskulärer Insuffizienz, bei denen hochungesättigtes Phosphatidylcholin intravenös in Einzeldosen von 500 mg bzw. in einer Langzeitbehandlung über 30 Tage (jeweils 200 mg täglich) gegeben wurde. Die Blut- und Plasmaviskosität wurde mit einem Wells-Brookfield-Mikroviskosimeter bei 37 °C bestimmt; die Erythrozytenverformbarkeit wurde mit dem Vollblut-Filtrationstest nach Reid und Mitarbeitern untersucht. Es kam zu einer Senkung der

Blutviskosität und zu einer Verbesserung der Filtrationswerte.

Bemerkungen: Keine Messung der Erythrozytenaggregation; geringe Validität der verwendeten Filtrationsmethode.

Woodcock und Mitarbeiter [924] untersuchten 1984 im Rahmen eines Doppelblindversuches den Einfluß einer Diät, die entweder reich oder arm an Eicosapentaensäure war. Die Fließeigenschaften des Blutes wurden vor und nach einer siebenwöchigen Therapie bestimmt. Die Blutviskosität wurde mit einem Wells-Brookfield-Mikroviskosimeter bei zwei Schergraden und 37 °C gemessen. Die Plasmaviskosität wurde bei 25 °C mit einem Kapillarviskosimeter bestimmt. Der Hämatokrit wurde nach der Mikrohämatokritmethode ermittelt. Es ließ sich eine statistisch signifikante Verminderung der Blutviskosität in der Gruppe der Eicosapentaensäure-reichen Diät feststellen, die Plasmaviskosität und der Hämatokrit nahmen statistisch nicht signifikant ab.

Bemerkungen: Keine Messungen anderer hämorheologischer Parameter.

Kobayashi und Mitarbeiter [515] fanden 1985 bei 40 Patienten mit Hyperlipidämien und ischämischen Erkrankungen bei täglicher Gabe von 2,7 g Eicosapentaensäure über 16 Wochen eine Verminderung der Vollblutviskosität und eine Verbesserung der Erythrozytenfiltrabilität. Die Vollblutviskosität wurde bei verschiedenen Schergraden und 37 °C mit einem Kegel-Platte-Viskosimeter gemessen, die Plasmaviskosität wurde mit dem gleichen Gerät bei 375 s^{-1} bestimmt. Die Erythrozytenfiltrabilität wurde nach der Methode von Reid und Mitarbeitern mit geringen Modifikationen ermittelt.

Diskussion

Ehrly und *Blendin* fanden, daß bei intravenöser Gabe von EPL die makrorheologischen Parameter der Fließeigenschaften wie Blut-, Plasma- und Strukturviskosität nicht beeinflußt werden, wohingegen die Erythrozytenverformbarkeit tendenziell verbessert wurde. Als möglichen Wirkungsmechanismus der verbesserten Erythrozytenverformbarkeit wurden Veränderungen des Lipidmusters der Erythrozytenmembranen oder eine andere Zusammensetzung der Blutfette angegeben.

Klemm fand, daß essentielle Phospholipide die Blutviskosität senken. Da keine Hämatokritkorrektur durchgeführt wurde und Angaben zu dem verwendeten Viskosimeter fehlen, sind die Befunde zu relativieren. *Merchan* und *Doná* fanden im Rahmen einer Langzeitbehandlung eine Senkung der Blutviskosität durch Phosphatidylcholin sowie eine Verbesserung der Erythrozytenfiltrabilität. Auch diese Ergebnisse müssen aus meßtechnischen Gründen relativiert werden.

Ein anderes Präparat (CDP-Cholin), das von *Auteri* und Mitarbeitern untersucht wurde, ergab eine Verbesserung der Vollblutviskosität und der Erythrozytenfiltrabilität, während die Plasmaviskosität unverändert blieb.

Cyticholin führte zu einer Senkung der Blutviskosität und zu einer Verbesserung der Erythrozytenfiltrabilität [152, 345]; die verwendete Methode mindert allerdings die Relevanz dieses Befundes.

Die hämorheologischen Ergebnisse über die Wirkungen von hochungesättigten Fettsäuren, speziell der Eicosapentaensäure, auf die Fließeigenschaften des Blutes sind in verschiedenen Untersuchungen geprüft worden. Hierbei wurde einmal ein verkapseltes Fischölpräparat gegeben, wobei sich keine viskosimetrischen Veränderungen ergaben [799]. Bei einer Diät, die entweder reich oder arm an Eicosapentaensäure war, fand sich dagegen eine statistisch signifikante Verminderung der Blutviskosität unter der fettsäurereichen Diät. Die Untersuchungen von *Kobayashi* und Mitarbeitern mit einer direkten Gabe von Eicosapentaensäure zeigten ebenfalls Veränderungen der Fließeigenschaften des Blutes.

Insgesamt gesehen sind die Ergebnisse über den Einfluß von Phospholipiden bzw. Fettsäuren oder Fischölen uneinheitlich, so daß für die einzelnen speziellen Präparate oder deren Applikationsweise keine sichere hämorheologische Wirkung postuliert werden kann.

4.1.33. Calciumdobesilat

Einleitung

Calciumdobesilat wird beim varikösen Symptomenkomplex, bei der chronisch-venösen Insuffizienz, bei diabetischer Retinopathie und beim postthrombotischen Syndrom verwendet. Calciumdobesilat hat eine angioprotektive Wirkung im Sinne einer Verringerung der Kapillarpermeabilität, wodurch der pathologisch erhöhte Abstrom von Flüssigkeit aus dem intravasalen in den interstitiellen Raum verhindert werden soll.

Publikationen

1977 berichteten **Hudomel** und Mitarbeiter [457, 458] über die Verbesserung der Fließeigenschaften des Blutes durch Calciumdobesilat. Im Rahmen eines Doppelblindversuches erhielten 17 Patienten mit diabetischer Retinopathie und erhöhter Blutviskosität über einen Behandlungszeitraum von 3 Monaten täglich 750 mg Calciumdobesilat oder Placebo. Die Blutviskosität der mit Na-citrat antikoagulierten Blutproben wurde mit einem Kapillarviskosimeter bei Temperaturen von 20, 25 und 37 °C gemessen. Am Behandlungsende fanden die Untersucher eine signifikante Verminderung der Blutviskosität bei 20 und 25 °C. Bei Körpertemperatur konnte keine Verminderung der Blutviskosität festgestellt werden. Veränderungen der Gesamtlipide, des Cholesterins, der Gesamtproteine, des Albumins und der Globuline wurden nicht gefunden. Die Autoren sind der Ansicht, daß Calciumdobesilat über eine Verminderung der Kapillarpermeabilität und der Erythrozytenaggregation (beurteilt anhand der Blutkörperchensenkungsgeschwindigkeit) einen Anstieg der Blutviskosität verhindert.

Bemerkungen: Keine Hämatokritkorrektur; keine Messungen weiterer rheologischer Parameter.

1978 untersuchte **Watzlaw** [904] die hämorheologischen Wirkungen von Calciumdobesilat bei 8 Patienten mit Diabetes mellitus und peripheren Durchblutungsstörungen im Stadium II nach Fontaine. Die Patienten erhielten eine einmalige intravenöse Gabe von 500 mg Calciumdobesilat. Die Messung der Blut- und Plasmaviskosität (Heparin als Antikoagulans) erfolgte mit einem Ostwald-Kapillarviskosimeter ($H_2O = 1$) bei einer Temperatur von 37 °C. Zusätzlich wurde die Erythrozytenfiltration nach der Methode von Ehrly und Roßbach gemessen. Die Erythrozytenaggregation wurde quantitativ fotometrisch bestimmt. Nach der einmaligen intravenösen Injektion von 500 mg Calciumdobesilat fanden die Untersucher keine Veränderungen der rheologischen Parameter.

Bemerkungen: Keine Hämatokritkorrektur; keine Blutviskositätsmessungen bei niedrigen Schergraden.

Barras und **Graf** [48, 49] untersuchten 1980 die Fließeigenschaften des Blutes bei 21 Patienten mit diabetischer Retinopathie. 11 wiesen eine erhöhte Plasmaviskosität im Vergleich zu einer gesunden Kontrollgruppe auf. Die Patienten erhielten täglich 3 Calciumdobesilatkapseln (3 × 500 mg). Die Blutviskosität der heparinisierten Blutproben wurde mit einem Couette-Rheometer vom Typ Low Shear der Firma Contraves bei einem Schergrad von 128 s^{-1} bestimmt; die Plasmaviskosität mit einem Kapillarviskosimeter, einem Couette- und einem Brookfield-micro-cone-plate-Viskosimeter gemessen (20 °C). Nach drei Monaten konnten die Verfasser eine signifikante Verminderung der Blut- und Plasmaviskosität bei den Patienten mit erhöhter Blutviskosität verzeichnen. Die mit 3 Viskosimetern erhaltenen Resultate der Plasmaviskosität waren vergleichbar, obwohl der Unterschied zu den Ausgangswerten bei Verwendung eines Brookfield-micro-cone-plate-Viskosimeters geringer war. Die Untersucher erklären die Verminderung der Blutviskosität über eine Senkung der Plasmaviskosität und nicht über eine Änderung des Hämatokritwertes, der während der Therapie unverändert blieb. Die Untersucher fanden eine signifikante Verminderung des Plasmafibrinogenspiegels, der alpha-1- und alpha-2-Globulinspiegel bei gleichzeitigem Anstieg der Plasmaalbuminkonzentration.

Bemerkungen: Keine Viskositätsmessungen bei Körpertemperatur; keine Messung der Blutviskosität bei niedrigen Schergraden; keine Messung weiterer rheologischer Parameter.

Ernst und **Marshall** [323] untersuchten 1984 den Einfluß von Calciumdobesilat auf hämorheologische Parameter bei Patienten mit Claudicatio intermittens. 18 Patienten bekamen für eine Dauer von 6 Wochen täglich 2 × 500 mg Calciumdobesilat per os. Die Erythrozytenfiltrabilität wurde mit einem Filtrationsverfahren nach Dodds und Dormandy bestimmt. Die Autoren fanden eine Verbesserung der Erythrozytenfiltrabilität, vor allem bei denjenigen Patienten, die initial eine verschlechterte Verformbarkeit der Erythrozyten hatten.

Vojnikovic [885] untersuchte 1984 in einer Doppelblind-Studie den Einfluß von Calciumdobesilat auf die Blut- und Plasmaviskosität von Patienten mit diabetischer Retinopathie. Die Blut- und Plasmaviskosität wurde mit einem Determann-Kapillarviskosimeter bei 37 °C gemessen. Die Autoren fanden eine statistisch signifikante Verringerung sowohl der Blut- als auch der Plasmaviskosität in der Verumgruppe, aber nicht in der Placebogruppe.

Benarroch und Mitarbeiter [59] untersuchten 1985 in einer Doppelblind-Studie an Patienten mit diabetischer Retinopathie den Einfluß von 3 × täglich 500 mg Calciumdobesilat über 3 Monate im Vergleich zu Placebo auf die Blutviskosität, gemessen mit einem Brookfield-Viskosimeter mit speziellem Adapter für niedrige Schergeschwindigkeiten. Die Erythrozytenverformbarkeit wurde nach der Methode von Sirs bestimmt. Die Autoren beschrieben eine statistisch signifikante Verminderung der Blutviskosität in der Verumgruppe, während sich die Plasmaviskosität nicht statistisch signifikant veränderte. Andererseits berichteten die Autoren, daß die Plasmafibrinogenkonzentration statistisch signifikant abnahm.

Galigani und Mitarbeiter [362] berichteten 1985 über Veränderungen der Blut- und Plasmaviskosität und der Vollblutfiltrabilität bei 20 Patienten mit diabetischer Mikroangiopathie unter einer täglichen Gabe von 1500 mg Calciumdobesilat oral über Monate. Sie fanden eine signifikante Verbesserung der Plasmaviskositätswerte und eine Verbesserung der Filtrabilität des Blutes (Abstract, keine Details).

Diskussion

Die erste Veröffentlichung über die Verbesserung der Fließeigenschaften des Blutes durch Calciumdobesilat bei Patienten mit diabetischer Retinopathie erfolgte von *Hudomel* und Mitarbeitern 1977. Ihre Aussage über die blutviskositätssenkende Wirkung oraler Calciumdobesilatgaben ist zu relativieren, da die Viskositätsmessungen bei 20 °C und 25 °C durchgeführt wurden; bei 37 °C konnte nämlich kein blutviskositätssenkender Effekt nachgewiesen werden.

Die Ergebnisse dieser Arbeitsgruppe stehen nicht im Gegensatz zu der Dissertation von *Watzlaw,* der nach der akuten intravenösen Gabe von Calciumdobesilat bei Patienten mit peripheren arteriellen Durchblutungsstörungen ebenfalls keine Senkung der Blutviskosität bei 37 °C feststellen konnte.

Die Ergebnisse von *Barras* und *Graf,* welche bei 20 °C eine Senkung der Blutviskosität nach oralen Gaben von Calciumdobesilat bei Patienten mit diabetischer Retinopathie fanden, sind schwierig zu beurteilen, zumal *Hudomel* und Mitarbeiter einen temperaturabhängigen Effekt sahen. *Vojnikovic* und *Benarroch* und Mitarbeiter fanden dagegen eine Senkung der Blutviskosität im Rahmen ihrer Untersuchungen. Messungen der Plasmaviskosität wurden von *Watzlaw,* von *Barras* und *Graf,* von *Vojnikovic* und von *Benarroch* und Mitarbeitern sowie *Galigani* und Mitarbeitern durchgeführt. Während *Watzlaw* und *Benarroch* keine signifikante Senkung der Plasmaviskosität fanden, stellten *Barras* und *Graf* sowie *Vojnikovic* und *Galigani* einen signifikanten Abfall der Plasmaviskosität fest. Messungen der Erythrozytenaggregation (fotometrisches Verfahren) wurden nur von *Watzlaw* durchgeführt; Veränderungen dieses Parameters der Fließeigenschaften des Blutes wurden nicht festgestellt. Während *Watzlaw* keine signifikante Veränderung der Erythrozytenfiltrabilität nachweisen konnte, fanden *Ernst* und *Marshall, Vojnikovic, Benarroch* und Mitarbeiter und *Galigani* und Mitarbeiter eine Verbesserung dieses Parameters.

Insgesamt gesehen finden sich nach oralen wie nach intravenösen Gaben von Calciumdobesilat Hinweise, aber keine sicheren Beweise für eine rheologische Beeinflussung im Akutversuch. Auch für die Anwendung von Calciumdobesilat über längere Zeit sind die rheologischen Erkenntnisse uneinheitlich.

4.1.34. Cinnarizin/Flunarizin

Einleitung

Cinnarizin und Flunarizin, sein difluoridiertes Derivat, werden seit 1968 bzw. 1974 zur Behandlung von peripheren und zerebralen Durchblutungsstörungen verwendet. Beiden Medikamenten wird der gleiche Wirkungsmechanismus zugeschrieben: die Hemmung des Einstroms von Kalzium in die glatte Muskulatur. Beide Substanzen haben vasodilatierende Eigenschaften.

Publikationen

1977 überprüften **Di Perri** und Mitarbeiter [184] den Einfluß von Cinnarizin auf die Fließeigenschaften des Blutes bei 25 Patienten mit peripheren arteriellen Verschlußerkrankungen (Claudicatio intermittens) und einer erhöhten Blutviskosität im Vergleich zu einer gesunden Kontrollgruppe. Die Blutviskosität der mit EDTA antikoagulierten Blutproben wurde mit einem Brookfield-micro-cone-plate-Viskosimeter bei Schergraden von 3,75 bis 750 s^{-1} und einer Temperatur von 37 °C gemessen. Der Schergrad zur Messung der Plasma- und Serumviskosität lag bei 750 s^{-1}. 14 Patienten erhielten eine Einzeldosis von 300 mg Cinnarizin oral; 11 Patienten erhielten 75 mg Cinnarizin täglich oral über einen Zeitraum von einer Woche. Nach einer einmaligen Gabe von Cinnarizin kam es zu einer signifikanten Senkung der Blutviskosität bei allen Schergraden, wobei jedoch der Abfall bei niedrigen Schergraden stärker ausfiel. Weiterhin wurde ein tendenzieller, aber nicht signifikanter Abfall des Fibrinogenspiegels und der Plasmaviskosität festgestellt. Veränderungen der Serumviskosität und der Osmolarität wurden nicht gefunden. Ähnliche Resultate wurden in den Langzeitversuchen erzielt.

1979 veröffentlichten **Di Perri** und Mitarbeiter eine Publikation, in der die Ergebnisse nochmals diskutiert wurden [186].

Bemerkungen: Keine Hämatokritkorrektur; keine Messung weiterer rheologischer Parameter.

Mashiah und Mitarbeiter [620] berichteten 1978 über rheologische Untersuchungen bei 13 Patienten mit Claudicatio intermittens, welche seit über einem Jahr an dieser Symptomatik litten und im Vergleich zu einer Kontrollgruppe eine erhöhte Blutviskosität aufwiesen. Die Patienten wurden über einen Zeitraum von 6 Wochen mit oralen Gaben von Cinnarizin behandelt (keine Dosisangabe). Die Viskositätsmessungen fanden bei einer Temperatur von 21 bis 25 °C statt (Contraves Low Shear, 1,24 und 124 s^{-1}). Der Hämatokrit wurde mathematisch auf einen Wert von 45% korrigiert. Aufgrund der uneinheitlichen Ergebnisse der Viskositätsmessungen waren die Autoren nicht in der Lage, eine Blutviskositätsverminderung durch Cinnarizin zu sichern.

Bemerkungen: Keine Viskositätsmessung bei Körpertemperatur; keine Messung weiterer rheologischer Parameter; keine Angaben zur Dosierung von Cinnarizin.

1979 untersuchten **De Cree** und Mitarbeiter [160] im Rahmen einer Doppelblindstudie 10 Patienten mit Claudicatio intermittens und fanden im Vergleich zu einer gesunden Kontrollgruppe erhöhte Blutviskositätswerte. Die Viskositätsmessungen der heparinisierten Blutproben wurden mit einem Kapillarviskosimeter bei 37 °C und einem zuvor auf einen Wert von 45% eingestellten Hämatokrit durchgeführt. Bei diesem Versuch erhielten die Patienten täglich 20 mg Flunarizin bzw. Placebotabletten oral. Es fand sich eine signifikante Verminderung der Blutviskosität. Weiterhin kam es bei den Patienten nach Unterbrechung der Blutzirkulation (Blutdruckmanschette) am Oberarm und gleichzeitiger muskulärer Belastung der Hand- und Unterarmmuskulatur zu einer lokalen schmerzhaften Ischämie, welche zu einer Blutviskositätserhöhung führte. Diese Viskositätserhöhung wurde durch eine vorhergehende Flunarizinmedikation signifikant vermindert. Die Plasmaviskosität wurde weder durch die Dauer der Ischämie noch durch das Medikament beeinflußt. In einem weiteren Doppelblindversuch dieser Untersuchungsreihe erhielten 22 Patienten mit Herzinfarkt, Diabetes mellitus und Arteriosklerose Flunarizin oral (20 mg/die). Die Erythrozytenverformbarkeitsmessungen wurden nach der Methode von Reid und Mitarbeitern durchgeführt. Im Vergleich zu einer altersgleichen Kontrollgruppe waren die Leerwerte der Patientengruppe stark erhöht. Nach den Flunarizingaben kam es in der

Patientengruppe im Vergleich zu der Placebogruppe zu einer signifikanten Erhöhung der Erythrozytenflexibilität.

Bemerkungen: Keine Messung der Erythrozytenaggregation.

Zur Frage, ob eine längerfristige Medikation mit Flunarizin einen Einfluß auf die gestörte Mikrozirkulation ausübt, untersuchten **Rudofsky** und Mitarbeiter [744] 1979 die Blutviskosität mit einem Kugelfallviskosimeter bei 14 Patienten mit arteriellen Durchblutungsstörungen im Stadium IIb nach Fontaine. Die Patienten erhielten im ersten Monat 2×2 Kapseln à 10 mg Flunarizin täglich. Schon nach 4 Wochen kam es zu einer Senkung der Blutviskosität, die nur nach körperlichen Belastungen (keine detaillierten Angaben) zu verifizieren war.

Bemerkungen: Die Viskositätsmessungen wurden mit einem nicht adäquaten Kugelfallviskosimeter durchgeführt; keine Temperaturangabe; keine Messungen weiterer rheologischer Parameter.

Klinik: Die schmerzfreie Gehstrecke konnte im Verlauf der Behandlung vergrößert werden.

Heilmann [431] untersuchte 1980 12 Schwangere mit Plazentainsuffizienz. Die Blutviskosität wurde bei einem Hämatokrit von 40% mit einem Brookfield-micro-cone-plate-Viskosimeter mit Mooney-Adapter bei Schergraden zwischen 0,39 und 78,6 s^{-1} und die Plasmaviskosität mit einem Kugelfallviskosimeter der Firma Schott gemessen. Das Aggregationsverhalten wurde quantitativ fotometrisch bestimmt und die Verformbarkeit der Erythrozyten mit einem Nucleoporefiltersystem mit einem Porendurchmesser von 5 µm bei einem Hämatokrit von 10% und einem Druck von 5 cm H_2O gemessen. Die Patienten erhielten bis zu 14 Tage lang 30 mg/die Flunarizin. Es wurde eine signifikante Verminderung der Blutviskosität bei niedrigen Schergraden und eine Senkung der Plasmaviskosität gefunden. Veränderungen hochmolekularer Eiweißkörper fanden sich nicht. Das Aggregationsverhalten der Erythrozyten wurde nicht beeinflußt. Dahingegen beobachtete der Autor einen signifikanten Anstieg der Erythrozytenfiltrabilität.

Bemerkungen: Keine Temperaturangabe zu den Messungen.

1981 berichteten **Guerrini** und Mitarbeiter [406] über die Beeinflussung rheologischer Parameter bei Patienten mit chronischer arterieller Verschlußerkrankung und Hyperviskosität durch Flunarizin und Cinnarizin. Eine Gruppe von Patienten erhielt Flunarizin bzw. Cinnarizin in einer Einzeldosis von 50 bzw. 300 mg oral; 3 und 6 bzw. 1½ und 3 Stunden nach der Einnahme erfolgten die Messungen. In der Zweitgruppe wurde Cinnarizin in einer Dosis von 75 mg dreimal täglich über eine Woche und Flunarizin in einer Dosierung von 5 mg dreimal täglich über 30 Tage gegeben. Beide Medikamente führten zu einer Verminderung der Viskosität des Blutes und zu einer Verbesserung der Erythrozytenfiltrabilität (Abstract, keine Details).

Perhoniemi und Mitarbeiter [697] untersuchten den Einfluß von Flunarizin (5 mg pro Tag) im Vergleich zu Pentoxifyllin (400 mg pro Tag) auf die Erythrozytenrigidität bei 31 Patienten mit Claudicatio intermittens. Die Behandlung dauerte 3 Monate. Die Verformbarkeit der Erythrozyten wurde mit einem Rotationsviskosimeter geprüft, wofür die Erythrozyten in physiologischer Kochsalzlösung aufgeschwemmt wurden. Die Vollblutviskosität und die Plasmaviskosität wurden mit einem Wells-Brookfield-Viskosimeter gemessen.
Die Autoren fanden nach der Therapie mit Flunarizin wie auch bei Pentoxifyllin eine Verbesserung der Filtrationswerte, ohne daß zwischen beiden ein statistisch signifikanter Unterschied bestand. Die Plasmaviskosität und die Vollblutviskosität änderten sich nicht statistisch signifikant.

Bemerkungen: Die Wertigkeit der Filtrationsmethode muß infolge der Suspension von Erythrozyten in Kochsalzlösung relativiert werden. Keine Messung der Erythrozytenaggregation.

Klinik: Die schmerzfreie Gehstrecke verlängerte sich nach der Therapie.

De Clerck [159] fand 1985 bei Patienten mit Kreislauferkrankungen Verminderungen der Blutviskosität und eine Verbesserung der Erythrozytenverformbarkeit durch Flunarizin (Abstract, keine Details).

Catalano und Mitarbeiter [118] untersuchten in einer randomisierten Doppelblindstudie den Einfluß von Flunarizin (10 mg pro Tag) bzw. Placebo auf die Blutviskosität und die Erythrozytenfiltration. Sie fanden eine signifikante Verbesserung beider Parameter. Die Erythrozytenfiltration wurde nach den Vorschlägen der Italienischen Gesellschaft für Hämorheologie durchgeführt (keine genauen Angaben). Die Blutviskosität wurde mit einem Wells-Brookfield-Viskosimeter gemessen.

Bemerkungen: Keine Angaben zur Plasmaviskosität und keine Hämatokritkorrektur.

Diskussion

Zur Senkung der Blutviskosität durch orale Gaben von **Cinnarizin** liegen unterschiedliche Ergebnisse vor. Während *Di Perri* und Mitarbeiter besonders bei niedrigen Schergraden eine signifikante Verminderung der Blutviskosität fanden (keine Hämatokritkorrektur), zeigte sich bei *Mashiah* und Mitarbeitern bei mathematisch durchgeführter Hämatokritkorrektur keine Verminderung der Vollblutviskosität bei den gemessenen Schergraden. Die Patienten beider Forschungsgruppen litten an Claudicatio intermittens und wiesen im Vergleich zu gesunden Kontrollgruppen eine erhöhte Blutviskosität auf. Veränderungen der Plasma- und Serumviskosität wurden nicht festgestellt. Messungen weiterer rheologischer Parameter erfolgten nicht. *Di Perri* und Mitarbeiter diskutierten, daß die gefundene Senkung der Blutviskosität bei hohen Schergraden mit einer verbesserten Erythrozytenverformbarkeit zu erklären sei. Der von der Arbeitsgruppe um *Di Perri* gefundene Abfall der Blutviskosität bei niedrigen Schergraden müßte theoretisch mit einer Desaggregation von Erythrozytenaggregaten und nicht mit einer verbesserten Verformbarkeit der Erythrozyten zu erklären sein. Da sich aber der Fibrinogenspiegel nicht wesentlich veränderte, könnten auch Hämatokritveränderungen den Blutviskositätsabfall verursacht haben.
Mashiah und Mitarbeiter waren nicht in der Lage, einen Blutviskositätsabfall nach oraler Gabe von Cinnarizin festzustellen, und postulieren, daß eine medikamentöse Verbesserung der Fließeigenschaften des Blutes (außer bei der Defibrinogenierung mit Ancrod und der Hämodilution) sehr unwahrscheinlich ist. *Guerrini* und Mitarbeiter berichteten demgegenüber über eine Senkung der Viskositätswerte und eine Verbesserung der Erythrozytenfiltrabilität nach Gabe von Cinnarizin. Nähere Angaben waren aus dem Abstract nicht ersichtlich.
Zusammenfassend ist zu sagen, daß auf Grund der vorliegenden Literatur umstritten ist, ob Cinnarizin die Fließeigenschaften des Blutes günstig beeinflussen kann oder nicht.

Zur Senkung der Blutviskosität durch orale Gaben von **Flunarizin** liegen uneinheitliche Ergebnisse vor. Während *De Cree* und Mitarbeiter und *Heilmann* bei korrigiertem Hämatokrit eine Senkung der Blutviskosität fanden, beobachteten *Rudofsky* und Mitarbeiter keine Blutviskositätssenkung nach oralen Flunarizingaben. Wurden die Patienten jedoch körperlichen Belastungen ausgesetzt, so beobachtete auch *Rudofsky* eine Verminderung der Blutviskosität.

Während *De Cree* und Mitarbeiter keine Veränderung der Plasmaviskosität fanden, stellte Heilmann eine Senkung der Plasmaviskosität fest, ohne daß gleichzeitig Veränderungen der hochmolekularen Eiweißkörper nachgewiesen werden konnten. Sowohl *De Cree* und Mitarbeiter als auch *Heilmann, De Clerck* und *Catalano* fanden eine Verbesserung der Erythrozytenverformbarkeit. Einschränkend ist zu sagen, daß die Aussagekraft der Erythrozytenflexibilitätsmessungen von *De Cree* zweifelhaft ist, da die Filtration von Vollblut nach der Methode von *Reid* und Mitarbeitern nach heutiger Auffassung nicht mehr relevant ist; die Methoden der beiden Autoren *De Clerck* und *Catalano* sind nicht präzise angegeben.

Messungen der Aggregationsneigung der Erythrozyten wurden nur von einem Untersucher [431] durchgeführt; Veränderungen dieses Parameters der Fließeigenschaften des Blutes ergaben sich nicht.

Rudofsky fand, daß eine Senkung der Blutviskosität nach oralen Flunarizingaben besonders nach körperlicher Belastung feststellbar ist.

Heilmann diskutierte, daß die Viskositätsuntersuchungen zwar einen statistisch signifikanten Blutviskositätsabfall ergaben, was aber aufgrund der apparativen Besonderheiten von Low Shear-Viskosimetern und der Messungen im Prästasebereich mit Vorsicht zu interpretieren ist. *Heilmann* sieht die verbesserten Fließeigenschaften des Blutes ursächlich in einer verbesserten Erythrozytenverformbarkeit und nicht in einer Senkung der Blutviskosität. Er nimmt an, daß in Stagnationszonen der plazentaren Strömungseinheit aufgrund eines Ausstromhindernisses ein verminderter Metaboliten-Abtransport zu einer Versteifung der Erythrozyten führt; dieser pathologischen Veränderung der Erythrozytenverformbarkeit sei durch orale Gaben von Flunarizin vorzubeugen.

Guerrini und Mitarbeiter fanden unter oraler Gabe von Flunarizin eine Verminderung der Vollblutviskosität und eine Verbesserung der Erythrozytenfiltrabilität; aus dem Abstract sind keine weiteren methodischen Details ersichtlich.

Auch *De Clerck* und *Catalano* und Mitarbeiter fanden eine Verminderung der Blutviskositätswerte und eine Verbesserung der Erythrozytenfiltrabilität.

Insgesamt gesehen sind die Ergebnisse der hämorheologischen Untersuchungen über Cinnarizin und Flunarizin zum Teil widersprüchlich, auch wenn aus der Mehrzahl der Publikationen eine Verbesserung der hämorheologischen Parameter abgeleitet werden kann.

4.1.35. Hydroxyäthylstärkelösungen

Einleitung

Hydroxyäthylstärke ist ein Polysaccharid, welches durch Hydroxyäthylierung von Amylopectinhydrolysaten gewonnen wird. Die Bindungen dieses Polysaccharids sind vorwiegend 1-4 glycosidisch, die Äthanolgruppe steht in 2-Position zur Glukose. Hydroxyäthylstärkelösungen werden u.a. bei Flüssigkeitsverlusten im Schock, d.h. zur Bekämpfung der Hypovolämie, und bei Durchblutungsstörungen verwendet. Die Hydroxyäthylstärkelösungen werden als 6–10%ige Lösungen mit verschiedenen Molekulargewichten (MG 40000, MG 200000, MG 450000) angeboten. Die Hydroxyäthylstärke ist neben dem mittleren Molekulargewicht auch durch den Substitutionsgrad gekennzeichnet, z.B. MG 200000/0,5.

Publikationen

Keppeler aus der Arbeitsgruppe um Ehrly [489] berichtete 1977 über den Einfluß von Hydroxyäthylstärkelösungen auf die Fließeigenschaften des Blutes von Patienten mit verschiedenen Erkrankungen und erhöhter Blutkörperchensenkungsgeschwindigkeit. Den Patienten wurden 500 ml 6%ige Hydroxyäthylstärkelösung (MG 450000) innerhalb von 30 bis 40 Minuten intravenös infundiert. Die Blut- und Plasmaviskosität der heparinisierten Blutproben wurden mit einem Ostwald-Kapillarviskosimeter bei 37 °C gemessen; die Verformbarkeit der Erythrozyten wurde nach der Methode von Ehrly und Roßbach (Hämatokrit von 10%, Milliporefilter ∅ 8 μm, 37 °C, treibende Kraft 12,9 mm H_2O) geprüft und die Erythrozytenaggregation fotometrisch (Lichttransmission) nach der Methode von Ehrly und Schmitt bestimmt. Gleichzeitig mit der signifikanten Verminderung des Hämatokrits fand der Untersucher eine geringgradige, nicht signifikante Senkung der Blutviskosität. Weiterhin stellte er eine signifikante Erhöhung der Plasmaviskosität, der Erythrozytenaggregation und eine signifikante Verminderung der Erythrozytenverformbarkeit fest.

Bemerkungen: Keine Viskositätsmessungen bei niedrigen Schergraden.

1980 infundierten **Harke** und Mitarbeiter [417] bei Hysterektomie-Patientinnen sowohl 500 ml einer 10%igen mittelmolekularen Hydroxyäthylstärke (MG 200000/0,5) als auch 1000 ml einer 10%igen niedermolekularen Dextranlösung in einer Infusionszeit von 2 Stunden, um ein Abfallen des kolloidosmotischen Druckes während der 30minütigen Operation zu verhindern. Die Blutviskosität wurde bei 37 °C mit einem Ubbelohde-Kapillarviskosimeter bestimmt. Die Untersucher fanden eine signifikante Verminderung des Hämatokrits und der Blutviskosität nach den Hydroxyäthylstärkeinfusionen, hingegen keinen signifikanten Abfall der Blutviskosität nach den Dextraninfusionen.

Bemerkungen: Keine Messungen weiterer rheologischer Parameter; keine Hämatokritkorrektur; Patienten mit verschieden großen Blutverlusten.

1982 berichteten **Landgraf** und Mitarbeiter [534] über die Verbesserung der Fließeigenschaften des Blutes bei Patienten mit verschiedenartigen Erkrankungen (Pneumonie, Ulcus cruris, arterielle Verschlußerkrankung, chronische Lymphadenose) und erhöhter Blutkörperchensenkungsgeschwindigkeit durch eine Infusion von 500 ml einer 6%igen niedermolekularen Hydroxyäthylstärkelösung (MG 40000/0,5). Die Blut- und Plasmaviskosität wurde mit einem Ostwald-Kapillarviskosimeter bei 37 °C gemessen; die Erythrozytenverformbarkeit wurde nach der Methode von Ehrly und Roßbach (Hämatokrit 10%, Milliporefilter ∅ 8 μm, 37 °C, treibende Kraft 12,9 mm H_2O) bestimmt; die Erythrozytenaggregation wurde nach der Methode von Ehrly und Schmitt (Lichttransmission) fotometrisch gemessen. Die Untersucher fanden eine signifikante Verminderung des Hämatokrits, der Blut- und Plasmaviskosität sowie der Erythrozytenaggregation. Veränderungen der Erythrozytenverformbarkeit wurden nicht gefunden.

1982 untersuchten **Müller-Bühl** und Mitarbeiter [664] im Rahmen einer Pilotstudie den Einfluß von 500 ml 10%iger mittelmolekularer Hydroxyäthylstärkelösung (MG 200000/0,5) auf die Fließeigenschaften des Blutes von Patienten mit peripheren arteriellen Verschlußerkrankungen im Stadium II nach Fontaine. Die Patienten erhielten 3 Tage lang täglich eine Infusion. Am Behandlungsende fanden die Autoren eine signifikante Verminderung der Blutviskosität und eine nicht signifikante Verminderung der Plasmaviskosität.

Bemerkungen: Keine Messungen weiterer rheologischer Parameter; keine Temperaturangabe.

Klinik: Die Untersucher fanden eine geringgradige Verlängerung der schmerzfreien Gehstrecke.

Landgraf und **Ehrly** [535] berichteten 1983 über hämorheologische Veränderungen durch hypervolämische Hämodilution mit Dextran 40 und HAES 200/0,5 bei Patienten mit Claudicatio intermittens. Im Abstand von 8 Tagen wurden intraindividuell jeweils 500 ml einer 9%igen Lösung der beiden Plasmaersatzstoffe innerhalb von 30 Minuten infundiert. Die Vollblutviskosität und die Plasmaviskosität wurden mit einem Ostwald-Kapillarviskosimeter bei 37 °C bestimmt. Weiter erfolgten Messungen der Erythrozytenaggregation (Lichttransmissionsmethode) und des Hämatokrits. Nach Infusion von Hydroxyäthylstärkelösung kommt es zu einer Senkung des Hämatokrits und der Blutviskosität, die über den gesamten Untersuchungszeitraum von 120 Minuten nach Infusionsende statistisch signifikant ist. Die Plasmaviskosität steigt, jedoch nur bis zur 60. Minute p.i., statistisch signifikant an. Die Erythrozytenaggregation ist deutlich und lang anhaltend vermindert.

Bemerkungen: Keine Messung der Erythrozytenfiltration.

Müller und Mitarbeiter [662] untersuchten 1983 den Einfluß von Hydroxyäthylstärkelösung (mittleres Molekulargewicht 200000) auf die Fließeigenschaften des Blutes von Patienten mit zerebralen Durchblutungsstörungen und fanden eine Abnahme der Vollblutviskosität und der Erythrozytenaggregation sowie eine Verbesserung der Erythrozytenfiltrabilität.

Krepp und Mitarbeiter [528] untersuchten 1984 in einer kontrollierten prospektiven Studie an 50 Patienten mit zerebralen Durchblutungsstörungen den Einfluß einer 5tägigen hypervolämischen Hämodilutionstherapie mit 10%iger Hydroxyäthylstärkelösung vom Molekulargewicht 200000/0,5. 500 ml Infusionslösung wurden innerhalb von 6 Stunden intravenös gegeben. Als rheologischer Parameter wurde die Plasmaviskosität mit einem Kapillarviskosimeter bestimmt. Es zeigte sich ein Abfall der Plasmaviskosität während der Behandlung mit HAES 200, während nach entsprechender Infusion von Dextran 40 (10%) die Plasmaviskositätswerte anstiegen. Die Urinviskosität, ebenfalls gemessen mit einem Kapillarviskosimeter, stieg bei beiden Plasmaersatzmitteln statistisch signifikant an, bei HAES 200 jedoch geringgradiger als bei Dextran 40.

Landgraf und Mitarbeiter [539, 540, 541, 316] berichteten 1985 über eine randomisierte cross over-Studie bei Patienten mit Claudicatio intermittens, denen verschiedene Plasmaersatzmittel hypervolämisch, d.h. ohne vorherige Aderlässe, infundiert wurden. Die Dauer der Infusion betrug 2 Stunden. Intraindividuell wurden 10%iges Dextran 40, 6%ige Hydroxyäthylstärke MW 40000/0,5 und 10%ige Hydroxyäthylstärke MW 200000/ 0,5 infundiert. Zwischen den einzelnen Infusionen wurde eine wash out-Periode von 8 Tagen eingehalten. Als Kontrolle diente eine Infusion von 500 ml physiologischer Kochsalzlösung. Bei allen verwendeten Infusionslösungen kam es zu einer Senkung der Vollblutviskosität, in geringerem Maße auch bei der Verwendung der Kochsalzlösung. Die Plasmaviskosität war lediglich bei der Verwendung von Kochsalzlösung und der niedrigmolekularen Hydroxyäthylstärkelösung vermindert. Nach der Gabe von Hydroxyäthylstärke vom Molekulargewicht 200000 stieg die Plasmaviskosität geringgradig, nach der Infusion von niedermolekularem Dextran deutlich an. Die Erythrozytenaggregation war bei Dextran 40 unmittelbar nach der Infusion vermindert, bei Hydroxyäthylstärke vom Molekulargewicht 200000 und bei Kochsalzlösung mehr am Ende der Untersuchungszeit.

Staedt und Mitarbeiter [812, 813, 814] untersuchten 1986 den Einfluß zweier verschiedener kolloidaler Plasmaersatzstoffe (10%iges niedermolekulares Dextran 40 und 10%ige Hydroxyäthylstärke (200000/0,5)) in einer prospektiven, randomisierten cross over-Studie bei Patienten mit ischämischer Apoplexie. Die Infusionsdauer betrug 6-8 Stunden; Blutentnahmen erfolgten vor, während und am Ende der Infusion. Die Vollblutviskosität wurde mit einem Contraves low shear-Viskosimeter und die Erythrozytenaggregation mit einem Lichttransmissionsverfahren gemessen. Unter der Infusion beider Plasmaersatzmittel kommt es zu einer statistisch signifikanten Senkung der Vollblutviskosität. Die Plasmaviskosität nimmt unter der Infusion der Hydroxyäthylstärkelösung deutlicher ab als unter Dextran 40. Die Erythrozytenaggregation wird durch mittelmolekulare Hydroxyäthylstärke deutlich vermindert, dagegen nicht durch niedermolekulares Dextran.

Bemerkungen: Keine Messung der Erythrozytenfiltrabilität.

Haass und Mitarbeiter [411] infundierten bei Patienten mit akuten zerebralen Durchblutungsstörungen im Rahmen einer Langzeitbehandlung sowohl 10%iges niedermolekulares Dextran 40 als auch 10%ige mittelmolekulare Hydroxyäthylstärke (200/0,5). Die Infusion wurde jeweils über 4 bis 6 Stunden verabfolgt und zwar zunächst 2 × 500 ml täglich im Wechsel mit einer Elektrolytlösung und anschließend je einmal 500 ml täglich. Die Vollblutviskosität wurde mit einem Wells-Brookfield-Viskosimeter bei verschiedenen Schergraden, die Plasmaviskosität mit einem Kapillarviskosimeter und die Erythrozytenaggregation mit einem transmissionsoptischen Verfahren gemessen. Die Vollblutviskosität sank unter einer einmaligen Gabe von Hydroxyäthylstärkelösung deutlicher ab als unter der Gabe von Dextran, die Wirkung hielt aber bei Dextran länger an als bei der Stärkelösung. Die Plasmaviskosität stieg nach jeder einzelnen Infusion von Dextranlösung an, nahm dagegen unter Hydroxyäthylstärkelösung leicht ab. Die Messung der Erythrozytenaggregation ergab eine statistisch signifikante Verminderung der Werte sowohl während der einzelnen Infusionen als auch im Verlauf der Gesamtbehandlungszeit durch Hydroxyäthylstärkelösung. Im Gegensatz dazu kam es bei einer akuten Gabe von Dextran zu einer Verminderung der Erythrozytenaggregationswerte, bei chronischer Verabfolgung jedoch zu einer Erhöhung der Werte. Dies wurde über eine Kumulierung der höhermolekularen Anteile von Dextran 40 im Körper erklärt.

Bemerkungen: Keine Messung der Erythrozytenfiltrabilität.

Kiesewetter und Mitarbeiter [503] behandelten 1986 Patienten mit zerebralen Mikroangiopathien mit niedermolekularer Hydroxyäthylstärke (hypervolämische Hämodilution, keine Blutentnahme) und fanden eine Verminderung der Fließschubspannung, der Erythrozytenaggregation und der Erythrozytenverformbarkeit. Außerdem war die Plasmaviskosität vermindert. Bei gleichzeitiger Verwendung von Pentoxifyllin wurde eine zusätzliche Verbesserung der Erythrozytenverformbarkeit erreicht.

Diskussion

Bei den vorliegenden Untersuchungen wurden 6 bis 10%ige Hydroxyäthylstärkelösungen unterschiedlichen Molekulargewichts (MG 40000 = niedermolekular, MG 200000 = mittelmolekular, MG 450000 = hochmolekular) hypervolämisch, d.h. ohne Aderlaß, infundiert. Es war zu erwarten, daß die wenigen Untersuchungen über den Einfluß von Hydoxyäthylstärkelösungen auf die Fließeigenschaften des Blutes bei Patienten nur schwer auf einen Nenner zu bringen sind, da sie mit verschiedenen Molekulargewichten und verschiedenen Konzentrationen durchgeführt wurden. Bei hochmolekularer Hydroxyäthylstärkelösung [489] wurde nur eine geringgradige Verminderung der Blutviskosität trotz signifikantem Hämatokritabfall gefunden; die Plasmaviskosität war erhöht und die Erythrozytenverformbarkeit vermindert.

Die von *Harke* und Mitarbeitern gefundene Senkung der Blutviskosität nach Infusion von 1000 ml einer 10%igen mittelmolekularen Hydroxyäthylstärkelösung (MG 200000) muß auch als Folge des Blutverlustes während der bei den Patienten durchgeführten Operationen gesehen werden. Daneben hatten die Patienten vor der Operation eine 12stündige Nahrungs- und Flüssigkeitskarenz einzuhalten, was natürlich ebenfalls die Viskositätswerte nach Infusionen von Plasmaersatzmitteln und deren Vergleichbarkeit beeinflussen muß. *Harke* und Mitarbeiter fanden zwar eine Senkung der Viskosität nach Hydroxyäthylstärkeinfusionen, nicht dagegen nach Infusionen mit niedermolekularem Dextran. Dies könnte u.a. bedingt sein durch die vorherige Flüssigkeitskarenz, wodurch es nach der Infusion der hochonkotischen Dextranlösung zu einer Dehydratation kommen kann.

Müller-Bühl und Mitarbeiter führten ebenfalls mit 10%iger mittelmolekularer Hydroxyäthylstärke vom Molekulargewicht 200000 bei Patienten mit peripherer Verschlußerkrankung im Stadium II Viskositätsuntersuchungen durch. Nach zehntägiger Behandlung mit täglich einer Infusion von 500 ml fanden sie eine signifikante Verminderung der Blutviskosität, jedoch keine signifikante Verminderung der Plasmaviskosität. Messungen der Erythrozytenaggregation und der Erythrozytenverformbarkeit bzw. -filtrabilität wurden nicht durchgeführt. Die Autoren berichteten über eine Verlängerung der schmerzfreien Gehstrecke, die jedoch der entsprechenden Abbildung nach nicht erheblich ist. Möglicherweise war auch die Behandlungszeit von 10 Tagen bei der Therapie einer chronischen Gefäßerkrankung zu kurz.

Untersuchungen von *Landgraf* und Mitarbeitern und *Landgraf* und *Ehrly* ergaben, daß bei der Verwendung von Hydroxyäthylstärkelösung vom Molekulargewicht 40000 und auch bei einem Molekulargewicht von 200000/0,5 die Erythrozytenaggregation wesentlich stärker vermindert wurde als auf Grund einer hämodilutionsbedingten Senkung der Fibrinogenkonzentration vermutet werden konnte. Deswegen wurde für Hydroxyäthylstärke eine spezifisch desaggregierende Wirkung auf Erythrozytenaggregate postuliert.

Die Studien von *Staedt* und Mitarbeitern sowie *Haass* und Mitarbeitern und *Müller* und Mitarbeitern bestätigen diese Beobachtung. Während die Vollblutviskosität sowohl bei einer relativ raschen Infusionszeit von 30 Minuten oder einer Stunde wie auch bei einer Infusionsdauer von 6 bis 8 Stunden bei allen vorliegenden Untersuchungen nach Gabe von Hydroxyäthylstärkelösungen vermindert wurde, war das Verhalten der Plasmaviskosität uneinheitlich. Bei der relativ kurzfristigen Infusion von 500 ml Hydroxyäthylstärkelösung vom Molekulargewicht 200000 fanden *Landgraf* und *Ehrly* eine geringgradige Erhöhung der Plasmaviskosität; auch *Müller-Bühl* und Mitarbeiter kamen zu ähnlichen Resultaten.

Wurde die Infusion jedoch über Stunden ausgedehnt (*Krepp* und Mitarbeiter, *Staedt* und Mitarbeiter, *Haass* und Mitarbeiter), so kam es zu einer mehr oder weniger deutlichen Verminderung der Plasmaviskosität. Von den vergleichenden Untersuchungen zwischen Dextran 40 und Hydroxyäthylstärkelösung vom Molekulargewicht 200000/0,5 (*Landgraf* und Mitarbeiter, *Staedt* und Mitarbeiter und *Haass* und Mitarbeiter) schneidet die Hydroxyäthylstärke hinsichtlich ihres rheologischen Verhaltens durchweg besser ab als niedermolekulares Dextran mit einem Molekulargewicht von 40000. Es konnte darüberhinaus gezeigt werden, daß auch eine längere Infusionsdauer von Hydroxyäthylstärkelösung die Fließeigenschaften des Blutes günstig beeinflussen kann. Hinsichtlich der Erythrozytenfiltrabilität wird von den meisten Autoren eine Verbesserung dieses Parameters angegeben, was über eine Verminderung der Plasmaviskosität erklärt werden kann.

Insgesamt gesehen sind Hydroxyäthylstärkelösungen aus rheologischer Sicht von besonderem Interesse, sieht man einmal von den großmolekularen Präparaten mit einem Molekulargewicht von 450000 ab. Hydroxyäthylstärkelösungen vom Molekulargewicht 200000/0,5 bzw. 40000/0,5 bewirken eine multifaktorielle Verbesserung der Fließeigenschaften des Blutes und besitzen einen spezifisch desaggregierenden Effekt auf Erythrozytenaggregate. Obwohl die Anzahl der Publikationen über Hydroxyäthylstärkelösungen und ihren Einfluß auf die Fließeigenschaften des Blutes zahlenmäßig noch gering ist, ist zu erwarten, daß dieser Plasmaersatzstoff in Zukunft als rheologisches Therapeutikum an Bedeutung gewinnen wird.

4.1.36. Suloctidil

Einleitung

Suloctidil ist ein Vasodilatator und wird zur Therapie peripherer Durchblutungsstörungen verwendet.

Publikationen

Erste Ergebnisse einer Pilotstudie über die Wirkungen von Suloctidil auf die Fließeigenschaften des Blutes geriatrischer Patienten wurden von **Roba, Roncucci** und **Lambelin** [734] 1977 veröffentlicht. Simultan mit der Senkung der Blutviskosität wurde eine Verminderung des Fibrinogenspiegels beobachtet.

Bemerkungen: Keine Angaben zur Viskositätsmessung, keine Messungen weiterer rheologischer Parameter.

1979 berichteten **Roncucci** und Mitarbeiter [737] über den Einfluß von Suloctidil auf die Blutviskosität bei 40 Diabetikern, welche an Retinopathien, Nephropathien, Neuropathien und Mikroangiopathien litten. Im Rahmen einer Doppelblindstudie erhielten die Probanden 200 mg Suloctidil

täglich zusätzlich zur Insulin- bzw. oralen Diabetestherapie. Die Behandlungsdauer betrug 5 Monate. Die Blutviskosität der mit Heparin oder mit EDTA antikoagulierten Blutproben wurde mit einem Brookfield-micro-cone-plate-Viskosimeter bei 230 s^{-1} und mit einem Contraves Low Shear 100-Viskosimeter bei 0,77 s^{-1} gemessen. Die Erythrozytenverformbarkeit (Erythrozytenflexibilität) wurde mit einem Polycarbonatfiltermodell (Porengröße 5 μm, keine weiteren Angaben) überprüft.
Nur bei dem Schergrad von 230 s^{-1} fanden die Autoren eine signifikante Verminderung der Blutviskosität, wohingegen bei einem Schergrad von 0,77 s^{-1} keine Senkung der Werte gefunden werden konnte. Eine Erklärung für den signifikanten Anstieg des Hämatokritwertes und des Fibrinogenspiegels in der Placebo- wie auch in der Suloctidilgruppe konnte nicht gegeben werden. Die Erythrozytenverformbarkeit wurde durch die Therapie mit Suloctidil nicht verändert.

Bemerkungen: Keine Hämatokritkorrektur; keine Temperaturangabe; keine Messungen weiterer rheologischer Parameter.

Van Stalle und **Lambelin** [873] berichteten 1981 von einer klinischen Studie, bei der 20 Diabetikern mit vaskulären Erkrankungen über 5 Monate hinweg 200 mg Suloctidil täglich verabfolgt wurden. Diese Gruppe wurde mit einer zweiten Gruppe von Patienten verglichen, die Placebo bekam. Untersucht wurden die Vollblutviskosität bei Schergraden von 230 und 0,77 s^{-1}, die Plasmafibrinogenkonzentration und die Erythrozytenverformbarkeit. Während bei der Placebogruppe keine Veränderungen der Viskositätswerte nachweisbar waren, fand sich bei der Verumgruppe eine statistisch signifikante Senkung der Vollblutviskosität (230 s^{-1}). Angaben über das Verhalten der Erythrozytenverformbarkeit werden nicht gemacht (Abstract, keine Details).

Caimi und Mitarbeiter [110] untersuchten 1983 bei 17 Patienten mit zerebrovaskulären und peripheren arteriellen Verschlußerkrankungen den Einfluß einer Langzeittherapie mit Suloctidil (600 mg pro Tag) auf die Vollblutviskosität (Wells-Brookfield-Viskosimeter bei 3 verschiedenen Schergraden), die Plasmaviskosität, gemessen mit demselben Viskosimeter, und die Erythrozytenfiltrabilität, bestimmt nach der Vollblutmethode von Reid und Mitarbeitern.
Die Autoren fanden nach einer mehrmonatigen Therapie eine Verbesserung der Erythrozytenfiltrabilität, während die anderen hämorheologischen Parameter nicht statistisch signifikant verändert waren.

Merchan und Mitarbeiter [634] untersuchten 1985 den Einfluß von dreimal täglich 200 mg Suloctidil auf die Fließeigenschaften des Blutes bei 15 Patienten mit zerebrovaskulärer Insuffizienz. Die Blut- und Plasmaviskosität, gemessen mit einem Wells-Brookfield-Mikroviskosimeter bei 37 °C, und die Erythrozytenverformbarkeit, gemessen mit der Vollblutmethode nach Reid und Mitarbeitern, wurden jeweils vor und nach einer 180 Tage dauernden Therapie bestimmt. Die Autoren fanden eine Verbesserung der hämorheologischen Parameter.

Diskussion

Roncucci und seine Arbeitsgruppe beschrieben eine Viskositätssenkung durch Suloctidil, allerdings nur bei einem bestimmten Schergrad, obwohl die Hämatokritwerte signifikant erhöht waren.

Caimi und Mitarbeiter konnten in einer Langzeitstudie keine Verminderung der Blutviskosität und der Plasmaviskosität finden, während *Merchan* und Mitarbeiter nach einer 180 Tage dauernden Therapie eine Senkung der Blut- und Plasmaviskosität fanden. Ebenso widersprüchlich sind die Angaben zur Erythrozytenverformbarkeit: während *Roncucci* und Mitarbeiter keine Beeinflussung fanden, konnten *Caimi* und Mitarbeiter sowie *Merchan* und Mitarbeiter einen entsprechend günstigen Einfluß feststellen. Die beiden letzten Autorengruppen verwendeten allerdings die heute inadäquate Vollblutmethode nach *Reid* und Mitarbeitern. Insgesamt gesehen läßt sich aus den vorliegenden Publikationen kein sicherer Anhalt für eine mögliche hämorheologische Wirkung von Suloctidil ableiten.

4.1.37. Butalamin

Einleitung

Butalamin, ein muskulotroper Vasodilatator, wird zur Behandlung peripherer und zerebraler Durchblutungsstörungen verwendet.

Publikationen

Stödter aus der Arbeitsgruppe um Ehrly untersuchte 1978 [817] den Einfluß oraler Butalamin-Gaben auf die Fließeigenschaften des Blutes von Patienten mit peripheren arteriellen Durchblutungsstörungen. Die Patienten erhielten 3× täglich 120 mg Butalamin. Die Blut- und Plasmaviskosität der heparinisierten Blutproben wurden mit einem Ostwald-Kapillarviskosimeter und Veränderungen der Erythrozytenverformbarkeit (Erythrozytenflexibilität) mit einem Kapillarfiltersystem (Milliporefilter, Ø 8 µm, Hämatokrit 10%, 12,9 mm H_2O) nach den Angaben von Ehrly und Roßbach bestimmt. Die Meßtemperatur betrug 37 °C. Unter den gewählten Versuchsbedingungen konnte der Untersucher keine Veränderung der Fließeigenschaften des Blutes feststellen.

Bemerkungen: Messungen der Erythrozytenaggregation wurden nicht durchgeführt. Eine Hämatokritkorrektur wurde bei der Messung der Blutviskosität nicht vorgenommen.

4.1.38. Naftidrofuryl

Einleitung

Naftidrofuryl ist ein Vasodilatator und wird zur Behandlung von peripheren und zentralen Durchblutungsstörungen eingesetzt.

Publikationen

Die erste Publikation über hämorheologische Wirkungen der vasoaktiven Substanz Naftidrofuryl wurde von **Ott** [676] aus der Arbeitsgruppe Heidrich 1973 im Rahmen einer Dissertation veröffentlicht. Unter den Probanden befanden sich Patienten mit Durchblutungsstörungen und anderen Erkrankungen. Verwendet wurde das Kugelfallviskosimeter der Firma Haake; die Messungen der Blutviskosität wurden bei 37 °C durchgeführt. Innerhalb einer Stunde erhielten 5 Patienten eine einmalige Infusion von 200 mg Naftidrofuryl in 250 ml einer 5%igen Lävuloselösung intravenös. Viskositätsmessungen wurden innerhalb von 4 bis 8 Stunden nach dem Infusionsende durchgeführt. In der Zwischenzeit erfolgte die Lagerung der heparinisierten Blutproben bei 4 °C. Am Infusionsende stellte sich bei einem Hämatokritabfall von 0,64% eine 4,24%ige Senkung der Blutviskosität ein. Die alleinige Gabe der Trägerlösung in einer Kontrollgruppe von 5 Probanden führte bei einem Hämatokritabfall von 1,12% zu einer Verminderung der Blutviskosität um 6,61%. Unter der Gabe von Lävulose mit Naftidrofuryl kam es also zu einer deutlich geringeren Blutviskositätssenkung als durch die alleinige Infusion der Trägerlösung Lävulose. Im Vergleich dazu kam es durch die Infusion von 500 ml niedermolekularem Dextran bei einem Hämatokritabfall um 13% zu einer Verminderung der Blutviskosität um 15,26%.

1974 und 1975 veröffentlichten **Heidrich** und **Ott** [421, 424] wesentliche Teile dieser Arbeit.

Bemerkungen: Die mittels Kugelfallviskosimeter erhobenen Befunde sind aus methodischen Gründen nicht aussagekräftig; keine Hämatokritkorrektur; keine Messungen anderer rheologischer Parameter.

1979 untersuchten **Savi** und Mitarbeiter [752] den Einfluß von Naftidrofuryl auf die Fließeigenschaften des Blutes. 30 Patienten mit peripheren Durchblutungsstörungen erhielten täglich 2 Infusionen mit 40 mg Naftidrofuryl in 250 ml isotonischer Kochsalzlösung intravenös (= 80 mg Naftidrofuryl in 500 ml isotonischer Kochsalzlösung). Die Blut- und Plasmaviskosität der heparinisierten Blutproben wurden mit einem Wells-Brookfield-Viskosimeter LVT bei 37 °C und Schergraden von 11,5, 23, 46, 115 und 230 s^{-1} gemessen. Gleichzeitig mit einer signifikanten Verminderung der Blut- und Plasmaviskosität fanden die Untersucher eine Senkung des Fibrinogenspiegels.

Bemerkungen: Keine Messungen weiterer rheologischer Parameter; keine Hämatokritkorrektur.

Kiesewetter und Mitarbeiter [494] untersuchten 1984 den Einfluß von Naftidrofuryl auf die hämorheologischen Parameter von 15 Patienten mit chronisch-arterieller Verschlußkrankheit der schwereren Stadien. In einer Doppelblindstudie wurden zunächst 2 Wochen lang 400 mg Naftidrofuryl in physiologischer Kochsalzlösung intravenös gegeben und anschließend 600 mg Naftidrofuryl oral über 22 Wochen verabfolgt. Im Vergleich dazu wurde bei einer kleineren Gruppe von Patienten Placebo gegeben. Untersucht wurden die Fließschubspannung, die Erythrozytenaggregation (Lichttransmissionsmethode), die Erythrozytenverformbarkeit (selektierendes Erythrozytenrigidometer) und die Plasmaviskosität mittels einer Kapillarviskosimetermethode. Es kam zu einer signifikanten Verringerung des sogenannten Rigiditätsindexes, einer statistischen Verringerung der Erythrozytenaggregation, während die Verringerung der Plasmaviskosität statistisch nicht zu sichern war. Die Fließschubspannung war statistisch signifikant gegenüber der Placebogruppe verbessert.

Jung und Mitarbeiter [482, 483] berichteten 1986 über die Veränderungen hämorheologischer Parameter bei Patienten mit chronischer arterieller Verschlußerkrankung im Stadium IIb nach Fontaine, die einen Hämatokrit von gleich oder größer als 45% aufwiesen. Diese Patienten absolvierten zunächst ein 10wöchiges Gehtraining bei gleichzeitiger, täglicher Infusion von 250 ml 5%iger Lävuloselösung („Vergleichstherapie"). Danach bekamen die Patienten bei Fortdauer der physikalischen Therapie täglich 600 mg Naftidrofuryl über eine Kurzinfusion mit 250 ml 5%iger Lävulose verabfolgt.

Die Erythrozytenaggregation wurde mit einem transmissionsoptischen Verfahren geprüft, die Erythrozytenrigidität mit einem selektiven Erythrozytenrigidometer und die Plasmaviskosität mit einer kapillarviskosimetrischen Methode. Es kam zu einer statistisch signifikanten Verminderung der Erythrozytenrigidität durch die pharmakologische Therapie, nicht jedoch durch die physikalische Monotherapie. Hämatokrit, Plasmaviskosität und Erythrozytenaggregation blieben sowohl unter der rein physikalischen Therapie wie auch unter der Kombinationstherapie nahezu unverändert.

Klinik: Die Autoren fanden eine Verlängerung der schmerzfreien Gehstrecke nach der Vergleichstherapie und eine zusätzliche Verbesserung dieses Parameters nach der Gabe des Medikamentes.

Bemerkungen: Keine Messung der Erythrozytenfiltrabilität.

Heilmann und **Hirche** [439] untersuchten 1986 den Einfluß von Naftidrofuryl auf die Fließeigenschaften des Blutes bei 20 Schwangeren mit Gestosen. Hierbei wurden über 3 Wochen Infusionen von 400 mg Naftidrofuryl in 500 ml Glukoselösung gegeben. Die Erythrozytenaggregation wurde mit einem Kegel-Platte-Aggregometer untersucht, die Erythrozytenverformbarkeit mit dem Polymikro-Viskosimeter nach Teitel und die Plasmaviskosität mit einem Kapillarviskosimeter. Es fand sich eine Verbesserung der Erythrozytenverformbarkeit unter Naftidrofuryl, während die Erythrozytenaggregation und die Plasmaviskosität unbeeinflußt blieben.

Kiesewetter und Mitarbeiter [502] untersuchten 1986 den Einfluß von Naftidrofuryl auf die Fließeigenschaften des Blutes bei Patienten mit Basilaris-Insuffizienz. Bei insgesamt 15 Patienten wurden täglich 600 mg Naftidrofuryl oral über 2 Monate verabfolgt. Bestimmt wurden die Fließschubspannung, die Erythrozytenrigidität (selektierendes Erythrozytenrigidometer) und die Plasmaviskosität (Kapillarviskosimeter). Es kam zu einer statistisch signifikanten Verbesserung der o.a. hämorheologischen Parameter bei nahezu unveränderten Hämatokritwerten.

Diskussion

Die frühen Arbeiten von *Ott* und Mitarbeitern sind wegen ihrer methodischen Mängel wenig aussagekräftig. Bei den Untersuchungen von *Savi* und Mitarbeitern werden neben der Substanz Naftidrofuryl auch größere Mengen isotonischer Kochsalzlösung als Trägerlösung infundiert sowie keine Hämatokritkorrektur durchgeführt, so daß ihre Aussage einer Viskositätsverminderung relativiert werden muß. Diese Vorsicht in der Interpretation wird gestützt durch die Untersuchungen von *Kiesewetter* und Mitarbeitern, *Jung* und Mitarbeitern und *Heilmann* und *Hirche,* welche keine Beeinflussung der Plasmaviskosität durch Naftidrofuryl nachweisen konnten. Dagegen fanden diese Autoren eine signifikante Verbesserung der Erythrozytenrigidität, gemessen mit einem selektierenden Erythrozytenrigidometer. Während *Heilmann* und *Hirche* und *Jung* und Mitarbeiter keine Veränderung der Erythrozytenaggregation nachweisen konnten, war dieser Faktor bei *Kiesewetter* und Mitarbeitern signifikant vermindert.

Zusammenfassend läßt sich sagen, daß zum Teil widersprüchliche Aussagen über die Beeinflussung hämorheologischer Parameter durch eine Therapie mit Naftidrofuryl gemacht wurden. In der vorliegenden relativ kleinen Anzahl von Publikationen wird dagegen übereinstimmend von einer Verbesserung der Erythrozytenverformbarkeit berichtet.

4.1.39. Vincamin

Einleitung

Vincamin ist ein Alkaloid aus Vinca minor und wird zur Behandlung zerebraler Durchblutungsstörungen verwendet. Weitere Anwendungsgebiete von Vincamin sind Durchblutungsstörungen des Innenohres und der Netzhaut.
Vinpocetin ist ein Vincaminderivat mit ähnlichen Indikationsgebieten wie Vincamin.

Publikationen

1979 untersuchten **Klein** und Mitarbeiter [508] den Einfluß von Vincamin auf die Fließeigenschaften des Blutes bei Patienten mit zerebralen Durchblutungsstörungen und zum Teil neurologischen Ausfallserscheinungen. Über einen Behandlungszeitraum von 84 Tagen erhielten die Patienten 2 × 30 mg Vincamin/die. Die Blutviskosität wurde mit einem Kapillarviskosimeter bei 20 °C gemessen. Am Behandlungsende kam es zu einem signifikanten Abfall der Blutviskosität; ebenso wurde eine Verminderung des Hämatokritwertes festgestellt.

Bemerkungen: Keine Hämatokritkorrektur; Blutviskositätsmessungen bei 20 °C. Keine Messungen weiterer rheologischer Parameter.

Klinik: Die mit der zerebrovaskulären Insuffizienz einhergehende Symptomatik wie Kopfschmerzen, Schwindel, Ohrensausen, Schlafstörungen und Gedächtnisstörungen wurde unter der Therapie mit Vincamin günstig beeinflußt.

Ehrly und **Landgraf** [293] untersuchten 1981 den Einfluß einer einmaligen intravenösen Infusion von 15 mg Vincamin bei Patienten mit Claudicatio intermittens und fanden keine Veränderungen der Blut- und Plasmaviskosität sowie der Erythrozytenfiltrabilität. Bei in vitro-Untersuchungen mit hyperosmolarem Blut jedoch ergab sich eine dosisabhängige Verbesserung der Filtrabilitätswerte (Abstract, keine Details).

Osawa und **Maruyama** [673] berichteten 1985 über den Einfluß von Vinpocetin auf die Fließeigenschaften des Blutes. Patienten mit chronischer ischämischer zerebrovaskulärer Erkrankung erhielten 3 × 1 Tablette à 5 mg Vinpocetin pro Tag über 2 Wochen. Die Blutviskosität wurde bei 37 °C und Scherraten von 18, 75 und 375 s^{-1} mit einem Kegel-Platte-Viskosimeter gemessen; die Plasmaviskosität wurde mit dem gleichen Instrument bei 375 s^{-1} bestimmt. Hämatokrit und Fibrinogenspiegel änderten sich während der Behandlung nur geringgradig, dagegen sank die Vollblutviskosität bei allen untersuchten Scherraten statistisch signifikant ab. Auch die Plasmaviskosität war statistisch signifikant vermindert.

Bemerkungen: Keine Messungen der Erythrozytenaggregation und der Erythrozytenverformbarkeit.

Kuzuya und **Mitarbeiter** [532] untersuchten 1985 den Einfluß von Vinpocetin, einem Vincaminderivat, auf die Blutviskosität von 10 männlichen Patienten mit chronischer zerebrovaskulärer Erkrankung und erhöhter Blutviskosität. Vinpocetin wurde in einer Dosis von 5 mg täglich über 2 Wochen gegeben. Die Blutviskosität wurde mit einem Kegel-Platte-Viskosimeter bei verschiedenen Schergraden, die Plasmaviskosität mit dem gleichen Instrument bei 375 s^{-1} bestimmt. Die Untersuchungen waren bei 37 °C durchgeführt worden. Während sich für Hämatokritwert und Plasmafibrinogenkonzentration kein statistisch signifikanter Abfall ergab, fiel die Blutviskosität, insbesondere bei niedrigen Schergraden, statistisch signifikant ab. Auch die Plasmaviskosität fiel geringgradig, aber statistisch signifikant ab.

Bemerkungen: Keine Untersuchungen der Erythrozytenaggregation und der Erythrozytenverformbarkeit.

Diskussion

Während *Klein* und Mitarbeiter eine Verminderung der Vollblutviskosität und des Hämatokrits nach Gabe von Vincamin feststellten, konnten diese Befunde von *Ehrly* und Mitarbeitern nicht bestätigt werden. *Osawa* und *Maruyama* sowie *Kuzuya* und Mitarbeiter fanden bei der Verwendung von Vinpocetin eine Senkung der Blutviskosität bei niedrigen Schergraden und eine geringgradige Verminderung der Plasmaviskosität, während Hämatokrit und Plasmafibrinogenkonzentration nahezu unverändert blieben. Die bisher vorliegenden Untersuchungen zu Vincamin und ähnlichen Substanzen auf die Fließeigenschaften des Blutes sind nicht ausreichend , um eine hämorheologische Wirkung zweifelsfrei zu belegen.

4.1.40. Ticlopidin

Einleitung

Ticlopidin ist ein Plättchenfunktionshemmer und Plättchenaggregationshemmer. Aus diesem Grunde wird es unter anderem als antithrombotisches Medikament empfohlen.

Publikationen

1979 berichteten **Shigehiro** und Mitarbeiter [795] über den Einfluß von Ticlopidin bei Patienten mit Angina pectoris. Die Blut- und Plasmaviskosität dieser Patienten wurden vor, 2 und 6 Wochen nach der Gabe von Ticlopidin untersucht. Die Autoren fanden eine Erniedrigung der Blutviskositätswerte sowie eine Verminderung der pektanginösen Beschwerden (Abstract, keine Details).

Aukland und Mitarbeiter [32] untersuchten 1982 die Wirkung von Ticlopidin (2 × 250 mg oral pro Tag) über einen Zeitraum von 12 Monaten bei Patienten mit Claudicatio intermittens. Die Blutviskosität wurde bei 25 °C und Schergraden von 128 und 0,2 s^{-1} mittels eines Contraves LS 30-Viskosimeters bei einem standardisierten Hämatokrit von 45% gemessen. Die Plasmaviskosität wurde bei 25 °C mit einem Kapillarviskosimeter gemessen. Es fand sich keine statistisch signifikante Senkung der Viskositätswerte im Vergleich zu einem doppelblind verglichenen Kontrollkollektiv.

Bemerkungen: Keine Messungen weiterer rheologischer Parameter, Durchführung der Viskositätsmessungen bei 25 °C.

Klinik: Keine Verlängerung der schmerzfreien Gehstrecke bei den Patienten mit Claudicatio intermittens.

Tekeres und Mitarbeiter [854] berichteten 1982 über den Einfluß einer 6- bis 12monatigen Behandlung von Patienten mit Zustand nach Myokardinfarkt mit 500 mg Ticlopidin oral täglich. Diese Gruppe von Patienten wurde mit einer anderen Gruppe verglichen, die keinen Plättchenfunktionshemmer verordnet bekam. Die Blutviskosität, gemessen mit einem Contraves LS 100-Viskosimeter, zeigte eine deutliche Verminderung der Blutviskosität bereits nach der ersten Woche der Therapie. Außerdem wurde eine Verminderung der Fibrinogenkonzentration beobachtet. Die Häufigkeit eines Reinfarktes wurde vermindert (Abstract, keine Details).

Neumann und Mitarbeiter [669] untersuchten den Einfluß von Ticlopidin (250 mg 2 × täglich oral) bei 12 Patienten mit Diabetes mellitus. Die Blutviskosität wurde mit einem Contraves LS 30-Viskosimeter bei 25 °C gemessen, die Plasmaviskosität mit einem Kapillarviskosimeter (25 °C). Die Erythrozytenverformbarkeit wurde bei Raumtemperatur nach der Methode von Kenny und Mitarbeiter mit gewaschenen Erythrozyten durchgeführt. Die Behandlungsdauer betrug 12 Wochen. Es fand sich eine Senkung der Plasmaviskosität und der Vollblutviskosität, die mit einer 11%igen Abnahme der Serumglobulinkonzentration korrelierte. Die gemessene Verbesserung der Filtrationswerte war nicht mehr feststellbar, wenn die Blutproben auf eine konstante Leukozytenzahl eingestellt wurden. Die Autoren führen die Verminderung der Viskositätswerte auf die Verminderung der Gesamteiweißkonzentration zurück.

Bemerkungen: Die Messungen wurden bei 25 °C durchgeführt; keine Bestimmung der Erythrozytenaggregation.

Klinik: Eine Besserung der diabetischen Symptomatik im Verlauf der 12wöchigen Therapie wurde nicht festgestellt.

Strano und Mitarbeiter [836] untersuchten 1983 den Einfluß einer 60tägigen Therapie mit 500 mg Ticlopidin per os pro Tag cross over gegen Placebo bei 16 Patienten mit obliterierender Arteriosklerose.
Die Erythrozytenfiltrabilität wurde nach der Vollblutmethode nach Reid bestimmt. Die Autoren fanden eine deutliche Verbesserung der Erythrozytenfiltrabilität im Verlaufe der Therapie.

Bemerkungen: Die verwendete Filtrationsmethode ist wenig aussagekräftig; weitere rheologische Parameter wurden nicht untersucht.

Randi und Mitarbeiter [718] untersuchten 1985 den Einfluß von Ticlopidin auf die Fließeigenschaften des Blutes bei 10 Patienten mit chronisch-arterieller Verschlußkrankheit. 10 Patienten wurden mit täglich 750 mg oral über 3 Monate behandelt, wobei im Vergleich dazu ein konventionelles Nicotinsäurepräparat gegeben wurde. Die Vollblutviskosität und die Plasmaviskosität wurden mit einem Brookfield-LVT-Viskosimeter bei 37 °C und 230 s^{-1} gemessen. Unter Ticlopidin kam es zu einer Senkung der Blutviskosität, die allerdings statistisch nicht signifikant war. In der Nicotinat-Gruppe gab es keine Veränderungen der Viskositätswerte.

Klinik: Es kam zu einer Verlängerung der schmerzfreien Gehstrecke unter Ticlopidingabe.

Diskussion

Während *Shigehiro* und Mitarbeiter und *Tekeres* und Mitarbeiter im Verlaufe einer oralen Therapie mit Ticlopidin eine Senkung der Blutviskositätswerte fanden, konnten *Aukland* und Mitarbeiter sowie *Randi* und Mitarbeiter keine Beeinflussung dieses Parameters feststellen. Bei Patienten mit Diabetes allerdings fanden Neumann und Mitarbeiter eine Senkung der Blut- und Plasmaviskosität und führten dies auf eine Verminderung der Konzentration an Serumglobulinen zurück.
Während *Strano* und Mitarbeiter eine Erhöhung der Filtrabilität von Blut nach Ticlopidin feststellten, konnten *Neumann* und Mitarbeiter zeigen, daß dieser Effekt mit dem von dieser Arbeitsgruppe gewählten Filtrationsmodell zwar auch nachweisbar war, aber nach Korrektur der Leukozytenzahl in

den Blutproben jedoch nicht mehr vorhanden war. Die von *Strano* verwendete Filtrationsmethode ist aus methodischen Gründen nur sehr bedingt aussagekräftig.

Insgesamt gesehen sind die Hinweise auf eine hämorheologische Wirkung von Ticlopidin nicht ausreichend, um einen entsprechenden Wirkungsmechanismus zweifelsfrei zu belegen.

4.1.41. Antiepileptika

Einleitung

Unter Antiepileptika werden Pharmaka verstanden, die zur symptomatischen Therapie der verschiedenen Epilepsieformen geeignet sind, ohne sonst die motorische Erregbarkeit herabzusetzen. Zu diesen Substanzen gehören Diphenylhydantoin und Carbamazepin.

Publikationen

1981 berichteten **Liewendahl** und Mitarbeiter [574] über Patienten, welche mit zwei verschiedenen Antiepileptika behandelt wurden. Die Patienten unter Diphenylhydantoin wiesen eine verbesserte Erythrozytenflexibilität im Vergleich zu einer gesunden Kontrollgruppe auf. Dies war bei Patienten unter Carbamazepin nicht der Fall.

Bemerkungen: Art und Weise der Bestimmung der Erythrozytenflexibilität wurden nicht näher erläutert. Messungen weiterer rheologischer Parameter unterblieben.

Diskussion

Eine eindeutige Beurteilung der Wirkung dieser Pharmaka auf die Fließeigenschaften des Blutes ist aufgrund der vorliegenden Arbeit nicht möglich.

4.1.42. Buflomedil

Einleitung

Buflomedil ist eine vasoaktive Substanz und wird zur Behandlung von peripheren und zentralen Durchblutungsstörungen eingesetzt.

Publikationen

Hildebrandt [448] aus der Arbeitsgruppe um Ehrly überprüfte 1980 im Rahmen einer Dissertation den Einfluß oraler wie intravenöser Gaben von Buflomedil auf die Fließeigenschaften des Blutes bei Patienten mit peripheren arteriellen Durchblutungsstörungen im Stadium IIb nach Fontaine.
Die Patienten erhielten in einem Akutversuch 200 mg Buflomedil in 250 ml isotoni-

scher Kochsalzlösung intravenös bzw. in einem Langzeitversuch über einen Zeitraum von 6 Wochen täglich 450 mg Buflomedil oral.
Die Blut- und Plasmaviskosität der heparinisierten Blutproben wurden mit einem Ostwald-Kapillarviskosimeter bei 37 °C und die Erythrozytenverformbarkeit durch Milliporefilter mit einem Porendurchmesser von 8 μm überprüft. Die Meßtemperatur betrug 37 °C.
Die Erythrozytenaggregation wurde fotometrisch (Lichttransmission) bei einem Hämatokrit von 40% gemessen. Simultan mit einem leichten Hämatokritabfall fand Hildebrandt eine Verminderung der Blutviskosität nach oralen wie intravenösen Gaben von Buflomedil. Veränderungen weiterer rheologischer Parameter wurden nicht festgestellt.

Bemerkungen: Keine Hämatokritkorrektur.

Dormandy und Mitarbeiter [209] untersuchten 1981 bei 10 Patienten mit Durchblutungsstörungen der unteren Extremitäten (keine genauen Angaben über den Schweregrad der Durchblutungsstörungen) den Einfluß von Buflomedil auf die Fließeigenschaften des Blutes. Die Patienten erhielten in einer Infusionszeit von 5 Minuten 200 mg Buflomedil intravenös. Die Messung der Erythrozytenverformbarkeit wurde mittels eines Nucleoporefilters (∅ 5 μm, 21 °C) ausgeführt. Eine halbe Stunde nach Infusionsende fanden die Untersucher eine signifikante Verbesserung der Erythrozytenverformbarkeit. Noch 4 Stunden nach Infusionsende wurde eine signifikant erhöhte Erythrozytenverformbarkeit gefunden.

Bemerkungen: Keine Messungen weiterer rheologischer Parameter.

Sergio und Mitarbeiter [791] berichteten 1981 über den Einfluß einer längerfristigen Behandlung mit Buflomedil bei Patienten mit chronischer peripherer arterieller Durchblutungsstörung und fanden eine Verminderung der Vollblutviskosität und eine Verbesserung der Erythrozytenverformbarkeit (Abstract, keine Details).

1981 berichteten **Materazzi** und Mitarbeiter [621] über die Beeinflussung der Vollblutviskosität und der Filtrabilität des Blutes durch intravenöse Gabe von Buflomedil in verschiedenen Dosierungen. Die Meßgröße Erythrozytenfiltrabilität, gemessen nach der Vollblutmethode von Reid und Mitarbeitern bei 37 °C, wurde jeweils vor und nach einer Belastung aus femoralvenösem Blut bestimmt. Anschließend wurde diese Prozedur nach intravenöser Gabe von 100 mg Buflomedil wiederholt. Neben den rheologischen wurden auch metabolische Parameter geprüft.
Bei 10 untersuchten Patienten kam es nach der Gabe von Buflomedil zu einer statistisch signifikanten Verbesserung der durch die muskuläre Belastung verschlechterten Erythrozytenfiltrabilität um etwa 5%. Die Autoren schließen daraus, daß das Präparat Buflomedil insbesondere einer belastungsinduzierten Verschlechterung der Erythrozytenverformbarkeit entgegenwirkt (Abstract, keine Details).

Bemerkungen: Weitere rheologische Parameter wurden nicht bestimmt.

Coccheri und Mitarbeiter [140] untersuchten 1982 den Einfluß einer 20tägigen oralen Gabe von 150 mg Buflomedil auf die Fließeigenschaften des Blutes von Patienten mit Diabetes mellitus. Die Ergebnisse wurden mit denen einer anderen Gruppe von Diabetikern verglichen, die nicht Buflomedil erhielten. Die Blutproben wurden vor und am Tag nach der Therapie aus der vena cubitalis entnommen und mit EDTA antikoaguliert. Die Blutviskosität wurde mit einem Wells-Brookfield-Mikroviskosimeter bei 23 s^{-1} und 230 s^{-1} bei 37 °C gemessen. Die Erythrozytenverformbarkeit wurde nach einer Modifikation der Reid'schen Vollblutmethode bestimmt, wobei Leukozyten und Plättchen weitgehend eliminiert wurden und die Proben auf

einen Hämatokrit von 40 eingestellt wurden. Die Meßtemperatur betrug 37 °C.
Die Untersucher fanden eine statistisch signifikante Verminderung des Hämatokritwertes in der Buflomedilgruppe sowie eine Senkung der Blutviskosität bei beiden gemessenen Schergraden. Auch die Erythrozytenfiltrationswerte verbesserten sich, während bei dem Kontrollkollektiv keine Veränderungen rheologischer Parameter zu verzeichnen waren.

Bemerkungen: Keine Messung der Erythrozytenaggregation.

Ähnliche Ergebnisse wurden von **Coccheri** und Mitarbeitern an anderer Stelle vorgetragen [139].

1982 untersuchten **Perego** und Mitarbeiter [692, 693] den Einfluß von Buflomedil auf die Fließeigenschaften des Blutes von Patienten mit peripheren arteriellen Durchblutungsstörungen im Stadium II nach Fontaine. Die Patienten erhielten über einen Behandlungszeitraum von 20 Tagen täglich 2 mal eine intravenöse Infusion von 100 mg Buflomedil in 50 ml isotonischer Kochsalzlösung innerhalb von 60 Minuten. Die Blut- und Plasmaviskositätsmessungen erfolgten mit einem Brookfield-micro-cone-plate-Viskosimeter (37 °C; 450, 90 und 11,25 s^{-1}). Zu den Blutviskositätsmessungen wurde der Hämatokrit auf einen Wert von 45% mathematisch korrigiert. Die Messung der Erythrozytenverformbarkeit wurde nach den Angaben von Reid und Mitarbeitern durchgeführt. Die Erythrozytensedimentationsrate wurde bei korrigiertem Hämatokrit von 45% beurteilt. Die Untersucher fanden nach der Gabe des Präparates eine signifikante Verminderung der Blutviskosität, die bei mittleren und hohen Schergraden am stärksten ausfiel. Dieser Befund korrelierte mit einer signifikanten Verbesserung der Erythrozytenverformbarkeit. Veränderungen der Plasmaviskosität, der Blutkörperchensenkungsgeschwindigkeit und des Plasmafibrinogenspiegels wurden nicht gefunden. Die alleinige Infusion der Trägerlösung (50 ml isotonische Kochsalzlösung) führte nicht zu signifikanten Veränderungen der Fließeigenschaften des Blutes.

Bemerkungen: Keine quantitative Bestimmung der Erythrozytenaggregation; inadäquate Filtrationsmethode.

Le Devehat und Mitarbeiter [559] untersuchten den Einfluß von Buflomedil auf die Vollblutfiltrabilität von Patienten mit diabetischer Angiopathie und fanden eine Normalisierung der Werte.

1983 berichteten **Pieragalli** und Mitarbeiter [701] über den protektiven Effekt von Buflomedil auf belastungsbedingte Veränderungen der Fließeigenschaften des Blutes bei Patienten mit peripheren Durchblutungsstörungen. Buflomedil wurde über einen Zeitraum von 4 Wochen in einer Dosierung von 2 × 600 mg täglich oral verabfolgt. Vor und nach dieser Behandlung wurden Blut- und Plasmaviskosität und Blutfiltrabilität jeweils vor und nach einer ergometrischen Belastung auf einem Laufband kontrolliert. Die Ergebnisse zeigten, daß die belastungsbedingte Verschlechterung der Filtrabilität des Blutes durch Buflomedil aufgehoben werden konnte (Abstract, keine Details).

Leonardo und Mitarbeiter [563] berichteten 1984 über den Einfluß von Buflomedil auf die Fließeigenschaften des Blutes. In einem Gruppenvergleich wurden jeweils 12 Patienten 200 mg Buflomedil intravenös bzw. intraarteriell gegeben. Die Vollblutviskosität wurde mit einem Wells-Brookfield-LVT-Kegel-Platte-Viskosimeter bei 37 °C und verschiedenen Schergraden gemessen, die Plasmaviskosität mit dem gleichen Gerät bei 230 s^{-1}. Die Erythrozytenfiltrabilität wurde nach der Originalmethode von Reid und Mitarbeitern bestimmt. Die Autoren fanden eine geringgradige, aber statistisch signifikante Verbesserung der Vollblutfiltrabilität und der Blutviskosität.

Bemerkungen: Keine Messungen weiterer hämorheologischer Parameter.

Forconi und Mitarbeiter [354] behandelten 10 Patienten mit chronisch-arteriellen Verschlußerkrankungen im Stadium II nach Fontaine mit täglich 2 × 300 mg Buflomedil oral über 30 Tage. Die Blut- und Plasmaviskosität wurde mit einem Wells-cone-plate-Viskosimeter bei einem Schergrad von $90\,s^{-1}$ und einer Temperatur von 37 °C gemessen. Die Vollblutfiltrabilitätsmessung erfolgte nach einer modifizierten Vollblutmethode. Die Autoren fanden keine signifikante Veränderung der hämorheologischen Faktoren. Werden diese Parameter jedoch nach einer Belastung (Laufband) untersucht, dann findet sich eine statistisch signifikante Verbesserung der Erythrozytenfiltrabilität.

Dorigo und Mitarbeiter [196] behandelten 1985 10 Patienten mit chronisch-arterieller Verschlußkrankheit sowohl mit einer einmaligen intravenösen Gabe von Buflomedil als auch mit wiederholten Applikationen über 5 Tage. Die Viskosität wurde mit einem Brookfield-LVT-Kegel-Platte-Viskosimeter bei 23 und $230\,s^{-1}$ gemessen; die Bestimmung der Erythrozytenfiltration erfolgte mit einer modifizierten Vollblutmethode. Die Autoren fanden eine signifikante Verminderung der Vollblutviskosität, während die Erythrozytenfiltrabilität und die Plasmaviskosität keine signifikanten Veränderungen aufwiesen. Die Hämatokritwerte waren nach Therapie im Mittel geringgradig niedriger als vor Therapie.

Mozzi und Mitarbeiter [661] beschrieben 1985 den Einfluß von 2 × täglich 300 mg Buflomedil oral über 3 Monate bei Patienten mit chronischen, arteriellen Verschlußerkrankungen der Beine. Als Meßgerät wurde sowohl für die Vollblut- als auch für die Plasmaviskosität ein Wells-Brookfield-Rotationsviskosimeter bei 37 °C verwendet. Die Scherraten betrugen für Vollblut 23 und $115\,s^{-1}$, für Plasma $230\,s^{-1}$. Die Autoren konnten keine statistisch signifikanten Veränderungen von Blut- und Plasmaviskosität feststellen.

Bemerkungen: Keine Messungen anderer rheologischer Parameter.

Boisseau und Mitarbeiter [80] behandelten 1985 Patienten mit vaskulären Erkrankungen mit Buflomedil und führten Messungen der Vollblutfiltrabilität (mit der Methode nach Reid und Mitarbeitern sowie mit dem Hanss-Hämorheometer mittels Ektacytometrie) durch und fanden keinen Effekt auf die untersuchten Parameter (Abstract, keine Details).

Avellone und Mitarbeiter [34] behandelten 1985 20 Patienten mit Arteriosklerose des zerebrovaskulären Systems mit 450 mg Buflomedil pro Tag oral über 90 Tage und verglichen die hämorheologischen Wirkungen in einer cross over-Studie gegen Sulfinpyrazon. Untersucht wurden die Vollblutviskosität, die Plasmaviskosität sowie die Erythrozytenverformbarkeit (nach der Reid'schen Vollblutmethode). Es wurde über positive Veränderungen der hämorheologischen Parameter berichtet.

Rossi und Mitarbeiter [742] behandelten Patienten mit chronisch-arterieller Verschlußerkrankung mit zunächst intravenöser und anschließend oraler Gabe von Buflomedil über 12 Wochen. Die Autoren fanden eine leichte Verminderung der Blutfiltrierbarkeit (Abstract, keine Details).

Saitta und Mitarbeiter [747] behandelten eine Gruppe von Patienten mit peripheren Verschlußerkrankungen mit 600 mg Buflomedil über 20 Tage, bestimmten die Erythrozytenfiltrabilität mit der Reid'schen Vollblutfiltrationsmethode und fanden eine signifikante Verminderung des Erythrozytenfiltrationsindexes.

Diskussion

Hildebrandt, Coccheri und *Leonardo* sowie *Dorigo* fanden eine geringgradige, signifikante Verminderung der Vollblutviskosität bei gleichzeitig geringgradig verminderten Hämatokritwerten. Dagegen fand *Perego* eine signifikante Verminderung der Blutviskosität nach mathematisch durchgeführter Hämatokritkorrektur ebenso wie *Avellone* und Mitarbeiter, während *Mozzi* keinerlei Veränderung der Fließeigenschaften des Blutes bei oraler Gabe von Buflomedil fand. Hinsichtlich der Erythrozytenfiltrabilität fanden die meisten Autoren eine Verbesserung der Werte, was im Sinne einer gesteigerten Verformbarkeit interpretiert werden kann. Allerdings wurde die Mehrzahl dieser Untersuchungen mit der Vollblutmethode nach *Reid* und Mitarbeitern durchgeführt. *Hildebrandt* wie auch *Boisseau* und Mitarbeiter konnten dagegen keinen Effekt feststellen, und *Rossi* und Mitarbeiter fanden sogar eine leichte Verminderung der Filtrierbarkeit von Blut. Von besonderem Interesse sind die Ergebnisse der Untersuchungen von *Pieragalli* und Mitarbeitern einerseits und *Forconi* und Mitarbeitern andererseits, die unter einer oralen Gabe von Buflomedil jeweils eine Verbesserung der Erythrozytenverformbarkeit nach einer muskulären Belastung fanden.

Über die rheologische Wirkung dieser Substanz liegen somit widersprüchliche Angaben vor, die zum großen Teil auf methodische Gründe zurückzuführen sind. Weitere Untersuchungen sind erforderlich, um die hämorheologische Wirkung von Buflomedil abzusichern.

4.1.43. Nitroglycerin und Nitrate

Einleitung

Nitroglycerin bzw. Nitrate sind Vasodilatantien, die zur Anfallsbehandlung und Prophylaxe bei Angina pectoris, zur Nachbehandlung des Myokardinfarktes, bei Linksherzinsuffizienz und bei chronischem Cor pulmonale verwendet werden. Die meisten hämorheologischen Untersuchungen wurden mit der Substanz Isosorbiddinitrat durchgeführt.

Publikationen

Die ersten Berichte über Untersuchungen zur Wirkung von Isosorbiddinitrat auf die Fließeigenschaften des Blutes wurden von **Cäsar** und Mitarbeitern 1980 [107] vorgelegt. Hierbei erhielten 20 Patienten mit peripheren arteriellen Durchblutungsstörungen der unteren Extremitäten im Stadium II und III nach Fontaine und eine Gruppe von Hypertonikern im Vergleich zu einer gesunden Kontrollgruppe eine einmalige orale Dosis à 20 mg Isosorbiddinitrat. Die Untersucher fanden bei Patienten wie auch bei gesunden Freiwilligen eine signifikante Verminderung der Blutviskosität bei niedrigen Schergraden (0,19 s^{-1}). Die hämorheologischen Veränderungen waren von einem Hämatokritabfall begleitet.

Hossmann und Mitarbeiter [453] untersuchten 1982 die scheinbare Vollblutviskosität und die Plasmaviskosität mit einem LS 2 low shear-Viskosimeter der Firma Contraves und einem Brookfield-LVT-Viskosimeter bei Schergeschwindigkeiten zwischen 0,03 und 229 s^{-1} und einer Meßtemperatur von 37 °C.

30 Minuten nach oraler Gabe von 20 mg Isosorbiddinitrat kam es zu einer Senkung der Blutviskosität, besonders bei niedrigen Schergraden. Auch die Plasmaviskosität fiel geringgradig, aber statistisch signifikant ab. Der Abfall der scheinbaren Blutviskosität nach Isosorbiddinitrat war um so deutlicher, je schwerer das Erkrankungsstadium nach Fontaine war. Die Hämatokritwerte fielen ebenfalls ab.

Bemerkungen: Die rheologischen Untersuchungen wurden mit Viskosimetern durchgeführt, die besonders bei niedrigen Schergeschwindigkeiten Fehlermöglichkeiten beinhalten (Heterophaseeffekt). Keine Messungen weiterer rheologischer Parameter.

1982 berichteten **Kirigaya** und Mitarbeiter [507], daß es nach sublingualer Gabe von 0,3 mg Nitroglycerin bei Patienten mit ischämischen Herzkrankheiten nicht zu einer Veränderung der Blutviskosität kam (Abstract, keine Details).

Ehrly und **Landgraf** berichteten 1983 [299, 300] über den Einfluß von Isosorbiddinitrat auf die Fließeigenschaften des Blutes von Patienten mit chronisch-arterieller Verschlußkrankheit. Nach oraler Gabe von 20 mg dieser Substanz kommt es zu einer statistisch signifikanten Verminderung der Vollblut- und Plasmaviskosität, während die Erythrozytenaggregation und die Erythrozytenfiltrabilität keine statistischen Änderungen aufwiesen.

Murashko und Mitarbeiter [666] untersuchten 1984 den Einfluß von Nitriten auf die Fließeigenschaften des Blutes von Patienten mit Kreislauferkrankungen und fanden bei einer einmaligen Gabe des Medikamentes eine Verminderung der Vollblutviskosität (Artikel in Russisch).

Furkalo und Mitarbeiter [358] berichteten 1985 über den Einfluß antianginöser Medikamente auf Vollblutviskosität und Plasmaviskosität von Patienten mit chronischer Koronarinsuffizienz und fanden eine Verminderung dieser hämorheologischen Parameter unter Verwendung von Nitraten, Betablockern und Molsidomin (Publikation in Russisch).

Weinberger und Mitarbeiter [911] untersuchten 1985 die Plasmaviskosität und die Fibrinogenkonzentration bei Patienten mit Myokardinfarkt vor und nach einer akuten Gabe von 5 mg Isosorbiddinitrat sublingual und fanden eine statistisch signifikante Verminderung der Plasmaviskosität mit einem Maximum 30 Minuten nach Gabe des Medikamentes, während Hämatokrit und Fibrinogenkonzentration unverändert blieben (Abstract, keine Details).

Diskussion

Bei oraler Gabe von Isosorbiddinitrat fanden *Cäsar* und Mitarbeiter, *Hossmann* und Mitarbeiter sowie *Ehrly* und *Landgraf* übereinstimmend eine Senkung der Blut- und Plasmaviskosität. Dieser Befund korrelierte mit einer Verminderung des Hämatokritwertes. Darüberhinaus fanden *Ehrly* und Mitarbeiter keine Veränderungen der Erythrozytenfiltrabilität und der Erythrozytenaggregabilität. Auch die Untersuchungen von *Furkalo* und Mitarbeitern sowie von *Weinberger* und Mitarbeitern weisen in dieselbe Richtung. Zusammenfassend ist zu sagen, daß nach den vorliegenden Befunden Isosorbiddinitrat wahrscheinlich in der Lage ist, die Blut- und Plasmaviskosität im Sinne einer „inneren" Hämodilution zu vermindern (s. Kap. 3.4.).
Zu der Substanz Nitroglycerin liegt nur eine Mitteilung [507] vor.

4.1.44. Insulin und orale Antidiabetika

Einleitung

Insulin, inkretorisches Hormon des Pankreas, wird zur Behandlung des Diabetes mellitus verwendet.
Infolge mangelnder Insulinproduktion entsteht bei Diabetes mellitus neben einer Hyperglykämie eine Störung in der Fettsäuresynthese, die eine metabolische Azidose wegen vermehrt auftretender Ketonkörper nach sich zieht.
Da zur Ausscheidung der Ketonkörper und der Glukose (Glukosurie) große Mengen Wasser erforderlich sind, kommt es bei beginnendem oder manifestem Coma diabeticum sekundär zur Exsikkose und zu Störungen im Elektrolythaushalt, wodurch die Fließeigenschaften des Blutes verschlechtert werden. Auch bei gut eingestellten Diabetikern sind Verschlechterungen der Fließeigenschaften des Blutes gefunden worden. Inwieweit die Gabe von Insulin die verschlechterten Fließeigenschaften des Blutes von Diabetikern beeinflußt, untersuchten ab 1969 eine Reihe von Forschungsgruppen. Vereinzelt wurde auch der Effekt oraler Antidiabetika (Sulfonylharnstoffe) geprüft.

Publikationen

Die erste Publikation über die Verbesserung der Fließeigenschaften des Blutes durch die Gabe von Insulin erfolgte von **Skovborg** und Mitarbeitern 1969 [801].
21 präkomatöse Diabetiker erhielten zusätzlich zu der Insulinmedikation Infusionen isotonischer Kochsalzlösung und Natriumbicarbonat. Die Blutviskosität der mit EDTA antikoagulierten Blutproben wurde mit einem Brookfield-micro-cone-plate-Viskosimeter bei Schergraden zwischen 2,3 und 230 s^{-1} bestimmt; die Plasmaviskosität wurde nur bei einem Schergrad von 230 s^{-1} gemessen. Am Behandlungsende fanden die Autoren gleichzeitig mit der Verminderung des Hämatokritwertes eine signifikante Senkung der Blutviskosität, der Plasmaviskosität sowie der Konzentrationen der Gesamtplasmaproteine, des Albumins und der β- und γ-Globuline. Wurde der Hämatokrit mathematisch korrigiert, so fiel die Blutviskositätssenkung geringer aus.

Bemerkungen: Die Meßtemperatur bei den Viskositätsmessungen wurde nicht angegeben. Eine Beurteilung der hämorheologischen Wirkung von Insulin ist aufgrund der gleichzeitig durchgeführten intravenösen Gabe von Flüssigkeit schwierig.

1979 berichteten **Stoltz** und Mitarbeiter [822] sowie **Drouin** und Mitarbeiter [218] über die Veränderung der Blutviskosität bei mangelhaft eingestellten insulinpflichtigen Diabetikern. Die Patienten wurden an ein künstliches Pankreas angeschlossen. Die Blutviskosität der mit EDTA antikoagulierten Blutproben wurde mit einem Couette-Rotationsviskosimeter bei 3 Schergraden (0,232, 0,346 und 1,16 s^{-1}) gemessen. Der Hämatokrit wurde auf einen Wert von 40% eingestellt. Gleichzeitig mit der Normalisierung des Blutglukosespiegels kam es zu einer signifikanten Verminderung der Blutviskosität.

Bemerkungen: Messungen weiterer rheologischer Parameter wurden nicht durchgeführt; die Temperatur bei der Blutviskositätsmessung wurde nicht angegeben.

1980 berichteten **Drouin** und Mitarbeiter [219] über Veränderungen der Fließeigenschaften des Blutes während kontrollierter Diabetestherapie mit einem künstlichen Pankreas. Die Blutviskosität der mit EDTA antikoagulierten Blutproben wurde bei einem korrigierten Hämatokrit von 40% mit einem Couette-Rotationsviskosimeter bei Schergraden zwischen 0,204 und 128,5 s^{-1} gemessen, die Plasmaviskosität mit einem Kapillarviskosimeter bestimmt. Die Erythrozytenflexibilität wurde mit Polycarbonatsieben (Nucleopore; Porendurchmesser von 5 µm) nach Angaben von Reid und Mitarbeitern bestimmt. Zu Beginn der Behandlung wiesen die Patienten einen erhöhten Glukosespiegel auf, und die makrorheologischen Parameter des Blutes (Blut- und Plasmaviskosität) waren im Vergleich zu denen einer gesunden Kontrollgruppe signifikant verschlechtert. Im Verlauf der Insulinbehandlung kam es im Gefolge der Normalisierung der überhöhten Blutglukosespiegel zu einer Senkung der Blut- und Plasmaviskosität sowie zu einer Verbesserung der Erythrozytenverformbarkeit.

Bemerkungen: Messungen der Erythrozytenaggregation wurden nicht durchgeführt; keine Angaben zur Meßtemperatur.

Paisey und Mitarbeiter [681] berichteten 1980 über den Einfluß einer guten Einstellung der Blutzuckerwerte sowohl durch Insulin als auch durch Sulfonylharnstoff bei Patienten mit Diabetes mellitus. Sie untersuchten die Fließeigenschaften des Blutes und des Plasmas mit einem Kapillarviskosimeter wie auch mit einem Contraves-Rotationsviskosimeter. Der Hämatokrit wurde auf 45% eingestellt. Die Autoren fanden eine statistisch signifikante Verminderung der Vollblut- und Plasmaviskosität nach guter Einstellung der Blutzuckerwerte, die gut mit einer Verminderung der Plasmafibrinogenkonzentration korrelierte.

Bemerkungen: Keine Messungen von Erythrozytenfiltrabilität und Erythrozytenaggregation.

1980 untersuchten **Juhan** und Mitarbeiter [478, 479] den Einfluß von Insulin auf die Fließeigenschaften des Blutes von Diabetikern. Die Insulinzufuhr erfolgte durch ein künstliches Pankreas. Die Erythrozytenverformbarkeit wurde nach der Filtrationstechnik von Reid und Mitarbeitern bestimmt. Nach dem Anschließen des künstlichen Pankreas kam es parallel mit der Normalisierung des Plasmaglukosespiegels zu einer Verbesserung der Erythrozytenverformbarkeit und zu einem Anstieg des intraerythrozytären ATP-Spiegels.

Bemerkungen: Keine Temperaturangaben, keine Messungen weiterer rheologischer Parameter.

1980 berichteten **Rousselle** und Mitarbeiter [743] über hämorheologische Veränderungen bei schlecht eingestellten insulinpflichtigen Diabetikern. Die Blutviskositätsmessungen erfolgten bei konstantem Hämatokrit (40%) mit einem Couette-Rotationsviskosimeter (0,2 bis 128 s^{-1}); die Plasmaviskosität wurde mit einem Kapillarviskosimeter gemessen. Die Erythrozytenverformbarkeit wurde nach der Methode von Reid und Mitarbeitern mit einem Polycarbonatfilter (Porendurchmesser von 5 µm) gemessen. Gleichzeitig mit der Normalisierung der Blutglukosewerte durch ein künstliches Pankreas kam es zu einer signifikanten Verminderung der Plasmaviskosität und des Fibrinogenspiegels. Die Filtrabilitätsmessungen ergaben eine schwach signifikante Verbesserung der Erythrozytenverformbarkeit.

Die Autoren diskutieren, daß die Blutviskosität bei einem Schergrad größer 50 s^{-1} hauptsächlich von der Erythrozytenverformbarkeit bestimmt wird. Da die Untersucher nur bei sehr niedrigen Schergraden eine signifikante Verminderung der Blutviskosität fanden, wird vermutet, daß die beobachtete Verbesserung der Fließeigenschaften des Blutes mehr auf eine Verminderung der Erythrozytenaggregation zurückzuführen sei als auf eine Verbesserung der Erythrozytenverformbarkeit.

Die Autoren diskutieren, daß die durchgeführten Filtrationstests mit Vollblut ganz wesentlich von der Erythrozytenaggregation beeinflußt werden.

Bemerkungen: Keine Temperaturangaben, keine direkten Messungen des Aggregationsverhaltens der Erythrozyten.

1981 berichteten **Juhan** und Mitarbeiter [480] über den Einfluß von Insulin bei der Verwendung eines künstlichen Pankreas' auf die Erythrozytenverformbarkeit bei Diabetikern. Verwendet wurde die Vollblutmethode von Reid und Mitarbeitern. Die Autoren fanden eine Verbesserung der Filtrabilität des Blutes nach Insulingabe, die schon wenige Stunden nach Beginn der Therapie deutlich wurde.

Bemerkungen: Keine Messungen anderer rheologischer Parameter.

Die Autoren glauben, daß nicht die Senkung der Glukosekonzentration im Blut, sondern ein direkter Effekt des Insulins für die Verbesserung der Filtrabilität des Blutes verantwortlich ist.

Ähnliche Ergebnisse wurden auch an anderer Stelle berichtet [481].

1981 berichteten **Diamantopoulos** und Mitarbeiter [169] über Filtrabilitätsuntersuchungen unter Verwendung von Nucleoporefiltern bei Gesunden und Diabetikern, die auf verschiedene Weise therapiert wurden (Diät, Glibenclamid, Glibenclamid-Phenphormin, Insulin). Die Autoren fanden, daß die Erythrozytenfiltrabilität sowohl unter diätetischer Einstellung des Diabetes als auch unter der Gabe von Insulin oder oralen Antidiabetika nicht unterschiedlich war, und schließen daraus, daß die verschiedenen Therapien des Diabetes keinen unterschiedlichen Einfluß auf die Filtrabilität des Blutes haben (Abstract, keine Details).

1981 untersuchten **Le Devehat** und Mitarbeiter [558] den Einfluß von Insulin auf die Filtrabilität des Blutes von Diabetikern. Sie vermuteten, daß die Verbesserung der Filtrabilität des Blutes nicht mit der Absenkung des Blutglukosespiegels zusammenhing, sondern mit einer „Insulinisation", welche den Metabolismus des Erythrozyten günstig beeinflußt (Abstract, keine Details).

Akiyama und Mitarbeiter berichteten 1981 [6] über den Einfluß eines künstlichen Pankreas' auf die Fließeigenschaften des Blutes von Diabetikern und fanden eine statistisch signifikante Verminderung der Vollblut- und der Plasmaviskosität (Abstract, keine Details).

Voisin und Mitarbeiter [884] fanden, daß nach einer guten Einstellung der Blutzukkerwerte mit Hilfe eines künstlichen Pankreas' die Fließeigenschaften des Blutes verbessert werden konnten. Die Blutviskosität wurde mit einem Contraves LS 30-Viskosimeter bei verschiedenen Schergraden und einem konstanten Hämatokrit von 40% gemessen. Die Messung der Plasmaviskosität erfolgte mit einem automatischen Kapillarviskosimeter. Die Autoren fanden, daß 24 Stunden nach Beginn der Behandlung die Verminderung der Blutviskosität signifikant war und daß sich nach 48stündiger Behandlung die Viskositätswerte der Patienten nicht mehr von denen der Kontrollen unterschieden.

1982 untersuchten **Poon** und Mitarbeiter [706] in einer prospektiven Studie 74 insulinbedürftige Patienten, die in 2 Gruppen aufgeteilt wurden. Die eine Gruppe wurde besonders gut eingestellt, die zweite Gruppe in üblicher Weise überwacht. EDTA-antikoaguliertes Venenblut wurde mit einem Contraves LS 30-Viskosimeter bei verschiedenen Schergraden und 37 °C untersucht. In beiden Kollektiven sank die Blut- und Plasmaviskosität ähnlich stark ab, jedoch in der konventionell therapierten Gruppe etwas deutlicher als bei dem Vergleichskollektiv. Die Autoren diskutieren kritisch, ob die Blutviskosität ein direkter pathogenetischer Faktor des Diabetes mellitus ist.

Lowe und Mitarbeiter beschrieben 1982 [592] Messungen der Fließeigenschaften des Blutes bei 22 Patienten mit Diabetes mellitus, die entweder mit tierischem Insulin oder mit Humaninsulin behandelt wurden. Alle rheologischen Parameter (Blutviskosität, Hämatokrit, Plasmaviskosität, Erythrozytenverformbarkeit) waren bei den Patienten mit Diabetes mellitus gegenüber Gesunden verschlechtert, wurden jedoch weder von Humaninsulin noch von tierischem Insulin beeinflußt (Abstract, keine Details).

Tymms [867] untersuchte die Blutviskosität bei schlecht eingestellten Diabetikern vor und nach 10tägiger subkutaner Insulingabe. Es zeigte sich eine Senkung bei niedrigen Schergraden, während die Vollblutviskosität bei hohen Schergraden wie auch die Plasmaviskosität und die Blutfiltrationsrate unbeeinflußt blieben. Da der Hämatokrit infolge der Therapie geringfügig abfiel, glaubt der Autor an einen gewissen hämodiluierenden Effekt (Abstract, keine Details).

Uchimura [868] untersuchte bei 42 Diabetikern das Verhalten der Blutviskosität sowohl unter Insulingabe als auch bei Diät über einen Zeitraum von 5 Jahren. Die Vollblutviskosität wurde mit einem Brookfield-Mikroviskosimeter bei Schergraden von 23 bis 230 s^{-1} bei 37 °C untersucht (EDTA-antikoaguliertes Blut). Die Plasmaviskosität wurde mit einem Mikrokapillarviskosimeter gemessen. Die Autoren fanden keine Veränderung von Blut- und Plasmaviskosität während üblicher Therapie in einem Zeitraum von 5 Jahren.

Stufano und Mitarbeiter [848] untersuchten die Erythrozytenfiltrabilität mit der Vollblutfiltrationsmethode nach Reid und Mitarbeitern bei 23 Diabetikern und 18 Kontrollpersonen und verglichen die gefundenen Werte mit dem Blutzuckerwert, dem Cholesterinwert und den Werten für glykosiliertes Hämoglobin. Die Autoren fanden keinen statistisch signifikanten Unterschied in der Erythrozytenfiltrabilität zwischen Gesunden und Diabetikern und keine Korrelation zur Diabeteseinstellung, beurteilt an Hand des Blutzuckerwertes (Abstract, keine Details).

Louis und Mitarbeiter [583] untersuchten an 10 insulinbedürftigen Diabetikern den Einfluß einer intravenösen Applikation von Schweineinsulin auf die Vollblutviskosität, die Plasmaviskosität und die Erythrozytenfiltrabilität, wobei durch gleichzeitige Infusion von Glukose die Blutzuckerwerte konstant hoch gehalten wurden. Die Autoren fanden zunächst im Vergleich zu Gesunden eine deutlich erhöhte Blut- und Plasmaviskosität sowie verminderte Filtrabilitätswerte bei Diabetikern. Die Gabe von Insulin bei gleichzeitiger Aufrechterhaltung des erhöhten Blutzuckerspiegels führte zu keinen Veränderungen der hämorheologischen Parameter. Die Autoren schließen daraus, daß Insulin in vivo dann keinen Effekt auf die Rheologie des Blutes hat, wenn der Blutzuckerspiegel konstant hoch bleibt (Abstract, keine Details).

Oughton und Mitarbeiter [680] untersuchten 1983 bei 13 Diabetikern das Verhalten der Vollblutviskosität und der Viskosität nahezu plasmafreier, kompakter Erythrozyten bei 23 und 230 s^{-1} bei 2 verschiedenen Applikationsarten von Insulin; sie fanden nach 8monatiger Therapie signifikant niedrigere Viskositätswerte. Andere rheologische Parameter wurden dagegen nicht beeinflußt. Die Autoren glauben, daß eine verbesserte diabetische Kontrolle und Therapie die rheologischen Parameter nicht signifikant beeinflußt (Abstract, keine Details).

Lakomek und Mitarbeiter [533] untersuchten die Erythrozytenaggregation mit einem fotooptischen Verfahren bei Diabetikern und bei diabetischen Kindern im Vergleich zu gesunden Kontrollen und fanden keine Unterschiede bei der Vollblutviskosität, Unterschiede in Bezug auf die Erythrozytenaggregation nur bei erwachsenen Diabetikern, im Vergleich zu einem gesunden Kontrollkollektiv. Die Plasmaviskosität war bei schlecht eingestellten Diabetikern im Vergleich zu gut eingestellten jedoch erhöht (Abstract, keine Details).

Leiper und Mitarbeiter [562] berichteten 1984 über den Einfluß von tierischem Insulin im Vergleich zu biosynthetisch hergestelltem Humaninsulin auf die Fließeigenschaften des Blutes von 22 Diabetikern. Verwendet wurde ein Contraves LS 30-Viskosimeter bei 37 °C zur Messung der Blutviskosität und ein Kapillarviskosimeter zur Messung der Plasmaviskosität. Des weiteren wurde die Erythrozytenverformbarkeit mit einem Filtersystem geprüft. Die Autoren fanden keinen unterschiedlichen Einfluß der beiden verwendeten Insuline auf die Fließeigenschaften des Blutes.

Le Devehat und Mitarbeiter [561] berichteten 1985 über eine verbesserte Erythrozytenfiltrabilität bei Patienten mit Diabetes mellitus nach guter Einstellung des Blutzuckers mit einer Insulinpumpe (Abstract, keine Details).

Sarno und Mitarbeiter [750] beschrieben 1985 den Einfluß eines künstlichen Pankreas' bei Patienten mit Diabetes mellitus und fanden eine geringgradige, aber signifikante Verminderung der Vollblutviskosität, jedoch keine wesentliche Verminderung der Erythrozytenfiltrabilität. Die Erythrozytenfiltrabilität wurde nach der Methode von Dodds und Mitarbeitern geprüft; zu den anderen hämorheologischen Methoden wurden keine Angaben gemacht.

Diskussion

Übereinstimmend berichteten die Untersucher bei der Behandlung von präkomatösen bzw. schlecht eingestellten Diabetikern durch kontrollierte Gaben von Insulin über eine Verminderung der Blutviskositätswerte, auch wenn eine Hämatokritkorrektur durchgeführt wurde. Bei Patienten mit unkompliziertem Diabetes mellitus sind die Angaben über eine Beeinflussung der Vollblutviskosität durch Insulin widersprüchlich.

Über die Verminderung der Plasmaviskosität berichteten 3 Arbeitsgruppen [219, 743, 801].

Bei der Mehrzahl der durchgeführten Erythrozytenflexibilitätsmessungen mit Vollblut [219, 478] sind die heute bekannten methodischen Vorbehalte zu berücksichtigen (s. Kap. 3.3.4.).

Messungen der Erythrozytenaggregation wurden nur von *Lakomek* durchgeführt.

Bei der Arbeit von *Skovborg* und Mitarbeitern kann der spezifisch rheologische Effekt von Insulin nicht von der zusätzlich möglichen rheologischen Wirkung von Natriumbicarbonat getrennt werden.

Insgesamt gesehen kann entsprechend den vorliegenden Untersuchungen keine abschließende Aussage über die Wirkung von Insulin auf die Fließeigenschaften des Blutes gemacht werden. Dies liegt zum Teil daran, daß nicht geeignete Meßmethoden verwendet wurden.

Es ist wahrscheinlich, daß hämorheologische Auswirkungen einer metabolischen Azidose sowie einer Exsikkose (Hämokonzentration) bei dem Krankheitsbild des Diabetes mellitus durch kontrollierte Gabe von Insulin normalisiert werden könnten, wenn gleichzeitig der intravasale Flüssigkeitsverlust kompensiert wird.

Darüberhinaus könnte die Verminderung der Plasmaviskosität bei einer adäquaten Langzeittherapie über eine Senkung der Plasmafibrinogenkonzentration erklärt werden [743].

4.1.45. Acetylsalicylsäure

Einleitung

Acetylsalicylsäure und deren lösliches Salz (Lysinacetylsalicylat) sind weltweit als Analgetika, Antirheumatika und Thrombozytenaggregationshemmer bekannt.

Publikationen

1980 berichteten **Bonniot** und Mitarbeiter [82] über den Einfluß von Lysinacetylsalicylat auf die Fließeigenschaften des Blutes. 68 Patienten mit zerebralen und peripheren Durchblutungsstörungen erhielten täglich 500 mg Lysinacetylsalicylat oral. Zur Messung der Blutviskosität der mit EDTA antikoagulierten Blutproben wurde ein koaxiales Zylinderviskosimeter (LS 30 bei 37 °C und Schergraden zwischen 0,01 und 100 s^{-1}) verwendet. Die Hämatokritkorrektur erfolgte mathematisch. Die Untersucher fanden insbesondere bei niedrigen Schergraden eine Verminderung der Blutviskosität.

Bemerkungen: Keine Messungen weiterer rheologischer Parameter.

Vittoria und Mitarbeiter [876] untersuchten 1983 den Einfluß einer intravenös applizierten Form von Acetylsalicylsäure auf die Fließeigenschaften des Blutes von 14 Patienten mit chronisch-arterieller Verschlußkrankheit. Die Vollblutviskosität wurde mit einem Brookfield-Viskosimeter bei 37 °C und bei verschiedenen Schergraden gemessen; die Messung der Erythrozytenfiltrabilität erfolgte mit Nucleoporefiltern bei 37 °C. Es wurden 500 bzw. 2000 mg intravenös appliziert. Die Messungen wurden vor und nach einer muskulären Belastung durchgeführt. Die Autoren fanden, daß Acetylsalicylsäure in beiden Dosierungen die gemessenen hämorheologischen Parameter unter Ruhebedingungen nicht veränderte. Dagegen wird durch Acetylsalicylsäure der Anstieg der Viskosität nach einer definierten ergometrischen Belastung im Vergleich zu den Leerwerten vermindert. Gleiches gilt für die Erythrozytenfiltrabilität, die unter dem Medikament nach Belastung nicht so deutlich verschlechtert ist wie ohne die Gabe von Acetylsalicylsäure.

Ernst und **Marshall** [324] untersuchten 1984, ob die orale Gabe von 1000 mg Acetylsalicylsäure bei Patienten mit verschiedenen Erkrankungen zu hämorheologischen Veränderungen führt. Die Autoren fanden keine Beeinflussung der Fließeigenschaften durch Acetylsalicylsäure.

Passero und Mitarbeiter [686] untersuchten 1985 den Einfluß von Acetylsalicylsäure - im Vergleich zu Placebo - auf die Fließeigenschaften des Blutes von Patienten mit zerebrovaskulären Erkrankungen. Die Behandlungsdauer betrug 6 Monate bis 1 Jahr; die Dosis war 1 g pro Tag oral. Die Vollblutviskosität wurde mit einem Kegel-Platte-Viskosimeter (Wells-Brookfield 1/4 LVT) bei 37 °C und verschiedenen Schergraden bestimmt; die Plasmaviskosität wurde mit dem gleichen Instrument bei 375 s^{-1} gemessen. Der Hämatokrit wurde nach der Wintrobe'schen Methode untersucht. Die Autoren fanden eine statistisch signifikante Verminderung der Plasmaviskosität sowie eine Verminderung der Vollblutviskosität bei verschiedenen Schergraden; der Hämatokrit blieb unverändert.

Diskussion

Vittoria und Mitarbeiter fanden unter Ruhebedingungen keine Beeinflussung der hämorheologischen Parameter durch eine intravenös applizierbare Form von Acetylsalicylsäure bei Patien-

ten mit arterieller Verschlußkrankheit. Nach einer definierten ergometrischen Belastung waren der Anstieg der Blutviskosität und der Abfall der Erythrozytenfiltrabilität jedoch durch Acetylsalicylsäure weniger ausgeprägt.
Bonniot und Mitarbeiter haben bei einer oralen Gabe von nur 500 mg Lysinacetylsalicyat eine Verminderung der Vollblutviskosität feststellen können; hier erfolgte allerdings eine mathematische Hämatokritkorrektur.
Passero und Mitarbeiter wiederum fanden eine statistisch signifikante Verminderung der Vollblut- und der Plasmaviskosität bei unverändertem Hämatokrit.
Ernst und *Marshall* fanden keine hämorheologische Wirkung bei oraler Gabe von Acetylsalicylsäure.
Auf Grund der wenigen vorliegenden Untersuchungen erscheint eine hämorheologische Wirkung von Acetylsalicylsäure unter Ruhebedingungen nicht als gesichert.

4.1.46. Dipyridamol

Einleitung

Dipyridamol ist ein Vasodilatator zur Therapie koronarer Durchblutungsstörungen und wirkt auf die Thrombozytenaggregation und -funktion.

Publikationen

Molaro und Mitarbeiter [651] beschrieben 1985 den Einfluß von Dipyridamol (400 mg pro Tag über eine Woche) auf die Vollblutviskosität (Wells-Brookfield-Viskosimeter) und die Erythrozytenfiltrabilität (Vollblutmethode nach Reid und Mitarbeitern) bei Patienten mit hereditärer Sphärozytose und Polycythaemia vera. Die Autoren fanden keinen Einfluß auf die Vollblutviskosität bei der Sphärozytose, jedoch eine Verminderung der Werte bei Polycythaemia vera. Die Erythrozytenfiltrabilität war bei beiden Gruppen geringgradig, aber statistisch signifikant verbessert.

Passero und Mitarbeiter [686] untersuchten 1985 den Einfluß von Dipyridamol im Vergleich zu Placebo auf die Fließeigenschaften des Blutes von Patienten mit zerebrovaskulären Erkrankungen. Die Behandlungsdauer betrug 6 Monate bis 1 Jahr; die Dosis war 225 mg Dipyridamol pro Tag per os. Die Vollblutviskosität wurde mit einem Kegel-Platte-Viskosimeter (Wells-Brookfield 1/4 LVT) bei 37 °C und verschiedenen Schergraden bestimmt; die Plasmaviskosität wurde mit dem gleichen Instrument bei 375 s^{-1} gemessen. Der Hämatokrit wurde nach der Wintrobe'schen Methode untersucht. Im Vergleich zu den Kontrollen kam es zu einer Verminderung der Fibrinogenkonzentration, der Plasmaviskosität sowie der Blutviskosität, besonders bei niedrigen Schergraden. Eine statistische Signifikanz wurde nicht angegeben.

Vaya [874] beschrieb 1985 den Einfluß von Dipyridamol auf die Erythrozytenverformbarkeit bei Patienten mit zerebrovaskulären Erkrankungen. Die Erythrozytenfiltrabilität wurde nach der Vollblutmethode von Reid und Mitarbeitern geprüft. Es fand sich eine Verbesserung der Werte (Abstract, keine Details).

Diskussion

Die vorliegenden Untersuchungsergebnisse über den Einfluß von Dipyridamol auf die Fließeigenschaften des Blutes sind widersprüchlich. *Molaro* und Mitarbeiter fanden keinen Einfluß der Substanz auf die Vollblutviskosität bei Patienten mit Sphärozytose, jedoch eine Verminderung der Werte bei Polycythaemia vera. *Passero* und Mitarbeiter beschrieben dagegen eine Verminderung der Plasmaviskosität und der Blutviskosität, besonders bei niedrigen Schergraden; eine Angabe zur statistischen Signifikanz wurde nicht gemacht. *Molaro* und Mitarbeiter und *Vaya* untersuchten den Einfluß von Dipyridamol auf die Erythrozytenverformbarkeit und fanden eine positive Beeinflussung. Da beide Arbeitsgruppen die Vollblutmethode nach *Reid* und Mitarbeitern verwendeten, sind die sich daraus ergebenden Befunde mit Vorbehalt zu interpretieren.

4.1.47. Eburnamonin

Einleitung

Eburnamonin ist ein halbsynthetisches Alkaloid aus Voacanga africana und wird zur Behandlung von peripheren und zentralen Durchblutungsstörungen verwendet.

Publikationen

1981 untersuchten **Guerrini** und Mitarbeiter [402] den Einfluß von Eburnamonin auf die Fließeigenschaften des Blutes. Patienten mit generalisierten Durchblutungsstörungen erhielten alle 2 Tage 40 mg Eburnamonin in 10 ml isotonischer Kochsalzlösung intravenös. Die Blut-, Plasma- und Serumviskosität der mit EDTA antikoagulierten Blutproben wurden mit einem Brookfield-micro-cone-plate-Viskosimeter bei 37 °C und Schergraden von 750 und 150 s^{-1} gemessen. Die Autoren fanden eine signifikante Verminderung der Blutviskosität.
Die Plasma- und Serumviskosität, der Fibrinogenspiegel und der Hämatokrit veränderten sich nicht signifikant.

Bemerkungen: Eine Hämatokritkorrektur wurde nicht durchgeführt; keine Messungen weiterer rheologischer Parameter.

1981 überprüften **Le Devehat** und Mitarbeiter [556] die Wirkung von Eburnamonin auf die Verformbarkeit der Erythrozyten. 25 Diabetiker ohne Zeichen von arteriellen Durchblutungsstörungen erhielten über einen Behandlungszeitraum von 9 Tagen täglich 45 mg Eburnamonin intravenös (keine Angaben über die Zusammensetzung der Trägerlösung, Infusionszeit 2–3 Stunden). Die Erythrozytenverformbarkeit wurde nach Angaben von Reid und Mitarbeitern (Vollblutmethode) gemessen.
Die Untersucher fanden eine signifikante Verbesserung der Erythrozytenverformbarkeit.

Bemerkungen: Keine Messungen weiterer rheologischer Parameter.

Palareti und Mitarbeiter [684] beschrieben 1983 den Einfluß einer intravenösen Infusion von 40 mg Eburnamonin bei Patienten mit akuter zerebraler Ischämie. Alle Patienten bekamen neben dem Präparat auch Mannitol oder Glycerinlösung als Routinebehandlung verabfolgt. Die Blutviskosität wurde mit einem Brookfield-LVT-Viskosimeter bei 37 °C und bei Schergraden von 23 und 230 s^{-1} gemessen, nachdem die Blutproben auf einen Standardhämatokrit korrigiert worden waren. Die Plasmaviskosität wurde ebenfalls mit einem Wells-Brookfield-Instrument gemessen. Die Filtrabilität des Blutes wurde nach der Methode von Reid und Mitarbeitern bestimmt. Die Patientengruppe wurde mit einer Gruppe von Gesunden verglichen. Es fand sich eine Senkung der Vollblutviskosität bei dem hohen Schergrad, während die Senkung der Viskosität bei dem niedrigen Schergrad nicht statistisch signifikant war. Die Plasmaviskosität sank statistisch signifikant ab. Die Filtrabilität nahm statistisch signifikant zu.

Bemerkungen: Keine Messung der Erythrozytenaggregation.
Die Substanz Eburnamonin wurde nicht alleine, sondern jeweils in Kombination mit einer Infusion von Mannitol bzw. Glycerin untersucht.

Boisseau und Mitarbeiter [80] untersuchten 1985 den Einfluß von Eburnamonin (Vinburnin): Gemessen wurde die Erythrozytenfiltrabilität nach Reid und Mitarbeitern, die Filtrabilität isolierter Erythrozyten mit dem Hanss'schen Hämorheometer und die Erythrozytenverformbarkeit mittels Ektacytometrie. Vinburnin zeigte keinen Einfluß auf die untersuchten Parameter (Abstract, keine Details).

Diskussion

Aufgrund der wenigen vorliegenden Publikationen mit gegensätzlichen Ergebnissen ist eine Verbesserung der Fließeigenschaften des Blutes durch Eburnamonin nicht zu sichern.

4.1.48. Stanozolol

Einleitung

Stanozolol ist ein anaboles Steroid, welches die Fibrinolyse steigert und die Fibrinogenkonzentration des Plasmas vermindert. Es wurde klinisch bei Patienten mit Raynaud-Syndrom und zur postoperativen Thromboseprophylaxe eingesetzt.

Publikationen

1981 beschrieben **Ayres** und Mitarbeiter [35] die Wirkung von 2 mal täglich 5 mg Stanozolol bei 10 Patienten mit sekundärem Raynaud-Syndrom. Die Blutviskosität wurde bei 37 °C und bei 25 °C sowohl mit einem Wells-Brookfield- als auch einem Contraves LS-Viskosimeter bei verschiedenen Schergraden untersucht. Darüberhinaus wurden die Viskositätswerte auch bei einem korrigierten Hämatokrit gemessen. Die Autoren fanden nach einer 3monatigen Therapie mit diesem Medikament keine statistisch signifikanten Veränderungen sowohl der Vollblutviskosität als auch der korrigierten Vollblutviskosität. Der Hämatokrit stieg an, und die Fibrinogenkonzentration fiel statistisch signifikant ab. Die Autoren fanden bei den Patienten mit Raynaud-Syndrom trotz fehlender Verbesserung der Blutviskosität eine Erhöhung der Durchblutung der Hand. Sie vermuteten, daß sich der Anstieg des Hämatokritwertes und der Abfall der Fibrinogenkonzentration hämorheologisch ausgleichen, und schlossen daraus, daß die Verbesserung der Handdurchblutung nicht rheologisch bedingt ist.

Bemerkungen: Keine Messungen anderer rheologischer Parameter.

Burns und Mitarbeiter [99] prüften in einer Doppelblindstudie bei 20 Patienten im Vergleich zu 20 Kontrollpersonen den Einfluß einer intramuskulären Injektion von 50 mg Stanozolol einen Tag vor einem abdominalchirurgischen Eingriff und fanden keinen Unterschied hinsichtlich des zu erwartenden postoperativen Anstieges der Plasmafibrinogenkonzentration und der Blutviskosität im Vergleich zum Kontrollkollektiv (Abstract, keine Details).

Blamey und Mitarbeiter [69] untersuchten den Einfluß einer einzelnen präoperativen intramuskulären Injektion von 50 mg Stanozolol bei 14 Patienten, die ein hohes postoperatives Risiko für eine tiefe Venenthrombose aufwiesen. Im Vergleich zu einer Kontrollgruppe gab es keine Unterschiede hinsichtlich des Verhaltens der Blutviskosität, gemessen mit einem Contraves LS 30-Viskosimeter bei 37 °C und verschiedenen Schergraden. Auch die Plasmaviskosität, gemessen bei 25 °C, ergab keine Differenz zwischen beiden Gruppen.

Lowe und Mitarbeiter [595] behandelten 1985 Patienten mit venösen Verschlüssen der Retina mit Stanozolol (10 mg pro Tag über 16 Wochen). Es fand sich eine statistisch signifikante Verminderung der Blut- und Plasmaviskosität bei einer Senkung der Fibrinogenkonzentration (Abstract, keine Details).

Diskussion

Die akute Gabe von Stanozolol hatte nach den Untersuchungen von *Burns* und Mitarbeitern keinen Effekt auf die Blutviskosität. *Ayres* und Mitarbeiter fanden keine Verminderung der Gesamtblutviskosität, da zwar die Fibrinogenkonzentration durch Stanozolol gesenkt wurde, der Hämatokrit dagegen - bedingt durch die anabole Wirkung des Medikamentes - anstieg. *Lowe* und Mitarbeiter fanden dagegen eine Senkung der Blut- und Plasmaviskosität. Zusammenfassend ist zu sagen, daß auf Grund der vorliegenden Berichte die Frage einer rheologischen Wirkung von Stanozolol noch nicht abschließend beantwortet werden kann.

4.1.49. Nicergolin

Einleitung

Nicergolin ist ein Sympatholytikum (α-Adrenolyse), welches die periphere Durchblutung steigert und eine thrombozytenaggregationshemmende Wirkung hat. Indikationen sind Durchblutungsstörungen zerebraler und peripherer Art.

Publikationen

Guerrini und Mitarbeiter [404] untersuchten 1981 den Einfluß einer einmaligen intravenösen Gabe von 8 mg Nicergolin innerhalb von 30 Minuten bei Patienten mit chronischen peripheren arteriellen Verschlußerkrankungen. In einer Doppelblindanordnung gegen Placebo fand sich nach der Applikation dieses Medikamentes bei Untersuchungen der Blut- und Plasmaviskosität, des Hämatokrits und der Erythrozytenfiltrabilität ein Unterschied gegenüber Placebo im Sinne einer Senkung der Vollblutviskosität und einer Steigerung der Erythrozytenfiltrabilität (Abstract, keine Details).

Diskussion

Da bisher nur eine Arbeitsgruppe diese Substanz rheologisch untersucht hat, muß die Frage der rheologischen Wirksamkeit offengelassen werden.

4.1.50. Nifedipin

Einleitung

Nifedipin ist ein Calciumantagonist, der u. a. zur Therapie der koronaren Herzkrankheit verwendet wird.

Publikationen

Slonim und Mitarbeiter [802] untersuchten 1981 die Wirkung einer Gabe von 20 mg Nifedipin sublingual bei Patienten mit ischämischer Herzkrankheit, deren Blut eine verschlechterte Filtrabilität aufwies. Die Autoren verwendeten die Vollblutmethode nach Reid und Mitarbeitern und fanden eine Verbesserung der Filtrabilität des Blutes, die zwischen 45 min und 4 Stunden nach der Gabe des Medikamentes nachweisbar war (Abstract, keine Details).

Waller und Mitarbeiter [896, 897] berichteten 1983 und 1984 über die Wirkung einer Einzeldosis von Nifedipin (bei sublingualer Verabfolgung) auf die Erythrozytenverformbarkeit in Ruhe und nach Belastung bei 8 Patienten mit Angina pectoris. Alle Patienten wurden zur Zeit der Untersuchung auch mit β-Blockern behandelt. Die Autoren fanden, daß eine Stunde nach der oralen Gabe die Filtrabilität des Blutes bei allen Patienten verbessert war, während sich nach Placebo keine Änderung zeigte.

Montagnani und Mitarbeiter [652] behandelten 20 Patienten mit essentieller Hypertonie über 2 Tage mit täglich 40 mg Nifedipin und fanden eine Verbesserung der Erythrozytenverformbarkeit, gemessen mit 2 Filtrationsmeßgeräten (Abstract, keine Details).

Korabelshchikova und Mitarbeiter [525] fanden 1985 bei 40 Patienten mit stabiler Angina pectoris eine Senkung der Vollblutviskosität (gemessen mit einem Rotationsviskosimeter) und eine Zunahme der Erythrozytenaggregation (bestimmt nach einer fotometrischen Methode von O'Brien) nach 8wöchiger Gabe von 30–60 mg Nifedipin pro Tag (Original in Russisch).

Weinberger und Mitarbeiter [911] untersuchten 1985 die Plasmaviskosität, den Hämatokritwert und die Fibrinogenkonzentration bei Patienten mit Myokardinfarkt vor und nach einer akuten Gabe von 10 mg Nifedipin sublingual und fanden eine statistisch signifikante Verminderung der Plasmaviskosität mit einem Maximum 30 Minuten nach Gabe des Medikamentes, während Hämatokrit und Fibrinogenkonzentration unverändert blieben (Abstract, keine Details).

Schürmann und Mitarbeiter [777] untersuchten 1986 den Einfluß einer oralen Gabe von 3×10 mg Nifedipin über einen

Zeitraum von 2 Wochen bei 10 Patienten mit chronisch-stabiler Angina pectoris. Während sich die Erythrozytenaggregationswerte bei allen Patienten besserten, kam es nur in 6 von 10 Fällen zu einer Verbesserung der Erythrozytenfiltrabilität (Abstract, keine Details).

Waller und **Roath** [898] beschrieben 1986 den Einfluß einer langfristigen Gabe von Nifedipin auf die Fließeigenschaften des Blutes bei Patienten mit Angina pectoris. In einem Doppelblindversuch wurden der Verumgruppe 10 mg Nifedipin gegeben. Die Autoren fanden keine Beeinflussung der Erythrozytenfiltrabilität nach chronischer Gabe von Nifedipin.

Bemerkungen: Keine Messungen anderer hämorheologischer Parameter.

Diskussion

Während *Slonim* und Mitarbeiter und *Waller* und Mitarbeiter, *Montagnani* und Mitarbeiter sowie *Schürmann* und Mitarbeiter eine Verbesserung der Erythrozytenverformbarkeit fanden, konnte bei chronischer Verabfolgung der Substanz bei Patienten mit Angina pectoris durch *Waller* und *Roath* keine Verbesserung der Erythrozytenfiltrabilität nachgewiesen werden.
Korabelshchikova und Mitarbeiter fanden eine Verminderung der Vollblutviskosität. *Weinberger* und Mitarbeiter untersuchten als einzige die Plasmaviskosität und fanden eine Verminderung der Werte.
Während *Korabelshchikova* und Mitarbeiter eine Erhöhung der Erythrozytenaggregation durch Nifedipin beschrieben, fanden *Schürmann* und Mitarbeiter eine statistisch signifikante Senkung des Parameters.
Insgesamt gesehen sind die hämorheologischen Ergebnisse bei der Verwendung von Nifedipin relativ widersprüchlich, so daß, hinsichtlich eines rheologischen Wirkmechanismus', noch keine abschließende Beurteilung möglich ist.

4.1.51. Prostaglandine, Prostacycline

Einleitung

Prostaglandine sowie Prostacycline ($PG\,I_2$) und Analoge sind Gewebshormone, welche eine Reihe unterschiedlicher pharmakologischer Eigenschaften haben. Unter anderem haben sie eine vasodilatorische Wirkung und hemmen die Plättchenaggregation. Klinisch werden diese Substanzen zur Therapie von Durchblutungsstörungen verwendet.

Publikationen

1981 beschrieben **Dowd** und Mitarbeiter [215] den Einfluß von Infusionen von Prostaglandin I_2 und Prostaglandin E_1 auf die Filtrabilität von Blut. Untersucht wurden 12 Patienten mit Raynaud-Phänomen bei systemischer Sklerodermie. Im Vergleich zu 12 Kontrollpatienten kam es nach Infusion von 5 bis 7,5 ng Prostaglandin I_2 pro kg Körpergewicht pro Minute ebenso wie nach Gabe von 6 bis 12 ng Prostaglandin E_1 pro kg pro Minute, gegeben über einen zentralen Venenkatheter, zu einer statistisch signifikanten Verbesserung der Erythrozytenfiltrabilität, bestimmt mit einer Filtrationsmethode mit Nucleoporefiltern. Die Erythrozyten wurden dabei vom

Plasma getrennt und in einer Phosphatpufferlösung mit Albuminzusatz aufgeschwemmt.

Bemerkungen: Keine Messungen anderer rheologischer Parameter.

Diese Ergebnisse wurden auch an anderer Stelle [216] vorgelegt.

Belch und Mitarbeiter [58] untersuchten 1981 bei 10 Patienten mit peripheren Gefäßerkrankungen den Einfluß von Prostacyclin auf die Erythrozytenverformbarkeit, gemessen mit einem Nucleoporefilter mit einem Porendurchmesser von 5 µm. Bei einer Dosierung von 5 ng pro kg Körpergewicht und pro Minute fanden die Autoren eine Verminderung der Erythrozytenverformbarkeit (Leserbrief, keine weiteren Details).

Yamaguchi [927] berichtete 1984 über den Einfluß einer 5 bis 14tägigen intravenösen Infusionsbehandlung mit 80 bis 120 µg Prostaglandin E_1 pro Tag auf die Erythrozytenverformbarkeit von Patienten mit peripheren Durchblutungsstörungen. Die Erythrozytenfiltrabilität wurde nach der Reid'schen Vollblutmethode beurteilt; die Autoren fanden eine signifikante Verbesserung der Erythrozytenfiltrabilität nach Prostaglandin E_1 (Abstract, keine Details).

Lucas und Mitarbeiter [596] untersuchten 1984 den Einfluß einer 72stündigen intravenösen Infusion von Prostaglandin E_1 auf die Erythrozytenverformbarkeit (spezielles Verfahren zur Eliminierung von Leukozyten und zusätzliche Waschvorgänge) und die Plasmaviskosität, gemessen bei 25 °C, bei Raynaudpatienten. Die Autoren fanden keine statistisch signifikanten Veränderungen der Erythrozytenfiltrabilitätswerte.

Grasselli und Mitarbeiter [391] berichteten 1985 über den Einfluß von Prostacyclin auf die Fließeigenschaften des Blutes bei 13 Patienten mit chronisch-arterieller Verschlußkrankheit. 10 ng pro kg Körpergewicht pro Minute wurden über 1 bis 2 Tage intravenös infundiert. Die Erythrozytenfiltrabilität wurde nach der Vollblutmethode von Reid und Mitarbeitern bestimmt. Die Autoren fanden keine Veränderung der Erythrozytenverformbarkeit, jedoch eine Verbesserung der Leukozytenverformbarkeit (Abstract, keine Details).

Mikita und Mitarbeiter [645] berichteten 1985 über eine Doppelblindstudie an Patienten mit Raynaud'scher Erkrankung, denen 5 ng Prostacyclin pro kg Körpergewicht pro Minute intravenös gegeben wurden. Die Vollblutviskosität wurde bei verschiedenen Schergraden mit einem Contraves-Viskosimeter gemessen; des weiteren wurde die Erythrozyten- und die Leukozytenfiltrabilität mit Polycarbonatfiltern bestimmt. Die vorläufigen Ergebnisse zeigen keine signifikanten Veränderungen der hämorheologischen Parameter zwischen Prostacyclin und Placebo (Abstract, keine Details).

Diskussion

Über den Einfluß von Prostaglandin auf die Erythrozytenfiltrabilität liegen gegensätzliche Befunde vor. Während *Belch* und Mitarbeiter eine Verschlechterung der Erythrozytenverformbarkeit fanden, beschrieben *Dowd* und Mitarbeiter sowie *Yamaguchi* eine Verbesserung der Filtrationswerte. Die Untersuchungen von *Belch* und Mitarbeitern wie auch von *Yamaguchi* wurden mit einer inadäquaten Filtrationsmethode durchgeführt; die Messungen von *Dowd* wurden an gewaschenen Erythrozyten durchgeführt und sind somit ebenfalls nur eingeschränkt aussagekräftig.

Grasselli und Mitarbeiter, *Lucas* und Mitarbeiter wie auch *Mikita* und Mitarbeiter untersuchten den Einfluß von Prostacyclin auf die Fließeigenschaften des Blutes. *Grasselli* und Mitarbeiter fanden keinen Einfluß des Präparates auf die Erythrozytenfiltrabilität, und auch *Mikita* und Mitarbeiter konnten keine signifikanten Veränderungen sowohl der Erythrozytenfiltrabilität als auch der Vollblutviskosität durch Prostacyclin feststellen.

4.1.52. Indometacin und andere Antirheumatika

Publikationen

Mercke und **Kjellen** [635] berichteten 1981 über Messungen bei Patienten mit malignen Tumoren vor und nach Gabe der Substanz Indometacin und fanden eine Verbesserung der Erythrozytendeformabilität (Abstract, keine Details).

Bedi und Mitarbeiter [56] beschrieben 1984 den Einfluß der Antirheumatika Fenclofenac und Diclofenac auf die Plasmaviskosität von Patienten mit rheumatischen Erkrankungen und fanden eine statistisch signifikante Verminderung nach einer dreibzw. sechsmonatigen Therapie.

Bemerkungen: Keine Untersuchung anderer rheologischer Parameter.

Nenci [668] untersuchte 1985 den Einfluß von Indobufen in einer Dosis von 200 mg täglich oral bei Patienten mit kardiovaskulären Erkrankungen und fand eine Verbesserung der Erythrozytenfiltrabilität, gemessen vor, während und 4 Wochen nach der Behandlung mit einer Methode, bei der Nucleoporemembranfilter benutzt wurden (Abstract, keine Details).

Diskussion

Über drei verschiedene antiinflammatorische Substanzen (Antirheumatika) liegen Einzelbefunde vor, die keine definitiven Aussagen über deren hämorheologische Wirkungen erlauben. Eine Senkung der Plasmaviskosität ist auf Grund der Hemmung der Fibrinogensynthese denkbar.

4.1.53. Hydroxychloroquin

Einleitung

Hydroxychloroquin ist ein Malariamittel.

Publikationen

Rose und Mitarbeiter [738] berichteten 1981 über Messungen der Vollblutviskosität bei verschiedenen Schergraden an Blutproben einer Gruppe von chirurgischen Patienten, die 600 bis 1400 mg Hydroxychloroquin präoperativ verordnet bekommen hatte. Im

Vergleich zu Kontrollpatienten ohne Medikamentengabe kam es zu einer Senkung der Plasmaviskosität wie auch der Vollblutviskosität während der Operation, während bei der Kontrollgruppe die Viskosität anstieg (Abstract, keine Details).

Ernst und Mitarbeiter untersuchten 1984 [326] den Einfluß von Hydroxychloroquinsulfat (600 bis 1400 mg präoperativ im Vergleich zu Placebo). Die Operationen wurden wegen verschiedener Erkrankungen durchgeführt. Die Vollblut- und die Plasmaviskosität wurden mit einem Contraves LS 30-Viskosimeter gemessen. Die Erythrozytenfiltrabilität wurde nach Dodds und Mitarbeitern bestimmt. Außerdem wurden Hämatokrit und Fibrinogenkonzentration erfaßt. In der Hydroxychloroquingruppe kam es zu einer Senkung der Blutviskosität bei verschiedenen Schergraden, während die Plasmaviskosität unverändert blieb. Die Erythrozytenfiltrabilität nahm geringfügig ab. Die Viskositätsmessungen wurden bei korrigiertem Hämatokrit durchgeführt. Der unkorrigierte Hämatokrit fiel in der Hydroxychloroquingruppe deutlicher ab als in der Placebogruppe. Die geringgradige Verschlechterung der Filtrabilität des Blutes in der Hydroxychloroquingruppe war weniger ausgeprägt als in der Placebogruppe vor und nach Operation.

Diskussion

Über den Einfluß von Hydroxychloroquin liegen 2 Publikationen vor. *Rose* und Mitarbeiter fanden bei operierten Patienten einen Unterschied zwischen der Hydroxychloroquingruppe und der Placebogruppe hinsichtlich der Blut- und Plasmaviskosität. Bei von *Ernst* und Mitarbeitern untersuchten Patienten, die ebenfalls operiert wurden, kam es zu einer Senkung der Vollblutviskosität, während die Plasmaviskosität unverändert blieb. Die Erythrozytenfiltrabilität verschlechterte sich.

Da beide Untersuchungen bei Patienten durchgeführt wurden, die im Rahmen ihrer Operation mannigfachen exogenen und medikamentösen Einflüssen ausgesetzt waren, sind die vorliegenden Ergebnisse nicht beweisend für eine hämorheologische Wirksamkeit von Hydroxychloroquin.

4.1.54. Fludrocortison

Einleitung

Fludrocortison ist ein halogeniertes Glukocorticoid.

Publikationen

Fludrocortison wurde 1981 von **Humphrey** und Mitarbeitern [463] zur Therapie der Polyzythämie eingesetzt (0,2 mg täglich oral). Die Autoren fanden keine signifikanten Veränderungen des Hämatokritwertes und der Vollblutviskosität (Abstract, keine Details).

4.1.55. Ketanserin

Einleitung

Ketanserin ist ein 5-Hydroxytryptamin-Antagonist mit vasodilatorischen Eigenschaften; es wird bei der essentiellen Hypertonie und bei peripheren Durchblutungsstörungen eingesetzt.

Publikationen

De Cree und Mitarbeiter [161] untersuchten 1981 den Einfluß des selektiven 5-Hydroxytryptamin-Antagonisten Ketanserin auf die Filtrabilität des Blutes von Patienten mit essentieller Hypertonie und akutem Herzinfarkt. Bei beiden Patientengruppen hatte sich vor Therapiebeginn gezeigt, daß die Erythrozytenfiltrabilität deutlich vermindert war. Diese Filtrabilitätsverminderung wurde über veränderte Plasmafaktoren erklärt. Nach akuter intravenöser Gabe von 10 mg Ketanserin fand sich neben einer Verminderung des Blutdruckes eine Verbesserung der Filtrabilitätswerte. In einer weiteren Doppelblindstudie mit 30 Patienten mit akutem Myokardinfarkt fand sich nach oraler Gabe von 60 mg Ketanserin im Vergleich zu Placebo eine deutlich verbesserte Erythrozytenfiltrabilität (Abstract, keine Details).

Jacobs und Mitarbeiter [470] gaben 15 Patienten entweder eine Einzeldosis von 140 mg Ketanserin oder im Rahmen einer Langzeitbehandlung über 3 Wochen 2 × 40 mg täglich. An hämorheologischen Parametern wurden gemessen: der Hämatokrit, die Plasmaviskosität und die Erythrozytenaggregation. Es fanden sich keine statistisch signifikanten Unterschiede der hämorheologischen Parameter vor und nach der Behandlung mit Ketanserin (Abstract, keine Details).

De Cree und Mitarbeiter [162] berichteten 1983 über Untersuchungen an 30 Patienten mit akutem Myokardinfarkt, welche entweder Placebo oder 60 mg Ketanserin oral bekamen. Es zeigte sich, daß die Filtrabilität von Blut in den plättchenreichen Ansätzen der Filtrationsstudie deutlich verbessert wurde, während in entsprechenden Ansätzen mit plättchenarmem Blut nur ein geringgradiger Effekt gesehen wurde. Es wird vermutet, daß die aggregationshemmende Wirkung von Ketanserin auf die Thrombozyten auch die Erythrozytenverformbarkeit beeinflußt (Abstract, keine Details).

De Cree und Mitarbeiter [163] behandelten 20 Patienten mit Claudicatio intermittens über 3 Monate mit 3 × 60 mg Ketanserin täglich oral und fanden eine statistisch signifikante Verbesserung der Filtrierbarkeit des Blutes in der Ketanseringruppe, während in der Placebogruppe keine Veränderungen auftraten (Abstract, keine Details).

Walker und Mitarbeiter [894] untersuchten 1985 bei 14 Patienten mit chronisch-arterieller Verschlußkrankheit im Rahmen einer Doppelblindstudie den Einfluß von Ketanserin (2 mg pro Stunde) bzw. Placebo über eine Zeit von 7 Tagen. Die Vollblutviskosität wurde mit einem Contraves LS 30-Viskosimeter, die Plasmaviskosität mit einem Kapillarviskosimeter gemessen. Die Filtrabilität von Erythrozyten wurde mit dem St. George's Filtrometer untersucht. Die Autoren fanden eine statistisch signifikante Verminderung der Vollblutviskosität bei verschiedenen Schergraden sowie eine geringgradige, aber statistisch signifikante Verminderung der Plasmaviskosität und der Hämatokritwerte. Bezüglich der Erythrozytenfiltrabilität kam es zu einer Verkürzung der Transitzeit sowie zu einer Verminderung der Verstopfungsrate durch weiße Blutkörperchen (clogging).

Bogar und Mitarbeiter [77] beschrieben 1985 den Einfluß des 5-Hydroxytryptamin-Antagonisten Ketanserin auf die

Fließeigenschaften des Blutes von Patienten mit ischämischen Erkrankungen. Das Medikament wurde bei 20 Patienten 7 Tage lang kontinuierlich infundiert (50 mg pro Tag in 1000 ml einer Dextrose-Kochsalz-Infusion). Zum Vergleich wurden 10 Patienten Infusionen ohne Ketanserin gegeben. Die hämorheologischen Messungen wurden mit heparinisiertem Venenblut durchgeführt. Die Vollblutviskosität wurde mit einem Contraves low shear-Viskosimeter bei verschiedenen Schergraden gemessen; für die Plasmaviskosität wurde ein Harkness-Viskosimeter benutzt. Die Vollblutviskosität wurde rechnerisch auf einen Standardhämatokrit von 45% gebracht. Die Erythrozytenfiltrabilität wurde mit einem Gerät der Firma Carri-Med geprüft.

Bei den Patienten, die mit Verum behandelt wurden, fand sich eine Senkung des Hämatokrits und der Vollblutviskosität. Auch bezüglich der Plasmaviskosität kam es zu einer Senkung der Werte. Bei der Erythrozytenfiltration ergaben sich geringgradige, aber statistisch signifikante Veränderungen im Sinne einer Verminderung der Anzahl von Leukozyten, welche die Poren verlagern (clogging). Als Wirkmechanismus von Ketanserin wurde eine Hämodilution angenommen.

Die Ergebnisse wurden in kürzerer Form auch an anderer Stelle vorgetragen [78].

Diskussion

Während *De Cree* und Mitarbeiter in mehreren Untersuchungen einen Einfluß von Ketanserin auf die Filtrabilität von Blut bei Patienten mit verschiedenen Erkrankungen beschrieben, führten *Walker* und Mitarbeiter sowie *Bogar* und Mitarbeiter die geringgradige, aber statistisch signifikante Veränderung der Filtrabilitätswerte auf eine medikamentöse Beeinflussung der Leukozyten zurück, welche üblicherweise die Poren verlagern. Da *Bogar* und Mitarbeiter eine Senkung des Hämatokrits, der Vollblutviskosität wie auch der Plasmaviskosität fanden, diskutierten sie eine Hämodilution als Mechanismus der von ihnen gefundenen Veränderungen. Auch *Walker* fand eine geringgradige, aber statistisch signifikante Verminderung der Plasmaviskosität und der Hämatokritwerte, während *Jacobs* und Mitarbeiter keine Beeinflussung der von ihnen untersuchten hämorheologischen Parameter feststellen konnten.

Insgesamt gesehen sind die bisher vorliegenden Ergebnisse über die Beeinflussung hämorheologischer Parameter durch Ketanserin widersprüchlich und bedürfen weiterer Klärung.

4.1.56. Pflanzenextrakte, Bioflavonoide

Einleitung

Flavonoide sind unter anderem in Roßkastanienextrakten enthalten und werden zur Therapie chronisch-venöser Erkrankungen verwendet. Als Wirkungsmechanismus wird ein kapillarabdichtender und ödemprotektiver Effekt angenommen.

Publikationen

Klemm und **Enghofer** [510] untersuchten 1982 bei 30 Patienten mit varikösen Venen der unteren Extremitäten den Einfluß einer 12tägigen oralen Gabe von 3 × täglich 1800 mg Roßkastanienextrakt (mit standardisiertem Aescingehalt). Bestimmt wurde die

Vollblutviskosität heparinisierten Blutes mit einem Mikroviskosimeter bei einer Schergeschwindigkeit von 200 s^{-1} und einer Temperatur von 37 °C. Die Viskosität des Vollblutes wurde durch das Präparat um durchschnittlich 5% statistisch signifikant vermindert.

Bemerkungen: Keine Hämatokritkorrektur; keine Messungen anderer rheologischer Parameter.

Diese Befunde wurden auch an anderer Stelle vorgetragen [511].

Witte und Mitarbeiter [919] berichteten 1983 über den Einfluß einer Gabe von Flavon-Glycosiden aus Gingko biloba auf die Viskoelastizität von Vollblut und die Viskosität von Plasma (gemessen mittels eines oszillierenden Kapillarrheometers). Die Blutproben wurden auf einen Standardhämatokrit von 45% eingestellt, die Temperatur betrug 22 °C; die angegebenen Meßwerte beziehen sich auf den Schergrad 10 s^{-1} und die Oszillationsfrequenz 2 Hertz. Die Gruppe der Patienten, die mit dem Flavon-Glycosid-Präparat behandelt wurde, zeigte eine Verminderung der Viskosität, vor allen Dingen der elastischen Komponente (Abstract, keine Details).

Shanghai Cooperative Group for the Study of Tanshinone IIA [794] berichtete 1984 über die Ergebnisse einer Doppelblindstudie über den Einfluß des Medikamentes Natrium-tanshinone IIA-sulfonat (ein Extrakt aus Radix salviae miltiorrhizae) auf die Fließeigenschaften des Blutes bei Patienten mit koronaren Herzerkrankungen. Das wasserlösliche Medikament wurde über zwei Wochen in einer Dosis von 160 mg pro Tag intravenös appliziert. Es fanden sich keine statistisch signifikanten Veränderungen der Blut- und Plasmaviskosität.

Bemerkungen: Keine Angaben über die verwendeten hämorheologischen Methoden.

Kiesewetter und Mitarbeiter [498] berichteten 1985 über den Einfluß von Bencianol (einem Bioflavonoid) in einer Einzeldosis von 2 g bei Patienten mit abnormen hämorheologischen Parametern. Es kam zu einer Verbesserung der hämorheologischen Parameter, speziell der Erythrozytenverformbarkeit und der Erythrozytenaggregation (Abstract, keine Details).

Diskussion

Es liegen 5 Arbeiten über 4 verschiedene Flavonoide vor, deren Einfluß auf die Fließeigenschaften des Blutes unter verschiedener Dosierung und mit verschiedenen Meßmethoden geprüft wurde. Deswegen verwundert es nicht, daß Aussagen über eine Beeinflussung hämorheologischer Parameter bei Patienten unterschiedlich ausfallen. Im Einzelfall wären weitere Untersuchungen notwendig, um zu entscheiden, ob einzelne Bioflavonoide oder die Gruppe dieser Substanzen als solche einen Einfluß auf die Fließeigenschaften des Blutes haben oder nicht.
Publikationen über Rutoside siehe Kap. 4.1.23.

4.1.57. Dilazep

Einleitung

Dilazep ist ein Koronardilatator und wird zur Behandlung ischämischer Herzerkrankungen verwendet.

Publikationen

1982 berichteten **Kirigaya** und Mitarbeiter [507] über Messungen der Vollblutviskosität bei Patienten mit ischämischer Herzerkrankung, wobei ein laboreigenes Viskosimeter verwendet wurde. Nach oraler Gabe von 300 mg Dilazep kam es zu einer Senkung der Blut- und Plasmaviskosität (Abstract, keine Details).

4.1.58. Erythrozytentransfusion bei Sichelzellanämie

Publikationen

Jan und Mitarbeiter [474] untersuchten 1982 den Einfluß einer Transfusion normaler Erythrozyten auf die Blutviskosität von 15 Patienten mit Sichelzellanämie. Die Viskosität wurde mit einem Rotationsviskosimeter gemessen. Nach der Infusion von Erythrozytenkonzentrat kam es zu einem Anstieg des Hämatokrits und der Blutviskosität. Die gleichzeitige Messung des Sauerstoffdruckes im Blut ließ die Autoren vermuten, daß eine Erhöhung des Hämatokritwertes über 35% bei diesen Patienten die Sauerstoffkapazität nicht weiter erhöht, weil es dann zu einer Hyperviskosität kommt.

Bemerkungen: Keine Messungen weiterer rheologischer Parameter.

4.1.59. Eisentherapie bei Polyzythämie

Einleitung

Eisenpräparate (meist zweiwertiges Eisen enthaltend) werden üblicherweise bei Eisenmangelzuständen und Eisenmangelanämie verordnet.

Publikationen

Milligan und **Davies** [649] berichteten 1982 über Viskositätsmessungen bei Polyzythämikern mit Eisenmangel vor und nach einer Behandlung mit Eisenpräparaten. Die Vollblutviskosität wurde bei hohen und niedrigen Schergraden gemessen. Es zeigte sich, daß trotz einer geringgradigen Erhöhung der Hämatokritwerte die Vollblutviskosität bei hohen und niedrigen Schergraden durch die Behandlung mit Eisen vermindert wurde. Die Autoren schränkten jedoch ein, daß das von ihnen verwendete Coulter-Instrument den Hämatokritwert nicht exakt angibt.

4.1.60. Piracetam

Einleitung

Piracetam ist eine Substanz, die zur Verbesserung der zerebralen Leistungsfähigkeit bei Patienten mit zerebrovaskulärer Insuffizienz verwendet wird.

Publikationen

Kiesewetter und Mitarbeiter [496] behandelten 1983 Patienten mit diabetischer Retinopathie 4 Wochen lang mit 1,2 g Piracetam oral täglich und bestimmten die Plasmaviskosität mit einem Kapillarviskosimeter, die Erythrozytenaggregation mit einem transmissionsoptischen Gerät und die Erythrozytenverformbarkeit mittels des Single- Pore-Rigidometers. Darüberhinaus wurde die Fließschubspannung bestimmt. Die Autoren beschreiben eine Verminderung der Erythrozytenaggregation, eine Verbesserung der Erythrozytenverformbarkeit und eine Minderung der aufzuwendenden Fließschubspannung.

Klinik: Es kam zu einer Verbesserung des Visus und der Gesichtsfeldfläche.

Ciuffetti und Mitarbeiter [134] beschrieben den Einfluß von Piracetam auf die Fließeigenschaften des Blutes von Patienten mit zerebrovaskulärer Insuffizienz. Die Vollblutviskosität und die Plasmaviskosität wurden mit einem Wells-Brookfield-Kegel-Platte-Viskosimeter bei 37 °C gemessen, die Erythrozytenfiltrabilität wurde nach einer Modifikation der ursprünglichen Reid'schen Vollblutmethode bestimmt. Die Meßtemperatur betrug 37 °C. Piracetam wurde mit Pentoxifyllin, mit Placebo und mit einer Kombination Piracetam + Pentoxifyllin verglichen (Dosierung Piracetam 3 x 800 mg täglich, Dosierung Pentoxifyllin 3 x 400 mg täglich). Die Autoren fanden, daß nur mit der Kombination der beiden Medikamente eine verbesserte Erythrozytenverformbarkeit erzielt wurde.

Diskussion

Während *Kiesewetter* und Mitarbeiter eine Verbesserung der Erythrozytenaggregation und -verformbarkeit bei einer Dosis von 1,2 g pro Tag fanden, konnten *Ciuffetti* und Mitarbeiter bei einer Dosierung von 3 x 800 mg täglich keine Beeinflussung der Erythrozytenfiltrabilität feststellen. Da möglicherweise eine Dosisabhängigkeit besteht, sind weitere Untersuchungen zur Frage des hämorheologischen Effekts von Piracetam notwendig.

4.1.61. Lipidlösungen

Einleitung

Fettemulsionen (Lipidlösungen) werden zur parenteralen Ernährung verwendet, insbesondere bei Säuglingen und bei Patienten mit hohem Kalorienbedarf.

Publikationen

Sengespeik und Mitarbeiter [790] untersuchten 1983 den Einfluß einer Lipidinfusion auf die Fließeigenschaften des Blutes. 10 Frühgeborene und 10 reife Neugeborene erhielten 0,15 g pro kg Körpergewicht pro Stunde über 4 Stunden infundiert. Die vor und am Ende der Infusionsperiode entnommenen Blutproben zeigten keine Veränderungen der Blut- und Plasmaviskosität und der Erythrozytenaggregation, beurteilt an Hand des Rheoskops.

4.1.62. Training, Physikalische Therapie, Diät

Einleitung

In diesem und den folgenden Kapiteln (4.1.63., 4.1.64 und 4.1.65.) werden nicht-medikamentöse Maßnahmen zitiert, bei denen Veränderungen der Fließeigenschaften des Blutes festgestellt wurden. Im vorliegenden Kapitel finden sich eine Reihe von Publikationen, bei denen verschiedene physikalisch-diätetische Therapiemaßnahmen angewendet wurden.
***Lommel** [582] hat bereits 1904 über Veränderungen der Blutviskosität bei Schwitzprozeduren berichtet.*

Publikationen

Hall und Mitarbeiter [414] berichteten 1983 über den Einfluß einer fettarmen, salzarmen und kohlehydratreichen Diät bei gleichzeitig durchgeführtem Training auf die Blutviskosität bei Patienten mit arterieller Hypertonie. Bei einer Therapie über 26 Tage kam es zu einer statistisch signifikanten Senkung der Vollblutviskosität und der Plasmaviskosität bei gleichzeitiger Verminderung der systemischen Blutdruckwerte (Abstract, keine Details).

Ernst und Mitarbeiter [322] berichteten 1984 über den Einfluß von Kohlensäurebädern auf die Fließeigenschaften des Blutes bei 8 Patienten mit angiografisch gesicherter chronisch-arterieller Verschlußkrankheit. Heparin-antikoaguliertes Blut wurde in einem CarriMed-Viskosimeter bei einem standardisierten Hämatokrit von 45% und einer Temperatur von 37 °C gemessen. Die Plasmaviskosität wurde mit einem Kapillarviskosimeter nach Harkness, die Erythrozytenflexibilität nach Dodds und Dormandy und die Erythrozytenaggregation mit dem Gerät der Firma Myrenne untersucht. Im Akutversuch ergab sich dabei eine Verbesserung der Erythrozytenflexibilität, eine Verminderung der Plasmaviskosität und eine Verminderung der Blutviskosität, die allerdings nur bei einer Schubspannung signifikant war. Im Langzeitversuch ergab sich lediglich eine Verbesserung der Erythrozytenfiltrabilität.

Matrai und Mitarbeiter [624] berichteten 1984 über eine Verbesserung der Fließeigenschaften des Blutes bei Patienten mit arteriellen Verschlußerkrankungen durch Kohlensäurebäder. Bei Gesunden war eine entsprechende Wirkung nicht nachzuweisen (Abstract, keine Details).

Diehm und Mitarbeiter [170] berichteten 1984 über hämorheologische Veränderungen bei Patienten mit peripherer arterieller Verschlußkrankheit im Stadium II nach Fontaine nach einem 8wöchigen Ausdauertraining. Die Blutviskosität wurde mit einem Wells-Brookfield-Viskosimeter mit Mooneykammer, die Plasmaviskosität mit einem Harkness-Kapillarviskosimeter, die Erythrozytenaggregation fotometrisch und die Erythrozytenverformbarkeit mit dem Mikropolyviscometer nach Teitel untersucht. Während sich Plasma- und Serumviskosität kaum veränderten, zeigte sich eine Senkung der Vollblutviskosität sowie eine Verringerung der Erythrozytenaggregationstendenz. Die Erythrozytenfiltrabilität verbesserte sich. Nach einer 12wöchigen Trainingspause kehrten die Meßwerte wieder zu den Ausgangswerten zurück.

Selvetella und Mitarbeiter [789] beschrieben 1985 den Einfluß einer Fiebertherapie (Pyretotherapie) mit einer polyvalenten Vakzine bei Patienten mit entzündlichen Arteriopathien. Die Vakzine wurde intravenös appliziert und führte zu Temperaturerhöhungen zwischen 39 °C und 41 °C. Im Laufe dieser ein- bis zweiwöchigen Therapie wurden der Hämatokrit und die Erythrozytenfiltrabilität nach der Methode von Reid und Mitarbeitern bestimmt. Die

Autoren beschrieben eine statistisch signifikante Verminderung der Hämatokritwerte und der Erythrozytenfiltrabilität während der Fiebertherapie.

Bemerkungen: Keine weiteren hämorheologischen Daten.

Mattassi und Mitarbeiter [628] berichteten 1985 über den Effekt intraarteriell applizierten Ozons bei Patienten mit chronischer, arterieller Durchblutungsstörung. Die Autoren fanden eine Verbesserung der Erythrozytenverformbarkeit (keine Angabe von Methoden; Abstract, keine Details).

Gallasch und Mitarbeiter [363] untersuchten 1985, inwieweit bei Patienten mit chronisch-arterieller Verschlußkrankheit im Stadium der Claudicatio intermittens ein 8wöchiges Ausdauertraining hämorheologische Parameter beeinflussen kann. Die Vollblutviskosität wurde mit dem Wells-Brookfield-Viskosimeter mit Mooney-Kammer durchgeführt. Die Erythrozytenaggregation wurde fotometrisch gemessen; die Erythrozytenverformbarkeit wurde mit dem Polymikroviscosimeter nach Teitel bestimmt. Die Serumviskosität und die Plasmaviskosität fielen statistisch signifikant ab, während die Fibrinogenkonzentration und der Hämatokrit unverändert blieben. Die scheinbare Vollblutviskosität aus Nativblut war unverändert; korrigiert auf einen standardisierten Hämatokrit, war eine geringgradige Verminderung der Viskosität festzustellen. Die Erythrozytenaggregation war vermindert, und auch die Erythrozytenverformbarkeit ließ sich bessern.

Bemerkungen: Es fand sich eine statistisch signifikante Verlängerung der schmerzfreien Gehstrecke.

Perego und Mitarbeiter [695] berichteten 1985 über den Einfluß einer dreimonatigen Trainingsperiode bei Patienten mit Claudicatio intermittens auf die Filtrabilität des Blutes und fanden eine Erhöhung dieses Parameters unter Ruhebedingungen. Die von den Autoren beschriebene Verminderung der Erythrozytenfiltrabilität unmittelbar nach einer akuten Belastung fiel am Ende der Trainingsperiode statistisch signifikant geringer aus als zu Beginn der Behandlung (Abstract, keine Details).

Ernst und **Matrai** [328] untersuchten 1985 den Einfluß eines kontrollierten Trainings bei Patienten mit Claudicatio intermittens auf die Fließeigenschaften des Blutes und fanden eine Verbesserung der Parameter (Abstract, keine Details).

Barnard und Mitarbeiter [43] untersuchten 1985 den Einfluß einer kombinierten Therapie von Training und einer fett- und kochsalzarmen sowie einer speziellen Kohlenhydratdiät auf den systemischen Blutdruck von Patienten mit essentieller Hypertonie. Nach einer 26tägigen Behandlung wurde die Vollblutviskosität (Zitratblut) mit einem Sienco-Sonoclot-Viskosimeter bei 37 °C gemessen. Die Autoren fanden eine Senkung der Blutviskosität, die nicht mit dem Hämatokritwert korrelierte.

Bemerkungen: Keine Messungen anderer hämorheologischer Parameter.

Ernst und Mitarbeiter [334] untersuchten 1986 20 Patienten nach Schlaganfall, die eine spezielle Rehabilitationstherapie (balneologische, physikalische und noch andere Maßnahmen) erhielten. Vor und nach der 6wöchigen Therapie fanden sich eine Verminderung der Vollblutviskosität bei verschiedenen Schergraden (Contraves-Rotationsviskosimeter) und eine geringgradige, aber statistisch signifikante Verminderung der Plasmaviskosität. Bezüglich der Erythrozytenaggregation ergaben sich keine signifikanten Unterschiede.

Kharkharov und **Tirulov** [490] untersuchten 1986 den Einfluß hochkonzentrierter Sulfidbäder bei Patienten mit essentieller Hypertonie und fanden eine Senkung der Blutviskosität, die mit einer Verminderung des Hämatokrits einherging (Original in Russisch).

Diskussion

Während über den Einfluß einer fettarmen und salzarmen Diät bei gleichzeitig durchgeführtem Training, über den Einfluß von Kohlensäurebädern auf die Fließeigenschaften des Blutes bei Patienten mit chronisch-arterieller Verschlußkrankheit, über den Einfluß von Sulfidbädern auf die Fließeigenschaften des Blutes bei Patienten mit Hypertonie, über eine Fiebertherapie bei Patienten mit entzündlichen Arteriopathien und über eine intraarterielle Ozontherapie jeweils nur einzelne Mitteilungen vorliegen, wurde der Einfluß eines Ausdauertrainings auf die Fließeigenschaften des Blutes bei Patienten mit Claudicatio intermittens immerhin von 5 Arbeitsgruppen untersucht. Übereinstimmend wird eine allerdings geringgradige Verminderung der Vollblutviskosität, der Plasmaviskosität und der Erythrozytenaggregation festgestellt. Die Erythrozytenfiltrabilität war verbessert.

4.1.63. Sauerstofftherapie bei Cor pulmonale

Einleitung

Bei chronischen Lungenerkrankungen kann reiner Sauerstoff entweder unter normalem atmosphärischem Druck oder im Überdruckverfahren (Druckkammer) gegeben werden.

Publikationen

Gluskowski und Mitarbeiter [380] untersuchten Hämatokritwerte und Vollblutviskosität (Wells-Brookfield-Viskosimeter bei einem Schergrad von 230 s^{-1}) vor und nach einer 6wöchigen kontrollierten Sauerstoffbeatmung über 17 Stunden am Tag. Als Begleitmedikation wurden in einigen Fällen β-adrenerge Stimulatoren und Digoxin verabfolgt. Die Patienten litten an chronisch-obstruktiver Bronchitis, die zu einer sekundären Polyglobulie mit Cor pulmonale geführt hatte.
Nach einer 6wöchigen Behandlung kam es zu einem statistisch signifikanten Abfall der Blutviskosität und zu einer statistisch signifikanten Verminderung des Hämatokritwertes, während die Serumeiweißkonzentration unverändert blieb. Bei den meisten Patienten kam es außerdem zu einer Senkung des Pulmonalarteriendruckes.

Bemerkungen: Weitere rheologische Parameter wurden nicht untersucht.

Mathieu und Mitarbeiter [622] untersuchten 1985 die Erythrozytenverformbarkeit nach der Methode von Hanss und Stoltz bei 70 Patienten (keine Angaben über die Erkrankungen) vor und nach einer 90minütigen Exposition mit hyperbarem Sauerstoff. Während der Hämatokrit und die Plasmaviskosität unverändert blieben, kam es zu einer Verminderung des Filtrabilitätsindexes sowohl im Akutversuch als auch nach einer Serie von hyperbaren Sauerstoffbehandlungen (Abstract, keine Details).

Diskussion

Unter einer Sauerstoffzufuhr im Sinne einer Langzeittherapie kam es zu einer Absenkung des Hämatokritwertes mit entsprechender Verminderung der Vollblutviskosität. Bei einer akuten Exposition von hyperbarem Sauerstoff über

90 Minuten dagegen blieben Hämatokrit und Plasmaviskosität unverändert; es kam allerdings zu einer Verminderung des Filtrabilitätsindexes. Die beiden Befunde widersprechen sich nicht, da durchaus vorstellbar ist, daß im Rahmen einer langfristigen Sauerstoffüberdrucktherapie bei Patienten mit Cor pulmonale die Stimulierung des erythropoetischen Systems gebremst wird und bei so erniedrigten Hämatokritwerten die Vollblutviskosität vermindert ist.

4.1.64. Extrakorporale UV-Bestrahlung des Blutes

Einleitung

Zu den Versuchen, die periphere Durchblutung zu verbessern, gehört die extrakorporale Bestrahlung des Blutes mit Ultraviolettstrahlen. Diese Methode wird nur an wenigen Instituten angewendet.

Publikationen

Bäumler und Mitarbeiter [40] untersuchten 1982 bei 6 Patienten mit chronisch-arteriellen Verschlüssen die Blutviskosität mit einem Weißenberg-Rheogoniometer bei Schergraden zwischen 0,146 und 461 s^{-1} bei 25 °C und die Plasmaviskosität mit Hilfe eines Kapillarviskosimeters bei 25 °C. Den Patienten wurde je kg Körpergewicht 1 ml venöses Blut entnommen, mit Na-citrat im Verhältnis 10 : 1 ungerinnbar gemacht und innerhalb von 5 Minuten nach Bestrahlung mit ultraviolettem Licht (Wellenlänge 254 Nanometer) retransfundiert. Die Behandlungen erfolgten in zweitägigen Abständen. Als Vergleichskollektiv wurden 6 Patienten mit Placebo untersucht. Das Blut zur Messung der rheologischen Parameter wurde auf einen Hämatokrit von 45% eingestellt.
Es zeigte sich eine Verminderung der scheinbaren Vollblutviskosität bei niedrigen Schergraden, während die Viskosität bei Schergraden über 46 s^{-1} und die Plasmaviskosität unverändert blieben. In der Placebogruppe fand sich keine Beeinflussung der scheinbaren Vollblutviskosität bei niedrigen Schergraden. Die Autoren vermuten eine Verminderung der Erythrozytenaggregation als Ursache dieses Viskositätsverhaltens, weisen jedoch angesichts der geringen Fallzahl auf die Schwierigkeit der Interpretation der Ergebnisse hin.

Bemerkungen: Keine Messung der Erythrozytenfiltrabilität und keine direkte Messung der Erythrozytenaggregation. Die Meßtemperatur entsprach nicht der Körpertemperatur.

Ähnliche Daten wurden von **Lerche** und Mitarbeitern aus derselben Arbeitsgruppe an anderer Stelle vorgetragen [567].

Diskussion

Die Autoren weisen selbst auf Schwierigkeiten mit der Interpretation der Ergebnisse hin. Weitere Untersuchungen sind erforderlich, um einen hämorheologischen Effekt bestätigen oder ausschließen zu können.

4.1.65. Hämodialyse und Nierentransplantation

Publikationen

Williams und Mitarbeiter [917] untersuchten 1983 den Einfluß einer Hämodialyse bei 5 Patienten, denen innerhalb von 3 Stunden 3,4 l Flüssigkeit entzogen wurden. Die Blutviskosität wurde mit einem Rotationsviskosimeter bei 450 s^{-1} gemessen. Es kam zu einem Anstieg der Blutviskosität in Abhängigkeit von der Zeit nach Beginn der Hämodialyse (Abstract, keine Details).

Zerefos und Mitarbeiter [931] fanden 1983, daß eine erfolgreich durchgeführte Nierentransplantation die verschlechterten Fließeigenschaften des Blutes infolge einer chronischen Dialyse verbesserte. Die Blutviskosität wurde bei 16 Patienten mittels eines Wells-Brookfield-Mikro-Viskosimeters bei 2 verschiedenen Schergraden gemessen (Abstract, keine Details).

Delsignore und Mitarbeiter [165] untersuchten 1985 die Erythrozytenfiltrabilität (Nukleopore) sowie die Plasmaviskosität und die Blutviskosität bei 2 unterschiedlichen Schergraden mit einem Wells-Brookfield-LVT-Viskosimeter bei 37 °C vor und im Rahmen einer Hämodialyse bei Patienten mit Urämie. Es fanden sich keine signifikanten Veränderungen dieser Parameter im Verlauf der Hämodialyse.

Gueguen und Mitarbeiter [400] berichteten 1985 über den Einfluß einer Hämodialyse auf die Fließeigenschaften des Blutes von Patienten mit chronischer Niereninsuffizienz. Das Blut wurde unmittelbar vor und nach der Dialyse untersucht. Die Vollblut- und Plasmaviskosität wurden mit einem low shear-Viskosimeter gemessen, die Erythrozytenfiltrabilität mit zwei verschiedenen Methoden (Erythrometer und Hämorheometer). Die Autoren konnten keine signifikanten Veränderungen der gemessenen hämorheologischen Parameter als Folge der Hämodialyse feststellen (Abstract, keine Details).

Konishi und Mitarbeiter [521] berichteten 1985 über den Einfluß einer Hämodialyse auf die Fließeigenschaften des Blutes. Sie fanden einen Anstieg der Vollblut- und Plasmaviskosität wie auch der Fibrinogenkonzentration und der Blutkörperchensenkungsgeschwindigkeit (Abstract, keine Details).

Diskussion

Während *Williams* und Mitarbeiter und *Konishi* und Mitarbeiter im Rahmen einer Hämodialyse über einen Anstieg der Vollblut- und Plasmaviskosität berichteten, konnten *Delsignore* und Mitarbeiter sowie *Gueguen* und Mitarbeiter keine derartige Beeinflussung finden. Möglicherweise hängen die Veränderungen der Fließeigenschaften des Blutes unter Dialyse sehr stark von der Prozedur und der Frage ab, ob überschüssiges intravaskuläres Wasser während der Hämodialyse eliminiert wird oder nicht. Falls es dabei zu einem Anstieg des Hämatokrits kommt, ist auch ein Anstieg der Vollblutviskosität zu erwarten. Eine Publikation liegt über die Vollblutviskosität bei Patienten mit erfolgreich durchgeführter Nierentransplantation vor; hier verbesserten sich die Viskositätswerte nach der Operation.

4.1.66. Carnitin

Einleitung

Carnitin ist ein Stimulator der Magen- und Pankreassekretion.

Publikationen

Pola und Mitarbeiter [703] untersuchten 1984 den Einfluß von Carnitin auf die Vollblutviskosität (Rotationsviskosimeter der Firma Haake, bei 37 °C) und die Erythrozytenfiltration (nach Reid und Mitarbeitern) bei Patienten mit chronisch-arteriellen Durchblutungsstörungen bei einer Dosierung von 2 g pro Tag über 60 Tage. Es kommt zu einer Senkung der Vollblutviskosität sowie zu einer Verbesserung der Erythrozytenfiltrationsrate.

Bemerkungen: Keine Messungen weiterer hämorheologischer Parameter.

4.1.67. Benfurodil

Einleitung

Benfurodil ist ein Vasodilator.

Publikationen

Mozzi und Mitarbeiter [660] untersuchten 1984 den Einfluß von Benfurodil auf die Fließeigenschaften des Blutes bei Patienten mit chronisch-arterieller Verschlußkrankheit. In einem Doppelblindversuch wurden 50 mg Benfurodil intravenös bei 10 Patienten und 3 × 150 mg oral über 10 Tage bei weiteren 10 Patienten verabreicht. Die Vollblutviskosität wurde mit einem Wells-Brookfield-LVT/CP-Viskosimeter bei verschiedenen Schergraden und einer Temperatur von 37 °C gemessen. Des weiteren wurde die Erythrozytendeformabilität nach einer speziellen Methode mittels Nucleoporefilter mit 5 µm Porendurchmesser untersucht. Die Autoren fanden eine verminderte Vollblutviskosität und eine verbesserte Filtrabilität des Blutes, während die Plasmaviskosität keine einheitliche Veränderung zeigte.

4.1.68. Molsidomin

Einleitung

Molsidomin ist ein koronarer Vasodilator.

Publikationen

Vakaliuk [870] beschrieb 1984 den Einfluß von Molsidomin auf die Fließeigenschaften des Blutes bei Patienten mit stabiler Angina pectoris und fand eine Verminderung der Blutviskositätswerte (Original in Russisch).

Furkalo und Mitarbeiter [358] berichteten 1985 über den Einfluß antianginöser Medikamente auf die Vollblutviskosität und Plasmaviskosität bei Patienten mit chronischer Koronarinsuffizienz. Sie fanden eine Verminderung dieser hämorheologischen Parameter unter Verwendung von Molsidomin (Publikation in Russisch).

Korabelshchikova und Mitarbeiter [525] fanden 1985 bei 46 Patienten mit stabiler Angina pectoris eine Senkung der Vollblutviskosität (gemessen mit einem Rotationsviskosimeter) und eine Verringerung der Erythrozytenaggregation (bestimmt nach der fotometrischen Methode von O'Brien) nach oraler Gabe von 4–6 mg Molsidomin pro Tag über 8 Wochen (Original in Russisch).

Diskussion

Vakaliuk [870], *Furkalo* und Mitarbeiter sowie *Korabelshchikova* und Mitarbeiter fanden eine Senkung der Vollblutviskosität nach Molsidomin. *Korabelshchikova* und Mitarbeiter konnten außerdem eine Senkung der Erythrozytenaggregation feststellen.

4.1.69. Trapidyl

Einleitung

Trapidyl ist ein koronarer Vasodilator.

Publikationen

Lerche und Mitarbeiter [568] berichteten 1985 über den Einfluß von Trapidyl – in einer Dosierung von 300 mg oral pro Tag über einen Zeitraum von 4 Wochen – auf die Fließeigenschaften des Blutes bei Patienten mit chronisch-arterieller Durchblutungsstörung. Untersucht wurden die Vollblutviskosität bei verschiedenen Schergraden, die Plasmaviskosität und die Erythrozytenaggregation (fotometrische Methode). Die Autoren fanden eine Verminderung der Blutviskosität bei niedrigen Schergraden, während bei hohen Schergraden keine Veränderungen gefunden werden konnten (Abstract, keine Details).

4.1.70. Glycerinlösung

Einleitung

Glycerinlösungen werden u. a. zur Osmotherapie bei akuten zerebralen Ischämien verwendet.

Publikationen

Ponari und Mitarbeiter [705] berichteten 1985 über den Einfluß einer einstündigen Infusion von 500 ml einer 10%igen Glycerinlösung bei 10 Patienten mit akuter zerebraler Ischämie. Die Proben wurden vor, 2 und 6 Stunden nach Ende der Behandlung entnommen und hämorheologisch untersucht. Es kam zu einem signifikanten Abfall der Plasmaviskosität, während die Vollblutviskosität, der Hämatokrit und die Erythrozytenfiltrabilität sich tendenziell, aber nicht statistisch signifikant veränderten (Abstract, keine Details).

4.1.71. Polydeoxynucleotide

Einleitung

Polydeoxynucleotide werden aus Lungengewebe gewonnen und sollen eine fibrinolytische Wirkung haben.

Publikationen

Cappelli und Mitarbeiter [115] berichteten 1985 über den Einfluß von Defibrotide (Polydeoxynucleotide aus Lungengewebe) auf die Blut- und Plasmaviskosität und auf die Erythrozytenfiltrabilität. 1800 mg der Substanz wurden in 100 ml Kochsalzlösung innerhalb von 30 min infundiert. Die Autoren berichteten über eine Senkung der Blutviskosität, der Plasmaviskosität und der Fibrinogenkonzentration sowie über eine Verbesserung der Erythrozytenfiltrabilität. Sie führen die Verbesserung der Fließeigenschaften des Blutes im wesentlichen auf die Verminderung der Fibrinogenkonzentration zurück (Abstract, keine Details).

4.1.72. L-Thyroxin

Einleitung

L-Thyroxin ist ein Schilddrüsenhormon.

Publikationen

Larsson und Mitarbeiter [552] beschrieben 1985 eine Senkung der Blut- und Plasmaviskosität bei Patienten mit Schilddrüsen-Unterfunktion bei Autoimmun-Thyreoiditis durch die Gabe von Thyroxin. Die Blutviskosität wurde bei 24 °C mit einem Rotationsviskosimeter gemessen, die Plasmaviskosität mit einem Kapillarviskosimeter nach Ostwald, ebenfalls bei 24 °C. Die Therapie mit L-Thyroxin führte zu einer Verminderung der Blut- und Plasmaviskosität bei niedrigen Schergraden. Eine verminderte Erythrozytenaggregation wurde auf Grund des Rückganges der Blutkörperchensenkungsgeschwindigkeit vermutet.

Bemerkungen: Keine Messungen anderer hämorheologischer Parameter.

4.2. Simultane Therapie mit hämorheologisch wirksamen Substanzen

Einleitung

Unter simultaner hämorheologischer Therapie verstehen wir die zeitgleiche Anwendung rheologisch wirksamer Maßnahmen (s. Kap. 2.3.3). Die Überlegung, die ***Zederfeldt*** *1963 bewog, im Rahmen einer Hämodilutionstherapie mit niedermolekularer Dextranlösung auch einen Aderlaß durchzuführen [930], war wahrscheinlich die, durch die zeitliche Koppelung beider Maßnahmen die Hämatokritabsenkung weit deutlicher werden zu lassen, als dies mit einer der beiden Methoden alleine möglich gewesen wäre.*
Dieser simultane Therapieansatz hat später als sogenannte „isovolämische Hämodilution" eine besondere Bedeutung erlangt. In dem vorgenannten Sinne wurden von anderen Autoren dann auch Plasmaersatzmittel mit größeren Volumina physiologischer Kochsalzlösung kombiniert, was aus heutiger Sicht ebenfalls als simultane rheologische Therapie angesehen werden muß.
Ähnliche Vorstellungen mögen auch ***Azzena*** *und Mitarbeiter gehabt haben, als sie 1968 erstmals die Plasmahyperviskosität bei multiplem Myelom sowohl durch die rheologische Maßnahme der Plasmapherese als auch durch eine zeitgleiche medikamentöse Therapie mit Steroiden und Zytostatika behandelten [36]. Ziel war bei beiden Therapiemaßnahmen die Senkung der Konzentration der Paraproteine im Plasma.*
Anders dagegen verhält es sich mit der 1976 bzw. 1977 vorgeschlagenen simultanen Therapie chronisch-arterieller Verschlußerkrankungen durch Hämodilution mit Plasmaersatzmitteln und gleichzeitige Defibrinogenierung mit Ancrod [267, 274]. Hier war die rationale Begründung die, zusätzlich zu der durch die Infusion von niedermolekularem Dextran erniedrigten Vollblutviskosität durch eine spezifische Verminderung der Plasmafibrinogenkonzentration vor allen Dingen die Erythrozytenaggregation zu vermindern und die Plasmaviskosität zu senken. In diesem Falle war also die Zielrichtung der beiden zeitgleich durchgeführten Maßnahmen, hämorheologisch gesehen, unterschiedlich: die Hämodilution reduzierte den Hämatokrit und die Vollblutviskosität, und die Defibrinogenierung verminderte die Erythrozytenaggregation und die Plasmaviskosität.
Diese Kombination von therapeutischen Maßnahmen, welche verschiedene hämorheologische Parameter beeinflussen sollten, wurde in der folgenden Zeit mit einer ganzen Reihe von Substanzen versucht. So wurde die Hämodilution mit Plasmaersatzstoffen zusammen mit Pentoxifyllin angewendet, wobei Pentoxifyllin besonders die verminderte Verformbarkeit der Erythrozyten bei Patienten mit Durchblutungsstörungen normalisieren sollte. Weitere Kombinationen rheologisch wirksamer Substanzen der verschiedensten Art sollen in dem folgenden Kapitel abgehandelt werden. Auch hier wird chronologisch begonnen, d. h. zunächst wird die Kombination von Aderlaß und Hämodilution mit Plasmaersatzstoffen behandelt, wie sie seit 1963 [930] bekannt ist.
Wie schon an anderer Stelle ausgeführt (s. Kap. 2.3.3), ist die Beurteilung der rheologischen Veränderungen des Blutes durch gleichzeitige Anwendung zweier oder mehrerer Pharmaka oder rheologischer Maßnahmen viel schwieriger als die von einzelnen Substanzen. Es gilt

auch hier, daß der klinische Effekt nicht zwangsläufig besser sein muß, wenn man verschiedene rheologische Pharmaka kombiniert. Die klinische Zielsetzung dieser Simultantherapie und die Objektivierung der Ergebnisse im Sinne der klinischen Wirkungen und klinischen Wirksamkeiten sind im Prinzip nicht anders wie bei der Monotherapie mit rheologisch wirksamen Substanzen (s. Kap. 2.1.).
Vergleicht man die Anzahl der Publikationen über eine simultane hämorheologische Therapie mit der großen Anzahl von Arbeiten über die rheologischen Wirkungen von Einzelsubstanzen, so wird offensichtlich, daß die Möglichkeiten einer simultanen bzw. kombinierten hämorheologischen Therapie weder voll durchdacht noch klinisch voll ausgenutzt worden sind. Hier ergeben sich meines Erachtens für die Zukunft noch wichtige Aufgaben.

4.2.1. Aderlaß und Hämodilution durch Plasma und Plasmaersatzstoffe

4.2.1.1. Aderlaß und Dextranlösungen

Publikationen

Zederfeldt [930] aus der Arbeitsgruppe um Gelin untersuchte 1963 einen Patienten mit schwersten Verbrennungen, bei dem die Vollblutviskosität mit einem Brookfield-micro-cone-plate-Viskosimeter in einem Schergradbereich von 6–60 s^{-1} und bei einer Temperatur von 37 °C gemessen wurde. Die Viskositätswerte waren insbesondere bei niedrigen Schergraden deutlich erhöht und wurden durch eine Venaesectio von 1000 ml Blut und der Reinfusion eines äquivalenten Volumens von niedermolekularem Dextran (keine Konzentrationsangabe) nahezu normalisiert (erste „isovolämische Hämodilution"). Gleichzeitig kam es zu einer Verminderung des Hämatokrits. Dagegen erhöhten Bluttransfusionen sowohl den Hämatokrit wie auch die Blutviskosität.

Bemerkungen: Weitere rheologische Parameter wurden nicht gemessen.

Klinik: Die bei dem Patienten bestehende Anurie wurde behoben.

Ein weiterer Bericht über die hämorheologische Wirkung einer Kombination von Aderlaß und der Gabe von 10%igem mittelmolekularem Dextran erfolgte von **Lewis** und Mitarbeitern [571] 1971. Bei 4 Patienten mit Polyzythämie wurde die Blutviskosität mit einem Brookfield-micro-cone-plate-Viskosimeter bei einem Schergrad von 6 s^{-1} gemessen.
Die Autoren fanden gleichzeitig mit der Senkung der überhöhten Hämatokritwerte eine Verminderung der Blutviskosität. Zudem wurde anhand einer Doppel-Isotopentechnik (^{133}Xe, ^{51}Cr-EDTA) ein gering erhöhter Kapillarfluß in der Muskulatur festgestellt.

Bemerkungen: Keine Temperaturangaben; weitere rheologische Parameter wurden nicht gemessen.

1976 berichteten **Rieger** und Mitarbeiter [727, 728] über die Behandlung von 10 Patienten mit peripheren arteriellen Durchblutungsstörungen im Stadium IV nach Fontaine. Die Blutviskosität wurde mit einem Rotationsviskosimeter (keine Angaben über das verwendete Fabrikat) bei verschiedenen Schergraden zwischen 15 und 78 s^{-1} gemessen und die Erythrozytenaggregation quantitativ fotometrisch beurteilt. Im Rahmen einer Behandlung über 4 Wochen wurden täglich 500 ml Blut entzogen, bis der Hämatokrit einen Wert von 30% erreicht hatte. Das defizitäre Blutvolu-

men wurde jedesmal durch eine sofortige Infusion von 300 bis 500 ml 10%iger niedermolekularer Dextranlösung ausgeglichen und das durch Abzentrifugieren zurückbehaltene, autologe Plasma reinfundiert.
Am Behandlungsende kam es zu einer signifikanten Verminderung der Vollblutviskosität, besonders bei niedrigen Schergraden.

Bemerkungen: Keine Temperaturangabe; keine Messungen der Plasmaviskosität sowie der Erythrozytenfiltration.

Klinik: Eine Besserung subjektiver Krankheitssymptome, wie z. B. Ruheschmerz, trat bei allen Patienten ein. Der klinische Lokalbefund war nicht einheitlich verändert. Bei 4 Patienten heilten die Ulzerationen ab, bei weiteren 4 Patienten war ein befriedigendes Ergebnis zu verzeichnen, bei 2 Patienten hatte die Therapie keinen sichtbaren Erfolg.

1979 behandelten **Köhler** und Mitarbeiter [517] 7 Patienten mit peripheren arteriellen Durchblutungsstörungen im Stadium IV nach Fontaine. Die Blutviskosität wurde bei verschiedenen Schergraden zwischen 15 und 78 s^{-1} gemessen. Bei der durchgeführten „akuten" isovolämischen Hämodilution wurde Blut entnommen und anschließend autologes Plasma in Verbindung mit niedermolekularem Dextran reinfundiert, bis der Hämatokrit nach 4 bis 7 Tagen einen Wert von 30% erreicht hatte. Simultan mit der Senkung des Hämatokrits wurde eine Verminderung der Blutviskosität beobachtet, die bei niedrigen Schergeschwindigkeiten am stärksten war.

Bemerkungen: Es fehlen Angaben über das verwendete Viskosimeter und die Meßtemperatur; Messungen weiterer rheologischer Parameter wurden nicht ausgeführt.

1979 behandelten **Rieger** und Mitarbeiter [729] 25 Patienten mit peripherer arterieller Verschlußkrankheit im Stadium IV nach Fontaine, deren klinische Symptomatik durch die konventionelle Therapie nicht entscheidend gebessert werden konnte, über einen Zeitraum von acht bis zehn Wochen mittels einer „subakuten" isovolämischen Hämodilution. Nach Aderlaß, Gabe von 500 ml 10%iger niedermolekularer Dextranlösung und späterer Reinfusion des abzentrifugierten Plasmas wurde der Hämatokrit innerhalb von 3 bis 4 Tagen auf einen Wert von 31% eingestellt. Die Blutviskosität wurde mit einem Brookfield-micro-cone-plate-Viskosimeter - mit einer Meßkammer vom Couette-Typ und einem „guard ring" gegen Oberflächeneffekte - bei verschiedenen Schergraden zwischen 15 und 74 s^{-1} und außerdem mit einem koaxialen Zylinderviskosimeter vom Typ Contraves Low Shear 100 bei verschiedenen Schergraden zwischen 0,05 und 128 s^{-1} gemessen. Die Plasmaviskosität wurde mit einem Harkness-Kapillarviskosimeter bestimmt. Die quantitative Bestimmung der Erythrozytenaggregation erfolgte fotometrisch.
Im Laufe der Behandlung wurde eine signifikante Verminderung der Blutviskosität bei allen Schergraden beobachtet, wobei jedoch der Abfall der Viskosität bei niedrigen Schergraden am stärksten war. Die Plasmaviskosität veränderte sich nicht signifikant. Hingegen wurde eine Verminderung der Erythrozytenaggregation festgestellt.

1981 erschien von **Schmid-Schönbein** und **Rieger** [763] eine Publikation mit ähnlichen Ergebnissen.

Bemerkungen: Keine Temperaturangaben zu den Viskositätsmessungen, keine Messung der Erythrozytenverformbarkeit.

Klinik: Je nach Anzahl und Art der Verschlüsse kam es zu einem mehr oder weniger günstigen Resultat. Die Hautläsionen der oberen Extremitäten heilten komplett ab im Gegensatz zu denen der unteren Extremitäten, wo nur bei ein- bis zweifachen Verschlüssen in einem Gefäßsegment ein gutes Resultat erzielt werden konnte.

1981 berichteten **Angelkort** und Mitarbeiter [18] über Untersuchungen im Rahmen einer kombinierten Therapie durch Aderlaß und Gabe von niedermolekularem Dextran bei 16 Patienten mit chronisch-arterieller Verschlußkrankheit im Stadium II bis IV nach Fontaine. Bedingt durch die Aderlässe und die täglichen Infusionen von 500 ml Dextran 40000-Lösung über einen Zeitraum von 12 bis 14 Tagen, kam es zu rheologischen Veränderungen. Die Blutviskosität, gemessen mit einem Wells-Brookfield-Viskosimeter, verminderte sich bei niedrigen Schergraden (keine Zahlenangabe) deutlicher als bei höheren Schergraden. Die Autoren fanden weiterhin eine tendenzielle Verminderung der Erythrozytenfiltrabilität durch Nucleoporefilter mit einem Porendurchmesser von 5 µm bei einem Druck von 20 cm Wassersäule.

Bemerkungen: Keine Messung der Erythrozytenaggregation.

Klinik: Bei 7 Patienten (Stadium III und IV) und bei 3 Patienten (Stadium IIb) kam es zu einer Besserung der Symptomatik; bei einem Patienten im Stadium III und bei 3 Patienten im Stadium IIb blieben die Verhältnisse unverändert.

1981 untersuchte **Borgolte** [83] den Einfluß einer simultanen Therapie - durch Aderlaß und Infusion von Dextran 40-Lösungen - auf die rheologischen Parameter bei Patienten mit chronisch-obstruktiven Atemwegserkrankungen und einem Hämoglobinwert von minimal 18 g%. Bei diesen Patienten wurden 500 ml Blut mittels Aderlaß abgenommen und durch die gleiche Menge Dextran 40-Lösung (10%ig) ersetzt. Vergleichsweise wurde auch physiologische Kochsalzlösung gegeben. Es ergab sich eine deutliche Senkung der Vollblutviskosität bei einem Schergrad von 4,6 s^{-1} für die Dextrangruppe, während bei der Kochsalzgruppe diese Unterschiede unmittelbar nach Infusionsende zwar ebenfalls zu finden waren, im weiteren Verlauf jedoch verschwanden. In der Dextrangruppe fand sich dagegen noch 24 Stunden nach der kombinierten Therapie eine Verminderung der Vollblutviskosität.

Bemerkungen: Keine Messungen anderer rheologischer Parameter, keine genaue Angabe des verwendeten Viskosimetertyps.

Wolfe und Mitarbeiter [922] berichteten 1983 über den Einfluß einer Kombination von Aderlaß und Gabe von Dextran 70-Lösungen bei 6 Patienten mit stabiler Claudicatio intermittens. Die Blutentnahmen und die rheologischen Messungen erfolgten vor, 3 Tage nach dem Erreichen eines Hämatokrits von 35% und einen Monat später. Die Autoren fanden eine statistisch signifikante Verminderung der Vollblutviskosität bei niedrigen und hohen Schergraden, dabei aber keine Verminderung der Plasmaviskosität (Abstract, keine Details).

Klinik: Bei Messungen der schmerzfreien Gehstrecke auf dem Ergometer kam es in der Mehrzahl der Fälle nicht zu einer Besserung.

Die Ergebnisse dieser Untersuchungen wurden 1985 an anderer Stelle publiziert [923].

Guerrini und Mitarbeiter [409] untersuchten 1983 den Einfluß einer normovolämischen Hämodilution auf die Fließeigenschaften des Blutes bei Patienten mit chronisch-arterieller Verschlußkrankheit. Nach kleineren Aderlässen wurde niedermolekulares Dextran infundiert, um eine Verminderung des Hämatokritwertes auf etwa 37% zu erreichen. Entsprechende isovolämische Hämodilutionen wurden täglich durchgeführt. Untersucht wurde die Vollblutviskosität mit einem Wells-Brookfield 1/4 LVT-Viskosimeter bei 37 °C. Die Erythrozytenfiltration wurde nach der Methode von Reid und Mitarbeitern bestimmt. In einem Versuch über 7 Tage bei 10 Patienten sowie in einer Langzeitstudie bei 8 Patienten, bei denen wöchentliche isovolämische Hämodilutionen durchgeführt wurden, kam es zu einer statistisch signifikanten Verminderung der Hämatokritwerte und der Vollblutviskosität, während die Erythrozytenfiltrabilität nicht beeinflußt wurde.

Kuznetsov und Mitarbeiter [531] untersuchten den Einfluß von Dextranlösung und Albuminlösung im Rahmen einer normovolämischen Hämodilution bei Patienten mit Verschlußikterus und fanden, daß die hämorheologischen Abnormitäten zum Teil normalisiert werden konnten (Arbeit in Russisch).

Strand und Mitarbeiter [833] untersuchten 1984 den Einfluß einer Kombination von Aderlaß und Infusion von Dextran 40-Lösung auf die hämorheologischen Parameter von Patienten mit akutem Schlaganfall. 50 Patienten wurden hämodiluiert, 50 andere bildeten ein Kontrollkollektiv. Die Hämodilution wurde mit einem Aderlaß von 200 ml begonnen, während 150 bis 200 ml der 10%igen Dextran 40-Lösung infundiert wurden. Später wurden weitere 300 bis 350 ml Dextranlösung für die nächsten 2 bis 4 Stunden gegeben. An den folgenden Tagen erfolgten weitere Aderlässe und gegebenenfalls Dextran 40-Infusionen, um den Hämatokrit von im Mittel 43 auf 37% zu senken. Bei 7 Patienten wurde die Vollblutviskosität mit einem Wells-Brookfield-Viskosimeter gemessen. In Übereinstimmung mit der Verminderung des Hämatokritwertes kam es zu einer statistisch signifikanten Verminderung der Vollblutviskosität bereits am ersten Tag, die tiefsten Werte wurden nach einer Woche erreicht.

Bemerkungen: Keine Angabe der Meßtemperatur, keine Messungen anderer hämorheologischer Parameter.

Klinik: Die Autoren fanden eine deutliche klinische Besserung in der Hämodilutionsgruppe; bei zwei Patienten kam es zu einer anaphylaktoiden Reaktion.

Chevreaud und Mitarbeiter [123] berichteten über den Einfluß einer normovolämischen Hämodilution bei Patienten mit schweren und schwersten chronisch-arteriellen Durchblutungsstörungen. Den täglichen Aderlässen von 500 ml folgten Infusionen von 200 ml einer 4%igen Humanalbuminlösung und 250 ml einer Dextran 40-Lösung, bis ein Hämatokrit von etwa 30 bis 35% erreicht war. Die Behandlung wurde über 8 Wochen fortgeführt. Die Autoren fanden eine Verbesserung der gemessenen hämorheologischen Parameter (Vollblutviskosität, Erythrozytenaggregation) (Abstract, keine Details).

Klinik: Die Autoren fanden eine Verdoppelung der schmerzfreien Gehstrecke bei den Patienten mit Claudicatio intermittens; bei den Stadien III und IV war eine Besserung in 50% der Fälle festzustellen.

Danilov und **Makarevich** [154] untersuchten 1985 bei 138 Patienten mit chronisch-obstruktiver Bronchitis den Einfluß einer isovolämischen Hämodilution mit Reopolyglucin auf die Fließeigenschaften des Blutes und fanden eine statistisch signifikante Verminderung der Vollblutviskosität (Publikation in Russisch).

Klinik: Es wurde eine Besserung der klinischen Symptomatik angegeben.

Hansen und Mitarbeiter [416] berichteten 1985 über den Einfluß einer isovolämischen Hämodilution auf die Sehfähigkeit bei Patienten mit ischämischen und nichtischämischen Verschlüssen der retinalen Venen. Nach den Aderlässen wurde mit Plasma- und Dextranlösung substituiert. Die Autoren fanden bei 80% der ischämisch bedingten Sehschwächen eine klinische Besserung, dagegen nur bei 20% der nicht-ischämisch bedingten Sehschwächen. Diese Befunde wurden mit hämorheologischen Parametern korreliert (Abstract, keine Details).

Diskussion

Die zeitgleiche Durchführung eines Aderlasses und einer Infusion von Dextranlösung führt zu einer besonders starken Verminderung der Hämatokritwerte. Dies ist verständlich, da beim Aderlaß die Gesamtzahl der zirkulierenden Erythrozyten vermindert wird und durch Einstrom extravasaler Flüssigkeit eine „endogene" Hämodilution bewirkt wird. Kommen zusätzlich meist hyperonkotische, kolloidale Lösungen dazu (hier Dextranlösungen), dann resultiert eine weitere Hämodilution. Dies ist einmal bedingt durch die exogene Zufuhr von erythrozytenfreiem Volumen und zum anderen wiederum durch Einstrom extravasaler Flüssigkeit aufgrund der hyperonkotischen Eigenschaften der meist höherprozentigen Plasmaersatzstoffe. Im Falle der Kombination von Aderlaß und Dextranlösungen fanden alle Untersucher übereinstimmend eine Senkung der Vollblutviskosität, während die Plasmaviskosität im wesentlichen unverändert blieb.
Rieger und Mitarbeiter [729] sowie *Chevreaud* und Mitarbeiter fanden eine Senkung der Erythrozytenaggregation. *Angelkort* und Mitarbeiter sahen nur eine geringgradige, *Guerrini* und Mitarbeiter keine Beeinflussung der Erythrozytenfiltrabilität. Bei Kombination von Aderlaß und Dextraninfusionen kommt es demnach vorwiegend zu einer Hämatokrit-bedingten Senkung der Vollblutviskosität.

4.2.1.2. Aderlaß und Eiweißlösungen

Publikationen

1967 berichtete **Baum** [52] über die Verbesserung der Fließeigenschaften des Blutes bei Neugeborenen mit stark erhöhten Hämatokritwerten und Atembeschwerden. Den Kindern wurde Blut entzogen und das äquivalente Volumen Humanplasma reinfundiert. Die Blutviskositätsmessungen wurden mit einem Rotationsviskosimeter unbekannter Art bei einem Schergrad von 11,5 s^{-1} durchgeführt. Es kam zu einer Verminderung der erhöhten Blutviskositätswerte parallel mit der Abnahme des Hämatokritwertes.

Bemerkungen: Keine Temperaturangaben zu den Blutviskositätsmessungen; keine Messungen weiterer rheologischer Parameter.

Klinik: Die zerebrale Krankheitssymptomatik (Krämpfe und Lethargie) wurde gebessert. Atembeschwerden und Zyanose wurden günstig beeinflußt.

1967 folgte von **Putnam** und Mitarbeitern [716] ein Bericht über ein Kind mit stark erhöhtem Hämatokrit bei pulmonaler Atresie. Es wurden 450 ml Blut entzogen und durch 450 ml Humanplasma ersetzt. Die Blutviskosität wurde mit einem Brookfield-micro-cone-plate-Viskosimeter bei 37 °C und Schergraden zwischen 1,15 und 46 s^{-1} gemessen. Die Autoren fanden eine Verminderung der Blutviskosität.

Bemerkungen: Keine Messungen weiterer rheologischer Parameter.

1969 untersuchte **Mackintosh** [605] Neugeborene mit erhöhten Viskositäts- und Hämatokritwerten. Hierzu wurde den Kindern 20-30 ml Blut/kg Körpergewicht entzogen und das defizitäre Blutvolumen durch Humanfremdplasma ersetzt. Die Blutviskosität wurde mit einem Brookfield-micro-cone-plate-Viskosimeter, Modell LVT, bei Schergraden zwischen 1,16 und 232 s^{-1} gemessen. Der Untersucher fand eine starke Verminderung der Blutviskosität und des Hämatokrits.

Bemerkungen: Keine Messungen weiterer rheologischer Parameter, keine Temperaturangabe zu den Blutviskositätsmessungen.

1970 behandelten **Kontras** und Mitarbeiter [522] Kinder mit angeborenen Herzfehlern und erhöhten Viskositätswerten mit Aderlässen und gleichzeitigem Ersatz des entzogenen Blutvolumens durch Humanfremdplasma. Es wurden sowohl der Hämatokrit als auch die Blutviskosität (Brookfield-micro-cone-plate-Viskosimeter, 37 °C; 11,5 s^{-1}) gesenkt.
Ähnliche Ergebnisse bei Neugeborenen mit Polyzythämie wurden 1972 von **Kontras** [523] publiziert.

Bemerkungen: Keine Messungen weiterer rheologischer Parameter.

Rosenthal und Mitarbeiter [741] berichteten 1970 über die Behandlung von Patienten mit sekundärer Polyzythämie bei kongenitaler Herzinsuffizienz. Die hierbei entzogene Blutmenge wurde durch Reinfusion von Humanfremdplasma ersetzt. Simultan mit einem Hämatokritabfall kam es zu einer Senkung der Blutviskosität (GDM-Rotationsviskosimeter, 38 °C, Schergrade von 0,1 bis 100 s^{-1}) und des yield stress.

Bemerkungen: Keine Messungen weiterer rheologischer Parameter.

Klinik: Die Patienten berichteten über eine Verminderung der Kopfschmerzen und der Dyspnoe.

1972 untersuchten **Walker** und **Mackintosh** [891] Neugeborene mit Polyzythämie und erhöhten Blutviskositätswerten. Eine isovolämische Hämodilution wurde durchgeführt. Hierzu wurden 20–30 ml Blut/kg Körpergewicht entzogen und durch ein äquivalentes Volumen Humanfremdplasma substituiert. Die Blutviskosität der heparinisierten Blutproben wurde mit einem Brookfield-micro-cone-plate-Viskosimeter bei 37 °C und Schergraden zwischen 1,16 und 232 s^{-1} gemessen. Simultan mit dem Hämatokritabfall kam es zu einer Senkung der Blutviskosität.

Bemerkungen: Keine Messungen weiterer rheologischer Parameter.

Klinik: Die Behandlung führte zu einem Verschwinden der Plethora, der Zyanose, der zerebralen Symptomatik und der Atembeschwerden (respiratory distress syndrome).

1973 behandelten **Gross** und Mitarbeiter [393] polyzythämische Neugeborene durch Entzug von 50–60 ml Blut und nachfolgende Infusionen von Humanfremdplasma. Die Blutviskosität der heparinisierten Blutproben wurde mit einem Brookfield-micro-cone-plate-Viskosimeter bei 37 °C und Schergraden von 11 und 106 s^{-1} gemessen; die Erythrozytenverformbarkeit wurde nach Gross bestimmt (keine detaillierten Angaben). Gleichzeitig mit der Senkung der Blutviskosität kam es zu einer Verbesserung der Erythrozytenverformbarkeit.

Bemerkungen: Keine Messungen weiterer rheologischer Parameter.

Klinik: Die Untersucher berichteten über ein Verschwinden der zerebralen Symptomatik, der Plethora, der Zyanose und der Atembeschwerden sowie über eine Besserung der Kardiomegalie.

1974 behandelten **Bergqvist** und **Zetterström** [67] Neugeborene mit erhöhten Hämatokritwerten mit isovolämischer Hämodilution. Hierbei wurden 30 ml Blut entzogen und durch 20%ige Serumalbuminlösung, 5%ige Glukoselösung und isotonische Kochsalzlösung ersetzt. Die Blutviskosität wurde mit einem Rotationsviskosimeter unbekannter Art gemessen. Die Autoren fanden eine Verminderung der Blutviskositäts- und Hämatokritwerte.

Bemerkungen: Keine Messungen weiterer rheologischer Parameter; keine Angaben zum verwendeten Viskosimeter.

1975 behandelten **Klövekorn** und Mitarbeiter [512] anästhesierte Patienten prae operationem. Es wurden 1500 bis 2000 ml Blut entzogen und das defizitäre Blutvolumen mit einer 5%igen Albuminlösung substituiert, um postoperativ die Notwendigkeit von Bluttransfusionen zu vermeiden. Das entnommene Blut wurde aufbewahrt und später zu einer notwendigen homologen Bluttransfusion herangezogen. Die Autoren berichteten über einen signifikanten Abfall der Blutviskosität, der bei niedrigen Schergraden besonders stark ausfiel.

Bemerkungen: Die Art des verwendeten Rotationsviskosimeters wurde nicht angegeben, und Messungen weiterer rheologischer Parameter wurden nicht durchgeführt.

Marazzini und Mitarbeiter [612] untersuchten 1981 bei 8 Patienten mit chronisch-respiratorischer Insuffizienz und hohen Hämatokritwerten die Vollblutviskosität mit einem LVT-Mikroviskosimeter sowie die Erythrozytenfiltrabilität nach der Vollblutmethode von Reid und Mitarbeitern. Die Autoren entnahmen den Patienten in 12stündigen Abständen 500 ml Vollblut und ersetzten dieses Volumen durch Plasma und Kochsalzlösung, bis ein Hämatokritwert von 45 ± 3% erreicht war. Es fand sich eine Verminderung der Vollblutviskosität bei verschiedenen Schergraden im Verlauf der „normovolämischen" Hämodilution sowie eine Verbesserung der Filtrationswerte.

Bemerkungen: Keine Messungen der Plasmaviskosität und der Erythrozytenaggregation.

Klinik: Die Autoren berichten über eine Besserung der klinischen Symptomatik.

Wedzicha und Mitarbeiter [909, 910] untersuchten 1983 und 1984 den Einfluß einer isovolämischen Hämodilution mittels Erythrapheresis bei 10 Patienten mit chronisch-obstruktiver Bronchitis, deren Hämatokritwerte bei Männern über 45% und bei Frauen über 47% lagen. Die Patienten wurden mit einem Haemonetics-Gerät behandelt. Die durch den Wegfall des Erythrozytenvolumens fehlende Flüssigkeitsmenge wurde durch Infusion von Humanplasmaproteinfraktionen ausgeglichen. Die Blutentnahmen für rheologische Untersuchungen wurden vor und nach der Erythrozytapherese durchgeführt. Die Vollblutviskosität wurde mit einem Brookfield-LVT-Viskosimeter bei 37 °C und bei Schergraden von 230 und 23 s^{-1} gemessen. Es fanden sich signifikante Verminderungen der Vollblutviskosität bei beiden gemessenen Schergraden.

Bemerkungen: Keine Messungen weiterer rheologischer Parameter.

Klinik: Bei den meisten Patienten kam es zu einer Besserung der klinischen Symptomatik nach der Erythrapherese.

Wintrich und Mitarbeiter [918] praktizierten 1983 die kombinierte rheologische Therapie mit Aderlaß (500 ml) und Wiederauffüllung des Blutvolumens durch Albuminlösung, bis ein Hämatokrit von 35% erreicht war.
Hämatokrit und Vollblutviskosität zeigten eine therapiebedingte Abnahme der Werte (Abstract, keine Details).

Kuznetsov und Mitarbeiter [531] untersuchten den Einfluß von Dextranlösung und Albuminlösung im Rahmen einer normovolämischen Hämodilution bei Patienten mit Verschlußikterus und fanden, daß die hämorheologischen Abnormitäten zum Teil normalisiert werden konnten (Arbeit in Russisch).

Chevreaud und Mitarbeiter [123] berichteten über den Einfluß einer normovolämischen Hämodilution bei Patienten mit schweren und schwersten chronisch-arteriellen Durchblutungsstörungen. Den täglichen Aderlässen von 500 ml folgten Infusionen von 200 ml einer 4%igen Humanalbuminlösung und 250 ml einer Dextran 40-Lösung, bis ein Hämatokrit von etwa 30 bis 35% erreicht war. Die Behandlung wurde über 8 Wochen fortgeführt. Die Autoren fanden eine Verbesserung der gemessenen hämorheologischen Parameter (Vollblutviskosität, Erythrozytenaggregation) (Abstract, keine Details).

Klinik: Die Autoren fanden eine Verdoppelung der schmerzfreien Gehstrecke bei den Patienten mit Claudicatio intermittens; bei den Stadien III und IV war eine Besserung in 50% der Fälle festzustellen.

Clivati und Mitarbeiter [137] beschrieben 1985 den Einfluß einer isovolämischen Hämodilution bei Patienten mit sekundärer Polyglobulie, bedingt durch chronische pulmonale Insuffizienz. Den Patienten wurden 500 ml Blut entnommen und mit Kochsalzlösung, Albuminlösung und autologem Plasma wieder aufgefüllt. Die Vollblutviskosität und die Plasmaviskosität wurden mit einem Brookfield LVT/CP-Viskosimeter gemessen; die Erythrozytenaggregation wurde fotometrisch und die Erythrozytenfiltrabilität nach der Vollblutmethode von Reid und Mitarbeitern untersucht. Es kam zu einer statistisch signifikanten Verminderung der Hämatokritwerte (im Mittel von 55,5 auf 46,5%), zu einer statistisch signifikanten Senkung der Vollblutviskosität und zu einer Verbesserung der Erythrozytenfiltrabilität, während die Plasmaviskosität unverändert blieb.

Toti und Mitarbeiter [862] berichteten 1985 über den Einfluß einer normovolämischen Hämodilution bei chirurgischen Patienten. Vor dem Eingriff wurde der Hämatokrit durch Aderlaß und Infusion von autologem Plasma und Kochsalz-Albumin-Lösung auf Werte um 30 bis 35% gesenkt. Diese Hämodilution führte zu einer Verminderung der Blutviskosität, der Erythrozytenverformbarkeit und der Erythrozytenaggregation. Postoperativ kam es jedoch wieder zu einem Ansteigen der Plasmaviskosität und der Erythrozytenaggregation (Abstract, keine Details).

Hansen und Mitarbeiter [416] berichteten 1985 über den Einfluß einer isovolämischen Hämodilution auf die Sehfähigkeit bei Patienten mit ischämischen und nicht-ischämischen Verschlüssen der retinalen Venen. Nach den Aderlässen wurde mit Plasma- und Dextranlösung substituiert. Die Autoren fanden bei 80% der ischämisch bedingten Sehschwächen eine klinische Besserung, dagegen nur bei 20% der nicht-ischämisch bedingten Sehschwächen. Diese Befunde wurden mit hämorheologischen Parametern korreliert (Abstract, keine Details).

Diskussion

Wird nach einem Aderlaß oder einer Erythrozytapherese das fehlende intravasale Volumen durch Eiweißlösungen ersetzt (isovolämische Hämodilution), dann kommt es - ähnlich wie bei der Kombination von Aderlaß und Dextranlösung - zu einer Senkung der Hämatokritwerte mit konsekutiver Verminderung der Vollblutviskosität. *Gross* und Mitarbeiter, *Marazzini* und Mitarbeiter und *Clivati* und Mitarbeiter fanden eine Verbesserung der Erythrozytenfiltrabilität. *Toti* und Mitarbeiter wie auch *Chevreaud* und Mitarbeiter konnten darüber hinaus eine Verminderung der Erythrozytenaggregation nachweisen. Die Autoren verweisen außerdem sehr einhellig auf die im Rahmen der Therapie eingetretenen klinischen Besserungen.

4.2.1.3. Aderlaß und Hydroxyäthylstärkelösungen

Publikationen

1978 berichteten **Watzek** und Mitarbeiter [903] über die isovolämische Hämodilution mit Hydroxyäthylstärkelösungen vor gefäßchirurgischen Eingriffen bei Patienten mit arteriellen Gefäßverschlüssen. Die Blut-, relative Blut- und Plasmaviskosität wurden mit einem Brookfield-micro-cone-plate-Viskosimeter (47 bis 230 s^{-1}) gemessen. Eine Stunde nach der Prämedikation wurde den Patienten 1200 ml Blut entzogen und durch 1000 ml 6%ige Hydroxyäthylstärkelösung (MG 200000) und 500 ml 3,6%ige Humanalbuminlösung substituiert. Die Autoren fanden eine signifikante Verminderung der relativen Blutviskosität bei unveränderter Plasmaviskosität.

Bemerkungen: Keine Messung weiterer rheologischer Parameter; keine Temperaturangabe.

1981 untersuchten **Angelkort** und **Frömel** [19] den Einfluß einer Simultantherapie mit Aderlaß (450 ml Vollblut) und täglichen Infusionen von 500 ml einer mittelmolekularen 10%igen Hydroxyäthylstärkelösung (MG 200000) bei 10 Patienten mit verschiedenen Stadien der arteriellen Verschlußkrankheit. Die hämorheologischen Daten wurden vor, 12 Stunden nach dem Aderlaß, nach Beendigung der hämodiluierenden Behandlung und weitere 7 Tage später ermittelt. Simultan mit der Senkung der Hämatokritwerte von im Mittel 46,5% auf 36,7% kam es zu einer Senkung der Erythrozytenaggregation, zu einer geringfügigen Verbesserung der Erythrozytenfiltrabilität sowie zu einem geringgradigen Anstieg der Plasmaviskosität (Abstract, keine Details).

Kiesewetter und Mitarbeiter [493] beschrieben 1984 den Einfluß einer 6wöchigen isovolämischen Hämodilution mit mittelmolekularer Hydroxyäthylstärkelösung bei Patienten mit arterieller Verschlußkrankheit im Stadium II bzw. III, wobei 300 bis 400 ml Vollblut entnommen und die entsprechende Menge Hydroxyäthylstärke (mittleres Molekulargewicht 200000/0,5) infundiert wurden. Es wurden die Fließschubspannung, die Erythrozytenaggregation (Lichttransmissionsverfahren), die Erythrozytenfiltrabilität (SER) sowie die Plasmaviskosität (Kapillarviskosimeter) gemessen. Desgleichen wurde die schmerzfreie Gehstrecke auf einem Laufbandergometer geprüft. Es kam zu einer signifikanten Verminderung der Fließschubspannung und der Erythrozytenaggregation. Auch die Plasmaviskosität wurde gesenkt, besonders bei den Patienten, bei denen zuvor gesteigerte Meßwerte gefunden worden waren.

Klinik: Die Autoren fanden eine statistisch signifikante Erhöhung der schmerzfreien Gehstrecke.

Ernst und Mitarbeiter [333] publizierten 1986 eine Doppelblindstudie über den Einfluß einer isovolämischen Hämodilution bei Patienten mit Claudicatio intermittens. War der Hämatokrit dieser Patienten höher als 45%, dann wurden 500 ml Blut entnommen und durch 500 ml einer 10%igen Hydroxyäthylstärkelösung (mittleres Molekulargewicht 200000) ersetzt. Diese Prozedur wurde dreimal pro Woche über 3 Wochen durchgeführt. Nach einer wash out-Periode wurden die Patienten einer Placeboinfusion unterzogen. Die Blutviskosität wurde mit einem Rotationsviskosimeter bei 37 °C bestimmt, der Hämatokrit mit einer Mikrohämatokritzentrifuge. Es kam zu einer statistisch signifikanten Absenkung der Vollblutviskosität und des Hämatokrits.

Klinik: In der Hämodilutionsgruppe stieg die schmerzfreie Gehstrecke an, nicht dagegen in der Placebogruppe.

Vorläufige Ergebnisse dieser Studie wurden auch an anderer Stelle vorgetragen [329].

Kiesewetter und Mitarbeiter [501] untersuchten 1986 den Einfluß von 10%iger niedermolekularer Dextranlösung im Vergleich zu niedermolekularer Hydroxyäthylstärke (mittleres Molekulargewicht jeweils 40000) bei Patienten mit chronisch-arterieller Verschlußkrankheit während einer 14tägigen Hämodilution in Kombination mit einer physikalischen Therapie. Untersucht wurden Erythrozytenaggregation, Erythrozytenrigidität und Fließschubspannung. Nach Gabe von niedermolekularer Hydroxyäthylstärkelösung kam es zu einer deutlichen Senkung der Erythrozytenaggregation, der Blutviskosität und der Plasmaviskosität. Die Erythrozytenfiltrabilität blieb unbeeinflußt.
Bei der Verwendung von Dextran fand sich dagegen eine deutliche Abnahme der Rigidität der Erythrozyten und eine geringgradige Verminderung der Erythrozytenaggregation, während die Plasmaviskosität und die Fließschubspannung unter Dextran unbeeinflußt blieben.

Diskussion

Die kombinierte Therapie von Aderlaß und intravenöser Infusion von Hydroxyäthylstärkelösungen führt - wie erwartet - zu einer besonders starken Verminderung der Hämatokritwerte und einer dadurch bedingten Senkung der Vollblutviskosität. Bei *Watzek* und Mitarbeitern veränderte sich die Plasmaviskosität nicht, während *Angelkort* und *Frömel* einen geringgradigen Anstieg dieses Parameters und *Kiesewetter* und Mitarbeiter einen Abfall fanden. Die Unterschiede dürften darauf zurückzuführen sein, daß *Watzek* und Mitarbeiter eine Akutstudie innerhalb von Stunden durchführten, während sich die Untersuchungen von *Angelkort* und *Frömel* sowie von *Kiesewetter* über zwei Wochen hinzogen. *Kiesewetter* und Mitarbeiter fanden darüber hinaus noch eine Senkung der Erythrozytenaggregation.

4.2.1.4. Aderlaß und Kochsalzlösungen

Publikationen

Porro und Mitarbeiter [708] führten 1985 eine isovolämische Hämodilution bei Patienten mit chronisch-obstruktiven Lungenerkrankungen durch, indem sie entnommenes Blut (400 bis 500 ml) durch gleiche Mengen an Kochsalzlösung ersetzten. Die Autoren fanden eine Senkung der Vollblutviskosität und eine Verminderung des Hämatokrits; die Erythrozytenverformbarkeit dagegen wurde durch diese Prozedur nicht beeinflußt (Abstract, keine Details).

Ferretti und Mitarbeiter [349] untersuchten 1985 bei Patienten mit sekundärer Polyglobulie auf Grund chronischer pulmonaler Erkrankungen den Einfluß einer normovolämischen Hämodilution, die mittels Aderlaß und anschließender Infusion von Kochsalzlösung durchgeführt wurde. An hämorheologischen Parametern wurde nur die Erythrozytenfiltrabilität nach Reid und Mitarbeitern bestimmt. Es kam zu einer Senkung des Hämatokrits von im Mittel 53,2 auf 45,6% und einer geringgradigen, aber statistisch signifikanten Verbesserung der Erythrozytenfiltrationswerte.

Bemerkungen: Keine Messungen anderer hämorheologischer Parameter.

Diskussion

Porro und Mitarbeiter sowie *Ferretti* und Mitarbeiter kombinierten einen Aderlaß mit der Infusion gleicher Mengen an physiologischer Kochsalzlösung und bezeichneten dies als isovolämische bzw. normovolämische Hämodilution.

Strenggenommen handelt es sich jedoch nicht um eine isovolämische Hämodilution, da die infundierte Kochsalzlösung nur kurz im Intravasalraum verbleibt. Vom hämorheologischen Effekt her gesehen, müßten diese Arbeiten demnach im Kap. 4.1.2. (Aderlaß, Erythrapherese) eingeordnet werden.

4.2.2. Isovolämische Hämodilution und Defibrinogenierung

Publikationen

1976 und 1977 berichteten **Ehrly** und **Saeger-Lorenz** [267, 274] über die kombinierte hämodiluierende und defibrinogenierende Therapie bei Patienten mit therapierefraktären Mehretagenverschlüssen der Stadien III und IV der chronisch-arteriellen Verschlußkrankheit. Hierbei wurde den Patienten während der ersten drei Tage Blut entzogen und durch 10%iges niedermolekulares Dextran ersetzt.
Anschließend an diese Hämodilution erhielten die Patienten Ancrod. Vor der Gabe dieses Schlangengiftenzyms war durch die alleinige Therapie mit niedermolekularem Dextran die Blutviskosität und in geringem Maße auch die Plasmaviskosität abgesunken. Nach der Gabe von Ancrod kam es darüberhinaus zu einer stärkeren Senkung der Plasmaviskosität und zu einer deutlichen Verringerung der Erythrozytenaggregation (quantitatives fotometrisches Verfahren).

Bemerkungen: Messungen der Erythrozytenfiltrabilität wurden nicht durchgeführt; Angaben zu dem verwendeten Viskosimeter fehlen.

Klinik: Die Gabe von Dextranlösungen in Kombination mit Ancrod führte zu einer subjektiven Besserung der Schmerzsymptomatik.

Böhme und **Everts** [74] publizierten 1981 über 10 Patienten mit chronisch-arterieller Verschlußkrankheit im klinischen Stadium III bzw. IV, die nach einer etwa 14 Tage dauernden isovolämischen Hämodilution (Abnahme von kleineren Mengen Blut und Ersatz durch niedermolekulares Dextran) zusätzlich einer defibrinogenierenden Therapie mit Ancrod und Batroxobin unterzogen wurden. Die Vollblut- und die Plasmaviskosität wurden mit einem Contraves LS 30-Viskosimeter vor und nach Therapie geprüft. Es fand sich eine deutliche Senkung der Blut- und der Plasmaviskosität bei niedrigen Schergraden.

Bemerkungen: Keine Angabe der Meßtemperatur; weitere rheologische Parameter wurden nicht untersucht.

Hossmann und Mitarbeiter [452, 455, 456] berichteten 1981 und 1983 über eine randomisierte Blindstudie an 30 Patienten mit akutem Schlaganfall, die entweder mit niedermolekularem Dextran und Mannitol oder zusätzlich mit dem defibrinogenierenden Enzym Ancrod behandelt wurden. Die Blut- und Plasmaviskosität wurde mit einem Couette-Viskosimeter bei verschiedenen Schergraden gemessen. Es zeigte sich, daß die Absenkung der Blutviskosität, insbesondere bei niedrigen Schergraden, in der mit Ancrod behandelten Gruppe wesentlich deutlicher war als in der Kontrollgruppe, die nur hämodiluiert wurde.

Bemerkungen: Keine Messungen weiterer rheologischer Parameter.

Klinik: Es zeigte sich eine Besserung der klinischen Symptomatik unter der kombinierten Therapie mit Hämodilution und Defibrinogenierung.

Hossmann und **Auel** [454] berichteten 1982 über 12 Patienten mit chronisch-arterieller Verschlußkrankheit der unteren Extremitäten im Stadium III bis IV nach Fontaine, die zwei Gruppen zugeordnet wurden. In der ersten Gruppe wurde zunächst durch die Gabe von Ancrod der Fibrinogenspiegel auf 100 mg% vermindert und anschließend eine isovolämische Hämodilution mit Aderlässen und Reinfusionen von Plasma und niedermolekularem Dextran vorgenommen. In der zweiten Gruppe wurde zunächst eine isovolämische Hämodilution für 14 Tage und anschließend eine Ancrodtherapie zur Senkung der Fibrinogenkonzentration durchgeführt.

Die scheinbare Vollblutviskosität von heparinisiertem Blut wurde mit einem Couette-Rotationsviskosimeter LS 2 (Contraves) bestimmt; die Plasmaviskosität wurde mit einem Kapillarviskosimeter gemessen. In beiden Gruppen konnte eine signifikante Senkung der Vollblutviskosität in allen Schergradbereichen nachgewiesen werden, am deutlichsten jedoch während der Phase der Kombination beider Therapieprinzipien.

Bemerkungen: Keine Messungen weiterer rheologischer Parameter.

Klinik: Die Autoren berichten über eine signifikante Abnahme der Schmerzen.

Böhme und **Everts** [75] kombinierten 1985 defibrinogenierende Substanzen mit der Gabe von mittelmolekularer Hydroxyäthylstärkelösung (MG 200000/0,5) bei Patienten mit peripheren arteriellen Verschlußkrankheiten im Stadium II-IV. Sie fanden eine Verminderung der Blutviskosität und der Erythrozytenaggregation.

Diskussion

Wird eine isovolämische Hämodilution durch Aderlaß einerseits und Infusion von kolloidalen Plasmaersatzmitteln andererseits durchgeführt und anschließend oder zeitgleich die Fibrinogenkonzentration des Plasmas durch defibrinogenierende Maßnahmen wie die Gabe von Ancrod gesenkt, dann kommt es nicht nur zu einer Verminderung der Vollblutviskosität wie bei alleiniger isovolämischer Hämodilution (s. Kap. 4.2.1.), sondern darüber hinaus erwartungsgemäß zu einer Senkung der Plasmaviskosität und der Erythrozytenaggregation. Hierbei werden zwei verschiedene therapeutische Prinzipien, nämlich Hämodilution (mit Senkung des Hämatokrits) und Defibrinogenierung (mit Senkung der Fibrinogenkonzentration) kombiniert. Die drei Arbeitsgruppen, die über diese Art der simultanen hämorheologischen Therapie publiziert haben, finden eine Besserung der klinischen Symptomatik.

4.2.3. Plasmapherese und Chemotherapie

Publikationen

1968 berichteten **Azzena** und Mitarbeiter [36] über die rheologischen Auswirkungen von Plasmapherese und Chemotherapie mit Steroiden und Zytostatika bei 3 Patienten mit multiplem Myelom. Die relative Serumviskosität ($H_2O = 1$) wurde mittels eines Ostwald-Kapillarviskosimeters bei 24 °C gemessen.
Synchron mit der Normalisierung des pathologischen Proteinmusters wurde eine Verminderung der Serumviskosität beobachtet.

Bemerkungen: Keine Messungen weiterer rheologischer Parameter; die Viskositätsmessungen wurden bei 24 °C ausgeführt.

Klinik: Es wurde eine Besserung der Retinopathien, ein Sistieren des Nasenblutens und ein Rückgang neurologischer Schmerzzustände (z. B. Rückenschmerzen) beobachtet.

1968 behandelten **Lawson** und Mitarbeiter [553] 3 Patienten mit Morbus Waldenström. Innerhalb von 1-2 Wochen wurden jedem Patienten durch Plasmapherese 4-6 Liter Plasma entfernt und die Erythrozyten reinfundiert. Zusätzlich erhielten die Patienten über einen längeren Zeitraum Medikamente wie Hydrocortison, Cyclophosphamid und andere. Die Serumviskosität wurde relativ zu Wasser ($H_2O = 1$) gemessen.
Synchron mit dem Abfall der Serumviskosität wurde eine Verminderung der Gesamtproteine wie auch der Gamma-Globuline festgestellt.

Bemerkungen: Sowohl die Art des verwendeten Viskosimeters wie auch die Meßtemperatur waren nicht angegeben.

Klinik: Schleimhautblutungen wie auch retinale Hämorrhagien wurden durch die Therapie gebessert.

MacKenzie und **Fudenberg** [604] führten 1972 bei 40 Patienten mit Morbus Waldenström, wovon 13 Patienten auch ein sogenanntes „Hyperviskositätssyndrom“ aufwiesen, sowohl eine alkylierende Behandlung mit Chlorambucil, Cyclophosphamid und Melphalan als auch eine therapeutische Plasmapherese durch. Die relative Serumviskosität ($H_2O = 1$) wurde bei Raumtemperatur mit einem Ostwald-Kapillarviskosimeter gemessen. Bei Vorliegen von Kryoglobulinen erfolgten die Viskositätsmessungen bei 37 °C. Die Plasmapherese, welche bei allen Patienten mit Hyperviskosität als initiale Therapie erfolgte, führte durchweg zu einem Abfall der Serumviskosität wie auch der IgM-Globuline.

Bemerkungen: Keine Messungen weiterer rheologischer Parameter; die Viskositätsmessungen wurden bei verschiedenen Temperaturen (20 und 37 °C) durchgeführt.

Klinik: Es kam zu einem Sistieren der Schleimhautblutungen und zur Besserung der Retinopathien. Gute Resultate wurden auch bei Patienten im Koma erzielt.

Sugai [850] behandelte 1972 einen Patienten mit multiplem Myelom und Hyperviskosität. Im Rahmen einer dreiwöchigen Plasmapherese wurden 3,5 Liter Plasma ausgetauscht. Zusätzlich wurden Cyclophosphamid und Prednison verabreicht. Die relative Serumviskosität ($H_2O = 1$) wurde mit einem Ostwald- Kapillarviskosimeter bei 20 und 37 °C gemessen.
Durch die Plasmapherese wurden die Serumviskosität und der Makroglobulinspiegel gesenkt.

Bemerkungen: Keine Messungen weiterer rheologischer Parameter.

Klinik: Es wurde eine Verminderung der Blutungsneigung sowie eine Besserung der Sehstörungen und der neurologischen Symptome beschrieben.

Diskussion

Kommen als simultane bzw. kombinierte Therapie von Paraproteinämien neben einer Plasmapherese auch Zytostatika oder Steroide zum Einsatz, dann müßte theoretisch die durch Plasmapherese bedingte Verminderung der Plasma- bzw. Serumviskosität noch deutlicher werden. In diese Richtung deuten auch die Ergebnisse von 4 Arbeitsgruppen, die die Plasmapherese mit einer Chemotherapie kombiniert haben. Übereinstimmend kam es zu einer Senkung der Plasma- bzw. Serumviskosität; auch die klinische Symptomatik konnte gebessert werden.

4.2.4. Streptokinase und Defibrinogenierung

Publikationen

1971 [224], 1972 [226] und 1974 [228] berichteten **Ehringer** und Mitarbeiter über eine kombinierte Behandlung mit Streptokinase und Ancrod. Die Messungen der Blutviskosität (Brookfield-micro-cone-plate-Viskosimeter in einem Schergradbereich von 11,5 bis 239 s^{-1} bei 37 °C) ergaben eine Senkung der Viskositätswerte durch Streptokinase, die durch die anschließende Therapie mit Ancrod noch deutlicher wurde.

Diskussion

Durch die Kombination von Streptokinase einerseits und Ancrod andererseits haben Ehringer und Mitarbeiter zwei hämorheologisch wirksame Präparate kombiniert, die auf demselben Prinzip, nämlich der Verminderung der Fibrinogenkonzentration im Plasma, beruhen. Erwartungsgemäß kam es bei der Kombination zu einer besonders starken Verminderung der Viskositätswerte, besonders bei niedrigen Schergraden. Als Komplikationen wurden schwere Blutungen angegeben.

4.2.5. Elektrolytlösungen und Pentoxifyllin

Publikationen

Schulz und Mitarbeiter [778] beschrieben 1977 bei Patienten mit akuten und chronischen Hörstörungen eine Behandlung mit initial 500 ml Ringer-Lactatlösung mit 400 mg Pentoxifyllin. Ab dem zweiten Tag wurden dann 3 × 2 Tabletten à 100 mg Pentoxifyllin per os verabfolgt. Die Blutviskosität wurde mit einem Kapillarviskosimeter bei 37 °C gemessen. Vergleichsweise wurden Patienten einem Therapieschema auch ohne Pentoxifyllingabe unterzogen.

Die Autoren fanden eine deutliche Verminderung der Blutviskosität unter der kombinierten Therapie.

Bemerkungen: Keine Hämatokritkorrektur, keine Messungen weiterer rheologischer Parameter.

Klinik: Es wurde über eine klinische Besserung der Hörstörungen im Verlauf dieser Therapie berichtet.

1982 publizierten **Schneider** und **Kiesewetter** [768] vorläufige Ergebnisse über eine parenterale Pentoxifyllin-Applikation bei ischämischem Insult. Alle Patienten wurden vor der Behandlung mit Pentoxifyllin durch eine isovolämische Hämodilution auf einen Hämatokrit von 40 eingestellt. Es wurden 1200 bis 1500 mg Pentoxifyllin pro Tag in Elektrolytlösungen bzw. 5%iger Lävuloselösung infundiert.
Die Plasmaviskosität wurde mit einem Harkness-Viskosimeter gemessen; die Erythrozytenaggregation und die Erythrozytenverformbarkeit wurden nach den Methoden von Kiesewetter und Mitarbeitern geprüft. Zusätzlich wurde die Fließschubspannung untersucht.
Bei dieser Behandlung ergab sich eine signifikante Verbesserung der Fließschubspannung sowie der Erythrozytenverformbarkeit. Die Plasmaviskosität und die Erythrozytenaggregation waren nicht signifikant verändert.

Klinik: In 9 von 10 Fällen kam es zu einer Besserung der klinischen Symptomatik; eine Patientin starb an den Folgen des schweren Hirnstamminsultes.
Diese Befunde wurden auch an anderer Stelle publiziert [769].

Diskussion

Bei der Kombination von Hämodilution einerseits und der Gabe von Pentoxifyllin andererseits werden zwei hämorheologische Therapieprinzipien verknüpft: die Reduktion des Hämatokrits (Senkung der Vollblutviskosität) und die Verbesserung der Erythrozytenverformbarkeit. Während normalerweise bei einer „Hämodilution" an kolloidale Plasmaersatzstoffe oder Eiweißlösungen gedacht wird, führt jedoch auch eine rasche Infusion von 500 ml einer nicht-kolloidalen Lösung (Kochsalzlösung, Ringer-Lactat-Lösung, Lävuloselösung; s. Kap. 4.1.3.) zu einer geringfügigen Senkung der Hämatokritwerte mit entsprechenden hämorheologischen Veränderungen (s. Kap. 4.2.1.4.). Nicht selten werden sogenannte vasoaktive Stoffe in mehr oder minder größeren Volumina von Kochsalzlösung oder Ringer-Lactat-Lösung intravenös gegeben; die diesbezüglich verfügbaren Publikationen sind jedoch selten.
So fanden Schulz und Mitarbeiter eine Senkung der Vollblutviskosität nach Gabe von 500 ml Ringer-Lactat-Lösung, welche 400 mg Pentoxifyllin enthielt. Die dabei gefundene Senkung der Vollblutviskosität dürfte im wesentlichen auf die Hämodilution durch die Trägerlösung zurückzuführen sein.
In der Publikation von Schneider und Kiesewetter wurde nicht nur Pentoxifyllin in einer 5%igen Lävuloselösung gegeben, sondern auch vorab noch der Hämatokrit durch isovolämische Hämodilution auf einen Wert von 40% eingestellt. Strenggenommen sind hier demnach drei Therapieprinzipien kombiniert worden, nämlich der Aderlaß, die Infusion zellfreier Lösungen und die Gabe einer Substanz, welche die Erythrozytenverformbarkeit beeinflußt.

4.2.6. Hämodilution und Flavonglucosid

Publikationen

Anadere und Mitarbeiter [14] berichteten 1985 über den Einfluß einer täglichen Gabe von 1000 ml niedermolekularem Dextran (10%ig, mittleres Molekulargewicht 40000) mit Zusatz von 100 mg eines Ginkgo biloba-Extraktes. Eine andere Gruppe erhielt lediglich 1000 ml Dextranlösung pro Tag. Die Patienten litten an akutem Schlaganfall. Die Viskoelastizität des Blutes wurde bei 23 °C mit einem oszillierenden Kapillarrheometer gemessen, ebenso die Plasmaviskosität. Der Hämatokrit wurde mit einer Mikrohämatokrit-Zentrifuge bestimmt.

Die Autoren fanden eine statistisch signifikante Verminderung der Viskoelastizität des Blutes 5 bzw. 10 Tage nach Behandlungsbeginn, während in der Kontrollgruppe keine statistisch signifikanten Veränderungen gefunden werden konnten. Die Plasmaviskosität stieg in der Kontrollgruppe statistisch signifikant an; in der Gruppe, die mit niedermolekularem Dextran plus Gingko biloba-Extrakt behandelt wurde, war ebenfalls ein Anstieg zu verzeichnen, der aber nicht statistisch signifikant war.

4.2.7. Urokinase und Humanalbuminlösungen

Publikationen

Itoh und Mitarbeiter [468] berichteten 1982 über den Einfluß einer Kombination von Urokinase mit Serumalbuminlösung auf die Fließeigenschaften des Blutes. Bei Patienten mit diabetischer Retinopathie und Mikrothromben der retinalen Gefäße wurden an den ersten drei Tagen 48 000 Einheiten täglich und an den folgenden 3 Tagen 24000 I. E. pro Tag gegeben. Die Urokinase wurde mit 200 ml Serumalbuminlösung intravenös gegeben.

Die Autoren fanden eine statistisch signifikante Verminderung der Fibrinogenkonzentration und der Vollblutviskosität (Rotationsviskosimeter, 37 °C).

Klinik: Die Retinopathie wurde durch die Therapie gebessert.

Diskussion

Die Autoren fanden eine Verminderung der Fibrinogenkonzentration und der Vollblutviskosität bei gleichzeitiger Gabe von Humanalbumin und Urokinase. Die Senkung der Fibrinogenkonzentration kann sowohl durch die Hämodilution (Infusion von Humanalbuminlösung) als auch durch eine Fibrinogenolyse erklärt werden. Die sehr niedrigen Dosen von Urokinase lassen vermuten, daß der Einfluß dieser Substanz auf die Fibrinogensenkung bei den vorliegenden Untersuchungen als verhältnismäßig gering eingestuft werden muß. Für den Fall der üblichen Dosierung (s. Kap. 4.1.18.) dagegen ist eine deutliche Wirkung der Urokinase auf die Fibrinogenkonzentration und die entsprechenden hämorheologischen Parameter bekannt.

4.2.8. Pentoxifyllin und Nadolol

Publikationen

Botas und Mitarbeiter [84] berichteten 1983 über die gleichzeitige Gabe von Nadolol (β-Blocker) und Pentoxifyllin bei 16 Patienten mit chronischer koronarer Herzerkrankung. Die Patienten erhielten grundsätzlich Nadolol über einen Zeitraum von einem Monat, dann wurden entweder Pentoxifyllin oder Placebo verabreicht.
Die Autoren fanden einen Anstieg der Filtrabilität des Vollblutes nur in der Pentoxifyllingruppe (Abstract, keine Details).

Diskussion

Die gleichzeitige Gabe von Pentoxifyllin einerseits und eines β-Blockers andererseits könnte theoretisch zu einer Addition hämorheologischer Effekte führen. Die eine vorliegende Arbeit reicht nicht aus, um die entsprechende Frage zu klären.

4.2.9. Pentoxifyllin und Piracetam

Publikationen

Ciuffetti und Mitarbeiter [134] beschrieben 1985 den Einfluß von Piracetam auf die Fließeigenschaften des Blutes von Patienten mit zerebrovaskulärer Insuffizienz. Die Vollblutviskosität und die Plasmaviskosität wurden mit einem Wells-Brookfield-Kegel-Platte-Viskosimeter bei 37 °C gemessen; die Erythrozytenfiltrabilität wurde nach einer Modifikation der ursprünglichen Reid'schen Vollblutmethode bestimmt. Die Meßtemperatur betrug 37 °C. Piracetam wurde mit Pentoxifyllin, mit Placebo und mit einer Kombination Piracetam/Pentoxifyllin verglichen (Piracetam 3 × 800 mg täglich, Pentoxifyllin 3 × 400 mg täglich).
Die Autoren fanden, daß nur mit der Kombination der beiden Medikamente eine verbesserte Erythrozytenverformbarkeit erzielt werden konnte.

Diskussion

Die Kombination zweier sogenannter vasoaktiver Substanzen zur Beeinflussung der Fließeigenschaften des Blutes ist vergleichsweise selten geprüft worden. Sinnvoll wäre eine solche Kombination nur dann, wenn auf verschiedene hämorheologische Angriffspunkte abgezielt würde.

4.2.10. L-Dopa und Budipin

Publikationen

Ott und **Lechner** [679] beschrieben 1985 den Einfluß einer kombinierten Therapie von L-Dopa (mittlere Gabe 300 mg pro Tag) und Budipin (0,46-0,92 mg/kg Körpergewicht) auf die Vollblutviskosität (gemessen mit einem Kegel-Platte-Viskosimeter bei 37 °C und vier verschiedenen Schergraden) bei 25 Patienten mit Parkinson'scher Erkrankung. Die Autoren fanden keine signifikanten Veränderungen der Blutviskosität.

Bemerkungen: Keine Messungen anderer rheologischer Parameter.

4.2.11. Kombinationen mehrerer hämorheologisch wirksamer Pharmaka

Publikationen

Manrique [611] berichtete 1983 über 50 Patienten mit akutem Myokardinfarkt, die Hydrocortison, Streptokinase, Pentoxifyllin, niedermolekulares Dextran und Heparin nach verschiedenen Schemata bekamen. Es zeigten sich hämorheologische Veränderungen besonders deutlich in derjenigen Patientengruppe, in der Hämodilution mit Defibrinogenierung kombiniert wurde. In der Gruppe der simultanen rheologischen Therapie fanden sich besonders gute klinische Ergebnisse (Abstract, keine Details).

1983 berichteten **Heinen** und Mitarbeiter [441] über eine Studie an 20 Patienten mit Verschluß der arteria oder vena retinalis, die verschiedenen rheologischen Behandlungsprinzipien gleichzeitig unterzogen wurden. Die Patienten bekamen als Basistherapie Pentoxifyllin und Prednisolon; ein Teil der Patienten wurde mit isovolämischer Hämodilution, ein anderer Teil mit hypervolämischer Hämodilution (500 ml Dextran 40-Lösung) behandelt. Die Blutviskosität wurde bei verschiedenen Schergraden untersucht; außerdem wurde die Erythrozytenverformbarkeit gemessen.
Je nach Kombination der Präparate ergaben sich unterschiedliche Beeinflussungen der Fließeigenschaften des Blutes (Abstract, keine Details).

Diskussion

Verschiedentlich wurden mehrere hämorheologisch-therapeutisch wirksame Pharmaka gleichzeitig gegeben. Die Aussagefähigkeit der dabei erhaltenen Ergebnisse ist beschränkt, weil nichts darüber ausgesagt werden kann, welches der verwendeten Pharmaka einen Effekt hat und ob sich nicht gegebenenfalls einzelne Wirkungen gegenseitig addieren oder sogar abschwächen.

4.3. Tabellarische Zuordnung rheologischer Therapiemaßnahmen verschiedener Autoren zu Krankheiten bzw. Krankheitsgruppen (Tabelle 5)

Polyzythämie, Polyglobulie	327, 871, 786, 523, 857, 858, 815, 460, 120, 656, 890, 547, 899, 88, 740, 38, 55, 804, 428, 430, 651, 463, 649, 380, 52, 716, 605, 522, 741, 891, 393, 67, 612, 909, 910, 137
Herzinsuffizienz, Herzfehler	914, 613, 8, 96, 97, 522, 735, 377, 901, 317, 882, 247, 518, 264, 471, 477
Angina pectoris, Myokardinfarkt, Koronarsklerose	667, 173, 659, 745, 698, 739, 629, 544, 545, 189, 546, 505, 843, 543, 189, 243, 60, 61, 62, 86, 63, 64, 856, 888, 27, 598, 841, 611, 129, 130, 177, 507, 358, 633, 795, 854, 358, 911, 802, 896, 897, 898, 525, 777, 668, 161, 162, 794, 525, 870, 84
Zerebrale Ischämien, zerebraler Insult	663, 562, 852, 460, 919, 528, 812, 813, 814, 89, 119, 689, 643, 617, 618, 619, 677, 678, 644, 665, 874, 79, 685, 770, 345, 633, 662, 411, 503, 110, 634, 502, 508, 532, 673, 34, 82, 686, 684, 80, 705, 833, 452, 455, 456, 768, 769, 14, 134, 679
Arteriosklerose, periphere arterielle Verschlußkrankheit	578, 5, 519, 12, 462, 463, 121, 519, 793, 427, 658, 351, 133, 80, 112, 111, 81, 13, 676, 421, 423, 426, 692, 25, 539, 540, 501, 505, 92, 892, 893, 580, 356, 301, 235, 42, 255, 228, 229, 883, 759, 223, 253, 875, 238, 244, 224, 245, 246, 249, 248, 227, 251, 256, 263, 254, 252, 245, 879, 877, 860, 203, 205, 269, 260, 776, 206, 202, 207, 465, 586, 929, 591, 506, 115, 597, 904, 155, 767, 156, 620, 835, 22, 421, 422, 424, 257, 70, 445, 878, 818, 819, 881, 475, 444, 425, 262, 266, 880, 514, 775, 279, 283, 598, 751, 15, 16, 609, 18, 17, 554, 30, 132, 194, 403, 407, 834, 691, 694, 837, 869, 838, 655, 839, 20, 473, 195, 811, 330, 331, 24, 365, 816, 21, 627, 696, 842, 201, 536, 7, 72, 866, 755, 166, 185, 905, 906, 405, 187, 1, 2, 272, 509, 33, 515, 323, 184, 186, 160, 744, 406, 697, 118, 664, 535, 873, 110, 817, 752, 494, 482, 483, 293, 32, 836, 718, 448, 209, 791, 621, 693, 701, 563, 196, 661, 742, 747, 354, 107, 453, 299, 300, 82, 876, 404, 58, 927, 391, 163, 894, 77, 322, 624, 789, 628, 170, 363, 695, 328, 40, 567, 703, 660, 568, 727, 728, 517, 729, 763, 922, 923, 123, 409, 918, 333, 493, 267, 274, 74, 454, 75, 226
Raynaud-Syndrom	41, 853, 191, 671, 907, 908, 889, 451, 690, 687, 35, 215, 216, 645, 596, 470
Venöse Gefäßerkrankungen, thromboembolische Erkrankungen, Thromboseprophylaxe	376, 76, 276, 495, 42, 255, 475, 307, 497, 352, 584, 585, 47, 859, 760, 560, 69, 595, 510, 511
Schock, Trauma, Verbrennungen	66, 371, 746, 796

Diabetes mellitus (diabetische Retinopathie)	657, 122, 771, 44, 364, 835, 415, 555, 655, 805, 806, 807, 113, 73, 457, 458, 904, 48, 49, 59, 362, 737, 873, 769, 140, 139, 559, 801, 822, 218, 219, 681, 478, 479, 743, 480, 481, 169, 558, 6, 884, 706, 592, 867, 868, 848, 583, 680, 562, 533, 561, 750, 556, 496, 416, 468, 441
Hyperlipidämien	372, 348, 623, 653, 654, 505, 843, 190, 804, 700, 782, 26, 799, 515
Essentielle Hypertonie	12, 845, 280, 608, 920, 682, 472, 415, 569, 748, 108, 895, 127, 109, 861, 499, 453, 652, 161, 414, 498, 43
Operationen	776, 85, 157, 198, 820, 417, 581, 688, 318, 376, 928, 776, 85, 116, 464, 98, 581, 864, 599, 384, 68, 442, 390, 220, 672, 375, 527, 193, 28, 417, 99, 738, 326, 512, 862
Makroglobulinämie, Kryoglobulinämie, multiples Myelom, Plasmozytom	780, 781, 342, 135, 803, 450, 525, 602, 603, 733, 357, 65, 709, 715, 921, 719, 579, 865, 392, 104, 646, 711, 925, 771, 469, 11, 347, 346, 105, 810, 843, 54, 844, 872, 399, 772, 378, 379, 401, 167, 171, 151, 831, 773, 774, 731, 779, 524, 36, 570, 714, 733, 604, 850, 71, 117, 647, 648, 804, 553
Perniziöse Anämie, Sichelzellanämie	526, 486, 487, 429, 788, 138, 651, 474
Störungen der Gravidität, Eklampsie; Kontrazeption	485, 797, 435, 433, 29, 674, 221, 565, 587, 92, 432, 683, 93, 436, 437, 542, 798, 431, 439
Rheumatische Erkrankungen	630, 4, 926, 45, 56
Chronische Bronchitis; pulmonaler Hochdruck	849, 380, 83, 154, 612, 909, 910, 137, 708, 349
Nierenerkrankungen	526, 917, 165, 400, 521, 931

5. Zusammenfassung

Dieses Buch hat zum Ziel, eine zusammenfassende, kommentierte Darstellung der Publikationen zur therapeutischen Beeinflussung der Fließeigenschaften des Blutes zu geben. Nach einem kurzen ***geschichtlichen Überblick*** und einer stichwortartigen Darstellung der speziellen ***rheologischen Terminologie*** wurde zu den Möglichkeiten der therapeutischen Hämorheologie, zu den Indikationen für eine Therapie mit rheologisch wirksamen Medikamenten sowie zu der pathophysiologischen Validität der verschiedenen Teilparameter der Fließeigenschaften des Blutes Stellung genommen. Es wurde zum Ausdruck gebracht, daß in dieser Arbeit bewußt auf eine Aufzählung und Kommentierung von in vitro-Versuchen mit rheologisch wirksamen Medikamenten ebenso wie auf Tierversuche und Untersuchungen an gesunden Probanden verzichtet wurde. Der Stellenwert hämorheologischer Meßergebnisse bei Patienten wurde auch im Rahmen der klinischen Zielsetzung der Verwendung solcher Therapeutika kritisch beschrieben; Möglichkeiten der Objektivierung der Wirkung rheologischer Medikamente wurden aufgezeigt.
Im ***allgemeinen Teil*** wird besonderer Wert auf die Feststellung gelegt, daß die Messung der rheologischen Eigenschaften des Blutes und eine entsprechende Verbesserung der Parameter durch Medikamente oder sonstige therapeutische Maßnahmen keine direkte Schlußfolgerung auf eine therapeutische Wirksamkeit im Sinne der klinischen Verbesserung zuläßt. Andere Verfahren, wie z. B. die Messung des Gewebesauerstoffdrucks, und nicht zuletzt klinische Studien sind dafür unentbehrlich. Der Nachweis einer Verbesserung der Fließeigenschaften des Blutes von Patienten durch geeignete, therapeutische Maßnahmen stellt allerdings einen wesentlichen Hinweis auf einen möglichen Wirkungsmechanismus einer Therapieart dar und rechtfertigt dann die oft sehr aufwendigen Methoden des Wirksamkeitsnachweises (efficacy).
Umgekehrt ist aus dem fehlenden Nachweis der hämorheologischen Wirkung einer Substanz nicht der Schluß zu ziehen, daß das Präparat klinisch unwirksam ist, weil möglicherweise andere nicht-rheologische Eigenschaften des Präparates für einen eventuellen Therapieerfolg verantwortlich zu machen sind.
Die ***Ordnung*** der Publikationen über die Anwendung rheologisch wirksamer Medikamente oder Verfahren bei Patienten erfolgte chronologisch. Das heißt, jedes Präparat bzw. jedes Verfahren zur Verbesserung der Fließeigenschaften des Blutes hat sein eigenes Kapitel und hiervon sind diejenigen Arbeiten zuerst aufgeführt worden, die zuerst publiziert worden sind. Deshalb kommt das Kapitel über den Einfluß von Jod auf die Fließeigenschaften des Blutes (erste Publikation aus dem Jahre 1904) vor dem Kapitel über den Einfluß von Dextran auf die Rheologie des Blutes (erste Publikation 1961).
Von der Erstbeschreibung (z. B. für Streptokinase im Jahre 1969) bis Ende 1986 wurden alle gefundenen Arbeiten aufgeführt, kommentiert sowie hinsichtlich ihrer klinischen Relevanz besprochen. Am Ende des Kapitels über eine bestimmte therapeutische Maßnahme werden alle diesbezüglichen Arbeiten dann zusammenfassend vergleichend kommentiert. Dem Leser ist es somit möglich, sich über jedes einzelne Medikament bzw. über jedes Verfahren zur Verbesserung der Fließeigenschaften des Blutes einen zusammenhän-

genden Überblick von den ersten Arbeiten auf diesem Gebiet bis zu den meist differenziert durchgeführten Untersuchungen der letzten Jahre zu verschaffen. Es wird besonderer Wert auf eine kritische Kommentierung und vergleichende Betrachtung der einzelnen Arbeiten mit zum Teil diskrepanten Ergebnissen gelegt. Dabei stellt sich heraus, daß nur bei einem Teil der Verfahren und Medikamente eine hämorheologische Wirkung gesichert ist und daß eine von einer Reihe anderer Präparate vermutete oder behauptete Wirkung auf die Fließeigenschaften des Blutes wenig wahrscheinlich ist oder noch bewiesen werden muß.

Da bis zum heutigen Tage eine große Anzahl von Publikationen über mehr als 50 therapeutische Möglichkeiten zur Verbesserung der Fließeigenschaften des Blutes vorgelegt und im speziellen Teil der Arbeit abgehandelt worden ist, erschien es sinnvoll, dem eigentlichen speziellen Teil mit seinen detaillierten Angaben eine ***Übersicht*** über die wichtigsten hämorheologisch wirksamen Präparate und Therapieverfahren voranzustellen. In diesem Kapitel werden diejenigen medikamentösen und sonstigen therapeutischen Verfahren zur Verbesserung der Fließeigenschaften des Blutes beschrieben, deren Wirkungen aufgrund der vorliegenden wissenschaftlichen Ergebnisse weitgehend gesichert sind und welche heute auch therapeutisch in zunehmendem Maße angewendet werden. Bei einigen dieser Verfahren ist auch die klinische Wirksamkeit bewiesen oder zumindest sehr wahrscheinlich gemacht worden. In diesem Übersichtskapitel werden auch die wesentlichen Anwendungsgebiete der therapeutischen Hämorheologie aufgeführt, die sich bis heute ergeben haben.

Im ***speziellen*** Teil des Buches werden mehrere hundert Publikationen über die therapeutische Wirkung hämorheologisch aktiver Pharmaka am Patienten zitiert und analysiert. Es ist unbestritten, daß bestimmte therapeutische Methoden und Pharmaka nicht nur die Fließeigenschaften des Blutes verbessern (therapeutische Hämorheologie), sondern auch klinisch wirksam sind (effektive hämorheologische Therapie). Andererseits gibt es viele Publikationen, deren Schlußfolgerungen über hämorheologische Wirkungen aufgrund methodischer oder anderer Mängel in Zweifel gezogen werden müssen. Dies gilt im übrigen auch für einige Publikationen aus neuerer Zeit. Hämorheologische Parameter dürfen nicht isoliert betrachtet werden, sondern müssen als ein wichtiger Mosaikstein der Mikro- und Makrozirkulation gesehen und gewertet werden. Mit anderen Worten: Eine abwägende Beurteilung der Validität der therapeutischen Verbesserung der Fließeigenschaften des Blutes unter Zuhilfenahme nicht-hämorheologischer Methoden ist unbedingt erforderlich. Wie in einem eigenen Kapitel aufgeführt, kann davon ausgegangen werden, daß in Zukunft die therapeutische Hämorheologie in der Behandlung verschiedenster Erkrankungen nicht nur ihren Platz festigen, sondern noch ausbauen wird. Das Forschungsgebiet der therapeutischen Hämorheologie ist verhältnismäßig jung, und es besteht begründete Hoffnung, daß sich in den nächsten Jahren und Jahrzehnten im Rahmen der wissenschaftlichen Forschung weitere interessante Möglichkeiten zur therapeutischen Beeinflussung der Fließeigenschaften des Blutes bei verschiedenen Erkrankungen ergeben werden.

6. Literaturverzeichnis

1 Aarts PAMM, Banga JD, van Houwelingen HC, Heethaar RM, Sixma JJ (1985) Influence of isoxsuprine on red cell deformability in vivo and effects on platelet adherence in vitro (Abstract). Clin Hemorheol 5: 753

2 Aarts PAMM, Banga JD, van Houwelingen HC, Heethaar RM, Sixma JJ (1986) Increased red blood cell deformability due to isoxsuprine administration decreases platelet adherence in a perfusion chamber: A double-blind cross-over study in patients with intermittent claudication. Blood 67: 1474

3 Abel JJ, Rowntree LG, Turner BB (1914) Plasma removal with return of the corpuscles. J Pharmacol Exp Ther 5: 625

4 Abruzzo JL, Heimer R, Giuliano V, Martinez J (1970) The hyperviscosity syndrome, polysynovitis, polymyositis and an unusual 13 S serum IgG component. Am J Med 49: 258

5 Adam H (1909) Zur Viskosität des Blutes. Z Klin Med 68: 177

6 Akiyama M, Isogai Y, Yokose T, Okabe M, Ashikaga M, Ikemoto S, Maeda T, Abe M (1981) Changes in hemorheological factors of diabetics during use of artificial pancreas (Abstract). Clin Hemorheol 1: 300

7 Albanese B (1983) Modificazioni dell'emoreologia indotte dal farmaco α-litico timoxamina. Ric Clin Lab 13 (Suppl 3): 469

8 Albers D (1937) Die Viskosität des Blutes in der kardialen Herzinsuffizienz. Z Kreislaufforsch 29: 914

9 Albers D (1937) Multiple Myelome und Viscosität. Z Klin Med 132: 807

10 Alderman MJ, Ridge A, Morley AA, Ryall RG, Walsh JA (1981) Effect of total leucocyte count on whole blood filterability in patients with peripheral vascular disease. J Clin Pathol 34: 163

11 Allan TL (1981) Plasma exchange in macroglobulinaemia. In: Lowe GDO, Barbenel JC, Forbes CD (eds) Clinical aspects of blood viscosity and cell deformability. Springer, Berlin, p 235

12 Alwall N (1939) Jodtherapie bei Hypertonie und Arteriosklerose. Acta Med Scand 101: 83

13 Amtoft A (1973) The effect of Dextran 40 on capillary blood flow and capillary diffusion capacity in the anterior tibial muscle of subjects with intermittent claudication. Scand J Clin Lab Invest 31: 263

14 Anadere I, Chmiel H, Witte S (1985) Hemorheological findings in patients with completed stroke and the influence of a ginkgo biloba extract. Clin Hemorheol 5: 411

15 Angelkort B (1979) Influence of pentoxifylline on erythrocyte deformability in peripheral occlusive arterial disease. Curr Med Res Opin 6: 255

16 Angelkort B, Boateng K, Maurin N (1980) Blood fluidity and coagulation phenomena in chronic arterial occlusive disease. J Int Med Res 8: 242

17 Angelkort B, Kiesewetter H (1981) Influence of risk factors and coagulation phenomena on the fluidity of blood in chronic arterial occlusive disease - Effects of pentoxifylline. Scand J Clin Lab Invest 41 (Suppl 156): 185

18 Angelkort B, Kiesewetter H, Maurin N (1981) Einfluß von Hämodilution und oraler Pentoxifyllin-Medikation auf Muskeldurchblutung, Fließverhalten und Hämostase des Blutes bei chronischer arterieller Verschlußkrankheit. In: Breddin K (ed) Thrombose und Atherogenese. Pathophysiologie und Therapie der arteriellen Verschlußkrankheit. Bein-Beckenvenen-Thrombose. Witzstrock, Baden-Baden, p 114

19 Angelkort B, Frömel M (1981) Influence of hemodilution on fluidity and hemostasis in chronic occlusive arterial disease - Study with high molecular hydroxyethyl starch solution (Abstract). Clin Hemorheol 1: 453

20 Angelkort B, Spürk P, Ludwig P (1984) An appraisal of interrelationship between blood fluidity and walking performance in peripheral arterial occlusive disease. IRCS Med Sci 12: 360

21 Angelkort B, Spürk P, Habbaba A, Mähder M (1985) Blood flow properties and walking performance in chronic arterial occlusive disease. Angiology 36: 285

22 Annoni F, Monti D, Mozzi E, Chiurazzi D, Marincola F (1983) Ciclonicate in patients with chronic occlusive peripheral arterial disease: Haemodynamic and rheologic effects. Acta Ther 9: 29

23 4th Annual meeting of Japan Society of Biorheology (1982) (Abstracts). Biorheology 19: 375
24 Antignani PL, Todini AR, Saliceti F, Pacino G, Bartolo M (1985) Clinical, instrumental and hemorheological effects after acute therapy with pentoxifylline (Abstract). Clin Hemorheol 5: 731
25 Apsatarov EA, Goryachev SP, Lyubinsky VL, Timukhina RA, Stakhov OV (1985) Changes of microcirculation and blood rheologic properties in patients with Leriche's syndrome. Khirurgiia (Mosk) 6: 44
26 Arntz HR, Leonhardt H, Dreykluft HR (1979) Influence of clofibrate on blood viscosity in primary hyperlipoproteinemia. Klin Wochenschr 57: 43
27 Arntz HR, Heitz J, Schäfer JH, Zingler G, Schröder R (1985) High-dose intravenous streptokinase (SK) in acute myocardial infarction (AMI): Hemorheological aspects (Abstract). Clin Hemorheol 5: 729
28 Aronson HB, Magora F, London M (1970) The influence of droperidol on blood viscosity in man. Br J Anaesth 42: 1089
29 Aronson HB, Magora F, Schenker JG (1971) Effect of oral contraceptives on blood viscosity. Am J Obstet Gynecol 110: 997
30 Artale F, Sergio G, Di Palma A, Giunti P, Perego MA (1980) Effetto dell'infusione venosa di pentossifillina sulla deformabilità eritrocitaria nell'arteriopatia ostruttiva periferica. Il Policlinico, Sez Medica 87: 338
31 Artale F, Francisci A, Espureo M, Sergio G, Cramarossa L, Di Palma A, Perego MA (1982) Effects of S-adenosyl-L-methionine on hemorheological changes induced by exercise in patients with peripheral occlusive arterial diseases. Curr Ther Res 32: 520
32 Aukland A, Hurlow RA, George AJ, Stuart J (1982) Platelet inhibition with ticlopidine in atherosclerotic intermittent claudication. J Clin Pathol 35: 740
33 Auteri A, Pieragalli D, Blardi P (1984) Azione della CDP-colina sulla sindrome da iperviscosità ematica secondaria delle vasculopatie croniche ischemizzanti. Minerva Cardioangiol 32: 53
34 Avellone G, Pinto A, Mandalà V, Galati D, Di Garbo V, Strano A (1985) Modificazioni emoreologiche indotte dalla somministrazione di buflomedil cloridrato nelle arteriopatie obliteranti degli arti inferiori. Ric Clin Lab 15 (Suppl 1): 577
35 Ayres ML, Jarrett PEM, Browse NL (1981) Blood viscosity, Raynaud's phenomenon and the effect of fibrinolytic enhancement. Br J Surg 68: 51
36 Azzena D, Costa U, Ghigliotti G, Astengo F (1968) Serum hyperviscosity in multiple myeloma and its clinical and neuropsychiatric implications. Confin Neurol 30: 65
37 Bach R, Kiesewetter H, Jung F, Kotitschke G, Witt R, Nüttgens HP, Ladwig KH, Waterloh E, Roebruck P, Gerhards M, Schieffer H, Bette L, Wenzel E (1987) Koronare Herzkrankheit: Prävalenz, Risikofaktoren-Profil und rheologisches Profil. Erste Ergebnisse der Aachen-Studie. In: Strauer BE, Ehrly AM, Leschke M (eds) Fortschritte in der kardiovaskulären Hämorheologie (5. DGKH-Kongreß, Marburg, 1986). Münchner Wissenschaftliche Publikationen, München, p 7
38 Bada HS, Korones SB, Kolni HW, Fitch CW, Ford DL, Magill HL, Anderson GD, Wong SP (1986) Partial plasma exchange transfusion improves cerebral hemodynamics in symptomatic neonatal polycythemia. Am J Med Sci 291: 157
39 Baer MR, Stein RS, Dessypris EN (1985) Chronic lymphocytic leukemia with hyperleukocytosis. The hyperviscosity syndrome. Cancer 56: 2865
40 Bäumler H, Lerche D, Scherf HP, Bilsing R, Meier W, Kucera W, Wiesner S (1982) Experimentelle Untersuchungen zum rheologischen Verhalten von Blut bei Ultraviolettbestrahlung (UVB). Z Ges Inn Med 37: 458
41 Balabanova RM, Guseva NG, Apenysheva NP, Oskilko TG, Anikina NV (1983) Effect of reopolyglucin on the microcirculation of patients with sclerodermia systematica. Revmatologiia (Moskva) 3: 26
42 Bapistella B (1972) Untersuchungen über den Einfluß der Streptokinase auf die Blutviskosität und die Aggregation der Erythrozyten. Dissertationsschrift, Frankfurt am Main
43 Barnard RJ, Hall JA, Pritikin N (1985) Effects of diet and exercise on blood pressure and viscosity in hypertensive patients. J Cardiac Rehabil 5: 185
44 Barnes AJ, Oughton J, Willars EJ, Clark PA, Kohner EM (1983) Effect of o-(β-hydroxyethyl)-rutosides (HR) on blood rheology in normals and diabetic patients (Abstract). Clin Hemorheol 3: 287
45 Baron M, Fam AG, Elkan I, Underdown B (1982) Hyperviscosity syndrome in rheumatoid arthritis. J Rheumatol 9: 843
46 Barras JP (1969) The capillary flow of suspensions of human red blood cells in plasma substitutes. Bibl Anat 10: 38
47 Barras JP, Maibach E (1971) Effect du HR sur la viscosité sanguine dans l'insuffisance veineuse chronique. Abstract-Booklet 4th Int Congr Phlebol, Lucerne, p 93

48 Barras JP, Graf C (1980) Hyperviscosity in diabetic retinopathy treated with Doxium (calcium dobesilate). Vasa 9: 161
49 Barras JP, Graf C (1981) Effects of medication on blood and plasma viscosity in diabetic subjects with retinopathy. Horm Metab Res 13 (Suppl 11): 120
50 Barras JP, Blattner J (1985) Viscoelastic properties of blood and plasma in diabetes. Vasa 14: 216
51 Bartolo M (1985) Emodiluizione, defibrinogenazione e plasmaferesi in emoreologia. Ric Clin Lab 15 (Suppl 1): 439
52 Baum RS (1967) Hyperviscous blood and perinatal pathology (Abstract). Pediatr Res 1: 288
53 Bayliss LE (1960) The anomalous viscosity of blood. In: Copley AL, Stainsby G (eds) Flow properties of blood and other biological systems. Pergamon, London, p29
54 Beck JR, Quinn BM, Meier FA, Rawnsley HM (1982) Hyperviscosity syndrome in paraproteinemia. Managed by plasma exchange; monitored by serum tests. Transfusion 22: 51
55 Becker B (1976) Untersuchungen über den Einfluß einiger Medikamente auf die Fließeigenschaften des Blutes. Dissertationsschrift, Frankfurt am Main
56 Bedi SS, Eberl R, Million R, Silas AM (1984) Fenclofenac and diclofenac in the treatment of rheumatoid arthritis. Br J Rheumatol 23: 214
57 Begg TB, Hearns JB (1966) Components in blood viscosity. The relative contribution of haematocrit, plasma fibrinogen and other proteins. Clin Sci 31: 87
58 Belch JJF, Lowe GDO, Drummond MM, Forbes CD, Prentice CRM (1981) Prostacyclin reduces red cell deformability (Leserbrief). Thromb Haemost 45: 189
59 Benarroch IS, Brodsky M, Rubinstein A, Viggiano C, Salama EA (1985) Treatment of blood hyperviscosity with calcium dobesilate in patients with diabetic retinopathy. Ophthalmic Res 17: 131
60 Benda L, Redtenbacher L, Spieß A, Steinbach T (1971) Fibrinolytische Behandlung bei schwerer Angina pectoris. Dtsch Med Wochenschr 96: 771
61 Benda L (1972) Streptokinase und Blutviskosität bei akutem Herzinfarkt. In: Sailer S (ed) Aktuelle Probleme der Fibrinolyse-Behandlung. Hollinek, Wien, p27
62 Benda L (1973) Influence of streptokinase on blood rheology and coagulation. Postgrad Med J 49 (Suppl 5): 129
63 Benda L, Klösel W, Redtenbacher L, Spieß A, Zenz W (1976) Fibrinolyse und Antikoagulation bei schwerer Angina pectoris. Wien Med Wochenschr 126: 1
64 Benda L, Redtenbacher L (1977) Zur Dosierung der Streptokinase beim akuten Herzinfarkt. In: Sailer S (ed) Die Fibrinolyse - Behandlung des akuten Myokardinfarktes. Hollinek, Wien, p19
65 Benninger GW, Kreps SI (1971) Aggregation phenomenon in an IgG multiple myeloma resulting in the hyperviscosity syndrome. Am J Med 51: 287
66 Bergentz S, Gelin L, Rudenstam C, Zederfeldt B (1963) The viscosity of whole blood in trauma. Acta Chir Scand 126: 289
67 Bergqvist G, Zetterström R (1974) Blood viscosity and peripheral circulation in newborn infants. Acta Paediatr Scand 63: 865
68 Bernstein EF, Castaneda AR (1968) Studies of shear-dependent blood viscosity in extracorporal circulation. In: Copley AL (ed) Hemorheology. Pergamon, New York, p433
69 Blamey SL, McArdle BM, Burns P, Lowe GDO, Forbes CD, Carter DC, Prentice CRM (1983) Prevention of fibrinolytic shut-down after major surgery by intramuscular stanozolol. Thromb Res 31: 451
70 Blendin R (1975) Untersuchungen über den Einfluß einiger vasoaktiver Pharmaka auf die Fließeigenschaften des Blutes. Dissertationsschrift, Frankfurt am Main
71 Block KJ, Maki DG (1973) Hyperviscosity syndromes associated with immunoglobulin abnormalities. Hematology 10: 113
72 Blume J, Kiesewetter H, Bulling BJ, Gerhards M (1984) Einfluß von Betablockern auf klinische und hämorheologische Parameter bei AVK-Patienten. In: Heilmann L, Kiesewetter H, Ernst E (eds) Klinische Rheologie und Beta-1-Blockade. Zuckschwerdt, München, p153
73 Bode WA, Fonk T, van der Veen EA, van der Meer J (1982) Effects of long-term treatment with isoxsuprine on the blood viscosity profile in maturity-onset diabetics. Clin Hemorheol 2: 189
74 Böhme H, Everts B (1981) Hemodilution combined with defibrinogenation. Bibl Haematol 47: 165
75 Böhme H, Everts B (1985) Hämodilution und Defibrinogenierung in der Behandlung arterieller Durchblutungsstörungen. Int Welt 8: 225
76 Bös W (1976) Wirkungen zweier Diuretika auf die Fließeigenschaften des Blutes bei Patienten mit chronisch venösen Ödemen. Dissertationsschrift, Frankfurt am Main
77 Bogar L, Matrai A, Walker RT, Flute PT, Dormandy JA (1985) Haemorheological effects of a 5-HT_2 receptor antagonist (ketanserin). Clin Hemorheol 5: 115
78 Bogar L, Flute PT, Walker RT, Dormandy JA (1985) Haemorheological effects of a 5-HT_2 receptor antagonist (ketanserin) in patients with leg ischaemia (Abstract). Clin Hemorheol 5: 739

79 Boisseau MR (1985) Changes in blood filtration during acute C.V.A. Effect of treatment (Abstract). Clin Hemorheol 5: 712
80 Boisseau MR, Freyburger G, Louit F, Roudaut MF, Serise JM, Manciet G, Julien J (1985) Vascular pathology and hemorheological disorders: trial of buflomedil, pentosan polysulfate and vinburnin (Abstract). Clin Hemorheol 5: 724
81 Bollinger A, Simon HJ, Köhler R, Lüthy E (1968) Wirkung von niedermolekularem Dextran auf die Blutviskosität und Extremitätendurchblutung. Z Kreislaufforsch 57: 456
82 Bonniot R, Quemada D, Dufaux J, Hazard B, Lamberth M (1980) Traitement des artériopathies par l'acetylsalicylate de lysine - Résultats cliniques chez 68 malades avec 97 études rhéologiques. Arch Méd Ouest 12: 577
83 Borgolte H (1981) Veränderungen der Blutviskosität und -elastizität bei der Gabe von Dextran 40. In: Breddin K (ed) Thrombose und Atherogenese. Pathophysiologie und Therapie der arteriellen Verschlußkrankheit. Bein-Beckenvenen-Thrombose. Witzstrock, Baden-Baden, p 119
84 Botas L, Freitas JP, Teresa Laginha M, Barroca JP, Martins JM, Fátima Silva M, Martins E Silva J (1983) The effects of pentoxyfilline on blood filterability and functional capacity in patients with stable angina pectoris under a beta-blocking trial (Abstract). Clin Hemorheol 3: 328
85 Boyan CP, Underwood PS, Howland WS (1966) The effect of operation, anesthesia and plasma expanders on blood viscosity. Anesthesiology 27: 279
86 Breddin K, Ehrly AM, Fechler L, Frick D, König H, Kraft H, Krause H, Krzywanek HJ, Kutschera J, Lösch HW, Ludwig O, Mikat B, Rausch F, Rosenthal P, Sartory S, Voigt G, Wylicil P (1973) Die Kurzzeitfibrinolyse beim akuten Myokardinfarkt. Dtsch Med Wochenschr 98: 861
87 Brinkmann R, Zijlstra WG, Jansonius NJ (1963) Quantitative evaluation of the rate of rouleaux formation of erythrocytes by measuring light reflection ("Syllectometry"). Proc Kon Ned Akad Wet (Ser C) 66: 236
88 Brown MM, Pearson TC, Marshall J (1981) Effect of changes in plasma viscosity on cerebral blood flow in man (Abstract). Clin Hemorheol 1: 457
89 Brown MM, Marshall J (1982) Effect of plasma exchange on blood viscosity and cerebral blood flow. Br Med J 284: 1733
90 Browning GG, Gatehouse S, Lowe GDO (1986) Blood viscosity as a factor in sensorineural hearing impairment. Lancet 1: 121
91 Brügger W, Imhof P, Müller P, Moser P, Reubi F (1985) Effect of nitroglycerin on blood rheology in healthy subjects. Eur J Clin Pharmacol 29: 331
92 Buchan PC, MacDonald HN (1980) Altered haemorheology in oral-contraceptive users. Br Med J 280: 978
93 Buchan PC (1982) Haemorheological consequences of oestrogen and progestagen therapy. Int J Microcirc Clin Exp 1: 262
94 Buffet E, Adjizian JC, Pignon B, Droulle C, Potron G (1985) Rheological and haemostatic parameters in geriatric population under pentosane polysulfate treatment (Abstract). Clin Hemorheol 5: 738
95 Burch GE, De Pasquale NP (1962) Hematocrit, blood viscosity and myocardial infarction. Am J Med 32: 161
96 Burch GE, De Pasquale NP (1963) Phlebotomy - Use in patients with erythrocytosis and ischemic heart disease. Arch Intern Med 111: 687
97 Burch GE (1965) Hematocrit, viscosity and coronary blood flow. Dis Chest 48: 225
98 Burke AM, Chien S, McMurty JG (1979) Effects of low molecular weight dextran on blood viscosity after craniotomy for intracranial aneurysms. Surg Gynecol Obstet 148: 9
99 Burns P, Small M, Blamey SL, Lowe GDO, Forbes CD (1983) Effects of stanozolol on viscosity in volunteers and in surgical patients (Abstract). Clin Hemorheol 3: 287
100 Burton-Opitz R (1900) Vergleich der Viscosität des normalen Blutes mit der des Oxalatblutes, des defibrinirten Blutes und des Blutserums bei verschiedener Temperatur. Arch Ges Physiol 82: 464
101 Burton-Opitz R (1904) The changes in the viscosity of the blood produced by alcohol. J Physiol 32: 8
102 Burton-Opitz R (1906) Weitere Studien über die Viskosität des Blutes. Arch Ges Physiol 112: 189
103 Burton-Opitz R (1911) The viscosity of the blood. JAMA 57: 353
104 Buskard NA, Galton DA, Goldman JM, Kohner EM, Grindle CF, Newman DL, Twinn KW, Lowenthal RM (1977) Plasma exchange in the long term management of Waldenström's macroglobulinaemia. Can Med Assoc J 117: 135
105 Buskard NA (1981) Blood flow studies in the hyperviscosity syndrome before and after plasma exchange. In: Borberg H, Reuter P (eds) Plasma exchange therapy. Thieme, Stuttgart, p 89
106 Cabannes R, Pistonne M, Faget P, Meite M, Bassembie J (1983) Rheological study of sickle-cells in S.C.D. patients treated with pentoxifylline - A comparative study (Abstract). Clin Hemorheol 3: 232

107 Cäsar K, Wegener B, Hossmann K (1980) Wirkung von Isosorbiddinitrat auf Blutdruck, peripheren Gefäßwiderstand und venöse Kapazität bei Patienten mit arterieller Hypertonie. In: Rudolph W, Schrey A (eds) Nitrate II - Wirkung auf Herz und Kreislauf. Urban und Schwarzenberg, München, p 58

108 Caimi G, Frazzetta F, Capobianco D, Catania A, Francavilla G, Sarno A (1982) Comportamento del pattern emoreologico in soggetti con ipertensione essenziale trattati con beta-bloccanti. Clin Ter 103: 383

109 Caimi G, Catania A, Frazzetta F, Capobianco D, Sarno A (1983) Essential hypertension - The behaviour of the haemorheological determinants and their trends during beta-blocker treatment. Jpn Heart J 24: 723

110 Caimi G, Catania A, Frazzetta F, Capobianco D, Francavilla G, Romano A, Sarno A (1983) Relievi emoreologici in un gruppo di vasculopatici aterosclerotici trattati con suloctidil. Ric Clin Lab 13 (Suppl 3): 465

111 Calabrò A, Rossi A, Piarulli F, Coscetti G, Baiocchi MR, Fellin R, Crepaldi G (1985) Effect of sulodexide administration in a group of patients with peripheral atherosclerosis (Abstract). Clin Hemorheol 5: 723

112 Calabrò A, Rossi A, Baiocchi MR, Coscetti G, Fellin R, Crepaldi G (1985) Effetto del sulodexide su alcuni parametri emoreologici in un gruppo di pazienti con vasculopatia arteriosclerotica periferica. Ric Clin Lab 15 (Suppl 1): 455

113 Calvert GD, Blight L, Franklin J, Oliver J, Wise P, Gallus AS (1980) The effects of clofibrate on plasma glucose, lipoproteins, fibrinogen and other biochemical and haematological variables in patients with mature onset diabetes mellitus. Eur J Clin Pharmacol 17: 355

114 Canovi MC, Spandri A, Lambrughi S, Marcelli D, Piovella C (1985) Confronto in vivo ed in vitro del sangue di soggetti trattati con pentossifillina nei riguardi dell'aggregazione intravasale degli eritrociti. Ric Clin Lab 15 (Suppl 1): 603

115 Cappelli R, Pecchi S, Pieragalli D, Acciavatti A, Galigani C, Messa GL, Vittoria A, Guerrini M, Forconi S, Di Perri T (1985) Effect on rheological and some peripheral haemodynamic parameters of defibrotide (Abstract). Clin Hemorheol 5: 741

116 Carey JS (1972) Colloids and crystalloids for volume replacement during and after surgery. In: Messmer K, Schmid-Schönbein H (eds) Hemodilution - Theoretical basis and clinical application. Karger, Basel, p229

117 Case DC jr (1982) Combination chemotherapy (M-2) protocol (BCNU, cyclophosphamide, vincristine, melphalan and prednisone) for Waldenström's macroglobulinemia: Preliminary report. Blood 59: 934

118 Catalano M, Sacchi E, Tomasini M, Coazzoli E, Parolini A, Dall'Oglio A, Libretti A (1985) La flunarizina nel trattamento delle arteriopatie degli arti inferiori. Ric Clin Lab 15 (Suppl 1): 475

119 Cavestri R, Agosti R, Clivati A, Pelucchi A, Cherubini P, Mastropasqua D, Longhini E (1985) Effects of isovolemic hemodilution on cerebral blood flow and on hemorheologic parameters in acute ischemic stroke (Abstract). Clin Hemorheol 5: 668

120 Challoner T, Briggs C, Thomas DJ (1981) The effect of reducing haematocrit and viscosity on blood pressure (Abstract). Clin Hemorheol 1: 462

121 Challoner T, Briggs C, Rampling MW, Thomas DJ (1986) A study of the haematological and haemorheological consequences of venesection. Br J Haematol 62: 671

122 Chazan BI, Ferguson BD, Castelli WP, Touborg JNF, Balodimos MC, Rutstein DD (1969) Lipernia retinalis: Microcirculatory changes and lipid studies in family. Metabolism 18: 978

123 Chevreaud C, Voisin P, Burdin D, Guimont C, Laxenaire MC, Stoltz JF (1985) Deliberate normovolemic hemodilution during the medical treatment of arteriopathy of the lower limbs: Rheological effects (Abstract). Clin Hemorheol 5: 722

124 Chien S, Usami S, Taylor HM, Lundberg JL (1966) Effect of hematocrit and plasma proteins on human blood rheology at low rates of shear. J Appl Physiol 21: 81

125 Chien S (1972) Present state of rheology. In: Messmer K, Schmid-Schönbein H (eds) Hemodilution - Theoretical basis and clinical application. Karger, Basel, p1

126 Chien S, Schmalzer EA, Lee MML, Impelluso T, Skalak R (1983) Role of white cells in filtration of blood cell suspensions. Biorheology 20: 11

127 Chien S, Letcher RL, Pickering TG, Devereaux RB (1983) Blood rheology in hypertension (Abstract). Clin Hemorheol 3: 240

128 Chmiel H (1973) Zur Blutrheologie in Medizin und Technik. Habilitationsschrift, Aachen

129 Chmiel H, Pavlovic Z (1974) Der Einfluß von Carbocromen-HCl (Intensain) auf die Blutviskosität bei starken Rauchern und frischem Herzinfarkt. Z Kardiol 63 (Suppl 1): 53

130 Chmiel H, Pavlovic Z, Effert S (1975) Neue rheologische Methoden zur Differenzierung pathologischer Veränderungen der Blutviskosität. Verh Dtsch Ges Kreislaufforsch 41: 282

131 Chmiel H, Schweizer P, Krause KH, Framing W (1976) New methods of measuring the different rheological parameters in blood (Abstract). Microcirculation 1: 94

132 Chmiel H, Anadere I, Heimburg P (1981) The influence of i.v. application of pentoxifylline on the viscoelasticity of blood in patients with peripheral vascular disorders. Ric Clin Lab 11 (Suppl 1): 189

133 Ciuffetti G, Lupattelli G, Cusco S, Pistola L, Mercuri M, Susta A, Palazzetti D, Mannarino E (1985) Effetti del sulodexide sui parametri emoreologici, lipidici, lipoproteici ed apoproteici di pazienti iperlipemici con arteriopatia obliterante periferica. Ric Clin Lab 15 (Suppl 1): 529

134 Ciuffetti G, Parnetti L, Lupattelli G, Mercuri M, Orecchini G, Senin U (1985) Il pattern emoreologico nel deterioramento mentale senile primitivo: Risultati di uno studio a lungo termine con l'impiego di piracetam e pentossifillina. Ric Clin Lab 15 (Suppl 1): 583

135 Cline MJ, Solomon A, Berlin NI, Fahey JL (1963) Anemia in macroglobulinemia. Am J Med 34: 213

136 Clinical Hemorheology 7 (1987) Nr 1 (Special issue)

137 Clivati A, Agosti R, Cherubini P, Ogliari L, Belloni A, Longhini E (1985) Effetti del salasso isovolumetrico sulle proprietà reologiche del sangue in corso di insufficienza respiratoria e policitemia secondaria. Ric Clin Lab 15 (Suppl 1): 611

138 Clivati A, Agosti R, Cherubini P, Spelta P, Bonvini G, Ricciardi G, Pagliano L (1985) Hemorheologic properties in beta-thalassemia (Abstract). Clin Hemorheol 5: 686

139 Coccheri S, Palareti G, Poggi M, Tricarico MG (1982) Improvements in the rheologic properties of blood induced by medium-term treatment with buflomedil in diabetic patients. J Int Med Res 10: 394

140 Coccheri S, Palareti G, Parenti M, Poggi M, Tricarico MG (1982) Buflomedil improves erythrocyte deformability in diabetic patients (Abstract). Haemostasis 12: 119

141 Cokelet GR, Merrill EW, Gilliland ER, Shin H, Britten A, Wells RE (1963) The rheology of human blood. Measurements near and at zero shear rate. Trans Soc Rheol 7: 303

142 Copley AL (1949) Rheological problems in biology. In: Burgers JM et al. (eds) Proceedings of the International Congress on Rheology, Holland, 1948. North-Holland, Amsterdam, I-47; III-8

143 Copley AL (1952) The rheology of blood. A survey. J Colloid Sci 7: 323

144 Copley AL, Stainsby G (eds) (1960) Flow properties of blood and other biological systems. Pergamon, London

145 Copley AL (1962) The endoendothelian fibrin film and fibrinolysis. In: Proceedings of the 8th International Congress on Hematology, Tokyo, 1960, vol 3. Pan-Pacific, Tokyo, p 1648

146 Copley AL (1968) Hemorheology. Pergamon, New York

147 Copley AL, Seaman GVF (1981) The meaning of the terms rheology, biorheology and hemorheology (Editorial). Clin Hemorheol 1: 117

148 Copley AL (1982) The future of the science of biorheology. Biorheology 19: 47

149 Copley AL (1985) The history of clinical hemorheology. Clin Hemorheol 5: 765

150 Couette M (1890) Études sur le frottement des liquides. Ann Chim Phys 21: 433

151 Crawford J, Cox EB, Cohen HJ (1985) Evaluation of hyperviscosity in monoclonal gammopathies. Am J Med 79: 13

152 Crolle G, Cucca S, Gosparini B, Baso G, Martechini A, Urbani N, Vattolo S (1985) E'possibile migliorare la deformabilità eritrocitaria nell'anziano vasculopatico? Minerva Med 76: 1349

153 Crowell JW, Ford RG, Lewis VM (1959) Oxygen transport in hemorrhagic shock as a function of the hematocrit ratio. Am J Physiol 196: 1033

154 Danilov IP, Makarevich AE (1985) Correction of hemorheological disorders in patients with chronic obstructive bronchitis. Klin Med (Mosk) 63 (7): 49

155 Davis E, Rozov H (1973) The effects of xanthinol nicotinate on the small blood vessels. Bibl Anat 11: 334

156 Davis E, Rozov H (1975) Xanthinol nicotinate in peripheral vascular disease. Practitioner 215: 793

157 Dawidson I, Barrett J, Miller E, Litwin MS (1975) Blood viscosity studies in postoperative patients. Bibl Haematol 41: 76

158 De Clerck F, De Cree J, Brugmans J, Wellens D (1977) Reduction by flunarizine of the increase of blood viscosity after ischemic forearm occlusion. Arch Int Pharmacodyn Thér 230: 321

159 De Clerck F (1985) Rheological effects of flunarizine, a Ca^{2+}-entry blocker: rationale and mechanism (Abstract). Clin Hemorheol 5: 759

160 De Cree J, De Cock W, Geukens H, De Clerck F, Beerens M, Verhaegen H (1979) The rheological effects of cinnarizine and flunarizine in normal and pathologic conditions. Angiology 30: 505

161 De Cree J, Leempoels J, Geukens H, De Cock W, Verhaegen H (1981) RBC deformability in patients with essential hypertension and acute myocardial infarction. Improvement by treatment with a selective 5-HT_2 antagonist (R 41468). Abstract-Booklet 2nd Europ Conf Clin Haemorheol, London, p 31

162 De Cree J, Leempoels J, De Cock W, Geukens H, Verhaegen H (1983) Hemorheological effects of ketanserin, a 5-HT_2 receptor antagonist. Abstract-Booklet 1st Europ Meeting Hypertension, Milan, Italy
163 De Cree J, Leempoels J, Geukens H, De Cock W, Verhaegen H (1983) Oral treatment with ketanserin in intermittent claudication. Abstract-Booklet 13th World Congr Int Union Angiol, Rochester, Minnesota, USA
164 Deguchi K, Ito T, Shima H, Uno N, Nakamori I, Ueno H, Umemoto D, Ito U, Kobayashi T, Li S, Tanaka T, Kato M, Konishi M, Kudo M, Kusunose K, Yamada S (1977) Pentoxifylline. Clinical use of pentoxifylline - Concerning blood viscosity and platelet function. Mie Med 21 (3): 375
165 Delsignore R, David S, Francia MT, Bottazzi G, Crotti G (1985) Alterazioni emoreologiche determinate dall'uremia. Effetti dell'emodialisi. Ric Clin Lab 15 (Suppl 1): 335
166 De Quiros JFB, Hess H (1976) Über den Einfluß von Isoxsuprin-HCl auf die Fließfähigkeit des Blutes. Fortschr Med 94: 1661
167 Derksen RHWM, Hene RJ, Gmelig Meyling FHJ, Kater L (1983) Plasma exchange in the treatment of cryoglobulinaemia. Neth J Med 26: 294
168 Determann H (1908) Das Verhalten der Blutviskosität bei Joddarreichung. Dtsch Med Wochenschr 34: 871
169 Diamantopoulos EJ, Raptis S, Karaiskos K, Hadjidakis D, Moulopoulos S (1981) Haemorheological parameters in diabetics under different modes of treatment (Abstract). Clin Hemorheol 1: 465
170 Diehm C, Gallasch G, Wirth A, Schettler G (1984) Hämorheologische Veränderungen nach körperlichem Training. Dtsch Z Sportmed 8: 286
171 Di Lollo F, Fazzini G, Avanzi G (1983) L'emodiluizione e la plasmaferesi nella terapia delle sindromi da iperviscosità. Ric Clin Lab 13 (Suppl 3): 225
172 Dintenfass L (1966) A preliminary outline of the blood high viscosity syndromes. Arch Intern Med 118: 427
173 Dintenfass L, Rozenberg MC (1967) Some observations on the viscosity of blood in various diseases. Effect of intravenous heparin. Angiologica 4: 116
174 Dintenfass L (1968) Fluidity (internal viscosity) of the erythrocyte and its role in physiology and pathology of circulation. Haematologia 2: 19
175 Dintenfass L (1971) Blood microrheology - Viscosity factors in blood flow, ischaemia and thrombosis. Butterworths, London
176 Dintenfass L, Milton GW (1973) Blood viscosity factors and prognosis in malignant melanoma. Effect of ABO blood groups. Med J Aust 1: 1091
177 Dintenfass L, Lake B (1976) Beta blockers and blood viscosity. Lancet 1: 1026
178 Dintenfass L (1976) Rheology of blood in diagnostic and preventive medicine. An introduction to clinical haemorheology. Butterworths, London
179 Dintenfass L, Seaman GVF (1981) Blood viscosity in heart disease and cancer. Pergamon, New York
180 Dintenfass L (1981) Hyperviscosity in hypertension. Pergamon, New York
181 Dintenfass L (1983) Action of drugs on the aggregation and deformability of red cells: effect of ABO blood groups. Ann NY Acad Sci 416: 611
182 Dintenfass L (1983) Effect of drugs and diet on blood viscosity, red cell aggregation and red cell rigidity (Abstract). Clin Hemorheol 3: 288
183 Dintenfass L (1985) Blood viscosity. Hyperviscosity and hyperviscosaemia. MTP Press, Lancaster
184 Di Perri T, Forconi S, Guerrini M, Laghi Pasini F, Del Cipolla R, Rossi C, Agnusdei D (1977) Action of cinnarizine on the hyperviscosity of blood in patients with peripheral obliterative arterial disease. Proc R Soc Med 70 (Suppl 8): 25
185 Di Perri T, Forconi S, Agnusdei D, Guerrini M, Laghi Pasini F (1978) The effects of intravenous isoxsuprine on blood viscosity in patients with occlusive peripheral arterial disease. Br J Clin Pharmacol 5: 255
186 Di Perri T, Forconi S, Guerrini M, Laghi Pasini F, Del Cipolla R, Rossi R, Agnusdei D (1979) Action of cinnarizine on the hyperviscosity of blood in patients with peripheral obliterative disease. Angiology 30: 13
187 Di Perri T, Forconi S, Guerrini M, Pecchi S, Pieragalli D, Cappelli R, Acciavatti A (1981) Influence of non-selective and selective beta adrenoceptor blockade on isoxsuprine-dependent hemodynamic and rheologic changes. Angiology 32: 257
188 Di Perri T, Forconi S, Di Lollo F, Pozza G (1984) Le sindromi da iperviscosità ematica. Fisiologia, patologia e clinica. Pozzi, Roma
189 Ditzel J, Bang HC, Thorsen N (1969) The effect of Dextran 40 on hemorheological factors during the course of acute myocardial infarction. Bibl Anat 10: 132
190 Djurdjevic L, Bräuer H, Rahlfs V (1976) Kontrollierte klinische Prüfung von Chemotherapeutika zur

Senkung der Blutfette Cholesterin und Triglyzeride sowie deren Einfluß auf die Fluidität des Blutes. Therapiewoche 26: 5556

191 Dodds AJ, O'Reilly MJG, Yates CJP, Cotton LT, Flute PT, Dormandy JA (1979) Haemorheological response to plasma exchange in Raynaud's syndrome. Br Med J 2: 1186

192 Dodds AJ (1981) Plasma exchange. In: Lowe GDO, Barbenel JC, Forbes CD (eds) Clinical aspects of blood viscosity and cell deformability. Springer, New York, p 227

193 Doletskii AS, Dallakian NO, Aksel'rov AM, Nazarova NB, Sokolova VA (1985) Correction of disorders of peripheral circulation with trental in children in the postoperative period. Anesteziol Reanimatol 4: 56

194 Donaldson DR, Kester RC, Russell CW, Wiggins PA, Hall TJ (1981) Does oxpentifylline (Trental) have a place in the treatment of intermittent claudication? (Abstract). Clin Hemorheol 1: 469

195 Donaldson DR, Hall TJ, Kester RC, Ramsden CW, Wiggins PA (1984) Does oxpentifylline ("Trental") have a place in the treatment of intermittent claudication? Curr Med Res Opin 9: 35

196 Dorigo B, Raspanti D, Trapani M, Albanese B, Cameli AM, Digiesi V (1985) Studio flussimetrico, termometrico e reologico nelle arteriopatie obliteranti degli arti inferiori trattate con buflomedil. Minerva Med 76: 269

197 Dormandy JA (1970) Clinical significance of blood viscosity. Ann R Coll Surg Engl 47: 211

198 Dormandy JA (1971) Influence of blood viscosity on blood flow and the effect of low molecular weight dextran. Br Med J 4: 716

199 Dormandy JA, Edelman JB (1973) High blood viscosity: An aetiological factor in venous thrombosis. Br J Surg 60: 187

200 Dormandy JA, Hoare E, Khattab AH, Arrowsmith DE, Dormandy TL (1973) Prognostic significance of rheological and biochemical findings in patients with intermittent claudication. Br Med J 4: 581

201 Dormandy JA, Gutteridge JMC, Hoare E, Dormandy TL (1974) Effect of clofibrate on blood viscosity in intermittent claudication. Br Med J 4: 259

202 Dormandy JA, Goyle KB, Postlethwaite J (1976) Improvement in the rate of vascular graft patency with controlled postoperative defibrinogenation (Abstract). Br J Surg 63: 661

203 Dormandy JA, Goyle KB (1976) Clinical improvement in peripheral circulation by controlled defibrinogenation (Abstract). Br J Surg 63: 661

204 Dormandy JA, Hoare E, Postlethwaite H (1976) Blood viscosity of patients with intermittent claudication - Concept of "Rheological Claudication". Biorheology 13: 161

205 Dormandy J, Postlethwaite J, Goyle K (1977) Haemorheological therapy. Bibl Anat 16: 481

206 Dormandy JA, Goyle KB, Reid HL (1977) Treatment of severe intermittent claudication by controlled defibrination. Lancet 1: 625

207 Dormandy JA, Reid HL (1978) Controlled defibrination in the treatment of peripheral vascular disease. Angiology 29: 80

208 Dormandy JA (1981) Drug modification of erythrocyte deformability. In: Lowe GDO, Barbenel JC, Forbes CD (eds) Clinical aspects of blood viscosity and cell deformability. Springer, Berlin, p 251

209 Dormandy JA, Ernst E (1981) Effects of buflomedil on erythrocyte deformability. Angiology 32: 714

210 Dormandy JA, Yates CJP, Berent GA (1981) Clinical relevance of blood viscosity and red cell deformability including newer therapeutic aspects. Angiology 32: 236

211 Dormandy J (ed) (1983) Red cell deformability and filterability. Martinus Nijhoff, Boston

212 Dormandy JA, Matrai A (1983) Assessment of pharmacological agents with a hemorheological action. Ann NY Acad Sci 416: 599

213 Dormandy JA (1984) Effects of anaesthesia and surgery on the flow properties of blood. Microcirculation, Endothelium and Lymphatics 1: 151

214 Dormandy J, Ernst E, Matrai A (1986) Clinical aspects of white cell rheology. Clin Hemorheol 6: 455

215 Dowd PM, Kovacs IB, Bland CJH, Kirby JDT (1981) Effect of prostaglandins I_2 and E_1 on red cell deformability in patients with Raynaud's phenomenon and systemic sclerosis. Br Med J 283: 350

216 Dowd PM, Kovacs IB, Kirby JDT, Turner P (1981) Decreased deformability of red blood cells in patients with systemic sclerosis and the effect of prostaglandins I_2 and E_1 on red blood cell deformability (Abstract). Clin Hemorheol 1: 469

217 Droßbach M (1923) Beziehungen zwischen Blutviskosität und Blutkörperchen, ihre Beeinflussung durch Coffein. Z Gesamte Exp Med 34: 84

218 Drouin P, Rousselle D, Pointel JP, Voisin G, Stoltz JF, Clemens AH, Debry G (1979) Dynamic study of the blood viscosity of insulin-dependent diabetics by means of an artificial pancreas. Horm Metab Res 11 (Suppl 8): 107

219 Drouin P, Rousselle D, Stoltz JF, Guimont C, Gaillard S, Vernhes G, Debry G (1981) Study of blood viscosity and erythrocyte parameters in diabetic patients using an artificial pancreas. Scand J Clin Lab Invest 41 (Suppl 156): 165

220 Drummond AR, Drummond MM, Mackenzie PJ, Lowe GDO, Smith G, Forbes CD, Wishart HY (1980) The effect of general and spinal anaesthesia on red cell deformability and blood viscosity in patients undergoing surgery for fractured neck of femur. In: Stoltz JF, Drouin P (eds) Hemorheology and diseases. Doin, Paris, p445

221 Durocher JR, Weir MS, Lundblad EG, Patow WE, Conrad ME (1975) Effect of oral contraceptives and pregnancy on erythrocyte deformability and surface charge (39037). Proc Soc Exp Biol Med 150: 368

222 Easthope PL, Brooks DE (1980) A comparison of rheological constitutive functions for whole human blood. Biorheology 17: 235

223 Ehringer H, Dudczak R, Kleinberger G, Lechner K, Reiterer W (1971) Arvin: Schlangengift als neue Therapiemöglichkeit bei Durchblutungsstörungen. Wien Klin Wochenschr 83: 411

224 Ehringer H (1971) Effects of the purified fraction of the malayan pit viper (Arvin) alone and in combination with streptokinase in patients with arterial occlusion. Abstract-Booklet Symposium "Problems related to fibrinolysis", Capo Boi, Sardinia

225 Ehringer H, Dudczak R, Lechner K, Widhalm F (1972) Therapeutische Defibrinierung mit Schlangengift (Arwin) bei arteriellen Durchblutungsstörungen. Verh Dtsch Ges Inn Med 78: 624

226 Ehringer H, Dudczak R, Widhalm F, Lechner K (1972) Thrombolytische Therapie bei subakuten und chronischen Gliedmaßenarterienverschlüssen. In: Sailer S (ed) Aktuelle Probleme der Fibrinolyse-Behandlung. Hollinek, Wien, p41

227 Ehringer H, Dudczak R, Lechner K (1973) Therapeutische Defibrinierung mit Ancrod. Dtsch Med Wochenschr 98: 2298

228 Ehringer H, Dudczak R, Widhalm F, Lechner K (1974) Wirkung und Möglichkeiten einer Defibrinierung in der Therapie arterieller Durchblutungsstörungen (Untersuchungen mit Arwin). In: Ehringer H (ed) Fortschritte der konservativen Therapie der peripheren arteriellen Verschlußkrankheiten (Aktuelle Probleme der Angiologie, Bd 24). Huber, Stuttgart, p110

229 Ehringer H, Dudczak R, Lechner K (1974) A new approach in the treatment of peripheral arterial occlusions: Defibrination with arvin. Angiology 25: 279

230 Ehrly AM (1966) Wirkung von niedermolekularem Dextran auf Erythrozytenaggregate beim Sludgephänomen. Med Klin 61: 982

231 Ehrly AM (1967) Hämorheologische Probleme bei Venenerkrankungen. Zentralbl Phlebol 6: 338

232 Ehrly AM (1969) Warum Hämorheologie? Med Trib 4; 42a: 13

233 Ehrly AM (1969) The effect of plasma substitutes on erythrocyte aggregation and blood viscosity. Bibl Haematol 33: 302

234 Ehrly AM (1969) Untersuchungen über die Senkung der Strukturviskosität menschlichen Blutes im Hinblick auf angiologische Erkrankungen unter besonderer Berücksichtigung der Blutlipide. Habilitationsschrift, Frankfurt am Main

235 Ehrly AM, Lange B (1969) Senkung der Blutviskosität und Desaggregation von Erythrocytenaggregaten durch Streptokinase. Abstract-Booklet 2nd Int Conf Int Soc Hemorheol, Heidelberg, p22

236 Ehrly AM (1970) Rheologische und mikrozirkulatorische Aspekte bei angiologischen Erkrankungen. Med Trib 5; 10a: 13

237 Ehrly AM (1970) Therapie mit Arwin bei peripheren Durchblutungsstörungen. Arbeitsgespräch bei Knoll AG, Ludwigshafen (siehe: Therapeutische Defibrinierung mit Ancrod. Dtsch Med Wochenschr 99 (1974), 112)

238 Ehrly AM (1971) Hemorheology and thrombosis. Abstract-Booklet 2nd Congr Int Soc Thromb Haemost, Oslo, Norway, p72

239 Ehrly AM (1971) Zur Wirkung von Arvin auf die Fließeigenschaften des Blutes (vorläufige Mitteilung). Herrenalber Angiologisches Gespräch

240 Ehrly AM (1971) Therapie der venösen Stauung durch Verbesserung der Fließeigenschaften des Blutes. Abstract-Booklet 4th Int Congr Phlebol, Lucerne, p92

241 Ehrly AM, Fink MM (1971) Blutkörperchensenkungsgeschwindigkeit (BSG) bei verschiedenen Hämatokritwerten. Med Welt 22: 1960

242 Ehrly AM (1971) Disaggregation of erythrocyte aggregates and decrease of the structural viscosity of human blood by 2-phenyl-benzyl-aminomethyl-imidazolidine (Antazolin). In: Hartert HH, Copley AL (eds) Theoretical and Clinical Hemorheology. Springer, Berlin, p184

243 Ehrly AM, Lange B (1971) Reduction in blood viscosity and disaggregation of erythrocyte aggregate by streptokinase. In: Hartert HH, Copley AL (eds) Theoretical and Clinical Hemorheology. Springer, Berlin, p366

244 Ehrly AM (1972) Rheological changes due to fibrinolytic therapy. In: Messmer K, Schmid-Schönbein H (eds) Hemodilution - Theoretical basis and clinical application. Karger, Basel, p289

245 Ehrly AM (1972) Verbesserung der Fließeigenschaften des Blutes über eine therapeutische Defibrinierung mit Arwin. Gefäßwand und Blutplasma 4: 247

246 Ehrly AM (1972) Influence of arwin on the flow properties of blood (Abstract). Biorheology 9: 151

247 Ehrly AM (1972) Das Verhalten der Blutviskosität bei der Therapie mit Salidiuretika. Verh Dtsch Ges Inn Med 78: 617

248 Ehrly AM, Breddin K (1972) Verbesserung der Fließeigenschaften des Blutes durch Arwin. Verh Dtsch Ges Inn Med 78: 620

249 Ehrly AM (1973) Influence of arwin on the flow properties of blood. Biorheology 10: 453

250 Ehrly AM, Jung G (1973) Circadian rhythm of blood viscosity. Biorheology 10: 577

251 Ehrly AM, Jung HJ (1973) Verbesserung der Fließeigenschaften menschlichen Blutes durch subcutane Applikation von Arwin. Verh Dtsch Ges Inn Med 79: 1397

252 Ehrly AM (1973) Verbesserung der Fließeigenschaften des Blutes: Ein neues Prinzip der medikamentösen Therapie chronischer peripherer arterieller Durchblutungsstörungen. Vasa 2 (Suppl 1)

253 Ehrly AM (1973) Senkung der Blutviskosität durch Arwin. Herz/Kreislauf 5: 133

254 Ehrly AM, Bapistella B (1973) Verbesserung der Fließeigenschaften des Blutes bei der Therapie mit Streptokinase und Arwin. In: Gottstein U (ed) Koronarinsuffizienz, periphere Durchblutungsstörungen. Huber, Bern, p315

255 Ehrly AM (1974) Increased blood flow by improvement of the flow properties of blood: A new concept of the treatment of vascular diseases. In: De Temes Cordeiro GC, Mayal RC (eds) Progress on Angiology - Proceedings of the 1972 8th International Congress of Angiology, Rio de Janeiro. I. Sociedade Brasileira de Angiologia 3: 986

256 Ehrly AM (1974) Therapeutische Aspekte bei Störungen der Mikrozirkulation bei peripheren arteriellen Verschlußkrankheiten. Vasa 3: 312

257 Ehrly AM, Blendin R (1974) Untersuchungen zur Frage des Einflusses von Bencyclan auf die Fließeigenschaften des Blutes. Therapiewoche 24: 2894

258 Ehrly AM, Scheinpflug W (1975) Improved deformability of crenated red cells in hyperosmolar human blood by adenosin. Bibl Anat 13: 13

259 Ehrly AM (1975) The effect of pentoxifylline on the flow properties of hyperosmolar blood. IRCS Med Sci 3: 456

260 Ehrly AM (1975) Dosis-Wirkungs-Beziehung von subcutan appliziertem Arwin® bei Patienten mit chronischen arteriellen Durchblutungsstörungen. Vasa 4: 161

261 Ehrly AM, Köhler HJ, Schroeder W, Müller R (1975) Sauerstoffdruckwerte im ischämischen Muskelgewebe von Patienten mit chronischen peripheren arteriellen Verschlußkrankheiten. Klin Wochenschr 53: 687

262 Ehrly AM (1975) Über die Bedeutung der Erythrozytenverformbarkeit bei angiologischen Erkrankungen. Der Praktische Arzt (Österreich Monatsschr Allg Med), Kongreß "Pentoxifyllin Colloquium", Wien, 1975, p9

263 Ehrly AM (1975) Therapie chronischer peripherer arterieller Verschlußkrankheiten mit dem Schlangengift-Enzym Arwin. Eine Übersicht. Med Welt 26: 446

264 Ehrly AM (1975) Ödemausschwemmung und Thrombose. Forschung und Praxis. Med Welt 26: 1877

265 Ehrly AM (1975) Veränderungen der Fließeigenschaften des Blutes und der Erythrozyten bei arteriellen Verschlußerkrankungen. Med Welt 26: 1971

266 Ehrly AM (1975) Beeinflussung der Verformbarkeit der Erythrozyten durch Pentoxifyllin. Med Welt 26: 2300

267 Ehrly AM, Saeger-Lorenz K (1976) Kombinierte hämodiluierende und defibrinogenierende Therapie chronischer arterieller Verschlußerkrankungen (vorläufige Mitteilung). Abstract-Band Jahrestagung Ges Mikrozirkul, Aachen

268 Ehrly AM (1976) Therapy of occlusive arterial disease with Ancrod. Artery 2: 98

269 Ehrly AM, Köhler HJ (1976) Modifiziertes Dosisschema für die subcutane Anwendung von Arwin bei Patienten mit chronischen arteriellen Durchblutungsstörungen. Vasa 5: 155

270 Ehrly AM, Köhler HJ (1976) Altered deformability of erythrocytes from patients with chronic occlusive arterial disease. Vasa 5: 319

271 Ehrly AM, Köhler HJ (1976) Impaired erythrocyte deformability in patients with chronic arterial occlusive disease. In: Seki K, Mishima Y (eds) Proceedings of the 10th International Congress on Angiology, Tokyo. Seis Printing, Tokyo, p407

272 Ehrly AM, Blendin R (1976) Influence of essential phospholipids on the flow properties of the blood. In: Peeters P (ed) Phosphatidylcholine. Springer, Berlin, p228

273 Ehrly AM (1976) Improvement of the flow properties of blood: A new therapeutical approach in occlusive arterial disease. Angiology 27: 188

274 Ehrly AM, Saeger-Lorenz K (1977) Kombinierte hämodiluierende und defibrinogenierende Therapie chronischer arterieller Verschlußerkrankungen. Verh Dtsch Ges Kreislaufforsch 43: 332

275 Ehrly AM (1977) Hemorheological in vitro findings. Are they transferable to the in vivo situation? Microvasc Res 13: 267

276 Ehrly AM, Bös W (1977) Hämorheologische Untersuchungen bei der saluretischen Therapie chronisch venöser Ödeme mit dehydro sanol tri®. Phlebol Proktol 6: 124

277 Ehrly AM, Schmitt HJ (1977) Verfahren und Vorrichtung zum Messen der Aggregationsgeschwindigkeit von roten Blutkörperchen im Blut. Deutsches Patent Nr 2707962

278 Ehrly AM, Schroeder W, Dannhof S (1977) The effect of pentoxifylline on the oxygen pressure of ischemic muscle tissue in patients with chronic arterial occlusions. IRCS Med Sci 5: 411

279 Ehrly AM (1978) The effect of pentoxifylline on the flow properties of human blood. Curr Med Res Opin 5: 608

280 Ehrly AM, Landgraf H, Saeger-Lorenz K, Wodniok M (1979) Fließeigenschaften des Blutes bei Behandlung der essentiellen Hypertonie mit Xipamid. Dtsch Med Wochenschr 104: 218

281 Ehrly AM, Schroeder W (1979) Sauerstoffdruckmessungen im ischämischen Muskelgewebe als Kontrolle therapeutischer Maßnahmen bei chronischen peripheren Durchblutungsstörungen. In: Hild R, Spaan G (eds) Therapiekontrolle in der Angiologie. Witzstrock, Baden-Baden, p83

282 Ehrly AM, Schroeder W (1979) Zur Pathophysiologie der chronischen arteriellen Verschlußerkrankung. I. Mikrozirkulatorische Blutverteilungsstörung in der Skelettmuskulatur. Herz/Kreislauf 11: 275

283 Ehrly AM (1979) The effect of pentoxifylline on the deformability of erythrocytes and on the muscular oxygen pressure in patients with chronic arterial disease. J Med 10: 331

284 Ehrly AM (1979) Vergleich der Fließeigenschaften des Blutes venengesunder Probanden und Patienten mit primärer Varikosis unter verschiedenen hydrostatischen Bedingungen. Phlebol Proktol 8: 169

285 Ehrly AM, Köhler HJ, Schroeder W (1979) Zeitliche Beziehungen zwischen den Zunahmen des muskulären Gewebesauerstoffdruckes und der schmerzfreien Gehstrecke bei der Therapie der schweren Claudicatio intermittens mit Ancrod. Vasa 8: 28

286 Ehrly AM (1979) New pathophysiological concept of ischemic diseases. Microcirculatory Maldistribution (MBM). In: Puel P, Boccolon H, Enjalbert A (eds) Hemodynamics of the limbs. Toulouse, p429

287 Ehrly AM, Landgraf H, Saeger-Lorenz K (1980) Quantification of the effects of rheologically active drugs in patients with vascular diseases. In: Stoltz JF, Drouin P (eds) Hemorheology and diseases. Doin, Paris, p665

288 Ehrly AM (1980) New pathophysiological concept of ischemic diseases. Microcirculatory Blood Maldistribution (MBM). Bibl Anat 20: 456

289 Ehrly AM (1980) Mikrozirkulatorische Blutverteilungsstörung als pathophysiologisches Prinzip bei chronischen arteriellen Verschlußerkrankungen. In: Müller-Wiefel H (ed) Mikrozirkulation und Blutrheologie. Witzstrock, Baden-Baden, p59

290 Ehrly AM (1981) Therapeutische Hypofibrinogenämie. In: Vinazzer H (ed) Thrombose und Embolie (Anaesthesiologie und Intensivmedizin, Bd134). Springer, Berlin, p307

291 Ehrly AM (1981) Welchen Stellenwert haben Gesamtblutviskosität, Erythrozytenverformbarkeit und Erythrozytenaggregation? Dtsch Med Wochenschr 106: 35

292 Ehrly AM, Landgraf H (1981) Analysis of the specific hemorheological effects of low molecular weight dextran (LMWD)- and saline-infusions in healthy volunteers. Clin Hemorheol 1: 99

293 Ehrly AM, Landgraf H (1981) Influence of vincamine on the flow properties of blood (Abstract). Clin Hemorheol 1: 471

294 Ehrly AM (1982) Are there haemorheological reasons for using drugs acting on red cell deformability? Clin Hemorheol 2: 305

295 Ehrly AM (ed) (1983) Determination of tissue oxygen pressure in patients. Pergamon, Oxford

296 Ehrly AM (ed) (1983) Klinische Hämorheologie: Eine Bestandsaufnahme. Zuckschwerdt, München

297 Ehrly AM (1983) Verbesserungen der nutritiven Durchblutung bei peripheren ischämischen Erkrankungen. Vasa 12 (Suppl 11)

298 Ehrly AM (1983) Hemorheological therapy by fibrinogen-lowering drugs (Abstract). Clin Hemorheol 3: 550

299 Ehrly AM, Landgraf H (1983) Einfluß von Isosorbiddinitrat auf die Fließeigenschaften des Blutes von Patienten mit chronischer arterieller Verschlußkrankheit. Abstract-Band 2. Kongr Dtsch Ges Klin Hämorheol, München

300 Ehrly AM, Landgraf H (1984) Einfluß von Isosorbiddinitrat auf die Fließeigenschaften des Blutes von Patienten mit chronischer arterieller Verschlußkrankheit. In: Ehrly AM (ed) Therapie mit hämorheologisch wirksamen Substanzen. Zuckschwerdt, München, p145

301 Ehrly AM, Landgraf H (1984) Effects on muscle tissue oxygen tension in claudicants: Infusions of

5% albumin versus 10% hydroxyethyl starch solution (200/0,5). Int J Microcirc Clin Exp 3 (3-4): 521
302 Ehrly AM (ed) (1984) Therapie mit hämorheologisch wirksamen Substanzen. Zuckschwerdt, München
303 Ehrly AM (1984) Evaluation of enzymatic defibrinogenation. Clin Hemorheol 4: 151
304 Ehrly AM (1985) Zum Stellenwert der Erythrozytenaggregation für die gestörte Mikrozirkulation. In: Kiesewetter H, Ehrly AM, Jung F (eds) Hämorheologische Meßmethoden. Münchner Wissenschaftliche Publikationen, München, p 17
305 Ehrly AM (1985) Correlation between tissue oxygen supply and flow properties of blood in patients with ischemic diseases. Acta Cardiol Mediterr 3: 433
306 Ehrly AM (1985) Rheoregulation: Influence of vasoconstriction and vasodilation on the flow properties of blood (Abstract). Clin Hemorheol 5: 617
307 Ehrly AM (1985) Influence of urokinase on the flow properties of blood (Abstract). Clin Hemorheol 5: 728
308 Ehrly AM, Landgraf H, Saeger-Lorenz K (1985) Einfluß einer Infusion von 500 ml 5%iger Humanalbumin-Lösung auf den Muskelgewebesauerstoffdruck von Patienten mit Claudicatio intermittens. In: Ehrly AM, Hauss J, Huch R (eds) Klinische Sauerstoffdruckmessung - Gewebesauerstoffdruck und transkutaner Sauerstoffdruck bei Erwachsenen. Münchner Wissenschaftliche Publikationen, München, p 96
309 Ehrly AM (1986) Rheoregulation: Zeitsynchrone Veränderungen der Fließeigenschaften des Bluts in Abhängigkeit vom Sympathikotonus. In: Tillmann W, Ehrly AM (eds) Hämorheologie und Hämatologie. Münchner Wissenschaftliche Publikationen, München, p 75
310 Ehrly AM (1986) Heißt bessere Durchblutung immer auch bessere Versorgung? Fortschr Med 104: 492
311 Ehrly AM (1986) Diagnostic and prognostic relevance of "extra vivum" rheological results in vascular diseases. Clin Hemorheol 6: 211
312 Ehrly AM (1986) Circadian rhythm of blood viscosity. Clin Hemorheol 6: 279
313 Ehrly AM (1986) Hemorheology and tissue oxygen supply: Relationship to pharmacological treatment. Clin Hemorheol 6: 325
314 Ehrly AM, Brecht HM (1987) Einfluß von Etilefrin auf verschiedene mikrozirkulatorische Parameter von Patienten mit Claudicatio intermittens. In: Strauer BE, Ehrly AM, Leschke M (eds) Fortschritte in der kardiovaskulären Hämorheologie (5. DGKH-Kongreß, Marburg, 1986). Münchner Wissenschaftliche Publikationen, München, p 71 [Abstract: Klin Wochenschr 64 (1986), 1156]
315 Ehrly AM, Hauss J, Huch R (eds) (1987) Clinical oxygen pressure measurement. Tissue oxygen pressure and transcutaneous oxygen pressure. Springer, Berlin
316 Ehrly AM, Landgraf H, Moschner PV, Saeger-Lorenz K (1987) Hydroxyäthylstärke gegen Dextran: Verhalten des Gewebesauerstoffdruckes und der Fließeigenschaften des Blutes bei Patienten mit Claudicatio intermittens. Med Welt 38: 976
317 Eisenberg S (1964) Changes in blood viscosity, hematocrit value and fibrinogen concentration in subjects with congestive heart failure. Circulation 30: 686
318 Erdi A, Thomas DP, Kakkar VV, Lane DA, Dormandy JA (1976) Effects of low-dose subcutaneous heparin on whole-blood viscosity. Lancet 2: 342
319 Ernst E, Dormandy J (1981) The effects of arvin and surgery on red cell filterability. Scand J Clin Lab Invest 41 (Suppl 156): 317
320 Ernst E (1983) Therapie-Ansatz: Fließeigenschaften des Blutes. Münch Med Wochenschr 125: 8
321 Ernst E (1984) Sind "Rheologika" therapeutisch von Nutzen? Z Allg Med 60: 192
322 Ernst E, Magyarosy I, Scherer A, Schmidlechner C (1984) Der Einfluß physikalischer Reize auf die Blutfluidität. Z Phys Med Baln Med Klim 13: 359
323 Ernst E, Marshall M (1984) Verbesserung der reduzierten Erythrozytenflexibilität durch Calciumdobesilat. Ergebnisse einer Pilotstudie. Münch Med Wochenschr 124: 125
324 Ernst E, Marshall M (1984) Acetyl salicylic acid is rheologically inactive and hence an ideal reference medication for clinical trials in hemorheology. Clin Hemorheol 4: 563
325 Ernst E, Matrai A (1984) Increased mortality in hypertensives treated with diuretics - A hemorheological problem? Clin Hemorheol 4: 589
326 Ernst E, Rose M, Lee R (1984) Modification of transoperative changes in blood fluidity by hydroxychloroquine: A possible explanation for the drug's antithrombotic effect. Pharmatherapeutica 4: 48
327 Ernst E (1985) Mit Erfolg gegen den Hirnschlag (Editorial). Fortschr Med 103: 10
328 Ernst E, Matrai A (1985) Exercise and blood fluidity (Abstract). Clin Hemorheol 5: 653
329 Ernst E, Matrai A, Kollar L (1985) A randomized, double blind, placebo-controlled, crossover trial on hemodilution in claudicants - preliminary results (Abstract). Clin Hemorheol 5: 756
330 Ernst E, Matrai A, Weihmayr T, Bushe B, Paulsen F (1985) Behandlung der arteriellen Ver-

schlußkrankheit Stadium II. Hämorheologische und klinische Parameter nach oraler Applikation von Pentoxifyllin (Rentylin®). Münch Med Wochenschr 127: 917

331 Ernst E, Matrai A, Weihmayr T, Paulsen F (1985) Hemorheological and clinical effects of pentoxifylline in claudicants (Abstract). Clin Hemorheol 5: 730

332 Ernst E (1986) Hämorheologie für den Praktiker. Zuckschwerdt, München

333 Ernst E, Matrai A, Kollar L (1986) A randomized, double-blind, placebo-controlled, crossover trial on isovolemic hemodilution in claudicants - Preliminary results. Clin Hemorheol 6: 297

334 Ernst E, Matrai A, Schönhaber H, Paulsen HF, Magyarosy I (1986) Schlaganfallrehabilitation im Spiegel hämorheologischer Meßgrößen. Herz/Kreislauf 18: 30

335 2nd European Conference on Clinical Hemorheology, London (1981) (Abstracts). Clin Hemorheol 1: 451

336 3rd European Conference on Clinical Hemorheology, Baden-Baden (1983) (Abstracts). Clin Hemorheol 3: 221

337 4th European Conference on Clinical Hemorheology, Siena (1985) (Abstracts). Clin Hemorheol 5: 611

338 Everts B, Böhme H (1980) Haemostaseological and rheological changes induced by contrast media after catheter angiography. Abstract-Booklet World Congr Angiol, Athen, 1980, p486

339 Everts B, Böhme H (1981) Kontrastmittelbedingte hämostaseologische und rheologische Veränderungen nach Katheterangiographie. Münch Med Wochenschr 123: 1180

340 Everts B, Böhme H (1983) Haemostaseological and rheological changes by a nonionic contrast medium after lower limb phlebography. Abstract-Booklet 13th World Congr Int Union Angiol, Rochester, Minnesota, USA

341 Ewald CA (1877) Ueber die Transpiration des Blutes. Arch Anat Physiol, p208

342 Fahey JL (1963) Serum protein disorders causing clinical symptoms in malignant neoplastic disease. J Chronic Dis 16: 703

343 Fahey JL, Barth WE, Solomon A (1965) Serum hyperviscosity syndrome. JAMA 192: 464

344 Fahraeus R, Lindqvist T (1931) The viscosity of blood in narrow capillary tubes. Am J Physiol 96: 562

345 Falchi Delitala G, Falchi Delitala N, Casali R, Crescenzi GS, Attorri L, Lombardi R, Martinangeli A, Amici S, De Santis M (1984) Studio a medio termine, in doppio cieco versus placebo, con CDP-colina nella insufficienza cerebrale senile - Aspetti psichici, endocrinologici, emoreologici e biochimico ematologici. Gazz Med Ital Arch Sci Med 143: 789

346 Fazzini GP, Albanese B, Manescalchi PG, Lombardi C, Pasquini G, Bartoli V (1981) Biochemical and haemorheological findings during treatment of plasma cell dyscrasias by plasmapheresis or plasma exchange (Abstract). Clin Hemorheol 1: 473

347 Fazzini GP, Albanese B, Manescalchi PG, Lombardi C, Pasquini G, Bartoli V (1981) Biochemical and haemorheological findings during treatment of plasma cell dyscrasias by plasmapheresis or plasma exchange. Clin Hemorheol 1: 565

348 Fendler K, Horváth L (1983) Effect of oral SP 54 treatment on the primary lipoproteinemias and on the viscosity of blood (Abstract). Clin Hemorheol 3: 293

349 Ferretti PG, Gelmini G, Dall'Asta D, Butturini L, Marchini L, Passeri M (1985) L'emodiluizione normovolemica in pazienti anziani poliglobulici con insufficienza respiratoria cronica. Ric Clin Lab 15 (Suppl 1): 617

350 Folkow B, Mellander S (1964) Veins and venous tone. Am Heart J 68: 397

351 Fontányi S, Baranyi P, Kotányi P, Sikos G (1981) Relative whole blood viscosity measurements in long term heparin treatment of atherosclerotic claudicants. Abstract-Booklet 2nd Europ Conf Clin Haemorheol, London, p94

352 Forbes CD, Barbenell J, Prentice CRM (1976) Treatment of thrombosis by sequential therapy with ancrod followed by streptokinase - Clinical pharmacology and rheology. Haemostasis 5: 348

353 Forconi S (1981) Clinical pharmacology of some so-called rheological drugs. Is a rheological treatment of chronic vascular disease possible? (Abstract). Clin Hemorheol 1: 473

354 Forconi S, Pieragalli D, Acciavatti A, Del Bigo C, Galigani C, Ralli L, Guerrini M, Di Perri T (1984) Positive effect of oral buflomedil on exercise-induced haemorheological damage and on claudication distance in peripheral obliterative arterial disease patients. J Int Med Res 12: 188

355 Forconi S, Pieragalli D, Acciavatti A, Galigani C, Materazzi M, Ralli L, Franchi M, Laghi Pasini F, Messa GL, Bianciardi A, Rigato M, Blardi P, Guerrini M, Di Perri T (1985) Blood hyperviscosity and peripheral ischemia; the secondary hyperviscosity syndrome of ischemizing vascular diseases (Abstract). Clin Hemorheol 5: 708

356 Franke I (1974) Die medikamentöse Beeinflussung der Blutviskosität unter besonderer Berücksichtigung von BL 191. Dissertationsschrift, München

357 Fritz KW, Piehl W, Freyland MD (1970) Zur Frage des Zusammenhanges von renalem hyperfunktionellem Syndrom und Hyperviscosität beim Plasmocytom. Klin Wochenschr 48: 1126
358 Furkalo NK, Ivashchenko TI, Romanenko AI (1985) Therapeutic efficiency of anti-anginal drugs in coronary patients in relation to their effects on blood rheological properties. Kardiologiya 25 (9): 55
359 Gaethgens P (1970) Die Hämodynamik der terminalen Strombahn. Untersuchungen zur Analyse des peripheren Widerstandes im Bereich des mesenterialen Gefäßbettes. Habilitationsschrift, Köln
360 Gaethgens P, Kreutz F, Albrecht KH (1979) Optimal hematocrit for canine skeletal muscle during rhythmic isotonic exercise. Eur J Appl Physiol 41: 27
361 Gaillard S, Schooneman F, Voisin P, Pointel JP, Rousselle D, Drouin P, Stoltz JF (1979) Effets comparés sur la filtrabilité in vivo chez l'homme de deux formes galéniques de la pentoxifylline. Ann Méd Nancy 105: 1099
362 Galigani C, Pieragalli D, Acciavatti A, Guerrini M, Di Perri T (1985) Activity of calcium dobesylate on plasmatic hyperviscosity of diabetic microangiopathy (Abstract). Clin Hemorheol 5: 738
363 Gallasch G, Diehm C, Dörfer C, Schmitt T, Stage A, Mörl H (1985) Einfluß von körperlichem Training auf die Blutfließeigenschaften bei Claudicatio intermittens-Patienten. Klin Wochenschr 63: 554
364 Gallasch G, Dörfer C, Schmitt T, Stage A (1985) Wirksamkeit von Troxerutin auf die Fließeigenschaften des Blutes unter definierten Strömungsbedingungen. Eine Doppelblindstudie an Patienten mit Retinopathia diabetica und Retinopathia arteriosclerotica. Klin Monatsbl Augenheilkd 187: 30
365 Gallus AS, Gleadow F, Dupont P, Walsh J, Morley AA, Wenzel A, Alderman M, Chivers D (1985) Intermittent claudication: A double-blind crossover trial of pentoxifylline. Aust NZ J Med 15: 402
366 Gelin LE (1961) Disturbance of the flow properties of blood and its counteraction in surgery. Acta Chir Scand 122: 287
367 Gelin LE, Ingelman B (1961) Rheomacrodex - a new dextran solution for rheological treatment of impaired capillary flow. Acta Chir Scand 122: 294
368 Gelin LE, Thorén OKA (1961) Influence of low viscous dextran on peripheral circulation in man. A plethysmographic study. Acta Chir Scand 122: 303
369 Gelin LE (1962) Flüssigkeitsersatz im Schock. In: Bock KD (ed) Schock - Pathogenese und Therapie. Springer, Berlin, p372
370 Gelin LE (1962) Rheologic disturbances and the use of low viscosity dextran in surgery. Rev Surg 19: 385
371 Gelin LE (1965) Rheologic disturbances following tissue injury. In: Copley AL (ed) Symposium on Biorheology. Part 4 of the Proceedings of the Fourth International Congress on Rheology, Brown University, Providence, Rhode Island, 1963. Interscience, New York, p299
372 Gelin LE, Kerstell J, Svanborg A (1967) The effect of dietary fat on whole-blood and plasma viscosity in normal and hypercholesterolemic subjects. Acta Med Scand 181: 41
373 Gelin LE (1969) Rheological aspects on shock and the experimental and clinical use of dextrans. In: Ingelman B, Grönwall A, Gelin LE, Eliasson R (eds) Properties and application of dextrans. Almqvist & Wiksell, Stockholm, p43
374 Gelin LE (1971) Rheological effects of dextran. In: Derrick JR, Guest M (eds) Dextrans - Current concepts of basic actions and clinical application. CC Thomas, Springfield/Illinois (USA), p137
375 Gibbs NM, Oh TE, Chester A (1984) Blood viscosity and blood film morphology during prolonged sedation with althesin. Br J Anaesth 56: 1179
376 Girolami A, Cella G (1976) Effect of low-dose subcutaneous heparin on whole-blood viscosity. Lancet 2: 909
377 Girolami A, Patrassi G, Bova G (1978) No change of whole blood or plasma viscosity in cardiac patients after subcutaneous calcium heparin. Folia Haematol 105: 391
378 Glöckner WM, Malotta H, Sieberth HG (1983) Cascade filtration without any substitution as long-term treatment of Waldenström's macroglobulinemia with hyperviscosity syndrome (Abstract). Clin Hemorheol 3: 337
379 Glöckner WM, Sieberth HG, Schmid-Schönbein H (1985) Cascade filtration for the control of hyperviscosity by the removal of IgM-paraprotein in Waldenstrom's macroglobulinaemia. Clin Hemorheol 5: 71
380 Gluskowski J, Jedrzejewska-Makowska M, Hawrylkiewicz I, Vertun B, Zielinski J (1983) Effects of prolonged oxygen therapy on pulmonary hypertension and blood viscosity in patients with advanced cor pulmonale. Respiration 44: 177
381 Goldberg K, Wirth FH, Hathaway WE, Guggenheim MA, Murphy JR, Braithwaite WR, Lubchenco LO (1982) Neonatal hyperviscosity. II. Effect of partial plasma exchange transfusion. Pediatrics 69: 419
382 González de Zárate Apiñaniz J, García Domínguez R, Rodríguez Abela J, Baeza Gil C, Girón Montáñez R (1985) Efectos reológicos de la propanidida-cremophor EL. Rev Española Anest Rean 32: 264

383 Gormsen G (1954) Does rapid dehydration in cardiac decompensation produce thrombembolic complications? Acta Med Scand 148: 61

384 Gottschalk M (1985) Infusionsbedingte Blutviskositätsänderungen im Kindesalter. Kinderarztl Prax 53: 579

385 Gottstein U, Held K (1969) Effekt der Hämodilution nach intravenöser Infusion von niedermolekularen Dextranen auf die Hirnzirkulation des Menschen. Dtsch Med Wochenschr 94: 522

386 Gottstein U, Sedlmeyer I, Schöttler M, Gülk V (1970) Der Effekt von niedermolekularem Dextran auf die Unterschenkeldurchblutung von Gesunden und Kranken mit peripheren arteriellen Zirkulationsstörungen. Dtsch Med Wochenschr 95: 1955

387 Gottstein U (1972) Allgemeine Behandlungsrichtlinien einer medikamentösen Therapie der Hirnarterienverschlußfolgen. Verh Dtsch Ges Inn Med 78: 466

388 Gottstein U (1984) Evaluation of isovolemic hemodilution. Clin Hemorheol 4: 133

389 Gousios A, Shearn MA (1959) Effect of intravenous heparin on human blood viscosity. Circulation 10: 1063

390 Gramstad L, Stovner J (1979) Plasma viscosity and cremophor-containing anaesthetics. Br J Anaesth 51: 1175

391 Grasselli S, Parise P, Berrettini M, De Cunto M, Nenci GG (1985) Red blood cell (RBC) deformability during prostacyclin therapy (Abstract). Clin Hemorheol 5: 750

392 Grindle CFJ, Buskard NA, Newman DL (1976) Hyperviscosity retinopathy - A scientific approach to therapy. Trans Ophthalmol Soc UK 96: 216

393 Gross GP, Hathaway WE, McGaughey HR (1973) Hyperviscosity in the neonate. J Pediatr 82: 1004

394 Groth CG, Thorsén HGR (1965) Effect of Rheomacrodex® on factors of importance for the flow properties of blood. Bibl Anat 7: 267

395 Groth CG, Thorsén G (1965) The effect of Rheomacrodex and Macrodex on factors governing the flow properties of the human blood. Acta Chir Scand 130: 507

396 Groth CG (1966) The effect of infused albumin and Rheomacrodex on factors governing the flow properties of the human blood. Acta Chir Scand 131: 290

397 Groth CG (1968) Plasmaexpanders and the flow properties of blood. In: Copley AL (ed) Hemorheology. Pergamon, New York, p445

398 Groth CG (1969) Hemorheology, plasma expanders and nutritional blood flow. Int Anesthesiol Clin 7: 239

399 Gueguen M, Durand F, Grosbois B, Godinot B, Leblay R, Genetet B (1983) Haemorheology applies in the diagnosis of monoclonal dysglobulinemia and in the following-up of their plasma exchange therapy (Abstract). Clin Hemorheol 3: 335

400 Gueguen M, Le Pogamp P, Avril Y, Le Goff MC, Durand F, Joyeux V, Genetet B, Chevet D (1985) Effects of haemodialysis on the rheological parameters: preliminary results (Abstract). Clin Hemorheol 5: 675

401 Gülzow K, Euler HH, Löffler H (1984) Therapeutische Apheresen bei Hyperviskositätssyndromen: Klinischer Einsatz einer einfachen Methode der Viskosimetrie. In: Ehrly AM (ed) Therapie mit hämorheologisch wirksamen Substanzen. Zuckschwerdt, München, p121

402 Guerrini M, Pieragalli D, Messa GL (1981) Changes in blood viscosity after acute administration of l-eburnamonine. Drugs Exp Clin Res 7: 103

403 Guerrini M, Pecchi S, Rossi C, Cappelli R, Pieragalli D, Acciavatti A (1981) Azione della pentossifillina sull'iperviscosità ematica e sulla emodinamica periferica in pazienti affetti da arteriopatia obliterante periferica. Ric Clin Lab 11 (Suppl 1): 265

404 Guerrini M, Acciavatti A, Pecchi S, Cappelli R, Sacchetti S, Forconi S, Di Perri T (1981) Effects of a single i.v. dose of nicergoline on hemorheological and hemodynamic parameters in peripheral vascular disease. A double-blind crossover study. Abstract-Booklet 2nd Europ Conf Clin Haemorheol, London, p114

405 Guerrini M, Pecchi S, Rossi C, Cappelli R, Pieragalli D, Forconi S, Di Perri T (1981) Possibility of treating vascular diseases from a rheological point of view. Study of the effects of isoxsuprine (Abstract). Clin Hemorheol 1: 475

406 Guerrini M, Rossi C, Acciavatti A, Pieragalli D, Pecchi S, Cappelli R, Forconi S, Di Perri T (1981) Possibility of treating vascular diseases from a rheological point of view. Study of the effects of flunarizine and cinnarizine (Abstract). Clin Hemorheol 1: 476

407 Guerrini M, Rossi C, Acciavatti A, Pieragalli D, Pecchi S, Cappelli R, Forconi S, Di Perri T (1981) Possibility of treating vascular diseases from a rheological point of view. Study of the effects of pentoxifilline (Abstract). Clin Hemorheol 1: 476

408 Guerrini M, Acciavatti A, Materazzi M, Rossi C, Del Bigo C, Forconi S, Di Perri T (1982) Protective effects of buflomedil against exercise-induced reductions in regional erythrocyte deformability of patients with peripheral arterial disease. J Int Med Res 10: 387

409 Guerrini M, Pieragalli D, Acciavatti A, Cappelli R, Pecchi S, Forconi S, Di Perri T (1983) L'emodiluizione normovolemica può realmente modificare il flusso ematico degli arti? Ric Clin Lab 13 (Suppl 3): 439
410 Gustafsson L, Appelgren L, Myrvold HE (1985) Effects of hemodilution on skeletal muscle blood flow and blood viscosity in vivo after splanchnic stasis. Eur Surg Res 17: 366
411 Haass A, Kroemer H, Brenner M, Jäger H, Weiss H, Oest A (1986) Hämorheologische und hämodynamische Effekte von Dextran 40- und HAES-200-Langzeitinfusionen. In: Tillmann W, Ehrly AM (eds) Hämorheologie und Hämatologie. Münchner Wissenschaftliche Publikationen, München, p 130
412 Hagen G (1839) Über die Bewegung des Wassers in engen zylindrischen Röhren. Poggendorff's Annalen der Physik und Chemie 46: 423
413 Hagenbach E (1860) Über die Bestimmung der Zähigkeit einer Flüssigkeit durch Ausfluß aus Röhren. Poggendorff's Annalen der Physik und Chemie 109: 385
414 Hall JA, Barnard RJ, Pritikin N (1983) Effects of a high-complex-carbohydrate, low-fat, low-salt diet and daily exercise on blood viscosity and blood pressure in hypertensive patients (Abstract). Medicine Science Sports Exercise Madison 15: 91
415 Hamazaki T, Hasunuma K, Kobayashi S, Shishido H, Yano S (1985) The effects on lipids, blood viscosity and platelet aggregation of combined use of niceritol (Perycit®) and a low dose of acetylsalicylic acid. Atherosclerosis 55: 107
416 Hansen LL, Wiek J, Arntz HR (1985) Effect of isovolemic hemodilution on visual outcome of patients with ischemic and non-ischemic retinal vein occlusion (Abstract). Clin Hemorheol 5: 691
417 Harke H, Pieper C, Meredig J, Rahman S, Rüssler P (1980) Rheologische und gerinnungsphysiologische Untersuchungen nach Infusion von HÄS 200/0,5 und Dextran 40. Anaesthesist 29: 71
418 Harkness J, Whittington RB (1971) The viscosity of human blood plasma: Its change in disease and on the exhibition of drugs. Rheol Acta 10: 55
419 Haro A (1873) Essai sur la transpirabilité du sang. Gazette Hebdomadaire 11
420 Hartert HH, Copley AL (eds) (1971) Theoretical and Clinical Hemorheology. Springer, Berlin
421 Heidrich H, Ott M (1974) Vasodilatantien und Blutviskosität. Herz/Kreislauf 6: 542
422 Heidrich H, Ott M, Schlichting K (1974) Blutviskosität unter Fludilat. In-vivo- und In-vitro-Untersuchungen. Therapiewoche 24: 2900
423 Heidrich H, Schlichting K, Ott M (1975) Untersuchungen zum Einfluß von Pentoxifyllin auf die Blutviskosität und die Erythrozytenoberfläche. Med Welt 26: 1977
424 Heidrich H (1975) Klinisch-experimentelle Untersuchungen zu neuen Wirkungsmechanismen sogenannter Vasodilatantien und gefäßaktiver Pharmaka. Habilitationsschrift, Berlin
425 Heidrich H, Schlichting K, Ott M (1976) Changes in blood viscosity due to pentoxifylline. IRCS Med Sci 4: 368
426 Heidrich H, Wachta T (1977) Verhalten der Blutviskosität unter 2-, 4- und 6stündiger intravenöser Rheomakrodex- und Kochsalz-Infusion. Verh Dtsch Ges Kreislaufforsch 43: 433
427 Heidrich H, Wachta T (1978) Blutviskosität unter intravenöser Langzeitinfusion von niedermolekularem Dextran (Rheomacrodex 10%). Dtsch Med Wochenschr 103: 298
428 Heilmann E, Zimmermann B, Gruss P (1982) Effect of pentoxifylline on hypercoagulability in patients with polycythemia vera. IRCS Med Sci 10: 594
429 Heilmann E, Laage HM, Zimmermann E, Dorst KG (1982) Medikamentöse Beeinflussung der Erythrozytenflexibilität bei Sichelzellanämie. Innere Med 9: 277
430 Heilmann E (1984) Hämatologische und rheologische Untersuchungen bei Polycythaemia vera. In: Ehrly AM (ed) Therapie mit hämorheologisch wirksamen Substanzen. Zuckschwerdt, München, p 186
431 Heilmann L (1980) Hämorheologische Veränderungen bei Risikoschwangerschaften unter der Therapie mit Flunarizin. Vasa 9: 338
432 Heilmann L, Tauber PF, Siekmann U, Ludwig H (1981) Die Fließfähigkeit des Blutes unter Einnahme von Ovulationshemmern. Zentralbl Gynakol 103: 678
433 Heilmann L (1983) Hypervolemic hemodilution in the treatment of preeclampsia (Abstract). Clin Hemorheol 3: 550
434 Heilmann L, Siekmann U (1983) Hämorheologische Veränderungen unter Beta-Blocker-Therapie. In: Irmer M, Weidinger H (eds) Neuere Aspekte zu: Betablockade und Tokolyse. Beltz, Weinheim, p 91
435 Heilmann L, Siekmann U (1983) Die hypervolämische Hämodilution bei der Präeklampsie. Infusionsther Klin Ernahr 10: 311
436 Heilmann L, Siekmann U (1983) Effect of betamimeticum hexoprenaline on the erythrocyte deformability and sodium/potassium-cotransport system of pregnant women (Abstract). Clin Hemorheol 3: 293

437 Heilmann L (1984) Hämorheologisch orientierte Therapieprinzipien in der Geburtshilfe. In: Ehrly AM (ed) Therapie mit hämorheologisch wirksamen Substanzen. Zuckschwerdt, München, p 88

438 Heilmann L, Kiesewetter H, Ernst E (eds) (1984) Klinische Rheologie und Beta-1-Blockade. Zuckschwerdt, München

439 Heilmann L, Hirche H (1986) Rheologische Veränderungen unter Naftidrofuryl bei der Gestose. Angio 8: 33

440 Heilmann L, Beez M (eds) (1987) Neuere klinische Aspekte zur Hämodilution. Schattauer, Stuttgart

441 Heinen A, Brunner R, Wawer T, Roll K, Konen W, Hossmann V (1983) Randomized double-blind trial of isovolaemic haemodilution (IHD) in retinal vessel occlusion (Abstract). Clin Hemorheol 3: 233

442 Hess H (1970) Neue Überlegungen zur Physiopathologie obliterierender Angiopathien. 1. Zur Regulation der Durchblutung. Fortschr Med 88: 833

443 Hess H (1970) Neue Überlegungen zur Physiopathologie obliterierender Angiopathien. 2. Zur Pathogenese und Therapie. Fortschr Med 88: 923

444 Hess H, Franke J, Jauch M (1973) Medikamentöse Verbesserung der Fließeigenschaften des Blutes. Ein wirksames Prinzip zur Behandlung von arteriellen Durchblutungsstörungen. Fortschr Med 91: 743

445 Hess H, Wagner G (1974) Untersuchungen über den Einfluß von Fludilat auf die Blutviskosität. Therapiewoche 24: 2898

446 Hess W (1907) Die Bestimmung der Viskosität des Blutes. Münch Med Wochenschr 45: 2225

447 Hess WR (1912) Der Strömungswiderstand des Blutes gegenüber kleinen Druckwerten. Arch Anat Physiol, Physiolog Abt, Leipzig, p 197

448 Hildebrandt HG (1980) Einfluß von Buflomedil auf die Fließeigenschaften des Blutes und die Gewebesauerstoffdruckwerte in der Muskulatur bei Patienten mit Claudicatio intermittens. Dissertationsschrift, Frankfurt am Main

449 Hirsch C, Beck C (1901) Studien zur Lehre von der Viscosität (inneren Reibung) des lebenden, menschlichen Blutes. Dtsch Arch Klin Med 69: 503

450 Hoffmann LS, Ritzmann SE (1965) Plasmapheresis - Application of modified technic in patients with monoclonal gammopathies. Tex Rep Biol Med 23: 651

451 Holti G (1979) An experimentally controlled evaluation of the effect of inositol nicotinate upon the digital blood flow in patients with Raynaud's phenomenon. J Int Med Res 7: 473

452 Hossmann V, Bewermeyer H, Heiss WD (1981) A controlled trial of ancrod in the treatment of acute ischaemic stroke. Abstract-Booklet 2nd Europ Conf Clin Haemorheol, London, p 41

453 Hossmann V, Wegener H, Wegener B, Saborowski F, Cäsar K (1982) Hämorheologische und hämodynamische Wirkungen von Isosorbiddinitrat bei essentieller Hypertonie und arterieller Verschlußkrankheit. In: Engel HJ, Schrey A, Lichtlen PR (eds) Nitrate III - Kardiovaskuläre Wirkungen. Springer, Berlin, p 287

454 Hossmann V, Auel H (1983) Haemorheologische Therapie der arteriellen Verschlußkrankheit: Eine kontrollierte, prospektive Studie mit isovolämischer Haemodilution, Arwin und einer Kombination beider Methoden. In: Nobbe F, Rudofsky G (eds) Probleme der Vor- und Nachsorge und der Narkoseführung bei invasiver angiologischer Diagnostik und Therapie. Begutachtung arterieller und venöser Gefäßschäden. Pflaum, München, p 325

455 Hossmann V, Heiss WD, Bewermeyer H, Wiedemann G (1983) Controlled trial of ancrod in ischemic stroke. Arch Neurol 40: 803

456 Hossmann V (1983) Controlled study of the hemorheological effects of ancrod, isovolemic hemodilution and combined treatment in advanced stages of peripheral arterial diseases (Abstract). Clin Hemorheol 3: 309

457 Hudomel J, Németh B, Palfalvy M, Farkas A (1977) Effect of calcium dobesilate (Doxium) on blood hyperviscosity in cases of diabetic retinopathy. Ophthalmic Res 9: 25

458 Hudomel J, Németh B, Palfalvy M, Farkas A (1979) Wirkung von Kalzium-Dobesilat auf die Hyperviskosität des Blutes. Fortschr Med 97: 422

459 Hürthle K (1900) Ueber eine Methode zur Bestimmung der Viscosität des lebenden Blutes und ihre Ergebnisse. Arch Ges Physiol 82: 415

460 Humphrey PRD, Michael J, Pearson TC (1980) Management of relative polycythaemia: Studies of cerebral blood flow and viscosity. Br J Haematol 46: 427

461 Humphrey PRD, Michael J, Pearson TC (1980) Red cell mass, plasma volume and blood volume before and after venesection in relative polycythaemia. Br J Haematol 46: 435

462 Humphrey PRD, Du Boulay GH, Marshall J, Pearson TC, Ross Russell RW, Symon L, Wetherley-Mein G, Zilkha E (1981) Venesection in relative polycythaemia: Measurement of cerebral blood flow, viscosity and blood volume. Abstract-Booklet 2nd Europ Conf Clin Haemorheol, London, p 38

463 Humphrey PRD, Du Boulay GH, Marshall J, Pearson TC, Ross Russell RW, Symon L, Wetherley-Mein G, Zilkha E (1981) Management of relative polycythaemia: Comparative effects of venesection, dextran and fludrocortisone. Abstract-Booklet 2nd Europ Conf Clin Haemorheol, London, p112
464 Humphreys WV, Walker A, Cave FD, Charlesworth D (1976) The effect of an infusion of low molecular weight dextran on peripheral resistance in patients with arteriosclerosis. Br J Surg 63: 691
465 Humphreys WV, Walker A, Charlesworth D (1977) A report on the use of arvin in patients with pregangrene of the lower limb. Br J Surg 64: 31
466 5th International Congress of Biorheology, Baden-Baden (1983) (Abstracts). Biorheology 20: 361
467 International Symposium on filterability and red blood cell deformability, Göteborg, Sweden (1980). Scand J Clin Lab Invest 41 (Suppl 156)
468 Itoh C, Ishii A, Iwafune Y, Yoshimoto H (1982) Fibrinolytic therapy and blood viscosity in simple diabetic retinopathy. Nippon Ganka Kiyo 33: 2469
469 Iwamoto H, Nakagowa S, Matsui N, Yoshiyama N, Shinoda T, Shibamoto T, Takenchi J (1980) An experience of plasma exchange by membrane separator for IgA myeloma. In: Sieberth HG (ed) Plasma exchange. Schattauer, Stuttgart, p377
470 Jacobs MJ, Lemmens HAJ, Slaaf DW, Reneman RS (1983) The effect of ketanserin on microcirculation in patients with ischaemic handsyndromes. Abstract-Booklet 13th World Congr Int Union Angiol, Rochester, Minnesota, USA
471 Jahnsen T, Skovborg F, Hansen F, Larsen J, Nordin H, Storm T (1983) Variations in blood viscosity in patients with acute cardiogenic pulmonary oedema treated with frusemide. Scand J Clin Lab Invest 43: 297
472 Jahnsen T, Skovborg F, Jahnsen F, Storm TL (1985) Blood viscosity in patients receiving continuous treatment with bendroflumethiazide (Centyl® with potassium chloride). Ugeskr Læger 147: 409
473 James DR, Holland BM, Hughes MR, Jones JG, Wardrop CAJ (1984) Oxpentifylline: Effects on red cell deformability and oxygen availability from the blood in intermittent claudication. Clin Hemorheol 4: 525
474 Jan K, Usami S, Smith JA (1982) Effects of transfusion on rheological properties of blood in sickle cell anemia. Transfusion 22: 17
475 Jauch M (1973) Der Einfluß von verschiedenen Medikamenten auf die Viskosität des Blutes. Dissertationsschrift, München
476 Johnsson R (1979) Effect of pentoxifylline on red cell flexibility and cation transport in healthy subjects and patients with hereditary spherocytosis. Scand J Haematol 23: 81
477 Johnsson R, Harjola PT, Siltanen P (1981) Effect of pentoxifylline on red cell flexibility in arteriosclerotic patients and in patients with heart valve prosthesis. Scand J Clin Lab Invest 41 (Suppl 156): 297
478 Juhan I, Buonocore M, Calas-Aillaud MF, Moulin JP, Verdot JJ, Vague P (1980) Effects of insulin on erythrocyte deformability and platelet aggregation in diabetics on an artificial pancreas. Abstract-Booklet Int Symp filterability and red cell deformability, Göteborg, Sweden, p53
479 Juhan I, Vague P, Buonocore M, Moulin JP, Calas MF, Vialettes B, Verdot JJ (1981) Effects of insulin on erythrocyte deformability in diabetics - relationship between erythrocyte deformability and platelet aggregation. Scand J Clin Lab Invest 41 (Suppl 156): 159
480 Juhan I, Vague P, Buonocore M, Muratore R (1981) Déformabilité des hématies chez les diabétiques. Effets de l'insuline. Relations avec l'agrégation plaquettaire. Sem Hôp Paris 57: 466
481 Juhan I, Vague P, Buonocore M, Moulin JP, Jouve R, Vialettes B (1982) Abnormalities of erythrocyte deformability and platelet aggregation in insulin-dependent diabetics corrected by insulin in vivo and in vitro. Lancet 1: 535
482 Jung F, Waldhausen P, Schwab J, Braun B, Molter A, Scheffler P, Kiesewetter H, Wenzel E (1986) Wirkung von Naftidrofuryl auf Mikrozirkulation und Hämorheologie bei peripherer arterieller Verschlußkrankheit im Stadium IIb. In: Tillmann W, Ehrly AM (eds) Hämorheologie und Hämatologie. Münchner Wissenschaftliche Publikationen, München, p163
483 Jung F, Waldhausen P, Schwab J, Molter A, Scheffler P, Kiesewetter H, Wenzel E (1986) Einfluß von Naftidrofuryl auf die Mikrozirkulation bei der peripheren arteriellen Verschlußkrankheit. Med Welt 37: 132
484 Kallio V, Salmivalli M, Brummer P (1967) Blood viscosity changes in patients hospitalized because of acute chest pain. Cardiologia 50: 323
485 Karasawa T, Hayano Y, Imai N (1982) Significance and treatment of abnormal blood viscosities in pre-eclamptic patients. Acta Obstet Gynecol Jpn 34: 599
486 Keller F, Leonhardt H (1979) Amelioration of blood viscosity in sickle cell anemia by pentoxifylline - A case report. J Med 10: 429

487 Keller F, Leonhardt H (1980) Verbesserung der Blutviskosität bei Sichelzellanämie durch Pentoxifyllin. Dtsch Med Wochenschr 105: 898

488 Kennedy MS, Domen RE (1983) Therapeutic apheresis. Applications and future directions. Vox Sang 45: 261

489 Keppeler D (1977) Untersuchungen über den Einfluß von Hydroxyäthylstärke auf die Fließeigenschaften des Blutes. Dissertationsschrift, Frankfurt am Main

490 Kharkharov MA, Tirulov MT (1986) Changes in blood viscosity and central hemodynamics in patients with essential hypertension during treatment with sulfide baths. Vopr Kurortol Fizioter Lech Fiz Kult 1: 13

491 Kiesewetter H, Dauer U, Gerhards M, Gesch M, Schmid-Schönbein H (1981) The single erythrocyte rigidometer (SER) as a reference for RBC-deformability tests. Biorheology 18: 157

492 Kiesewetter H, Radtke H, Schneider R, Mußler K, Scheffler A, Schmid-Schönbein H (1982) Das Mini-Erythrozytenaggregometer: Ein neues Gerät zur schnellen Quantifizierung des Ausmaßes der Erythrozytenaggregation. Biomed Techn 27: 209

493 Kiesewetter H, Blume J, Bulling B, Gerhards M, Jung F, Radtke H, Franke RP (1984) Mittelmolekulare Hydroxyäthylstärke als Volumenersatzmittel. Rheologische Wirkung bei peripherer arterieller Verschlußkrankheit. Dtsch Med Wochenschr 109: 1844

494 Kiesewetter H, Blume J, Jung F, Radtke H, Bulling B, Gerhards M, Prünte C, Reim M (1984) Hämorheologische Aspekte peripherer arterieller Verschlußkrankheiten. Wirksamkeitsuntersuchung von Naftidrofuryl. Med Welt 35: 896

495 Kiesewetter H, Blume J, Radtke H, Gerhards M, Bulling B (1984) Zur Wirksamkeit des Diuretikums Slimin® zur Unterstützung der physikalischen Entstauungstherapie beim venösen Ödem. Therapiewoche 34: 4469

496 Kiesewetter H, Jung F, Körber N, Blume J, Radtke H, Reim M (1984) Stellenwert hämorheologischer Parameter bei der diabetischen Retinopathie. In: Ehrly AM (ed) Therapie mit hämorheologisch wirksamen Substanzen. Zuckschwerdt, München, p 158

497 Kiesewetter H, Jung F, Doenecke P, Hellstern P, Scheffler P, von Blohn G, Waldhausen P, Schwab J, Kiehl R, Wenzel E (1985) Klinische Wirksamkeit der Urokinase durch Fibrinolyse und rheologisch wirkende Fibrinogenolyse. In: Wenzel E, Hellstern P (eds) Abstracts and Handout-Poster. 29. Jahrestagung der DAB/GTH, Saarbrücken, p 131

498 Kiesewetter H, Le Cotonnec JY, Gulati O (1985) Effect of bencianol on blood rheology (Abstract). Clin Hemorheol 5: 741

499 Kiesewetter H, Blume J, Jung F, Bulling B, Gerhards M (1986) Rheologische Wirkung von Metoprolol bei Patienten mit essentieller Hypertonie. Klinikarzt 15: 93

500 Kiesewetter H, Jung F (1986) Rheologische Therapie der peripheren arteriellen Verschlußkrankheit im Stadium IIb. Angio 8: 21

501 Kiesewetter H, Jung F, Blume J, Bulling B, Franke RP (1986) Vergleichende Untersuchung von niedermolekularem Dextran- oder Hydroxyäthylstärkelösungen als Volumenersatzmittel bei Hämodilutionstherapie. Klin Wochenschr 64: 29

502 Kiesewetter H, Schneider R, Jung F (1986) Einsatz von Naftidrofuryl bei Patienten mit Basilarisinsuffizienz. Med Welt 37: 211

503 Kiesewetter H, Schneider R, Jung F, Blume J, Gerhards M (1986) Therapie zerebraler Mikroangiopathien. Untersuchungen mit niedermolekularer Hydroxyäthylstärke mit und ohne Pentoxifyllin. Therapiewoche 36: 50

504 Kiesewetter H, Jung F, Roggenkamp HG, Nüttgens HP, Leipnitz G, Ringelstein EB, Wenzel E, Grillmaier R (1987) Zur diagnostischen Bedeutung rheologischer Parameter in der Klinik. In: Strauer BE, Ehrly AM, Leschke M (eds) Fortschritte in der kardiovaskulären Hämorheologie (5. DGKH-Kongreß, Marburg, 1986). Münchner Wissenschaftliche Publikationen, München, p 185

505 Kilpatrick D, Fleming J, Clyne C, Thompson GR (1979) Reduction of blood viscosity following plasma exchange. Atherosclerosis 32: 301

506 Kindl-Mascher J (1984) Untersuchungen über das Verhalten der Fließeigenschaften des venösen Blutes und des Gewebesauerstoffdruckes in der Unterschenkelmuskulatur von Patienten mit Claudicatio intermittens während einer Therapie mit Batroxobin (Defibrase). Dissertationsschrift, Frankfurt am Main

507 Kirigaya H, Itoh H, Miyahara Y, Inada M, Korenaga M, Kanayama M, Niwa A, Taniguchi K (1982) The effects of drugs on blood viscosity (Abstract). Clin Hemorheol 2: 397

508 Klein M, Szobor A, Bräuer H (1979) Kontrollierte Prüfung von Vincamin. Unter besonderer Berücksichtigung der Fließeigenschaften des Blutes. Med Klin 74 (Sondernummer): 29

509 Klemm J (1976) The treatment of arterial and venous circulatory disturbances with EPL. In: Peeters P (ed) Phosphatidylcholine. Springer, Berlin, p 237

510 Klemm J, Enghofer E (1982) Strömungsgeschwindigkeit von Blut in varikösen Venen der unteren Extremitäten. Einfluß eines Venentherapeutikums (Venostasin®). Münch Med Wochenschr 124: 579

511 Klemm J, Enghofer E (1983) Influence of Venostasin® on blood flow in varicose veins of the lower limbs (Abstract). Clin Hemorheol 3, Nr 150C

512 Klövekorn WP, Pichlmaier H, Ott E, Bauer H, Sunder-Plassmann L, Jesch F, Messmer K (1975) Acute preoperative hemodilution in surgical patients. In: Messmer K, Schmid-Schönbein H (eds) Intentional hemodilution. Karger, Basel, p248

513 Klose HJ, Volger E, Brechtelsbauer H, Heinrich L, Schmid-Schönbein H (1972) Microrheology and light transmission of blood. I. The photometric quantification of red cell aggregation and red cell orientation. Pflüger's Arch 333: 126

514 Knarr W (1975) Beeinflussung der Fließeigenschaften des Blutes durch Pentoxifyllin. Dissertationsschrift, Frankfurt am Main

515 Kobayashi S, Hamazaki T, Hirai A, Terano T, Tamura Y, Kanakubo Y, Yoshida S, Fujita T, Kumagai A (1985) Epidemiological and clinical studies of the effect of eicosapentaenoic acid on blood viscosity. Clin Hemorheol 5: 493

516 Köhler HJ (1971) Untersuchungen über den Einfluß von wasserlöslichen Röntgenkontrastmitteln auf die Fließeigenschaften des Blutes. Dissertationsschrift, Frankfurt am Main

517 Köhler M, Rieger H, Sievers D, Krüpe M (1980) Über die Reaktion des Kreislaufs auf eine gezielte Senkung der Blutviskosität. In: Müller-Wiefel H (ed) Mikrozirkulation und Blutrheologie. Witzstrock, Baden-Baden, p76

518 Köhler S (1973) Untersuchungen über den Einfluß von Diuretika auf die Fließeigenschaften des Blutes. Dissertationsschrift, Frankfurt am Main

519 Koga G (1913) Zur Therapie der Spontangangrän an den Extremitäten. Dtsch Z Chir 11: 371

520 Kollár L, Fendler K, Szekeres P, Kiss T (1985) Evaluation of arvin treatment with crossover double blind study (Abstract). Clin Hemorheol 5: 744

521 Konishi M, Nobuko T, Muneki S, Manubu K, Kojiro Y, Ryu N (1985) Microhemodynamic changes before and after hemodialysis (Abstract). Clin Hemorheol 5: 576

522 Kontras SB, Bodenbender JB, Craenen J, Hosier DM (1970) Hyperviscosity in congenital heart disease. J Pediatr 76: 214

523 Kontras SB (1972) Polycythemia and hyperviscosity syndrome in infants and children. Pediatr Clin North Am 19: 919

524 Kopp WL, Beirne GJ, Burns RO (1967) Hyperviscosity syndrome in multiple myeloma. Am J Med 43: 141

525 Korabelshchikova NI, Bichko MV, Rishko NV (1985) Rheological properties of the blood in stenocardia patients in the dynamics of treatment with obsidan, corvaton, corinfar. Vrach Delo 4: 19

526 Kottmann K (1907) Über die Viskosität des Blutes. Korrespondenzbl Schweizer Ärzte 5: 129

527 Koul BL, Nordhas O, Sonnenfeld T, Ekeström S (1984) The effect of pentoxifylline on impaired red cell deformability following open-heart surgery. Scand J Thorac Cardiovasc Surg 18: 129

528 Krepp HP, Beez M, Bock P (1984) Behandlung des akuten Hirninfarktes durch hypervolämische Hämodilutionstherapie. Klinikarzt 13: 597

529 Krosch H (1959) Rheologische Untersuchungen über die Viskosität des Blutes und ihre Bedeutung für klinische Kreislaufprobleme. Habilitationsschrift, Halle/Saale

530 Kuschinsky G, Lüllmann H (1970) Kurzes Lehrbuch der Pharmakologie und Toxikologie. Thieme, Stuttgart

531 Kuznetsov NA, Filimonov MI, Lopukhin SY, Vasilyev VE (1983) Correction of blood rheologic properties in patients with obstructive jaundice. Khirurgiia (Mosk) 8: 96

532 Kuzuya F, Osawa M, Maruyama S (1985) Effects of vinpocetine on blood viscosity and platelet aggregability. Today's Ther Trends 3: 21

533 Lakomek M, Behrens-Baumann W, Schröter W, Tillmann W (1983) Absence of increased aggregation of erythrocytes in children with diabetes mellitus (Abstract). Clin Hemorheol 3: 270

534 Landgraf H, Ruppel C, Saeger-Lorenz K, Vogel C, Ehrly AM (1982) Verbesserung der Fließeigenschaften des Blutes von Patienten durch niedermolekulare Hydroxyäthylstärke (Expafusin®). Infusionsther Klin Ernahr 9: 202

535 Landgraf H, Ehrly AM (1984) Hämorheologische Wirkungen hypervolämischer Hämodilution mit Dextran 40 und HAES 200 bei Patienten mit arterieller Verschlußkrankheit. In: Ehrly AM (ed) Therapie mit hämorheologisch wirksamen Substanzen. Zuckschwerdt, München, p138

536 Landgraf H, Ehrly AM (1984) Wirkungen einer Clofibrat-induzierten Senkung der Fibrinogenkonzentration im Blut bei peripheren arteriellen Durchblutungsstörungen. In: Mahler F, Nachbur B (eds) Zerebrale Ischämie. Huber, Bern, p277

537 Landgraf H (1984) Untersuchungen über die Wirkungen von Plasmaersatzstoffen auf die Fließ-

eigenschaften des Blutes und die Sauerstoffversorgung der Skelettmuskulatur bei chronischer peripherer arterieller Verschlußkrankheit. Habilitationsschrift, Frankfurt am Main

538 Landgraf H, Ehrly AM (1985) Bedeutung und Möglichkeit der Quantifizierung der Plasmaviskosität. In: Kiesewetter H, Ehrly AM, Jung F (eds) Hämorheologische Meßmethoden. Münchner Wissenschaftliche Publikationen, München, p 35

539 Landgraf H, Moschner P, Ehrly AM (1985) Hypervolemic hemodilution (HHD) in claudicants: Hemorheological changes due to infusion of plasma substitutes (Abstract). Clin Hemorheol 5: 723

540 Landgraf H, Ehrly AM (1986) Verhalten des Gewebesauerstoffdruckes bei peripherer arterieller Verschlußkrankheit nach hypervolämischer Hämodilution mit verschiedenen Plasmaersatzstoffen. In: Häring R (ed) DGA - Deutsche Gesellschaft für Angiologie. Referate. 5. Gemeinsame Jahrestagung der Angiologischen Gesellschaften der Bundesrepublik Deutschland, Österreichs und der Schweiz, Berlin 1985. Demeter, Gräfelfing, p 304

541 Landgraf H, Ehrly AM (1987) Verhalten hämorrheologischer Parameter und des Gewebesauerstoffdruckes im Verlauf einer hypervolämischen Hämodilution bei Patienten mit arterieller Verschlußkrankheit. In: Heilmann L, Beez M (eds) Neuere klinische Aspekte zur Hämodilution (Symp Essen, 1985). Schattauer, Stuttgart, p 115

542 Lang GD, Lowe GDO, Walker JJ, Forbes CD, Prentice CRM, Calder AA (1984) Blood rheology in pre-eclampsia and intrauterine growth retardation: effects of blood pressure reduction with labetalol. Br J Obstet Gynaecol 91: 438

543 Langsjoen PH (1966) Blood viscosity changes in acute myocardial infarction. Postgrad Med 39: A-42

544 Langsjoen PH, Immon TW (1967) Rheologic changes in myocardial infarction. Am Heart J 73: 430

545 Langsjoen PH, Immon TW (1968) Hemorheologic observations in acute myocardial infarction. Angiology 19: 247

546 Langsjoen PH (1973) The value of reducing blood viscosity in acute myocardial infarction. Bibl Anat 11: 180

547 Lanzer G, Tilz GP (1986) Die therapeutische Blutkomponentenseparation in der klinischen Notfallmedizin. Wien Med Wochenschr 136: 134

548 Larcan A, Stoltz JF (1970) Microcirculation et hémorhéologie. Masson, Paris

549 Larcan A, Stoltz JF (1979) Médicaments à action hémorhéologique directe ou indirecte. Méthodes d'étude et essais de classement. Thérapie 34: 5

550 Larcan A, Stoltz JF (1983) Classification et physiopathologie du syndrome d'hyperviscosité. Journ Annu Diabetol Hotel Dieu: 179 (73 ref)

551 Larcan A, Stoltz JF (1983) Syndromes d'hyperviscosité sanguine - classification et compréhension physiopathologique - déductions thérapeutiques. Ann Med Interne 134: 395

552 Larsson H, Valdemarsson S, Hedner P, Odeberg H (1985) Reversal of increased whole blood and plasma viscosity after treatment of hypothyreoidism in man. Acta Med Scand 217: 67

553 Lawson NS, Nosanchuk JS, Oberman HA, Meyers MC (1968) Therapeutic plasmapheresis in treatment of patients with Waldenström's macroglobulinemia. Transfusion 8: 174

554 Le Devehat C, Lemoine A, Cirette B, Ramet M, Vimeux M (1980) Kinetics of variations of erythrocyte filterability and 2-3 diphosphoglycerate in diabetic patients with arteriopathy of lower limbs treated with pentoxifylline. In: Stoltz JF, Drouin P (eds) Hemorheology and diseases. Doin, Paris, p 683

555 Le Devehat C, Lemoine A, Cirette B, Ramet M, Vimeux M (1980) Filterability and metabolism of erythrocytes under bencyclane in diabetic patients with macroangiopathy. Folia Angiol 28 (Suppl 7): 41

556 Le Devehat C, Cirette B, Lemoine A, Roux E, Ramet M (1981) Activité rhéologique du cervoxan. Étude de la filtrabilité et de l'état métabolique du globule rouge chez le diabétique. Angéiologie 33: 189

557 Le Devehat C, Lemoine A, Cirette B, Ramet M (1981) Pharmacological influences of pentoxifylline on red cell filterability and 2-3 diphosphoglycerate. Scand J Clin Lab Invest 41 (Suppl 156): 301

558 Le Devehat C, Lemoine A, Ramet M, Cirette B, Roux E, Vimeux M (1981) Study of filterability and metabolic state of red cells in diabetics on artificial pancreas. Effects on insulin activity. Abstract-Booklet 2nd Europ Conf Clin Haemorheol, London, p 12

559 Le Devehat C, Lemoine A, Cirette B (1983) Activité hémorhéologique du buflomédil i.v. et per os dans l'angiopathie diabétique. Angéiologie 35: 243

560 Le Devehat C, Lemoine A (1985) Haemorheological changes induced by Troxerutine in patients affected by venous insufficiency of lower legs (Abstract). Clin Hemorheol 5: 740

561 Le Devehat C, Lemoine A, Bertrand A (1985) Effect of good control glucose by insulin with pump on haemorheological and microcirculation parameters in diabetic patients (Abstract). Clin Hemorheol 5: 673

562 Leiper JM, Lowe GDO, Anderson J, Burns P, Cohen HN, Manderson WG, Forbes CD, Barbenel JC, MacCuish AC (1984) Effects of diabetic control and biosynthetic human insulin on blood rheology in established diabetics. Diab Res 1: 27
563 Leonardo G, Arpaia MR, Onza C, Del Guercio R (1984) Regarding the action of buflomedil: Haemorheological and blood chemistry aspects. Curr Ther Res 36: 1016
564 Leonhardt H, Grigoleit HG, Reinhardt I (1977) Changes and relationships of erythrocyte flexibility and whole blood viscosity of normo-osmolar and hyperosmolar erythrocyte suspensions influenced by 3,7-dimethyl-1-(5-oxo-hexyl)-xanthine. Vasa 6: 316
565 Leonhardt H, Grigoleit HG, Reinhardt I (1978) Auswirkungen von Zigarettenrauch und oralen Kontrazeptiva auf die Plasma- und Vollblutviskosität. Med Welt 29: 880
566 Leonhardt H (1978) Mikrorheologische Untersuchungen an Gesunden mit Risikofaktoren. Habilitationsschrift, Berlin
567 Lerche D, Bäumler H, Pöhlmann G, Scherf HP, Bilsing R (1983) The treatment of peripheral vascular diseases by ultraviolet blood irradiation. A hemorheological study (Abstract). Clin Hemorheol 3: 283
568 Lerche D, Bäumler H, Winter G, Tourowski A, Meier W (1985) A hemorheological characterization of Rocornal® in case of peripheral circulatory diseases (Abstract). Clin Hemorheol 5: 726
569 Letcher RL, Chien S, Laragh JH (1979) Changes in blood viscosity accompanying the response to prazosin in patients with essential hypertension. J Cardiovasc Pharmacol 1 (Suppl 1): 8
570 Levine MA, Hammack WJ, Frommeyer WB (1968) Treatment of macroglobulinemia with penicillamine. Clin Res 8: 54
571 Lewis DH, Sandegård J, Kutti J, Gelin J (1972) Normovolemic hemodilution in polycythemia. Observations on capillary flow and capillary transport in skeletal muscle. In: Messmer K, Schmid-Schönbein H (eds) Hemodilution. Theoretical basis and clinical application. Karger, Basel, p133
572 Lewy B (1898) Die Reibung des Blutes. Arch Ges Physiol 65: 447
573 Lichtman MA, Rowe JM (1982) Hyperleukocytic leukemias: Rheological, clinical and therapeutic considerations. Blood 60: 279
574 Liewendahl K, Johnsson R, Majuri H (1981) Effect of anticonvulsant drugs on red cell flexibility, adenosine triphosphatase activities and cation transport. Scand J Clin Lab Invest 41 (Suppl 156): 279
575 Lim C jr, Kostrzewska E, Bergentz SE, Gelin LE (1969) Rheology of human blood following treatment with Dextran-40 and Dextran-70. Bibl Anat 10: 9
576 Linderkamp O, Meiselman HJ, Wu PYK, Miller FC (1981) Blood and plasma viscosity and optimal hematocrit in the normal newborn infant. Clin Hemorheol 1: 575
577 Linderkamp O, Hersch S, Ozanne P, Meiselman HJ (1986) Vergleich von Methoden zur Bestimmung der Erythrozytenaggregation. In: Tillmann W, Ehrly AM (eds) Hämorheologie und Hämatologie. Münchner Wissenschaftliche Publikationen, München, p140
578 Lindmann K (1908) Klinische und experimentelle Beiträge zur pharmakologischen Beeinflussung der Blutviskosität. Dissertationsschrift, Marburg
579 Lindsley H, Teller D, Noonan B, Petersen M, Mannik M (1973) Hyperviscosity syndrome in multiple myeloma. Am J Med 54: 682
580 Litmanovich KY, Melnikova VN, Fregatova LM, Kargin VD, Egorova LV, Kotovshchikova MA (1985) Methods of correction of hemorheological disturbances in patients with thrombobliterating diseases of the peripheral arteries of the extremities. Vest Khir 135 (7): 96
581 Litwin MS, Dawidson I, Barrett J, Miller E (1981) Physiologic effect in postoperative patients of intravascular cellular aggregate dissolution caused by Dextran-40 infusion. Abstract-Booklet 2nd Europ Conf Clin Haemorheol, London, p66
582 Lommel F (1904) Über die Viskosität des menschlichen Blutes bei Schwitzprozeduren. Dtsch Arch Klin Med 80: 308
583 Louis J, Voisin P, Kolopp M, Vaillant G, Gaillard S, Debry G, Stoltz JF, Drouin P (1983) Lack of acute effects of insulin in vivo on hemorheological parameters in hyperglycemic diabetic patients (Abstract). Clin Hemorheol 3: 294
584 Lowe GDO, Campbell AF, Meek DR, Forbes CD, Prentice CRM (1978) Subcutaneous ancrod in prevention of deep-vein thrombosis after operation for fractured neck of femur. Lancet 2: 698
585 Lowe GD, Morrice JJ, Fulton A, Forbes CD, Prentice CR, Barbenel JC (1978) Subcutaneous ancrod after operation for fractured hip - A dose-ranging and feasibility study. Thromb Haemost 40: 134
586 Lowe GD, Morris JJ, Forbes CD, Prentice CR, Fulton AJ, Barbenel JC (1979) Subcutaneous ancrod therapy in peripheral arterial disease: Improvement in blood viscosity and nutritional blood flow. Angiology 30: 594
587 Lowe GDO, Drummond MM, Forbes CD, Barbenel JC (1980) Increased blood viscosity in young women using oral contraceptives. Am J Obstet Gynecol 137: 840

588 Lowe GDO, Barbenel JC, Forbes CD (eds) (1981) Clinical aspects of blood viscosity and cell deformability. Springer, Berlin
589 Lowe GDO, Barbenel JC, Forbes CD (eds) (1981) Clinical aspects of blood viscosity and cell deformability. Section E: Therapeutic aspects of blood rheology. Springer, Berlin, p211
590 Lowe GDO, Drummond MM, Forbes CD, Barbenel JC (1981) Occlusive arterial disease and blood rheology. In: Lowe GDO, Barbenel JC, Forbes CD (eds) Clinical aspects of blood viscosity and cell deformability. Springer, Berlin, p133
591 Lowe GDO, Dunlop DJ, Lawson DH, Pollock JG, Watt JK, Forbes CD, Prentice CRM, Drummond MM (1982) Double-blind controlled clinical trial of ancrod for ischemic rest pain of the leg. Angiology 33: 46
592 Lowe GDO, Leiper JM, Forbes CD, Manderson WG, MacCuish AC (1982) Effects of diabetic control and biosynthetic human insulin on blood rheology in established diabetes (Abstract). Diabetologia 23: 471
593 Lowe GDO (1984) Evaluation of rheological therapy by orally administered drugs. Clin Hemorheol 4: 159
594 Lowe GDO (1984) Blood rheology and venous thrombosis. Clin Hemorheol 4: 571
595 Lowe GDO, Trope GE, Small M, Alvarez E, Foulds WS, Forbes CD (1985) Treatment of retinal vein occlusion by viscosity reduction with stanozolol (Abstract). Clin Hemorheol 5: 691
596 Lucas GS, Simms MH, Caldwell NM, Alexander SJC, Stuart J (1984) Haemorrheological effects of prostaglandin E_1 infusion in Raynaud's syndrome. J Clin Pathol 37: 870
597 Lukjan H, Chyzy R, Krupinski K, Bielawiec M (1985) Red cell deformability in patients with arteriosclerosis obliterans and influence of some drugs. Abstract-Booklet 4th Europ Conf Clin Haemorheol, Siena, p70
598 Lusov VA, Belousov JB, Sidelmann AA, Savenkov MP, Cholodova OE, Dudaev VA (1978) The treatment of peripheral atherosclerosis with pentoxifylline. Pharmatherapeutica 2 (Suppl 1): 123
599 Luther B (1983) Klinisch-experimentelle Untersuchungen zur Blutviskosität. Z Exp Chir Transplant Künstliche Organe 16: 256
600 Lutz TW, Barras JP (1983) Rheological behaviour of human blood and plasma at steady flow and oscillatory flow. Vasa 12: 121
601 Lyons BH (1952) Cerebral thrombosis following mercurial diuresis. Can Med Assoc J 66: 545
602 MacKenzie MR, Brown E (1968) Hypervolemia in hyperviscosity syndrome of macroglobulinemia (Abstract). Clin Res 16: 122
603 MacKenzie MR, Brown E, Fudenberg HH (1968) Hypervolemia in the hyperviscosity syndrome of macroglobulinemia (Abstract). J Clin Invest 47: 64a
604 MacKenzie MR, Fudenberg HH (1972) Macroglobulinemia: An analysis for forty patients. Blood 39: 874
605 Mackintosh T (1969) Blood viscosity in newborn infant and diagnosis and treatment of hyperviscous states. Arch Dis Child 44: 781
606 Magora F, Hershko C, Aronson HB (1970) The effect of electrical sleep on the viscosity of blood. Br J Anaesth 42: 1085
607 Manescalchi PG, Morini R, Pasquini G, Albanese B (1983) Sulla non correlazione fra parametri della filtrazione eritrocitaria ed altri parametri emoreologici. Ric Clin Lab 13 (Suppl 3): 337
608 Mann G (1980) Untersuchungen über den Einfluß verschiedener Saluretika auf die Fließeigenschaften des Blutes bei Patienten mit essentieller Hypertonie. Dissertationsschrift, Frankfurt am Main
609 Manrique RV (1979) Avaliaçao clínico-laboratorial da modificaçao da flexibilidade eritrocitária induzida pela pentoxifilina. Rev Bras Clín Terap 8: 572
610 Manrique RV, Müller R (eds) (1981) Disorders of blood flow. New therapeutic aspects. Excerpta Medica, Amsterdam
611 Manrique R (1983) Blood coagulation, rheology and coronary reocclusion after local thrombolysis in acute myocardial infarction. Abstract-Booklet 13th World Congr Int Union Angiol, Rochester, Minnesota, USA
612 Marazzini L, Soroldoni M, Clivati A, Simonati O, Ogliari L, Brasca F, Agosti R, Longhini E (1981) Effects of isovolumetric venesection on blood viscosity, on red cell deformability and on arterial flow velocity in chronic respiratory failure with secondary polycythemia. Respiration 42: 168
613 Markson A (1936) Blood viscosity in congestive heart failure. Glasgow Med J 7: 201
614 Marshall M, Reiser R (1983) Changes of blood viscosity by indirect anticoagulation (Abstract). Clin Hemorheol 3: 244
615 Marshall M, Reiser R (1983) Beeinflussung der Blutviskosität durch indirekte Antikoagulation. In: Nobbe F, Rudofsky G (eds) Probleme der Vor- und Nachsorge und der Narkoseführung bei invasiver angiologischer Diagnostik und Therapie. Begutachtung arterieller und venöser Gefäßschäden. Pflaum, München, p493

616 Marshall M (1984) Beeinflussung der Hämorheologie durch oral zu verabreichende Pharmaka. In: Heilmann L, Kiesewetter H, Ernst E (eds) Klinische Rheologie und Beta-1-Blockade. Zuckschwerdt, München, p110
617 Martin P (1979) Déformabilité des globules rouges et accidents vasculaires cérébraux. Intérêt de la pentoxifylline. Gaz Méd France 86: 2585
618 Martin P, Vives P (1980) Red blood cell filtration in stroke. Effect of pentoxifylline. In: Stoltz JF, Drouin P (eds) Hemorheology and diseases. Doin, Paris, p693
619 Martin P, Vives P (1980) The effect of pentoxifylline on red cell deformability in cerebrovascular accidents. Curr Med Res Opin 6: 518
620 Mashiah A, Patel P, Schraibman IG, Charlesworth D (1978) Drug therapy in intermittent claudication: an objective assessment of the effects of three drugs on patients with intermittent claudication. Br J Surg 65: 342
621 Materazzi M, Guerrini M, Rossi C, Cappelli R, Pecchi S, Acciavatti A, Pieragalli D, Forconi S, Di Perri T (1981) Action of buflomedil on peripheral obliterative arterial disease. A rheological and metabolic study (Abstract). Clin Hemorheol 1: 488
622 Mathieu D, Coget J, Vinckier L, Devulder B, Wattel F (1985) Red blood cell deformability and hyperbaric oxygen therapy (Abstract). Clin Hemorheol 5: 625
623 Mátrai A, Fendler K, Horváth L (1981) Haemorheological changes after anticoagulant therapy with a heparinoid (SP 54). Abstract-Booklet 2nd Europ Conf Clin Haemorheol, London, p84
624 Matrai A, Ernst E, Eck M (1984) Hämorheologie und CO_2-Bäder (Abstract). Z Phys Med Baln Med Klim 13 (Sonderheft 2): 42
625 Matrai A, Ernst E, Flute PT, Dormandy JA (1984) Blood filterability in peripheral vascular disease - red cell deformability or cell sticking? Clin Hemorheol 4: 311
626 Matrai A, Ernst E, Dormandy JA (1985) Erythrozytenfiltrabilität: Unterscheidung zwischen Filterokklusion und Erythrozyten-Passagezeit. In: Kiesewetter H, Ehrly AM, Jung F (eds) Hämorheologische Meßmethoden. Münchner Wissenschaftliche Publikationen, München, p117
627 Matrai A, Ernst E (1985) Pentoxifylline improves white cell rheology in claudicants. Clin Hemorheol 5: 483
628 Mattassi R, Cardillo B, D'Angelo F (1985) Haemorheological and clinical effects of ozone in arterial occlusive disease (Abstract). Clin Hemorheol 5: 644
629 Mayer GA (1976) Blood viscosity and oral anticoagulant therapy. Am J Clin Pathol 65: 402
630 Mayesima T (1912) Klinische und experimentelle Untersuchungen über die Viskosität des Blutes. Mittlg Grenzgeb Med Chir 24: 413
631 McCaskey GW (1908) The viscosity of the blood; its value in clinical medicine. JAMA 51: 1653
632 Mehta AB, Goldman JM, Kohner E (1984) Hyperleucocytic retinopathy in chronic granulocytic leukaemia: The role of intensive leucapheresis. Br J Haematol 56: 661
633 Merchan R, Doná G (1984) Microcirculation and haemorheology studies of polyunsaturated phosphatidylcholine (EPL; Lipostabil®) in the aged. Clin Trials J 21: 517
634 Merchan R, Zurita IE, Martinez JF (1985) Suloctidil: Long-term trial in the aged. Study of microcirculation, viscosity, red cell deformability, fibrinolysis and lipid fractions. Drug Res 35: 855
635 Mercke CE, Kjellen E (1981) Erythrocyte deformability in patients with malignant tumours - Potential role of prostaglandins. Abstract-Booklet 2nd Europ Conf Clin Haemorheol, London, p56
636 Merrill EW, Cokelet GC, Britten A, Wells RE jr (1963) Non-Newtonian rheology of human blood - Effect of fibrinogen deduced by "subtraction". Circ Res 13: 48
637 Merrill EW, Gilliland ER, Lee TS, Salzman EW (1966) Blood rheology: Effect of fibrinogen deduced by addition. Circ Res 18: 437
638 Messmer K, Schmid-Schönbein H (eds) (1972) Hemodilution - Theoretical basis and clinical application. Karger, Basel
639 Messmer K, Sunder-Plassmann L (1974) Hemodilution. Prog Surg 13: 208
640 Messmer K, Schmid-Schönbein H (eds) (1975) Intentional hemodilution. Bibl Haematol 41
641 Messmer K (1975) Hemodilution. Surg Clin North Am 55: 659
642 Messmer K, Hammersen F (eds) (1985) Entzündung und Rheologie der Leukozyten. Karger, Basel
643 Metoki H, Kanazawa T, Shibutani K, Izawa M, Soma Y, Onodera K (1979) A study on blood viscosity in CVA - The relationships between blood viscosity and duration after stroke and the effects of pentoxyphyllin. Acta Neurol Scand 60 (Suppl 72): 622
644 Metoki H, Kudo R, Shimanaka Y, Matsui T, Kanazawa T, Mori H, Izawa K, Shibutani K, Muraoka H, Onodera K (1983) A study on blood viscosity in cerebrovascular disease. The changes of blood viscosity during the time after stroke and the effect of pentoxifyllin on the viscosity. Hirosaki Med J 35: 1
645 Mikita J, Khan O, Dormandy JA, Cotton LT (1985) Does prostacyclin influence haemorrheology in Raynaud's phenomenon? (Abstract). Clin Hemorheol 5: 751

646 Milan R, Duric D, Trajkovic B, Radojicic B, Pekic B, Tomasevic R, Duji A (1977) Syndrome of the myeloma serum hyperviscosity treated by plasmapheresis. Med Pregl 30: 471

647 Miller B, Heilmann L (1985) Haemorheological parameters during chemotherapy for breast cancer (Abstract). Clin Hemorheol 5: 625

648 Miller B, Heilmann L, Callies R (1985) Hemorheological studies in mammary carcinoma. Arch Gynecol 238: 559

649 Milligan DW, Davies JA (1982) The effect of iron therapy on whole blood viscosity and calf blood flow in polycythaemia (Abstract). Br J Haematol 52: 137

650 Milligan DW, Tooke JE, Davies JA (1982) Effect of venesection on calf blood flow in polycythaemia. Br Med J 284: 619

651 Molaro G, De Angelis V, Vettore L (1985) Effetto del dipiridamolo sui parametri emoreologici nelle sindromi sclerocitemiche e policitemiche. Ric Clin Lab 15 (Suppl 1): 597

652 Montagnani M, Civitelli R, Nami R, Agnusdei D, Falsini G, Conti F, Bianchini C, Liberatori P, Gennari C (1985) Effects of a calcium blocking agent (nifedipine) on red blood cell deformability in essential hypertension (Abstract). Clin Hemorheol 5: 713

653 Montefusco S, Ciampitiello G, Gnasso A, Postiglione A (1984) Migliorati parametri emoreologici in pazienti iperlipidemici trattati con mucopolisaccaridi. Ric Clin Lab 14 (Suppl 2): 144

654 Montefusco S, Ciampittiello G, Gnasso A, Cicerano U, Postiglione A (1985) Miglioramento dei parametri emoreologici dopo terapia con mucopolisaccaridi. Ric Clin Lab 15 (Suppl 1): 543

655 Moratti F, Cortiana M, Taglioretti D (1983) Applicazione della filtrazione eritrocitaria nello studio della vasculopatia diabetica. Efficacia terapeutica della pentossifillina. Clin Ter 106: 19

656 Moscatelli B, Marmaggi S, Traietti P, Colloca A, Fabbri M, Bologna E (1984) Blood viscosity and circulating platelets activation in polycythemic COLD patients: Effect of erythroapheresis (Abstract). Respiration 46 (Suppl 1): 159

657 Moser M, Klieber M, Winkler R (1985) Vergleichende Studien über den Einfluß von Diät, Bewegungs- und Jodbalneotherapie auf blutrheologische Parameter bei Diabetikern im Rahmen eines 4wöchigen Kuraufenthalts in Bad Hall. Wien Klin Wochenschr 97: 327

658 Motta G, Ratto GB (1980) Osservazioni cliniche sull'azione reologica ed emodinamica di taluni farmaci attivi sul microcircolo. Minerva Med 71: 1367

659 Moulopoulos SD, Zereg N (1968) La viscosité kinétique du sang. Arch Mal Coeur 61: 1156

660 Mozzi E, Annoni F, Chiurazzi D, Rossi R, Pacini F, Martini A (1984) Azione del benfurodil emisuccinato (Eucilat®) su alcuni parametri emoreologici in pazienti portatori di arteriopatie ostruttive croniche periferiche. Minerva Cardioangiol 32: 141

661 Mozzi E, Chiurazzi D, Spinola A, Annoni F, Germiniani R (1985) Effects of buflomedil in a group of patients with chronic peripheral arterial diseases. Clinical and hemorheological evaluation. J Int Med Res 13: 317

662 Müller K, Haaß A, Jäger H, Wagner EM, Hellstern P (1983) Dextran und HAES, vergleichbare und unterschiedliche hämorheologische Parameter. Psycho 9: 381

663 Müller O, Inada R (1904) Jodwirkung bei Arteriosklerose. Dtsch Med Wochenschr 30: 1751

664 Müller-Bühl U, Comberg HU, Diehm C, Allenberg J, Mörl H (1982) Hämodilutions-Therapie der arteriellen Verschlußkrankheit mit Hydroxyäthylstärke 200/0,5. Münch Med Wochenschr 10: 241

665 Muggeo M, Calabrò A, Businaro V, Patussi L, Volpe A, Signorini GP, Crepaldi G (1983) Blood clotting, fibrinolytic and haemorheological parameters in ischaemic vascular disease: the effects of pentoxifylline in the treatment of acute cerebral vascular disease. Pharmatherapeutica 3 (Suppl 1): 74

666 Murashko VV, Yusipova TA, Strutynskii AV, Dzhanashiya PK, Shenshina AM, Sklyarova MA (1984) Effect of sodium nitrite on blood rheology, microcirculation and blood coagulation in patients with circulatory failure. Ter Arkh 56 (4): 108

667 Nalefski LÅ, Gibert NC, Sheedy JA (1950) Viscosity studies on blood following the administration of anticoagulants. J Lab Clin Med 36: 970

668 Nenci GG (1985) Long-term tolerability and activity on platelet aggregation and erythrocyte deformability of indobufen in cardiovascular patients. Abstract-Booklet 4th Europ Conf Clin Haemorheol, Siena, p 184

669 Neumann V, Cove DH, Shapiro LM, George AJ, Kenny MW, Meakin M, Stuart J (1983) Effect of ticlopidine on platelet function and blood rheology in diabetes mellitus. Clin Hemorheol 3: 13

670 Nusbacher J (1982) Therapeutic hemapheresis. Clin Lab Med 2: 87

671 O'Reilly MJG, Dodds AJ, Tolpos G, Hamilton A, Cotton LT (1979) Plasmapheresis in Raynaud's phenomenon. In: Heidrich H (ed) Raynaud's phenomenon. TM, Bad Oeynhausen, p 291

672 Orr JE, Davidson RJL, Russell IF, Robertson GS (1982) A haemorheological study of althesin. Br J Anaesth 54: 1003

673 Osawa M, Maruyama S (1985) Über den Einfluß von "TCV-3B" (Vinpocetin) auf die Blutviskosität in ischämischen zerebrovaskulären Erkrankungen. Ther Hung 33: 7

674 Oski FA, Lubin B, Buchert EB (1972) Reduced red cell filterability with oral contraceptive agents. Ann Intern Med 77: 417
675 Ostwald W (1924) Zur Viskosimetrie kolloidaler Lösungen. Z Physikal Chem 111: 62
676 Ott M (1973) Untersuchungen über den Einfluß von Vasodilatantien auf die Blutviskosität. Dissertationsschrift, Berlin
677 Ott E, Lechner H (1981) Hemorheologic conditions in patients with cerebrovascular disease altered by treatment with pentoxifylline. Ric Clin Lab 11 (Suppl 1): 253
678 Ott E, Lechner H (1983) Changes of flow properties of the blood in cerebrovascular disease and their medical treatment with pentoxifylline. J Cereb Blood Flow Metab 3 (Suppl 1): 530
679 Ott E, Lechner H (1985) The effect of budipine on the rheology of the blood. In: Gerstenbrand F, Poewe W, Stern G (eds) Clinical experiences with budipine in Parkinson therapy. Springer, Berlin, p 182
680 Oughton J, Lawson P, Kohner EM, Barnes AJ (1983) The effect of improved metabolic control on diabetic complications and on blood rheology (Abstract). Clin Hemorheol 3: 270
681 Paisey RB, Harkness J, Hartog M, Chadwick T (1980) The effect of improvement in diabetic control on plasma and whole blood viscosity. Diabetologia 19: 345
682 Palareti G, De Fabritiis A, Poggi M, Tricarico MG, Borgatti E, Coccheri S (1981) Haemorheological parameters in essential hypertension (EH) and early changes during antihypertensive treatments (Abstract). Clin Hemorheol 1: 495
683 Palareti G, Poggi M, Grauso F, Tricarico MG, Rodorigo G, Coccheri S (1982) Haemorheologic changes in women during oral contraception (Abstract). Haemostasis 12: 145
684 Palareti G, Poggi M, Limoni P, Andreoli A, Tricarico MG, Coccheri S (1983) Changes in the rheologic properties of blood in acute cerebrovascular disease: Effects of treatment with l-eburnamonine. Int Angiol 2: 179
685 Parnetti L, Ciuffetti G, Mercuri M, Senin U (1985) Haemorheological pattern in initial mental deterioration: results of a long-term study using piracetam and pentoxifylline. Arch Gerontol Geriatr 4: 141
686 Passero S, Bonelli G, Guerrini M, Acciavatti A, Nardini M, Battistini N (1985) Effetti del trattamento cronico con farmaci antiaggreganti sulla viscosità ematica in pazienti con malattie cerebrovascolari. Ric Clin Lab 15 (Suppl 1): 593
687 Pau P, Mereu S, Montisci R, Falchi S, Petruzzo P (1983) No changes in red cells deformability in Raynaud phenomenon induced by beta adrenoceptors stimulation (Abstract). Biorheology 20: 406
688 Pavlovskii DP (1965) Effect of anticoagulants on blood viscosity, circulation time and the capillaroscopic picture. Ter Arkh 37: 367
689 Pecker J, Vallée B, Haranger JM, Gueguen M (1978) Torental et accidents ischémiques du système nerveux central. L'Ouest Méd 31: 1571
690 Pennarola R, De Martino F, Barletta R, Mazzarella S, Sacco M (1983) Hemorheologic aspects among 25 cases of microangiopathy by vibrating tools treated with pentoxifylline (Abstract). Clin Hemorheol 3: 289
691 Perego MA, Sergio G, Artale F (1981) Aspetti emoreologici in rapporto alla fisiopatologia e alla clinica dell'arteriopatia ostruttiva periferica. Ric Clin Lab 11 (Suppl 1): 281
692 Perego MA, Sergio G, Artale F, Cramarossa L, Espureo M (1982) Traitement hémorhéologique des artériopathies obstructives périphériques. Angéiologie 34: 33
693 Perego MA, Sergio G, Espureo M, Francisci A, Artale F (1982) Haemodynamic and haemorheological effects of buflomedil in patients with peripheral occlusive arterial disease. Curr Med Res Opin 8: 178
694 Perego MA, Sergio G, Artale F (1983) Haemorheological aspects of the pathophysiology and clinical features of peripheral occlusive arterial disease. Pharmatherapeutica 3 (Suppl 1): 91
695 Perego MA, Sergio G, Artale F, Giunti P, Danese C (1985) Effects of physical training on regional blood filtrability and platelet β-thromboglobulin in patients with peripheral arteriopathy (Abstract). Clin Hemorheol 5: 652
696 Perego MA, Sergio G, Artale F, Giunti P, Danese C (1986) Haemorrheological improvement by pentoxifylline in patients with peripheral arterial occlusive disease. Curr Med Res Opin 10: 135
697 Perhoniemi V, Salmenkivi K, Sundberg S, Johnsson R, Gordin A (1984) Effects of flunarizine and pentoxifylline on walking distance and blood rheology in claudication. Angiology 35: 366
698 Pernigotti L, Neirotti M, Gagliardo S, Musso M, Sclavo R, Bulla A (1985) Effetti immediati della somministrazione di eparina e di eparani (mesoglicano) su alcuni parametri emoreologici e dell'emostasi. Ric Clin Lab 15 (Suppl 1): 537
699 Petralito A, Miano MF, Messina S, Grimaldi LT, Malatino LS (1985) Effects of pentoxifylline on erythrocyte aggregation (Abstract). Clin Hemorheol 5: 733

700 Pfeiffer M, Tilsner V (1978) Einfluß von Etofibrat auf die Plasmaviskosität bei Hyperlipoproteinämien. Med Klin 73: 60

701 Pieragalli D, Guerrini M, Materazzi M, Ralli L, Forconi S, Di Perri T (1983) Protective effect of buflomedil against the exercise-induced haemorheological impairment of vascular patients (Abstract). Clin Hemorheol 3: 292

702 Poiseuille JML (1842) Recherches expérimentales sur le mouvement des liquides dans les tubes de très petits diamètres. Compt rend 15: 1167

703 Pola P, Flore R, Tondi P, Serricchio M, Dal Lago A, Fioroni G (1984) Terapia dell'iperviscosità e della ridotta deformabilità eritrocitaria nell'arteriopatico cronico: necessità dell'impiego di più farmaci. Giorn Ital Angiol 4: 31

704 Pollock S, Challoner T, Thomas D, Harrison MJG (1981) The effect of venesection of red cell deformability (Abstract). Clin Hemorheol 1: 496

705 Ponari O, Catamo A, Molina E, Mombelloni A, Tonelli C, Tardio S, Squeri M (1985) Effects of glycerol on some blood rheology parameters in patients with acute cerebral ischemia. Preliminary report (Abstract). Clin Hemorheol 5: 705

706 Poon PYW, Dornan TL, Orde-Peckar C, Mullins R, Bron AJ, Turner RC (1982) Blood viscosity, glycaemic control and retinopathy in insulin-dependent diabetes. Clin Sci 63: 211

707 Porro F, Pastori P, Lanzoni M, Curti L, Fanelli M (1985) Hemorheology in acute ischemic stroke: Influence of isovolemic hemodilution (Abstract). Clin Hemorheol 5: 669

708 Porro F, Pastori M, Traverso G, Lanzoni M, Pastori P (1985) Isovolemic hemodilution in advanced chronic obstructive lung disease. A preliminary hemorheologic study (Abstract). Clin Hemorheol 5: 727

709 Powles R, Smith C, Kohn J, Hamilton Fairley G (1971) Method of removing abnormal protein rapidly from patients with malignant paraproteinaemias. Br Med J 3 : 664

710 Pre'Denning du A, Watson JH (1906) The viscosity of blood. Proc R Soc B 78: 328

711 Preston FE, Cooke KB, Foster ME, Winfield DA, Lee D (1978) Myelomatosis and the hyperviscosity syndrome. Br J Haematol 38: 517

712 Preston FE, Sokol RJ, Lilleyman JS, Winfield DA, Blackburn EK (1978) Cellular hyperviscosity as a cause of neurological symptoms in leukaemia. Br Med J 1: 476

713 Pretolani E, Battistini G, Iosa G, Tonti D, Zoli I (1983) Il ciclonicato nella terapia medica delle arteriopatie periferiche. Giorn Ital Angiol 3: 268

714 Pronk EAS, Klein F, Elkerbout F, Radema H, Cleton FJ (1969) Therapy of macroglobulinemia. Acta Med Scand 186: 273

715 Pruzanski W, Watt JG (1972) Serum viscosity and hyperviscosity syndrome in IgG multiple myeloma. Ann Intern Med 77: 853

716 Putnam TC, Kevy SV, Replogle RL (1967) Factors influencing the viscosity of blood. Surg Gynecol Obstet 124: 547

717 Rakita L, Gillespie DG, Sancetta SM (1965) The acute and chronic effects of phlebotomy on general hemodynamics and pulmonary functions of patients with secondary polycythemia associated with pulmonary emphysema. Am Heart J 70: 466

718 Randi ML, Fabris F, Crociani ME, Battocchio F, Girolami A (1985) Effects of ticlopidine on blood fibrinogen and blood viscosity in peripheral atherosclerotic disease. Drug Res 35: 1847

719 Reich L, Feizi T, Winchester R, Wechsler B, Walzer P, Wright P (1973) Effects of large scale plasmapheresis performed on patients with macroglobulinemia. Proc Am Assoc Cancer Res 14: 68

720 Reid HA, Chan KE, Thean PC (1963) Prolonged coagulation defect (defibrination syndrome) in malayan viper bite. Lancet 1: 621

721 Reid HL, Barnes AJ, Lock PJ, Dormandy JA, Dormandy TL (1976) A simple method for measuring erythrocyte deformability. J Clin Pathol 29: 855

722 Reid HL, Dormandy JA, Barnes AJ, Lock PJ, Dormandy TL (1976) Impaired red cell deformability in peripheral vascular disease. Lancet 1: 666

723 Replogle RL, Meiselman HJ, Merrill EW (1967) Clinical implications of blood rheology studies. Circulation 36: 148

724 Reynolds O (1883) An experimental investigation of the circumstances which determine whether the motion of water shall be direct or sinuous and the law of resistance in parallel channels. Philos Trans R Soc 174: 935

725 La Ricerca in Clinica e in Laboratorio 15 (1985) (Suppl 1)

726 Rieger H (1976) Zur Physiologie und Pathophysiologie der Blutplättchen unter rheologischen Aspekten. Habilitationsschrift, Aachen

727 Rieger H, Leyhe A, Schmid-Schönbein H, Schoop W, Schneider R, Malotta H (1977) Isovolämische Hämodilution bei peripherer arterieller Verschlußkrankheit. Konzepte, Methoden und vorläufige Ergebnisse. In: Alexander K, Cachovan M (eds) Diabetische Angiopathien. Witzstrock, Baden-Baden, p354

728 Rieger H, Schoop W, Schmid-Schönbein H, Schneider R, Malotta H (1977) Isovolemic hemodilution (IHD) in peripheral vascular occlusive disease (PVOD). Concepts, methods and preliminary results. Microvasc Res 13: 267

729 Rieger H, Köhler M, Schoop W, Schmid-Schönbein H, Roth FJ, Leyhe A (1979) Hemodilution (HD) in patients with ischemic skin ulcers. Klin Wochenschr 57: 1153

730 Rieger H (1982) Neues in der konservativen Therapie arterieller Durchblutungsstörungen. Med Welt 33: 576

731 Ritzmann SE, Coleman SL, Levin WC (1960) The effect of some mercaptanes upon a macrocryogelglobulin; modifications induced by cysteamine, penicillamine and penicillin. J Clin Invest 39: 1320

732 Ritzmann SE, Thurm RH, Truax WE, Levin WC (1960) The syndrome of macroglobulinemia: Review of the literature and a report of two cases of macrocryogelglobulinemia. Arch Intern Med 105: 939

733 Ritzmann SE, Daniels JC, Levin WC (1970) Paralymphomatous disease - Syndrome of macroglobulinemia. In: Leukemia-Lymphoma. Year Book Medical, Chicago, p 169

734 Roba J, Roncucci R, Lambelin G (1977) Pharmacological properties of suloctidil. Acta Clin Belg 32: 3

735 Rogen SA (1940) Viscosity in cardiac failure. Modification by administration of calcium gluconate. Lancet 1: 780

736 Romberg E (1904) Über Arteriosklerose. Verh Kongr Inn Med 21: 60

737 Roncucci R, De Hertogh R, Dormandy JA, Doumont J, Gurevich V, Lambelin G, Lansen J, Rottiers R, Souridis E, Van Stalle F, Versee L (1979) Effects of long-term treatment with suloctidil on blood viscosity, erythrocyte deformability and total fibrinogen plasma levels in diabetic patients. Drug Res 29: 682

738 Rose MS, Ernst E, Lee R, Hill P, Rainsbury R, Kirkham JS (1981) Effects of hydroxychloroquine on transoperative haemorheological events (Abstract). Clin Hemorheol 1: 501

739 Rosenblatt G, Stokes J, Bassett DR (1965) Whole blood viscosity, hematocrit and serum lipid levels in normal subjects and patients with coronary heart disease. J Lab Clin Med 65: 202

740 Rosenkrantz TS, Oh W (1982) Cerebral blood flow velocity in infants with polycythemia and hyperviscosity: Effects of partial plasma exchange transfusion with Plasmanate. J Pediatr 101: 94

741 Rosenthal A, Nathan DG, Marty AT, Button LN, Miettinen OS, Nadas AS (1970) Acute hemodynamic effects of red cell volume reduction in polycythemia of cyanotic congenital heart disease. Circulation 42: 297

742 Rossi C, Pastorelli M, Romeo R, Acciavatti A, Pieragalli D, Galigani C, Pecchi S, Cappelli R, Guerrini M, Forconi S, Di Perri T (1985) Aspects of microcirculatory activity of buflomedil (Abstract). Clin Hemorheol 5: 736

743 Rousselle D, Gaillard S, Voisin P, Pointel JP, Debry G, Drouin P, Stoltz JF (1980) Blood viscosity and erythrocyte filterability in diabetic patients controlled via an artificial pancreas. In: Stoltz JF, Drouin P (eds) Hemorheology and diseases. Doin, Paris, p 411

744 Rudofsky G, Brock FE, Ulrich M, Nobbe F (1979) Clinical evaluation of flunarizine: Walking distance, ergometric performance and hemodynamic and biochemical effects. Angiology 30: 470

745 Ruggiero HA, Castellanos H, Caprissi LF, Caprissi ES (1982) Heparin effect on blood viscosity. Clin Cardiol 5: 215

746 Ryabov GA, Semenov VN, Kosyrev AB, Bunin VM, Pospelov VV, Knyazev IV, Shafransky YA, Sundukov AN (1983) The influence of haemosorption on rheology of the blood. Anesteziol Reanimatol 3: 17

747 Saitta A, Castaldo M, Bonaiuto M, Di Cesare E, Barbera N, Trifiletti A, Pizzoleo MA (1983) Aspetti emoreologici ed emocoagulativi in corso di trattamento con buflomedil cloridrato. Rass Med Int 4: 549

748 Sarno A, Ferrara F, Catania A, Frazzetta F, Capobianco D, Caimi G (1982) Comportamento del pattern emoreologico in soggetti con ipertensione essenziale trattati con beta-bloccanti. Clin Ter 103: 267

749 Sarno A, Caimi G (1985) L'approccio farmacologico in emoreologia. Ric Clin Lab 15 (Suppl 1): 479

750 Sarno A, Galluzzo A, Romano A, Giordano C, Sinagra D, Botta RM, Capobianco D, Caimi G (1985) Diabetici di I tipo trattati con insulina umana: Valutazione emoreologica durante monitoraggio con biostator. Ric Clin Lab 15 (Suppl 1): 607

751 Satewachin II, Iljin VN, Schestakov VA, Alexandrova NP, Rodionov SV, Danilova LM, Iljin SG (1978) The use of pentoxifylline in a combined regimen for the prevention of re-thrombosis in major blood vessels. Pharmatherapeutica 2 (Suppl 1): 109

752 Savi L, Dal Lago A, Serricchio M, Pola P (1979) Action du naftidrofuryl sur les viscosités sanguine et plasmatique et sur la fibrinogénémie. La Vie Méd 4: 285

753 Schäbitz J, Brema C, Teichmann W (1982) Zur Einflußnahme von Röntgenkontrastmitteln auf die Blutviskosität. Dtsch Gesundheitswesen 37: 2006

754 Schäbitz J (1983) Influence of roentgenologic contrast media on blood rheology (Abstract). Clin Hemorheol 3: 306

755 Schlichting K, Heidrich H (1976) Effect of isoxsuprine on blood viscosity. Vasa 5: 51

756 Schmid-Schönbein GW, Engler RL (1987) No-reflow in the microcirculation. The granulocyte tragedy. In: Hartmann A, Kuschinsky W (eds) Cerebral ischemia and hemorheology. Springer, Berlin, p464

757 Schmid-Schönbein H (1970) Rheologische Eigenschaften von Erythrozyten. Habilitationsschrift, München

758 Schmid-Schönbein H, Gallasch G, von Gosen J, Volger E, Klose HJ (1976) Red cell aggregation in blood flow. I. New methods of quantification. Klin Wochenschr 54: 149

759 Schmid-Schönbein H, Rieger H, Hess H (1977) Quantitative Erfassung der Effekte fibrinolytischer Therapie auf das Fließverhalten des Blutes. Klin Wochenschr 55: 111

760 Schmid-Schönbein H (1978) Die Erhaltung der Fließfähigkeit des Blutes durch O-(β-Hydroxyethyl)-rutoside. In: Voelter W, Jung G (eds) O-(β-Hydroxyethyl)-rutoside - Experimentelle und klinische Ergebnisse. Springer, Berlin, p129

761 Schmid-Schönbein H (1981) Was ist eine Mikrozirkulationsstörung bei chronisch-degenerativer Gefäßerkrankung? Arzneimittelforschung 31: 1999

762 Schmid-Schönbein H, Messmer K, Rieger H (eds) (1981) Hemodilution and flow improvement. Karger, Basel

763 Schmid-Schönbein H, Rieger H (1981) Isovolaemic haemodilution. In: Lowe GDO, Barbenel JC, Forbes CD (eds) Clinical aspects of blood viscosity and cell deformability. Springer, Berlin, p211

764 Schmid-Schönbein H, Malotta H, Driessen G, Kiesewetter H, Teitel P (1983) A test profile for routine laboratories in clinical haemorheology (Abstract). Clin Hemorheol 3: 555

765 Schmid-Schönbein H (1985) Antithixotrope Therapie bei arteriellen Verschlußerkrankungen: Was leisten „rheologische Maßnahmen" bei unvermindert bestehender Obliteration? Wien Med Wochenschr 135: 368

766 Schmitt HJ (1977) Entwicklung und Darstellung einer Methode zur Messung der Erythrozytenaggregation. Dissertationsschrift, Frankfurt am Main

767 Schmittner I (1974) Einfluß von 6α-Methylprednisolon und Xantinolnicotinat auf die Fließeigenschaften des Blutes. Dissertationsschrift, Frankfurt am Main

768 Schneider R, Kiesewetter H (1982) Parenterale Pentoxifyllin-Applikation bei ischämischem Insult. Dtsch Med Wochenschr 107: 1674

769 Schneider R, Schmid-Schönbein H, Kiesewetter H (1983) The rheological efficiency of parenteral pentoxifylline (Trental) in patients with ischemic brain lesions. Preliminary results. Eur Neurol 22 (Suppl 1): 98

770 Schneider R, Körber N, Brockmann M, Kiesewetter H (1986) The haemorheological treatment of lacunar strokes: Studies with pentoxifylline (Trental 400). In: Trübestein G (ed) Konservative Therapie arterieller Durchblutungsstörungen. Thieme, Stuttgart, p321

771 Schooneman F, Pointel JP, Streiff F, Gaillard S, Drouin P, Stoltz JF (1980) Study of rheological properties of blood in various pathological situations following therapeutical plasma exchange (Preliminary study). In: Stoltz JF, Drouin P (eds) Hemorheology and diseases. Doin, Paris, p607

772 Schooneman F, Gaillard S, Paulus F, Streiff F, Stoltz JF (1983) Macro- and microrheological variations observed during plasma exchange in cases of monoclonal disglobulinemia (Abstract). Clin Hemorheol 3: 335

773 Schooneman F, Paulus F, Gaillard S, Streiff F, Stoltz JF (1985) Macro- and microrheological variations observed during plasma exchange in cases of monoclonal disglobulinemia. Clin Hemorheol 5: 51

774 Schooneman F, Gaillard S, Paulus F, Stoltz JF, Streiff F (1985) Variations hémorhéologiques au cours de 50 dysglobulinémies monoclonales traitées par échanges plasmatiques. Rev Méd Interne 6: 487

775 Schubotz R, Mühlfellner O (1977) The effect of pentoxifylline on erythrocyte deformability and on phosphatide fatty acid distribution in the erythrocyte membrane. Curr Med Res Opin 4: 609

776 Schülke K, Hartel W (1966) Vergleichende Untersuchungen über das Verhalten der Plasmaviscosität und des Blutvolumens nach Gabe von hoch- und niedermolekularen Dextranen. Langenbecks Arch Klin Chir 316: 623

777 Schürmann W, Eberhardt R, Pfafferott C, Volger E (1986) Zusammenhang zwischen der antianginösen Wirkung und der Erythrozytenfiltrabilität und -aggregation von Nifedipin (Abstract). Z Kardiol 75 (Suppl 1): 80

778 Schulz CEJ, Richter W, Naujoks J (1977) Blutviskosität und Innenohrschwerhörigkeit. Laryngol Rhinol Otol (Stuttg) 56: 328

779 Schwab PJ, Fahey JL (1960) Treatment of Waldenström's macroglobulinemia by plasmapheresis. N Engl J Med 60: 574

780 Schwab PJ, Fahey JL (1960) Beneficial effects of serum viscosity reduction in two patients with Waldenström's macroglobulinemia. Clin Res 8: 55

781 Schwab PJ, Okun E, Fahey JL (1960) Reversal of retinopathy in Waldenström's macroglobulinemia by plasmapheresis. Arch Ophthalmol 64: 515

782 Schwartzkopff W, Roetz R (1978) Verträglichkeit und Wirkungen von Sinteroid®. Therapiewoche 28: 2437

783 Schwedoff T (1890) Recherches expérimentales sur la cohésion des liquides. J Physique Théorétique Appliquée 9: 34

784 Scott Blair GW (1974) An introduction to biorheology. Elsevier Scientific, Amsterdam

785 Seaman GVF, Engel R, Swank R, Hissen W (1965) Circadian periodicity in some physicochemical parameters of circulating blood. Nature 207: 833

786 Segel N, Bishop JM (1966) The circulation in patients with chronic bronchitis and emphysema at rest and during exercise, with special reference to the influence of changes in blood viscosity and blood volume on the pulmonary circulation. J Clin Invest 45: 1555

787 Seiffge D (1980) Methods for the investigation of drug-influence on aggregation and deformability of red blood cells (RBC). In: Stoltz JF, Drouin P (eds) Hemorheology and diseases. Doin, Paris, p657

788 Seiffge D, Berthold R, Berthold F (1983) Effect of pentoxifylline on sickle cell thalassaemia: Haemorheological and clinical results. Klin Wochenschr 61: 1159

789 Selvetella L, De Caterina M, Caso R, Amato B, Bracale G (1985) Variazioni emoreologiche ed emocoagulative dopo piretoterapia in pazienti con arteriopatia ad impronta flogistica. Ric Clin Lab 15 (Suppl 1): 571

790 Sengespeik HC, Güntner M, Raz D, Linderkamp O (1984) Hämorheologische Effekte von Intralipid. In: Ehrly AM (ed) Therapie mit hämorheologisch wirksamen Substanzen. Zuckschwerdt, München, p190

791 Sergio G, Artale F, Espureo M, Francisci A, Astorre P, Perego MA (1981) Haemorheological improvement by pentoxifylline and buflomedil in patients with peripheral occlusive arterial disease (Abstract). Clin Hemorheol 1: 504

792 Sgries B, Haedicke C, Altmann S, Stangel W, van den Berg E, Hartmann F (1980) Blood viscosity and peripheral blood flow in patients with polycythemia vera - The influence of therapeutic erythrocytopheresis. In: Stoltz JF, Drouin P (eds) Hemorheology and diseases. Doin, Paris, p405

793 Shabanov AH, Gudynskaja CJ, Komov DV (1967) Changes in blood viscosity in patients with endarteriitis obliterans. Lab Delo 12: 713

794 Shanghai Cooperative Group for the study of tanshinone IIA: Therapeutic effect of sodium tanshinone IIA sulfonate in patients with coronary heart disease. A double blind study. J Tradit Chin Med 4: 21

795 Shigehiro S, Kakubari Y, Muramatsu J, Kato Y, Kawabata K, Kikawada R (1979) Casson viscosity of blood in ischemic heart disease - Decrease of casson viscosity by ticlopidine (Abstract). Biorheology 16: 494

796 Shirinova MN, Goldfarb YS, Burykina IA, Makarenko ON (1983) Non specific detoxication mechanisms in the use of hemosorption for the treatment of burn toxemia and sepsis. Gematol Transfuziol 28: 32

797 Siekmann U, Heilmann L, Ludwig H (1983) The use of low molecular dextran in cases with microcirculatory disorders in pregnancy (Abstract). Clin Hemorheol 3: 273

798 Siekmann U, Heilmann L (1984) Der Einsatz von Beta-Rezeptoren-Antagonisten in der Geburtshilfe: klinische und rheologische Ergebnisse mit Metoprolol. In: Heilmann L, Kiesewetter H, Ernst E (eds) Klinische Rheologie und Beta-1-Blockade. Zuckschwerdt, München, p159

799 Simons LA, Hickie JB, Balasubramaniam S (1985) On the effects of dietary n-3 fatty acids (Maxepa) on plasma lipids and lipoproteins in patients with hyperlipidaemia. Atherosclerosis 54: 75

800 Sirs JA, Rampling MW, Dupont PA (1979) The effect of infusions of arvin into rabbits on blood rheology (Abstract). Microvasc Res 18: 282

801 Skovborg F, Nielsen AV (1969) Variation in whole-blood and plasma viscosity in acidotic diabetics. Bibl Anat 10: 145

802 Slonim A, Cristal N, Erez R, Shainkin-Kestenbaum R (1981) The effect of nifedipine, a calcium antagonist on red blood cell filterability (Abstract). Clin Hemorheol 1: 506

803 Smith E, Kochwa S, Wassermann L (1965) Aggregation of IgG globulin in vivo. Am J Med 39: 35

804 Smud R, Sermukslis B, Kartin D (1976) Changes in blood viscosity induced by pentoxifylline. Pharmatherapeutica 1: 229

805 Solerte SB, Carnevale Schianca GP, Adamo S, Viola C, Baldi S, Sgarro V, Ferrari E (1983) Diabetic

microangiopathy: preventive therapeutical approach with pentoxifylline (Abstract). Clin Hemorheol 3: 290

806 Solerte SB, Adamo S, Viola C, Bozzetti A, Di Santi M, Ferrari E (1985) Pentoxifylline reduces microalbuminuria in microproteinuric diabetic patients (Abstract). Clin Hemorheol 5: 734

807 Solerte SB, Ferrari E (1985) Diabetic retinal vascular complications and erythrocyte filtrability: results of a 2-year follow-up study with pentoxifylline. Pharmatherapeutica 4: 341

808 Somer T (1966) The viscosity of blood, plasma and serum in dys- and paraproteinemias. Acta Med Scand 180 (Suppl 456)

809 Somer T (1975) Hyperviscosity syndrome in plasma cell dyscrasias. Adv Microcirc 6: 1

810 Somer T, Ditzel J (1981) Clinical and rheological studies in a patient with hyperviscosity syndrome due to Waldenström's macroglobulinemia. Bibl Haematol 47: 242

811 Spürk P, Habbaba A, Angelkort B (1985) Improvements of blood-fluidity and walking-distance in patients under i.v.-therapy with pentoxifylline (Abstract). Clin Hemorheol 5: 731

812 Staedt U, Genth KR, Gaa J, Ritz R (1986) Hämodilution bei Patienten mit akuter zerebraler Durchblutungsstörung mit niedermolekularem Dextran (Dex 40) und mittelmolekularer Hydroxyethylstärke (HES 200). Therapiewoche 36: 2485

813 Staedt U, Schwarz M, Bayerl JR, Tornow K, Heene DL (1986) Hämodilution bei akuter zerebraler Ischämie. Neurologischer Score und hämorheologische Parameter vor und nach 10tägiger Behandlung mit 10% Dex 40 und 10% HES 200/0,5 (II). Med Welt 37: 695

814 Staedt U, Schwarz M, Heene DL (1986) Hämodilution bei akuter zerebraler Ischämie. Hämorheologische Parameter vor und während Infusion von 10% Dex 40 und 10% HES 200/0,5 (I). Med Welt 37: 660

815 Stangel W, Haedicke C, Sgries B, Altmann S, van den Berg E, Hartmann F (1979) Influence of erythrocytapheresis on blood viscosity and peripheral blood flow in patients with polycythemia vera (Abstract). Symp Blood Cells Hemorheol 16: 502

816 Sternitzky R, Seige K (1985) Clinical investigation of the effects of pentoxifylline in patients with severe peripheral occlusive vascular disease. Curr Med Res Opin 9: 602

817 Stödter KH (1978) Einfluß von Adrevil auf die Fließeigenschaften menschlichen Blutes. Dissertationsschrift, Frankfurt am Main

818 Störmer B, Kleinschmidt K, Loose D, Kremer K (1977) Rheological changes in the blood of patients with chronic arterial occlusive disease after the administration of vasoactive drugs. Curr Med Res Opin 4: 588

819 Störmer B, Kleinschmidt K, Loose D, Kremer K (1978) Rheologische Veränderungen des Blutes bei chronisch arteriellen Verschlußkrankheiten durch Vasodilatantien. Dtsch Med Wochenschr 103: 694

820 Störmer B, Störmer K, Kremer K (1978) Die Veränderung der Blutviskosität während der aortofemoralen Bypassoperation unter besonderer Berücksichtigung niedriger Schergeschwindigkeiten. Biorheology 15: 37

821 Störmer K, Störmer B, Loose D, Engels G, Kremer K (1976) Einfluß von Kontrastmittel auf die Blutviskosität nach Katheterangiographie. Vasa 5: 239

822 Stoltz JF, Drouin P, Gaillard S, Rousselle D, Vera JC, Pointel JP (1979) Variations de la viscosité sanguine de sujets diabétiques insulino-dépendants équilibrés par pancréas artificiel. Ann Biol Clin 37: 191

823 Stoltz JF, Drouin P (eds) (1980) Hemorheology and diseases. Doin, Paris

824 Stoltz JF, Larcan A (1980) Drugs affecting hemorheological parameters. In: Stoltz JF, Drouin P (eds) Hemorheology and diseases. Doin, Paris, p651

825 Stoltz JF, Schooneman F, Streiff F (1981) Hemorheological parameters and plasma exchanges. Abstract-Booklet 2nd Europ Conf Clin Haemorheol, London, p107

826 Stoltz JF (1981) Drugs affecting blood rheology - a review. Scand J Clin Lab Invest 41 (Suppl 156): 287

827 Stoltz JF (1982) Main determinants of red cell deformability. Clinical and pharmacological applications. Clin Hemorheol 2: 163

828 Stoltz JF (1983) Les déterminants de la rhéologie sanguine: implications thérapeutiques. Actua Chim Thér 10: 29

829 Stoltz JF (1984) Blood rheology: etiology of hyperviscosity syndromes. Int Angiol 3: 13

830 Stoltz JF (1985) Données fondamentales en hémorhéologie. II. Les syndromes d'hyperviscosité. Biomed Pharmacother 39: 282

831 Stoltz JF, Schooneman F, Paulus F, Streiff F (1985) Micro- and macrorheological variations observed in 50 patients suffering from monoclonal dysglobulinemia and treated with plasma exchange procedures (Abstract). Clin Hemorheol 5: 728

832 Stoltz JF (ed) (1986) Hémorhéologie et agrégation érythrocytaire. Médicales Internationales, Paris

833 Strand T, Asplund K, Eriksson S, Hägg E, Lithner F, Wester PO (1984) A randomized controlled trial of hemodilution therapy in acute ischemic stroke. Stroke 15: 980

834 Strano A, Davì G, Novo S, Avellone G, Pinto A (1981) Valutazione clinica degli effetti della pentossifillina in pazienti effetti da disturbi circolatori periferici cronici. Ric Clin Lab 11 (Suppl 1): 303
835 Strano A, Novo S, Davì G, Avellone G, Mandalà V (1982) Effects of sorbinicate and nicotinic acid on blood viscosity, red cell deformation and platelet function. Pharmacol Res Commun 14: 639
836 Strano A, Avellone G, Davi G, Mandala V, Raneli G (1983) Ticlopidine induced haemorheological changes in patients suffering from atherosclerosis obliterans of the lower limbs (Abstract). Clin Hemorheol 3: 290
837 Strano A, Avellone G, Pinto A, Mandala V, Adamo L (1983) Pentoxiphylline induced haemorheological changes in patients suffering from atherosclerosis obliterans (Abstract). Clin Hemorheol 3: 291
838 Strano A, Daví G, Novo S, Avellone G, Pinto A (1983) Clinical evaluation of the effects of pentoxifylline in patients with chronic peripheral circulatory disorders. Pharmatherapeutica 3 (Suppl 1): 117
839 Strano A, Davi G, Avellone G, Novo S, Pinto A (1984) Double-blind, crossover study of the clinical efficacy and the hemorheological effects of pentoxifylline in patients with occlusive arterial disease of the lower limbs. Angiology 35: 459
840 Strano A (1985) The rationale for haemorheological treatment of peripheral occlusive arterial disease (POAD) (Abstract). Clin Hemorheol 5: 755
841 Strano A, Avellone G, Novo S, Fasulo S, Di Garbo V (1985) Modificazioni di alcuni parametri emoreologici indotte dal trattamento con pentossifillina in pazienti affetti da pregresso infarto del miocardio. Ric Clin Lab 15 (Suppl 1): 621
842 Strano A, Davì G, Avellone G, Novo S, Pinto A (1986) Double-blind, crossover study of the clinical efficacy and the haemorheological effects of pentoxifylline in patients with occlusive arterial disease of the lower limbs. In: Trübestein G (ed) Konservative Therapie arterieller Durchblutungsstörungen. Thieme, Stuttgart, p 113
843 Strauer BE, Fateh-Moghadam A, Kment A, Samtleben W, Volger E (1981) Use of plasmapheresis and immunosuppressive therapy in coronary microangiopathies. Bibl Haematol 47: 213
844 Strauer BE (1983) Koronare Durchblutungsstörungen aus rheologischer Sicht. Therapiewoche 33: 841
845 Strauß W (1975) Hämorheologische Wirkungen einer längerfristigen Gabe des Diuretikums Furosemid im Rahmen einer antihypertensiven Therapie. Dissertationsschrift, Frankfurt am Main
846 Stuart J, Kenny MW (1981) Sickle-cell disease and vascular occlusion. In: Lowe GDO, Barbenel JC, Forbes CD (eds) Clinical aspects of blood viscosity and cell deformability. Springer, Berlin, p 109
847 Stuart J, Stone PCW, Bareford D, Caldwell NM, Davies JE, Baar S (1985) Evaluation of leucocyte removal methods for studies of erythrocyte deformability. Clin Hemorheol 5: 137
848 Stufano N, Sabbà C, Altomare E, Conese A, Palasciano G, Albano O (1983) Erythrocyte filtration and glycemic control in diabetes mellitus (Abstract). Clin Hemorheol 3: 322
849 Sturani C, Palareti G, Poggi M, Schiavina M, Torricelli P, Papiris S (1985) Effects of pentoxifylline (Px) on cardiopulmonary hemodynamics and haemorheologic parameters at rest and during exercise in chronic cor pulmonale (Abstract). Clin Hemorheol 5: 732
850 Sugai S (1972) IgA pyroglobulin, hyperviscosity syndrome and coagulation abnormality in a patient with multiple myeloma. Blood 39: 224
851 Sunder-Plassmann L, Klövekorn WP, Holper K, Hase U, Messmer K (1971) The physiological significance of acutely induced hemodilution. Proceedings of the 6th European Conference on Microcirculation, Aalborg (1970). Karger, Basel, p 23
852 Swank RL (1951) Changes in blood produced by fat meal and by intravenous heparin. Am J Physiol 164: 798
853 Talpos G, White JM, Horrocks M, Cotton LT (1978) Plasmapheresis in Raynaud's disease. Lancet 1: 416
854 Tekeres M, Sarosi I, Juricskay I, Losoncsy H, Nagy I (1982) Effect of longterm ticlopidine therapy on the rheological properties of blood (Abstract). Haemostasis 12: 120
855 Terekhov NT, Starikov AV, Kushko OV, Karpenko VV (1982) Effect of hemosorption on the rheological properties of the blood and some indices of intoxication in patients with diffuse peritonitis. Klin Khir 3: 31
856 Theiss W, Volger E, Wirtzfeld A, Keisel I, Blömer H (1980) Gerinnungsbefunde und rheologische Messungen bei Streptokinasebehandlung des akuten Myokardinfarktes. Klin Wochenschr 58: 607
857 Thomas DJ, Du Boulay GH, Marshall J, Pearson TC, Ross Russell RW, Symon L, Wetherley-Mein G, Zilkha E (1977) Cerebral blood-flow in polycythaemia. Lancet 2: 161
858 Thomas DJ, Marshall J, Ross Russell RW, Wetherley-Mein G, Du Boulay GH, Pearson TC, Symon L, Zilkha E (1977) Effect of haematocrit on cerebral blood-flow in man. Lancet 2: 941
859 Thulesius O, Gjöres JE (1972) Studies on blood viscosity in chronic venous insufficiency, with regard to treatment with flavonoids. Angiologica 9: 390

860 Tilsner V, Greul W (1975) Erfahrungen mit der defibrinierenden Therapie mit Arwin®. Folia Angiol 23: 407
861 Toikawa H, Tsushima N, Sakakura M, Kaba M, Konishi M, Nakayama R, Yasunaga K (1985) Effect of prazosin on microcirculation system (Abstract). Clin Hemorheol 5: 577
862 Toti G, Agosti R, Cherubini P, Farini P, Clivati A, Longhini E (1985) Normovolemic hemodilution in surgery (Abstract). Clin Hemorheol 5: 688
863 Trevan JW (1918) The viscosity of blood. Biochem J 12: 60
864 Tsyganyi AA, Karpenko VV, Krishtof AN, Pritula SY (1982) The influence of plasma replacers on the rheological properties of the blood, suspension stability of the erythrocytes and microcirculation in patients operated for mitral stenosis. Anesteziol Reanimatol 4: 38
865 Tuddenham EGD, Whittaker JA, Bradley J, Lilleyman JS, James DR (1974) Hyperviscosity syndrome in IgA multiple myeloma. Br J Haematol 27: 65
866 Turczynski B, Znamirowska D (1985) Effect of adrenergic beta receptor blockaders on blood viscosity after their short-term use in patients with arteriosclerosis. Polski Tygodnik Lekarski (Warszawa) 40 (17): 481
867 Tymms DJ (1982) Improvement in blood viscosity following continuous subcutaneous insulin infusion in type 2 (non-insulin-dependent) diabetic patients (Abstract). Diabetologia 23: 207
868 Uchimura I (1983) Effect of treatment on retinal circulation, platelet aggregation and blood viscosity in insulin-dependent and noninsulin-dependent diabetics. Bull Tokyo Med Dent Univ 30: 17
869 Urai L, Makláry E, Kolonics I, Novák L (1983) Effect of pentoxifylline (Trental) on haemorheological factors and the circulation in peripheral occlusive arterial disease. Abstract-Booklet 13th World Congr Int Union Angiol, Rochester, Minnesota, USA
870 Vakaliuk IP (1984) Efficacy of corvaton in non-stable stenocardia. Vrach Delo 11: 18
871 Van den Berg E, Haedicke C, Sgries B, Altmann S, Stangel W, Hartmann F (1980) Einfluß der Erythrozytopherese auf das Hyperviskositätssyndrom bei Polycythaemia vera - Klinik, Viskosität und arterielle Durchblutung. In: Müller-Wiefel H, Barras JP, Ehringer H, Krüger M (eds) Gefäßersatz. Witzstrock, Baden-Baden, p 119
872 Van den Berg E, Haedicke C, Sgries B, Stangel W, Altmann S, Hartmann F (1983) Klinik und Therapie des Hyperviskositätssyndroms. Vasa 12 (Suppl 10): 1
873 Van Stalle F, Lambelin G (1981) Suloctidil: review of its effects on platelet survival time, platelet activation and blood viscosity (Abstract). Clin Hemorheol 1: 509
874 Vaya A (1985) RBC deformability in patients with cerebrovascular disease. Influence of pentoxifylline and dipyridamole (Abstract). Clin Hemorheol 5: 734
875 Vinazzer H (1971) Zur Wirkung von Arvin auf die Blutgerinnung. Wien Z Inn Med 52: 378
876 Vittoria A, Guerrini M, Pieragalli D, Del Bigo C, Martelli G, Franchi M, Messa G, Blardi P, Galigani C, Di Perri T (1983) Azione dell'acetilsalicilato di lisina sulle alterazioni emoreologiche indotte dallo sforzo ischemico in pazienti vasculopatici. Ric Clin Lab 13 (Suppl 3): 315
877 Völker D, Martin M (1973) Verhalten der Blutviscosität unter Defibrase und der kombinierten Therapie mit Defibrase und Streptokinase. Verh Dtsch Ges Inn Med 79: 1338
878 Völker D (1974) Rheologische Veränderungen unter oraler Langzeittherapie mit Bencyclan. Therapiewoche 24: 2901
879 Völker D (1975) Rheologische Veränderungen unter der Therapie mit Defibrase. In: Martin M, Schoop W (eds) Aktuelle Probleme in der Angiologie, Bd 26; p 171
880 Völker D (1976) Haemorheological investigations in patients with vascular disease undergoing treatment with pentoxifylline. Pharmatherapeutica 1: 154
881 Völker D (1979) Orale Therapie mit Bencyclan. Z Allg Med 55: 182
882 Völker R, Eichler K (1965) Nebenwirkungen von Diuretika auf Rheodynamik und Blutgerinnung. Dtsch Med Wochenschr 90: 2150
883 Vogeler C (1973) Untersuchungen über die medikamentöse Beeinflussung der Filtrabilität des Blutes. Dissertationsschrift, Frankfurt am Main
884 Voisin P, Kolopp M, Rousselle D, Gaillard S, Pointel JP, Stoltz JF, Debry G, Drouin P (1982) Influence du contrôle métabolique sur la viscosité sanguine et l'activité plaquettaire chez les diabétiques insulino-dépendants. Nouv Rev Fr Hématol 24: 187
885 Vojnikovic B (1984) Hyperviscosity in whole blood, plasma and aqueous humor decreased by Doxium (calcium dobesilate) in diabetics with retinopathy and glaucoma: A double-blind controlled study. Ophthalmic Res 16: 150
886 Volger E (1980) Experimentelle und klinische Untersuchungen über die Rheologie des Blutes bei kardiovaskulären Erkrankungen und deren Risikofaktoren. Habilitationsschrift, München
887 Volger E (1983) Klinische Hämorheologie und Diabetes mellitus. In: Ehrly AM (ed) Klinische Hämorheologie: Eine Bestandsaufnahme. Zuckschwerdt, München, p 62
888 Volger E, Theiss W (1983) Rheological consequences of systemic streptokinase therapy in acute myo-

cardial infarction. In: Trübestein G, Etzel F (eds) Fibrinolytische Therapie. Schattauer, Stuttgart, p455

889 Von Rhede van der Kloot EJH, Jacobs MJHM, Weber H, Lemmens HAJ (1985) Plasma filtration in patients with Raynaud's phenomenon. Clin Hemorheol 5: 79

890 Wade JPH (1983) Transport of oxygen to the brain in patients with elevated haematocrit values before and after venesection. Brain 106: 513

891 Walker CHM, Mackintosh TF (1972) The treatment of hyperviscosity syndromes of the newborn with hemodilution. In: Messmer K, Schmid-Schönbein H (eds) Hemodilution - Theoretical basis and clinical application. Karger, Basel, p271

892 Walker RT, Matrai A, Dormandy JA, Flute PT (1983) Haemorheological and functional changes in intermittent claudication following plasmapheresis with Haemocell (Abstract). Clin Hemorheol 3: 338

893 Walker RT, Dormandy J (1984) Plasma exchange in peripheral vascular disease. Arch Emerg Med 1 (Suppl): 23

894 Walker RT, Matrai A, Bogar L, Dormandy JA (1985) Serotonin and the flow properties of blood. J Cardiovasc Pharmacol 7 (Suppl 7): 35

895 Waller DG (1982) Whole blood viscosity following cardioselective beta-adrenoceptor blockade in hypertension. Clin Hemorheol 2: 243

896 Waller D, Nicholson H, Roath S (1983) The acute effects of nifedipine on red cell deformability in angina pectoris (Abstract). Clin Hemorheol 3: 294

897 Waller DG, Nicholson HP, Roath S (1984) The acute effects of nifedipine on red cell deformability in angina pectoris. Br J Clin Pharmacol 17: 133

898 Waller DG, Roath OS (1986) Nifedipine and red cell deformability in angina. Clin Hemorheol 6: 275

899 Wallis PJW, Skehan JD, Newland AC, Wedzicha JA, Mills PG, Empey DW (1986) Effects of erythrapheresis on pulmonary haemodynamics and oxygen transport in patients with secondary polycythaemia and cor pulmonale. Clin Sci 70: 91

900 Warstat T (1974) Untersuchungen über den Einfluß von niedermolekularem Dextran auf die Filtrabilität des Blutes in 8 μm-Filtern. Dissertationsschrift, Frankfurt am Main

901 Wasilewski A (1962) Zur Pathophysiologie und Therapie der kardialen Dekompensation unter Berücksichtigung der Viskositätsänderung des Blutes. Med Klin 57: 599

902 Watson WC (1957) Lipaemia, heparin and blood viscosity. Lancet 2: 366

903 Watzek C, Wagner O, Draxler V, Gilly H, Schwarz S, Sporn P, Steinbereithner K, Zekert F (1978) Der Einfluß normovolämischer Hämodilution unter Verwendung von Hydroxyäthylstärke auf Kreislauf und Organfunktionen bei gefäßchirurgischen Eingriffen. Wien Klin Wochenschr 90: 224

904 Watzlaw P (1978) Untersuchungen über den Einfluß von Actovegin und Doxium auf die Fließeigenschaften des Blutes. Dissertationsschrift, Frankfurt am Main

905 Weber G (1979) Kontrolle therapeutischer Effekte im Bereich der Mikrozirkulation. In: Hild R, Spaan G (eds) Therapiekontrolle in der Angiologie. Witzstrock, Baden-Baden, p336

906 Weber G, Kreisel T, Peter S, Künzel J (1980) A double-blind placebo controlled crossover study in patients with peripheral vascular diseases, using a new capillary viscometer. Angiology 31: 1

907 Weber H, von Rhede van der Kloot E, Jacobs MJ, Schmid-Schönbein H, Lemmens HAJ (1983) Plasma filtration therapy in patients with Raynaud's phenomenon - 2. Haemorheological aspects (Abstract). Clin Hemorheol 3: 338

908 Weber H, Schmid-Schönbein H, Lemmens HAJ (1985) Plasmapheresis as a treatment of Raynaud-attacks: Microrheological differential diagnosis and evaluation of efficacy. Clin Hemorheol 5: 85

909 Wedzicha JA, Rudd RM, Apps MCP, Cotter FE, Newland AC, Empey DW (1983) Erythrapheresis in patients with polycythaemia secondary to hypoxic lung disease. Br Med J 286: 511

910 Wedzicha JA, Cotter FE, Rudd RM, Apps MCP, Newland AC, Empey DW (1984) Erythrapheresis compared with placebo apheresis in patients with polycythaemia secondary to hypoxic lung disease. Eur J Respir Dis 65: 579

911 Weinberger I, Fuchs J, Rappaport M, Rotenberg Z, Joshua H, Agmon J (1985) Effect of sublingual isosorbide dinitrate and nifedipine on plasma viscosity, fibrinogen and hematocrit in patients with myocardial infarction. Abstract-Booklet Int Symp Cardiovasc Pharmacother, Geneva, Switzerland, Abstract 340

912 Wells R (1970) Syndromes of hyperviscosity. N Engl J Med 283: 183

913 Wells R (ed) (1973) The microcirculation in clinical medicine. Academic Press, New York

914 Welsh WH (1911) Viscosity of the blood. Heart 3: 118

915 West N (1984) Hyperviscosity syndrome in IgE myeloma. Br Med J 289: 1539

916 Whittacker SRF, Winton FR (1933) The apparent viscosity of the blood flowing in the isolated hindlimb of the dog and its variation with corpuscular concentration. J Physiol (Lond) 78: 339

917 Williams C, Rodriguez M, Llan de Rosos O, Pederson J, Rankin L, Llach F (1983) Blood viscosity (V), systemic vascular resistance (SVR) and blood pressure (BP) changes during hemodialysis (HD) (Abstract). Kidney Int 23: 165

918 Wintrich H, Rudofsky G, Maier J (1983) The influence of IHD on hemodynamic and rheological parameters in patients with arterial occlusive disease (Abstract). Clin Hemorheol 3: 310

919 Witte S, Anadere I, Chmiel H (1983) The influence of a gingko biloba extract on the increased viscoelasticity of blood by complete stroke (Abstract). Clin Hemorheol 3: 291

920 Wodniok M (1981) Untersuchungen über die Wirkung zweier Diuretika auf die Fließeigenschaften des Blutes bei Patienten mit essentieller Hypertonie. Dissertationsschrift, Frankfurt am Main

921 Wolf RE, Alperin JB, Ritzmann SE, Levin WC (1972) IgG-K multiple myeloma with hyperviscosity syndrome - Response to plasmapheresis. Arch Intern Med 129: 114

922 Wolfe JHN, Blackford HN, Waller D, Chapman MB, Prout WG (1983) Does haemodilution benefit patients with intermittent claudication? (Abstract). Clin Hemorheol 3: 310

923 Wolfe JHN, Waller DG, Chapman MB, Blackford HN, Prout WG (1985) The effect of hemodilution upon patients with intermittent claudication. Surg Gynecol Obstet 160: 347

924 Woodcock BE, Smith E, Lambert WH, Morris Jones W, Galloway JH, Greaves M, Preston FE (1984) Beneficial effect of fish oil on blood viscosity in peripheral vascular disease. Br Med J 288: 592

925 Wrabetz-Wölke A, Altmann S, Deicher H, Stangel W (1980) Changes in whole blood and plasma viscosity after plasmapheresis in patients with hyperviscosity syndrome (Abstract). In: Stoltz JF, Drouin P (eds) Hemorheology and diseases. Doin, Paris, p605

926 Yamagata J, Shiozawa K, Shiokawa J (1980) Therapeutic plasma exchange for rheumatic disease. In: Sieberth HG (ed) Plasma exchange. Schattauer, Stuttgart, p266

927 Yamaguchi H (1984) Therapeutic study of reduced red cell deformability in peripheral vascular disease (Abstract). Angio Arch 7: 51

928 Yao ST, Shoemaker WC (1966) Plasma and whole blood viscosity changes in shock and after dextran infusion. Ann Surg 164: 973

929 Yasunaga K, Kumada K, Matsuda K (1979) Coagulation studies on the patients treated with Defibrase®, a snake venom batroxobin. Jpn Arch Int Med 26: 465

930 Zederfeldt B (1965) Rheological disturbances and their treatment in clinical surgery. In: Copley AL (ed) Symposium on Biorheology. Part 4 of the Proceedings of the Fourth International Congress on Rheology, Brown University, Providence, Rhode Island, 1963. Interscience, New York, p397

931 Zerefos NS, Boletis J, Stathakis C, Alexopoulos J, Xefteri E, Katsilabros N, Daikos G (1983) Successful kidneys transplantation corrects the impaired blood viscosity of chronically hemodialyzed patients (Abstract). Kidney Int 23: 298

932 Zijlstra WG (1960) Syllektometrie. In: Kramer K (ed) Oxymetrie - Theorie und klinische Anwendung. Thieme, Stuttgart, p117

7. Sachverzeichnis zum *allgemeinen* Teil

8. Gegenüberstellung der INN-Bezeichnungen und der Namen der geschützten Präparate (Auswahl) von Pharmaka, welche bei der Erstbeschreibung der hämorheologischen Wirkung von den Autoren genannt worden sind (zeitliche Reihenfolge)

Dextranlösungen, MG 40000 und 75000 (Rheomacrodex, Macrodex; AB Pharmacia, Uppsala, Schweden) [367]
Streptokinase (Streptase; Behringwerke, Marburg/Lahn, BR Deutschland) [235]
Ancrod (Arwin; Knoll AG, Ludwigshafen, BR Deutschland) [253]
Äthynylöstradiol + Northisteron (Gynovular; Schering AG, Berlin, BR Deutschland) [29]
O-(β-Hydroxyäthyl)-Rutosid (Venoruton; Zyma AG, Nyon, Schweiz) [47]
Xantinol-Nicotinat (Complamin; Beecham-Wülfing, Neuß, BR Deutschland) [155]
Bencyclan (Fludilat; Thiemann GmbH, Waltrop, BR Deutschland) [676]
Pentoxifyllin (Trental; Albert-Roussel GmbH, Wiesbaden, BR Deutschland) [444]
Naftidrofuryl (Dusodril; Lipha GmbH, Essen, BR Deutschland) [676]
Carbocromen (Intensain; Cassella-Riedel Pharma GmbH, Frankfurt, BR Deutschland) [129]
Isoxsuprin (Duvadilan; Karl Thomae GmbH, Biberach/Riss, BR Deutschland) [755]
Calciumdobesilat (Dexium; Delalande Arzneimittel GmbH, Köln, BR Deutschland) [457]
Flunarizin (Sibelium; Janssen GmbH, Beerse/Belgien; Neuß, BR Deutschland) [744]
Hydroxyäthylstärkelösung (Plasmasteril; Fresenius AG, Bad Homburg, BR Deutschland) [489]
Buflomedil (Bufedil; Deutsche Abbott GmbH, Wiesbaden, BR Deutschland) [448]
Natriumpentosanpolysulfat (Pentosanpolysulfat SP 54; bene-Arzneimittel, München, BR Deutschland) [623]

Addendum

Als ich vor einigen Jahren den Entschluß faßte, die vorliegende Literatur über therapeutische Hämorheologie zu sichten, zusammenzustellen und kritisch zu analysieren, war mir nicht klar, wie umfangreich diese Arbeit werden würde. Hätte ich gewußt, wieviel Arbeit die Recherchen, die Übersetzung, die Einordnung und die Komplettierung bereiten würden, hätte ich mich möglicherweise von diesem Vorhaben distanziert. Jetzt, nachdem dieses Buch vorliegt, in dem über 900 Literaturstellen besprochen worden sind, muß ich einräumen, daß diese Arbeit, alles in allem, recht informativ und stimulierend war.

Wie nicht anders zu erwarten, stellte sich heraus, daß die einzelnen Beiträge zum Thema „Therapeutische Hämorheologie" von sehr unterschiedlicher Qualität waren, was die Aussage nicht erleichterte, ob ein Pharmakon oder eine andere therapeutische Maßnahme tatsächlich hämorheologisch wirksam sind oder nicht. Erschwerend kam hinzu, daß manche Ergebnisse mehrfach publiziert wurden. Einige Beiträge, die zitiert wurden, sind zwar nach den Einschlußkriterien zu Recht Teil dieses Buches, ihre klinische Relevanz muß jedoch relativiert werden. Insgesamt wäre es wünschenswert, wenn einige Autoren den Grundsatz „Qualität vor Quantität" beherzigen würden.

Aus den Publikationen der letzten Jahre wird ersichtlich, daß neben hämorheologischen Daten zunehmend auch mikrozirkulatorische Parameter beschrieben wurden. Die Bemühungen, die klinische Hämorheologie vor einer Entkoppelung von dem Gebiete der klinischen Mikrozirkulation zu bewahren, wurden unter anderem dadurch deutlich, daß die 1979 gegründete Deutsche Gesellschaft für Klinische Hämorheologie im Jahre 1988 in „Deutsche Gesellschaft für Klinische Mikrozirkulation und Hämorheologie" umbenannt wurde. Diese Maßnahme wird sowohl für die klinische Grundlagenforschung als auch für die klinisch-praktische Anwendung in der Zukunft von großer Bedeutung sein.

Wenn ich mir heute mein Editorial in der „Medical Tribune" aus dem Jahre 1969 mit dem Titel „Warum Hämorheologie?" durchlese und mir dabei bewußt wird, daß im Jahre 1989 - also 20 Jahre später - in Frankfurt am Main der 6. Europäische Kongreß über Klinische Hämorheologie stattfindet, dann besagt dies eigentlich alles: Aus dem zarten Pflänzchen von damals ist ein Baum geworden, der weiter wachsen wird und dessen Früchte unseren Patienten zugute kommen werden.

MIX
Papier aus verantwortungsvollen Quellen
Paper from responsible sources
FSC® C105338

If you have any concerns about our products,
you can contact us on
ProductSafety@springernature.com

In case Publisher is established outside the EU,
the EU authorized representative is:
Springer Nature Customer Service Center GmbH
Europaplatz 3, 69115 Heidelberg, Germany

Printed by Libri Plureos GmbH
in Hamburg, Germany